普及醫療
保健安樂

方毅

中国作物学会燕麦荞麦分会支持

TARTARY BUCKWHEAT (BITTER BUCKWHEAT)

苦荞举要

林汝法　主编
Chief editor LIN Rufa

中国农业科学技术出版社
China Agricultural Science and Technology Press

图书在版编目（CIP）数据

苦荞举要／林汝法主编．—北京：中国农业科学技术出版社，2013．8
ISBN 978－7－5116－1339－4

Ⅰ．①苦…　Ⅱ．①林…　Ⅲ．①荞麦－研究　Ⅳ．①S517

中国版本图书馆 CIP 数据核字（2013）第 162872 号

责任编辑　贺可香
责任校对　贾晓红

出 版 者　中国农业科学技术出版社
北京市中关村南大街 12 号　邮编：100081
电　　话　（010）82106638（编辑室）（010）82109704（发行部）
（010）82109709（读者服务部）
传　　真　（010）82106650
网　　址　http://www.castp.cn
经 销 者　各地新华书店
印 刷 者　北京富泰印刷有限责任公司
开　　本　787 mm×1 092 mm　1/16
印　　张　26.25
字　　数　800 千字
版　　次　2013 年 8 月第 1 版　2013 年 8 月第 1 次印刷
定　　价　80.00 元

《苦荞举要》编写委员会

主　　编： 林汝法

编写人员：（以姓氏笔画为序）

王　敏　王安虎　王转花　王英杰

王莉花　陈庆富　吴　斌　张宗文

林　悦　林汝法　周小理　高金锋

稻泽敏行

《Tartary Buckwheat》 Editors

Chief editor：Lin Rufa

Editors：(in alphabetical order)

Wang Min	Wang Anhu	Wang Zhuanhua
Wang Yingjie	Wang Lihua	Chen Qingfu
Wu Bin	Zhang Zongwen	Lin Yue
Lin Rufa	Zhou Xiaoli	Gao Jinfeng
Toshiyuki Inasawa		

Preface 1

Tartary buckwheat is becoming more and more important crop in some regions of the world, and especially in China. Traditionally Tartary buckwheat was utilized as a staple food in relatively limited regions, mainly in China and in regions around Himalaya, namely Northern Pakistan and India, Nepal, Bhutan.

Many recent studies have confirmed that Tartary buckwheat exhibits beneficial effects on human health. So, newly much attention to Tartary buckwheat has been paid. Much of Tartary buckwheat research was initiated after 1992, when was the 5th International Symposium on Buckwheat successfully held in Taiyuan, China, organized by Prof. Rufa Lin as the chairperson. Among presentations, it was paid a lot of attention to the paper of Prof. Rufa Lin and his group on clinical application and therapeutic effects of Tartary buckwheat flour on hyperglycemic and hyperlipidemia, although the exact mechanism involved remained uncertain. After presentation of mentioned paper on the symposium, interest for Tartary buckwheat has been gradually spreading. Much attention is devoted to the place of Tartary buckwheat dishes in the traditional diet of the Yi people, the ethnic minority people of China, on the southwest plateau in China.

Tartary buckwheat growing and utilization was spread as well to Korea, where it is intensive development of Tartary buckwheat sprouts usage and products, and to Japan, where dattan soba noodles and other interesting products are developed. The origin of cultivated Tartary buckwheat, the quality of Tartary buckwheat grain and products is in Japan studied by several scientists.

In Europe, Tartary buckwheat was known and described by Swedish scientist Carl Linnaeus (1707 ~ 1778), but it was more spread since about 200 years ago. At that time volcano ash, from Tambora volcano (in the year 1815), from Indonesia, covered the sky in Europe, and only Tartary buckwheat as undemanding crop was able to be grown and give some yield in such condition. Tartary buckwheat mush was one of the staple foods made traditionally. After the middle of the 20th century, growing of Tartary buckwheat decreased and until recent years, remaining in considerable amount only in Luxemburg and-as a mixed crop with common buckwheat-in Bosnia-Herzegovina. Now is Tartary buckwheat coming back in Slovenia, and spreading from Slovenia to Italy and Sweden.

I hope, that the present book will further promote the interest for Tartary buckwheat growing in China and around the world, to develop the new products and to obtain progress in evaluation of effects of Tartary buckwheat for human health.

序　　一

苦荞在世界的部分地区，尤其是在中国，正在变成一种越来越重要的作物。过去，苦荞只在中国相对小的范围内和喜马拉雅山周边，如巴基斯坦北部、印度、尼泊尔、不丹作为特色食品。

大量晚近的研究证实了苦荞对人类健康的有益作用，因此也对苦荞给予了较多的关注。多数苦荞研究始于 1992 年林汝法教授作为大会主席成功地在中国太原市主持召开第五届国际荞麦会议之后。尽管确切的机理并不清楚，但在当时众多的会议交流介绍中，林汝法教授及其团队关于复方苦荞粉对高血糖病、高血脂病的临床应用和治疗效果仍然引起了很大的关注。自第五届国际荞麦会议的这篇论文发表之后，大家对苦荞的兴趣逐渐增加了。许多研究热衷于中国西南高原少数民族彝族人传统饮食中的苦荞食品。

种植和应用苦荞也扩展到韩国和日本，在韩国集中开发了苦荞芽及其产品，在日本研制了苦荞面条和其他产品。日本多名科学家研究了栽培苦荞的起源、苦荞籽实和产品的质量。

在欧洲，苦荞通过瑞典科学家林奈（Carl Linnaeus，1707 ~ 1778）的介绍被了解，但近 200 年才被广泛传播。当时，从印度尼西亚唐伯拉火山（1815 年）飘落的火山灰遮盖了欧洲的天空，在这种条件下，只有对环境要求不高的苦荞能够生长并有所收成。苦荞糊是传统特色食品之一。20 世纪中叶之后直到近些年，苦荞种植减少，只在卢森堡保持有一定种植规模，而在波黑是与甜荞混播种植的。如今，苦荞正返回到斯洛文尼亚，并由斯洛文尼亚传播到意大利和瑞典。

我希望，这本书能进一步推动中国和世界的苦荞种植，开发新的苦荞产品，并在苦荞对人类健康的效益评价方面取得进展。

Preface 2

Congratulations on the publication of this book.

Buckwheat is an important crop in the world. Buckwheat seed contains some essential nutrients such as protein, vitamins and minerals at high levels. Thus, buckwheat contributes as an important dietary source of such essential nutrients. There are various species of buckwheat. Among various buckwheat species, there are two species as cultivated species, i. e. , common buckwheat and Tartary buckwheat. Common buckwheat is utilized worldwide, whereas Tartary buckwheat is utilized as a traditional food in relatively limited regions. In 1992, the 5th International Symposium on Buckwheat was successfully held in Taiyuan, China, by Prof. Rufa Lin as the chairperson. About 90 or more scientific papers were given in the symposium. In the scientific papers, there was a very interesting paper by the research group of Rufa Lin concerning Tartary buckwheat, i. e. , "Clinical application and therapeutic effect of composite Tartary buckwheat flour on hyperglycemic and hyperlipidemia. Interestingly enough, this paper suggests that Tartary buckwheat may exhibit a preventive effect on hyperglycemic and hyperlipidemia. After presentation of this paper in the symposium, interest on Tartary buckwheat has been gradually growing globally. That is, it is no exaggeration to say that Prof. Lin Rufa has invited the world of Tartary buckwheat to many people globally. Today, Tartary buckwheat is widely utilized as an important food. We hope that Tartary buckwheat is further utilized globally in the future.

Thank you.

池田清和
池田小夜子

序　　二

祝贺《苦荞举要》出版。

荞麦是这个世界上重要的农作物。荞麦含有蛋白质这样的营养物质，而且维生素和矿物质的含量也很高。因此，荞麦是作为基本营养物质的一个重要食物源，其中不乏有很特殊的荞麦物种，在荞麦属的许多物种中，有两个特殊的栽培种：也就是甜荞和苦荞。甜荞是遍及全球的，反之苦荞是在有限的地区作为传统的食物。1992 年，林汝法教授担任主席的第五届国际荞麦会议在中国山西太原成功举行。在这次会议上，大概有 90 篇或更多的有系统的科学论文在会上报告和交流。在这些有系统的报告里，最令人感兴趣的文章就是林汝法先生团队“关于苦荞的文章”：在临床的综合治疗中，应用苦荞粉有利于降血糖和降血脂。在这篇系统的报告之后，对于苦荞的兴趣，便渐渐地扩散到了全球。毫不夸大地说，是林汝法先生把苦荞带给了全球的人们。如今，苦荞已经作为一种重要的食物被广泛利用。我们希望苦荞在未来可以被更多的人所知，有更大的发展。

谢谢您！

池田清和

池田小池子

前　　言

苦荞原产于中国，其生产、食用、研究、利用始于中国。苦荞多种植在生产条件极差的贫瘠、冷凉、高海拔、无污染、欠发达的高原地区，是构建中国粮食需求、人民健康生活的珍贵食粮。“长生不老”苦荞（日本人语），昔日藏于深山君不识。

人类对事物的认识是从未知开始的，是一个由表及里、由低级到高级的探索过程。苦荞研究利用始于20世纪80年代，初始阶段是在不被国内外学者看好，也无经济资助条件下开展的。当今社会“开‘和’了才是赢家”。当苦荞研究成果使大众健康被社会实践诠释时，“健康富民”才得以认可，引来“蜂蝶追花”现象，这就是认识论。“小荷才露尖尖角”“耗子拖木锨，大头在后头”，苦荞研究利用仅是开始，瞻望前景广阔。

《苦荞举要》非大全，仅编纂当今研究者对苦荞研究结果的认识。“择其重”“举其要”，供当代人认识苦荞、思考苦荞、研究苦荞、享用苦荞；给后人留有苦荞文字，溯源贯通，比对评说。

《苦荞举要》是苦荞研究者投身研究几十年矢志不渝的心血结晶，尚不全面，也欠深入，更有不足，在此恳请各方志士同仁共商荞是！

编者

2013年5月

目　　录

Contents

第一章　苦荞概述

Ⅰ. Tartary Buckwheat Overview

摘要　本篇阐述了苦荞名字的来历、起源，世界的荞麦生产和中国的苦荞及其在世界、国内农业生产中的地位以及生产特点，也述及苦荞的用途。

Abstract　**This part states the origin of Tartary Buckwheat, production of buckwheat in both worldwide and China and its position, characteristics and applications.**

苦荞，是古老的作物，养育了边鄙之人，却长期被鄙视为粗劣粮种，如今现代人却视其为食药同源的粮食“珍”* 品，“五谷王”“神仙粮”“长生不老”苦荞。

1992 年国际植物资源研究所（International Plant Genetic Resources Institute. IPPGRI）提出，荞麦（含苦荞）是“未被充分利用的作物”，是 21 世纪的重要粮食资源。

2004 年国际谷物科学技术协会（International Association Cereal Science and Technology. ICC）认为，苦荞是“21 世纪的重要健康谷物”。

2008 年国际食品会议认为，“像苦荞这样含酚类食品是健康食品”。

苦荞不是一般意义上的粮食作物，是 21 世纪人类理想的功能性食物源，有很高的食用价值，对人体有调理扶正作用，是药食同源的食物源。

苦荞，

有点苦，无意争美食，

香幽幽，众道养生珍！

* 书载：天然之珍，虽小甘于五味，而有味外之类。食品称珍，何物为最？物无定味，适口者珍，养人为美！

第一节　苦荞的名谓

荞麦属蓼科（Polygonaceae）荞麦属（*Fagopyrum* Mill）双子叶植物。荞麦属有两个栽培种：甜荞（*Fagopyrum esculentum* Moench）和苦荞（*Fagopyrum tartaricum*（L.）Gaertn.）。

Fagopyrum tartaricum（L.）Gaertn. 是苦荞的学名，是1791年Gaertn定名的。

Tartaty Buckwheat 是苦荞的英名。

鞑靼荞麦是苦荞的汉语译名，可能是翻译家根据英名直译过来的。国内的荞麦专家研究认为，把鞑靼荞麦的名字恢复为苦荞更合乎科学、更妥帖，苦荞日渐被世人所接受应用。

荞子、蛮荞子、土三七、格罗姆等均是苦荞的俗名。

荞麦，原产中国，早在千年之前的汉文化中就有文字记述。中国在5 000多年前的新石器时代，就已开始植物的栽培，伯益的《山海经》（公元前2196）是记载中国汉民族社会最早的书。《诗经》（约公元前6世纪中期）《神农书》（公元前5世纪到3世纪）嵇含的《南方草木状》（公元前419—268）《尔雅》（公元前202—9）均有关于植物的记述，是纯属记载植物的书。农书有后汉《氾胜之书》（公元前1世纪后期）《神农本草》（3世纪前期）《广雅》（三国魏·孙揖撰，3世纪前期）后魏（公元405—556）贾思勰的《齐民要术》（公元6世纪或稍后）等，这些古书都记有先民利用植物，由野生植物驯化成家生栽培作物的总结，唯独缺苦荞的记述。

中国是个多民族的国家，在苦荞的记述上，兄弟民族有可能早于汉族，虽无献可考，但有俚语、图画可鉴。据《西南彝志》记载，公元前2世纪凉山彝族从原始社会进入奴隶社会，由游牧生活走向定居生活。彝族先民利用野生苦荞变为栽培家生苦荞是在原始部落时期进入奴隶社会之前（公元前113）。那时，彝族就种植苦荞。

彝文古书《勒俄特衣》有“找荞篇”，记有凉山彝族先人3次找荞米种的故事。而《事物起源·荞》更有惟妙惟肖似史诗的描述：

远古时
北方未闻有过荞
南方有荞没听说
东边不种荞
西边不点荞
世上没有荞子种
丁古兹格哟
去寻荞来种
兹阿乐尼上山寻
……
寻荞在山河
……
山巅寻到荞
荞茎粗又壮
……
此荞才是世间栽种谋生荞

彝族是最早种植苦荞的民族。苦荞品种名都是用彝语命名的，直至现今，在苦荞品种中，还有“额阿母”之名。彝族民间流传的诗歌是：

世间最伟大的是母亲
庄稼最古老的是荞麦

远古的民族语言文化就有丰富多采的苦荞名字记述。

远古的彝族有象形文字，“ ”或“ ”下部代表土地，上部代表荞麦的花，就是“荞”字，发音“额”（e）“阿卡”（aka）“荞子”（qiaozi）“蛮荞子”（Manqiaozi）。彝族有一套古老而完整的荞麦命名法，苦荞为“额卡”（eka），野生苦荞为“启若额罗”（qiruoeluo），甜荞为“额痴”（echi），野生甜荞为“启耻额罗”（qichieluo）。

世界上最古老的象形文字，被称为“象形文字活化石”的纳西族东巴象形文字“ ”（aka）为苦荞，“ ”（age）为甜荞。

怒族也有关于荞麦的记载，用荞麦来命名氏族，如荞氏族。

傈僳族称荞为“刮”（gua），荞子为“刮舍”（guashe），苦荞为“刮卡”（guaka），甜荞为“刮岂”（guaqi），野荞为“刮们”（guamen）。

彝族的一个支系山后（土甲）人也称荞为“刮”（gue），荞子为“刮马”（guema），苦荞为“刮卡”（gueka），甜荞为“刮此”（gueci），野荞为“刮马衣姑”（guemayigu）。

藏族称苦荞为“矢窝”（shiwo），甜荞为“一艾”（yiai），荞子为“昔乌”（xiwu）。

白族称荞为“角”（jiao），苦荞为“苦角”（kujiao），甜荞为“白角”（baijiao）。

第二节　苦荞的起源

关于荞麦的起源地有多种学说。

康德尔（A De Candall，1883）记载：普通荞麦（甜荞）野生于中国东北、黑龙江和西伯利亚贝加尔湖畔；鞑靼荞麦（苦荞）为东喜马拉雅山及中国西北部原产。

丁颖（1928）认为，普通荞麦（甜荞）起源于中国之北偏，鞑靼荞麦（苦荞）原产于我国西南偏。

瓦维洛夫（Вавилов Н. И.，1950）认为，荞麦（甜荞）和鞑靼荞麦（苦荞）都起源于中国。

胡先啸（1953）认为，荞麦起源于亚洲的中部及西北部。

贾祖璋（1955）、堪必尔（Campell C. G.）认为，荞麦起源于温暖的东亚。

纳考（Nakao S，1960）、俣野敏子和氏原晖男（Matano T. and akio U. 1979）、大西近江（Onishi O. 1993）提出，苦荞起源地是中国西南部接近喜马拉雅山地区。

费先科（Фесеко Н. В.）认为，荞麦的原产地在印度北部山地。

尽管关于荞麦起源国内外学者所说甚多，但大多为泛泛的概念之说，以甜荞（*Fagopyrum esculentum* Moench）为多，苦荞［*Fagopyrun tataricum*（L.）Gaertn.］较少。

自20世纪80年代以来，许多农学家、植物学家、荞麦专家通过野外的调查考察，尤其是在西藏自治区（全书称西藏）、云南、贵州、四川、湖南等省区的野外调查中发现这些地方有大量的野生荞麦，有的地方甚至形成小群落。根据具体的佐证，对荞麦起源地又提出一些新的、具体的见解。

林汝法（1985）认为，荞麦起源于我国是毋庸置疑的，云南滇西中山盆地可能为苦荞和甜荞的起源地。因为：①中国文字记载丰富多彩，荞麦除列为我国古代祭祀品外，“农书述栽培、医书记疗效、诗文赞美景”屡见不鲜，且年代久远；②野生荞麦类型多种多样，分布地域宽广，有的呈群落分布；③品种资源极为丰富；④俚语、口头文学（传说）及生活习俗多见。

宋志成（1985）调查了贵州西北部的野生荞麦，认为可作为荞麦起源的佐证。

真野俊子（Mano）和氏年秋雄也认为荞麦起源于中国西南，接近喜马拉雅山区。

蒋俊方等（1991）根据凉山地区有大量的野生荞麦、有产生野生荞麦的生态环境和民间传统的习俗，提出大凉山地区是苦荞的起源地。

李钦元等（1992）认为，云南是荞麦的起源地。依据是：①云南荞麦属的种类丰富，在荞麦属的15个种中，云南有11个种（包括2个变种），几乎占荞麦属的3/4。具最多的遗传多样性；②云南栽培荞麦品种多样，从云南荞麦的形态可以看出，由多年生野生种→一年生野生种→一年生栽培种的进化过程；③云南的人类进化史反映出荞麦的进化史。云南在7 000～8 000年前就已进入原始农业时期，在4 000多年前，中国西南地区生活着羌、越、卜三大族群。卜人是云南的主要居民，生活在海拔较高的凉爽山区，除狩猎外，旱作农业的“农作物以荞麦豆类为主”，“卜（蒲）人……皆居山巅，种苦荞为食”。彝族是古代卜人和部分羌人的后代，古彝人以苦荞为主食。彝族的荞食文化之丰富多彩，为其他民族所不及。敬荞如神，隆重的火把节来到时，必先去荞地敬过荞神，方能开始节日活动；凡是庆典、婚丧嫁娶，都以荞麦作为供品和食品。由此显而易见，云南是荞麦的起源之地。

钟兴莲等（1993）认为，湘西地区可以视为荞麦起源地。

赵佐成、李伯刚、周明德等认为，金沙江流域是苦荞及其近缘野生种的分布中心和起源中心。

大西近江（1990）以变异等位基因的地理分布为依据，探讨栽培苦荞的起源，结论是西藏与四川或云南交界处最有可能是栽培苦荞的起源地。分析结果显示，四川和云南的一些单株与栽培苦荞有相同的 RAPD 图谱，从而得出云南省西北部最可能是苦荞原始发源地。野生苦荞扩散的方向，应该是从四川或云南到西藏、巴基斯坦，而决不是相反的方向。

近十年来，诸多学者在云南、四川发现了多个荞麦属新种，并进行亲缘关系研究，使苦荞起源地有了更清晰的认识。

第三节　苦荞的地位

一、世界的荞麦生产

荞麦性喜温暖、湿润，主要分布在北半球的温暖地带。

荞麦在世界粮食作物中属小宗作物，在欧洲和亚洲一些国家，特别在食物构成中蛋白质匮缺的发展中国家和以素食为主的国家是重要的作物。

荞麦具有很高的食用价值和医疗保健作用，是一种极具开发潜力的功能性食品原料。据联合国粮农组织（FAO）2006 年资料显示（表 1－1），2005 年全世界 22 个国家的荞麦总产量为 253×10^4t（2 529 794t）；而产量最高的 5 个国家，中国、俄罗斯、乌克兰、法国和美国的总产量为 226.5×10^4t，占全世界荞麦总产量的 89.53%；中国的荞麦产量为 130×10^4t，占全世界荞麦总产量的 51.4%。2003 年世界荞麦减产，总产量约为 200×10^4t，中国荞麦的产量降到 80×10^4t，占当年世界荞麦总产量的 40%，曾引起日本荞麦企业的担忧：荞麦食品原料不足怎么办？因为日本荞麦食品原料 80% 是由中国进口的。可见，中国荞麦在世界荞麦生产中具有举足轻重的地位。

表 1－1　世界荞麦产量（2006，FAO）　（单位：t）

国家	1997	2002	2003	2005
中国	1 500 000	1 300 000	800 000	1 300 000
俄罗斯	800 000	304 000	525 350	605 000
乌克兰	300 000	210 500	311 000	210 000
法国	21 000	76 735	101075	85 000
美国	34 000	65 000	65 000	65 000
巴西	53 000	48 000	48 000	48 000
波兰	40 000	35 377	44 068	90 204
哈萨克斯坦	18 000	29 647	30 000	58 000
日本	18 000	26 000	26 800	20 000
白俄罗斯	20 000	14 200	13 000	15 000
立陶宛		13 000	14 700	15 000
拉脱维亚		8 300	8 000	9 000
加拿大	16 500	5 100	9 900	1 000
韩国	4 900	4 000	3 800	3 000
摩尔多瓦		3 264	1 340	1 300
不丹	6 000	3 000	2 800	2 100
匈牙利		1 200	1 200	850
斯洛文尼亚		785	1 100	200

（续表）

国家	1997	2002	2003	2005
南非		300	300	300
爱沙尼亚		188	200	200
克罗地亚		140	140	140
格鲁吉亚		60	40	100
吉尔吉斯斯坦				400
总产量	2 839 660	2 148 796	2 007 813	2 529 794

二、中国的苦荞

荞麦有两个栽培种：甜荞和苦荞。世界上其他国家种植的荞麦都为甜荞，唯有中国既种甜荞又种苦荞。中国是世界上唯一大面积种植苦荞的国家，面积和产量居世界第 1 位，当然与中国西南边境毗邻的不丹、尼泊尔、巴基斯坦和印度也有零星种植。中国苦荞生产地主要集中在我国西南地区的云南、四川、贵州、重庆等省市的高海拔山区、高原和高寒地区，黄土高原的山西、陕西、河北、内蒙古自治区（全书称内蒙古）、甘肃、宁夏回族自治区（全书称宁夏）等省区也有种植，主要作为产地人民的食粮或饲料。

20 世纪 80 年代，当中国科学家开始利用苦荞加工食品的时候，受到一些非议。当时，有些荞麦专家还持有“苦荞品质不好，只能饲鸟、兔子”，“苦荞味苦，面不能吃，汤不能喝”的观点。20 世纪 90 年代，日本科学家开始研究苦荞，进入 21 世纪，欧美科学家也开始研究苦荞，所以说：“世界的苦荞在中国”，无论苦荞的种质资源、种植面积、生产量和开发利用，还是研究。

中国是荞麦生产大国，也是出口大国，更是在国际市场唯一销售苦荞的国家。销往的主要国家和地区有日本、韩国、美国、新加坡、中国香港、中国台湾，欧洲一些国家，如瑞典、德国一些商贸公司也很有兴趣地洽谈苦荞贸易事宜。出口的产品除苦荞原粮外，还有苦荞米茶、苦荞米和苦荞面粉等。

三、苦荞在农业生产中的地位

苦荞在农业生产中的地位是由其作物特性、种植特性、生长特性和粮食安全性所决定。

（一）作物特性

耐瘠、生长发育快、生育期短。苦荞从播种出土到收获一般为 80 ~ 100d，一些早熟品种 60d 左右即可收获，它适应性广，能合理利用其他大宗粮食作物无法利用的自然资源，在农业生产作物布局中有着特殊的地位。

（二）种植特性

作为主栽作物，或是组成、填闲、救灾、先锋和饲料作物。苦荞在无霜期短，降水少而集中，水热资源不能满足大宗作物种植的广大旱作农业区和高寒山区是主栽作物；在无霜期稍长、土地资源相对宽松、而耕作相对粗放的农业区是组成作物；在无霜期较长、地少人多，土地资源相对偏紧的农业区是复播填闲作物。此外，苦荞乃是扩充新土地资源的新垦地、复耕地的先锋作物；苦荞也是生产地遭受干旱、雨涝、冰雹等自然灾害，主栽作物禾苗枯死或失收后重要的救灾补缺作物；苦荞籽粒、碎粒、皮壳、青体、干草和青贮均有较好的营养价值，是很好的饲料作物，喂家禽可提高产蛋率，喂奶牛可提高奶的产量和品质，喂猪能提高肉品质。

（三）生长特性

营养生长迅速。苦荞在短期内可以获得较多青体，覆盖地面，是重要的绿肥资源。苦荞还是错时作物，在农时安排上，从土壤耕作、播种到田间管理作业，通常都在其他作物之后进行，对调节农时，缓解农村劳动紧张度，全面合理安排农业生产大有裨益。

（四）粮食安全性

苦荞多种植在中西部经济条件相对落后，生态条件脆弱的欠发达地区的干旱、半干旱瘠薄地和山坡地，是当地主要的粮食作物、经济作物和避灾救荒作物，是其他大宗作物无法替代的，没有苦荞的种植，就“人无粮、畜无草、家无钱”。苦荞在构建中西部地区粮食安全和在边疆地区、少数民族地区、贫困地区社会发展中起着不可或缺的作用。

四、苦荞的生产特点

中国是世界种植、食用和研究利用苦荞的国家，是苦荞生产大国。年栽培面积为 20×10^4 ~ $30\times10^4\mathrm{hm}^2$，总产量是 30×10^4 ~ $40\times10^4\mathrm{t}$，单产约为 $1.5\mathrm{t/hm}^2$。产量水平苦荞高于甜荞，种植面积苦荞小于甜荞，比例是 2：1 和 1：2，即单产苦荞高于甜荞 1 倍，种植面积甜荞是苦荞的 1 倍。

苦荞的生产特点如下所述。

（一）产区集中

荞麦在我国分布范围极其宽广，东南西北都有种植，但主要产区集中。据史书记载，华北、西北、东北地区以种植甜荞为主，而西南地区的云南、贵州、四川等省以种植苦荞为主。当今情况是，长江以北的华北、西北仍以种植甜荞为主，长江以南的中国西南部的红土高原高海拔山岳地区的云贵川高原、青藏高原、秦巴山区南麓和渝鄂湘武陵山区种植的苦荞面积约占 80%，而北方黄土高原山旱地区苦荞种植面积约为 20%。据各省、区、市农业技术推广站（不完全）调查，2010 年苦荞种植面积为 $22.38\times10^4\mathrm{hm}^2$，其中，云南省 $8\times10^4\mathrm{hm}^2$，四川省 $5.2\times10^4\mathrm{hm}^2$，贵州省 $4.87\times10^4\mathrm{hm}^2$，重庆市 $0.3\times10^4\mathrm{hm}^2$，陕西省 $3.33\times10^4\mathrm{hm}^2$，山西省 $0.67\times10^4\mathrm{hm}^2$，还有一些省区未在调查之列（表 1－2）。

表 1－2　我国苦荞主产区种植面积与分布

省（市）	面积（hm^2）	市（州）	县（区）
云南	8×10^4	昭通	昭阳　彝良　镇雄　鲁甸　巧家　永善
		丽江	宁蒗　永胜　丽江
		曲靖	宣威　会泽　师宗　马龙　陆良　富源
四川	5.2×10^4	凉山	昭觉　喜德　美姑　甘洛　布拖　盐源　普格　越西　冕宁　金阳
贵州	4.87×10^4	毕节	威宁　赫章　毕节　大方　纳雍
陕西	3.33×10^4	安康　汉中	镇坪　平川　镇巴　宁强
山西	0.67×10^4	大同　朔州　临汾	广灵　左云　灵丘　右玉　平鲁　汾西
重庆	0.313×10^4	万州	开县　石柱

注：系 2010 年各省农业技术推广站调查资料

（二）面积稳定

我国荞麦种植面积已由常年的133×$10^4$$hm^2$不断减少。有统计显示，1986年荞麦面积仅为72.3×$10^4$$hm^2$，减少近一半。应当说中国荞麦面积减少的是甜荞。苦荞是种植区人民生活中不可或缺的粮食和饲料，其种植面积相对稳定在20×10^4～30×$10^4$$hm^2$，年际之间小有差别，无多变化。由于推广良种、施用磷肥，单位面积产量有了提高。云南省永善县茂林乡龙门寨村有13.6hm^2苦荞产量达到4 072.5kg/hm^2。山西广灵县、河北张北都有大面积苦荞4 500kg/hm^2的高产记录。

（三）生产潜力大

苦荞多种植于中西部经济条件相对落后，生态条件脆弱的欠发达地区的干旱、半干旱瘠薄地和山坡地，加之支持力度欠缺，许多先进实用技术推广应用缓慢，生产仍处在零星种植、广种薄收、有种无收、粗放管理、分散经营的自然状态，生产水平低下。若能加强扶持力度，改变生产方式，按照“适当集中，规模发展”的原则，推广应用集成增产技术，低生产水平的改变指日可待，生产潜力大。

（四）前景广阔

苦荞种植区多为地广人稀、土地瘠薄、气候冷凉、水资源缺乏、交通不便之地。在地理位置上，多数又在我国边远地区和少数发民族聚居的经济欠发达地区，是一片尚无污染和很少污染的洁净之地。随着社会的发展和科学技术的不断进步，昔日藏于深山高处的苦荞的营养保健作用得到肯定，开始受世人关注。苦荞以独特的营养保健功能被认为是世界性的新兴作物，商品价值得到肯定。随着国力的增强，国人的收入达到中等发达国家水平，对苦荞及苦荞食品的需求在迅速增加，发展苦荞生产，开发苦荞产品，对苦荞种植区的经济发展，改变人民膳食结构，提高人民的生活水平和健康水平是大有裨益的。发展苦荞生产，开发苦荞产品，对实现“富民健身”具有实际意义。我国苦荞生产前景广阔。

第四节　苦荞的用途

一、食用

自古以来，彝族人民日出而作，种荞为食，也喜欢食用苦荞。苦荞的食用可追溯到西汉以前的原始部落社会，以石器捣磨的火烤“馍”，奴隶社会铁锅水煮荞“粑”，随后一直流传的荞粑、荞饭和千层饼。彝族待客是“荞粑粑、坨坨肉”，流传的谚语是“吃了荞粑粑，姑娘长得像朵花”。居住在海拔2 000 ~3 000m地区的农民，常年以苦荞、马铃薯为主食，生活艰苦但身体很健康：发乌、齿白、无高血压等慢病，活得自在。

近年来，人们在建设小康社会的同时也更加关注自身健康的身体，生活质量和健康意识在提高，于是人们开始寻求健康食品。食用苦荞的人群已经从苦荞产地走出，扩大到城市、发达地区以至海外，人们已开始重视和欢迎食用苦荞食品，如苦荞粉、苦荞米、苦荞面、苦荞饼干、苦荞糕点、苦荞茶、苦荞醋、苦荞酒、苦荞饮料、苦荞胶囊。苦荞芽苗菜具有奇特食味，且营养丰富，还富含苦荞黄酮（芦丁），被称芦丁菜，或凉拌或做汤，备受家庭或餐馆食客的青睐。

二、药用

苦荞是一味中药，有较好的药用价值，中国、日本、朝鲜、韩国、印度、尼泊尔、俄罗斯及欧洲许多国家的人民都利用苦荞来治病。苦荞作为传统中药，在我国古书中有许多关于防病治病的记载。《备急千金要方》（652）记有“荞麦味酸、微寒、无毒，食之难消、动大热风。其叶生食，动刺令人身痒”。《图经本草》（1061）有“实肠胃、益力气”的记述。《群芳谱·谷谱》（1621）有“性甘寒无毒。降气宽中，能炼肠胃。……气盛有湿热者宜之。”“秸：烧灰淋汁、熬干取碱。蜜调涂烂痈疽，蚀恶肉、去面志最良。淋汁洗六畜疮及驴马躁蹄。”《台海使槎录》（1722）记有“婴儿有疾，每用面少许，滚汤冲服立瘥”。《齐民四术》（1846）有“头风畏冷者，以面汤和粉为饼，更令镬罨出汗，虽数十年者，皆疾，又腹中时时微痛，日夜泻泄四五次者，饱食二三日即愈，神效。其秸作荐，可辟臭虫蜈蚣，烧烟熏之亦效。其壳与黑豆皮、菊花装枕，明目”记述。《植物名实图考》（19世纪中期）记荞麦“性能消积，俗称净肠草”。

实践表明，苦荞面食有杀肠道病菌、消积化滞、凉血、除湿解毒、治肾炎、蚀体内恶肉的功效；苦荞粥营养价值高，能治烧心和便秘，是老人和儿童的保健食品；青体可治疗坏血病，植株鲜汁可治眼角膜炎；使用苦荞软膏能治关节痛、丘疹、湿疹等皮肤病。

苦荞面粉、花叶中含有大量的黄酮类化合物（75%的芦丁），具有多方面功能：能维持毛细血管的通透性和降低其脆性的抵抗力，降低其通透性与脆性，促进细胞增生和防止血细胞的凝集，还有抗炎、抗过敏、利尿、解痉、镇咳、降血脂、强心等方面的作用。苦荞的槲皮素具有很好的祛痰、止咳作用和一定的平喘作用；尚能降血压、血脂，扩张冠状动脉，有增强冠状动脉血流量的作用。

苦荞还含有多种有益人体的无机元素，不但可提高人体内必需元素的含量，还可起到保肝肾功能、造血功能及增强免疫功能，达到强身健脑美容、益智，保持心血管正常，降低胆固醇的效果。

现代医学研究表明，苦荞食品具有明显的降血脂、降血糖、降尿糖作用，它对糖尿病有特效，对高血脂、脑血管硬化、心血管病、高血压等症具有很好的预防和治疗的作用。苦荞还具有较高的辐射防护特性。

苦荞在调理和防病中有良好的药用价值，以食代药，既能减少病人痛苦，又能改善生活，有助于提高人民的健康水平。

三、饲用

苦荞籽粒、碎粒、皮壳、秸秆和青体都可以饲喂畜禽，而广泛用作牲畜饲料的是碎粒、秕粒、米糠和皮壳。

苦荞碎粒是珍贵饲料，含淀粉 60% ~70%，并富含脂肪、蛋白质、铁、磷、钙等矿物质和维生素 B_1、维生素 B_2，磨碎营养价为玉米的 71%。用苦荞粒与皮壳、米糠等合成浓缩饲料喂家禽可提高产蛋率，也可加快雏鸡的生长速度；喂奶牛可提高产奶品质；喂猪能增加固态脂肪，提高肉品质。因此，碎粒和米糠对家禽特别是幼禽很有饲料价值，皮壳占籽粒重的 15% ~20%，纤维素含量高，1kg 皮壳含有的蛋白质相当于 0.5 饲料单位，秸秆粉碎后是很好的畜禽饲料。

苦荞比其他饲料作物生育期短，既可在无霜期短的地区直播，也可在无霜期长的地区复播，从播种到盛花期收获只需 30d 左右，受气候和土壤条件的影响较小，能在短时期内提供大量优质青饲料。苦荞的青体、干草和青贮有较高的营养价值，青刈苦荞是家禽的优良青饲料，含粗蛋白质 0.4%、脂肪 0.9%，碳水化合物 19.5%，营养价值很高。我国西南苦荞生产区种植的秋荞，往往因早霜不能成熟，青体收割粉碎后加些玉米是很好的猪饲料。

四、地用

苦荞生育期短，从种到收一般只有 70 ~80d，早熟品种不到两个月就可以收割。它适应性广，耐瘠，生长发育快，出苗后 25d 就开花结实。苦荞能合理利用自然资源：能直播，能复播，也能间作套作栽培；还可当绿肥种植，在良好的条件下，可收青体 19.5 ~22.5t/hm^2；是新垦地、复耕地的“开路先锋”作物，更是重要的救灾作物。苦荞在作物布局中是特殊的用地作物。

五、健用

苦荞有去污性和护肤作用，是去污剂和化妆品的良好原料。国内外已研制多种洗涤剂、美容面膜、抑制面部黑色素沉淀的护肤霜，防辐射的防晒霜和护发霜（乳），防龋齿出血牙膏等。苦荞皮壳是人们通常使用的枕芯填料，苦荞皮壳床垫和坐垫可解乏、清热、健康。

苦荞皮壳中的灰分，含有碳酸钾 45%，是提取碳酸钾的好原料。

六、商用

荞麦作为我国传统的出口商品，已有很久的历史，而苦荞作为一种融营养和保健于一体的新型食药兼用的“长生不老”食物，已受国外青睐与重视，今后应进一步加强对苦荞营养价值、应用成分的研究，开发更多的产品进入市场，使苦荞走向世界。

苦荞在我国虽属小宗作物，但它却有着其他作物所不具备的优点与成分。苦荞经济价值高，全身是宝，幼枝嫩叶、茎叶花果、米面皮壳、成熟秸秆无一废物，从自然资源利用到养地增收，从农业到畜牧业，从食用到调理健身，从食品到饮品，从化妆品到药品，从生产到流通，从国内市场到国际贸易都有商品价值。由此可见，苦荞不失为农业生产和人民生活不可或缺的作物。

参考文献

[1] 丁颖．中国作物原始 [J]．农声，1921：82 ~ 85

[2] 丁颖．谷类名实考 [J]．农声，1928：99 ~ 115

[3] 孙醒东．中国食用作物（上册）．北京：中华书局，1937

[4] 郝钦铭．作物育种学 [M]．北京：商务印书馆，1940

[5] 中国农业科学院南京农业遗产研究室．中国农业遗产专集（甲类第三种）上册 [M]．北京：农业出版社，1959

[6] 李竞雄．玉米、粟类、荞麦 [M]．北京：人民教育出版社，1960

[7] 中国医学科学院卫生研究所．食物营养成分表 [M]．北京：卫生出版社，1976

[8] 李璠，钱燕文，罗明典．生物史（第 5 分册）[M]．北京：科学出版社，1979

[9] H. И 瓦维洛夫（董玉琛译）．主要栽培作物的世界起源中心 [M]．北京：农业出版社，1982

[10] 云南省历史研究所．云南少数民族 [M]．北京：云南人民出版社，1983

[11] 方国瑜．彝族史稿 [M]．成都：四川民族出版社

[12] 方国瑜．纳西象形文字谱 [M]．昆明：云南人民出版社

[13] 西南彝志．卷 6

[14] 林汝法，李永青．荞麦栽培 [M]．北京：农业出版社，1984

[15] 吴征镒．云南种子植物名录 [M]．云南人民出版史，1984

[16] 唐啟宇．中国农史文稿 [M]．北京：农业出版社，1985（5）：357 ~ 361

[17] 全国荞麦育种、栽培及开发利用协作组．中国荞麦科学研究论文集 [M]．北京：学术期刊出版社，1989

[18] 林汝法．中国荞麦 [M]．北京：中国农业出版社，1994

[19] 林汝法，柴岩，廖琴，孙世贤．中国小杂粮 [M]．北京：中国农业科学技术出版社，2002

[20] 赵佐成，李伯刚，周明德，中国苦荞麦及其近缘野生种资源 [M]．成都：四川科学技术出版社，2007

[21] 卜慕华．我国栽培作物来源探讨 [J]．中国农业科学，1981（4）：86 ~ 95

[22] 孟方平．说荞麦 [J]．农业考古，1983（2）：91 ~ 93

[23] 林汝法．关于荞麦品种资源的研究与利用 [J]．荞麦动态，1985（1）：6 ~ 13

[24] 孟家勉．有关《齐民要术》的几个问题答天野先生 [J]．农史研究，第 7 辑，1986：167 ~ 168

[25] 关瑞庭．我国荞麦栽培起源初探 [J]．荞麦动态，1987（2）：2 ~ 4

[26] 蒋俊方，贾星．四川大凉山地区是荞麦起源地之一 [J]．荞麦动态，1991（1）：2 ~ 3

[27] 李钦元，杨曼霞．荞麦起源于云南初探 [J]．荞麦动态，1992（1）：6 ~ 10

[28] 林汝法，陶雍如，李秀莲．略述东亚荞麦遗传资源 [J]．荞麦动态，1996（2）：1 ~ 13

[29] Vavilov N. I. The Origin，Variation，Immanity and breeding of cultivated plant（Translated by K. Starr Chester），Chronica Batanica 13，1950

[30] Campbell C. G. Evolution of crop plants [M]．1976：235 ~ 237，Longman，London

[31] Ohmi Ohnishi（大西近江）．Cultivated Buckwheat Species and Their Relatives in the Himalaya and Southern China. In "Proc. of the 4th intern．Sym. On Buckwheat"，1989：562

[32] Kiyokazu IKEDA，Sayoko IKEDA，Ivan KREFT and Rufa LIN. Utilization of Tartary buckwheat [J]．FAGOPYRUM，2012（29）：27 ~ 30

第二章　苦荞的特征和特性

Ⅱ. Features and Characteristics of Tartary Buckwheat

摘要　本篇阐述苦荞的特征和特性，从苦荞的形态特征说明其隶属荞麦属，在分类学中的地位，当今荞麦属分类检索的异同，以及苦荞的生育特点和温、光、水、肥特性。

Abstract　**This part details the characteristics of Tartary Buckwheat, explains that Tartary Buckwheat is under buckwheat category from morphological characters point, studies the standing of Tartary Buckwheat in taxonomy, interprets buckwheat's table of classifications, and researches on Tartary Buckwheat's characteristics of the growth and the temperature, light, water, fertilizer needs.**

第一节　苦荞在植物分类学中的地位

一、荞麦属的一般特征

苦荞为蓼科（Polygonaceae）荞麦属（*Fagopyrum* Mill.）植物，染色体数 $2n=16$。

荞麦属始于林奈（Linnaeas）1753 年建立的蓼属（Polyonum），几经变动，1794 年 Moench 将其从蓼属中独立出来成为新属，模式为荞麦 *Fagopyrum esculentum* Moench。根据精典形态学（Millor，1754）、（Meisner，1826，1856）、（Small，1903）、（Gross，1913）、（Nakai，1930）、（Samuelsson，1929）、（Steward，1930）、（Komarlov，1936）、（吴征镒及众多中国学者，1984、1999、2000）、粉孢学（Hedberg，1946）和细胞学（土井田幸郎，1960）、（朱凤绥等，1984）、酶学、分子生物学（AFLP）的研究，说明荞属是一个特征明显的属。

荞麦属的特征：一年生或多年生草本或半灌木，茎具细沟纹。叶互生，三角形，箭形或戟形，叶柄无关节。花序是复合性的，即由多个呈簇状的单歧聚伞花序着生于分枝的或不分枝的花序轴上，排成穗状、伞房状或圆锥状；每个单歧聚伞花序簇有 1－多朵花，外有苞片，每朵花也各有 1 枚膜质的小苞片；花两性，花被白色、淡红或黄绿，5 裂，花后不膨大；雄蕊 8，外轮 5，内轮 3；雌蕊由 3 个心被组成，子房三棱形，花柱 3 条，花粉粒的沟槽中有孔，外壁粗糙，呈颗粒状花纹；瘦果三棱形，明显地露出于宿存的花被之外或否，胚位于胚乳的中央，子叶宽，折叠状。染色体基数 $n=8$。

二、中国荞麦属植物分类概述

20 世纪 30 年代以来，植物学家对荞麦属的种及变种有诸多报道。一般认为，荞麦属有 15 个种，中国有 9 个种 2 个变种。

Gross（1913）首次对中国荞麦进行系统分类，并把已证实的一些荞麦种类归于蓼科的荞麦属。

Nakai（1926）首先提出，通过瘦果内胚胎的形态和位置，荞麦属应当从蓼科的其他属中分离出来。

Steward（1930）对亚洲蓼科植物进行分类，并将蓼属组的 10 个荞麦种类归于荞麦属。

叶能干（1992）证实了 Steward 关于荞麦存在的种类。

中国荞麦属的 9 个种 2 个变种如下所述（图 2－1 至图 2－10）。

（一）金荞麦［*Fagopyrum Cymosum*（Trev.）Meism］

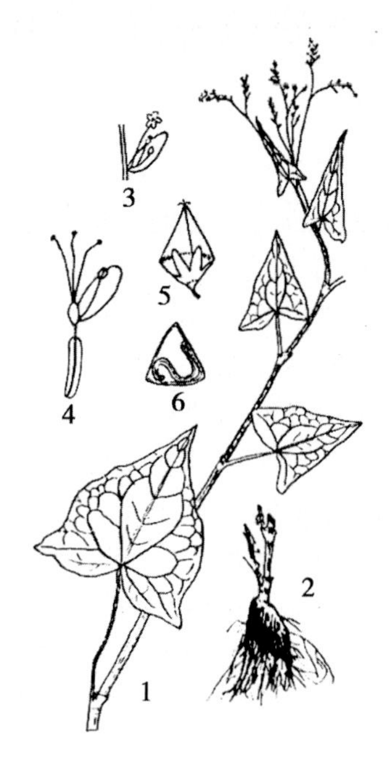

图 2－1　金荞麦 *F. Cymosum*

1. 枝条；2. 球块状地下茎；3. 一个聚伞花序簇；4. 一朵花；5. 瘦果；6. 果的横切面

（二）硬枝万年荞［*F. urophyllum*（Bur. ex Fr.）H. Gross］

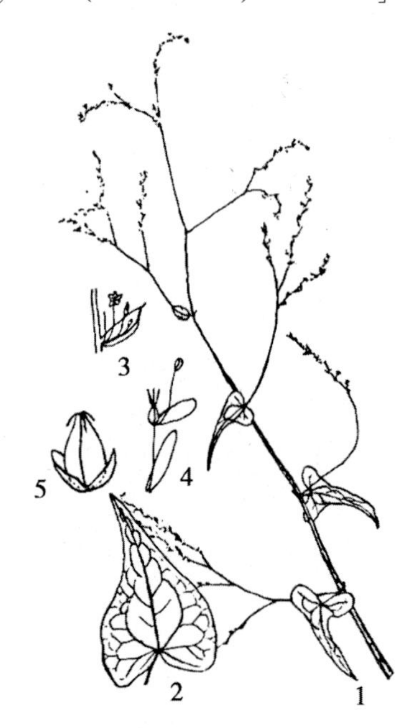

图 2－2　硬枝万年荞 *F. Urophyllum*

1. 枝条；2. 茎下部的一片叶子；3. 一个聚伞花序簇；4. 一朵花；5. 瘦果

(三) 抽葶野荞麦 [*F. Statice* (Levl.) H. Gross]

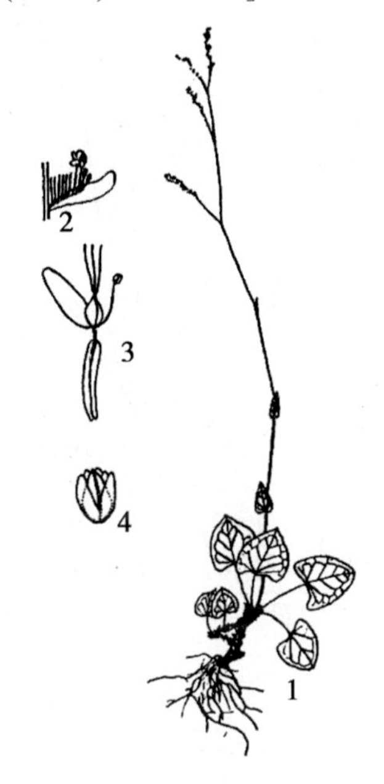

图 2-3　抽葶野荞麦 *F. Statice*（Levl.）H. Gross

1. 植株；2. 一个聚伞花序簇；3. 一朵花；4. 瘦果

(四) 荞麦 (*F. Esculentum* Moench)

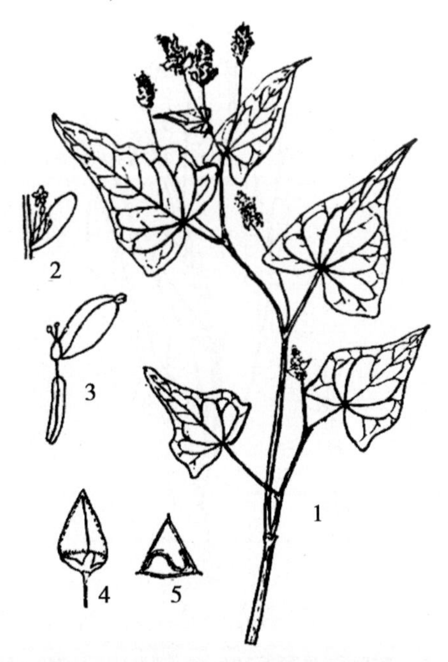

图 2-4　荞麦 *F. Esculentum* Moench

1. 枝条；2. 一个聚伞花序簇；3. 一朵花；4. 瘦果；5. 果的横切面

（五）小野荞麦［*F. Leptopodum*（Diels）Hedberg］

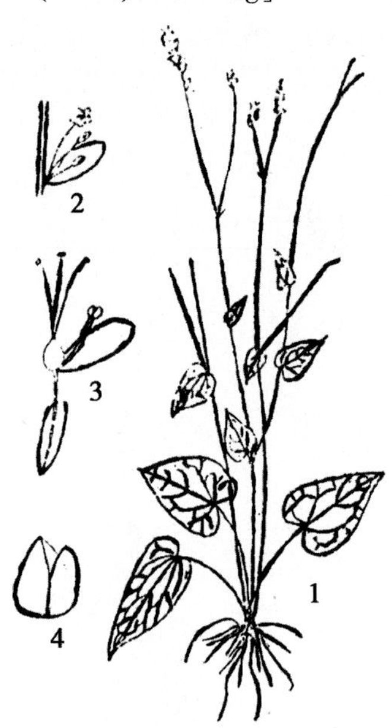

图2－5 小野荞麦 *F. leptopodum*（Diels）Hedberg

1. 植株；2. 一个聚伞花序簇；3. 一枝花；4. 瘦果

（五）′疏穗小野荞麦（变种）［*F. Leptopodum*（Diels）Hedberg Va. Grossii（*Levl.*）*Sam*］

（六）线叶野荞麦［*F. Lineare*（Sam.）Haraldsom］

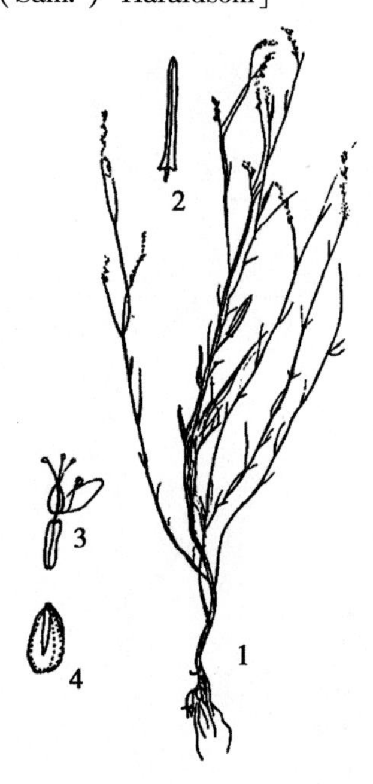

图2－6 线叶野荞麦 *F. Lineare*（Sam.）Haraldsom

1. 植株；2. 茎下部的一片叶子；3. 一朵花；4. 瘦果

（七）苦荞麦［*F. tataricum*（L.） Gaertn.］

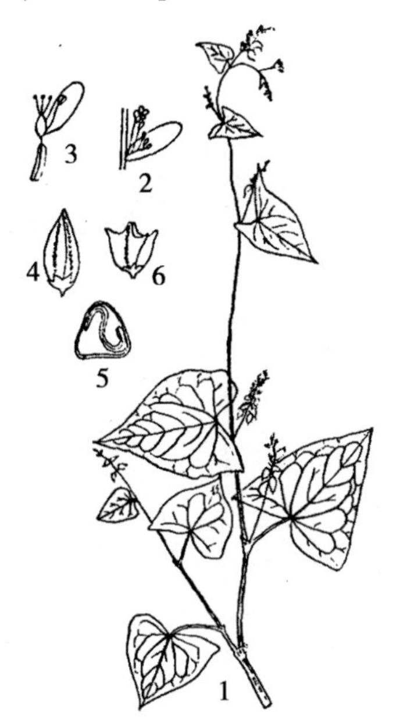

图 2－7　苦荞麦 *F. tataricum*（L.） Gaeitn.

1. 枝条；2. 一个聚伞花序簇；3. 一朵花；4. 瘦果；5. 果的横切面；6. 刺苦荞品种的瘦果

（八）细柄野荞麦［*F. Gracilipes*（Hemsl.） Dammet ex Diels］

图 2－8　细柄野荞麦 *F. gracilipes*（Hemsl.） Dammet ex Diels

1. 植株；2. 一个聚伞花序簇；3. 一枝花；4. 瘦果；5. 果的横切面；6. 变种齿翅野荞麦的瘦果

（八）′齿翅野荞麦（变种）［*F. gracilipes*（Hemsl. Dammer ex Diels Var. *Odontopterum*（Gross） Sam.］

（九）岩野荞麦［*F. gilosii*（Hemsl.） Hedberg］

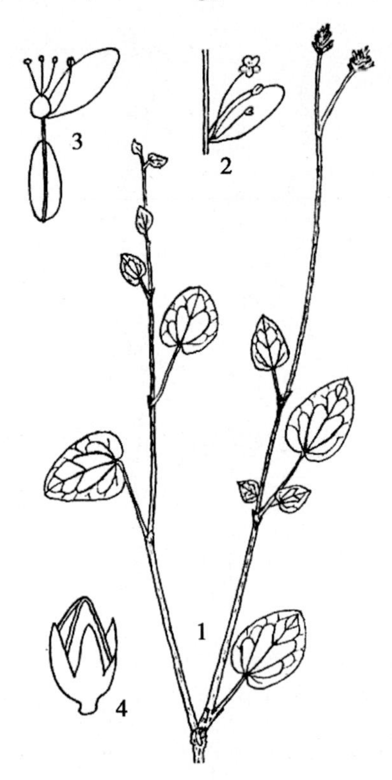

图 2－9　岩野荞麦 *F. gilosii*（Hemsl.） Hedberg

1. 枝条；2. 一个聚伞花序簇；3. 一枝花；4. 瘦果

Ohnishi、Ohsako 和 Matsuoka 等（1991，1995，1998a，1998b，2002）在已证实的荞麦种类的基础上，也在中国四川、云南及其周边地区发现了 8 个新种 2 个亚种：

F. homotropicum Ohnishi；

F. pleioramosum Ohnishi；

F. capillatum Ohnishi；

F. callianthum Ohnishi；

F. rubifolium Ohsara Ohnishi；

F. macrocarpum Ohsara ex Ohnishi；

F. gracilipedoides Ohsara ex Ohnishi；

F. jinsanenes Ohsara ex Ohnishi；

F. escalentum ssp. ancestrale Ohnishi，被认为是甜荞的祖先种（Ohnishi，1998a）；

F. tataricum ssp. *potanini* Batalin，被认为是苦荞的祖先种（Ohnishi，1998b）。

李安仁（1998）提出，中国荞麦的种类是 10 个种和 2 个变种。

10 个种：

栽培甜荞　*F. esculentum* Moench；

栽培苦荞　*F. tataricum*（L.） Gaerch；

细柄野荞麦　*F. gracilipes*（Hemsl.） Dammer ex Diels；

线叶野荞麦　*F. lineare*（sam.） Haraldson；

岩野荞麦　*F. gilesii*（Hemsl.）Hedberg；
小野荞麦　*F. leptopodum*（Diels.）Hedberg；
金荞麦　*F. cymosum*（Trev.）Meisn；
硬枝万年荞　*F. urophyllum*（Bur. et Fr.）H. Gross；
抽葶野荞麦　*F. statice*（Levl.）H. Gross；
尾叶野荞麦　*F. caudatum*（sam）A. J. Li，comb. nov。

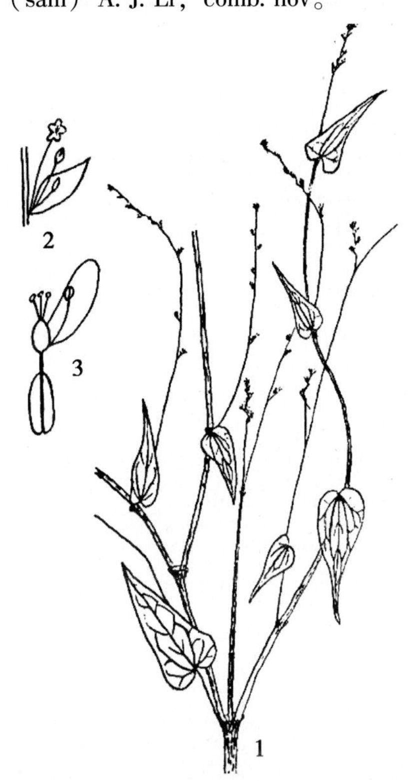

图 2-10　尾叶野荞麦　*F. caudatum*（sam）A. J. Li，comb. nov
1. 枝条；2. 一个聚伞花序簇；3. 一朵花

2 个变种：
齿翅野荞麦　*F. gracilipes*（Hemsl.）Dammer ex Diels *Var. Odontoptenum*（Gross）Sam.
疏穗小野荞麦　*F. leptopodum*（Diels）Hedberg *Var. grossii*（Levl.）sam.

陈庆富（1999）报道了 3 个野生荞麦新种：
左贡野荞　*F. zuogongense* Q-F chen；
大野荞　*F. megaspartanium* Q-F chen；
毛野荞　*F. pilus Q-F chen*。

Takanoki Ohsako、Kyoko Yamane 和 Ohmi Ohnishi 等（2002）认为，中国境内分布的荞麦属植物种类（种，变种和亚种）共有 19 个，其中包括 2 个栽培荞麦种和 17 个野生荞种。报道的采自云南的野生荞麦新种：
纤梗野荞麦　*F. gracilipedoides* Ohsaro ex Ohnishi；
金沙野荞麦　*F. jinshaenes* Ohsako ex Ohnishi；

苦荞近缘野生种（苦荞亚种）*F. tataricum ssp. Potanini* Batalin。

陈庆富等（2004）认为，*F. homotropicum* ohmishi 实际上是栽培甜荞的变种 *F. esculentum Var. homotropicum*（Ohnishi）Q. F. Chen.

夏明忠等（2007）报道，四川汶川县的花叶野生荞 *F. polychromofolium* A. H. Wang、M. Z Xia、J. L. Liu & P. Yang、S. P. Nov.

刘建林等（2007）报道，四川凉山彝族自治州的野生荞麦新种：

密毛野荞麦 *F. densonllosum* j. L . Liu；

皱叶野荞 *F. aispatofolium* j. L. Liu。

赵佐成等（2007）认为，中国的苦荞及其近缘野生种有10个。

夏明忠、王安虎等（2008）综合上述研究认为，至2008年，中国荞麦属植物已有23个种、3个变种和2个亚种，其中，栽培荞麦2个。

中国荞麦属植物的23个种：

金荞麦　*Fagopyrum Cymosum*（Trer.）Meisn；
硬枝万年荞　*F. urophyillam*（Bur ex Fr.）H. Gross；
抽葶野荞麦　*F. statice*（Levl.）H. Gross；
荞麦　*F. esculentum* Moench；
小野荞麦　*F. leptopodum*（Diles）Hedberg *Var. grossii*（Levl.）sam；
线叶野荞麦　*F. Lineare*（Sam.）Heraldsom；
苦荞麦　*F. tataricam*（L.）Gaertn；
细柄野荞麦　*F. gracilipes*（Hemsl.）Dammer ex Diels；
岩野荞麦　*F. gilosii*（Hemsl.）Hedberg；
尾叶野荞麦　*F. Caudatum*（sam）A. J. Li，camb，nov；
F. Pleioramosum ohnishi；
F. capillatum ohnishi；
F. callianthum ohnishi；
F. rubifolium ohsaka ex ohnishi；
F. macrocarpum ohsara ex ohnishi；
左贡野荞　*F. Zuogongense* Q-F chen；
大野荞　*F. megaspartanium* Q-F chen；
毛野荞　*F. pilus* Q-F chen；
纤梗野荞麦　*F. gracilipedoides* ohsaka ex ohnishi；
金沙野荞麦　*F. jinshaenes* ohsaka ex ohnishi；
花叶野荞麦　*F. polychromofoliam* A. H. Wang. M. I xia. j. L. Liu&P. Yang. S. P. nov；
密毛野荞麦　*F. densonllosum* j. L. Liu；
皱叶野荞麦　*F. aispatofoliam* j. L. Liu.

中国荞麦属植物3个变种：

齿翅野荞麦　*F. gracilipes*（Hemsl.）Dammer ex Diels；
疏穗小野荞麦　*F. leptopodum*（Diels）Hedberg *var. Grossii*（LeVL.）Sam；
栽培甜荞变种　*F. esculentum Var. homotropicum*（Ohnishi）Q-F chen.

中国荞麦属植物2个亚种：

甜荞野生近缘种　*F. esculentum ssp*；
苦荞野生近缘种　*F. tataricum ssp.*
中国荞麦属植物 2 个栽培种：
荞麦　*F. esculencum* Moench；
苦荞　*F. tataricum*（L）Gaerth.

基于上述早期分类以及国内外学者的最新研究发现，中国分布的荞麦属植物可归纳为 26 个种、2 个亚种和 2 个变种（表 2－1）。

表 2－1　中国分布的荞麦属种、亚种和变种表

序号	种	亚种或变种
1	*Fagopyrum esculentum* Moench.（甜荞）	ssp. *ancestrale* Ohnishi（甜荞祖先种）（Ohnishi，1998a）
2	*F. tataricum* Gaertn.（苦荞）	ssp. *potanini* Batalin（苦荞祖先种）（Ohnishi，1998b）
3	*F. cymosum*（Trev.）Meisn.（金荞麦）	
4	*F. gilesii*（hemsl.）Hedberg［心叶野荞麦（岩野荞麦）］	
5	*F. gracilipes*（Hemsl.）Dammer ex Diels.（细柄野荞麦）	var. *odontopterum*（Gross）Sam.（齿翅野荞麦）
6	*F. leptopodum*（Diels.）Hedberg（小野荞麦）	var. *grossii*（Levl.）Sam.（疏穗小野荞麦）
7	*F. lineare*（Sam.）Haraldson（线叶野荞麦）	
8	*F. statice*（Tevl.）H. Gross［长柄（抽葶）野荞麦］	
9	*F. urophyllum*（Bur. Ex Fr.）H. gross［硬枝野荞麦（硬枝万年荞）］	
10	*F. caudatum*（Sam.）A. J. Li，comb. Nov［疏穗野荞麦（尾叶野荞麦）］	
11	*F. crispatifolium* J. L. Liu（皱叶野荞麦）	
12	*F. densovillosum* J. L. Liu（密毛野荞麦）	
13	*F. liangshanensis* J. L. Liu（凉山野荞）	
14	*F. megaspartanium* Q-F Chen（大野荞麦）	
15	*F. pilus* Q-F Chen	
16	*F. polychromofolium* A. H. Wang，M. Z. Xia，J. L. Liu & P. Yang（花叶野荞麦）	
17	*F. zuogongenes* Q-F Chen（左贡野荞麦）	
18	*F. gracilipedoides* Ohsako et Ohnishi（纤梗野荞麦）	
19	*F. homotropicum* Ohnishi	
20	*F. jinshaenes* Ohsako et Ohnishi（金沙野荞麦）	

（续表）

序号	种	亚种或变种
21	*F. macrocarpum* Ohsako & Ohnishi	
22	*F. pleioramosum* Ohnishi	
23	*F. rubifolium* Ohsako & Ohnishi	
24	*F. callianthum* Ohnishi	
25	*F. capillatum* Ohnishi	
26	*F. kashmirianum* Munshi（米荞）	

荞麦属有两个栽培种，即甜荞（*Fagopyrum esculentun* Moench）和苦荞［*F. tataricum*（L.）Gaerth］，在我国广泛种植。此外，还有米荞（F. kashmirianum），在我国也有少量种植。甜荞类籽实为三棱、无腹沟，棱翅无或有；米荞与苦荞籽粒圆锥形，因有腹沟，同属苦荞类，其区别是：苦荞无翅（刺）或有翅（刺），腹沟明显；而米荞无翅（刺），腹沟退化，皮壳薄，果实（籽粒）会自然爆裂，易脱米（图 2-11）。

图 2-11　甜荞、苦荞、米荞籽粒图

三、中国荞麦属分类检索表

（一）分类检索表

叶能干等（Ye and Guo，1992）提出了中国分布的荞麦属 10 个种的检索表（表 2-2）。

表 2-2　中国荞麦属分种检索表

1. 茎长 1cm 以上，上部的节间很长，几无叶，“木贼状”，聚伞花序簇基于花序柄的顶部，呈头状 ………………………………………………………… 9. 岩野荞麦

1. 植株不像上述者。

　2. 多年生植物，茎基部木质化，有地下茎，花柱异长。

　　3. 植株高大；叶茎生，较大，长 5cm 以上，可达 10cm，花序顶生或腋生，花梗关节明显，花从关节处脱落。

　　　4. 叶近正三角形，基部多戟状，较尖；花序分支呈伞房状，果较大，长 >5mm；露出宿存花被 1 倍以上 ………………………………………………………… 3. 金荞麦

　　　4. 叶形变化大，较长，基部耳形，圆钝；花絮分支组成疏松的圆锥状，果较小，长约 3.5mm 露出于宿存花被 1 倍以下 ………………………………………………… 4. 硬枝万年荞

　　3. 植株较小；叶多茎生，较小，长 5cm 以下，花序顶生，细长，花从花托的基部脱落 ……… 5. 抽葶野荞麦

2. 一年生植物，茎革质，无地下落，花柱异长或等长。

5. 花柱异长；瘦果表面平滑或凹，棱角锐利。

6. 栽培植物，果大，长 >5mm，露出于宿存花被 1 倍以上…………………………………………… 1. 甜荞

6. 野生植物，果小，长 <5mm，微露出或包被于宿存花被中。

7. 叶近三角形，基部平截或箭形 ………………………………………………………………… 6. 小野荞麦

7. 叶线形，基部戟形 ……………………………………………………………………………… 7. 线叶野荞麦

5. 花柱等长；瘦果表明平滑或凹有沟槽，棱角锐利或钝。

8. 栽培植物；叶较大，宽可超过 5cm，黄花绿色；果较大，长可超过 5cm，表明有沟槽，棱角钝，果露出于宿存花被 1 倍以上……………………………………………………………………………………………… 2. 苦荞

8. 野生植物，叶较小，宽不超过 5cm，花白色或粉红色，果较小，长约 3mm，表面平滑或凹，棱角锐利或有翅，果微露或包被于宿存的花被中……………………………………………………… 8. 细柄野荞麦

（二）Ohnishi O.（1995）发表了荞麦属 14 个种的检索表（略）。

（三）王安虎等（2012）发表了中国荞麦属植物分种检索表（表 2－3）。

表 2－3　荞麦属植物分种检索表

1. 茎长 1m 以内，上部的节间很长，几无叶，“木贼状”，聚伞花序簇集于花序柄的顶部，呈头状 …… 岩野荞麦

1. 植株不像上述者。

2. 多年生植物，茎基部木质化，有地下茎，花柱异长。

3. 植株高大；叶茎生，较大，长 5cm 以上，可达 10cm，花序顶生和腋生，花梗关节明显，花从关节处脱落。

4. 叶近正三角形，基部多戟状，较小；花序分枝呈伞房状；果较大，长 >5mm，露出于宿存花被 1 倍以上……………………………………………………………………………………………… 金荞麦

4. 叶形变化大，较长，基部耳形，圆钝；花序分枝组成疏松的圆锥状；果较小，长约 3.5mm，露出于宿存花被 1 倍以下……………………………………………………………………………… 硬枝万年荞

3. 植株较小；叶多基生，较小，长 5cm 以下，花序顶生，细长，花从花托的基部脱落………… 抽葶野荞麦

2. 一年生植物，茎草质，无地下茎，花柱异长或等长。

5. 花柱异长；瘦果表面平滑或凹，棱角锐利。

6. 栽培植物，果大，长 >5mm，露出于宿存花被 1 倍以上 …………………………………………… 荞麦

6. 野生植物，果小，长 <5mm，微露出或包被于宿存花被中。

7. 叶近三角形，基部平截或箭形……………………………………………………………………… 小野荞麦

7. 叶线形，基部戟形…………………………………………………………………………………… 线叶野荞麦

7. 叶多形，肉质、稍肉质或厚纸质，上面具灰色或灰白色斑块；花疏散或间断排列，在顶端具明显关节……………………………………………………………………………………………………… 花叶野荞

5. 花柱等长，瘦果表面平滑或凹或有沟槽，棱角锐利或钝。

8. 栽培植物；果较大，长可超过 5mm，露出于宿存花被 1 倍以上 ……………………………… 苦荞麦

8. 野生植物；果较小，长不超过 3mm，微露或包被于宿存的花被中。

9. 叶表面泡状突起，叶缘皱波状，具不规则波状圆齿、圆齿或小圆齿；聚伞花序在花序轴上排列较密集………………………………………………………………………………………………… 皱叶野荞麦

9. 叶表面较平坦或具细皱纹和小泡状突起，叶缘全缘或浅波状；聚伞花序在花序轴上排列疏散或较疏散。

10. 全株密被短毛或长毛；茎枝较粗壮，节较密集；叶在表面具细皱纹和小泡状突起 … 密毛野荞麦

10. 全株密被微糙毛或近无毛；茎枝较细弱，节较疏散；叶在表面近平坦 ……………… 细柄野荞麦

（黑体字为王安虎等增加的新种，以示与叶能干表 2－2 的区别）

（四）陈庆富（2012）：荞麦属自然种类的形态检索表（表2－4）。

表2－4　荞麦属自然种类的形态检索表

荞麦属分大粒组和小粒组，大粒组6个自然种类，小粒组16个自然种类，这些种类的形态检索表如下所述。

（1）厚而折叠的子叶位于瘦果的中央————荞麦属（*Fagopyrum*）————（2）

（2）a. 瘦果大、无光泽，长于宿存花被片50%以上，花朵蜜腺发达、黄色————大粒组————（3）

b. 瘦果小，有光泽，与宿存花被片近等长，花朵蜜腺不明显————小粒组（4）

（3）a. 根茎膨大不明显，一年生，种子萌发时胚轴快速生长，促使种子出苗，属于幼苗————类型Ⅰ————（5）

b. 根茎膨大，多年生，种子萌发时子叶柄快速生长，促使种子出苗，属于幼苗类型————Ⅱ————（6）

（5）a. 花鲜艳，较大————（7）

b. 花绿色，较小————苦荞 *F. tataticum*

（6）a. 种子饱满，花和果较多————（8）

b. 种子不饱满，花和果实较小———— 四倍体金荞 *F. cymosum*

（7）a. 果实表面无柔毛————甜荞 *F. esculentum*

b. 果实表面密被短柔毛————佐贡野荞 *F. zuogonggense*

（8）a. 叶、花、果较大，叶柄和叶背柔毛稀少————大野荞 *F. megaspartanium*

b. 叶、花、果较小，叶柄和叶背密被柔毛————毛野荞 *F. pilus*

（4）a. 地下根茎木质、有腋芽，多年生————（9）

b. 地下根茎木质不显著、无腋芽，一年生————（10）

（9）a. 植株较大，枝条较粗而长，木质化显著，呈小灌木————硬枝万年荞 *F. uro-phyllum*。

b. 植株矮小，枝条细小，木质化不显著————抽亭野荞 *F. statice*

（10）a. 果实较大，一般4mm左右————（11）

b. 果实较小，一般3mm左右或以下————（12）

（11）a. 子叶圆形，叶背面被柔毛———— *F. macrocarpum*

b. 子叶长圆形，叶背面无柔毛———— *Fcalianthum*

（12）a. 叶线状————线叶野荞 *F. lineare*

b. 叶其他形状————（13）

（13）a. 叶褶皱，不平整————皱叶野荞 *F. crispatifolium*

b. 叶其他形状————（14）

（14）a. 叶尾状————尾叶野荞 *F. crispatifolium*

b. 叶其他形状————（15）

（15）a. 叶小而厚实，后期呈红色———— *F. rubifolium*

b. 叶其他特征————（16）

（16）a. 植株密被柔毛————密毛野荞 *F. densouillosum*

b. 植株柔毛较少————（17）

（17）a. 花序重叠，头状————岩野荞 *F. gilesii*

b. 花序其他特征————（18）

（18）a. 5个花被片大小均等，较低位置的2个被片缺乏绿色条纹，瘦果很小、1.5～2mm————长————（19）

b. 花被由2个较小的被片和3个较大的被片所组成，位置较低的较小被片有绿色条 纹，瘦果约3mm

长—————— （20）

（19）a. 叶肉质、无光泽——————金沙野荞 *F. jinshaerse*

b. 叶表面较粗糙——————小野荞 *F. leptopodum*

（20）a. 托叶鞘和茎柔毛较少—————— （21）

b. 托叶鞘和茎密被柔毛—————— （22）

（21）a. 枝条直立—————— *F. capillatum*

b. 枝条细长、平卧—————— *F. pleioramosum*

（22）a. 花柱同长、自交可育——————细柄野荞 *F. gracilipes*

b. 花柱异长、自交不亲和——————拟细柄野荞 *F. gracilipedoides*

第二节　苦荞的植物学特征

图 2－12　苦荞 *Fagopyrum tataricm*（L.）Gaertn（马建生绘图）

1 植株上部；2 果实具宿存花被

一、根

苦荞的根为直根系，有定根和不定根。

定根包括主根和侧根两种。主根由萌发种子中的幼根，即胚根发育而来，又叫初生根，初呈白色、肉质，随着生长、伸长逐渐衰老、变坚硬，呈褐色或黑褐色。主根伸出 1～2d 后其上产生数条支根，支根上又产生二级、三级支根，统称侧根，又叫次生根。主根垂直向下生长，较侧根粗长，侧根近水平生长，上部的较粗，往下侧逐渐变细。侧根在形态上比主根细，入土深度不及主根，但数量很多，一般在主根上可产生 50～100 条侧根，侧根不断分化，又产生小的侧根，构成了较大的次生根系。侧根在苦荞的生育中不断产生，新的侧根都呈白色，稍后成褐色。侧根吸收水分和养分的能力很强，对苦荞的生命活动起着极其重要的作用。

不定根主要发生在靠近地表的茎、枝上。不定根发生晚于主根，也是一种次生根。初生时呈乳头状，以后迅速生长，接近地表。有的和地面平行生长，随后伸入土壤中发育成支持根，也有的发育停滞裸露地上。在地表的支持根受光线照射后常呈紫色。不定根的数量因品种及环境条件的差异多有变化，一般为几十条，多的可达上百条，少的只有几条（图 2－13）。

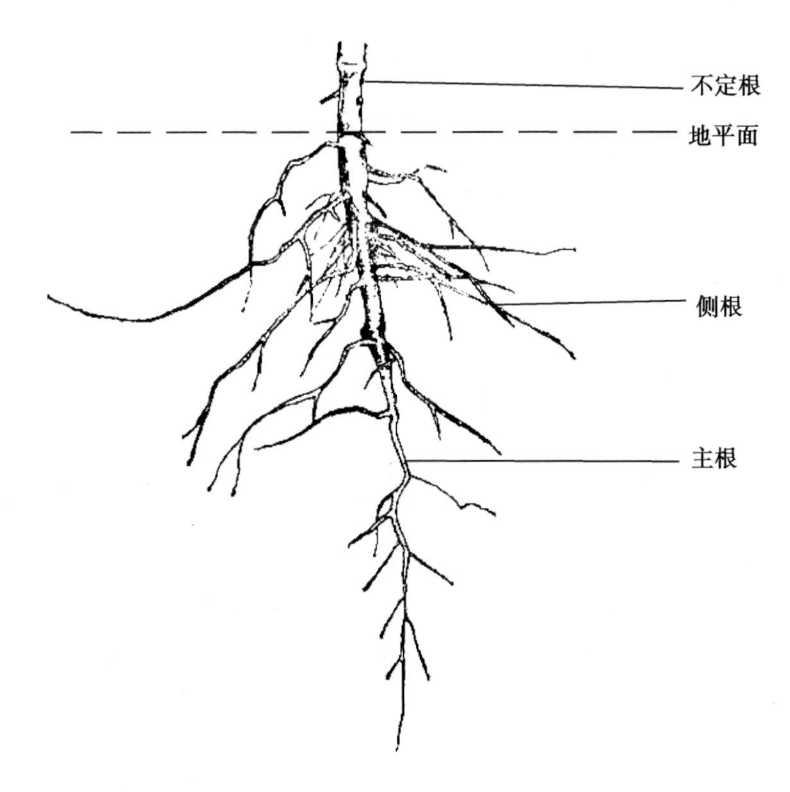

图 2－13　苦荞的根

二、茎

苦荞茎直立，高 60～150cm，有高达 200～300cm。茎为圆形，稍有棱角，多为绿色。节处膨大，略弯曲。节间长度和粗细取决于茎上节间的位置，一般茎中部节间最长，向上下两头节间缩短，基部节间短而粗，顶部节间短且细。分枝于茎节叶腋处长出，在主茎节上侧生的分枝为一级分枝，在一级分枝的叶腋处生出的分枝叫二级分枝，在良好的栽培条件下，还可在二级分枝上长出三级分枝。

茎的基部，即下胚轴延伸部分，常形成不定根，茎的中部从子叶节到始现果枝的分枝区，其长度因分枝性而不同，分枝性越强，分枝区长度就越长，茎的顶部从果枝始现至茎顶，只形成果枝，是苦荞结实区。

苦荞的株高，主茎分枝数和主茎节数由品种内遗传物质和环境因素共同决定。唐宇、赵钢等（1990）的研究表明，苦荞株高、主茎节数的广义遗传力分别为71.44%、74.66%和49.3%，可见株高、主茎节数的遗传力较高，这两种性状在遗传上比较稳定，而分枝数遗传力较低，受环境影响较大。

三、叶

叶是苦荞重要的营养器官，有子叶（胚叶）、真叶和变态叶—花序上的苞片：

子叶在苦荞种子发育过程逐渐形成。种子萌发时，子叶出土，共有两片，对生于子叶节上，外形略呈圆形，长径1.5～2.0cm，横径1.5～2.2cm，两侧近对称，具掌状网脉。出土后因光合作用子叶由黄色逐渐变成绿色，有些品种的子叶表皮细胞中含有花青素，微带紫红色。

真叶由叶片、叶柄和苞叶3部分组成（图2－14）。

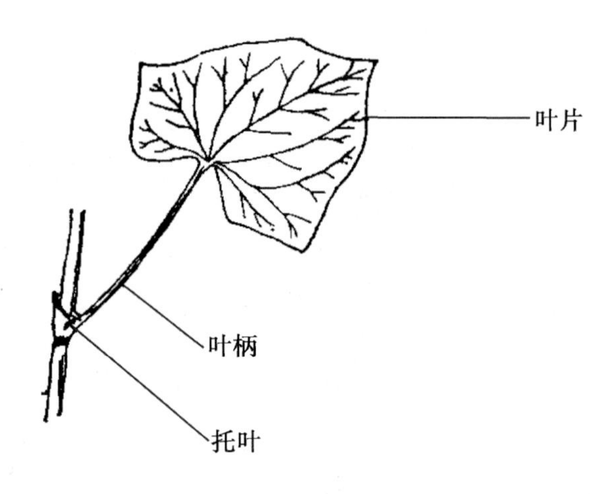

图2－14　苦荞的真叶

叶片近于宽三角形或近戟形，基部微心形或戟形，叶长宽近相等，或宽径大于长径，顶端极尖，全缘。叶片较光滑，仅沿边缘及叶背脉序处有微毛，脉序为掌状网脉，中脉连续直达叶片尖端，侧脉自叶柄处开始往两边逐渐分枝至消失。叶片为绿至深绿色。有品种自叶基叶脉处带花青素而呈紫红色。

叶柄近圆形或扁圆形，向茎面具纵沟，沟边被毛或突起，绿色，日光照射的一面可呈紫红色。叶柄的长度不等，位于茎中，下部的叶柄较长，可达7～8cm基至更长，在茎上互生，与茎的角度常呈锐角。

托叶合生如鞘，称为托叶鞘，在叶柄基部紧包着茎，形状如短筒状，顶端偏斜，膜质透明。基部常被微毛，随着植株的生长，位于植株下部的托叶鞘逐渐衰老成腊黄状。

在苦荞花序上还着生鞘状苞片，是叶的变态，其形状很小，长2～3cm，片状半圆筒形，基部较宽，从基部向上逐降倾斜成尖形，绿色，被微毛。苞片具有保护幼小花蕾的作用。

苦荞的叶因适应环境，叶形变化较大。同一植株上，因生长部位不同，受光照不同，使叶形不断变化；不同生育期叶的大小及形状也不一样，植株基部叶片形状呈卵圆形，中部叶片形状似心脏形且较大，顶部叶片形状渐趋箭形，并变小（图 2－15）。

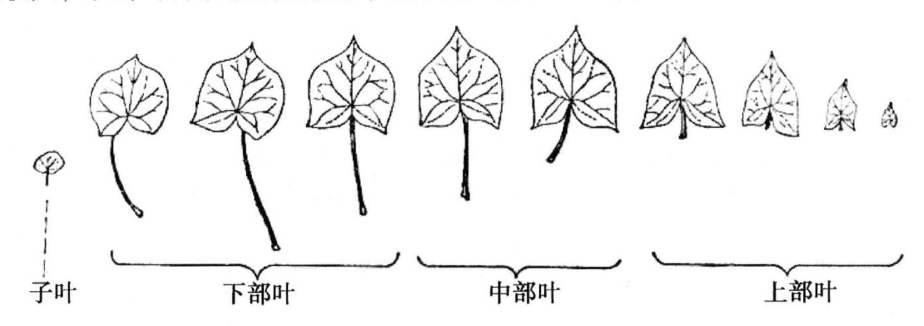

图 2－15　苦荞植株上叶形及叶柄的变化

四、花序和花

苦荞的花序着生于分枝的顶端或叶腋间。叶能干（1994）认为，苦荞的花序是混合花序，即总状、伞房状和圆锥状排列的螺状聚伞花序。花序开花顺序每簇花由内向外，离心方向，具有聚伞花序类的特征，而整个花序的开花顺序基本上是从下至上的总状花序特征（图 2－16）。

苦荞花为两性花，单被，由花被、雄蕊和雌蕊组成。

花被一般 5 裂，呈镊合状，彼此分离，花被片较小，呈狭椭圆形，具 3 条脉，长 2mm，宽 1mm，呈淡黄绿色，基部绿色，中上部为浅绿色。

图 2－16　苦荞的叶、花和花序

雄蕊由花丝和花药构成，8 枚，环绕子房排成两轮，外轮 5 枚，其中，1 枚单独分布，其余 4 枚呈两两靠近，着生于花被交界处，花药内向开裂；内轮 3 枚，着生于子房基部，花药外向开裂。花丝浅黄色，长约1.3mm，内轮雄蕊与花柱等长或略长于花柱。花药粉红色，似肾形，有两室，其间有药隔相连，花柱在花丝上着生为背着药方式。花药内花粉粒较少，仅80~100粒，近长球形至长球形，P/E=1.31（1.25~1.38）。赤道面观椭圆形，极面观三裂圆形，轮廓线为细波浪状，大小为35.7（33.0~37.4）μm×26.2（24.0~27.2）μm。具3孔沟，沟长几达两极，沟宽约2.0μm，两端尖，具沟膜，沟膜具颗粒，内孔圆形孔径为3.2μm. 外壁厚为3.4μ，外壁外层为内层的2倍厚。柱状层小柱具分枝，常3~6分枝着生在一个基干上，小柱间的空隙明显且均匀，外壁纹饰在光镜下为细网状，在扫描电镜下网眼有棱角，每一沟间区赤道路线上具19~20个网眼，网眼不拉长，网脊不具明显的峰（图2-17）。

雌蕊为三心皮联合组成，其长度约为1mm，与花丝等长，子房三棱形，上位一室，白色或绿白色，长0.9mm，是花柱的3倍；花柱3枚，长0.3mm，柱头分离，膨大呈球状，有乳头突起，成熟时有分泌液。

图2-17　苦荞的花和花序

五、果实和种子

苦荞的果实称瘦果，呈锥状卵形，大小为4.3（5.3）mm×3.5（3.5）mm。花被宿存或脱落。果实下部膨大，上部渐狭，具三棱脊，棱脊圆钝，明显突起。果皮粗糙，无光泽，常呈棕褐色、黑色或灰色，千粒重12~25g（图2-18）。

从果实的横断面观察，果实由果皮和种子组成。

果皮由雌蕊的子房发育而来，较厚，俗称荞麦皮（壳）。由一层细胞壁增厚，外壁角化被有角质膜的外果皮和排列不整齐、形状不一致的数层厚壁细胞组成的中果皮，其下由2~3层明显横向延长成棒状细胞的横细胞和1层管状细胞为果皮的内果皮（内表皮）组成。在完全成熟后，整个果皮的细胞壁都加厚且木质化，以增加其硬度。

图2－18　苦荞的果实和种子

果皮内是种子，种子由种皮、胚乳和胚组成。种皮由胚珠的内外珠被发育而来，厚8～15μm，分内外两层，外层来自外珠被，由两层细胞组成，其中，外面细胞角质化，有较厚的角质层；内层由内珠皮发育而来，紧贴糊粉层，果实成熟后变得很薄，种皮具色素，呈黄绿色、淡绿色等。

胚乳包括糊粉层和淀粉组织，占种子绝大部分。糊粉层在胚乳外层，大部分为长方形双层细胞，排列较紧密整齐，厚15～24μm。糊粉层细胞有大而圆形或椭圆形的细胞核，细胞内不含淀粉，而含多量蛋白质、脂肪、维生素和糊粉粒。淀粉组织在糊粉层内层，细胞较大，壁薄，呈多面形，其中充满淀粉粒。淀粉粒多呈多边形，很小，大部分构成复合淀粉粒。

胚位于种子中央，嵌于胚乳中，横断面呈“S”形，占种子总重量的20%～30%。胚实质上是尚未成长的幼小植株，由胚根、胚轴、子叶和胚芽4部分组成（图2－19）。胚根位于胚的最下面，其顶端被大型的根冠细胞包被着，所以稍微透明。胚根内部已能区别出未来的表皮、皮层和中柱，其上面和胚轴没有明显的界限；胚轴的组织也有分化，表皮、皮层、原形成层和髓部都能区分出来；子叶是胚最发达的部分，片状，宽大而折叠，在一定程度上分化成表皮和叶肉，叶肉还可以区分出栅状组织和海绵组织，在叶肉中可以看到束状的形成层；子叶柄尚不明显，合生的基部位于胚芽上方；胚芽没有分化，只有一个微小突起的生长点。

种子三棱锥状，大小为3.4（3.6）mm×2.9（3.4）mm。中下部膨大，基部近平截，微内陷，上部渐狭。具三棱脊，棱脊呈浑圆条状突起，浅黄色，其他部分绿色。条纹纹饰，条纹显著，急度弯曲；或者条纹浅，其间形成沟漕或丘状突起。

图 2－19　苦荞籽粒的纵、横剖面

六、苦荞与甜荞的主要形态差异

苦荞与甜荞的植物学特征是不同的，其主要形态区别如表 2－5 所示。

表 2－5　栽培荞麦（苦荞和甜荞）的主要形状区别

器官	苦荞 (*F. tataricum* Gearth)	甜荞 (*F. esculentum* Moench)
幼苗	子叶小，淡绿色至浓绿色	子叶大，常有花青素色泽
根	有菌根	无菌根
茎	粗矮、绿色，分枝性较小，常光滑	细长浅红绿色，分枝性大，棱角明显
叶	戟形、较圆，基部有明显的花青素斑点	三角形或心脏形，基部有或无不明显的花青素
花序	稀疏总状花序	总状花序，少部果枝为伞形花序
花	较小、无香味、黄绿色、雌雄蕊等长，自花授粉	较大、有香味，白色或粉红色两型花，自交不育，适于异花授粉
果实	较小，锥卵形，果皮表面粗糙，棱基波状，中央有深凹陷	较大，三棱形，表面与边缘平滑光亮，棱角明显

第三节　苦荞的生长发育

一、苦荞的一生

作物的一生，习惯上指一个周期，泛指从种子萌发开始到新种子的形成。确切地说，一个生命周期始于受精生于合子，一旦受精结束，便是新生命的开始，而种子萌发是有生命的种子由休眠状态重新进入旺盛的生命活动过程，即进入新的生长发育时期。

农业生产中，作物栽培是以种子播种为开端，种子萌发为生长发育的开始，收获成熟种子为作物生命周期的结束。农业科学研究中的田间试验观察记载，又以种子出苗至种子成熟经历的天数为作物的生育期，把播种当日至种子成熟经历的天数成为作物的全生育期。

苦荞在我国分布范围很广，从南到北均有种植。苦荞生育期的长短各不相同，有 60d 即可成熟的早熟种，也有需 120d 以上方可成熟的晚熟种（表 2－6）。苦荞生育期的长短除受品种固有遗传特性决定外，还受种植地区光温自然条件及栽培条件的综合影响。即使同一品种，由于栽培地区不同，其生育日数也不相同（表 2－7）。

表 2－6　苦荞品种的生育日期

（林汝法，太原，1990）　（日/月）

品种名称	播种	出苗	现蕾	开花	成熟	生育期（d）	全生育期（d）
坝 18	15/6	21/6	19/7	25/7	18/9	88	95
黑粒苦荞	15/6	21/6	25/7	6/8	25/9	95	102
伊盟苦荞	15/6	21/6	25/7	7/8	27/9	97	104
密 1	15/6	21/6	23/7	31/7	14/9	84	91
密 2	15/6	21/6	23/7	31/7	14/9	84	91
79－22	15/6	21/6	23/7	31/7	27/9	97	104
5－7	15/6	21/6	25/7	10/8	8/10	108	115
白苦荞	15/6	21/6	1/8	10/8	8/10	108	115
苦荞 M－27	15/6	21/6	25/7	2/8	27/9	97	104
额洛乌且	15/6	21/6	27/7	6/8	27/9	97	104
额阿姆	15/6	21/6	26/7	6/8	27/9	97	104
凤凰苦荞	15/6	21/6	21/7	25/7	18/9	88	95
黑苦荞	15/6	21/6	23/7	30/7	14/9	84	91
圆子荞	15/6	21/6	27/7	7/8	28/9	98	105

苦荞的一生不论长短，都要经历一系列形态特征的变化，这些变化在植株外部形态上的表现是根、茎、叶、花和果实（籽实）器官的发育和形成，其形成期可分为种子萌发、出苗、现叶（真叶出现）、分枝、孕蕾、开花、灌浆和成熟（图2－20）。

表2－7　苦荞品种异地种植的生育日数

（全国荞麦生态试验，1989）

品种	吉林长春	乌鲁木齐	陕西榆林	河北保定	山西太原	青海西宁	云南永胜	贵州威宁	福建建阳
坝18	89	93	65	92	113	123	78	82	77
伊盟苦荞	94	×	90	108	112	108	86	99	78
凤凰苦荞	88	68	76	88	83	108	86	94	75
黑籽荞	92	94	89	98	111	108	86	98	62
白苦荞	89	×	81	98	87	99	80	94	76

注：×为不能成熟

苦荞的全生育过程可划分为营养生长阶段和生殖生长阶段。从种子萌发开始到第1花序形成，是苦荞根、茎、叶等营养器官分化形成为主的营养生长阶段；从第1花序形成到种子成熟，是花果（籽实）等生殖器官形成的生殖生长阶段。需要指出的是，苦荞属无限生长类型，只要温度、光和营养条件适宜，新的花和花序就不断形成、开放；在同一植株上，存在着发育程度极不一致的花、花序和果实。因此，苦荞第1花序形成前是纯营养生长阶段，第1花序形成后直到籽实形成，营养生长和生殖生长无法截然分开，既非纯营养生长阶段，也非纯生殖生长阶段，故在苦荞生长中可将营养生长和生殖生长两大阶段分为3个生育时期：①生育前期，从种子萌发到第1花序形成的纯营养生长时期的苗叶期；②生育中期，从第1花序形成到现蕾、开花的营养生长是和生殖生长并进的花枝期；③生育后期，从开花—灌浆—成熟以生殖生长为主、营养生长为辅的籽粒期。苦荞不同生育时期反映了不同器官分化形成的特异性和不同的生长发育中心，以及各生育中心的转变和对环境条件要求的差异（图2－21）。

图2－20　苦荞的不同生育时期

二、苦荞的生育特点

1. 苦荞是短日照作物，能较快地完成生命周期。一般早熟品种需60～70d，中熟品种需71～90d，晚熟品种需91d以上，生产用种多为中、早熟品种。

2. 苦荞性喜温暖阴湿气候。生育期间要求0℃以上积温1 146.3～2 103.8℃。发芽温度范围很广，为15～30℃，生育适宜温度为18～22℃，在温度13～33℃时均可生育，中国北方多一年一季，于晚春、初夏播种；南方多一年两季或多季，春荞、秋荞或春荞、秋荞和冬荞。

3. 苦荞是短日照非专化性作物，对日照要求不严格，无论在长日照或短日照下均能生长发育、开花结果，而短日照下可促进植株发育，缩短生育期。

4. 苦荞在其生育周期中，前期短暂，中后期较长。对气候要求前期少雨、温暖，中期湿润，后期清凉，即阳光充足、昼夜温差大而凉爽的气候条件。

5. 苦荞适应性强。任何土壤包括不适宜其他作物生长的瘠薄地或微酸性土壤均可种植，是新垦地、复耕地的先锋作物。

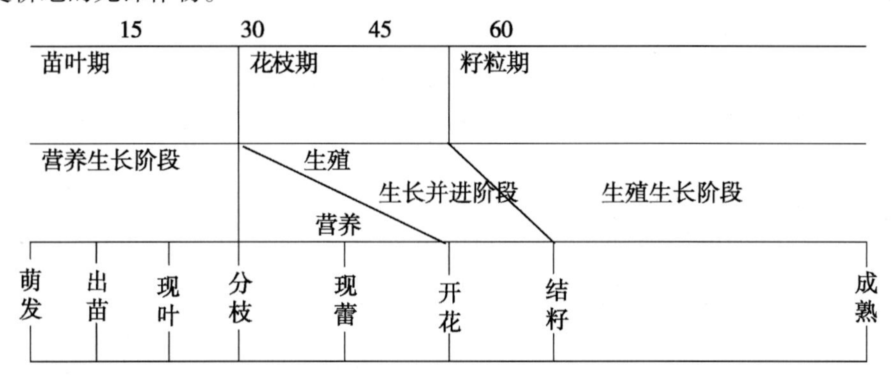

图 2－21　苦荞生育时期划分示意图

三、温光生态特性

（一）苦荞的感温性

1. 温度对苦荞生育阶段的影响

苦荞品种不同，其生产期长短也不同。相同品种播种期不同，其生育期长短亦不相同。郝晓玲（1988）进行苦荞分期播种试验结果表明，温度对九江苦荞生育前期，即始花期前各发育阶段影响大，始花至成熟阶段影响相对较小。分析结果是：

$y=5\ 091\times 0.912^{x}$（R＝0.9997）

表明温度（x）与苦荞出苗至始花日数（y）之间的关系呈指数函数关系，即温度对苦荞生殖生长具有明显的促进作用，随着温度（x）的升高，出苗至开花日数（y）逐渐减少。

2. 温度对苦荞出苗的影响

苦荞萌芽出苗要求一定的温度。李钦元观察，苦荞种子在 7～8℃时才可萌发，10～11℃时出苗率可达 80%～90%，郝晓玲（1990）的田间播种试验表明，随着播种期气温的提高，出苗的日数减少。2 月 21 日播种，日均气温 3.3℃，出苗需 38d，6 月播种，日均气温 20℃以上，出苗仅需 4～5d。计算分析表明：

播种至出苗的日均温与出苗日数的相关系数（R）＝－0.8973－0.8865，呈高度负相关。

播种至出苗的相关系数（R）＝0.0645～0.2446，相关系数不明显。

苦荞种子萌发出苗最适宜温度是 15～20℃，发芽势强，发芽率高，胚轴伸长速度快，子叶破土快；温度过低（5℃以下），发芽势弱，发芽率低下，胚轴伸长速度慢，子叶破土慢；温度过高也不利出苗，在 30℃以上高温条件下，种子可萌发，时间较短，但天热地干，胚轴伸长缓慢且易于枯萎，出苗不好。

3. 温度对苦荞植株生长的影响

苦荞喜温畏寒，温度对植株各器官的分化、生长和成长速度的影响颇大。苦荞生长最适宜的温度是 18～25℃；当气温在 10℃以下时，生长极为缓慢，长势也弱；气温降至 0℃左右时，地上部停止生长，叶片受冻；气温降至－2℃时，植株将全部被冻死。唐宇等报道，苦荞植株在不同生育阶段对低温的耐受力不同，苦荞受冻死亡的温度上限是：苗期 0～4℃，现蕾期 0～2℃，开花期 0 ~ 2℃。

苦荞不耐高温和旱风。温度过高，极易引起植株徒长，不利于壮苗，旱风影响植株正常的生理活动和发育。

4. 温度对苦荞花蕾及籽粒形成的影响

苦荞的不同发育阶段对温度的要求有差异。对温度的适应性苦荞大于甜荞，平均气温 12 ~ 13℃时就能正常开花结实，18 ~ 25℃最为适宜。

气候湿润而昼夜有较大温差有利于花蕾及籽粒的形成与发育，而气温低于 15℃或高于 30℃以上干燥天气，或经常性雨雾、大风天气均不利于开花、授粉和结实。

5. 温度对苦荞全生育期的影响

苦荞是喜温作物，对热量有较高的要求。热量通常以积温来表示。李钦元（1987）调查了圆籽荞品种在云南不同海拔高度的生育期和总积温关系，不同海拔生产地的苦荞生育期不同：圆子荞在海拔 1 800m 的生育期是 70d，而在海拔 3 400m 其生育期延长到 170d。海拔升高，平均温度降低，所需总积温也由 1 576℃提高到 1 924℃，增加 348℃；反之，生产地海拔的降低，平均气温增高，生育期缩短，总积温减少。

（二）苦荞的光周期特性

植物的光周期现象是在 1920 年发现的：光照与黑暗交替，会极大地影响植物的开花结实。植物对光周期的不同反应有短日性类型植物、长日性类型植物和中日性类型植物之分，苦荞属短日性类型植物。

1. 纬度与品种生育特性

众所周知，地球上不同纬度地区，日照长短是严格地随着季节而有规律地变化着（图 2 - 22）。在夏季，高纬度地区日照长，低纬度地区日照短；在冬季，高纬度地区日照短，低纬度地区日照长。低纬度地区周年日照变化幅度小，随着纬度的增加，日照变幅增大。

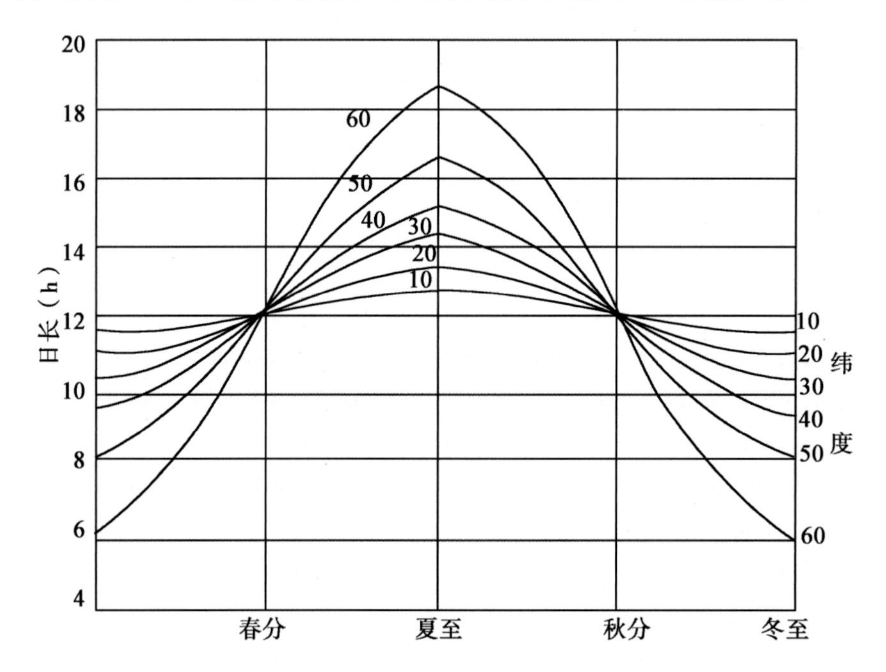

图 2 - 22　不同地理纬度与日照长度

熟性，即生育特性，就是原产于不同地理纬度、不同海拔高度地区的苦荞品种，在当地光照、温度条件的长期影响下，加上人工干预，形成了对光照长短强弱的不同反应，对温度高低的不同要求所表现的生育期。简言之，熟性即品种在生产地的生育日数。一般来说，苦荞品种的短日照特性，依其原产地由低纬度向高纬度递减。原产低纬度、低海拔地区的品种，对短光时反应就敏感；原产于高纬度、高海拔地区的品种，对短光时反应相对迟钝。比较不同纬度地区、不同海拔种植的苦荞品种，就能明显地看出低纬度短日照对苦荞发育的促进作用（表2－8）。

从表2－8可以看出，青海西宁和贵州威宁两地，海拔同为2 250m左右，但纬度差异明显，相差近12°，相同品种同日分种两地，结果是，出苗至始花日数与全生育期日数相差很大，低纬度的威宁比高纬度的西宁提前17.5d和17.2d。

表2－8　纬度对苦荞生育期的影响

（1989年全国荞麦品种生态试验）　　（d）

品种名称	青海西宁：北纬38°45′ 海拔2 295.3m		贵州威宁：北纬26°52′ 海拔2 230m		差数	
	出苗至始花	全育期	出苗至始花	全生育期	苗花期缩短	全生育期缩短
黑粒苦荞	52	107	35	80	17	27
密字1号	57	101	33	79	24	22
圆籽荞	63	105	41	98	22	7
黑苦荞	54	107	47	94	13	13
平均	56.5	105	39	87.85	17.5	17.2

注：播种期5月10日

2. 光时与生育进程

光照在苦荞进化中也具有明显的调节生育进程的作用，即在短光时诱导下，可以明显地促进生殖生长。

由表2－9可见，苦荞出苗至现蕾日数，均随光时的增加而延长，其中均以10h的苗蕾期最短，连续光照24h，苗蕾期最长，6h短光时既抑制了营养生长 也抑制了生殖生长。说明苦荞生殖器官的发育必在一定的营养生长的基础上才能协调进行，生长和发育是相互制约又相互促进的。

表2－9　不同光时处理下苦荞的现蕾期及苗蕾期日数

（郝晓玲，1988～1989）　　（日/月）

品种名称	6h		10h		14h		24h	
	现蕾期	苗蕾期日数（d）	现蕾期	苗蕾期日数（d）	现蕾期	苗蕾期日数（d）	现蕾期	苗蕾期日数（d）
九江苦荞*	20/12	36	14/12	20	22/12	38	20/12	46
云南圆籽荞**	25/1	60	11/1	47	16/1	52	19/2	84
张家口黑苦荞***	12/1	49	9/1	46	13/1	48	4/3	98

注：①*播种期8/11（1988），出苗期14/11（1988）；②**，***播种期13/11（1989），出苗期 ** 26/11（1989），*** 24/11（1989）

光时对株高、植株干重的影响符合 Logistic 曲线规律。阶段影响差异大体上是 6 ~ 8 光时内影响很小，为缓慢期；10 ~ 18 光时影响显著，几乎呈指数增长；18 光时以后影响缓慢至平稳。光时对株粒重的影响为二次曲线方程，6 ~ 16 光时促进了株粒重的增加；超出 16 光时后，因生殖生长显著延缓的缘故，而使株粒重随光时增加逐渐降低。

光时与株粒重的关系表明光时对生殖生长与营养生长的不一致性，有利于发育的最短苗蕾期的最适光时不一定有利于最佳产量的形成。

3. 短光时感应期

植物光周期反应并不是贯穿在全生育过程，而是仅在其花芽形成前的某个阶段。只要在光周期及反应时期的长光时或短光时条件得到满足，即可进入花芽分化时期。叶片是受光器官，自荞麦出苗后即开始受光感应，故苦荞的苗蕾期即光之反应期。

郝晓玲（1989），对苦荞短光照感应期的研究结果是，苦荞出苗后至 30d 每日以 10 光时的短光处理，出苗至显蕾的苗蕾期日数差异显著：1 ~ 10 天 10 光时为 61d，1 ~ 20 天 10 光时为 56d，1 ~ 30 天 10 光时为 50d。

4. 温度对感光性的制约

作物的光周期反应与温度有密切关系，不同作物均有其光周期反应的最适温度。当温度超过或低于某一限度时，将会促进或抑制光周期通过。

低温对短日照的感应有抑制作用。来源于较高纬度、较低海拔生育期 81d 和 93d 的张家口、太原的苦荞品种，种植于纬度较低、海拔较高的西宁地区，尽管生产地有了短日照条件，但因生育期间的温度大大低于品种原产地，低的温度抑制了苦荞的生育和对短日照的感应，使光反应通过时间延长、发育迟缓，生育期延缓至 123d 和 101d。

郝晓玲（1988）试验表明，较高温度对长日照也产生制约作用。温度升高会制约长日照对苦荞发育作用。当日长与气温同步下降，日益降低的温度会表现出对短日照促进发育的抑制作用而使出苗至始花日数的增加。

苦荞的生育期和成熟期是受光照和温度两因素共同作用的结果。由于苦荞光周期特性受到温度的制约，从而在不同光温组合环境中，形成了对感光和感温敏感程度不同的品种。一般来说，高纬度及高海拔地区，苦荞出苗至开花的时间长短，主要受积温的影响，自然光周期的作用较小；而低纬度地区品种发育的迟早快慢，则主要受自然光周期变化的感应。纬度相近的地区，品种的熟性常常与对温度的感应有关，早熟类型感温性较强。

四、苦荞的需水特性

水分是生命不可缺少的，植物体的 70% ~ 90% 是由水分构成的，水分是原生质一切构成成分的基本溶剂。水分在苦荞生长发育（生命过程）中有 3 个基本作用：运输、调节细胞里离子浓度和温度。

（一）萌发

构成苦荞种子的主要应用成分是淀粉、脂肪、蛋白质及纤维素，这些物质大部分是亲水胶体。在种子处于休眠期含水量很低（仅 10% 左右）的条件下，这些亲水胶体物质均呈凝胶状态存在，有很强的黏滞性。种子吸收主要是通过胶体吸胀作用吸水，使种子内含物有黏胶状态转变为溶胶状态，种子明显变大。

黄道源等（1991）研究表明，苦荞种子的吸胀期为 16h 左右。种子在吸胀开始的 4h 内吸收最多，为 23.4%，吸胀结束时，吸收总量约占种子风干重的 35%（表 2 – 10）。

种子吸胀纯粹是一种物理现象，而不是生理作用。种子吸胀阶段吸水量的大小，既决定于种子内含物的化学成分即亲水性，也决定于种子含水量。种子含水量低，胶体吸胀作用大，吸收速度快，播种前晒种就是降低种子含水量促进种子吸水萌动的一项农业措施。

表 2-10 荞麦种子吸胀期间每 4h 的吸水量（mg/50 粒）

（黄道源等，1991）

品种名称	粒干重	0~4h	5~8h	9~12h	13~16h	17~20h	21~24h	总吸水量
甜荞 83-230	1 559	193	98	86	68	44	33	528
苦荞 85-56	720	124	60	48	26	—	—	258

水分是种子萌发的首要条件。种子吸水膨胀后使种皮软化，坚实的皮壳破裂，幼嫩的胚根才能突破外壳伸长。水分可使原生质中的凝胶转变为溶胶，使代谢活动增强，促进胚根和胚轴生长。郝晓玲（1990）研究认为，苦荞种子吸水量达到种子自重（风干）的 60% 左右时，即完成吸胀进入萌发（表 2-11）。而从发芽到幼苗出土还需要更多的水分，一般吸水达到自重（风干）的 3~5 倍后，幼苗才能顺利出土。尤其是在发芽至出苗阶段，吸水量急剧增加（表 2-12）。刚出土的幼苗含水高达 90% 以上，土壤水分不足或过多，均影响出苗和出苗整齐度。苦荞发芽最适宜的土壤含水量为 16%~18%（相当于田间持水量的 60%~70%）。

表 2-11 20℃下荞麦种子萌动时的吸水量

（郝晓玲，1990）

品种名称	种子吸水前风干重（g/千粒）	吸胀完成时重量（g/千粒）	吸水量（g）	占风干重（%）
甜荞 83-230	28.69	47.25	18.56	64.7
九江苦荞	18.15	28.69	10.54	58.1

表 2-12 荞麦从播种至出苗种子吸水情况（111mg/50 粒）

（黄道源等，1990）

品种名称	1d	2d	3d	4d	5d	6d	7d	8d	总吸水量	占种子干重
甜荞 83-230	528	104	104	97	959	1 528	1 756		5 026	326
苦荞 85-56	291	55	46	47	845	888	1 065	1 079	4 316	599

（二）生长阶段

苦荞不同生育阶段对水分的需求不同，各生育期的水分状况对受精结实的影响也不同，出苗后 17~25d 是苦荞需水临界期，此时正值花序和花的分化、性细胞发育时期，干旱将使生殖器官发育不良，进而影响受精结实。在开花结实期，整个植株既要供应开花和籽粒形成所消耗的水分，也要供给最大蒸发所需的水分，因此，对水分的要求很高，其间耗水比出苗到开花期耗水多 1 倍。若水分亏缺，则花果凋谢、植株枯萎。体内正常生理生化过程不能进行，光合作用和呼吸作用下降，向花及籽粒运输的养分减少甚至停止，会造成大量的空秕和不饱满粒。

苦荞是喜湿作物，根系入土较浅，因此，土壤含水量也影响苦荞生长发育，在开花结实期，要求田间持水量不能低于 80%，才能满足水分需要。一般来说，较多的降水和较高的相对湿度对结实有利。空气相对湿度以70% ~80%较适宜。

在大气干旱和土壤缺水的情况下，是极不宜苦荞生育的。

王鹏科（2010）在水分胁迫下荞麦生物体生理活性物质变化研究表明：荞麦开花后，超氧化岐化酶（SOD）、过氧化酶（DOD）、过氧化氢酶（CAT）活性随水分胁迫过程的加剧酶活性呈先升后降的趋势，脂质过氧化产物丙二醇（MDA）和超氧阴离子自由基（O^{-2}），叶绿素含量增加。即便在水分胁迫下，与甜荞相比，苦荞直至生活后期还保持较高的活性，对产量构成因子，株粒重、千粒重和产量的影响要少得多，显示有较强的抗旱性。

五、苦荞的营养特性

苦荞的营养特性是其在生长发育过程中与生境互作的生理和生物化学中的养分需求，即需肥特性。

苦荞是一种既耐瘠又需较多营养元素的作物，每生产100kg 籽粒，需要消耗氮3.3kg、磷1.5kg、钾4.3kg，高于豆类和禾谷类作物，低于油料作物（表2－13）。

表2－13　不同作物形成籽粒吸收的养分　（kg/100kg）

元素	豌豆	春小麦	糜子	荞麦	胡麻	油菜
氮	3.00	3.00	2.10	3.30	7.50	5.80
磷	0.86	1.50	1.00	1.50	2.50	2.50
钾	2.86	2.50	1.30	4.30	5.40	4.30

氮素是苦荞生长发育的必需营养元素，是限制苦荞产量的主要因素，磷素是苦荞生育必需的营养元素，钾素是苦荞营养不可或缺的元素。

关于苦荞的营养特性尚缺研究，但戴庆林等（1988）对于荞麦（甜荞）吸肥规律的研究结果，有益于对苦荞营养特性的认识。

研究表明，荞麦不同生育阶段的营养特性是不同的，荞麦对养分的吸收是随着生育阶段的进展、生育日数而增加。在出苗至现蕾期，由于生长缓慢，对氮、磷营养元素吸收缓慢，磷素的吸收比氮素还要慢；现蕾后地上部生长迅速，对氮、磷元素的吸收量逐渐增加，从现蕾至开花阶段的吸收量约为出苗至现蕾阶段的3倍；灌浆至成熟阶段，氮、磷营养素吸收明显加快，氮素的吸收率也由苗期的1.58%提高到67.74%，磷素的吸收率也有苗期的2.5%提高到68.3%。

荞麦是喜钾的作物，其营养特性：一是体内含钾量较高，吸收钾的能力大于其他禾谷类作物，例如，比大麦高8.5倍；二是荞麦吸收钾的总量比氮素高47.08%，是磷素的2.31倍；三是荞麦各生育阶段对钾吸收量占干物质重的比例最大，高于同期吸收的氮素和磷素，钾的吸收量出苗到现蕾为0.12 ~0.13kg/（d·hm^2），始花期后由0.48kg/（d·hm^2）增加到1.57kg/（d·hm^2），钾素的大量吸收在始花以后；四是荞麦对钾的吸收率随生育进程而增加，在成熟期达到最大值。苗期为1.73%，现蕾期为2.49%，始花期为6.14%，灌浆期增至23.26%，成熟期为66.38%。但钾素在干物质中所占比例以苗期最高，为4.46%。现蕾至成熟期，分别为现蕾3.29%，灌浆2.26%和成熟0.23%。

荞麦吸收氮、磷、钾元素的基本规律是一致的，即前期少、中期增加、后期多，即随生物学产量的增加而增加。同时，吸收氮、磷、钾的比例相对较稳定，除苗期磷比较高以外，整个生育期基本保持在1：0.36 ~0.45：1.76。

参考文献

[1] 李竞雄．玉米、粟类、荞麦［M］．北京：人民教育出版社，1960
[2] С. И. 谢洛夫主编．内蒙古农业科学院情报资料室译．荞麦［M］．1982
[3] 李正理等．植物解剖学［M］．北京：高等教育出版社，1983
[4] 吴征镒．云南种子植物名录［M］．昆明：云南人民出版社，1984：271～282
[5] 林汝法，李永青．苦荞栽培［M］．北京：农业出版社，1984
[6] 李杨汉．植物学［M］．北京：高等教育出版社，1985
[7] E. C. 阿列克谢耶娃等（李克来等译）．荞麦育种和良种繁育［M］．北京：农业出版社，1987
[8] 全国荞麦育种，栽培及开发利用协作组．中国荞麦科学研究论文集［M］．北京：学术期刊出版社，1989
[9] 林汝法．中国荞麦［M］．北京：中国农业出版社，1994：46～56
[10] 李安仁．中国植物志［M］．第26卷1分册，1998：1050～117
[11] 中国科学院昆明植物研究所．云南植物志［M］．昆明：云南人民出版社，2000：301～370
[12] 林汝法，柴岩，廖琴，孙世贤．中国小杂粮［M］．北京：中国农业科学技术出版社，2002
[13] 赵佐成，李伯刚，周明德．中国苦荞麦及其近缘野生种资源［M］．成都：四川科学技术出版社，2007
[14] 黄兴奇．云南作物种质资源（小宗作物篇）［M］．昆明：云南科学技术出版社，2008：448～451，491～504，511～542
[15] 夏明宗，王安虎．野生荞麦资源研究［M］．北京：农业出版社，2008
[16] 陈庆富，荞麦属植物科学［M］．北京：科学出版社，2012：42～44
[17] 蒋俊方，贾星，潘天春．荞麦花器外形结构和开花生物学特性的初步观察［J］．内蒙古大学学报（自然科学版），1986，17（3）：501～511
[18] 王天云．西藏荞麦资源［J］．作物品种资源，1986（2）：23～25
[19] 宋志成．贵州的野生荞麦资源［J］．作物品种资源，1988（1）：13～14
[20] 戴庆林，任树华，刘基业，王永亮．半干旱地区荞麦吸肥规律的初步研究［J］．内蒙古农业科技，1988（3）：11～18
[21] 符献琼．荞麦花粉形态的扫描电镜观察［J］．荞麦动态，1989（1）：35～36
[22] 郝晓玲．温光条件对荞麦生长发育的影响［M］．中国荞麦科学研究论文集．北京：学术期刊出版社，1989
[23] 黄道源．荞麦种子萌发特性的初步研究［J］．荞麦动态，1991（1）：13～17
[24] 李淑久，张慧珍，袁庆军等．四种荞麦营养器官的形态学与解剖学比较研究［J］．贵州农业科学，1992（5）：10～14
[25] 李淑久，张慧珍，袁庆军等．四种荞麦生殖器官的形态学研究［J］．贵州农业科学，1992（6）：32～36
[26] 慕勤国．苦荞营养器官的解剖学研究［J］．西北植物学报，1994，14（6）：138～140
[27] 赵佐成，周明德，罗定泽等．中国荞麦属果实形态特征［J］．植物分类学报，2000，38（5）：486～489
[28] 赵佐成，周明德，罗定泽等．四川省凉山州北部栽培苦荞的多样性研究［J］．遗传学报，2007（12）：1084～1093
[29] 周宗泽，赵佐成，王旭莹等．中国荞麦属花粉形态及花被片和果实为形态特征的研究［J］．植物分类学报，2003，41（1）：63～78
[30] 王莉花，叶昌荣，王建军等．云南野生荞麦资源的特征特性与地理分布［J］．荞麦动态,2000（2）：1～3
[31] 王莉花，叶昌荣，王建军等．云南野生荞麦种 DNA 提取与 RAPD 反应体系建立［J］．荞麦动态，2001（2）：10～12
[32] 王莉花，叶昌荣，王建军等．云南野生荞麦资源的分布概况［J］．荞麦动态，2002（2）：1～3
[33] 王莉花，叶昌荣，肖钦等．云南野生荞麦资源地理分布的考察研究［J］．西南农业学报，2004，17（2）：156～159
[34] 王鹏科，朱进福．水分胁迫下荞麦有关生理活性物质变化研究．第二届海峡两岸杂粮健康产业大会论文集，2010：201～211
[35] Brretschneider E. History of European botanical discoveries in China. Acad. sci. Petersburg, 1898
[36] Vavilov, N. I. Centers of origin of cultivated plant. papers Appl. Bot. Genet. Plant Breed.（in rus-sian）English translation：In D. love，1992，16（2）．Origin and geography of cultivated plants. Cambridge Univ. Press，Cambridge，1926
[37] Steward，A. N. The Polygoneae of eastern Asia. Cont. GreyHerb. of Hm2rvard Univ，1930，88：1～129

[38] Campbell C. G. Buckwheat. In Evolution of Crop plants, 1976: 235 ~237, Longman London

[39] Tal, M. Physiology of polyploids. In H. W. Lewis (ed.) polyploidy, 1980: 65 ~75, plenum, New York

[40] Wang. T. Y Buckwheat germplasm resources in Tibet. In Buckwheat Research Association in China(ed.) Acollection of scientific treatises on buckwheat in China, 1986: 49 ~51, Scientific pub. Beilin

[41] Song. Z. C. Wild buckwheat germ-plasm resources in Guizhou province. In Buckwheat Research Associationin China (ed.) A Collection of scientific treatises on Buckwheat in China, 52 ~53. Scientific pub. 1989, Beijing

[42] Ohnishi O. Cultivated buckwheat species and their relatives in the Himalaya and southern China. Proc. 4th Intl. Symp. buckwheat at Orel, 1989: 562 ~571

[43] Wang, T. Y. and Lu. Wild buckwheat in China. Proe. 5th Intl. Symp. Buckwheat at Taiyuan, 1992: 60 ~63

[44] Ohnishi O. A memorandum on the distribution of buckwheat species in Tibet and the Himalayan hills: Has buckwheat crossed the Himalayas? Fagopyrum 1993a, 13: 3 ~10

[45] Ohnishi O. In press. Search for the wild ancestor of buckwheat. Ⅲ. The wild ancestors of cultivated common buckwheat, Fagopyrum esculentum and tatary buckwheat, F. tatarium Econ. Bot

[46] Ye N. G. and G. Q. Guo. Classification, origin and evolution of genus Fagopyrum in china, Proceedingof the 5th International Symposium on Buckwheat, Taiyuan, Shanxi, China, 1992: 19 ~28

[47] Chen. Q. F. A study of resources of Fagopyrum (Polygonaceae) native to China, Botanical Journal of the Linnean Society, 1999a, 130: 53 ~54

[48] Chen Q. F. Hybridization between Fagopyrum (Polygoneceae) species native to China, BotanicalJournal of the Linnean Society, 1999b, 131: 177 ~185

第三章　苦荞种质资源与育种

Ⅲ. Germplasm resources and variety breeding of Tartary Buckwheat

摘要　本篇阐述苦荞的种质资源和育种。内容有：

1. 苦荞种质资源论及保护、多样性、独特性、利用和展望；苦荞资源的分子遗传学研究谈起源进化多样性和分子标记图谱。

2. 苦荞的育种述及目标和数量性状，重点是育种方法。指出：选择育种虽是国内各研究机构常用方法，但苦荞的生殖特点决定难以育成有突破性的品种。

3. 列举国审、地审品种。良种繁育。育种及良种繁殖中的调查、考种项目和标准。

Abstract　This part elaborates Tartary Buckwheat's germplasm resources and breeding. The contents of this part include the following:

1. Germplasm resources protection, uniqueness, variety, usage and future; molecular genetic studies of Tartary Buckwheat, and its diversity of evolution (A molecular marker linkage map included).

2. The objectives and quantitative traits of Tartary Buckwheat's breeding. Especially emphasize on the breeding method. This part points out that although the traditional selective breeding method is most common way used by many research institutions in China, Tartary Buckwheat's propagation traits determine that this method can hardly breed ground breaking variety.

3. A list of national-approved, regional-approved varieties is provided.

4. Research on seeds and improved seeds, test system and production standards.

第一节　中国苦荞的种质资源

一、苦荞种质资源保护

（一）种质资源收集引进

苦荞起源于我国，已有两千多年的栽培历史，种质资源十分丰富。我国非常重视苦荞种质资源收集工作，早在20世纪50年代，就开始了全国范围的荞麦种质资源征集工作，主要是通过当地科研机构和技术推广部门，从荞麦产区收集苦荞地方品种。20世纪80年代，国家又组织了作物资源补充征集工作，结合在云南、西藏、四川、湖北、湖南等地开展的作物品种资源专项考察活动，进一步收集了我国的苦荞种质资源。此外，通过各种途径，还从尼泊尔、日本等国家引进了一批苦荞品种。经国内有关单位的整理和鉴定，编辑和出版了《中国荞麦品种资源目录》第一册和第二册，共收入荞麦种质资源2 804份，其中，苦荞1 019份。近年来，在国家作物种质资源保护专项的支持下，中国农业科学院作物科学研究所与国内有关单位合作，组织开展了荞麦资源收集、鉴定、编目和保存工作，新收集和编目苦荞资源67份，使苦荞资源收集份数达到了1 086份，这些资源材料的不同来源及份数见表3－1、图3－1。

表3－1　我国苦荞种质资源份数

材料来源	材料份数
四川	278
云南	176
甘肃	133
山西	112
陕西	94
贵州	73
青海	47
西藏	39
湖北	35
湖南	13
宁夏	11
广西	6
安徽	5
内蒙古	4
河北	3

（续表）

材料来源	材料份数
江西	3
无来源	2
北京	1
辽宁	1
国内合计	1 036
尼泊尔	37
日本	13
国外合计	50
总计	1 086

从表3－1可以看出，苦荞种质资源绝大多数来自国内，材料较多的省份包括四川（278份）、云南（176份）、、甘肃（133份）、山西（112份）、陕西（94份）、贵州（73份）等省。在收集的苦荞资源中，绝大多数都是当地世代种植保留下来的农家品种，类型十分丰富，也有近年来新育成苦荞品种。来自国外的苦荞资源仅有50份，主要来自尼泊尔和日本。

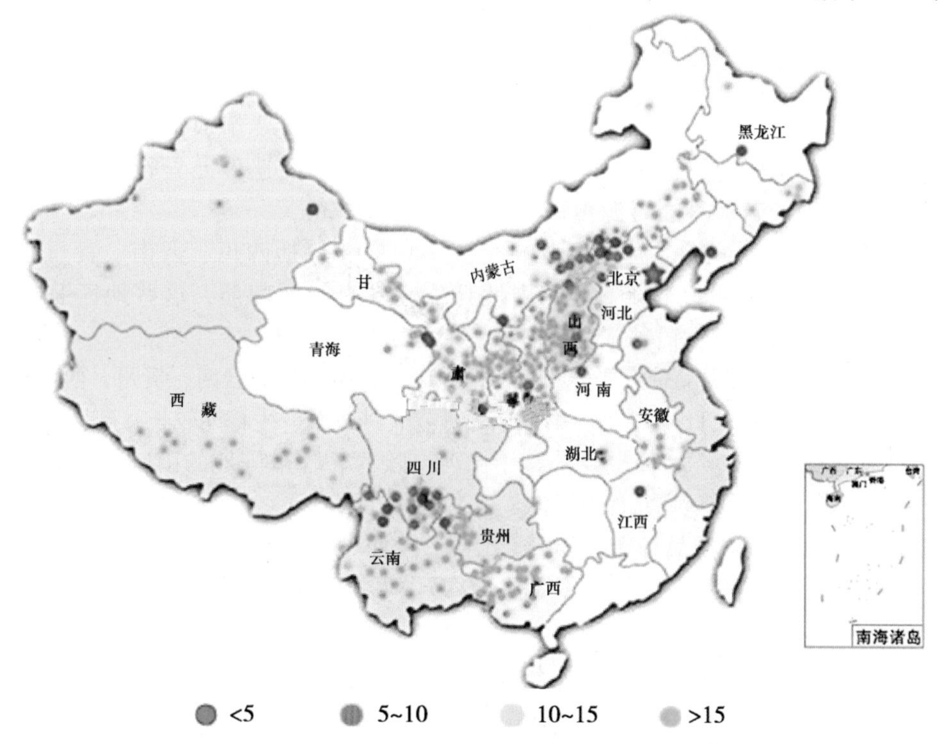

图3－1　苦荞种质资源分布示意图

注：圆点代表苦荞生产县，数字代表苦荞品种资源分数

(二) 种质资源繁殖保存

苦荞属于自花授粉作物，伞状花序，分无限花序和有限花序类型。苦荞雌雄同株同花，

柱头短于花柱，易于自花授粉，花粉可成活 3～4h，而柱头的活力可以保持 5～7d，没有受精的柱头每天都可以接受花粉受精。在苦荞种质的繁殖过程中，关键是保持其遗传完整性，因此应采用较大的繁殖群体，一般不少于 200 株，以确保收获足量种子，从而有效保持品种的遗传特性，当繁殖的苦荞植株成熟后，应及时收获，脱粒过程中避免机械混杂，对种子进行认真清选，选择籽粒饱满的种子入库保存。

苦荞种质资源保存有两种形式，即长期和中期保存。长期保存由中国农业科学院国家种质库负责，入库种子密封在金属罐或铝箔袋内，贮藏在温度 -18℃、相对湿度 50% 的设施条件下，生活力可以保持 20 年以上。凡是入国家种质库进行长期保存的荞麦种质资源，都要在原产地进行两年的基本农艺性状鉴定，对鉴定数据进行整理并编目，同时繁殖足量和高生活力的种子，送交国家种质库保存。根据国家种质库要求，入库材料的种子量应达到 250g 以上，发芽率在 85% 以上（野生种为 70%），纯度为 98% 以上，含水量 13% 以下，并且要求种子无病虫损害、无破碎粒、无秕粒等。在国家有关项目的支持下，中国农业科学院统一组织了我国的荞麦种质入长期库保存工作，全国各有关单位参与荞麦种质资源的繁殖和入库保存工作。

苦荞种质的中期保存由国家种质库和各省种质库共同负责，保存的材料主要用于分发、鉴定、评价和利用研究。

二、苦荞种质资源多样性

（一）品种类型不同

苦荞起源于我国西南地区，经过长期的栽培和驯化，已广泛传播，在全国大部分地区都有栽培，形成了非常丰富的地方品种，成为荞麦种质资源的重要组成部分。苦荞因是自花授粉，其品种间相对生殖隔离，品种内遗传一致性较高，品种间遗传差异较大。根据分布区域和生物学特性，我国的苦荞种质资源可以分为如下几大类型：

西南高原春播品种。该类品种主要分布于西南地区，包括四川、云南、贵州、西藏、青海等高原地区以及甘肃南部、川渝鄂湘的山地丘陵和秦巴山区南麓，这些地区海拔较高，地理和生态条件复杂。通常 5 月播种，7 月收获，生育期 75～80d。

西南高原秋播品种。该类品种主要分布于西南地区，包括四川、云南、贵州、西藏、青海等省区的平坝地区，通常 10 月或 11 月播种，第二年 2 月或 3 月收获，生育期较长，产量较高。

北方山区春播品种。该类品种主要分布于山西、陕西、甘肃等地的山区，一般 5 月下旬播种，8 月下旬收获。该类品种耐瘠、耐冷凉。

北方丘陵夏播品种。该类品种主要分布于山西、陕西、甘肃等地的低山和丘陵地区，海拔较低，地理环境条件较好，一般 7 月上中旬播种，9 月中下旬收获。该类品种生育期较短。

（二）形态特征各异

苦荞种质的形态特征丰富多彩，主要表现在株高、主茎节数、主茎分枝数、株粒重、千粒重等数量性状上以及株型、茎色、叶色、花色、粒型、粒色等质量性状上。

我国苦荞种质资源株高平均为 104.66cm，最高达 200cm，最低为 36.2cm。西藏材料的植株最高，平均约为 156cm；而宁夏的材料最低，平均仅有 56.2cm。苦荞主茎节数平均 17 个，最大值 34 个，最小值 4 个。主茎节数以西藏材料最高，达到了 26.2 节；而湖北的材料最低，平均仅有 12 节。主茎分枝数平均 5.5 个，最多的 13 个，最少的仅 2 个。主茎分枝数来自甘肃的材料最多，达到了 6.9 个；而来自四川和贵州的材料最少，平均仅有 4.3 个。株粒重平均 3.95g，最大值31.6g，最小值0.08g。来自内蒙古的材料最高，为12.93g；而来自四川的最低，平均近1.45g；而来自尼泊尔的材料更低，平均仅为1.09g。苦荞资源千粒重差异也较大，平均为19.3g，千粒重最高的是33.5g，而最低的仅有8.5g，其中来自广西的材料最高，平均24.57g；而来自甘肃的材料最低，平均仅为15.83g。

通过对一些质量性状的鉴定数据分析，荞麦种质在株型、茎色、叶色、花色、籽粒颜色、籽粒形状等性状上都有一定差异。苦荞株型主要有两种，即紧凑型和松散型。苦荞茎色变异较大，包括淡红、粉红、红、红绿、黄绿、绿、绿红、浅绿、深绿、微紫、紫、紫红、棕等颜色。其中具有绿色茎秆的品种较多，占50%以上，其次是淡红色，其他颜色的品种较少。苦荞叶色也有差异，主要有浅绿、绿、深绿3种颜色，其中，以绿色为主，占60%以上。苦荞花色较多，主要分白绿、淡绿、黄绿、黄、绿等颜色，也有部分粉红和白色花。苦荞籽粒颜色也非常丰富，最主要颜色包括浅灰、灰、深灰、浅褐、褐、深褐、灰黑、黑等颜色，也有少量杂色品种。苦荞籽粒形状主要包括长锥形、短锥形、长方形。

（三）遗传变异显著

随着生物技术的飞速发展，DNA分子标记技术已经在荞麦遗传多样性研究中得到了广泛应用。有关学者利用RAPD分子标记对荞麦资源的群体间遗传多样性分析表明，分子标记能够有效揭示品种间遗传差异（Kump and Javornik，1996），利用AFLP、RAPD分子标记揭示了野生和栽培苦荞麦居群之间的系统发育关系，分析了荞麦属不同种间以及品种内的遗传差异（Tsuji and Ohnishi. 2001；Sharma and Jana，2002；王莉花等，2004）。ISSR分子标记的苦荞遗传多样性研究表明，标记的多态率达到了96.8%，结果表明云南苦荞地方品种间的遗传差异较大，贵州、湖北和云南之间的地方品种有明显的遗传差异（赵丽娟等，2006）。SSR引物已用于苦荞遗传多样性分析，并建立了分子标记体系（高帆等，2012）。利用自主开发的SSR引物，分析了我国苦荞核心种质遗传多样性，表明来自云南、四川和西藏的苦荞材料不但遗传多样性丰富，而且亲缘关系较近，进一步证实苦荞起源于中国西南部（韩瑞霞等，2012）。

中国农业科学院作物科学研究所与西昌学院合作，以栽培苦荞滇宁1号和苦荞野生近缘种杂交产生的119份F_4代分离材料为作图群体，利用SSR分子标记构建了首张苦荞遗传连锁图谱，包含15个连锁群，由89个标记组成，连锁群长度为6.91～165.8cM的，覆盖基因组860.2cM。这些研究为构建苦荞基因定位、分子育种研究奠定了基础。

三、苦荞种质资源独特性

（一）超早熟性

苦荞的生育期较短，具有超早熟性。通过鉴定发现，我国苦荞资源的生育期平均为87.5d，其中，有72份苦荞的生育天数少于70d，最短的生育期仅58d。由于荞麦具有早熟性，所以，被用于救荒作物，一旦遭遇干旱或降雨较晚年份，再播种其他作物无法成熟时，种植荞麦仍可以获得收成，对高海拔和无霜期极短的山区，如四川凉山彝族自治州地区，苦荞也是重要的粮食来源。

（二）耐冷凉性

苦荞种质的特点之一是耐冷凉性。苦荞种子在5℃可发芽，在生长期间对温度要求20～25℃，总积温不超过2 000℃。如果积温过高反而不利于苦荞生长，导致严重倒伏，产量降低。我国具有冷凉气候条件的山地面积较大，主要分布在西北、华北、西南高原地区，这些山区常年温度较低，有效积温更低，有些大作物如水稻、小麦和玉米不能成熟，而苦荞显示出了巨大优势，对保障这些地区人们的粮食安全和农民收入有重要作用。

（三）富营养性

我国苦荞种质富含各种营养成分，包括蛋白质、脂肪、各种氨基酸、脂肪酸、膳食纤维、矿物质及微量元素。根据对我国200份苦荞资源的品质分析，发现蛋白质含量平均为8.4%，最高的品种为11.7%，最低的为6.5%。蛋白质含量较高的品种主要来自山西，主要是改良品系，如“岭西苦荞”（11.62%）、“灵丘苦荞”（11.07%）。脂肪平均含量约为2%，最高为3.2%，含量高的品种主要来自山西和湖北的改良品种，如“岭东苦荞（3.2%）、“高山苦荞”（2.86%）。赖氨酸含量平均为0.6%，最高含量为1.86%，含量高的主要来自云南的地方品种，如元谋苦荞（1.08%）、文山团荞（1.07%）。我国苦荞还富含微量元素和矿物质，如锌、锰、铁等。根据对我国530份苦荞资源的分析，锌的含量平均为28.3mg/kg，最高达82.8mg/kg；锰的含量平均为11.9mg/kg，最高为39.7mg/kg；铁含量平均为120.2mg/kg，最高含量为2 105mg/kg，高含量的材料主要来自贵州。

（四）多功能性

苦荞富含多种对人体有益的功能因子，黄酮、D－手性肌醇、硒（Se）等化学成分，具有降血脂和胆固醇（祁学忠，2003）、抗氧化（王转花等，1999；李丹等，2001）、抗衰老（张政等，1999）等作用。根据对我国160份苦荞资源分析，黄酮含量平均为2.38%，最高含量为2.76%，最低含量为1.97%。来自湖南、贵州的苦荞资源的黄酮含量相对较高。苦荞麸皮中含丰富的D-手性肌醇，在胰岛素信号传递过程中起信使作用，对糖尿病有一定预防作用。苦荞的硒含量也非常丰富，平均含量为0.054mg/kg。

四、苦荞种质资源利用

（一）种质创新改良

在鉴定评价的基础上，我国有关单位利用优异苦荞种质开展了育种工作，通过系统选育、杂交育种等手段，培育出一批早熟、优质、高产、抗倒等综合性状优良的新品种（系），并通过了地方品种审定，如九江苦荞、西荞1号、川荞1号、凤凰苦荞、黑丰1号等（林汝法等，2002）。这些品种的育成与推广，在苦荞生产上发挥了重要作用，取得了良好的经济效益。近年来，在国家荞麦产业体系项目支持下，利用我国优异苦荞资源，重点培育功能成分含量高、适合加工用的苦荞新品种，以促进苦荞保健食品的开发，满足市场需求和增加农民收入。

（二）种质分发共享

用各种途径，向广大苦荞生产、育种和研究人员展示我国的优良苦荞种质资源，以促进对荞麦种质资源的了解和获取。同时，应根据需求，积极向利用者提供苦荞种质资源，使其在生产、育种和其他研究中发挥出应有的作用。国家科技部建立了农作物种质资源共享平台，通过因特网发布了我国部分苦荞资源的相关信息，为索取和利用苦荞资源提供了方便。中国农业科学院国家种质库负责苦荞种质资源的长期保存和分发利用，并继续开展苦荞资源收集、鉴定和编目工作。还通过展示、合作研究等途径，积极促进苦荞种质资源在生产、育种和其他研究中的广泛应用。

五、苦荞种质资源未来

（一）加强种质资源收集与保护

我国的苦荞资源收集还不完善，应进一步开展资源考察和收集工作。首先对现有材料来源情况作系统分析，从中发现存在的空白，同时调研生产和科研需求，有针对性地开展苦荞资源收集工作，以便能够为育种和其他研究提供优异材料。与此同时，应加强国外苦荞资源的收集和引进工作，特别是我国尚不具备的国外栽培荞麦种和野生种，以增加我国荞麦的物种多样性和遗传多样性。

对新收集和引进的荞麦种质材料，根据《荞麦种质资源描述规范和数据标准》（张宗文等，2007）中规定的描述标准，开展鉴定与编目工作，并建立统一的特性数据库。选择适合地点，对新编目的荞麦种质材料进行繁殖并入国家长期库保存。

（二）深入评价和发掘优异特性

苦荞起源我国，应加强起源分类方面研究，进一步明确我国荞麦物种多样性及其分布规律，研究不同种间和品种间的相互关系，了解苦荞品种的进化和传播途径，为苦荞资源利用奠定良好的基础。同时采用各种技术手段，包括形态学、分子学和生物化学手段，对苦荞品种、类型、生态型进行研究。

利用现代生物技术，开展苦荞优异特性及其优异基因发掘研究，包括高产、优质、抗病虫、抗旱、抗寒特性及其基因，进行分子标记鉴定和克隆研究。苦荞不但营养丰富，而且含有保健功能因子，如荞麦黄酮、D-手性肌醇等，对降低血脂、血糖，防衰老有重要作用。发掘功能因子含量高、综合性状好的苦荞种质，将有助于荞麦加工专用品种的选育、荞麦保健食品的开发，以及满足市场需求和增加农民收入。

（三）加强种质创新与利用方法研究

采用种间和品种间杂交、物理诱变、化学诱变等方法，结合分子标记选择技术，创造综合性状优异、高产、优质、抗病性能突出的苦荞新种质，为育种和其他研究提供丰富的遗传材料。利用各种途径，向广大苦荞生产、育种和研究人员展示我国的优良苦荞种质资源，同时应根据需求，积极向利用者提供苦荞种质资源，使其在生产、育种和其他研究中发挥出应有的作用。

总之，苦荞是重要的多用途作物，对粮食安全、营养保健和农民增收有重要意义。苦荞起源于我国，物种和遗传多样性非常丰富。经过几代人的努力，我国收集保存了1 000多份苦荞种质资源，拥有高产、优质、类型多样的优异材料，这为育种和遗传研究奠定了物种基础。但是，我国的苦荞种质收集工作尚不完善，鉴定和评价只是初步的，优异特性及其基因发掘工作非常薄弱，因此应加强苦荞种质资源的基础性工作，深入开展鉴定和评价研究，以促进荞麦种质资源保护和利用事业的发展。

第二节　苦荞种质资源的分子遗传学研究

分子遗传学是在分子水平上研究基因的结构、功能及其变异、传递和表达规律的学科，经典遗传学研究基因在亲代和子代之间的传递问题；分子遗传学则研究基因的本质、基因的功能以及基因的变化等问题。近年来，以分子生物学为标志的现代生物技术飞速发展，为荞麦分子遗传学研究赋予了新的内涵并提供了良好的发展机遇。

分子遗传学的研究多以 DNA 分子标记技术为手段，这种标记是一种基于 DNA 变异的新型遗传标记，与其他遗传标记相比，DNA 分子标记具有诸多明显的优点：①分子标记以 DNA 的形式直接表现，不受环境和材料的影响；②遗传稳定，多态性高；③大多为共显性，为鉴别纯合基因型和杂合基因型提供完整的遗传信息；④标记数量比较丰富，遍及整个基因组；⑤操作比较简单，方便快捷，等等。

目前，被发展和利用的分子标记已有20 多种，其中广泛被应用的主要有 RFLP（限制性片段长度多态性）、RAPD（随机扩增多态性 DNA）、AFLP（扩增片段长度多态性）、SSR（简单重复序列）、ISSR（锚定简单重复序列）和 SNP（单核苷酸多态性）等。在荞麦的分子遗传学研究中，从研究手段上看，由于荞麦并非模式生物，对其基因组的信息了解得少，故多采用 RAPD、AFLP 等分子标记技术；从研究内容上看，目前主要包括两个方面：一是荞麦的起源进化与遗传多样性研究；二是荞麦的遗传图谱构建以及基因定位研究。

一、荞麦的起源进化与遗传多样性研究

遗传多样性是生物多样性的重要组成部分，是物种多样性的基础，通常所说的遗传多样性是狭义的遗传多样性，指种内不同种群之间或不同个体间的遗传差异。遗传多样性最直接的表现形式就是遗传变异水平的高低，遗传变异是指生物体内遗传物质发生变化而造成的一种可以遗传给后代的变异，这种变异可以导致生物体在居群水平、个体水平、组织和细胞水平以及 DNA 分子水平等不同层次上体现出遗传多样性。对遗传多样性的研究有助于了解一个物种进化的历史，包括起源的时间、地理位置以及发生的方式。此外，遗传多样性是保护生物多样性的核心和基础，只有了解了一个物种的遗传多样性，才能科学合理地采取有效措施来保护或者挽救受到威胁的物种以及濒于灭绝的物种。

随着生物技术的快速发展，利用分子标记技术在荞麦遗传多样性研究方面得到了广泛的应用。早在 1993 年就有了利用分子标记技术在荞麦分子遗传学领域进行探索性研究的报道，Branka Javornik 和 Bojka Kump（1993）利用 3 对 RAPD 引物分别对甜荞和苦荞进行了 PCR 扩增，结果显示 RAPD 标记在荞麦中表现出很高的多态性，每对引物都能扩增出 10 条左右可读条带，引物 OPA-01 在甜荞中扩增出了 14 个可读条带，表明了 RAPD 技术在荞麦 DNA 多态性研究中的可行性。后来 Kump 等（2002）利用 RAPD 标记对甜荞和苦荞资源开展了遗传多样性方面的研究，表明无论是甜荞还是苦荞，其群体间的遗传多样性都大于群体内，进一步验证了 RAPD 技术在荞麦种质资源的遗传多样性研究的可行性。

在荞麦种间亲缘关系和起源进化传播研究领域，Ohnishi（1987）利用 RAPD 和 AFLP 标记对来自世界范围的栽培和野生苦荞资源进行研究后认为，苦荞可能起源于云南西北部或西藏东部地区。同来自云南和四川的材料相比，甜荞与三江流域的野生甜荞关系更近。从所构建的各地品种间的系统关系树来看，栽培荞麦可能是通过以下两条途径向外传播的：一条途径是从中国南方—

中国北方—韩国—日本；另一条途径是从中国南方—不丹—尼泊尔—克什米尔—印度。Sharma（2002）利用 RAPD 标记对来自中国和喜马拉雅山地区的 52 份苦荞地方品种及 1 个野生种进行了遗传多样性分析，并研究了其亲缘关系，结果表明：苦荞品种间遗传相似系数的变化为 0.61 ~ 1.00（不包括野生种），聚类形成的 4 个类群与苦荞的地理分布基本一致。栽培苦荞很可能起源于云南西北部，与来自尼泊尔和印度的苦荞相比，中国的栽培苦荞与野生苦荞的相似系数最高，而尼泊尔苦荞的遗传多样性水平最高。野苦荞主要分布在西藏东部、云南西北部和四川西部（图 3 -2）。

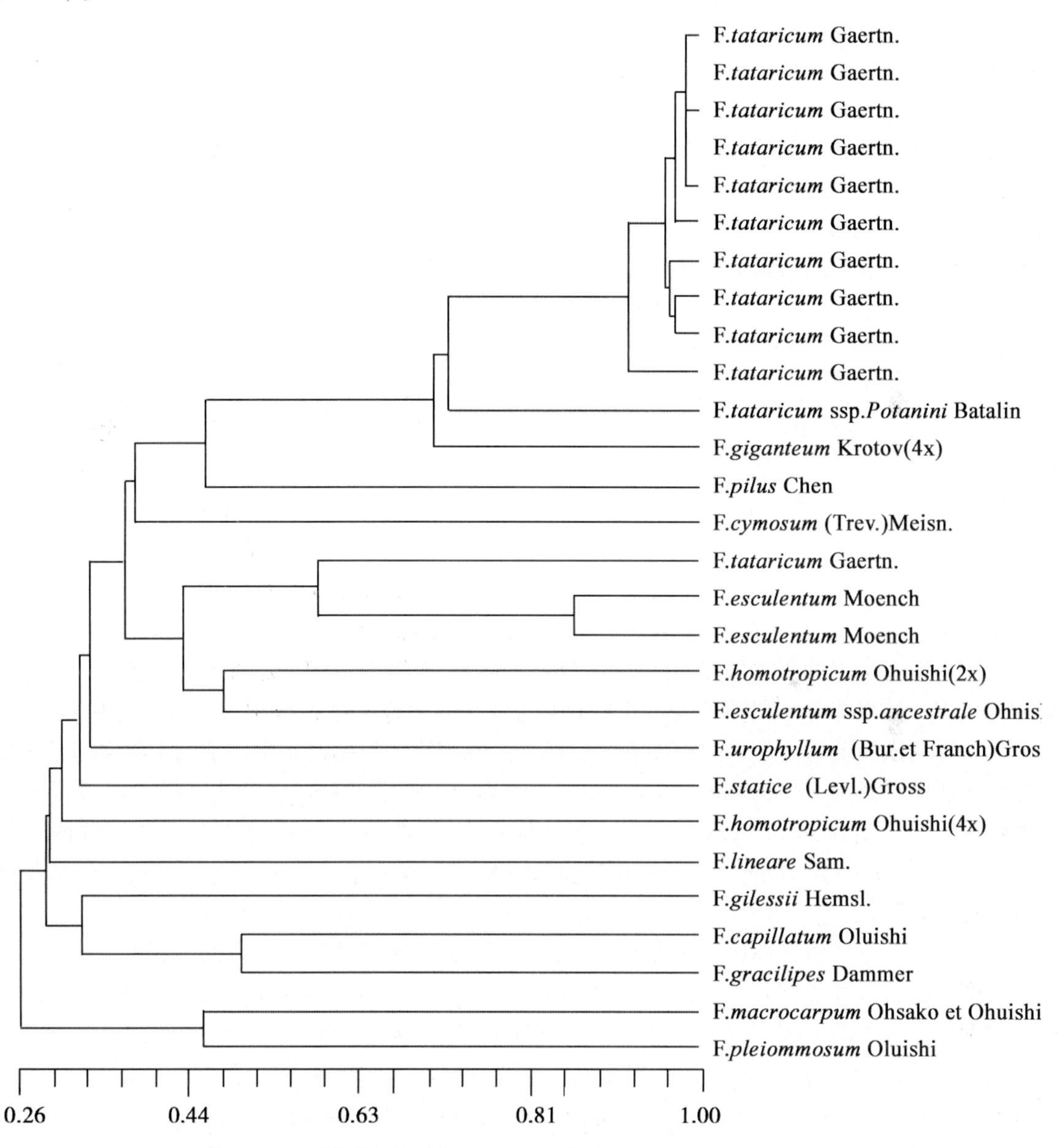

图 3 -2　根据 RAPD 标记数据利用 UPGMA 法对 16 个荞麦属种及亚种所做的树状图（Sharma et al.，2002）

荞麦属植物各个种之间的亲缘关系一直是让众多学者感兴趣的一个问题。Sharma 利用 RAPD

标记对14个种，2个亚种的荞麦属植物开展了种间亲缘关系研究，其聚类分析结果表明：*F. tataricum* 和它的野生祖先 *F. tataricum ssp. potanini* 亲缘关系较近，其次是 *F. giganteum*，*F. esculentum* 与它的假定祖先 *F. esculentum* ssp. *ancestrale* 及另一个近缘二倍体 *F. homotropicum* 同源，与 *F. esculentum* 相比，*F. cymosum* 与 *F. tataricum* 的关系较近；在硬枝万年荞组中，*F. macrocarpum* 和 *F. pleioramosum* 聚为一类，*F. capillatum*，*F. gracilipes* 和 *F. gilessii* 聚为另一类，图3-2是根据RAPD标记对研究所用14个种，28份材料所做的树状图。

王莉花等（2004）利用RAPD标记对收集到的9个种、1个变种、2个亚种共26份云南荞麦资源进行了遗传多样性及亲缘关系分析。该研究从400多个随机引物中，筛选出19对扩增较好的引物对群体进行了扩增，共获得有效DNA扩增条带162条，其中，153条具有多态性，分析结果显示所研究的荞麦种间平均相似系数为0.411，种内相似系数为0.786，表明种间DNA分子差异远大于种内差异，聚类分析结果表明26份供试资源聚为三大类群：第一大类群是小粒种类群，第二大类群是甜荞类群，第Ⅲ大类群是苦荞类群，结合三大类群的特点，认为 *F. cymosum* 与 *F. esculentum* 的亲缘关系比与 *F. tataricum* 的更近；*F. tataricum* 和 *F. tataricum* ssp. *potanini* 与供试的其他荞麦资源间的亲缘关系比较远；红花 *F. urophyllum* 与白花 *F. urophyllum* 之间的亲缘关系也比较远，红花 *F. urophyllum* 很可能是一个新的生态类型。

陈庆富等（2004）以10个RAPD随机引物对荞麦属11个种（大粒组7个种，小粒组4个种）共50份荞麦种质资源进行了种间关系研究，结果表明所研究的荞麦资源可以分为两大类群：第一类群为小粒组，包括 *F. callianthum*，*F. urophyllum*，*F. gracilipes*，*F. pleioramosum*；第二类为大粒组，包括 *F. tataricum*，*F. esculentum*，*F. megaspartanium*，*F. pilus*，*F. cymosum*，*F. zuogongense*，*F. giganteum*。这两大类群在DNA水平上存在极大的遗传差异。在甜荞中，栽培甜荞居群间差异较小，它们与野甜荞有较大的差异，与 *F. esculentum* var. *homotropicum* 的差异相对最大，但它们都能与栽培甜荞聚为一类，说明彼此有相当的亲缘关系；在小粒组中，*F. pleioramosum* 和 *F. gracilipes* 被首先聚为一类，表明这两个小粒种亲缘关系较近，而与 *F. callianthum*、*F. urophyllum* 关系较远。

由于各学者采用的研究材料不同或者是标记的数量有限等原因，尽管荞麦属各种的亲缘关系研究比较多，结果却并不相同，因而推导出来的种间的亲缘关系差异很大。特别是甜荞、苦荞、金荞3个种的亲缘关系，学者间有着不同的观点。陈庆富等根据形态学、细胞生物学与分子生物学方面的研究，认为 *F. cymosum*（*F. cymosum complex*）是一个混合种，可以划分为3个不同的生物学物种，即二倍体的 *F. megaspartaium* QF Chen、二倍体的 *F. pilus* QF Chen 和异源四倍体的 *F. cymosum*。*F. megaspartaium* 和 *F. pilus* 分别与甜荞和苦荞的亲缘关系近，推测它们分别是甜荞和苦荞的祖先种。

荞麦种内的遗传多样性研究多针对栽培种，也即甜荞和苦荞，从现有的研究报道来看，大多数的研究认为，苦荞品种间的遗传多样性水平高于甜荞，但品种内变异大大低于甜荞，这主要是由于这两个栽培种的繁殖方式差异造成的。赵佐成等（2007）对苦荞及其近缘种、苦荞和甜荞之间的遗传多样性进行了研究，结果显示栽培苦荞较各种野荞麦的遗传多样性低。Iwata等（2005）用AFLP和SSR标记研究也认为苦荞的变异程度比甜荞的高。

为了揭示苦荞种质资源遗传多样性地理分布特点和种质资源群体间的遗传关系，为苦荞种质资源的收集、保护、研究和利用提供依据，张宗文等（2009）在总结前人经验的基础上，利用AFLP分子标记技术对不同地理来源的165份苦荞种质进行了遗传多样性分析，该研究比较系统。

研究材料　苦荞种质165份，其中，国内资源154份，分别来自15个省区，包括内蒙古4份，宁夏2份，青海10份，西藏12份，山西16份，陕西15份，甘肃15份，安徽5份，湖南4

份，湖北 11 份，四川 21 份，贵州 12 份，云南 19 份，广西壮族自治区（全书称广西）6 份，江西 2 份；另有 11 份材料来自尼泊尔，所有材料由中国农业科学院国家农作物种质保存中心提供。

研究方法 从 148 对 AFLP 引物组合中筛选出 20 对谱带清晰并呈现多态性的有效引物组合，用于 165 份苦荞资源的遗传多样性分析：E20/M54、E25/M37、E19/M67、E11/M49、E20/M37、E12/M52、E19/M64、E20/M61、E12/M56、E11/M61、E25/M66、E25/M61、E13/M67、E70/M17、E36/M12、E61/M16、E70/M16、E61/M12、E38/M16、E37/M22。

数据处理与分析：

1. 条带统计

仔细观察每一块胶板，同一迁移率上，记录清晰的谱带，有带记为“1”，无带记为“0”，构建［1，0］数据矩阵，根据不同分析软件的格式要求作相应转换。

2. 遗传多样性分析

应用 Popgen Ver. 1. 32 软件计算不同引物的多态性信息指数（PIC），不同资源群的 Shannon-Weaver 多样性指数（H'）：

a. 多态性信息指数（Polymorphic information content，PIC）：PIC = Σ（1-pi2）/*n*“pi”为任一引物组合第 i 条多态性带在所有供试材料中出现的频率；“*n*”为供试材料的总数。

b. Shannon-Weaver 多样性指数（H'）：$H' = -\sum_{i=1}^{s} p_i \ln p_I$

3. 遗传关系及遗传结构分析

（1）应用 Popgen Ver. 1. 32 软件计算苦荞不同资源群的 Nei′s 遗传距离和遗传一致度，根据群体间遗传一致度，采用 UPGMA 方法，运行 NTSYSpc2. 2 软件的 SHAN 程序进行聚类分析。

（2）利用 Structure2. 2 软件对苦荞种质资源进行群体遗传结构分析，所设置的 Structure 参数“Burnin Period”和“after Burnin”为 10 000 次，K 值为 1 ~ 10，每个 K 值运行 10 次，计算每个 K 值对应的“Var［ln P（D）］”值的均值，做出折线图选择最佳 K 值，即为群体遗传结构的群体数。

用筛选出的 20 对谱带清晰并呈现多态性的有效引物组合对 165 份苦荞材料进行 AFLP 扩增，20 对引物组合共扩增出 938 条带，其中，314 条有多态性，比例为 33. 48%。不同引物组合扩增效果差别较大，扩增总条带数为 31 ~ 96 条，平均 46. 9 条，多态性条带数为 6 ~ 35 条，平均 15. 7 条。不同引物组合的多态性信息指数 PIC 值变化为 0. 6199 ~ 0. 9623。图 3 - 3 是引物组合 E20/M54 对部分苦荞材料的 AFLP 扩增图谱。

为了分析苦荞资源遗传多样性与其地理来源的相互关系以及不同来源地苦荞资源亲缘关系的远近，将 165 份苦荞按照省份来源分组，并将材料数较少的省份合并至与其相毗邻、种植环境相似的省份，即宁夏的 2 份材料和甘肃材料合并为甘肃/宁夏组群，江西的 2 份材料和安徽材料合并为安徽/江西组群，则 165 份苦荞材料被划分为 14 个资源群。运用 Popgene Ver. 1. 32 软件计算得到苦荞 14 个资源群的 Shannon-Weaver 多样性指数。

结果显示，14 个资源群总体 Shannon-Weaver 多样性指数为 0. 2772，指数变化为 0. 1093 ~ 0. 2661，变化幅度不大。各资源群 Shannon-Weaver 多样性指数由高到低依次为：四川 > 青海 > 云南 > 甘肃/宁夏 > 山西 > 西藏 > 贵州 > 陕西 > 尼泊尔 > 湖北 > 安徽/江西 > 内蒙古 > 广西 > 湖南。从总体上看，位于西南云贵川青藏高寒山区和西北黄土高原宁甘陕晋山峁地区苦荞种质的 Shannon-Weaver 多样性指数普遍高于其他省区，其中，四川和青海资源群的 Shannon-Weaver 指数最高，遗传多样性最为丰富。

采用 Popgene Ver. 1. 32 计算不同地理来源苦荞种质群间的遗传距离和遗传一致度，可以看出，14 个苦荞资源群的遗传一致度分布为 0.8884 ~ 0.9823，遗传一致度水平较高，遗传基础相对狭窄，其中，四川和云南资源群的遗传一致度最高，为 0.9823，遗传距离最近；而内蒙古资源群和湖南资源群遗传一致度最低，为 0.8884，遗传距离较远。根据资源群间遗传一致度，采用 UPGMA 法进行聚类（图 3 - 4）。可以看出，14 个资源群首先在遗传一致度 0.944 处明显聚成三大类，其中，内蒙古资源群单独聚为第一大类，安徽/江西、湖北、湖南和广西资源群聚在第三大类，而第二大类则涵盖了其余省份来源的种质群。第二大类在遗传一致度 0.965 处，又可分为 3 个组，即：青海、山西、陕西、甘肃/宁夏资源聚为一组；西藏和尼泊尔资源聚为一组；四川、云南和贵州资源聚为一组。这样 14 个资源群在遗传一致度 0.965 处可分为 5 个组。聚类结果显示资源群间亲缘关系与地理分布有一定相关性。

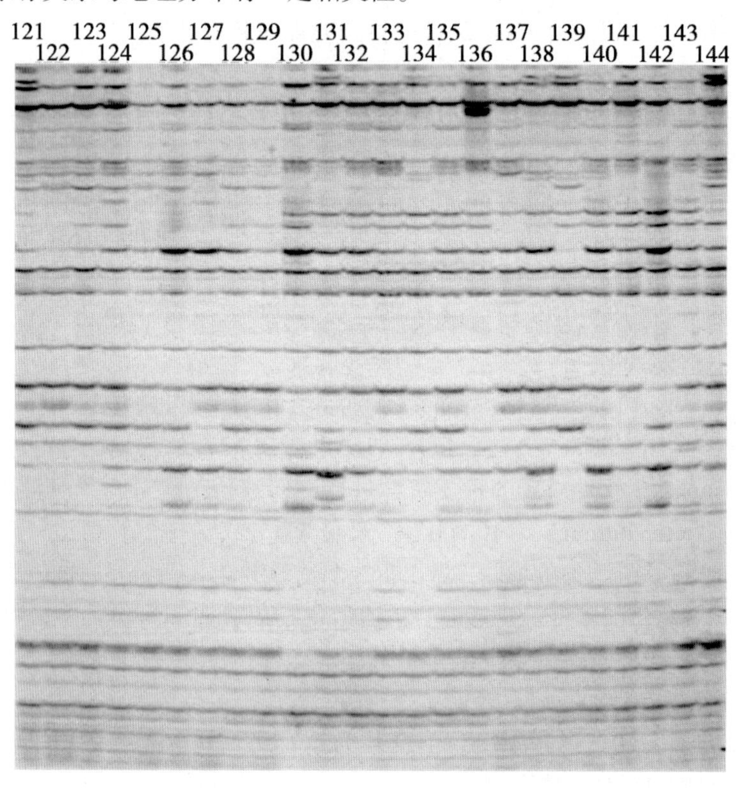

图 3 - 3　引物 E20/M54 对部分苦荞材料的 AFLP 扩增图谱

利用 Structure2.2 软件对 165 份苦荞种质资源进行遗传结构分析，根据对数似然方差 Var［LnP（D）］对 K 值所得折线图，165 份参试材料最佳分组应为 5 组（图 3 - 4）。划分的 5 个组群同样与地理来源有一定的相关性。组群 1 主要包括 65% 以上的贵州材料和部分四川及云南材料；甘肃、山西、陕西和青海的大部分材料（60% 以上）集中在组群 4；湖北、安徽、湖南和广西的大部分材料（75% 以上）集中在组群 5，充分显示了不同省份资源群间遗传关系的远近与其生态分区相关；尼泊尔资源 90% 以上集中在组群 2，组群 2 还分布有 47% 的云南材料和 33% 的西藏材料，表明尼泊尔资源与国内西藏和云南资源遗传关系接近；内蒙古材料分布在组群 3，但没有与其他材料明显聚在一起，表明其与其他省份资源遗传关系相对较远。其中云南和四川资源的群体结构最复杂，趋向多元化，分别被聚到了 5 个组群中；其次是西藏和青海资源，分别被聚到了 4 个组群中。

综合以上研究结果表明，苦荞种质群间遗传一致度水平较高，资源群间遗传变异较低，这可能是地区间引种等原因导致基因交流频繁、相互渗透引起的。对苦荞资源的聚类及遗传结构分组分析表明，聚类及分组结果与苦荞生态分区具有一定的相关性。从苦荞地理来源角度来看：西南一带的四川、云南、贵州材料间亲缘关系接近，西北黄土高原一带的山西、陕西、甘肃/宁夏、青海材料间亲缘关系接近，而中东部地区的湖北、安徽、广西、湖南等省份来源的材料间亲缘关系接近，表明虽然地区间基因交流比较频繁，但苦荞在自身进化传播过程中，在某一生态环境下，经过长期人工选择和改良后，在遗传结构上发生了能够区别于其他生态区资源的变异。这对今后制定苦荞资源遗传多样性原位保护措施、保护范围、保护地点，以及遗传多样性资源的考察收集提供了重要参考，也为苦荞品种改良中亲本选择，以及有效发掘新的优良基因提供了依据（图 3－5）。

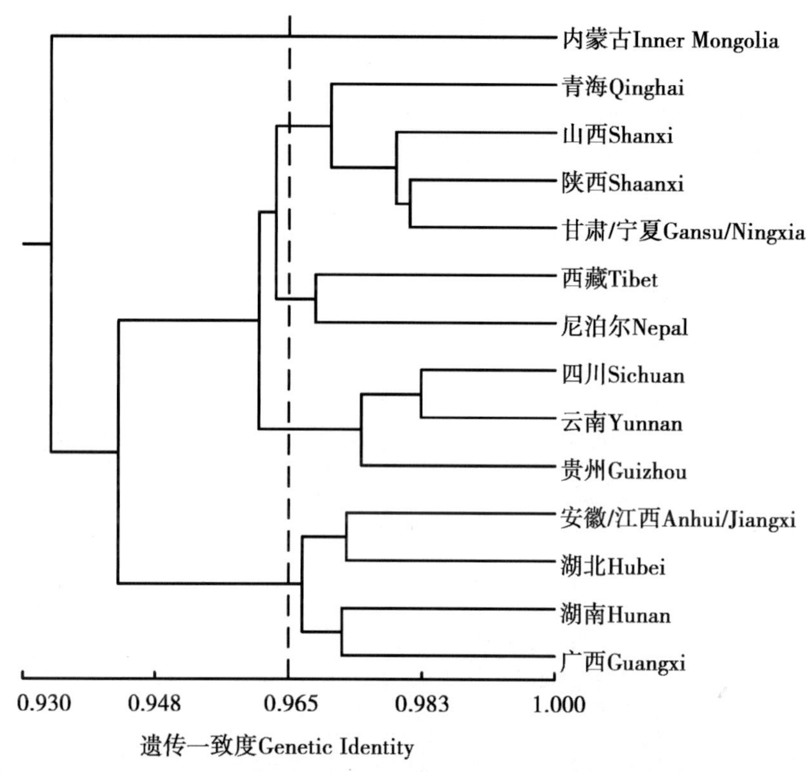

图 3－4　苦荞种质 14 个来源群遗传一致度聚类分析图

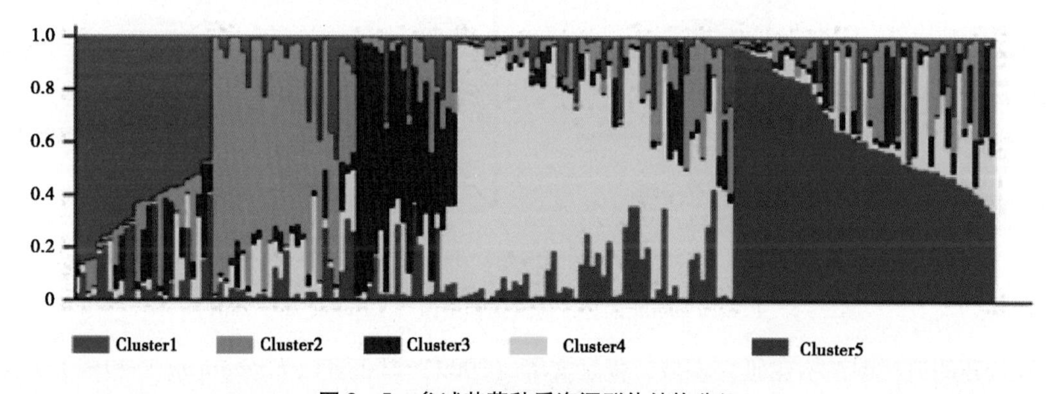

图 3－5　参试苦荞种质资源群体结构分组

注：图中不同颜色表示不同的组群，每条彩色竖线代表一份种质，不同颜色所占比例越大，则该种质被划分到相应组群的可能性就越大

二、荞麦的分子标记遗传图谱研究进展

遗传图谱是指由遗传重组测验结果推算出来的、在一条染色体上各遗传标记的线性排列图，分子标记遗传图谱则是 DNA 分子标记在染色体上的相对位置或排列情况，遗传连锁图谱是研究生物基因组结构、进化的有力工具，是基因定位、克隆和分子标记辅助育种的重要基础。

分子图谱构建的基本步骤包括：选择适合作图的 DNA 分子标记；根据遗传材料之间的 DNA 多态性，选择用于建立作图群体的亲本组合，建立具有大量 DNA 分子标记处于分离状态的分离群体或是衍生系，测定作图群体中不同个体或株系的标记基因型；对标记基因型数据进行连锁分析，构建分子标记连锁图谱。

迄今为止，许多植物都已经构建了高密度的分子连锁图谱，但荞麦的研究报道较少，较早的系统研究报道，是 Ohnishi 和 Ota（1987）利用形态性状和等位酶分析建立了简单的遗传连锁图谱。较系统的分子标记遗传图谱研究，是 Yasui 等（2001）利用 AFLP 技术对以 *F. esculentum* 和 *F. homotropicum* 杂交所产生的 85 个 F_2 后代构建了连锁图谱。*F. esculentum* 的连锁图谱由 8 个连锁群组成，包含 223 个 AFLP 标记，长度为 508.3cM（图 3－6）。

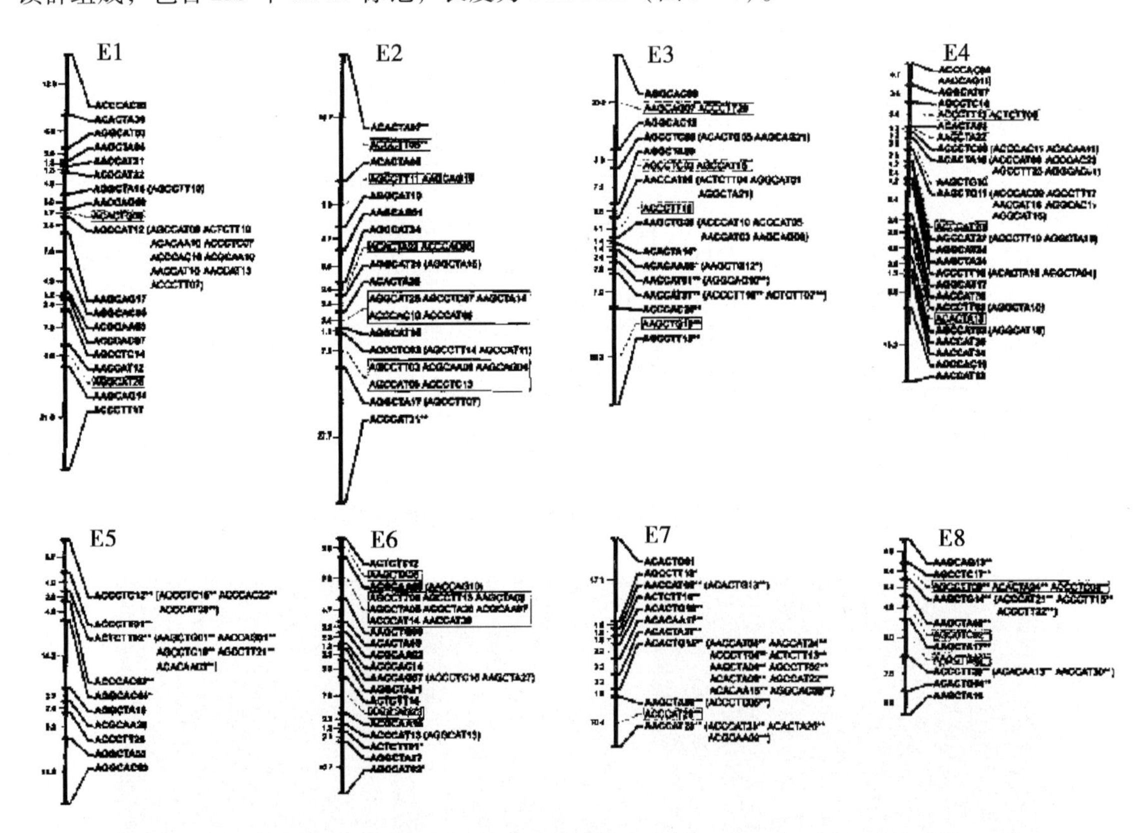

图 3－6　*F. esculentum* 的分子遗传连锁图谱（Yasui et al.，2001）

在苦荞的遗传图谱构建研究领域，张宗文等（2009）以苦荞（*F. tataricum*）和苦荞野生近缘种（*F. tataricum* ssp. *potanini* Batalin）的杂交后代为材料，利用 SSR 标记，构建了第一张基于 SSR 标记的苦荞连锁图谱，该图谱一共包括 15 个连锁群，由 89 个标记组成，其中，偏分离的标记有 22 个，占 24.7%。所获得图谱总图距为 860.2 cM，标记间平均间距为 9.7 cM。每条连锁群上的标记为 2～16 个，最大连锁群的图距为 165.8 cM，最小连锁群的图距为 6.9 cM，平均每个

连锁群的长度为57. 3 cM。15个连锁群中，LG1包含标记最多，有16个；LG14、LG15包含最少，都为2个。LG14平均图距最大，为12. 9cM；LG3平均图距最小，为6. 6 cM（图3-7）。

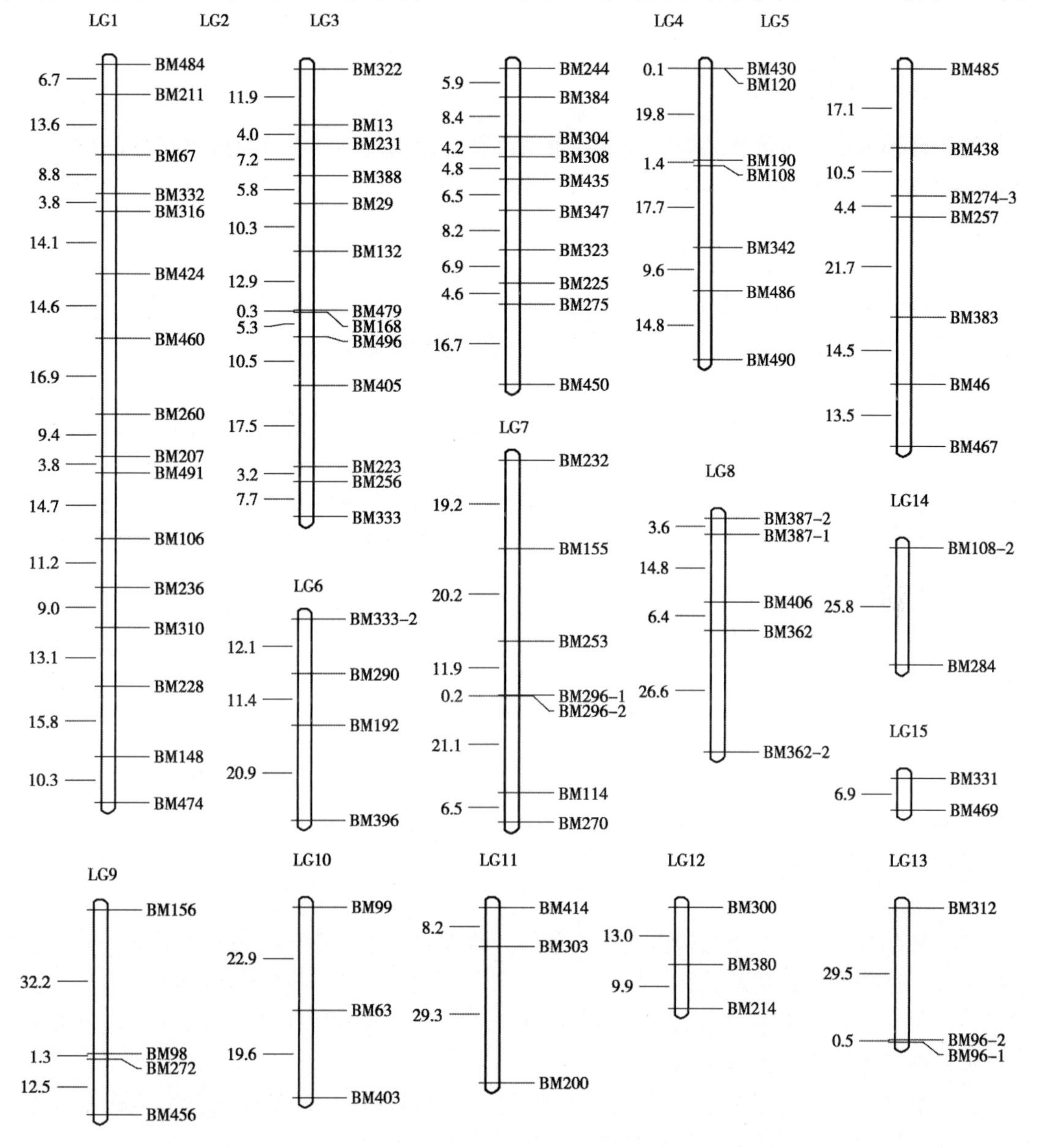

图3-7　*F. tataricum* 的分子遗传连锁图谱

这些遗传连锁图谱的构建，为今后荞麦基因组结构、重要农艺性状QTL定位、分子标记辅助育种和基因克隆等研究工作奠定了良好的基础。

第三节　苦荞的品种选育

一、苦荞的育种目标

苦荞的育种目标是对苦荞品种的要求，也就是在一定的自然和生产条件下选育品种应具备的优良特性和特征。育种目标的确定，是育种工作成败的关键，是整个育种过程中各个环节的依据和指导原则。

（一）育种目标和植株性状

苦荞育种一般以高产、稳产、优质（含特殊营养成分）、抗逆性强、适应性广，即“高、稳、优、抗”为主要目标。为了实现上述目标，应对选择标识有具体的认识。

1. 丰产性

产量是一个品种在具体条件下生长发育的综合表现，受本身一系列植物性状的直接影响，同时也受许多产量限制因素的影响。产量包括单株产量和单位面积产量，是生产力的表现，这两者之间有密切的关系。就生产而言，单位面积产量更为重要。苦荞的单位面积产量是由单位面笑数、株粒数和粒重构成的，这 3 个因素之间是矛盾、制约和协调的关系，有“株多粒不多，粒多粒不重”现象，在选育时必须兼顾“株、粒、重”3 个性状。如三者性状不能同时兼顾时，应以株粒多、粒重为主要选择目标。

此外，还要注意与粒多、粒重同为重要的出米率（或皮壳率），这对确定一个品种产量高低同样重要。苦荞籽粒出米率品种间差异很大，皮壳薄的品种可达 75% 以上，甚至有高达 80% 以上的，皮壳厚的品种仅 65% 左右。高产、出米率高是一个苦荞新品种必须具备的条件。

虽然苦荞具有巨大的生产潜力，但每个单株的成粒数却不很多。故考量苦荞产量指标 2 500kg/hm^2，其产量构成是 $105\times10^4\sim150\times10^4$ 株/hm^2，饱粒数 130～170 粒/株，株粒重 2. 5g 以上，千粒重 20g 以上。

2. 稳产性

苦荞品种的稳产性，既受当地自然气候条件、耕作栽培水平等环境条件的影响，又和品种固有的抗逆性、适应性有密切的关系。抗旱性、抗寒性、抗倒伏性、抗病性和耐瘠性等都直接影响到产量，这是苦荞育种中应该考虑的。不同地区苦荞生产对苦荞品种有不同要求，这就要求育种目标有针对性、地区性，能体现当地的特点。

我国苦荞生产集中分布在“老少边穷”地区、高海拔地区，大多种植在干旱的山坡地、砂薄地上，无霜期短、气候冷凉、降雨量少、土壤肥力差。因此，在育种目标上，应选择对环境条件要求不严格，可塑性较大，耐寒、耐瘠、耐低温的品种。一般说来，根系发达的品种比较耐寒、耐瘠；而籽粒饱满、出苗快、苗势壮和籽粒灌浆快的品种，比较耐低温，抗冷害能力较强。

3. 株型

株型是影响苦荞群体产量的重要性状。苦荞株型主要包括植株高度、主茎粗细、分枝数、叶片数、花序数以及分枝部位高度和分枝区长度等。株型对解决苦荞群体和群体内个体矛盾、协调群体和个体之间的生长发育，提高水分、肥料、光能利用都有影响。理想株型能提高抗倒伏能力，而选择根系发达、主茎粗壮、植株高度适中、节间短、一级分枝少于 3 个、出叶量适中、叶片厚、叶色深绿的紧凑株型具有较大的增产潜力。

根据我国目前荞麦生产条件和产量水平，比较理想的株型模式：植株高度 80cm，主茎节数

15 个左右，有效一级分枝 3 ~5 个，籽粒和茎秆重量比例以 1：1.5 ~1.8 为宜。

目前，国际上开展了有限生长型荞麦品种选育，可供苦荞理想株型育种借鉴。

4. 生育期

根据生育期的长短，苦荞品种有早熟种（70d 以下）、中熟种（71 ~90d）和晚熟种（91d 以上）之分。

我国荞麦分布十分广泛，但苦荞的种植区则集中在西南红土高原和北方黄土高原。由于苦荞产区的自然条件、耕作栽培制度不同，对品种熟性的要求也不同，故应注意选育不同生育期的品种，以满足不同地区的需要。

苦荞生育期短，是提高土地利用率理想的填闲、复种作物。为避免或减轻早霜及灾害，提高其在周年生产中的作用，迫切需要早熟品种，所以对早熟、抗寒品种的选育应引起足够的重视。

品种的早熟性和高产性存在一定的矛盾。早熟品种生育期短，同化产物积累相对较少，单株生产力稍低。当然，也无生育期越短产量越低之说。因为生产实践证明，生育期短的优良品种，辅以相应的栽培技术，也能实现高产。因此，只要同时注意早熟性和丰产性状的选择，是完全可以选育出早熟高产苦荞品种的。

苦荞的早熟性选择还应遵循苦荞的边开花、边结实、边成熟、边落粒的无限生长的生物学特性，开展成熟一致性、抗落粒性、提高籽粒产量和品质品种的选育。

苦荞早熟高产品种的长相特点是：植株稍矮，分枝少，叶片少，成熟一致性好，繁茂性低，株型紧凑。

5. 品质和专用性

苦荞是人类健康的新食物源，品质的优劣直接影响到人民的生活品质，因此，越来越引起国民的重视和关注。选育品质优良的品种，应是苦荞育种目标之一。

品质是很具体的，有普遍性，更在意特殊性，即专用性，因此苦荞品种选育除产量目标外，还要考虑高黄酮、高蛋白、低淀粉、低葡萄糖、米用（大粒薄壳易脱粒）、菜用、药用等多种目标品种的选育。

苦荞富含多种营养成分，尤其是生物类黄酮等生物活性物质，对于当今慢病（NCI 慢性非传染性疾病）有很好的防护和调理作用。

高蛋白可以提升苦荞营养价值。

低淀粉、低葡萄糖苦荞品种，可降低成糖指数，有利糖尿病人饮食。

大粒、粒重、粒型好、薄壳、易脱粒、出米率高的苦荞品种，适合加工多种易于进入主食领域的食物。

抗病虫、叶厚大、深绿、味甘、枝叶鲜嫩、适口性好的苦荞菜用品种是新型食物种类。

（二）我国荞麦生产区对苦荞品种的要求

中国各地都有荞麦种植，各生产区的气候条件、耕作制度、生产中存在问题不同，对苦荞品种的要求也不相同。

1. 北方春荞麦区

本区主要范围包括黑龙江、吉林、内蒙古全部，辽宁西部、河北、山西、陕西北部、宁夏宁南山区是甜荞主产区，有苦荞种植。栽培种植制度是一年一熟制，以选育耐寒性强、耐旱、耐瘠、生育期 90d 以下的中熟或中熟偏早品种为主。

2. 北方夏荞麦区

本区以黄河流域沿岸含新疆维吾尔自治区（全书称新疆）、甘肃、陕西中南部、山西中南部、河北和山东中部地区。栽培种植制度为两年三熟为主，部分地区一年二熟，山区一年一熟。甜荞用于复播（现很少种植），苦荞春播于高山瘠地。以选育耐旱、耐瘠、早霜前成熟、生育期70d左右的早熟种或中早熟种为宜。

3. 南方秋、冬荞麦区

本区以淮河为界，为淮河以南的广大地区。栽培种植制度为一年两熟到一年三熟制。本区荞麦种植本来就少，呈零星种植，近年来越发少种。选育品种要求早熟、高产、抗倒伏。

4. 西南春、秋荞麦区

本区以喜马拉雅山东麓2 000～3 000m的西南高地为主，包括云南、贵州、四川、西藏、、广西西北部及两湖武陵山区等地区，是苦荞的主产区，也有甜荞种植，种植面积约占全国苦荞面积的80%。栽培种植制度大部为一年一熟制，少部为一年二熟制，苦荞春播，也有夏秋播。以选育耐寒、耐瘠、抗倒、抗病的早、中、晚熟品种为宜。

二、苦荞育种的数量性状

作物育种所注意的经济性状一般属于数量性状，如株高、成熟期、籽粒重、产量以及产品品质等，这些数量性状有别于质量性状。其特点有以下两个：

一是变异的连续性。当两个纯合亲本杂交之后，杂种一代一般表现介于两亲本中间型，杂种二代则分离成一系列的连续性的变异个体，由于变异的连续性，相邻个体之间差异比较小，因而必须借助于测量和称重方法，以便得出比较精确的鉴定，须采用统计方法以估计其群体的统计参数，以了解不同世代间的变异趋势。

二是受外因的影响比较大。如株高和产量等性状容易受光、温、水和营养等外界环境因子的影响而变异。因此，对数量性状的研究和选育必须特别注意到因外界环境因子的干扰而引起的试验误差。

数量性状遗传的研究与植物育种工作有密切关系。数量性状是育种的主要对象，对于数量性状的遗传研究是迫切需要的，研究苦荞数量性状的遗传力和遗传进度，可以提高育种的效率。因为这些遗传参数为苦荞育种提供较准确的信息，对系统选育、杂交育种、人工诱变及其他育种工作能正确地选配亲本，确定各世代变异群体性状、进度的选择具有指导意义。

中国苦荞育种工作开始注意主要经济性状遗传参数的研究始于20世纪80年代。

（一）相关系数

在作物遗传和育种研究中，往往必须鉴定一些性状和产量的关系，或性状之间的关系。性状间表型相关与遗传相关方向相同，遗传相关系数高于表型相关系数，且达到显著或极显著水平，说明可根据表型相关来选择遗传型。遗传相关系数与环境相关系数一般相差较大，有些方向相反，遗传因素和环境因素对性状间的相关有不同的影响。从作物育种的角度看，遗传相关的研究意义有三：

1. 由于表型相关受环境因子的影响，从中分析遗传相关，用它的数量来测定性状之间的遗传力方面的相互关系。

2. 有了遗传力相关系数rg后，它可以指出哪些性状可以作为更重要的性状，如产量或产品品质等的指标性状。

3. 它可以证实哪些性状在选择方案上是用途不大或者没有什么意义，可以剔除，不予注意。

中国学者注意了苦荞主要性状相关系数的研究。

唐宇、赵钢等（1989）研究了苦荞主要性状的相关系数，结果是：株粒重与单株重、花序数成极显著的遗传正相关，与株粒数、株高成显著遗传正相关，而与千粒重、分枝数和主茎节数的遗传相关则不显著。

株粒数与单株重、分枝数、花序数、株高，花序数与单株重、分枝数，株高与单株重、分枝数之间都呈显著遗传正相关。

株粒数与株粒重两个性状间环境相关比遗传相关大，达到极显著水平，表明株粒数、株粒重受环境条件影响大。

吴渝生（1995）对苦荞主要农艺性状的遗传相关分析如下所述（表 3－2）。

表 3－2　苦荞性状的相关系数（吴渝生，1955）

性状		株高	叶面积系数	营养生长期	生殖生长期	生育期	分枝数	叶片数	株粒重	千粒重
叶面积系数	rp	0. 507*								
	rg	0. 832**								
	re	0. 132								
营养生长期	rp	0. 668**	0. 739**							
	rg	0. 987**	0. 844**							
	re	－0. 166	0. 292							
生殖生长期	rp	0. 193	0. 382	0. 382						
	rg	0. 353	0. 439	0. 387						
	re	－0. 300	0. 109	0. 060						
生育期	rp	0. 540**	0. . 700**	0. 850**	0. 811**					
	rg	0. 884**	0. 784**	0. 852**	0. 813**					
	re	－0. 196	0. 327	0. 695**	0. 713**					
分枝数	rp	0. 583**	0. 477**	0. 734**	0. 403	0. 694**				
	rg	0. 983**	0. 565**	0. 863**	0. 433	0. 778**				
	re	－0. 035	0. 216	－0. 133	0. 475*	0. 256				
叶片数	rp	0. 350	0. 279	0. 606**	0. 794**	0. 832**	0. 669**			
	rg	0. 780**	0. 436	0. 667**	0. 867**	0. 912**	0. 825**			
	re	－0. 307	－0. 291	0. 102	0. 257	0. 176	0. 090			
株粒数	rp	0. 196	0. 413	0. 570**	0. 312	0. 537**	0. 369	0. 461*		
	rg	0. 661**	0. 655**	0. 717**	0. 403	0. 692**	0. 480*	0. 525*		
	re	－0. 305	－0. 132	－0. 023	－0. 119	－0. 225	0. 116	0. 315		
千粒重	rp	0. 010	－0. 292	－0. 141	－0. 126	－0. 156	0. 041	－0. 010	0. 202	
	rg	－0. 024	－0. 291	－0. 132	－0. 147	－0. 158	0. 049	0. 030	0. 330	
	re	0. 071	－0. 300	—0. 423	－0. 114	－0. 287	0. 015	－0. 194	－0. 155	
株粒重	rp	0. 160	0. 209	0. 422	0. 185	0. 372	0. 329	0. 377	0. 914**	0. 574**
	rg	0. 506**	0. 371	0. 500*	0. 220	0. 452*	0. 388	0. 405	0. 917**	0. 680**
	re	－0. 302	－0. 260	－0. 097	－0. 060	－0. 269	0. 152	0. 283	0. 924**	0. 194

注：$r_{0.05}=0.444$；$r_{0.01}=0.561$

从表3－2可以看出，株高、营养生长期、生育期、株粒数、千粒重和株粒重遗传相关达到显著水平。而株粒数、千粒重与株粒重的表型相关为极显著正相关。除株粒数外，其余性状与株粒重的环境相关均未达显著水平，且数值偏小。表明株粒数与千粒重可按表型来选择，但株粒数要注意环境条件的影响，对株高、营养生长期、生育期的选择不因表象而误导。

一般遗传相关大于表型相关，两者正负方向也大体相同 。若不同性状的表型相关显著时，则遗传相关也显著。育种工作中可以通过表型相关来选择相应的基因型，尤其是选择对遗传相关与表型相关正值都较大性状的品种。在苦荞育种中应选择营养生长期和生育生长期较长、千粒重较高的材料，不宜过分追求分枝数、株粒重和叶面积系数的选择。

（二）通径分析

通径分析可进一步揭示各个性状对产量影响的大小以及各性状间的内在联系。各性状与产量通径系数的大小，说明其对产量直接作用的大小与方向。

关于苦荞经济性状的通径分析，唐宇、赵钢等（1989）分析的结果如表3－3所示。

从表3－3看出，各主要经济性状中株粒重、千粒重、分枝数和单株重对产量的影响较大，主茎节数对产量的影响较小，而花序数和株高对产量呈负作用。

表3－3　苦荞主要经济性状对单株粒重的遗传通径分析

（唐宇等，1989，昭觉）

性状	遗传相关系数	直接作用	间接作用						
			通过单株粒数	通过千粒重	通过单株重	通过分枝数	通过花序数	通过主茎节数	通过株高
单株粒数	0.6687	1.0450		-0.2317	0.3832	0.4127	-0.8901	0.0108	-0.0607
千粒重	0.5752	0.9463	-0.2558		0.9853	-0.0642	-0.0331	-0.1173	0.0142
单株重	0.7185	0.5464	0.7329	0.1477		0.1869	-0.9410	0.1327	-0.0872
分枝数	0.5705	0.6145	0.7018	-0.0988	0.1662		0.9156	0.1634	-0.0610
花序数	0.7414	-1.1124	0.8362	0.0282	0.4622	0.5058		0.0785	-0.0571
主茎节数	0.1492	0.2306	0.0467	-0.4813	0.3145	0.4354	-0.3787		-0.0181
株高	0.6818	-0.0976	0.6500	-0.1350	0.4883	0.3840	-0.6511	0.0427	

1. 株粒数对株粒重

株粒数对株粒重不但具有很高的正效应，而且居所有通径系数之首，达1.045，起决定性的作用。由于株粒重的一部分直接作用被花序数（－0.8901）、千粒重（－0.2317）等性状的负作用有所削弱，致使株粒数对株粒重的遗传相关系数不是很高（0.6687），但除千粒重外的其他性状通过株粒数对株粒重的直接作用都为正值。因此，株粒重应该是苦荞育种中必须密切注意选择的主要性状，不论直接对该性状选择还是其他性状通过该性状间接对株粒重选择，都可有好的效果。但是，在选择的同时要协调好株粒数与株粒重和花序数的相互关系。

2. 千粒重对株粒重

千粒重对株粒重也有很高的正效应（0.9463），为所有直接效应中的第二位。若保持其他性状相对稳定，对千粒重的直接选择必将提高株粒重。不过，千粒重通过株粒重（－0.2558）、分枝数（-0.0642）、花序数（-0.0331）和主茎节数（-0.1173）的间接通径系数均为负值，故对株粒重的正影响有所减弱，使剩余的净效应（0.5752）表现不显著。值得注意的是，在提高千粒重的同时将伴随着株粒重的降低，说明苦荞育种中不能片面追求大粒，而应协调粒数和粒重的关系，选择株粒数高，兼顾有较高的粒重。

3. 单株重对株粒重

单株重对株粒重的影响在表现上是极显著的正相关（0.7185），但其直接通径系数却不高（0.5464）。间接效应，单株重对株粒重的显著正相关主要是通过株粒数的间接作用实现的。因此，应抓住株粒数这个主因。

4. 分枝数对株粒重

分枝数对株粒重的作用和千粒重对株粒重的作用相仿，其直接作用比较大（0.6145）。但由于分枝数通过花序数（-0.9156）、千粒重（-0.0988）、株高（-0.061）的间接效应为负值，使该性状通过株粒数对产量的较大正作用不但完全被抵消，也使分枝数对株粒重的净作用被削弱，表现不显著（0.5705）。显然，如果保持花序数、千粒重的性状基本不变，增加对分枝数的选择有利于高产品种的选择。

5. 花序数对株粒重

花序数对株粒重的直接作用是一个很高的负值（-1.1124），即在其他性状相对稳定的情况下，增加花序数必定使单株籽粒产量下降。花序数通过其他性状对株粒重的间接效应，除株高外，都为正值。且主要通过株粒重（0.8362）、分枝数（0.5058）、单株重（0.4622）的间接途径再起作用，从而掩盖了该性状对株粒重的直接负作用，造成花序数对株粒重的遗传相关值最高，达极显著水准，致使在表象上难以觉察到花序数增加得太多的不利影响。所以，花序的选择应着眼于花序上的结实数，才有较高的株粒重。

表 3-4　苦荞性状对株粒重的遗传通径系数

（吴渝生，1995，昆明）

性状	株高	叶面积系数	营养生长期	生殖生长期	生育期	分枝数	叶片数	株粒数	千粒重
株高	-0.027	-0.0946	3.758	-0.238	3.033	-3.588	-0.235	-1.203	-0.048
叶面积系数	-0.023	-1.136	2.915	-0.296	2.692	-1.870	-0.131	-1.192	-0.588
营养生长期	-0.030	-0.959	3.456	-0.261	2.924	-2.859	-0.201	-1.306	-0.266
生殖生长期	-0.010	-0.498	1.338	-0675	2.790	-1.435	-0.261	-0.733	-0.296
生育期	-0.024	-0.891	2.944	-0.548	3.433	-2.610	-0.275	-1.259	-0.319
分枝数	-0.030	-0.642	2.983	-0.292	2.705	-3.312	-0.249	-0.874	0.098
叶片数	-0.021	-0.495	2.305	-0.585	2.130	-2.730	-0.301	-0.955	0.058
株粒数	-0.018	-0.745	2.480	-0.292	2.734	-1.590	-0.158	-1.820	0.566
千粒重	0.001	0.331	-0.456	0.099	-0.542	-0.161	-0.009	-0.601	2.018

注：R^2 =0.990，主对角线上为直接通径系数，其余为间接通径系数

6. 主茎节数对株粒重

主茎节数对株粒重的作用，无论遗传相关系数还是直接通径系数其值都很小，分别为0.1492和0.2306。通径分析的间接效应表明，主茎节数对株粒重的净作用主要依靠本身很小的

直接作用，在选择上可放在次要地位。

7. 株高对株粒重

株高对株粒重的遗传相关系数达显著水准（0.6813），但其直接通径系数却是负值（-0.0976）。株高是通过株粒数（0.6500）、株粒重（0.4883）、分枝数（0.3840）的间接作用于株粒重表现正相关的，同时也掩盖了对株粒重的直接负作用，故在选择时，应对几个性状综合考虑，并把株粒数的选择放在首要地位，并估计株高的间接效应。

吴渝生（1995）根据性状的表型、遗传和环境相关系数，分别计算出直接通径系数和间接通径系数。

营养生长期、生育期、千粒重对株粒重的直接通径系数较大且为正值，表明这些性状对株粒重有重要作用。分枝数、株粒数、叶面积系数对株粒重有一定负向作用。

株粒数、千粒重、营养生长期对株粒重有较大正向作用。生育期对株粒重则有一定的负向作用。改善环境条件可以增加株粒数、千粒重，延长营养生长期，从而提高株粒重，而生长期延长后对株粒重有一定的不良影响。

对株粒重有较大直接正向作用的性状有株粒数、千粒重、营养生长期和生殖生长期，有较大负向作用的性状是生育期。

对苦荞主要经济性状的相关和通径分析及育种实践表明，株粒数和粒重是重要的指标。由于株粒数受环境因素的影响较大，其遗传力可能较低，应对其进行连续多次选择。同时兼顾株粒重较高，株粒数、千粒重和分枝数三者相互协调的材料，可望得到较好的效果。

表 3-5　苦荞性状对株粒重的环境通径系数

（吴渝生，1995，昆明）

性状	株高	叶面积系数	营养生长期	生殖生长期	生育期	分枝数	叶片数	株粒数	千粒重
株高	-0.001	-0.007	-0.034	-0.021	0.031	-0.003	-0.008	-0.285	0.026
叶面积系数	0.000	-0.55	0.060	0.008	-0.051	0.018	-0.007	-0.124	-0.108
营养生长期	0.000	-0.016	0.206	0.004	-0.109	-0.011	0.003	-0.022	-0.152
生殖生长期	0.000	-0.006	0.012	0.071	-0.112	0.039	0.006	-0.111	0.041
生育期	0.000	-0.018	0.148	0.051	-0.157	0.021	0.006	-0.210	-0.103
分枝数	0.000	-0.012	-0.027	0.034	-0.040	0.082	0.002	0.108	0.005
叶片数	0.000	-0.016	0.021	0.017	-0.028	0.007	0.026	-0.294	-0.070
株粒数	0.000	-0.007	-0.006	-0.009	0.035	0.010	0.008	0.932	-0.056
千粒重	0.000	0.015	-0.087	0.008	0.045	0.001	-0.005	-0.144	0.359

注：* R^2 =0.983，主对角线上为直接通径系数，其余为间接通径系数

（三）遗传力

根据遗传力字典中 Knight 的定义，遗传力是观察方差中所归属于遗传变异的部分。众所周知，生物任何性状的变异均受着基因和环境因素的影响。遗传力是确定遗传和环境对于性状表现的相对重要性的数值，对于遗传研究和育种实践都是有特别用途和意义的。

表 3－6　苦荞性状对株粒重的表型通径系数

（吴渝生，1995，昆明）

性状	株高	叶面积系数	营养生长期	生殖生长期	生育期	分枝数	叶片数	株粒数	千粒重
株高	－0.020	－0.014	0.211	0.041	－0.234	0.005	0.004	0.162	0.004
叶面积系数	－0.010	－0.027	0.234	0.080	－0.299	0.004	0.003	0.341	－0.118
营养生长期	－0.013	－0.020	0.316	0.080	－0.368	0.006	0.006	0.471	－0.057
生殖生长期	－0.004	－0.010	0.121	0.210	－0.351	0.003	0.008	0.258	－0.051
生育期	－0.011	－0.018	0.269	0.171	－0.433	0.006	0.009	0.443	－0.063
分枝数	－0.012	－0.013	0.232	0.085	－0.301	0.008	0.007	0.305	0.017
叶片数	－0.007	－0.007	0.192	0.167	－0.360	0.006	0.011	0.381	－0.004
株粒数	－0.007	－0.011	0.180	0.066	－0.232	0.003	0.005	0.826	0.081
千粒重	0.000	0.008	－0.045	－0.027	0.058	0.000	0.000	0.168	0.403

注：* $R^2=0.995$，主对角线上为直接通径系数，其余为间接通径系数

1. 主要性状的广义遗传力

遗传力是确定变异全体后代选择效果的最基本估值，根据性状遗传力的大小，判定相应的选择方案，可以提高选择的效果和预见性。唐宇、赵钢（1990）估算了苦荞主要性状的广义遗传力（表3－7）。

表 3－7　苦荞主要性状的广义遗传力

（唐宇等，1990，昭觉）

性状	遗传变量（σ_g^2）	环境变量（σ_e^2）	遗传力	
			h^2（%）	位次
株高	62.9464	25.1651	71.44	4
主茎节数	0.6443	0.2209	74.46	3
分枝数	0.6687	0.6865	49.43	7
花序数	15.1458	13.6168	52.65	6
单株重	31.4877	22.1168	58.74	5
千粒重	4.2959	1.0373	80.55	2
株粒数	1 382.34	3 535.54	28.11	9
株粒重	0.6016	0.7194	33.47	8
生育期	41.3156	3.1863	92.84	1

从表3－7可看出，生育期、千粒重、主茎节数、株高的遗传力比较高，均在70%以上，说明这几个性状在遗传上较稳定，对这些性状在早代就可以进行严格选择和淘汰。而单株重、花序数、分枝数、株粒数和株粒重等的遗传性状较低，仅占28.11%～58.74%，说明这些性状在遗传力上不稳定，受自然环境和栽培条件的影响较大，对这些性状在早期时代选择效果较差。根据育种实践，对遗传力较低的性状，可对变异群体采用集团或混合选择法，扩大群体，适当放宽标准，进行连续多次选择。由于遗传力是随世代的进展而渐次提高，因此，在连续多代的选择中可逐渐提高遗传力，达到固定遗传性状的目的。

2. 遗传变异系数

遗传变异系数表明了原始群体的遗传变异程度，遗传变异系数大，表明群体基因库的遗传潜力大，对这些形状的选择取得改良的可能性大；变异系数小，则群体基因库的遗传潜力小，对于性状的选择取得改进的可能性小。表3－8列出了苦荞品种主要性状的遗传变异系数。

表3－8　苦荞主要性状的遗传变异系数

（唐宇等，1990，昭觉）

性状	遗传变量 (σ_g^2)	性状平均数 ($\bar{X}$)	遗传变异系数	
			G. C. V（%）	位次
株高	62.9464	85.76	9.25	8
主茎节数	0.6443	7.3	10.99	7
分枝数	0.6687	5.95	13.75	5
花序数	15.1458	11.99	32.47	1
单株重	31.4877	17.92	31.31	2
千粒重	4.2959	17.64	11.75	6
株粒数	1 382.34	187.05	19.85	3
株粒重	0.6016	3.31	18.2	4
生育期	41.3156	87.01	7.39	9

从表3－8看出，花序数、单株重的遗传变异系数比较大，株粒数和株粒重次之；而分枝数、千粒重、主茎节数、株高和生育期的遗传变异系数最小。因此，在群体中对花序数、单株重、株粒数和株粒重等性状进行选择有较大的选择范围，能收到较好的效果。株高、生育期等性状虽然遗传力较高，对这些性状的选择有较高的可靠性，但由于变异系数很小可选择的余地不大。

3. 遗传进度

唐宇、赵钢（1990）计算了苦荞主要性状的遗传进度（表3－9）。

表3－9　苦荞主要性状的遗传进度（$k_{0.05}=2.06$）

（唐宇等，1989，昭觉）

性状	绝对遗传进度（△G）	相对遗传进度（△G′）%	位次
株高	13.8142（cm）	16.11	8
主茎节数	1.4269（节）	19.54	7
分枝数	1.1833（个）	19.9	6
花序数	5.5172（个）	48.53	2
单株重	8.8594（g）	49.43	1
千粒重	3.8319（g）	21.72	3
株粒数	40.6074（粒）	21.68	5
株粒重	0.7170（g）	21.69	4
生育期	12.7583（d）	14.67	9

从表3－9可以看出，在苦荞主要性状中，以单株重、花序数的选择进度最高，其次是千粒重、株粒重、株粒数，往下是分枝数和主茎节数，最后为株高和生育期。遗传进度综合了群体的

遗传变异度和遗传力，可以说明人们对某群体在一定的选择强度下选择时，在遗传上可能获得的进展大小，借以衡量亲代选择在子代中的表现效果。值得注意的是，株粒重、株粒数这些性状，虽然遗传力较低，但由于本身遗传变异系数较大，其遗传进度也就比较高，从而显示出较大的遗传潜力，对它们进行选择可以获得较好的效果。

遗传进度综合了群体的遗传变异度和遗传力，从群体内进行选择时，其选择效果比单纯依靠遗传力效果好，单株重是单株的生物产量，与株粒重的相关极显著，而单株产量又是由花序数、粒数、千粒重诸因素组成的，株粒重的遗传进度是这些因素共同作用的结果。因此，在进行苦荞品种选育时，应对株粒数、千粒重、花序数和单株重等性状进行综合选择，并对其中遗传力很低的株粒数进行连续多次的定向选择，这样，选的产量因素较为协调的优良个体的几率要高得多。

从理论和育种实践看，育种工作者若要增进有如产量、产品品质等的选择效果，即提高遗传进度，应从以下 3 方面着手：第一，增加试验材料或群体的遗传变异度，即 GCV 或 σ_g^2，要求通过各种途径来丰富群体的遗传变异，要人工创造更丰富的杂种群体，引变群体和轮回选择育种；第二，提高群体的性状遗传力 h^2，通过加强试验设计和田间管理技术的控制，从而降低环境变异；第三，减少所选择作为繁殖下一代的百分数，即缩小中选率，这样就可增大选择强度 K 值，例如中选率50%，K = 0.80；中选率10%，K = 1.75；中选率5%，K = 2.06。选择强度必须以原来群体大小和材料的性质如繁殖系数等因素而决定。因此，科学的育种工作，应根据这些从实践总结的理论，更好安排育种计划和选择方案，以迅速提高选择效果。

苦荞是自花授粉作物，其混合选择、单株选择的选择单位均为个体植株。若选择单位是以小区或家系平均，那么计算表型总方差 σ_p^2 时有所不同，但其原理是一样的。

4. 农艺性状的主要成分分析

李秀莲等（1997）在太原对 45 个苦荞品种进行株高、主茎节数、一级分枝、二级分枝、千粒重、株粒重 6 个主要性状遗传力和遗传相关的分析，结果如表 3 - 10、表 3 - 11、表 3 - 12。

表 3 - 10　遗传协方差分析表

性状	株高	主茎节数	一级分枝	二级分枝	千粒重
主茎节数	15.4				
一级分枝	-7.11	-1.86			
二级分值	-10.1	-0.72	1.87		
千粒重	6.08	1.86	-0.41	0.04	
株粒重	0.53	-0.29	0.23	0.48	-0.09

表 3 - 11　6 个主要经济性状遗传力估算表

性状	遗传方差 δp^2	表型方差 δp^2	遗传力	
			h^2（%）	位次
株高	78.47	427.27	61.7	3
主茎节数	5.82	8.45	68.9	2
一级分枝	1.53	2.63	58.2	4
二级分枝	4.32	12.02	35.9	5
株粒重	0.262	0.902	29.0	6
千粒重	2.15	2.58	83.3	1

从表3－10、表3－11、表3－12可见：①株高与其他性状的协方差都比较大，株粒重与其他性状的协方差都比较小；②广义遗传力千粒重是很高的，主茎节数次之、株高第三、而二级分枝和籽粒重很低，因此，在亲本选配和杂交后代选择时，应高度重视千粒重性状，并适当兼顾主茎节数和株高性状；③株粒重与二级分枝、一级分枝存在极显著、显著正相关。株高与株粒重存在微弱正相关，株粒重与主茎节数、千粒重存在微弱负相关。

5. 农艺性状的聚类分析

林汝法等（1996）在太原对36份来源地不同的苦荞进行种植试验，对苦荞农艺性状主成分进行聚类分析。

（1）苦荞遗传资源的生育特性、植物学及农艺学性状多样性　苦荞遗传资源的生育特性、植物学和农艺学性状的差异（表3－13）。

表3－12　45个苦荞品种6个性状间的遗传相关系数表

性状	株高	主茎节数	一级分枝	二级分枝	千粒重
主茎节数	0.721				
一级分枝	－0.649	－0.624			
二级分枝	－0.549	－0.346	0.728		
千粒重	0.468	0.525	－0.227	0.013	
株粒重	0.117	－0.236	0.365*	0.453**	－0.12

注：［$\gamma_{0.05}$］＝0.295；［$\gamma_{0.01}$］＝0.382

表3－13　苦荞遗传按生育特性及农艺性状的多样性

品种编号	品种名称	产地	苗蕾期（日）	蕾花期（日）	花熟期（日）	生育期（日）	株高（cm）	主茎节数（个）	主茎叶数（个）	Ⅰ分枝（个）	Ⅱ分枝（个）	株粒重（g）	千粒重（g）
1	伊盟苦荞	内蒙	38	10	57	105	124.8	23.8	22.8	6.4	9.3	2.42	20.0
2	蜜1	山西	34	8	47	89	102.6	22.7	21.7	8.0	17.6	1.29	18.1
3	蜜2	山西	34	7	48	89	96.9	20.0	19.0	7.3	4.8	2.36	18.3
4	83－41	山西	38	7	60	105	120.7	21.9	20.9	8.4	13.9	3.94	18.8
5	五台苦荞	山西	35	7	48	90	124.7	21.6	20.6	7.1	5.9	2.78	19.5
6	榆林苦荞	陕西	38	5	41	84	133.4	21.8	20.8	6.6	3.7	4.92	17.3
7	榆5－7	陕西	38	4	63	105	144.7	22.1	21.1	5.3	4.1	4.23	20.5
8	榆6－21	陕西	30	8	49	87	124.7	21.5	20.5	5.5	5.5	9.50	21.5
9	79－22	陕西	33	9	47	89	136.3	22.9	21.9	5.5	5.7	4.24	14.5
10	坝18	河北	38	6	61	105	101.9	24.1	23.1	6.5	13.7	4.34	18.8
11	黑粒苦荞	河北	38	6	45	89	112.6	23.9	22.9	5.3	5.1	3.89	20.0
12	862	甘肃	31	6	52	89	79.0	18.5	17.5	4.5	3.2	2.35	20.5
13	841－2	宁夏	36	10	57	103	78.2	19.6	18.6	5.4	4.7	0.57	19.1

（续表）

品种编号	品种名称	产地	苗蕾期（日）	蕾花期（日）	花熟期（日）	生育期（日）	株高（cm）	主茎节数（个）	主茎叶数（个）	Ⅰ分枝（个）	Ⅱ分枝（个）	株粒重（g）	千粒重（g）
14	M21	青海	34	6	49	89	98.1	21.5	20.5	4.4	1.8	3.00	18.4
15	白苦荞	青海	34	6	49	89	113.9	21.7	20.7	5.9	5.4	3.81	18.1
16	九江苦荞	江西	28	7	45	80	91.3	16.7	15.7	5.6	5.2	2.15	19.0
17	塘湾苦荞	湖南	30	10	44	84	112.9	21.9	10.9	7.5	5.4	4.30	17.7
18	凤凰苦荞	湖南	37	5	42	84	115.0	19.3	18.3	6.2	7.3	4.07	17.7
19	圆籽荞	云南	40	14	51	105	111.2	23.6	22.6	6.7	6.6	4.30	19.2
20	鲁甸荞	云南	42	14	49	105	129.8	21.0	20.0	2.8	0.4	2.40	19.4
21	富选1	云南	33	7	50	90	145.7	22.4	21.4	7.5	3.2	5.61	21.6
22	富选2	云南	36	6	61	103	133.6	21.3	20.3	6.9	5.7	4.40	21.7
23	富选3	云南	38	17	50	105	151.1	27.2	26.2	6.0	6.1	3.50	19.1
24	富选4	云南	39	16	50	105	150.1	24.3	23.3	4.6	2.8	1.59	22.3
25	87-1	贵州	42	14	49	105	154.2	22.8	21.8	4.3	5.2	1.47	20.6
26	90-2	贵州	42	14	49	105	134.4	22.3	21.3	5.6	4.5	3.90	23.7
27	黑苦荞	贵州	34	4	49	87	94.5	20.4	19.4	8.5	16.8	5.28	19.9
28	额拉6	四川	42	14	49	105	119.1	25.2	24.2	6.2	6.6	4.56	19.8
29	凉山苦荞	四川	38	16	51	105	132.4	23.9	22.9	4.4	3.3	2.77	17.2
30	额土12	四川	38	16	51	105	146.4	25.8	24.8	5.2	2.9	4.16	18.8
31	额阿姆	四川	36	4	63	103	136.7	25.1	24.1	3.9	4.9	4.49	19.3
32	额乌	四川	41	14	49	104	121.5	20.7	19.7	6.7	8.3	3.58	17.8
33	额得惹	四川	42	14	49	105	123.3	21.9	20.9	5.4	2.5	2.16	15.6
34	额土木不惹	四川	39	14	49	102	121.6	22.1	21.1	5.6	8.3	3.68	18.9
35	尼尔顿	四川	38	4	48	90	116.5	22.2	21.2	3.7	1.8	3.64	16.7
	$\bar{x}+\sigma$		36.7±3.6	9.4±4.2	50.6±5.5	96.7±8.7	120.9±19.4	22.2±2.1	21.2±2.1	5.9±1.3	6.1±3.9	3.6±1.4	19.2±1.8
	CV（%）		9.18	44.7	17.8	9.0	16.0	9.5	9.9	22.0	63.9	41.7	9.4
						80~105	78.2~154.2	16.7~27.2	15.7~26.2	2.8~8.5	0.4~17.6	0.57~9.5	14

由表3-13可见，苦荞遗传特性的差异，在生育期、株高、主茎节数、一级分枝、二级分枝、籽粒重、千粒重等生育特性上，差异明显，表现出多样性。

苦荞遗传多样性，首先是生育特性的多样性（表3-14）。

由表3-14可见，苦荞生育特性差异很大，而不同生育阶段中多样性尤为明显，如蕾花期C.V.=44.7%。

从表 3－15 可见，苦荞遗传特性的差异，在生育期、株高、主茎节数、一级分枝、二级分枝、籽粒重、千粒重等生育特性上，差异明显，表现出多样性。

苦荞遗传多样性，除生育特性外，还表现在植物学性状的多样性上，在植物学、农艺学 7 个性状中，千粒重、主茎节数、主茎叶数的变化最小，而株高、一级分枝、二级分枝和籽粒重诸性状，除受遗传因子固有的多样性差异外，还受生态因子的影响，多样性变化更为显著。

表 3－14　苦荞遗传资源生育特性的多样性

种	项目	苗蕾期	蕾花期	花熟期	全生育期
苦荞	变幅	28－42	4～17	41～63	84～105
	$\bar{x}\pm\sigma$	36.6±3.6	9.4±4.2	50.5±5.5	96.7±8.7
	CV（%）	9.81	44.7	17.8	9.0

表 3－15　苦荞遗传资源的植物学、农艺学性状的多样性

种	项目	株高（cm）	主茎节数（个）	主茎叶数（个）	Ⅰ级分枝（个）	Ⅱ级分枝（个）	株粒重（g）	千粒重（g）
苦荞	变幅	78.2～154.2	16.2～27.2	17.5～24.8	2.8～8.5	0.4～17.6	0.57～9.5	145～23.7
	$\bar{x}\pm\sigma$	120.9±19.4	22.2±2.1	21.2±2.1	5.9±1.3	6.1±3.9	3.6±1.5	19.2±1.8
	CV（%）	16.0	9.5	9.9	2.20	63.9	41.7	9.4

（2）苦荞遗传资源遗传距离的多样性　苦荞遗传资源距离是通过苗蕾期、蕾花期、花熟期、生育期、株高、主茎节数、一级分枝、二级分枝、株粒重和千粒重等 10 个性状的表型相关系数（rpij）、表型相关矩阵（R）和欧氏距离（Dij2）的计算得到的，用最短距离进行系统聚类得聚类图（图 3－8），从距离值 1.8120 处截取分类界限得苦荞系统聚类结果（表 3－16、表 3－17）。

表 3－16　苦荞品种（35 个）系统聚类表

级别	品种名称
1	黑苦荞
2	榆 6－21
3	蜜 1
4	伊盟苦荞、蜜 2、83－41、五台苦荞、79－22、坝 18、黑粒苦荞、862、M21、白苦荞、九江苦荞、塘湾苦荞、圆籽荞、鲁甸荞、富选 3 号、富选 4 号、81－1、90－2、额拉 6、凉山苦荞、额土 12、额乌、额得惹、额土木不惹、尼尔额
5	84－2
6	榆 5－7、富选 2 号
7	额阿姆

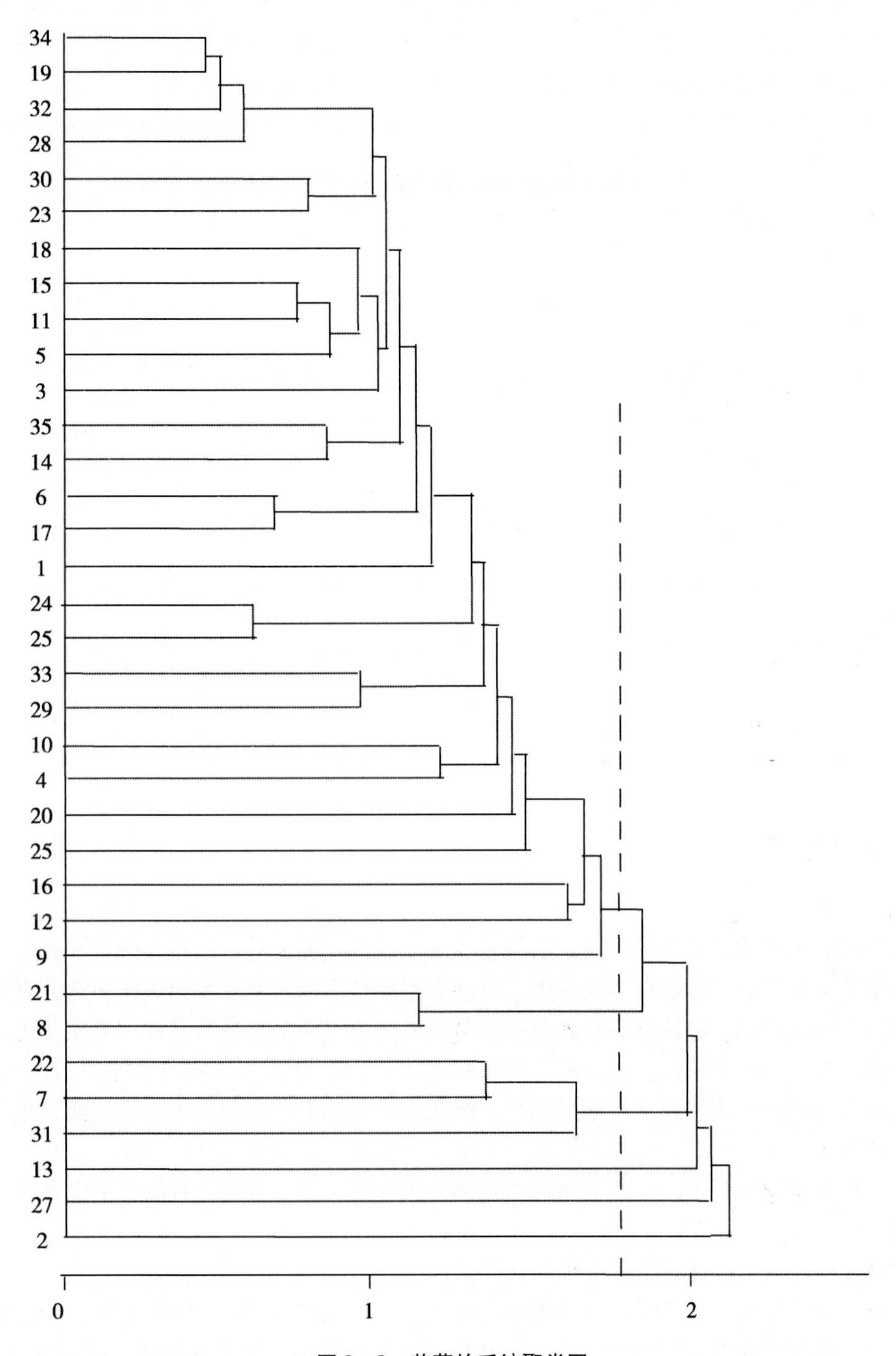

图 3-8　苦荞的系统聚类图

从表 3－17 可以看出：①欧氏距离是表示荞麦遗传资源遗传距离的一种标识，欧氏距离的差异即荞麦遗传资源遗传距离的差异，显示出荞麦品种的亲缘关系和遗传的多样性；②欧氏距离所反映的苦荞遗传距离与地理距离无必然联系；③从参试品种的聚类分析看出，云南 6 个苦荞分属 3 个类型，贵州 3 个苦荞也分属 2 个类型，显示了云贵高原地区的苦荞遗传资源的多样性。

表 3－17　苦荞品种系统聚类性状特点（组平均值）

组别	Nt	生育期（d）	株高 cm	主茎节数（节）	一级分枝（个）	二级分枝（个）	株粒重（g）	千粒重（g）	主要特点
1	1	87.0	94.5	20.4	8.5	16.8	5.28	19.9	早熟、中秆、多分枝、高产、中粒
2	2	88.5	135.2	22.0	6.5	4.4	7.56	21.6	早熟、高秆、中分枝、高产、大粒
3	1	89.0	102.6	22.7	8.0	17.6	1.29	18.1	早熟、中秆、多分枝、低产、小粒
4	27	96.9	121.2	22.3	5.7	5.5	3.34	18.9	中熟、高秆、少分枝、低产、中粒
5	1	103.0	78.2	19.6	5.4	4.7	0.57	19.9	晚熟、低秆、少分枝、低产、中粒
6	2	104.0	139.2	21.7	6.1	4.9	4.32	21.1	晚熟、高秆、少分枝、中产、大粒
7	1	103.0	136.7	25.1	3.9	4.9	4.49	19.3	晚熟、高产、少分枝、中产、中粒

三、苦荞的品种选育

（一）引种

引种是苦荞育种的起始阶段，即从别的苦荞生产区或国家引进苦荞品种或育种材料，经过当地试验、鉴定，从中选择出适宜当地种植，生产力明显高于当地生产品种或作为苦荞育种材料的方法叫引种。实践证明，引种是利用外地良种较快地解决当地生产缺乏良种和充实本地育种材料的有效措施，是一项简单易行、成本低、收效快的好方法。如九江苦荞、黑丰 1 号、7－2 等品种都比当地品种增产，从引种、示范到推广，既解决了苦荞生产中种源短缺的问题，也在生产中起到增产的作用。

苦荞引种虽然比较简单，但不是随意引种都会成功的，需要遵循已有的如下引种实践所得的引种规律。

苦荞品种的地区适应性较窄，引种要慎之又慎。

苦荞是短日照作物，受光时和温度的影响较大，有“南种北引”，植株变高，开花延迟，生育期延长，表现晚熟现象；“北种南引”，植株变矮，开花提前，生育期缩短，表现早熟的现象。因此，由低纬度的南方地区向高纬度的北方地区引种，应选择生育期短的早、中熟类型品种，并适当早播，以便在早霜来临前成熟；由高纬度的北方地区向低纬度的南方地区引种，应选择中、晚熟类型品种，并适当推迟播种。

苦荞引种以纬度、海拔相似地区或纬度、海拔相近地区为好，比较容易引种成功。

苦荞引种中要善于识别当年“引种优势”的假象，也要根据苦荞的生物学特性对结实性状良好但生育期偏长而不能正常成熟的引种材料进行改良。

苦荞引种一定要坚持试验、示范、推广的原则，同时要做好病虫的检疫工作。

（二）选择育种

选择育种就是根据育种目标通过人工选择从各类遗传资源中选择出优良的自然变异单株或集团，经过鉴定比较，遴选育成新品种的育种方法。这种“优中选优”的选择方法在苦荞育种中被广泛采用。由于苦荞是自交作物，选择育种从群体中选自然变异，不易出突破性的品种。

1. 多次混合选择法

多次混合选择，是从品种群体中选择植株高度、籽粒性状和成熟期等方面相似的优良单株混合脱粒，与原品种进行比较，从而培育成新品种的方法。多次混合选择法就是在第二年混种以后，连续选择几年，直至所选择的后代性状基本一致，而成新品种为止。

其程序是：单株选择、混系比较、混系繁殖。

第 1 年，在原始群体中选择符合育种目标、性状一致的优良单株，混合脱粒。

第 2 年，把上年入选单株混合脱粒的种子分成两份：一份与原品种种在同一地块进行特征、特性鉴定和产量比较，另一份在另地继续选择优良单株，混合脱粒。

第 3 年，把上年隔离区内入选单株混合脱粒种子仍分成两份：一份与原品种和推广品种进行比较，性状优良、整齐一致且比原品种和推广品种增产显著的品种，就可参加产量比较试验；另一份继续隔离繁殖，提供区域试验和生产示范的种子。

混合选择获得的群体是由经过连续选择的优良单株组成的，其性状与纯度都有所提高。同时，群体内的各个体间的遗传基因仍稍有差异，可保持较高的生活力和产量，避免因遗传基础贫乏而引起的生活力衰退，而且工作简单易行，能很快从群体中分离出最优良的类型，种子量又多，便于生产中很快利用。这种方法对混合严重的品种群体进行单一性状改良，如生育期、产量性状、植物形态特征有较好效果。其缺点：由于选择时根据当代表现型进行的，虽然表现型在一定程度上也反映了基因型，但外表性状，特别是一些产量上的数量性状，经常受环境条件的影响而表现特殊。因此，难免把一些在优良环境条件下表现良好，而基因型并不合乎要求的个体也选入。在经过混合脱粒、混合播种后，就很难在后代中剔除那些不符合要求的个体，选择效果受变异程度和变异类型的影响，所以只有原品种群体里有许多变异类型时才可选用这种方法。

2. 集团选择法

集团选择法就是在原品种或原群体里，按植株不同性状选择各种类型的优良单株混合脱粒组成集团，与原品种、推广品种进行比较、鉴定，符合要求的、产量高的集团选出，培育成新品种。集团选择可依据株型、开花期、生育期、粒色等性状进行选择。具体做法是：

第 1 年，在原始群体中，按其相似的生物学特性和形态特征选择单株，分成若干群体或集团，然后将同一类型为集团的植株混合脱粒保存。

第 2 年，将上年入选的集团材料分成两份，一份种小区比较，鉴定各集团与原品种、推广品种比较，从中选出优良集团；另一份种在隔离区内繁殖，继续选择优良单株，混合脱粒做下年播种用种。

第 3 年，将上年入选的优良集团相对应的隔离区内繁殖的种子分成两份，一份种成小区，继续和当地推广种进行产量比较，比当地推广种显著增产的集团则参加品种产量比较试验、示范；另一份隔离种植，为下一年区域试验、生产示范提供种子。

集团选择法获得的每一个集团，实质上就是进行一次混合选择法和多次混合选择法获得的后代。此法对整理我国丰富多样的苦荞种质资源具有实用价值。

3. 单株选择法

又叫系谱法或系统育种法。根据育种目标从田间选择具有优良性状的变异单株，并严格选择优良单株的后代而培育成新品种的方法。这种方法简单易行，收效显著，是苦荞的主要选育方法。

单株选择时在当地有较强的适应性和抗逆力的推广种中选择；在示范园、良种繁殖田中株选；从新资源、新种质、多种生态类型中选择不同遗传基因，入选类型多，每个类型要有一定数量，入选标准要严格、准确。

第1年，单株选择　根据育种目标，在田间种植群体中选择具有优良性状的变异单株。一般进行两次：第一次在盛花期，标记植株健壮、株型紧凑、抗逆性强、花序大且集中的单株；第二次在成熟期，着重籽粒性状，大粒、多粒、饱粒、落粒性轻，株型紧凑成熟一致的健壮单株。花期未入选的成熟期可补选。入选单株要挂牌编号，按株收获，并考察株粒数、株粒重、千粒重、籽粒性状和整齐度，严格选优去劣，优先入选株粒数多、千粒重高、籽粒整齐、饱满、光亮的单株。入选单株种子，分别保存备用。对表现较好的、但不够入选标准的单株，采取同品种混收，下年种选种田，从中继续选种。

第2年，株行试验　将上年入选的单株种子种成株行。每个单株种1行，每隔10行或20行种1行原品种及当地推广种做对照，生育期间进行观察和评定，选优去劣的标准要高：优良单株，经测产、考种明显优于对照的入选为株系；分离株行，继续选择优良单株，下年再行株行试验；不良株行，全部淘汰。

第3年，株系比较　将上年入选株行的种子，按株系种成小区，每区3~4行，行长5m，行株距同大田。间比法或随机区组排列，重复3次，以当地推广种做对照。在苦荞生育过程中，要按苦荞植物学性状和生物学特性观察记载。开花期和成熟期进行田间评选。收获时取样考种，根据产量、考种结果，田间记载和田间评选结果进行决选，选出最好株系作为品系，作为下年品系比较试验和扩大繁殖种子。

第4年，品系比较　将上年入选为品系的种子，按品系种成小区，6行区，行长5m，株行距同大田。对比法或随机区组排列，重复3次，以当地推广种的原种为对照，生育期间对主要经济性状和其他特性做全面细致的观察记载。收获后进行测产和考种。

品系比较试验一般要进行2~3年，表现优异的品系，即可成为新育成的品种，参加品种区域试验。

4. 株系集团选择法

在苦荞育种中，为了克服单一选择方法的缺点，提高选择效果，常常把集团选择和单株选择结合起来应用，称株系集团选择法。即“先选群体集团，再选优良单株”，分析鉴定比较，选择出优良株系，繁殖成一个品种或几个单系合并成一个品种群体。

（三）杂交育种

杂交育种就是通过品种间杂交创造新变异而选育品种的方法。杂交可使杂交后代的基因重组，产生各种各样的变异类型，并从中选育出新品种，是苦荞创造新类型和选育新品种的重要途径。苦荞育种方法目前尚在尝试阶段。亲本选配和育种目标的制定要切合苦荞的实际。

1. 杂交亲本选配的基本原则

（1）互补原则　双亲优缺点互补式指一个亲本上的优点在很大程度上克服另一个亲本的缺点。亲本优良性状多，主要性状突出，不良性状少，又较易克服，双亲主要性状的优缺点能互补；亲本优良性状多，其后代性状就会有较好表现，出现有优良类型的机会就会增多。

（2）适应原则　用当地优良推广品种或地方品种做亲本，由于在当地栽培时间较长，对当地的自然、栽培条件比较适应，综合性状一般也较好，即后代容易适应当地条件，较易育成新品种。

（3）远亲原则　利用生态类型差异较大，亲缘关系较远的材料做亲本。因为不同生态类型、不同地理来源和亲缘关系差异的品种具有不同的遗传基础和优缺点，即杂交后代的遗传基础将更加丰富，会出现更多的变异类型甚至超亲性状。同时，在不同生态条件下产生的双亲杂交，有理由培育出适应性较大的新品种。

（4）配合力原则　配合力是指某一亲本品种与其他若干品种杂交后，杂交后代在某个性状上表现的平均值。用配合力好的品种做亲本，容易得到好后代，选出好品种。当杂交亲本确定后，还应考虑母本和父本组合的配对原则：

母本：选择适应当地条件的当地品种；矮株选育中矮秆品种；栽培种和野生种杂交或远缘杂交选栽培种。

父本：选择性状遗传传递力强的品种，即后代容易适应当地的自然条件和栽培条件。

2. 杂交方式

杂交方式是由亲本的类型决定的。如果按亲本的类型分，可以是优异亲本 ×优异亲本（elite × elite）或者优异亲本×改良亲本（elite ×wild），或者是改良亲本×改良亲本（wild × wild）。第一种类型是期望直接出品种，因此两个亲本之间是互补的。例如，亲本 A 高产、早熟，但倒伏。亲本 B 高产、早熟，抗倒伏，但晚熟。两者结合希望育出高产、早熟、抗倒伏的品种。第二种杂交方式优异亲本 ×改良亲本侧重点不同，目的是改良优异亲本的某一性状，这种改良可能不是一次杂交就可以完成的。例如，一个现有品种缺少某一性状，而改良亲本具有这个性状并且是新资源。由于是新资源，在利用它的同时也会引入一些不良性状。这就需要多次杂交，也就是有目的地选择这一性状的同时用优异亲本多次回交。做亲本时，杂交的方式也可以是新资源之间的相互杂交，或者是改良亲本×改良亲本。

当杂交组合配对确定后，要根据育种目标和亲本特点确定正确的杂交方式。常用的杂交方法如下。

（1）单交　又叫成对杂交（A/B），即两个不同品种间进行一次杂交。这种方法简单易行、收效较快，当双亲的优缺点能够互补，性状与育种目标基本符合时，一般都采用此法。

（2）复交　又叫复合杂交，即选用两个以上亲本的多次杂交。通常有以下 3 种方式：一是三交，即 3 个亲本的复交，如（A/B//C）；二是双交，即四个亲本的复交，如（A/B//C/D）；三是四交，即（A/B//C//D）。复交可将几个亲本的优良性状集合在一起，但后代的遗传基础更加复杂，性状分离范围更大，不容易稳定，育成一个品种所需时间较长。应用复交时，一般应将综合性状好、适应性较强、并有一定丰产性的亲本放在最后一次杂交，以便增强杂种后代的优良性状。

（3）回交　两个亲杂交后所产生的后代（子一代），在与双亲之一重复进行杂交。参加回交的亲本，叫轮回亲本，父本和母本均可做轮回亲本。回交用于恢复优异亲本的性状，即上述的第二种亲本类型。回交至少进行三次（BC3），品种的一个或两个不良性状。

回交举例：苦荞×米荞，目的是从米荞转入易脱粒的粒型，但保持苦荞的特性（图 3－9）。

（4）多父本混合授粉杂交　选择多个父本品种的花粉混合后，对一个母本品种进行混合授粉，即 A/（B＋C＋D）。这是根据受精选择性和多重性的原理进行的，其杂交后代具有较大的生物学适应性和较高的生产力，易于发展多个亲本的遗传性。

苦荞 × 米荞
↓
F_1 × 苦荞
↓
BC_1F_1选易脱粒的粒型 × 苦荞
↓
BC_2F_1选易脱粒的粒型 × 苦荞
↓
BC_3F_1选易脱粒的粒型 × 苦荞
↓
BC_3F_1选易脱粒的粒型
↓
BC_3F_2选易脱粒的粒型
↓
BC_3F_3选易脱粒的粒型

图3－9　苦荞×米荞的后代选育

3．苦荞开花授粉特点及其杂交技术

（1）开花习性和授粉特点　关于苦荞的开花习性，蒋俊方等（1986）做了详细的观察，记述：

开花顺序：先主茎后分枝，由下而上，由内而外。花序的开花顺序也趋同，基部小花最先开放，然后由下而上。

开花时间：因品种和自然条件不同而有所差异，一般出苗后20d始花，始花后7～10d进入盛花期，盛花期5d左右进入高峰，历时30～40d。每朵小花的开放和闭合时间，各地无太多差异，均在10h左右。开花的适宜气温均为17～22℃，空气相对湿度70%左右。

花粉和柱头生活力：在室温20℃条件下，花粉具有生活力的时间是60h左右，柱头有生活力的时间是30h左右。

授粉特点：苦荞是自花授粉作物，花粉在花朵半开放时就已成熟散粉，花药又紧靠柱头，自交结实率高达60%以上。

（2）苦荞杂交技术　苦荞的有性杂交过程，包括整理花序、去雄和授粉3个步骤。

整理花序：苦荞在去雄前，先要整理花序。在母本快进入盛花期时，选择性状优良健壮的植株主茎上的花序，剪去下部已开过花的花序和上部尚未开花的花，留中部3～5个即将开花的花序，对花序上已开放的小花也应用镊子去掉。

去雄：人工去雄（Wang and Campbell，2007）或温汤去雄（Mukasa et al.，2007）

人工去雄 在开花前1d下午，去雄时用尖镊子细心除去花粉囊，并实行"镜检"：花药是否去净、有无破损，柱头有无损伤。去雄后立即用羊皮纸袋套罩，隔离植株。挂标签注明亲本、去雄日期、去雄人。在做完一个组合更换一个组合时，需用70%酒精擦洗去雄工具和手。

温汤去雄 参考温汤去雄在其他小粒作物的应用，Mukasa等人（2007）摸索了一套在苦荞上的应用方法。他们初步设置了温度和不同的时间处理。经过试验，最后确定把花簇浸入44 ℃温水3min适用于多数品种（表3－18），平均结实率可达55%。试验是在温室条件下进行的。推测在田间条件下也应该是可行的，条件是用其他容器替代电热浴锅及温度的调节。

温汤去雄操作步骤：①在温室栽培健壮的盆栽植株，于授粉前 1d 下午处理母本植株，选用即将开花或开花初期的花簇；②对选用的枝条花簇进行处理，去除所有的结实籽粒、已开花的花朵及小蕾，只留第 2 天开花的花蕾；③给用于去雄的热浴锅放水，设置所需温度（44℃）；④当热浴锅达到温度要求时，将处理过的花簇浸入温水中 3min；⑤等处理过的花簇水分干后，用计号笔把所有处理过的花蕾涂上颜色，套袋挂标签；⑥第 2 天开花时，逐花授粉，标签上标明授粉时间。

表 3-18　温汤去雄在 7 个苦荞品种上的应用

处理 44℃ 3min（Mukasa et at.，2007）

品种名称	人工授粉	处理植株数	处理花数（a）	结籽数（b）	成熟粒数（c）	(b)/(a)（%）	(c)/(a)（%）
Hokkai T10	无	7	51	5	0	9.8	0.0
	是*	7	49	22	12	44.9	24.5
Stone buckwheat	无	7	33	0	0	0.0	0.0
	是*	7	31	28	16	90.3	51.6
Quianzui Kuqiao	无	6	23	3	1	13.0	4.3
	是*	6	27	27	27	100.0	100.0
Yugoslavian local	无	7	33	0	0	0.0	0.0
	是*	7	31	22	20	71.0	64.5
Hokkei 6	无	7	19	0	0	0.0	0.0
	是*	7	20	19	14	95.0	70.0
Hokkei 7	无	8	32	0	0	0.0	0.0
	是*	8	33	30	29	90.9	87.9
Hokkei 8	无	7	44	0	0	0.0	0.0
	是*	7	43	36	35	83.7	81.4
Total	无	49	235	8	1	3.4	0.4
	是*	49	234	184	153	78.6	65.4

注：* 父本：Hokkei T8

授粉：在母本去雄后 1～2d 进行。在父本行里选择具有父本特征的健壮植株上采集花粉于培养皿中，用毛笔蘸上花粉，反复涂抹在已去雄的母本柱头上，或用手直接振荡父本小花，使花粉跌落至母本柱头上。用放大镜检查柱头上是否盖满了花粉，如果没有，再重复授粉。授粉完毕后立即套罩羊皮纸袋，并在母本植株上挂上纸牌，写明父、母本名称和授粉日期、授粉人。做完一个杂交组合后，授粉工具要用 70% 的酒精擦洗。授粉后 5d 可去掉套袋。成熟后，按组合单收、单脱、单存。

去雄和授粉是苦荞杂交成败的关键，由于苦荞花器小，且在半开花时花药紧靠柱头已散粉，因此，去雄、授粉后一定要做镜检：若有母本花粉粒存在，该朵小花要弃用；若无父本花粉粒存在，则要重新授粉。

4. 杂交后代的处理

（1）单株选择法（系谱法）　杂种第 1 代（F_1）将杂交得到的种子种下去，长出来的植株结出来的种子叫杂种第1代。杂交得到的种子必须种植在良好的栽培环境中，加强栽培管理，以便杂种的优良性状得到充分表现。

播种时，按组合顺序排列，单粒点播。为便于观察、选择和繁殖种子，行株距要适当放大，一般行距35～45cm，株距10cm，在每个组合前种父、母本各1行。

苦荞成对杂交第1代植株间的性状表现一致，没有分离现象，一般不淘汰组合，不选单株，只淘汰病株、劣株和假杂交株。按组合收获、分别脱粒、保存。若苦荞复合杂交的第1代出现分离现象，除淘汰不良组合外，应选择优良单株，特别是主要高产性状单株的选择。

杂交第2代（F_2）杂交第2代是性状大量分离的世代，同一组合内单株差异较大。为了便于选择，按组合单粒点播或稀播，一个组合播种一个小区，每个组合前种植父、母本各1行。如果是F_1代选的单株则种成株行，同一组合的不同单株相邻种植。行长4～5m，行、株距比一般大田生产要宽，要求均匀一致，以保证单株有充分的营养面积，利于选株。

F_2代是选育新品种的重要阶段，为了增加选择机会要尽可能扩大群体。在重要生育阶段，如现蕾期、开花期特别是成熟期要认真评选组合，按照主要经济性状平均表现和优良个体数的多少，淘汰平均表现差、优良变异少的组合。对入选的组合，要严格按照育种目标，分期进行株选，多选表现好的组合单株，少选表现一般的组合单株。中选的单株要挂牌。成熟时按组合分株收获，考种决选后，决选株分株脱粒，分别装袋编号保存。

F_2代选择不易过严，以免丢失那些主要性状尚未在本世代充分表现出来的单株。为了防止F_2代丢失好的变异个体，对当选组合经过株选以后，可再以组合为单位，混收一部分落选株的籽粒留种。

杂种第3代（F_3）将第2代入选单株按组合、单株顺序种成株系（或系统），每隔10个或20个株系设1个对照区，集中1或2行当地推广种。同组合混收的种子可播在株系之后，也可另行播种。播种和管理方法同F_2代。

一般说，F_3代株系间的好坏比较明显，因此在生育过程中，要继续进行田间评选。评选中，先选出优良组合，再在入选组合中选优良株系，对继续分离的优良株系再选单株。田间中选的单株按株系编号，室内考种后进一步决选。表现基本一致的特优株系，选择优良单株，下年在隔离区种成株行，继续优中选优。而剩余植株在剔除劣株后混收留种，下年进行品系比较试验。

从F_3代开始，所有当选株系应进行测产。

杂种第4代（F_4）先按组合，其次按株系，再按决选入选单株种成一个系统群，隔一定距离设置一个对照种。

来自第3代同一株系的单株后代称为姊妹系，在选择时，首先选优良的系统群，在优良系统群里再选优良的系统，当该系统内植株性状基本稳定一致、不再分离时，可在该系统内选一部分优良单株，下年在隔离区内种成株系繁殖种子，供各类试验用种。其余植株在去杂去劣后，就可按品系混收混脱，成为一个新品系。如姊妹系之间的性状十分相似，也可以合并成一个品系，供下年品系比较试验用。如同一系统内性状仍在分离，则应继续选单株，下一年再种成株行，即第5代（F_5）。

第5代以后大部分系统稳定，只有个别系统仍在分离，可以继续选单株，直到性状稳定一致，不再分离时为止。

（2）*混合单株选择法*　混合单株选择法即在杂种性状分离的早代不选单株选组合，以组合为单位混种、混选、混收，经过若干世代分离之后（一般到F_4或F_5），整个杂种群体的主要性状已基本稳定不再分离时，从中选择单株或集团，进行鉴定、比较，育成新品种。

混合单株选择法简便易行，可以减轻低代的育种工作量，能较多地保留杂交后代的变异个体。因低代按组合比较产量，可以选出产量高的组合，在产量高的组合内选单株或集团，对遗传力较低的产量性状选择比较可靠。其缺点是育成新品种所需年限较长，占地面积较大。

苦荞杂交育种应该是今后育种的一个重要方向，育种同仁会在苦荞杂交育种实践中有所奉献。

（四）诱变育种

诱变育种是通过染色体加倍来选育新品种和创造新类型、新物种的一种方法。遗传学上把一个生殖细胞中的染色体称为一个染色体组，凡体细胞含有3个或3个以上的染色体组的生物统称为多倍体。多倍体有染色体组来源相同的同源多倍体和来源不同的异源多倍体。自然界中存在的多倍体主要是异源多倍体。

苦荞的体细胞是两个染色体组 $2n=16$。如果把二倍体苦荞染色体加倍，由原来的两组染色体变成四组染色体，便是四倍体，即 $4n=32$，就是一个新品种。赵钢等（1987）、王安虎等（2004）都曾以秋水仙素为诱变剂成功育成了多倍体苦荞。

1. 诱变方法

诱变育种的诱变方法分化学诱变法、物理诱变法和将两种方法相结合的理化组合诱变法，使细胞染色体加倍。一是体细胞染色体加倍，二是生殖细胞染色体加倍。苦荞染色体的加倍是体细胞染色体的加倍。

化学诱变法为了获得苦荞多倍体类型，一般利用秋水仙素渗入到体细胞，破坏细胞分裂时纺锤丝的形成，使细胞分裂停止，促使染色体数目加倍细胞的产生，而获得多倍体。

使用秋水仙素溶液诱变获得苦荞多倍体的方法如下：

干种子：挑选粒大、饱满的种子放在0.1%～0.3%的秋水仙素溶液中，18℃下浸泡24h。

发芽种子：把发芽两天后的种子浸泡在0.1%～0.3%的秋水仙素溶液中，18℃下浸泡16h。

幼苗：当幼苗子叶展开时，用脱脂棉球加在两片子叶中间的生长点上，把0.1%～0.3%的秋水仙素溶液滴在棉球上，每次1滴或2滴，每天3次或4次，以保持脱脂棉湿润，连续4～6d。或当幼苗子叶展开时，于早晨露水干后用0.1%～0.4%秋水仙素溶液滴在生长点上，每次1滴或2滴，共滴5～6d。

利用秋水仙素处理苦荞干种子，植株成活率高，但加倍效果差；处理苦荞发芽种子，加倍率虽高，但植株死亡率高，也不能获得理想的加倍效果；处理苦荞幼苗植株成活率和加倍率都很高，最高加倍成功率可达86%，效果极佳。

最适宜的秋水仙素药液浓度是0.2%～0.3%。

杨敬东等（2006）利用琼脂法对苦荞品系进行多倍体诱导，比较了不同处理时间、浓度和处理方法对植株处理效果的影响。结果表明，琼脂法比棉球法操作简单、效果明显、有更多优点。

秋水仙素的处理时期、药物浓度以及处理方法的适当选配，不仅能得到最佳的处理效果而且能获得更多的多倍体。

物理诱变法 即用 ^{60}Co-γ 射线辐射干种子，剂量为100Gy、200Gy、300Gy、400Gy而获得多倍体材料的方法。

李国柱（2002）用 ^{60}Co-γ 射线辐射苦荞不同品种干种子，辐射剂量分别为100Gy、200Gy、300Gy、400Gy、500Gy，剂量率为1.56Gy/min，调查其对 M_1 代苦荞苗期和成株性状所产生的辐射效应。

辐射处理 100 ~ 500Gy 剂量的射线对苦荞种子的发芽无明显影响，但辐射却不同程度地延缓了种子的发芽，发芽后根系生长缓慢，高剂量处理的种子发芽后侧根明显减少，根尖发黄。

不同剂量辐射处理对苦荞苗期的生长发育有明显的抑制作用，辐射对幼苗苗高和根长的抑制效果随剂量的增大而加大。出苗率和苗高随剂量的增加显著降低，幼苗的死亡率随剂量的加大而增加，400Gy 以上剂量无一出苗，表明 400Gy 以上的剂量对苦荞种子产生了严重的辐射损伤，使其胚中分生组织细胞的分裂过程受到严重抑制。但对生长过程影响不大，所以大部分虽能正常发芽却不能破土出苗。调查还发现，辐射处理后，出现不同程度的辐射损伤，表现为出苗不一致，生长势弱，子叶或真叶卷曲，有时叶面上出现浅黄色斑块，有些 300Gy 剂量处理的种子，虽能破土出苗展叶，但会导致子叶变黄而萎蔫死亡。

辐射对苦荞植株性状影响最大的是株高，其次是主茎节数和一级分枝数，而对株粒重和株粒数无显著差异，表明辐射对植株生殖器官的影响并不严重（表 3 – 19）。

表 3 – 19　射线对苦荞成株性状影响的 SSR 多重比较

（李国柱，2002）

性状	剂量（Gy）	川荞 1 号			KP9920			榆 6 – 21		
		平均数	差异显著性		平均数	差异显著性		平均数	差异显著性	
			0.05	0.01		0.05	0.01		0.05	0.01
株高（cm）	0	132.8	a	A	143.4	a	A	161.1	a	A
	100	99.8	b	B	120.4	b	B	135.2	b	B
	200	79.6	c	C	98.8	c	C	121.2	c	C
	300	51.6	d	D	67.1	d	D	79.4	d	D
一级分枝数（个）	0	12.2	a	A	5.6	b	B	5.7	a	A
	100	8.2	b	B	7.1	a	A	4.8	a	A
	200	7.9	b	B	5.1	b	B	4.9	a	A
	300	5.2	c	C	5.4	b	B	4.8	a	A
主茎节数（个）	0	18.3	a	A	17.1	a	A	22.3	a	A
	100	14.3	b	B	15.7	a	A	17.9	b	B
	200	14.1	b	B	13.0	b	B	15.3	bc	BC
	300	8.8	c	C	10.7	c	C	12.6	c	C
株粒数（粒）	0	248.8	a	A	253.7	a	A	209.8	a	A
	100	278.5	a	A	220.8	a	A	245.2	a	A
	200	202.4	a	AB	201.2	a	A	162.8	a	A
	300	122.9	b	B	101.9	b	B	213.2	a	A
株粒重（g）	0	4.603	a	A	4.102	a	A	4.145	a	A
	100	4.822	a	AB	3.451	a	A	4.638	a	A
	200	3.785	a	AB	3.364	a	A	3.542	a	A
	300	2.287	b	B	1.655	b	B	4.842	a	A

2004 ~ 2006 年，王安虎等进行 ^{60}Co-γ 射线辐射苦荞籽粒选育新品种试验，用 100Gy、200Gy、

300Gy、400Gy、500Gy、600Gy、700Gy 照射干种子，也获得与国内外学者相似的结果。

M_1幼苗及其根系的生长基本上随剂量的增加而减慢，而 100Gy、200Gy、300Gy 低剂量辐射，可能激活植物体内细胞某些功能，有刺激幼苗及根系生长的现象。M_1 除观察产量性状，更要观察特殊变异类型，哪怕是细小的变异以作特殊用途材料保留。

M_2植株许多产量性状如株高、株粒重、千粒重、分枝数等都发生了不同程度的变化，且诱变剂量不同性状的变异程度也不同。较多的变异有利于从群体中选择优良变异单株。

M_3 ~ M_5由于诱变效应持续时间长，各变异单株后代的籽粒性状、籽粒颜色等性状稳定性较差，变异性状较难形成稳定株系，要连续在变异单株后代中选择优良变异单株，尽快稳定变异性状。

M_6认真观察和比较，选择稳定性一致的优良变异单株，将相似或相近的单株合并成品系并比较其产量性状。

M_7 繁殖优良品系，进行生产示范和品系（种）适应性试验。

M_8同时提供生产试验和品种区域试验。

理化组合诱变法 以苦荞干种子为材料，^{60}Co-γ 射线进行辐射，剂量为 200 ~ 600Gy；以化学诱变剂，甲基磺酸乙酯（EMS）0.3% ~ 0.54%，乙烯亚胺（N）0.05% ~ 0.15%，硫酸二甲酯（DMS）0.012% ~ 0.025% 的浓度对辐射处理种子浸泡处理，以促诱变，经过连续多代单株、集团选择而成品种。

赵钢等（2002、2007）用凉山“额洛乌且”地方种做材料，采用^{60}Co-γ 射线辐射剂量300 ~ 400Gy，秋水仙素 0.1% 浓度与二甲基亚砜混合液浸泡 12h、24h，选出“西荞一号”和“选荞一号”，说明这是一种十分有效的方法。

2. 鉴定方法

经过处理的种子、发芽种子和幼苗，在播种和移栽后要精心管理，生育期间要精心观察和记载，为多倍体鉴定提供依据。

当代（C_1）鉴别多倍体的方法分直接法和间接法两种：直接法是观察细胞染色体数目，即取其部分根尖细胞经过固定和染色后镜检体细胞染色体数，16 条是二倍体，32 条是四倍体；间接法观察植株器官形态、生长现象，经处理的当代植株，表现生长点伸长受到压制，顶端膨大、子叶变厚、主茎变粗，一般以嵌合体的形式出现，在同一植株上既有正常二倍体种子，又有变异的比二倍体种子大得多的四倍体种子。

第二代（C_2）以后，可根据多倍体的形态特征来观察，比较四倍体苦荞和二倍体苦荞植株生长势、植株高度、茎秆粗细、叶片大小厚薄、颜色深浅、叶片数多少、分枝强弱、生育期长短、花朵大小、籽粒大小等性状变化，这些形态上的显著变化，如果与染色体数目倍增情况相符，就可以确定是多倍体。

3. 后代选择

用秋水仙素诱变多倍体只是苦荞育种工作的开始，因任何一个新诱变成功的多倍体都是未经筛选的育种原始材料，还必须进行有效地选择，才能培育成在生产上有利用价值的品种。

当代（C_1）可根据上述鉴定方法确定是否为多倍体，将入选的多倍体植株按单株收获、脱粒、保存。

第 2 代（C_2）种成株行与原品种比较，观察与原品种有无明显差别，从具有多倍体形态特征的植株中挑选优良单株，混合脱粒。

第 3 代（C_3）开始可按混合单株选择法进行，即经过一两次混合选择后，群体的性状趋于一致，结实率和籽粒饱满多有了提高，再从混合群体中选择优良单株，分别脱粒。每个单株的种子后代分别播种于一个小区内，以便根据其表现进行遗传性鉴定，把那些结实率高、籽粒饱满、产量高的优良小区（也就是每个优良单株的后代）混合起来，然后再与前次混合选择的种子进行比较。有资料表明，这种方法不仅可以克服不良植株及其后代的混入，而且还可以提高多倍体的杂合性，提高结实率和籽粒饱满度。

第四节　苦荞生产用种介绍

一、国家审定品种

（一）九江苦荞

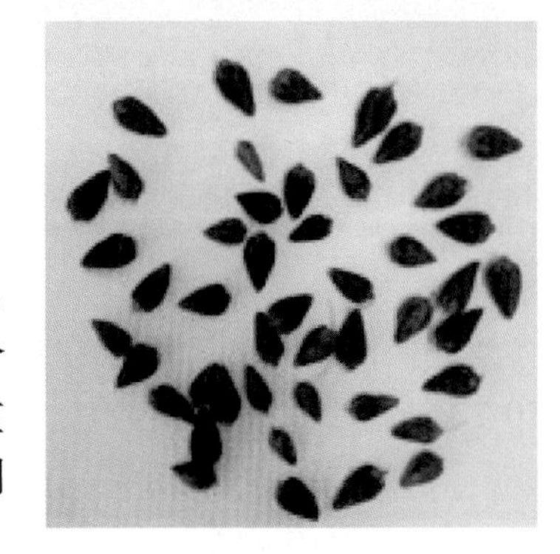

审定编号　国审杂 20000002

选育单位　江西省吉安地区农业科学研究所

品种来源　从九江苦荞混杂群体中选育而成

特征特性　生育期 80d 左右。幼茎绿色，叶较小，呈淡绿色，叶基部有明显的花青素斑点。植株紧凑，株高 108.5cm，一级分枝 5.2 个，主茎节数 16.6 个。籽粒褐色，株粒重 4.3g，千粒重 20.2g，籽粒含粗蛋白 10.5%、淀粉 69.8%、氨基酸 0.7%。抗倒伏、抗旱，耐瘠薄，落粒轻，适应性强。

产量表现　1984～1986 年（第一轮）参加国家品种区域试验，平均产量为 1 323.85kg/hm²，比对照增产 14.27%。

栽培技术要点　可春、夏、秋播，播量为 52.5kg/hm²，留苗密度为 165×10^4 株/hm²，底肥施农家肥 22 500kg/hm²，根据土壤肥力适当施用氮、磷肥，植株 70% 成熟时收获。

适宜种植地区　可在西南、西北、华北等地种植。

（二）西荞 1 号（原名额选）

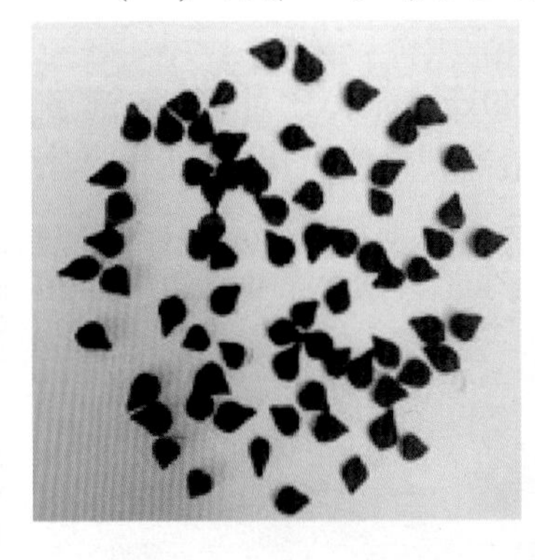

审定编号　国审杂 20000003

选育单位　四川西昌农业高等专科学校

品种来源　从地方品种“额洛乌且”中选育而成

特征特性　生育期 75～80d。叶色浓绿，茎秆绿微红。株型紧凑，株高 90～105cm，主茎分枝 6～7 个，主茎节数 14～17 节。籽粒黑色、桃形，株粒重 1.5～4.1g，千粒重 19～20.5g，出粉率 60.5%～65.7%，籽粒含粗蛋白 13.6%、粗脂肪 3.5%、赖氨酸 0.4%～0.48%、淀粉 60.1%、黄酮 1.3%。抗倒伏、抗旱，落粒轻。

产量表现　1997～1998 年参加国家品种区域试验，平均产量 1 248kg/hm² 和 2 204.1kg/hm²，分别比对照九江苦荞增产 7.7% 和 2.3%。1994～1998 年，在四川、贵州、云南、陕西、河北等省进行生产试验，比当地品种增产 10% 左右。

栽培技术要点　用农家肥和磷肥做基肥，开厢条播或犁沟点播，播量为 75～90kg/hm²，苗期 3～4 片叶时追提苗肥尿素 45～75kg/hm²，当全株 70% 籽粒成熟时及时收获。

适宜种植地区　四川、贵州、云南、陕西种植。

（三）川荞 1 号（原名凉荞 1 号）

审定编号　国审杂 20000004

选育单位　四川省凉山彝族自治州昭觉农业科学研究所

品种来源　从老鸦苦荞中选育而成

特征特性　生育期 80d 左右。叶绿色，茎秆紫红，成熟后整株呈紫红色。株型紧凑，株高

90cm 左右。籽粒长锥形，黑色，株粒重 1.8g，千粒重 20～21g。籽粒含粗蛋白 15.6%、粗脂肪 3.9%、淀粉 69.1%、黄酮 2.61%。结实性好，落粒轻，抗旱、抗寒、抗倒伏。适宜范围广。

产量表现　1997 年、1998 年参加国家品种区域试验，平均产量分别为 4 248kg/hm^2、2 061.3kg/hm^2，分别比对照九江苦荞增产 7.6%、0.88%。在四川、云南、贵州、甘肃等省多点生产试验中均表现高产，增产 10% 以上。

栽培技术要点　播前晒种、泥水选种和草木灰拌种，播前施农家肥 7 500kg/hm^2、过磷酸钙 450kg/hm^2 做底肥，穴播、犁沟条播或撒播均可，播种量为 75kg/hm^2，留苗密度 150×10^4～225×10^4 株/hm^2，注意排涝，全株 70% 籽粒呈黑色时及时收获。

适宜种植地区　四川、云南、贵州海拔 1 600～2 700m 的中低山区或高寒山区种植。

（四）凤凰苦荞

审定编号　国审杂字 2001004

选育单位　湖南省凤凰县农业局

品种来源　从凤凰县山田乡冬子山村苗家苦荞混合群体中单株选育而成

特征特性　生育期 85～90d。茎叶绿色，株型半紧凑，株高 106cm，主茎 19 节，一级分枝 2～6 个；籽粒黑色、呈桃形，株粒重 5～9g，千粒重 22～24g，籽粒含粗蛋白 12.4%、赖氨酸 0.61%、粗脂肪 2.3%、淀粉 65.1%，Vpp 1.64mg/100g，V_E 0.96mg/100g；属感温性品种，全生育期需累计积温 1 541.1℃，抗旱耐涝、抗倒，落粒轻，抗病虫。

产量表现　1997～1999 年参加国家品种区域试验，平均产量 1 580kg/hm^2，比对照九江苦荞 1 475.5kg/hm^2 增产 9.07%，综合各地最高年产平均 2 016kg/hm^2，最高产量达 3 772.1kg/hm^2。

栽培技术要点　适时播种：春荞在惊蛰前后，秋荞在处暑前后种；整好地播好种：1.5～2.0m 为一厢，开好排水主沟和支沟，条播行距 24～26cm，播量为 45～60kg/hm^2，基本苗 90×10^4～120×10^4 株/hm^2；施足底肥、看苗追肥：按 1 500kg/hm^2 产量计，需施纯氮 120～150kg/hm^2，P_2O_5 150～180kg/hm^2，K_2O 40～60kg/hm^2。适时收获，当籽实 70%～80% 达本品种固有颜色时收割，先于田间或晒坪竖立堆放数日，再脱粒晒干。

适宜种植地区　在北纬 25°35′～41°06′，东经 102°27′～117°36′，海拔 57～2 320m 均可种植，表现良好。

（五）西农 9920

鉴定编号　国品鉴杂 2004014

选育单位　西北农林科技大学农学院

品种来源　从陕南苦荞混合群体中选育而成

特征特性　生育期 88d 左右。幼茎绿色，株型紧凑，株高 107.5cm，主茎分枝数 5.9 个，主茎节数 16.3 个。籽粒灰褐色，株粒重 3.6g，千粒重 17.9g，籽粒含粗蛋白 13.10%、粗脂肪 3.25%、淀粉 73.43%、芦丁 1.3341%。抗倒伏、抗旱，耐瘠薄，适应性强。

产量表现　2000～2002 年参加国家品种区域试验，平均产量为 1 578kg/hm^2，比对照增产 0.9%，居第 1 位。2003 年生产试验平均产量 2 220kg/hm^2，比对照增产 26.0%。在陕西、河北、甘肃、贵州等试点表现高产。

栽培技术要点　可在春、夏、秋三季播种：春播以 4 月中下旬至 5 月上旬为宜，秋播则以 8 月上中旬为宜。留苗密度为 60×10^4～120×10^4 株/hm^2。全株 2/3 籽粒成熟，即籽粒变褐、浅灰色时收获。

适宜种植地区　在内蒙古、河北、甘肃、宁夏等春播区以及湖南、江苏等秋播区种植。

（六）黔苦 2 号

鉴定编号　国品鉴杂 2004015

选育单位　贵州省威宁县农业科学研究所

品种来源　从老鸦苦荞混合群体中选育而成

特征特性　生育期 80d 左右。株型紧凑，株高 90.5cm，幼茎淡紫绿色，主茎分枝数 2.8 个，主茎节数 12.5 个。籽粒灰色，株粒重 2.6g，千粒重 21.8g，籽粒含粗蛋白 13.69%、粗脂肪 3.53%、淀粉 71.6%、芦丁 2.6%（麸皮芦丁含量 6.31%）。抗倒伏、抗旱，耐瘠，不易落粒。

产量表现　1997～1999 年参加国家品种区域试验，平均产量 1 483.5kg/hm^2，比对照增产 0.52%。2000 年生产试验平均产量 2 011.5kg/hm^2，比对照增产 28.7%。在贵州、四川、甘肃、湖南、山西等试点表现增产。

栽培技术要点　可于春、夏、秋三季播种，以 4 月中下旬至 9 月上中旬为宜。留苗密度 150×10^4～180×10^4 株/hm^2，全株 2/3 籽粒成熟时收获。

适宜种植地区　甘肃、贵州、湖南、陕西、云南、四川种植。

（七）黔苦 4 号

鉴定编号　国品鉴杂 2004016

选育单位　贵州省威宁县农业科学研究所

品种来源　从高原苦荞混合群体中选育而成

特征特性　生育期 83d 左右。株型松散，株高 96.2cm，幼茎绿色，主茎分枝数 5.4 个，主茎节数 14.5 个。籽粒灰褐色，株粒重 4.1g，千粒重 20.2g，籽粒含粗蛋白 13.25%、粗脂肪 3.53%、淀粉 71.67%、芦丁 1.103%。抗倒、抗旱、抗病，耐瘠，不易落粒，熟相好。

产量表现　2000～2002 年参加国家品种区域试验，平均产量 1 545kg/hm^2，居第 3 位；其中在贵州、甘肃、湖南等试点平均产量为 2 694kg/hm^2，比对照增产 68.3%。2003 年生产试验平均产量 2 098.5kg/hm^2，比对照增产 16%。在甘肃平凉、四川昭觉、贵州威宁、湖南等试点表现高产。

栽培技术要点　可于春、夏、秋三季播种。高海拔地区春播以 4 月中下旬为宜，夏播以 6～7 月为宜，秋播以 8～9 月为宜，播种量为 60kg/hm^2 左右，留苗密度为 12×10^4 株/hm^2，全株 2/3 籽粒成熟时收获。

适宜地区 贵州、四川、甘肃、内蒙古种植。

（八）西农 9909

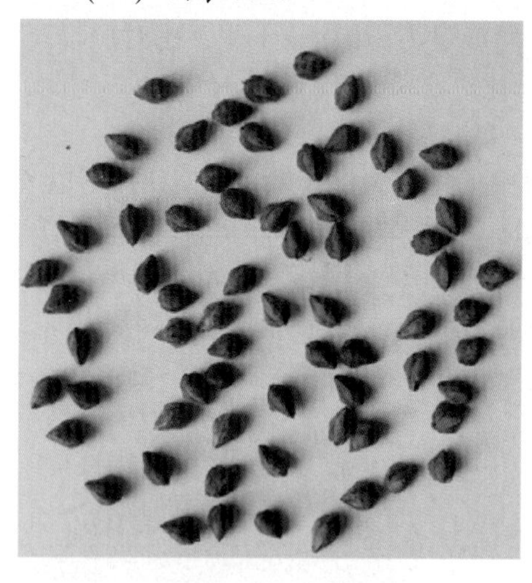

鉴定编号　国品鉴杂 2008001

选育单位　西北农林科技大学农学院

品种来源　从陕西华县地方品种资源中系统选育而来

特征特性　生育期 85 ~ 95d。幼茎绿色，株型紧凑，株高 110 ~ 120cm，主茎分枝 5 ~ 6 个，主茎节数 15 ~ 17 个。籽粒灰褐色，株粒重 5 ~ 6g，千粒重 17 ~ 20g，籽粒含粗蛋白 13. 10%、粗脂肪 3. 25%、淀粉 73. 43%、总黄酮 1. 3341%。抗倒伏、抗旱、耐瘠，落粒轻，适应性强。

产量表现　2003 ~ 2005 年参加国家品种区域试验，西北组平均产量 2 345 kg/hm^2，比对照九江苦荞增产 11. 1%；西南组平均产量 2 024kg/hm^2，比对照九江苦荞增产 9. 4%。2004 年、2007 年生产试验产量平均 2 148 kg/hm^2 和 1 303. 5kg/hm^2，比对照九江苦荞分别增产 11. 6% 和 12. 0%。

栽培技术要点　精细整地，早春及时浅耕，耙耱保墒。可于春、夏、秋三季播种，播前晒种、精选种子，以提高播种质量。播种量为 60 ~ 75kg/hm^2。适当施用氮、磷肥，加强田间管理，及时中耕除草，当全株 70% 籽粒成熟时收获，及时脱晒，当籽粒含水量在 13% 以下时方可入库储存。

适宜种植地区　河北张北、内蒙古武川、陕西榆林、宁夏西吉、原州区、甘肃定西、青海西宁、四川昭觉、贵州威宁、六盘水、云南昭通等。

（九）黔苦 3 号

鉴定编号　国品鉴杂 2008002

选育单位　贵州省威宁县农业科学研究所

品种来源　从威宁梁上苦荞资源中系统选育而来

特征特性　生育期 90d。幼苗绿色，茎叶深绿，叶片肥大。株型紧凑，株高 107. 4cm，主茎分枝 4. 3 个，主茎节数 15. 5 节。籽粒灰色，短锥形，株粒重 4. 8g，千粒重 23. 4g，籽粒含粗蛋白 13. 45%、粗脂肪 3. 33%、淀粉 66. 2%、总黄酮 2. 33%。抗倒伏，耐瘠，抗旱、抗寒、抗病、不易落粒，适应性强。

产量表现　2003 ~ 2005 年参加国家品种区域试验，平均产量 2 321. 5kg/hm^2，比对照九江苦荞增产 17. 4%。2005 年、2007 年生产试验平均产量 1 717. 5kg/hm^2 和 2 490kg/hm^2，比对照九江苦荞分别增产 20. 0% 和 33. 4%。

栽培技术要点　在海拔 1 800 ~ 3 500m 地区，以春播为主，一般于 4 月中旬至 5 月上旬播种；海拔 1 200 ~ 1 800m 地区，春、夏、秋播均可，但秋播一般在立秋前后 10 天播种；海拔 1 200m 以下地区，以秋播为主，一般在 8 月上中旬播种。播前晒种，以肥拌种：采用打碎的羊粪、鸡粪、草木灰等加水与种子一起搅拌，或用过磷酸钙、复合肥等与稀人粪尿混合搅拌，种子滚肥 2mm，当天拌种当天播完。单作、条播，播幅、播距 33cm，播量为 75 ~ 90kg/hm^2，当苗二叶一心时间、定苗。幼苗密度 150×10^4 ~ 195×10^4 株/hm^2，及时除草，防治蚜虫、黏虫，适时收获。

适宜种植地区　内蒙古武川，陕西榆林，宁夏原州区、西吉，甘肃定西，四川昭觉、康定，贵州威宁、六盘水，云南丽江。

（十）昭苦1号

鉴定编号　国品鉴杂2008003

选育单位　云南省昭通市农业科学研究所

品种来源　从昭通本地大白圆籽荞资源中系统选育而来

特征特性　生育期90d。幼茎绿色，株型紧凑，株高108cm，主茎分枝5.9个，主茎节数15.7节。籽粒灰白色，株粒重4.1g，千粒重21.9g，籽粒含粗蛋白14.01%、粗脂肪3.15%、淀粉66.11%、总黄酮2.38%。抗倒伏，耐瘠，抗旱，落粒轻，适应力强。

产量表现　2003～2005年参加国家品种区域试验，平均产量2 123.5kg/hm^2，比对照九江苦荞增产7.03%。2005年、2007年生产试验，平均产量分别为2 388kg/hm^2和2 281.5kg/hm^2，比对照九江苦荞分别增产26.7%和20.1%。

栽培技术要点　冬前耕翻土地，耕深20cm左右，翌年播前施农家肥30 000kg/hm^2，浅耕保墒。海拔2 700m以下地区4月中旬播种，海拔2 700m以上地区5月上旬播种。播前晒种1～2d，播种量为60kg/hm^2，一般采用人工打塘点播，株行距为20cm×25cm。苗高5～10cm时间苗，中耕、追肥、治虫。在全株2/3成熟时收获，脱粒晾晒，籽粒含水量13%以下入库。

适宜种植地区　云南丽江、昭通、中甸，贵州威宁，四川康定。

（十一）晋荞麦（苦）2号

鉴定编号　国品鉴杂2010009

选育单位　山西省农业科学院小杂粮研究中心

品种来源　以^{60}Coγ射线2.5万拉德剂量处理五台苦荞选育而来

特征特性　生育期93d，中熟。幼茎绿色，叶色深绿，株高120.3cm，主茎分枝6.4个，主茎节数15.9个。籽粒长形，浅棕色，株粒重4.5g，千粒重18.0g，籽粒含粗蛋白13.45%、粗脂肪3.09%、粗淀粉63.07%、总黄酮2.485%。

产量表现　2006～2008年参加国家品种区域试验，平均产量为2 006.0kg/hm^2，比对照增产13.3%。2008年生产试验中，平均产量2 152.5kg/hm^2，较统一对照增产24.4%，较当地对照增产72%。

栽培技术要点　宜地势平坦的山旱地种植，结合整地施农家肥15 000kg/hm^2，尿素75kg/hm^2，过磷酸钙225kg/hm^2。播种期以6月中下旬为宜。播种量15～22.5kg/hm^2，条播，行距30cm。适宜留苗密度为60×10^4～74×10^4株/hm^2。当2/3籽粒成熟时收获。

适宜种植地区　山西大同、晋中地区，内蒙古达拉特旗、赤峰，陕西榆林，宁夏盐池、同心、西吉，甘肃定西、会宁等地。

（十二）黔苦荞5号

鉴定编号　国品鉴杂20100010

选育单位　贵州省威宁县农业科学研究所

品种来源　由地方品种小米苦荞经系统选育而成

特征特性　生育期92d，中熟。幼茎绿色，茎叶浓绿，叶片肥大，株型松散，株高120.7cm，主茎分枝6.7个，主茎节数15.4个。籽粒桃形，灰色，株粒重3.6g，千粒重16.8g，籽粒含粗蛋白13.2%、粗脂肪3.21%、粗淀粉62.72%、总黄酮2.695%。不易落粒，抗旱、抗寒、抗病、抗倒，耐瘠，适应性强。

产量表现　2006～2008年参加国家品种区域试验，平均产量1 920.0kg/hm²，比对照增产8.4%。2009年生产示范中，平均产量2 011.5kg/hm²，比对照增产15.03%。

栽培要点 播种时施农肥12 000kg/hm²，磷肥375kg/hm²，复合肥225kg/hm²。播期：春播4月中旬至5月上旬；秋播在立秋前后10d。播种量：60～75kg/hm²，条播，行距33cm。留苗密度，135×10^4～165×10^4株/hm²。当大田有2/3籽粒呈籽粒本色时及时收获。

适宜种植地区　贵州威宁，内蒙古达拉特旗，宁夏盐池、西吉，甘肃定西、会宁，山西大同，陕西榆林等地。

（十三）川荞3号

鉴定编号　国品鉴杂2010011

选育单位　四川省凉山州西昌农业科学研究所高山作物研究站、四川省凉山州惠乔生物科技有限责任公司

品种来源　九江苦荞/额拉

特征特性　生育期81～86d，中熟。幼茎红色，成株茎绿色，茎叶浓绿，叶片肥大。株型紧凑，株高94.9cm，主茎分枝5.6个，主茎节数14.3个。籽粒长锥形，浅棕色，株粒重3.6～4.1g，千粒重20.6g，籽粒含粗蛋白12.9%、粗脂肪2.98%、粗淀粉66.38%、总黄酮2.524%。

产量表现　2006～2008年参加国家品种区域试验，平均产量2 282.3kg/hm²，比对照增产9.3%。2009年生产试验中，平均产量2 731.5kg/hm²，比统一对照增产14.67%，比当地对照增产12.75%。

栽培技术要点　播前精选种子和晒种。施基肥15 000kg/hm²，过磷酸钙450kg/hm²，追施氮肥75kg/hm²。播期：春播在3月下旬至4月上旬，秋播在7月下旬至8月上旬。播种量60～75kg/hm²，点播、条播或犁沟条播。幼苗密度，有效株控制在200×10^4株/hm²。整个生育期注意排水防涝。当2/3籽粒呈现本品种正常色泽时收获。

适宜种植地区　四川凉山彝族自治州昭觉、盐源、西昌，云南丽江、昭通，贵州威宁，宁夏西吉、定西，甘肃会宁等地。

（十四）云荞1号

鉴定编号　国品鉴杂2010012

选育单位　云南省农业科学院生物技术与种质资源研究所

品种来源　以云南曲靖地方苦荞品种资源混合群体为亲本材料，经系统选育而成

特征特性　生育期83～88d，早中熟种。株高101.7cm左右，主茎分枝6个，主茎节数14个。籽粒短三棱形，黑色，千粒重17.4～20.5g，籽粒含粗蛋白13.38%、粗脂肪3.00%、粗淀

粉 64.68%、总黄酮 2.529%。

产量表现　2006～2008 年参加国家品种区域试验，平均产量：北方组 1 916.6 kg/hm^2，比对照增产 8.3%；南方组 2 209.7 kg/hm^2，比对照增产 6.0%。2008 年生产试验，平均产量 4 092 kg/hm^2，较统一对照增产 15.4%，较当地对照增产 10.2%。

栽培技术要点　宜选择海拔 1 800～3 000m的高海拔山区种植。播期：春播在 4 月中下旬至 5 月上旬，秋播在 7 月下旬至 8 月上旬。宜深耕浅种。播量为 60kg/hm^2，留苗密度为 135×10^4～150×10^4 株/hm^2。

适宜种植地区　宜在云南昭通、贵州威宁、四川凉山彝族自治州等地种植。

（十五）西农 9940

审定编号　国品鉴杂 2010013

选育单位　西北农林科技大学农学院

品种来源　从定边苦荞 6－20 中经系统选育方法育成

特征特性　生育期 92～94d。幼苗生长旺盛，叶心形，深绿色，株型紧凑，株高 106～112.0cm，主茎一级分枝 5 个左右，主茎节数 15 个。籽粒三棱形，灰褐色，株粒重 3.5～4.6g，千粒重 19.2～21.9g，籽粒含粗蛋白 12.19%、粗脂肪 2.70%、粗淀粉 68.92%、总黄酮 2.592%。抗旱、抗倒，耐瘠，结实集中，抗落粒，适应性广。

产量表现　2006～2008 年参加国家品种区域试验，平均产量为 1 963.9kg/hm^2，比对照 KQ08－04 增产 11.0%。2009 年在内蒙古特拉特旗、陕西榆林、宁夏盐池进行生产试验，平均产量为 1 965kg/hm^2，比统一对照平均增产 16.41%，在陕西较当地品种增产 20.0%。

栽培技术要点　可春、夏、秋播。正茬播种以 6 月中下旬为宜，适宜播量 45～52.5kg/hm^2，留苗密度 90×10^4～120×10^4 株/hm^2。结合整地施农家肥 22 500～45 000kg/hm^2、磷酸二铵 150kg/hm^2。

适宜种植地区　内蒙古达拉特旗，宁夏盐池、同心，甘肃平凉等地种植。

（十六）迪苦 1 号

鉴定编号　国品鉴杂 2010014

选育单位　云南省迪庆藏族自治州农业科学研究所

品种来源　以迪庆高原坝区地方农家品种经单株混合选择方法选育而成

特征特性　生育期 87d，中熟。幼茎绿色，茎秆黄绿，叶色浓绿。株型紧凑，株高 98.7cm，主茎分枝 5.7 个，主茎节数 15.8 个。籽粒三棱形，灰褐色，株粒重 4.7g，千粒重 20.0g，籽粒含粗蛋白 12.94%、粗脂肪 2.92%、粗淀粉 69.7%、总黄酮 2.55%。

产量表现　2006～2008年参加国家品种区域试验平均产量2 321.25kg/hm²，比对照增产11.4%。2008年生产试验，平均产量1 227kg/hm²，比统一对照增产36.3%，比当地对照增产119.8%。

栽培技术要点　可春、夏、秋播：高海拔地区春播以4月下旬至5月上旬为宜；低海拔地区夏播以6～7月为宜，秋播以8月中下旬为宜。播种量60kg/hm² 左右，留苗密度 120×10^4 株/hm²。全株2/3籽粒成熟时收获。

适宜种植地区　云南昆明、丽江、昭通，四川凉山州盐源、昭觉，贵州威宁、贵阳、兴义等地种植。

（十七）昭苦2号

审定编号　国品鉴杂2010015

选育单位　云南省昭通市农业科学技术推广研究所

品种来源　从昭通地方品种红秆青皮荞中经系统选育方法育成

特征特性　生育期80～89d。幼苗生长旺盛，幼茎红色，成株绿色，株型紧凑，株高80.6～122.3cm，主茎分枝4.2～5.6个，主茎节数13～15个。籽粒锥形，灰白色，株粒重3.2～4.3g，千粒重20.3～21.0g，籽粒含粗蛋白13.51%、粗脂肪2.95%、粗淀粉61.07%、总黄酮2.611%。抗旱、抗倒伏。生长整齐，生长势强，结实集中，落粒性中等。

产量表现　参加2006～2008年国家品种区域试验，平均产量2 210.5kg/hm²，在31个参试点次中有22个点次比对照九江苦荞增产，增产点次占63.6%，增幅7.5%。2008年生产示范，在甘肃平凉平均产量1 563kg/hm²，比对照增产27.1%，在四川昭觉比对照增产4.7%，两地平均产量比统一对照九江苦荞增产15.1%。

栽培技术要点　在海拔2 000m以上地区进行春播，时间在谷雨后至4月下旬，海拔2 700m以上地区在立夏前5天至5月上旬，海拔2 000～1 800m地区可做夏、秋播。播种量为60kg/hm²，留苗密度为 $100\times10^4\sim120\times10^4$ 株/hm²，提倡规范种植，厢式打塘点播，厢幅1.3m，留走道0.5m，打塘点播规格19cm×22cm。

适宜种植地区　云南昭通昭阳区二半山以上春播区，贵州威宁，四川昭觉、盐源，甘肃平凉、会宁、定西，宁夏西吉，内蒙古达拉特旗等地区。

二、省（市、区）审定品种

（一）川荞2号

审定编号　川审麦2002012

选育单位　四川省凉山彝族自治州西昌农业科学研究所高山作物研究站

品种来源　1986年从江西省吉安地区农业科学研究所九江苦荞中系统选育而成

特征特性　全生育期（春播）80～90d。株型紧凑，株高90～100cm。籽粒短锥形，浅棕色，千粒重20～22g，籽粒含粗蛋白 12.5%、粗脂肪 2.9%、粗淀粉 60.3%、V_C 0.6mg/100g、V_E 313mg/100g，出粉率 57.8%。抗倒伏性强，耐湿性差，结实集中，落粒性弱，适应性广。

产量表现　1992 年、1993 年参加凉山彝族自治州 5 县春播区试，平均产量 2 172kg/hm^2，比九江苦荞增产 22.3%。2000 年、2001 年参加全国品种区域试验，平均产量分别为 1 828.5/hm^2 和 2 130kg/hm^2，分别比对照九江苦荞增产 16.4% 和 9.2%。

栽培技术要点　播前晒种。春、夏播均可，采用条播、窝播，播种量 60kg/hm^2，有效株控制在 $210 \times 10^4 \sim 240 \times 10^4$ 株/hm^2，播种时施用杂肥 6 000～7 500kg/hm^2、过磷酸钙 300kg/hm^2～450kg/hm^2。全生育期注意排水防渍。

适于种植地区　适宜四川攀西地区海拔 1 600～2 000m 的低山、二半山、高山和盆地周边中、低山种植。

（二）黔黑荞 1 号（威黑 4－4）

审定编号　黔审荞 2002001

选育单位　贵州省威宁县农业科学研究所

品种来源　以高原黑苦荞物理诱变于 1990 年育成

特征特性　全生育期 85d 左右，中熟种。幼苗健壮，茎叶浓绿，叶片肥大，株高 100cm 左右，主茎分枝 4.7 个左右，主茎节数 14 节。籽粒黑色，桃形，株粒重 2.6g 左右，千粒重 22g 左右，面粉品质好，出粉率 70%。

产量表现　1997～1999 年参加国家品种区域试验，平均产量 1 597.5kg/hm^2，较对照九江苦荞增产 9.5%，

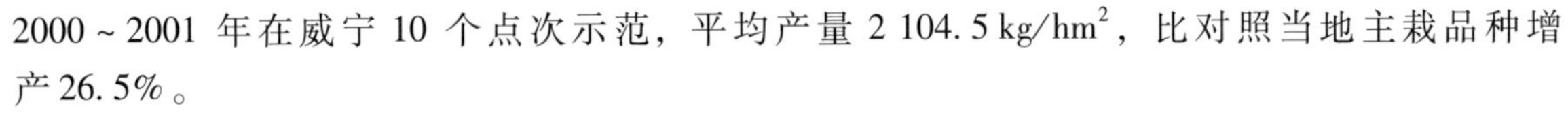

2000～2001 年在威宁 10 个点次示范，平均产量 2 104.5kg/hm^2，比对照当地主栽品种增产 26.5%。

栽培技术要点　适宜播种期在 4 月下旬至 5 月上旬，条播，行距 22cm 左右，播种量为 60kg/hm^2，留苗密度 120×10^4 株/hm^2 左右。将农家肥 9 750kg/hm^2、尿素 60kg/hm^2、钾肥 90kg/hm^2、过磷酸钙 270kg/hm^2，充分混合均匀做盖种肥使用。植株分枝期防治虫害，适时收割。

适宜种植地区　适宜在贵州省海拔 1 800～2 400m 中下等肥力土地种植。

（三）榆 6—21

审定编号　青种合字（96）第 0110 号

选育单位　陕西省榆林市农业科学研究所

品种来源　定边县农家种

特征特性　生育期 85d。绿苗绿茎，株型紧凑，株高 95.8cm，主茎一级分枝 3～4 个，主茎节数 15.8 个。籽粒桃形，黑色，株粒重 4.2g，千粒重 21.3g。耐寒，抗倒，丰产性、稳产性好，适应性强。

产量表现

栽培技术要点　播种从芒种后开始至夏至前结束，最佳播种期为 6 月中旬，播种量为 20～25kg/hm^2，留苗密度为 $50 \times 10^4 \sim 60 \times 10^4$ 株/hm^2。以机播或耧播最好，也可犁开沟溜籽。行距 40cm 左右。

适应种植地区　青海、陕北、山西北部、中部及南部丘陵山地，河北张北地区以及同类生态

区种植。

（四）黑丰1号

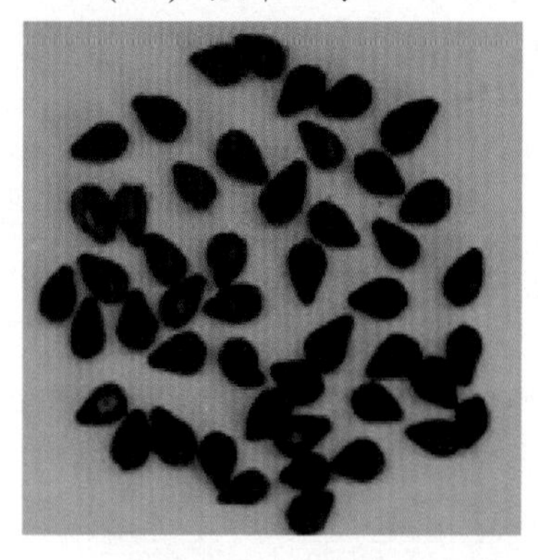

审定编号（99）晋品审字第18号

选育单位　山西省农业科学院作物品种资源研究所

品种来源　从榆6－21中系选而成

特征特性　全生育期85～90d，属中熟种。绿苗，绿茎，叶片肥大。株型紧凑，株高90～100cm，主茎15节左右，一级分枝3～4个。籽粒黑色，桃形，株粒重约4.0g，千粒重21g左右。籽粒含粗蛋白11.82%、粗脂肪3.0%、粗淀粉68.58%、总黄酮2.5%。结实性好，落粒性轻，抗倒伏，稳产性好，适应性强。

产量表现　该品种在21世纪近十年来种植面积达$3.33\times10^4hm^2$，最高产量为4 500kg/hm^2，大面积种植产量在2 250～3 000kg/hm^2。

栽培技术要点　播种从芒种后开始至夏至前结束，最佳播种期为6月中旬，播种量为20～25kg/hm^2，留苗密度为50×10^4～60×10^4株/hm^2。以机播或耧播最好，也可犁开沟溜籽。行距40cm左右。

适应种植地区　山西北部、中部及南部丘陵山地区，河北张北地区以及同类生态区种植。

第五节　苦荞的良种繁育

苦荞良种繁育是苦荞育种工作的继续。

苦荞良种繁育的主要任务：一是扩大良种面积，定期进行品种提纯复壮工作，用纯度高、种性好的同一种子，定期更新生产上已经混杂退化了的种子，以保持和提高良种的种性；二是加速繁殖推广新育成的更优良品种，为生产提供足够数量的优质新品种种子，替代更换生产上现有的旧品种，使新品种在生产上尽快发挥作用。

一、苦荞品种的混杂和退化

品种混杂，是指一个品种混进了其他品种或其他作物的种子。品种退化是指品种原有的生物学特性丧失或者某些经济性状变劣，生活力下降，抗逆力减退，以致产量和品质下降。苦荞的混杂和退化，表现为植株生长不整齐，花色、粒色、粒形不一致，经济性状变劣，失去了品种固有的优良特性。

苦荞品种混杂、退化的原因是多方面的，归纳起来主要有以下几点。

（一）机械混杂

是指人为造成的不同类型和品种的混杂，苦荞发生机械混杂的几率很高，一个地区或一块生产地若同时种植两个以上品种，从种到收，要经播种、收割、运输、脱粒、扬晒、装袋、再运输、贮藏、出库、播种等很多环节，稍有不慎，就可能造成品种间混杂。“今年一粒籽，来年百粒粮”，装种麻袋常因附着不同品种的种子而造成混杂，农机具清理不净，也易引起混杂，前茬作物在田间自然落粒和当年种植的苦荞混收在一起也会造成混杂。

（二）生物学混杂

苦荞虽然是自花授粉作物，也存在有天然杂交率，不同品种相邻种植，也容易造成生物学混杂，导致原有品种优良种性的改变，群体中出现杂株、劣株，产量、品质下降。栽培品种中发生了机械混杂，增加了天然杂交的机会，也导致生物学混杂。

（三）栽培技术和生境条件不良

任何一个苦荞优良品种的优良性状，都是在一定的生态环境条件和栽培技术条件下，经人工选择和自然选择的综合作用而形成的。各个优良性状的表现，都要求特定的生境条件和栽培技术。若这些条件得不得满足，其优良性状便得不到充分表现，就会逐步导致苦荞良种种性变劣、退化。

二、防止和克服苦荞良种混杂、退化技法

（一）实施品种的区域化种植

自花授粉的苦荞，仍有较高的天然杂交率，一地同时种植几个品种，极易引起混杂、退化，良种保纯困难。为防止苦荞品种同地种植的“多、杂、乱”现象，应强化品种的区域化鉴定，确定适宜当地种植的最好品种，逐步淘汰不适宜品种，通过品种的“区域化种植”来保纯。而对于在当地已种植多年而生活力开始衰退的品种，应通过调运用在异地种植收取的种子来替代当地种子的方法来提高品种生活力。

（二）健全良种繁殖体系

合理的良种繁育体系是加速良种繁殖最基本的组织保证，是种子工作的一项基本建设。而苦

荞的现实是，短期内还难于实施统一的良种繁殖体系，但可藉用农业部“燕荞麦体系”的试验站，重点搞原种生产三圃中的株行圃和株系圃，从根本上提高苦荞品种的纯度和质量。在试验站附近结合苦荞生产基地建立良种繁殖区，集中繁殖原种 1 代、2 代，繁殖的种子按统一规划，作大田用种。

（三）认真搞好原种生产

苦荞原种，就是指育成品种的原始种子，或由原种田生产的与该品种原有性状一致的品种。它是种子田繁殖种子的基础材料，也是种子田的播种用种，其质量的好坏直接关系到提纯复壮的效果，因此，对其纯度、典型性、生活力、丰产性等要求特别严格。一般经过提纯复壮的原种，都应具有原品种的典型性，而且种子质量高。

苦荞的原种质量标准：纯度 99.5%，净度 99%，异作物种子不超过 16 粒/kg，杂草种子不超过 10 粒/kg，并且无危险性病虫和杂草种子，水分 12%（北方地区）或 13%（南方地区），发芽率 95% 以上。

建立原种繁殖基地，繁殖苦荞良种原种，用原种种子定期更换生产用种，是保持和提高苦荞纯度和种性的一项根本性措施。苦荞原种的生产，是一项技术性较强的工作，应在技术力量较强的试验站或良种繁殖地进行。一个繁育基地只能繁育一或两个原种。原种生产，可采用单株选择、分系比较、混系选择法，即建立株行圃、株系圃和原种圃（图 3－10）。

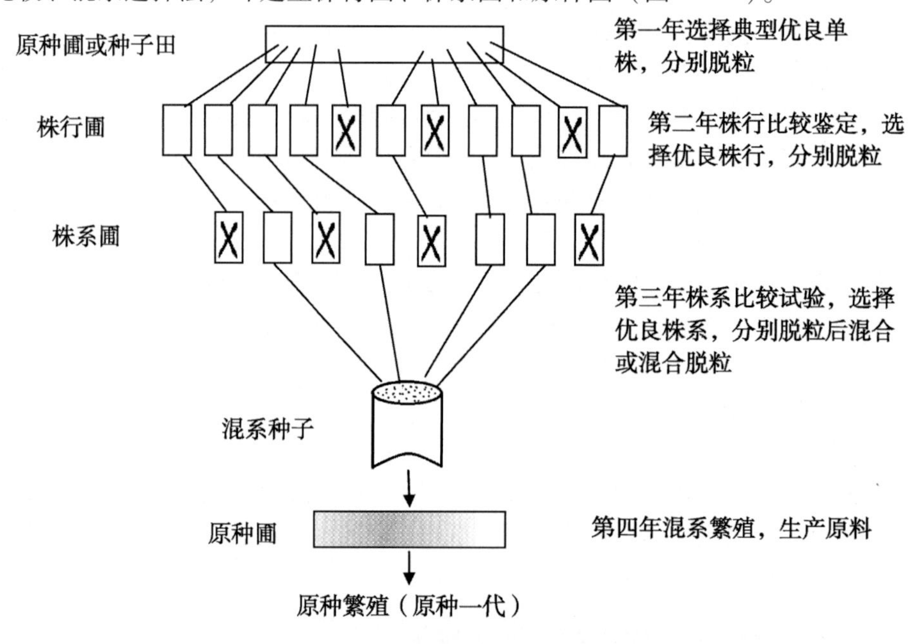

图 3－10　苦荞原种生产程序示意图

其具体做法如下所述。

第 1 年，精选典型优良单株。所选单株的质量将直接关系到生产原种的质量，因此，选择单株要严、准，标准要一致。选择单株可在纯度较高、生长良好、整齐一致的原种圃、种子田或大田中，按原品种的典型性和丰产性的要求进行。所谓典型性，就是原品种的典型性状：包括生育期、株型、分枝性、茎色、叶色、花色、粒形、粒色等。丰产性：包括生长势、株粒数、株粒重，籽粒饱满度等。选择生长健壮、丰产性好、无病虫害的典型优良单株。选择时，应注意因栽培条件和地区的不同而引起的某些性状的变异，如株高、生育期等，田边地角、粪底盘或周围严重缺苗的地方，由于植株生长条件特殊，其性状表现不准，不宜作为选择对象。

选择单株一般分两次进行。第1次在始花后，根据生长势、花色、叶花、茎色等进行初选，对入选单株做上标记。第2次在成熟期，根据株型、株高、生育期、分枝性、粒色、粒形、籽粒饱满度等，对初选单株进行复选，并做上标记。当中选单株有70%～80%的籽粒成熟时分别收获，然后进行室内考种、脱粒，考察株粒数、粒重、粒形、粒色和籽粒整齐度。根据单株生产力和籽粒典型性进行决选，一般要求单株粒数不低于200粒。如果达不到此数，株粒重超过平均数的均可当选。当选单株种子，要进行精选，保留相同数量的种子，分别装袋编号，供下年种植株行圃。在收获入选单株的同时，还应在同一地块及时收获一部分本品种原始种子，去杂去劣，作下年株行圃的对照用。

为了保存品种的优良遗传性，就需要选择适量的单株。因此，在保证质量的前提下，可适当地多选一些单株，初选株不少于1 000株，复选株不少于500株。

第2年，株行圃。其作用在于比较和鉴定各当选单株后代的优劣和纯杂程度。为了减少试验误差，提高鉴定的准确性，株行圃应设在地势平坦、肥力均匀的地块。播种前，要绘制田间设计图，采用顺序排列，按图种植，并编号插牌。播种时，将上年当选株的每株种子种成3～4行。单粒点播，行距35～50cm，株距6～7cm，行长根据种子数量决定，每隔9个株行设1对照，对照行的种子数量要与株行的种子数量相等。

为了便于及时观察记载，应准备田间记载本两本（分正本、副本）。田间观察记载使用副本，并及时抄录于存档正本。抄录后要认真核对，以免有误。田间观察记载和管理要固定专人，在整个生育期间认真系统地进行观察和鉴定。苗期观察记载出苗期、出苗整齐度、抗寒性等。现蕾期观察记载现蕾始期、生长势、整齐度等。开花期观察记载开花始期、开花整齐度、花色、叶色、叶形、生长整齐度等。成熟期观察记载株型、株高、粒色、落粒性、品种典型性等。同时观察倒伏和罹病性状，并注明其发生时间、程度和原因。根据以上田间观察鉴定结果，在开花结实期和成熟期，随时淘汰不符合本品种典型性状的株行。凡在这两个时期内任一株行出现不符合标准的单株，就要淘汰整个株行，淘汰株行相邻的两行也应在收获时淘汰；对一些虽符合本品种典型性，但生长势弱、生长不够整齐或缺苗在10%以上的株行，也应在收获时淘汰。被淘汰的株行植株要带出圃外，并在记载本上做上“淘汰”标记。凡符合标准的株行要保留，在记载本上做上“当选”标记。如果某一株行表现特别优良或某一性状特殊优异，在记载本上做上“特优”或“特异”标记。特别优良的株行，可优先繁殖。某一性状特殊优异时，可作为育种材料处理。

收获时，先收淘汰株行，后收特优或特异株行，最后收当选的株行和对照行。当选株行和特优或特异的株行，应进行室内考种，考察籽粒形状、色泽、整齐度、千粒重等，要分别脱粒、计产。根据考种和测产的结果，决选出产量高、品质好的株行，分别精选留种，装袋编号，每个当选株行保留相同数量的种子。

株行圃的淘汰率一般为30%～50%。

第3年，株系圃。设置株系圃是为了进一步鉴定和繁殖当选株行材料。将上年当选的株行种子，分别种成小区，每个小区的行数和行长可根据种子量来决定，一般不少于6行。采用稀条播法，播种量不超过常规播种量的50%。每隔4个小区设一对照，对照区的种子，采用上年株行圃保护区中经过去杂去劣的种子。田间观察记载项目、选优汰劣方法和标准同株行圃。当选的株系，要进行室内考种决选（考种项目同株行圃）。入选株系种子混合精选，作为下年原种生产的种子。

入选株系一般不应少于供试株系的60%。

第4年，原种圃。将上年当选株系混合精选后的种子，除留少数作为后备种子外，其余种子采用稀条播加量繁殖，播种量为常规播种的50%左右，行距35～40cm。开花结实期和成熟前，根据植株整齐度、株型、株高、分枝性、花色、叶色、茎色等，进行田间纯度鉴定，认真去杂去劣，以保证原种纯度。注意适时收获，及时脱粒和晾晒。在收获、运输、脱粒、晾晒、贮藏、调运过程中，要严防机械混杂。

在原种圃生产原种的同时，还应进行原种比较试验，以鉴定原种的增产效果。试验采用对比排列，重复3次，小区面积为15m²。对照种用上年株系圃保护区中经过去杂去劣的种子。田间种植规格和田间观察，与一般品种比较试验相同。生育期间，观察比较原种和对照种的生长势、生育期、整齐度、株型、分枝数、粒色、粒形、株粒数、株数重、千粒重等，并对小区产量进行变量分析，对原种的纯度和增产效果做出恰当结论，作为原种繁殖推广的依据。同时，分别报有关种子管理部门备查。

“三年三圃制”的优点在于单株后代经过两年遗传性鉴定，各代表现一致，无性状分离的株系才能入选，保证了入选材料遗传上的一致性。同时根据较大群体的表现来鉴定材料的优劣，排除了条件差异所造成的影响，因此能有效地提高鉴定的准确性和原种的纯度。

（四）采用混合选择法留种

“三年三圃制”生产苦荞原种的方法虽然效果好，但技术性强，用工量大，所需年限长，在苦荞原种繁育基地和原种繁育制度尚未建立或健全地区，实际应用有一定困难。建立种子田，采用混合选择法留种，则可克服“三年三圃制”的缺陷。虽然这种提纯复壮方法的效果不及“三年三圃制”，但也是苦荞品种防杂保纯的一项比较有效的措施。

种子田面积为下年生产播种面积的5%～10%，以保证繁育出下年所需的生产用种。种子田可采用以下两种方法进行混合选择。

片选法　在有一定隔离条件的苦荞地块中，选择品种纯度较高、植株生长整齐、健壮、丰产性好的地块作种子田。于开花期、成熟期进行严格地去杂去劣，其余混合收获、脱粒，留作下年大田生产用种。这种方法比较简单省工，但种子质量不太高，只在急需大量种子时采用。

株选法　在品种纯度较高，而且有一定隔离条件的种子田内，于苗期、开花结实期和成熟期，进行认真地去杂去劣，选择具有本品种典型特征、生长健壮、无病虫、成熟一致的优良单株，收获后再进行室内复选，然后把入选单株混合脱粒，筛去小粒和秕粒，留下粒大饱满的种子，作为下年种子田的种子。其余混合脱粒，作为生产用种。这种方法简单易行，如连续进行多年，不但每年都能得到大田用种，而且还能提高种子的纯度和品质，延长良种的使用年限（图3－11）。

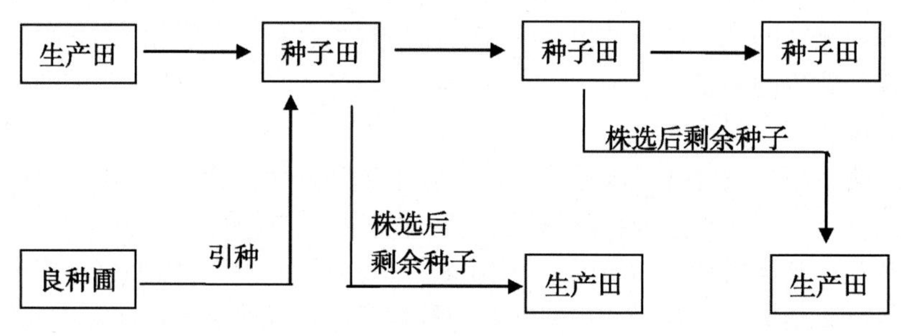

图3－11　苦荞种子田繁殖种子示意图

（五）建立良种库和严格的种子入库制度

国家应在不同生态区或试验站点建立荞麦恒温良种库，由种子部门管理。在苦荞良种繁育过程中，任何一个环节发生混杂，都会使整个工作前功尽弃，为防止发生机械混杂，无论繁育哪一级苦荞良种，都必须把好“五关”：即出库关、播种关、收割关、脱粒关和入库关。收获时必须认真执行单收、单运、单打、单晒、单藏的“五单”原则。种子应有标准专用袋。种子袋上有标签（品种名、生产地、生产年限、编号），种子由专人保管，定期检查，注意防止虫害、鼠害和霉变。

三、苦荞良种繁育应注意的事项

（一）加强栽培管理

在苦荞良种繁育过程中栽培管理的好坏，不仅直接影响当年的产量，而且还影响种子质量和选择效果。因此，繁育苦荞良种的地块，特别是原种生产各圃，应选择地势平坦、肥力均匀的地块，栽培管理条件要一致，栽培管理水平要优于一般大田生产，使品种特性得以充分表现，并有利于比较、鉴定和选择。要注意合理轮作，不可重茬连作，以防前茬残留种子出苗，造成混杂。轮作周期不应低于 3 年。株行圃、株系圃一般于前作施肥，当年不施肥。原种圃应施足底肥，并增施磷、钾肥。要精细整地保墒，以保证全苗。生育期间，应及时除草，防治病虫害。

（二）扩大繁殖系数

繁殖良种不但要求种子质量好、纯度高，而且要求数量多，以加快种子更新速度。一个品种在繁殖过程中，所经历的世代越多，投入到生产的原种代数越高，质量就越低，所起的作用也就越小。为此，尽量扩大苦荞原种一代、二代的繁殖系数。扩大繁殖系数的举措，主要是节约用种，点播或稀播，扩大种植面积，加强栽培管理，提高单位面积产量。

第六节　苦荞品种选育和良种繁殖田间调查以及室内考种项目、记载标准

苦荞品种选育和良种繁殖田间调查以及室内考种项目、记载标准的数据是认识品种、了解品种和描述品种的基础，没有调查数据就没有文字的描述，因此，必须根据记载标准进行认真地田间调查和考查。

《荞麦种质资源描述规范和数据标准》有详细的记载项目和标准，可供调查记载的参考，考虑到苦荞育种工作量很大，而作为苦荞育种亲本的种质资源性状描述可以追根溯源。根据“删繁就简”和“实用”的原则，在苦荞育种和良种繁育中可只对以下项目进行调查记载。

一、物候期

（一）播种期

（5.1）种子播种当天的日期。以“年、月、日”表示，格式为“YYYYMMDD”。

（二）出苗期

（5.2）子叶张开为出苗，幼苗50%露出地面2mm时的日期。以“年、月、日”表示，格式为“YYYYMMDD”。

（三）开花期

（5.3）50%植株主茎的花蕾开放的日期。以“年、月、日”表示，格式为“YYYYMMDD”。

（四）成熟期

（5.32）植株50%籽粒成熟时的日期。以“年、月、日“表示，格式为“YYYYMMDD”。

（五）生育日数

（5.33）从播种第二天至成熟的天数，单位为d。

二、植物学形态特征

（一）幼苗叶色

（5.3）幼苗时期的叶子颜色。

1　浅绿

2　绿

3　深绿

（二）株型

（5.4）分枝与主茎之间夹角的大小（图3－12）。

3　紧凑

5　半紧凑

7　松散

（三）株高

（5.6）从茎基部至主茎或最长茎枝顶端的距离。单位为cm。

（四）主茎节数

（5.7）主茎自地表起至顶端的总节数。单位为节。

（五）主茎分枝数

（5.8）植株主茎再生的一级分枝数。单位为个。

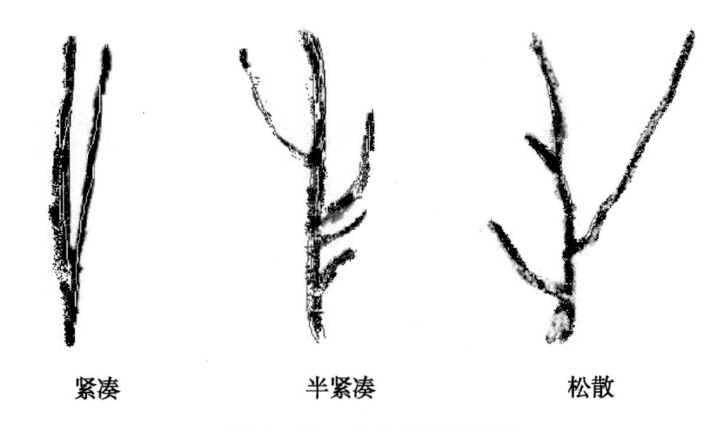

图 3-12　苦荞株型示意图

（六）茎色

（5.9）植株主茎的颜色。

1　浅绿

2　深绿

5　淡红

7　紫红

（七）主茎粗

（5.11）植株主茎第一节和第二节之间中部的直径。单位为 mm。

（八）叶色

（5.14）植株主茎的叶片颜色。

1　浅绿

2　绿

3　深绿

（九）叶片长

（5.29）植株主茎中部的叶片长度。单位为 cm。

（十）叶片宽

（5.21）植株主茎中部的叶片宽度。单位为 cm。

（十一）叶形

（5.22）植株主茎中部的叶片性状（图 3-13）。

1　卵形

2　戟形

3　剑形

4　心形

（十二）花序性状

（5.24）盛花期花序性状（图 3-14）。

3　伞状疏松

5　伞状半疏松
7　伞状紧密

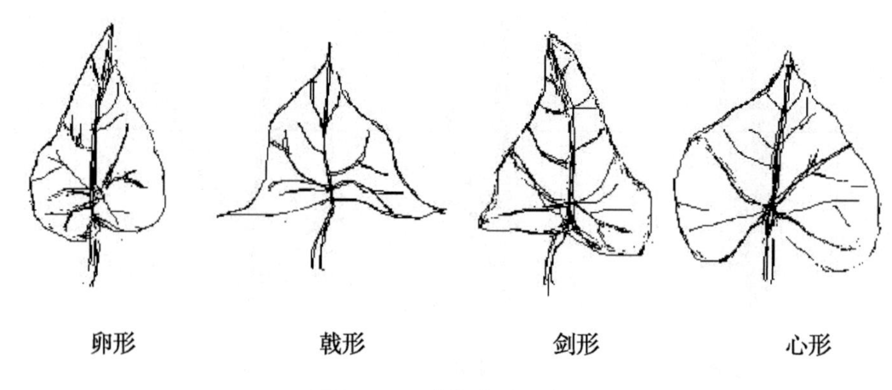

图 3－13　苦荞叶形示意图

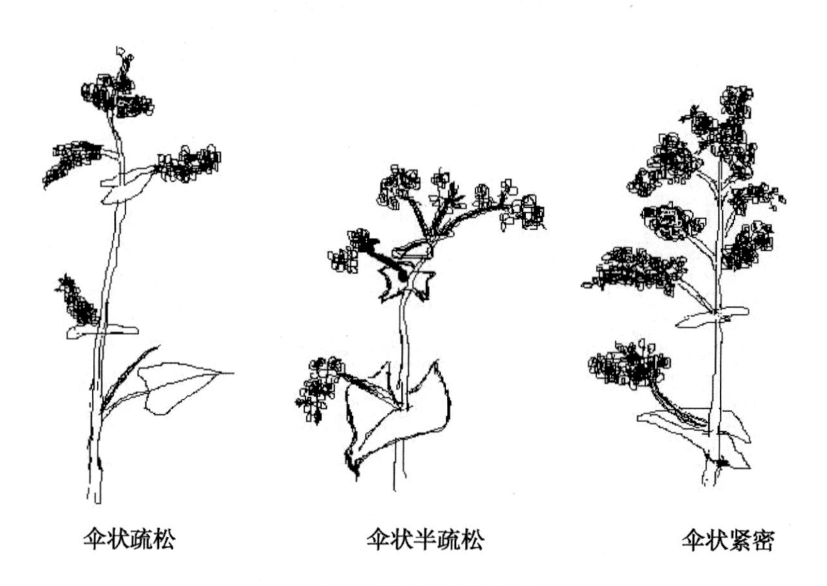

图 3－14　苦荞花序性状示意图

（十三）花色
（5.30）盛花期的花色。
1　白
3　绿黄
4　绿
（十四）粒色籽粒的颜色
2　灰
5　褐
8　黑
9　杂
（十五）种子形状
（5.37）籽粒的形状（图 3－15）。

1　锥形
2　心形（桃形）
3　三角形（楔形）

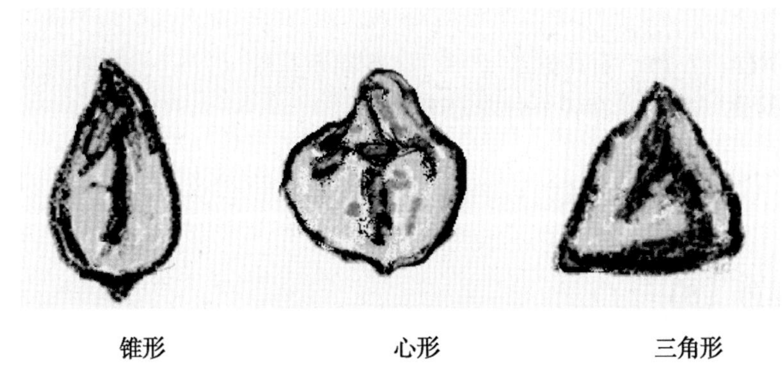

图 3－15　苦荞种子性状示意图

（十六）种子表面特征
（5.38）籽粒表面的光滑程度。
1　光滑
2　皱褶（粗糙）
（十七）籽粒长度
（5.41）籽粒的长度。单位为 mm。
（十八）籽粒宽度
（5.42）籽粒的宽度。单位为 mm。
（十九）千粒重
（5.43）1 000 粒籽粒的重量。单位为 g。
（二十）株粒重
（5.46）单株所结种子的重量。单位为 g。

三、品质特性

（一）出米率
（6.1）籽粒脱壳后的重量与籽粒脱壳前的重量比，以% 表示。
（二）皮壳率
（6.2）籽粒脱壳后的壳重与籽粒脱壳前的重量比，以% 表示。
（三）籽粒蛋白质含量
（6.6）去壳籽粒的粗蛋白含量，以% 表示。
（四）籽粒脂肪含量
（6.7）去壳籽粒的粗脂肪含量，以% 表示。
（五）硒含量
（6.32）去壳 籽粒中硒的含量，以每克样品含硒微克数表示（μg/g）。
（六）维生素 E 含量
（6.33）去壳籽粒中维生素 E 的含量，以% 表示。

（七）维生素P（总黄酮）

含量（6.34）去壳籽粒中苦荞总黄酮含量，以%表示。

四、抗逆性（7）

对苦荞的抗冻性（7.1）、耐高温性（7.2）、芽期耐盐性（7.3）、苗期耐盐性（7、4）、耐旱性（7.5）、耐涝性（7.6），在各个时期记述。

3　强

5　中

7　弱

五、抗病虫性（8）

记述苦荞的对蚜虫抗性（8.11）、抗病性（8.2～8.7）。

1　高抗（HR）

3　抗（R）

5　中抗（MR）

7　感（S）

9　高感（HS）

六、其他（9）据实记载

＊ 括号内数据为《荞麦种质资源描述规范和数据标准》中荞麦种质资源描述规范代码。

参考文献

[1] 高帆，张宗文，吴斌．中国苦荞SSR分子标记体系构建及其在遗传多样性分析中的应用［J］．中国农业科学，2012，45（6）：1042～1053

[2] 韩瑞霞，张宗文，吴斌等．苦荞SSR引物开发及其在遗传多样性分析中的应用［J］．植物遗传资源学报，2012，13（5）：759～764

[3] 李安仁．中国植物志（第25卷第一分册）［M］．北京：科学出版社，1998

[4] 李丹，丁霄霖．苦荞黄酮抗氧化作用的研究［J］．食品科学，2001，22（4）：22～24

[5] 林汝法，柴岩，廖琴等．中国小杂粮［M］．北京：中国农业科学技术出版社，2002：192～209

[6] 祁学忠．苦荞黄酮及其降血脂作用的研究［J］．山西科技，2003，6：70～71

[7] 王莉花，殷富有，刘继海等．利用RAPD分析云南野生荞麦资源的多样性和亲缘关系［J］．荞麦动态，2004（2）：7～15

[8] 王转花，张政，林汝法．苦荞叶提取物对小鼠体内抗氧化酶系的调节［J］．药物生物技术，1999，6（4）：208～211

[9] 夏明忠，王安虎，蔡光泽等．中国四川荞麦属（蓼科）一新种——花叶野荞麦［J］．西昌学院学报（自然科学版），2007，21（2）：11～12

[10] 张宗文，林汝法．荞麦种质资源描述规范与数据标准［M］．北京：中国农业出版社，2007

[11] 张政，王转花，刘凤艳等．苦荞蛋白复合物的营养成分及其抗衰老作用的研究［J］．营养学报，1999，21（2）：159～162

[12] 赵丽娟，张宗文等，王天宇．苦荞种质资源遗传多样性的ISSR分析［J］．植物遗传资源学报，2006，7（2）：159～164

[13] Chen Q. F. A study of resources of *Fagopyrum*（Polygonaceae）native to China［J］. Botanical Journal of the Linnean Society，1999，130（1）：54～65

[14] Kump B. and Javornik B. Evaluation of genetic variability among common buckwheat (*Fagopyrum esculentum* Moench) populations by RAPD markers [J]. Plant Science, 1996, 114: 149 ~ 158

[15] Ohnishi, O. 1995. Discovery of new *Fagopyrum* species and its implication for the studies of evolution of *Fagopyrum* and of the origin of cultivated buckwheat. Pp. 175 ~ 190 in Current Advances in Buckwheat Research. Vol. I ~ III. Proc. 6th Int. Symp. on Buckwheat in Shinshu, 24 ~ 29 August 1995 (T. Matano and A. Ujihara, eds.). [M] Shinshu University Press

[16] Ohnishi, O. Search for the wild ancestor of buckwheat I. Description of new *Fagopyrum* (Polygonacea) species and their distribution in China [J]. *Fagopyrum*, 1998a, 15: 18 ~ 28

[17] Ohnishi O. Search for the wild ancestor of buckwheat III. The wild ancestor of cultivated common buckwheat, and of tartary buckwheat [J]. Economic Botany, 1998b, 52 (2): 123 ~ 133

[18] Ohsako, T., K. Yamane and O. Ohnishi: Two new Fagopyrum (polygonaceae) species *F. gracilipedoides* and *F. jinshaense* from Yunnan, China [J]. Genes & Genet. Syst., 2002, 77: 399 ~ 408

[19] Sharma T. R. and S. Jana. Random amplified polymorphic DNA (RAPD) variation in *Fagopyrum tataricum* Gaertn. accessions from China and the Himalayan region [J]. Euphytica, 2002, 127 (3): 327 ~ 333

[20] Tsuji K. and O. Ohnishi. Phylogenetic relationships among wild and cultivated Tartary buckwheat (*Fagopyrum tataricum* Gaert.) populations revealed by AFLP analyses [J]. Genes & Genetic Systems, 2001, 76 (1): 47 ~ 52

[21] Ye N. and Guo G. Classification, origin and evolution of Genus Fagopyrum in China. Pp. 19 ~ 28 in Proc. 5th Int. Symp. on Buckwheat in Shinshu, 20 ~ 26 August 1992 (Lin Rufa, Zhou Ming-De, Tao Yongru, Li Jianying and Zhang Zongwen, eds.) [M]. Agriculture Publishing House, Beijing

[22] 侯雅君，张宗文，吴斌，李艳琴．苦荞种质资源 AFLP 标记遗传多样性分析 [J]．中国农业科学，2009，42 (12)：4166 ~ 4174

[23] 王莉花，殷富有，刘继梅，叶昌荣．利用 RAPD 分析云南野生荞麦资源的多样性和亲缘关系 [J]．分子植物育种，2004，2 (6)：807 ~ 815

[24] Chen Q-F, Hsam S L K, Zeller F J. A Study of Cytology, Isozyme, and Interspecific Hybridization on the Big-Achene 2004, Group of Buckwheat Species (Fagopyrum, Polygonaceae). Crop Science, 2004, 44: 1511 ~ 1518

[25] Javornik B, Kump B. Random amplified polymorphic DNA (RAPD) markers in buckwheat [J]. Fagopyrum, 1993, 13: 35 ~ 39

[26] Konishi T, Yasui Y, Ohnishi O. Original birthplace of cultivated common buckwheat inferred from genetic relationships among cultivated populations and natural populations of wild common buckwheat revealed by AFLP analysis [J]. Genes & Genetic Systems, 2005, 80 (2): 113 ~ 119

[27] Kump B, Javornik B. Genetic diversity and relationships among cultivated and wild accessions of tartary buckwheat (*Fagopyrum tataricum* Gaertn.) as revealed by RAPD markers [J]. Genetic resources and crop evolution, 2002, 49 (6): 565 ~ 572

[28] Iwata H, Imon K, Tsumura Y, Ohsawa R. Genetic diversity among Japanese indigenous common buckwheat (*Fagopyrum esculentum*) cultivars as determined from amplified fragment length polymorphism and simple sequence repeat markers and quantitative agronomic traits [J]. Genome, 2005, 48 (3): 367 ~ 77

[29] Murai M, Ohnishi O. Diffusion routes of buckwheat cultivation in Asia revealed by RAPD markers [J]. Current Advances in Buckwheat Research, 1995: 163 ~ 173

[30] Ohnishi O, Ota T. Construction of a linkage map in common buckwheat. *Fagopyrum esculentum* Moench [J]. The Japanese Journal of Genetic, 1987, 62: 397 ~ 414

[31] Sharma T R, Jana S. Random amplified polymorphic DNA (RAPD) variation in *Fagopyrum tataricum* Gaertn. accessions from China and the Himalayan region [J]. Euphytica, 2002, 127 (3): 327 ~ 333

[32] Sharma T R, Jana S. Species relationships in *Fagopyrum* revealed by PCR-based DNA fingerprinting [J]. Theor Appl Genet, 2002, 105: 306 ~ 312

[33] Yasuo Y, Yingjie W, Ohmi O and Clayton C. Construction of Genetic Maps of Common Buckwheat (*Fagopyrum esculentum* Moench) and Its Wild Relative, *F. homotropicum* Ohnishi Based on Amplified Fragment Length Polymorphism (AFLP) markers [M]. The proceeding of the 8th ISB, 2001: 225 ~ 232

[34] Adachi, T., S. Suputtitada, Y. Miike. Plant regeneration from anther culture in common buckwheat (*Fagopyrum esculentum*). Fagopyrum, 1988, 8: 5 ~ 9

[35] Bohanec, B., M. Neskovic, R. Vujicic. Anther culture and androgenetic plant regeneration in buckwheat (*Fagopyrum esculentum Moench*). Plant Cell. Tiss. Org. Cult., 1993, 35: 259 ~266

[36] Chen, Q. F. Wide hybridization among Fagopyrum (Polygonaceae) species native in China. intl. Symp. Buckwheat at Winnipeg, Canada, 1998: 18 ~31

[37] Fesenko, I. N., Fesenko, N. N. and Ohnishi, O. Compatibility and congruity of interspecific crosses in Fagopyrum. Advances in Buckwheat Research. Proc. 8th intl. Symp. Buckwheat at Chunchon, Korea, 2001: 404 ~410

[38] Fesenko, N. N., Fesenko, A. N., and Ohnishi, O. Some genetic peculiarities of reproductive system of wild relatives of common buckwheat *Fagopyrum esculentum* Moench. Proc. 7th intl. Symp. Buckwheat at Winnipeg, Canada, 1998: 32 ~35

[39] Krotov, A. S. and Dranenko, E. T. An amphidiploids buckwheat, *Fagopyrum giganteum*. Krot. sp. nova. Vavilova, 1975, 30: 41 ~45

[40] Hirose, T., Ujihara, A., Kitabayashi, H., and Minami, M. Pollen tube behavior related to self-incompatibility interspecifc crosses of *Fagopyrum*. Breed. Sci., 1995, 45: 65 ~70

[41] Mukasa Y, Suzuki Y, and Honda Y. Hybridization between 'Rice' and Normal Tartary Buckwheat and Hull Features in the F_2 Segregates. Proc. 8th intl. Symp. Buckwheat at Yulin, China, 2007: 152 ~154

[42] Mukasa Y, Suzuki Y, and Honda Y. Emasculation of Tartary buckwheat (*Fagopyrum tataricum* Gaertn.) using hot water. *Euphytica*, 2007, 156: 319 ~326

[43] Samimy, C. Barrier to interspecific crossing of *Fagopyrum esculentum* with *Fagopyrum tataricum*: I. Site of pollen-tube arrest. II. Organogenesis from immature embryos of *F. tataricum*. Eupytica., 1991, 54: 215 ~219

[44] Wang Y., Campbell C. Interpecific hybridization in buckwheat among *Fagopyrum esculentum*, *F. homotropicum*, and *F. tataricum*. Proc. 7th intl. Symp. Buckwheat at Winnipeg, Canada, 1998, 1: 1 ~12

[45] Wang Y., Campbell C. Effects of genotypes, pretreatments and media in anther culture of common (*Fagopyrum esculentum*) and self-pollinating buckwheat. Fagopyrum, 2006, 23: 29 ~35

[46] Wang Y., Campbell C. Tartary buckwheat breeding (*Fagopyrum tataricum* (L.) Gaertn.) through hybridization with its Rice-Tartary type. *Euphytica*, 2007, 156: 399 ~405

[47] Woo, S. H. Fundamental studies on overcoming breeding barriers of the genus Fagopyrum by meas of biotechnology. Miyazaki University, Japan. Ph. D. thesis, 1998

[48] 李竞雄. 玉米、粟类、荞麦 [M]. 北京：人民教育出版社，1960

[49] 北京农业大学. 作物育种及良种繁育学 [M]. 北京：农业出版社，1961

[50] 马育华. 植物育种的数量遗传学基础 [M]. 南京：江苏科学技术出版社，1982

[51] 林汝法，李永青. 荞麦栽培 [M]. 北京：农业出版社，1984

[52] H. B. 费先科（李克来等译）. 荞麦育种和良种繁育 [M]. 内蒙古种子公司印，1985

[53] E. C. 阿列克谢耶娃（李克来等译）. 荞麦的遗传育种和良种繁育 [M]. 北京：农业出版社，1987

[54] 蔡旭. 植物遗传育种学 [M]. 北京：科学出版社，1988

[55] 林汝法. 中国荞麦 [M]. 北京：中国农业出版社，1994

[56] 赵钢，陕方. 中国苦荞 [M]. 北京：科学出版社，2009

[57] 蒋俊方，王敏浩. 荞麦花器外形结构和开花生物学特性的初步观察 [J]. 内蒙古大学学报（自然科学版），1986，17 (3)：501 ~511

[58] 赵钢，唐宇. 秋水仙素诱导苦荞同源四倍体试验 [J]. 荞麦动态，1988 (2)：19 ~26

[59] 唐宇，赵钢. 苦荞主要经济性状的相关及通径分析 [J]. 荞麦动态，1989 (2)：11 ~19

[60] 赵钢，唐宇. 同源四倍体苦荞遗传与育种初探 [J]. 荞麦动态，1989 (2)：20 ~24

[61] 唐宇，赵钢. 苦荞主要经济性状的遗传力及遗传进度的初步观察 [J]. 荞麦动态，1990 (1)：3 ~6

[62] 赵钢，唐宇. 苦荞的开花习性和受精率的初步观察 [J]. 荞麦动态，1990 (1)：7 ~10

[63] 蒋俊芳，潘天春，贾星. 四川大凉山的荞麦种植资源 [J]. 荞麦动态，1994 (2)：1 ~3

[64] 吴瑜生. 苦荞主要农艺性状的相关分析 [J]. 荞麦动态，1995 (1)：5 ~9

[65] 林汝法，李秀莲，陶雍如. 荞麦遗传资源的植物学性状和感温特性的多样性 [J]. 荞麦动态，1996 (1)：1 ~13

[66] 林汝法，陶雍如，李秀莲. 略述东亚荞麦遗传资源 [J]. 荞麦动态，1996 (2)：1 ~13

[67] 李秀莲，乔爱花. 苦荞主要性状遗传力和遗传相关研究 [J]. 荞麦动态，1997 (1)：16 ~18

[68] 李国柱. ^{60}Co-γ 射线对苦荞干种子辐射效应的研究 [J]. 荞麦动态，2002 (1)：13 ~ 16
[69] 赵钢，唐宇，王安虎. 同源四倍体苦荞新品系 97 - 1 [J]. 中国种业，2002 (1)：7 ~ 8
[70] 赵钢，唐宇. 四倍体苦荞西荞 1 号的选育 [J]. 杂粮作物，2002 (2)：10 ~ 15
[71] 林汝法. 农民需求荞麦遗传资源的性状评价与选择 [J]. 荞麦动态，2005 (1)：2 ~ 6
[72] 王安虎，戴红燕，邓建平. ^{60}Co-γ 射线辐射苦荞籽粒 M_2 与 M_5 代变异性状不稳定性研究 [J]. 成都大学学报，2005 (6)：364 ~ 366
[73] 王安虎，杨坪. ^{60}Co-γ 射线辐射苦荞籽粒诱变效应研究 [J]. 荞麦动态，2006 (2)：45 ~ 48
[74] 杨敬东，郭露穗，赵钢等. 高药用价值多倍体苦荞诱导及特性研究 [J]. 成都大学学报（自然科学版），2006 (3)：180 ~ 183
[75] 赵钢，杨敬东，王安虎. 专用苦荞新品系选荞 1 号的选育 [J]. 中国种业，2007 (9)：10 ~ 11
[76] 王安虎. 苦荞杂交方法及 F_1 代植物学性状表型研究. 第二届海峡两岸杂粮健康产业峰会论文集，2010：118 ~ 126
[77] 国家农作物品种审定委员会办公室. 全国农作物审定标准（2002）上册，粮食作物 [M]. 荞麦，北京：中国农业科学技术出版社，2006：605 ~ 606
[78] 全国农技推广中心. 全国农作物品种鉴定情况 - 荞麦 [J]. 中国农技推广，24（增Ⅱ），2008：55 ~ 57
[79] 全国农技推广中心. 农作物品种鉴（认）定品种 - 荞麦 [J]. 中国农技推广，2010，26（增Ⅱ），2010：15 ~ 18
[80] 吴页宝，李财厚，漆燕青. 荞麦新品种"九江苦荞"的选育及其栽培技术 [J]. 荞麦动态，1999 (1)：16 ~ 17
[81] 李发亮，李文利，刘明英等. 高产优质苦荞新品种"川荞 1 号"的选育与应用 [J]. 荞麦动态，2000 (2) 20 ~ 23
[82] 赵钢，唐宇，王安虎. 苦荞新品种"西选 1 号"的选育 [J]. 荞麦动态，2002 (2)：15 ~ 18
[83] 李发亮，苏丽萍，曹吉祥等. 苦荞新品种"川荞 2 号"的选育与栽培技术 [J]. 荞麦动态，2003 (2)：14 ~ 15
[84] 毛春，程国尧，陈丽珍. 高产、优质苦荞新品种"黔黑荞 1 号"的选育 [J]. 荞麦动态，2003 (1)：12 ~ 14
[85] 毛春，张荣达，郑国尧等. "黔苦号"苦荞品种的选育与推广 [J]. 荞麦动态，2006 (2)：14 ~ 15
[86] 李秀莲，牛登科（译）. 印度荞麦遗传资源编幕项目及标准（Buckwheat in India） [J]. 荞麦动态，1994 (1)：37 ~ 39
[87] 中国农业科学院作物品种资源研究所. 中国荞麦遗传资源目录Ⅱ [M]. 北京：中国农业出版社，1996
[88] 张宗文，林汝法. 荞麦种质资源描述标准和数据标准 [M]. 北京：中国农业出版社，2007
[89] 农业部植物新品种测试中心. 农业植物新品种特异性、一致性和稳定性测试指南. 荞麦（审定通过稿），2013

第四章　苦荞的种植技术

Ⅳ. Cultivation techniques of Tartary Buckwheat

摘要　本篇阐述苦荞传统栽培技术，而苦荞栽培技术的发展方向是标准化和机械化种植。

Abstract　**This parts researches on traditional cultivation techniques, and studies show that the appropriate developing direction of Tartary Buckwheat is towards standardization and mechanization.**

第一节　苦荞的种植地区

中国苦荞的种植面积和产量是世界第一，但苦荞在国内却是小宗作物，其栽培历史悠久，分布地域辽阔，全国各省区凡有作物种植的地方都可种植。苦荞尤其适宜于高纬度、高海拔地区种植，垂直分布可达海拔 4 400m以上的西藏康巴宗高原山区。

苦荞分布区域从北纬 23°30′的云南文山到 43°的内蒙古克什克腾旗，东经由 80°的西藏扎达到 116°的江西九江，跨 20 个纬度、36 个经度，涵盖中国荞麦栽培生态区的北方春荞麦区、北方夏荞麦区、南方秋冬荞麦区和西南高原春秋荞麦区的全部栽培生态区。集中生产区是西南高原春、秋荞麦区和北方春荞麦区。

西南高原春、秋荞麦区，也叫红土高原苦荞生产区，在秦巴山区以南，尤其是云贵川毗邻的高山丘陵地带，包括云贵川高原、渝鄂湘武陵山区、秦巴山区南麓、青藏高原和甘肃甘南。

本区属低纬度、高海拔地区，穿插以高山、丘陵和平坝，海拔在 1 500～3 000m，耕地分布于高山坡地、山间平坝，栽培作物以苦荞、燕麦、马铃薯等喜冷作物为主，辅以其他耐寒小宗粮豆作物。由于本地区活动积温持续期长而温度强度不够，加上云雾多、日照不足，气温日较差不大，宜于喜冷作物苦荞生长，一年一作，春播或一年两作春、秋播，种植面积约占苦荞总面积的 80%，是我国苦荞的主产区。

北方春荞麦区，也叫黄土高原苦荞生产区，包括长城沿线南北的黄土高坡山区。

本区属高纬度、高海拔地区，大部分苦荞生产在海拔 1 200m以上的山地和高原。无霜期 100～130d，大部分地区≥10℃积温不到 3 000℃，栽培作物以苦荞、甜荞、燕麦、马铃薯等喜冷作物为主，辅以其他耐寒小宗粮豆作物。苦荞生育期间光、热、水能满足要求。本区地多劳力少，苦荞多种在干旱薄地、轮荒地、新垦地上，耕作粗放，一年一作，春播，种植面积约占苦荞总面积的 20%，是我国苦荞又一主产区。

第二节 苦荞传统种植技术

一、轮作

（一）苦荞在轮作中的地位

苦荞生育期短、适应性强，在中国南方的红土高原和北方黄土高原都有种植。由于各地自然生态和农业生产条件的不同，苦荞在作物布局和粮食生产中的地位也不同。一些以苦荞为主要粮食的地区，苦荞的丰歉直接影响群众的生活，在安排作物布局和种植比例时，苦荞有较重要的地位。而在另一些地区苦荞则被视为填闲作物或作为调剂群众生活的小杂粮而种植，种植面积的多少、产量的高低对这些地区的粮食生产、经济收入和群众生活无多少影响，故苦荞在这些地区不受重视。

云南、贵州、四川乃至西藏部分地区是我国苦荞主产区，苦荞主要种植在四省（区）毗邻的高海拔高山地区。云南滇东北、滇东南苦荞种植面积有 $4.0 \times 10^4 hm^2$，占粮食面积的30% ~ 40%，滇西北的宁蒗县每年种植苦荞 $0.67 \times 10^4 hm^2$，总产量 7 605t，面积仅次于马铃薯，产量居第二位。四川凉山州苦荞常年种植面积 $3.3 \times 10^4 hm^2$，占该州粮食种植面积25%左右。贵州的苦荞主要分布在黔西北的威宁等县，是当地少数民族的主要食粮，素有“苦荞半年粮”之称，在作物布局和轮作中占有重要地位。

近年来，作为食药兼用的苦荞，由于对人类健康价值新的发现与肯定，人民需求增加，苦荞开始进入商品市场，在商品经济中发展起来的许多新兴的苦荞生产企业都在苦荞适宜生产区建立苦荞原料生产基地，在新垦荒地、复耕地，轮荒地种植苦荞。苦荞在该地区种植的作物中种植比例扩大，或成为种植作物的新贵作物，突显出其在作物轮作中的重要性。

（二）苦荞的茬口特性

茬口特性是指作物栽培后的土壤生产性能，是作物生物学特性及其栽培措施对土壤共同作用的结果。对于茬口特性的评价，一般是从土壤养分、水分、气热状况以及土壤耕作特性等方面来评价。不同作物的影响又有其特殊性，从而形成不同作物茬口的特点。

荞麦（含苦荞、甜荞）茬口通常被认为是作物中最差的茬口，种过荞麦以后，下茬作物生长发育不好。对于荞麦茬口的评价，群众有“荞麦地里过，三年不结颗，三年不出货”的农谚。荞麦茬口不好的原因一般有这样几个解释：一曰“白茬”，即全价养分匮缺。种苦荞一般不施肥或少施肥，用的是前茬剩余养分，苦荞收获以后，土壤养分又得不到大量补充，缺了加亏，肥力下降。二曰“冷茬”，当年土壤没熟化。苦荞生长迅速，荫蔽性强，在夏秋之季，地表见光很少，地温低，土壤属“阴”，微生物活动受抑，有效养分转化慢，土壤物理性状差，后茬作物苗期生长不旺，不壮实。三曰“干茬”，即水分缺乏。苦荞叶片大、蒸腾系数高，水分消耗大，造成土壤缺水，影响后茬作物生长。四曰“缺茬”，即某种营养元素缺少。荞麦特别需要磷素，土壤养分的单一消耗，造成某种（些）营养元素的贫乏而制约苦荞对其他营养元素的吸收。五曰“生茬”，由于苦荞植株残体或菌根分泌一些现代尚缺实验佐证的生物质，妨碍或影响了后茬作物的生长发育，而导致减产。

（三）荞麦的轮作

轮作制度是农作制度的重要组成部分。轮作也称换茬，是指同一地块上于一定年限内按一定顺序轮换种植不同作物，以调节土壤肥力，防除病虫害，实现作物高产。“倒茬如上粪”，说明荞麦轮作的意义。反之，连作会使土壤中某些营养元素缺乏，加剧土壤养分与苦荞生长供需矛盾，增加病虫草害的蔓延与危害。同时，植株残体和根系分泌的生物质可能在土壤中积累，而使自身中毒。长期连作，导致苦荞产量和品质下降，更不利于土壤的合理利用。连茬地荞麦籽一般棱翅小，连茬时间越长棱翅越小。四川凉山州有“荞子连年种，变成山羊胡”的农谚，说明连作苦荞影响产量和品质。连作苦荞由于土壤养分消耗严重，甚至两三年内地力都难以恢复。

苦荞对茬口选择不严格，无论种在什么茬口上都可以生长。为了获得苦荞高产，在轮作中最好选择好茬口。比较好的茬口是豆茬、马铃薯茬，这些是养地作物，下茬种苦荞即便不施肥也能获得较好的产量。其次是糜黍、谷子、玉米、燕麦茬，这些是用地作物，也是苦荞的主要茬口，增施一定数量的有机肥料，苦荞也能获得较好的产量。较差的胡麻、油菜、芸芥等茬口，土壤养分消耗较多，特别是磷素的消耗较大，种植苦荞时尤要增加磷肥的施用。

我国幅员辽阔，各地生产中的地位目标、耕作制度和作物布局不同，苦荞轮作制度有很大的差别。

北方干旱半干旱山区，即我国农业种植区划中的北部小杂粮区，无霜期短、一年一熟，主要作物为玉米、小麦、糜黍、谷子、荞麦、豌豆、燕麦、马铃薯、胡麻和油菜。主要的轮作方式是：

1 年		2 年		3 年	
马铃薯	→	春小麦	→	荞麦	内蒙古大青山地区
燕麦	→	荞麦	→	胡麻	河北张北
谷子	→	糜黍	→	荞麦	内蒙古翁牛特、库伦
玉米（大豆）	→	荞麦	→	豌豆	内蒙古通辽、山西广灵灵丘
糜黍	→	荞麦	→	马铃薯	陕西定边、山西左云
胡麻（芸芥）	→	荞麦	→	黑豆	宁夏盐池、山西平鲁
燕麦	→	荞麦	→	豌豆	山西右玉、平鲁

南方无霜期长或无霜冻一年两熟、两年三熟或一年三熟地区，荞麦仅作为秋季或冬季填闲作物。主要轮作方式是：

玉米	→	荞麦（或杂豆）	→	荞麦（云南）
小麦（大麦或油菜）	→	中、早稻	→	荞麦（江西）
马铃薯	→	玉米	→	荞麦（四川丰都）
小麦	→	芝麻	→	荞麦（浙江金华，旱地）
荞麦	→	早稻	→	大豆（云南）
中稻	→	荞麦、马铃薯	→	荞麦（湖南湘西）
水稻	→	荞麦	→	绿肥（湖南湘西）
水稻	→	荞麦	→	油菜

西南云贵高原，无霜期较短，一年一熟，主要粮食作物为苦荞、燕麦、马铃薯。其主要轮作方式是：

1 年		2 年		3 年	
苦荞	→	燕麦	→	马铃薯	（云南宁蒗）
苦荞	→	马铃薯	→	燕麦	（贵州威宁）
苦荞	→	休闲	→	苦荞	（四川盐源）
燕麦	→	苦荞	→	休闲	（四川布拖）

（四）苦荞的间作套种

间作套种是指同一块地上按占地的宽窄比例和行、株距种植几种作物。间作是几种作物同时播种，套作是不同时间播种作物。间作套种能够合理配置作物群体，使作物高矮成层，相间成行，有利于改善作物的通风透光条件，提高光能利用率，充分发挥边际优势的增产效应。苦荞生育期比较短、生长迅速，植株相对矮小，是比较理想的间作套作作物，间作套作是我国农民的传统经验，是农业生产中的一项增产措施。苦荞间作套作比单作有的增产 20% ~30%。

间作：苦荞是适于间作的理想作物，各地都有间作苦荞的习惯。间作形式因种植方式和栽培作物而不同，在生育期稍短的北方一年一作区，当地群众在小春作物收获后复种糜黍，糜黍出苗后又在畦埂和边沿上播种苦荞，既不影响糜黍生长，又能利用畦埂边沿获得一定的苦荞收成。也有利用马铃薯行间空隙地间作苦荞的。

套作：套作多在生育期较长的低纬度地区，特别在我国云南、四川、贵州、重庆，套作苦荞形式很多。在四川的美姑、重庆的丰都、石柱等中低山区常有苦荞与玉米、马铃薯套作，苦荞与烤烟、玉米套作。贵州黔西北威宁等地秋荞常和马铃薯、玉米或大豆套作。做法是在套作地的马铃薯、大豆或玉米收获后种苦荞。云南和武陵山区的湘西等地也有类似套作形式。

在农业生产力较低的地区，苦荞生产中还有为数不多的与其他作物混作现象。如贵州威宁等地常用油料、兰花籽和苦荞混作，4 月中下旬混种，7 月下旬混收。

二、土壤耕作技术

合理地选择土壤耕作技术措施及其相应的耕作技术，才能发挥耕作措施的最大效益，达到苦荞既能高产稳产，又能调节培养土壤肥力的目的。精耕细作是苦荞丰产的一项重要的栽培技术。

深耕是各地苦荞种植中的一条重要经验和措施。农谚云“深耕一寸，胜过上粪”。深耕能熟化土壤，加厚熟土层，提高土壤肥力，既利于蓄水保墒和防止土壤水分蒸发，又利于苦荞发芽、出苗、生长发育，同时可减轻病、虫、草害。

干旱是黄土高原苦荞生产区的主要威胁，春季常因土壤干旱而不能按时播种，或因土壤墒情不好而缺苗断垄。因此，秋耕蓄水，春耕保墒，提高土壤含水量，保证土壤水分供应是北方黄土高原苦荞生产区耕作的主攻方向。

北方苦荞产区主要分布在晋北、晋东北的恒山、太行及太岳山区，陕西榆林、延安地区，河北张北地区以及内蒙古东三盟山地，宁夏固原、银南山区以及甘肃一些地区。一般在 9 月中、下旬糜黍、谷子、燕麦、胡麻、马铃薯等前作收获以后开始耕作，耕深 20cm 左右，耕后不耙，待次年春季再次浅耕时才耙耱，疏松土壤，除草杀虫。有许多地方只进行春耕，在播种前浅耕 1 次，结合春耕进行耙耱。还有一些地方是“硬茬”播种，即结合播种浅耕 1 次，这种耕作方式比较粗放，经常因整地质量差，土壤失墒严重而降低播种质量，造成缺苗断垄。还有一些旱塬地区，赶时间和墒情，有在前作收获后翻耕灭茬，地表撒籽，耙耱盖籽。也有锄镢浅翻，耙平地面，地表撒籽，将种子翻入地内的。这些都是很原始、很不合理的耕作方式，应当得到改进。

过浅的耕作层是不宜生产苦荞的，更谈不上高产。推广在前作收获后秋耕，耕作层在 20cm 以上，耕后耙，春季再浅耕。耙耱能保持土壤蓄水保墒能力，为根际营养和植物生长创造良好条件，有明显的增产效果。

红土高原苦荞生产区的四川凉山州，黔西北毕节、威宁，滇东北的昭通、黔西北的宁蒗、永胜等地苦荞地耕作层过浅，尤其是缺水少肥高寒山区的“火山荞”地，秋季不耕，只在春季浅耕

1次，也是不宜苦荞高产的。要加深耕作层，保证土壤的蓄水保墒能力。一般在燕麦、马铃薯等前作收获后的11月中下旬开始深翻，延续到12月上旬结束，耕深20~30cm，耕后不耙，翌春碎土平地，播前浅耕。耕耙结合试验表明，在苦荞播种前5天用钉齿耙耙2次，地表5cm耕作层土壤含水量为16.7%，出苗齐全；耕而不耙的地块，地表5cm土壤含水量仅9.3%，造成缺苗断垄。

南方秋冬荞麦种植区地域广阔，自然条件差异很大，苦荞作为填闲作物只零星种植，其耕作时间、方式和机具也差别很大。一般不深耕，只结合播种进行浅耕。许多地方是人工翻地，撒籽后耙平。

三、苦荞地施肥

（一）苦荞对养分的需求

苦荞在生长发育过程中，需要吸收的营养元素有碳、氢、氧3种非矿质元素和氮、磷、钾、硫、钙、镁、钠、铜、铁、锰、锌、钼和硼等矿质元素。碳、氢、氧3种元素约占荞麦干重的95%，主要从空气和水中吸收，一般不感缺乏；而氮、磷、钾、钙、镁、硫、钠为大量元素，其含量占4.5%左右；还有铜、锌、锰、钼和硼等元素需要量少，为微量元素。大量元素和微量元素主要是靠根系从土壤中吸收，量虽不多，但在苦荞生长发育中起重要作用，不能相互代替，缺少、过多或配合失当，都会导致苦荞生长异常，正常生育受到影响，造成程度不同的减产。

苦荞生育期短，适应性广，在瘠薄地上种植，也能获得一定的产量。但要获高产，必须供给充足肥料。

苦荞吸收氮、磷、钾的比例和数量与土壤质地、栽培条件、气候特点及收获时间等因素有关，但对于干旱瘠薄地、高寒山地，增施肥料，特别是增施氮、磷肥是苦荞丰产的基础。

1. 氮素

氮是构成蛋白质、核酸、磷脂等物质的主要元素，参与细胞原生质、细胞核的形成，能显著地促进绿色体形成，对苦荞生长发育、生理过程影响很大，是“生命元素”。氮素主要以铵态氮（NH_4^+）、硝态氮（NH_2^-）及水分子有机态氮，如以尿素形式被吸收。

苦荞各生育阶段吸收氮的数量和速度不同。出苗现蕾期，氮的吸收非常缓慢，现蕾以后氮的吸收量明显增多，从现蕾至始花期吸收量约为出苗至现蕾期的3倍，进入灌浆至成熟期氮吸收量明显加快。苦荞对氮素的吸收率也随生育日数的增加而逐步提高。氮素在苦荞干物质形成中的比例呈两头低中间高的“抛物线形”趋势。

2. 磷素

磷是形成细胞核和原生质、核酸和磷脂等重要物质不可缺少的成分，磷酸在有机体能量代谢中占重要地位，能促进氮素代谢和碳水化合物的积累，增加籽粒饱满度，提高产量，是苦荞必需的营养元素。以磷酸根离子（HPO_4^{2-}）、（$H_2PO_4^-$）形式被吸收。

苦荞吸收磷素的数量和速度各生育期是不同的。在出苗至现蕾期日吸收磷素比氮素还要慢，到现蕾期随着地上部的生长，磷吸收量逐渐增加。进入灌浆期，磷的吸收明显加快，各生育阶段磷的吸收率随着生育日数的增加而增加。

3. 钾素

钾是多种酶的活化剂，对代谢过程起调节作用，促进体内碳水化合物的合成和运转，改善品质，促进茎秆粗壮、机械组织坚韧，增强抗倒伏能力、抗寒能力和抗逆力以及病害侵袭。钾是以离子（K^+）形式被吸收。

苦荞体内含钾量较高为其特点，吸收钾素的能力大于禾谷类作物，比大麦高 8.5 倍。荞麦各生育阶段对钾的吸收量占干物质重的比例最大，高于同期吸收的氮素和磷素。苦荞对钾素的吸收主要在始花期以后，到成熟期达最大值，是随着生育进程而增加的。

苦荞吸收氮、磷、钾素的基本规律是一致的，即前期少，中后期多，随着生物学产量的增加而增加。同时吸收氮、磷、钾的比例相对稳定，整个生育期基本保持为 1∶0.36～0.45∶1.76。

4. 微量元素

微量元素在植物体内有的作为酶的组分，有的是活化剂，有的参与叶绿素的组成，在光合作用、呼吸作用以及复杂的物质代谢过程中都具有极其重要的作用。

研究表明，某些微量元素的作用是十分明显的，尤其在微量元素缺乏的土壤中施用，增产效果明显。苦荞施用锌、锰、硼肥时，对株高、节数、叶片数、分枝数和叶面积都有明显作用，而且使苗期生长速度快。锌、锰、铜和硼素对苦荞的开花数、结实率、产量都有较明显的提高。锌、锰增产效果最好。

苦荞生长发育需要的微量元素主要来自土壤和有机肥。土壤中微量元素含量的多少与成土母质、土壤类型和土壤生态条件有关。地区和土壤类型不同，微量元素种类及数量也不同。因此，并不是所有地区和土壤施用微肥都能使苦荞增产的。苦荞微肥的施用，应先了解当地土壤微量元素的含量及其盈缺情况。通过试验确定微肥的种类、数量和方法。

（二）苦荞的施肥技术

苦荞生育期短、生长迅速，施肥应掌握以“基肥为主、种肥为辅、追肥进补”，“有机肥为主，无机肥为辅”，“氮磷配合”，“基肥氮磷配合一次施入，追肥掌握时机种类数量”的原则。施用量应根据地力基础、产量指标、肥料质量、种植密度、品种和当地气候特点以及栽培技术水平等因素灵活掌握。

1. 基肥

基肥是在苦荞播种之前，结合耕翻整地施入土壤深层的基础肥料，也谓底肥。充足的优质基肥是苦荞高产的基础。基肥的作用有三个：一是结合耕翻整地创造深厚、肥沃的土壤熟土层；二是促进根系发育，扩大根系吸收范围；三是多数基肥为“全肥”（养分全面）、“稳劲”（持续时间长）的有机肥，利于苦荞稳健生育。

基肥一般以有机肥为主，也可配合施用无机肥。基肥是苦荞的主要肥料，一般应占总施肥量的 50%～60%，甚至更多。施足底肥是苦荞丰产的基础，特别是在供应氮素营养能力不高的瘠薄地上，早施一些氮肥对于满足始花期前后苦荞对氮素营养的需求是十分必要的。但当前苦荞生产基肥普遍不足，大部分偏远山区很少施用基肥，有很大一部分苦荞田种植苦荞不施基肥。

我国苦荞生产有机基肥有粪肥、厩肥和土杂肥。粪肥以人粪尿为主，是一种养分比较全面的有机肥，不仅含有较多的氮、磷、钾和钙、镁等常量元素，也含有铜、铁、锌和硼素等微量元素及可被利用的有机质。粪肥是基肥的主要来源，易分解，肥效快，当年增产效果比厩肥、土杂肥好；厩肥是牲畜粪尿和褥草和垫圈土混合沤制后的有机肥料，养分完全、有机质丰富，也是基肥的主要来源。厩肥因家畜种类、垫圈土、沤制方法不同，所含养分有较大的差别，增产效果亦各不相同。土杂肥养分和有机质含量较低，不如粪肥和厩肥，但在粪肥和厩肥不足时也是苦荞的主要肥源。

苦荞苗期生育缓慢，吸收氮素的高峰期相对偏晚，也较平稳，故苦荞田基肥秋施、春施和播前施也合时宜。秋施为前作收获后，结合秋深耕施基肥，可促进肥料熟化分解，有蓄水、培肥效果；早春施肥为弥补秋收繁忙无暇顾及秋耕，于早春结合土壤返浆期耕地施入；播前施肥结合土壤耕作整地时施入肥料，应注意防止肥堆“烧苗”而引起缺苗。

苦荞种植地多在高寒山区的旱薄地上、轮荒地上，或以填闲作物种植，农家有机肥一般满足不了苦荞基肥的需要。科学实验和生产实践表明，若结合一些无机肥料作基肥，对提高产量大有好处。唐宇等试验，施过磷酸钙 300 ~ 450kg/hm^2 或尿素 45 ~ 75kg/hm^2，对苦荞产量有良好的效果（表 4 – 1 和表 4 – 2）。

表 4 – 1　过磷酸钙对苦荞经济性状和产量的影响

（唐宇等，1989）

经济性状和产量	249kg/hm^2	300kg/hm^2	375kg/hm^2	450kg/hm^2	501kg/hm^2
有效分枝数	2.84	3.12	3.33	3.31	3.14
株粒数（粒）	151.33	150.79	155.71	167.53	179.24
株粒重（g）	3.00	3.28	3.39	2.96	2.75
产量（kg/hm^2）	2 771.55	2 868.45	2 930.70	2 886.45	2 801.70

表 4 – 2　尿素对苦荞经济性状和产量的影响

经济性状和产量	50kg/hm^2	75kg/hm^2	112.5kg/hm^2	150kg/hm^2	175kg/hm^2
有效分枝数	4.02	3.71	3.33	3.08	2.07
株粒数（粒）	177.33	169.19	155.71	140.82	130.11
株粒重（g）	2.39	3.04	3.39	2.96	2.25
产量（kg/hm^2）	2 974.05	2 991.9	2 930.70	2 757.75	2 583.90

李红梅等（2004）进行了苦荞用不同配比的有机肥—无机肥的基肥施用试验，即①对照不施肥；②全施有机肥 7 500kg/hm^2，折纯 N 120kg/hm^2，$P_2O_5$120kg/hm^2；③全施无机肥 其中尿素 260kg/hm^2，过磷酸钙 1 000kg/hm^2，折纯 N 120kg/hm^2，$P_2O_5$120kg/hm^2；④施有机肥半量 3 750kg/hm^2，施无机肥半量，其中，尿素 130kg/hm^2，过磷酸钙 500kg/hm^2，折纯 N 120kg/hm^2，$P_2O_5$120kg/hm^2。

播种前作基肥全部施入。

试验如表 4 – 3 和表 4 – 4 所示。

表 4 – 3　不同施肥处理对苦荞生长发育的影响

施肥处理	10/07/03	26/07/03		07/08/03		06/09/03	
	株高（cm）	株高（cm）	单株重（g）	株高（cm）	单株重（g）	株高（cm）	单株重（g）
不施肥	16.0	48.9	0.268	83.4	3.38	121.2	7.21
有机肥	29.9	70.5	0.537	104.4	5.60	138.8	9.83
无机肥	26.5	72.0	0.391	106.2	5.62	144.5	9.80
有机肥 + 无机肥	21.8	61.4	0.482	97.3	6.13	132.7	8.82

试验表明：

（1）施用基肥对苦荞的生长发育有明显的促进作用，对植物学性状的影响在现蕾期前不明显，从始花期开始花序发生明显差异。基肥对株高、分枝数、花序数、植株干重等植物学性状均有明显的促进作用。比较基肥种类：有机肥 > 有机肥和无机肥各半量 > 无机肥。

（2）施用基肥对苦荞经济学性状的影响是增加了株粒数、千粒重和产量。施肥比不施肥的增产 20.6% ~29.3%。施用有机肥和无机肥组合、有机肥的比无机肥的效果更显著。施用基肥对提高千粒重作用微弱，对籽粒皮壳率影响不大。

目前用作基肥的无机肥料有过磷酸钙、钙镁磷肥、磷酸二铵、硝酸铵和尿素。过磷酸钙、钙镁磷肥作基肥最好与有机肥混合沤制后施用。磷酸二铵、硝酸铵和尿素作基肥可结合深耕或早春耕作时施用，也可播种前施用，以提高肥料利用率。

表 4－4　不同施肥处理对苦荞主要产量性状的影响

施肥处理	株数（$10^6/km^2$）	株粒数	株粒重（g）	千粒重（g）	皮壳重（%）	产量（kg/hm^2）	±%*
不施肥	1.227	139.9	2.66	18.92	21.55	1 952	—
有机肥	1.136	237.9	4.50	19.20	21.34	2 520	+29.1
无机肥	1.089	204.9	3.90	19.11	20.92	2 355	+20.6
有机肥＋无机肥	1.149	195.0	3.75	18.49	20.79	2 524	29.3

注：＊以寿阳灰苦荞参比

2. 种肥

种肥是在播种时将肥料施于种子周围的一项措施，包括播前以籽滚肥、播种时溜肥及“种子包衣”等。种肥能弥补基肥的不足，以满足苦荞生育初期对养分的需要，并能促进根系发育。施用种肥对解决我国苦荞生产通常基肥用肥不多或不施用基肥的苗期缺肥症极为重要，是我国苦荞生产的一种传统施肥形式。

传统的种肥是粪肥，这是解决肥料不足而采用的一种集中施肥的方法，包括“粪籽”、“肥耧”等。云南、贵州、山西等地群众用打碎的羊粪、鸡粪、草木灰、坑土灰等与种子搅拌一起作种肥，增产效果非常显著，还有的地方用稀人粪尿拌种，同样有增产作用。西南地区农民在播种前用草木灰、骨灰和灰粪混合拌种，或作盖种肥，苦荞出苗迅速，根苗健壮。以优质厩肥及牛粪、马粪混合捣碎后拌上钙镁磷肥作种肥，增产效果也明显。李钦元在云南永胜县的试验，用尿素 $75kg/hm^2$ 作种肥，增产 1 432.5kg/hm^2，用过磷酸钙 $225kg/hm^2$ 作种肥，增产 607.5kg/hm^2。通过试验、示范和推广，无机肥料作种肥已作为苦荞高产的重要措施。

我国大部分地区土壤缺磷素，而且氮、磷比例失调，磷素已构成苦荞增产的限制因素。蒋俊方调查，1950 ~1985 年四川凉山彝族自治州苦荞通过推广磷矿粉拌种或“施磷增氮”技术后，产量平均提高 5 倍多。盐源县 1981 年对 4 000hm^2 苦荞调查，施用过磷酸钙的产量 1 327.5 kg/hm^2 比不施磷肥的田块增产 12.5%。

苦荞是喜磷作物，施磷增产已成为苦荞生产的共识。

常用作种肥的无机肥料有过磷酸钙、钙镁磷肥、磷酸二铵和尿素。种肥的用量因地而异。用量有磷酸二铵 45 ~75kg/hm^2、尿素 45 kg/hm^2、过磷酸钙 $225kg/hm^2$ 的；有磷酸二铵 60 ~75kg/hm^2，尿素 $60kg/hm^2$，过磷酸钙 150 ~225kg/hm^2 的；也有磷酸二铵 $105kg/hm^2$、尿素 120kg/

hm^2、过磷酸钙450kg/hm^2 的。四川凉山，云南永胜、宁蒗，贵州威宁等地的种肥用量为钙镁磷肥150～225kg/hm^2 或磷矿粉45～225 kg/hm^2，也有用磷灰石来获得苦荞高产的。

过磷酸钙、钙镁磷肥或磷酸二铵，一般可与苦荞种子搅拌混合施用，但磷酸二铵用量超过25kg/hm^2 有“烧芽”之虞。尿素、硝酸铵作种肥一般不能与种子直接接触，施用时应予注意。

3. 追肥

追肥是在苦荞生长发育过程中为弥补基肥和种肥的不足，增补肥料的一项措施。苦荞在不同的生育阶段，对营养元素的吸收积累是不同的。现蕾开花后需要大量的营养元素，然而此时土壤养分供应能力却很低，因此及时补充一定数量的营养元素，对苦荞茎叶的生长，花蕾的分化发育，籽粒的形成具有重要意义。

开花期是苦荞需要养分最多的时期，花期追肥有防早衰、提高产量的作用。据李钦元在云南永胜的试验，苦荞开花期追肥尿素75kg/hm^2，比未追肥的2 062.5kg/hm^2 增产65.4%。始花期用磷、钾肥料根外追肥，也有一定的增产作用。开花期喷施尿素12.75kg/hm^2，比未喷施的增产16.32%；喷施磷酸二氢钾67.5kg/hm^2，增产19.42%；喷施过磷酸钙112.5kg/hm^2，增产10.76%。

此外，用硼、锰、锌、钼、铜等微量元素肥料作根外追肥，也有增产效果。根外追肥应选择晴天进行，注意浓度和比例。

苦荞追肥一般用尿素等速效氮肥。用量不宜过多。以75kg/hm^2 为宜，追肥选择阴雨天进行。

4. 微肥

微量元素在植物体内复杂的物质代谢过程中具有极其重要的作用。苦荞对微量元素的需求是不可缺少的，某些微量元素土壤丰缺指标临界值高于其他谷类作物。在微量元素缺乏的土壤施用时，增产效果明显。

唐宇等（1989）的试验表明，苦荞施用锌、锰、铜和硼肥时，除铜外，对株高、节数、叶片数、分枝数和叶面积都有明显的作用，而且苗期生长速度较快。同时，经锌、锰、铜和硼素处理后，苦荞叶片中全氮、可溶性糖和叶绿素的含量在明显增加。苦荞开花数、结实率、产量都有较为明显的提高。其中株粒数增加210～373粒，结实率提高8.52%～15%。锌、锰的增产效果最好，增产幅度为63.19%～112.63%（表4－5）。

表4－5　微量元素对苦荞结实率、产量的影响

处理	1986年盆栽			1985年小区试验	
	株开花数	株粒数	结实率（%）	产量（kg/hm^2）	增产（%）
CK	2 780	285	10.25	910.05	0.00
Zn	2 637	495	25.25	1 665.15	82.97
Mn	2 317	658	23.36	1 935.15	112.63
Cu	3 152	796	18.77	1 600.05	75.82
B	2 487	538	21.63	14 85.15	63.19

杨晶秋等（2003）试验结果表明，在中等肥力条件下，不同微肥对苦荞的作用有所不同；施用钼肥和锰肥明显促进苦荞苗期的生长，壮苗指数随用量的增加而提高；花期以后钼肥和锰肥中水平用量的作用日趋明显（即每盆分别施用钼酸铵5mg和硫酸锰10mg），可明显改变苦荞的

植株性状，继续提高施用量，增效下降。钼肥中剂量和锰肥高剂量的干物质积累快。硼肥对壮苗虽有一定作用，但作用不明显，高水平硼肥对苗期生长有一定的制约作用；锌肥高剂量不利于苦荞苗期生长，后期也有明显的抑制作用，并导致干物质积累变缓（表4－6，图4－1）。

表4－6　微量元素不同施肥水平对苦荞产量（g/盆）的影响

（杨晶秋等，2003）

处理	茎叶产量			籽实产量			生物学产量		
	a	b	c	a	b	c	a	b	c
Zn	13.63	40.36	8.57	5.03	3.18	3.32	18.66	13.54	11.86
Mo	8.22	12.82	11.51	2.22	4.61	3.70	10.44	17.43	16.21
B	11.03	10.61	10.91	3.57	4.27	3.70	14.60	14.88	14.61
Mn	9.37	10.87	12.32	3.70	4.05	3.80	13.07	14.92	16.12

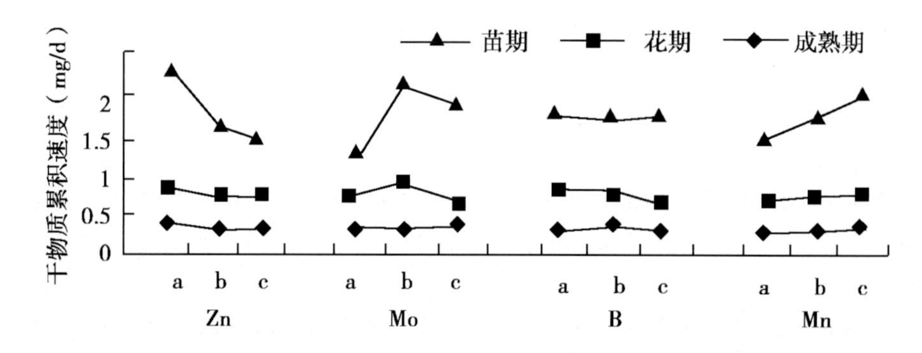

图4－1　微肥不同施用水平对苦荞干物质累积速度的影响（杨晶秋等，2003）

试验处理及水平（mg/盆）：a：锌肥5.0，钼肥0.5，硼肥0.5，锰肥1.0；
b：锌肥10.0，钼肥5.0，硼肥5.0，锰肥10.0；
c：锌肥30.0，钼肥20.0，硼肥20.0，锰肥30.0

从表4－6、图4－1还可以看到，茎叶产量及籽实产量随锌肥施用水平提高而降低；钼肥则与之相反，籽实产量随用量的增加而增加，茎叶产量以中剂量为佳。

经方差分析，锌肥与钼肥对苦荞的效应均达显著水平，说明苦荞对锌肥与钼肥比较敏感；锰肥用量增加能显著提高茎叶产量，虽然与苦荞籽粒产量有一定的关联，但未达到显著水平；硼肥用量对苦荞没有明显效果。

苦荞在石灰性褐土中等或中等偏上肥力条件下种植，施用微量元素仍然有效。土壤的微肥推荐用量为：硫酸锌1.7mg/kg、硫酸锰10mg/kg、钼酸铵1.7mg/kg。

苦荞对硼肥不敏感，而对一些微量元素的反应较为敏感，施用时要慎重。当土壤元素水平达到15mg/kg时，锌肥用量应不超过1.7mg/kg。

苦荞特有药用成分是以芦丁为主的生物类黄酮，微量元素对苦荞盛花期植株茎叶黄酮含量影响最大，而对籽粒黄酮影响较小。

苦荞黄酮总量方差分析结果表明，锌肥、钼肥、锰肥对茎叶黄酮总量影响显著，没有明显的交互作用，以平均值189.6mg/盆为基准的水平评价效应，锌肥低剂量黄酮总量为正效应，钼肥以中剂量最佳，锰肥高剂量为好；籽粒黄酮总量受锌肥和钼肥影响较大，总量平均为35.3mg/盆，锌肥以低剂量为正效应，钼肥中剂量为好（表4-7）。

表4-7　微量元素对苦荞黄酮的影响

（杨晶秋等，2003）

处理	茎叶黄酮（mg/盆）			籽粒黄酮（mg/盆）		
	a	b	c	a	b	c
Ze	287	128	154	48	33	25
Mo	181	210	178	22	42	42
B	183	200	185	35	36	35
Mn	167	171	231	35	35	36

注：水平代号：a、b、c（低、中、高）

5. 菌肥

苦荞的质量施肥技术是苦荞生产中增加产量和改善品质的重要措施。新型微生物菌剂（肥）可作为一项行之有效的苦荞优质高产标准化生产栽培中生态培肥措施。

史清亮等（2003，2005，2006）研究接种不同微生物菌剂对苦荞植物学性状、茎叶产量和黄酮含量、生物学产量与黄酮含量、籽粒产量与黄酮含量的影响。

（1）植物学性状　接种不同微生物菌剂对苦荞植物学性状具有一定的促生助长作用，但不同菌剂有其差异性。其中，以磷细菌为主的5号菌剂，以AMF菌根真菌为主的6号菌剂和7号复合菌剂的早期接种效果明显。与灭菌草炭比较，壮苗指数增加了12.1%～18.2%，株重提高了17.6%～29.4%，叶绿素含量增加了0.8%～21.8%（表4-8）。

表4-8　接种不同生物菌剂对苦荞植物学性状的影响

（史清亮等，2003）

处理号	处理内容	株高（cm）	叶数/株（个）	株干重（g）	壮苗指数	叶绿素含量（%）
1	空白对照-CK_1（不接种对照）	12.3	8.2	0.17	0.30	1.20
2	灭菌草炭-CK_2（无菌基质对照）	12.5	8.6	0.17	0.33	1.24
3	1号菌剂（以固氮螺菌为主）	12.2	7.0	0.17	0.34	1.07
4	2号菌剂（以径阳链霉菌为主）	12.3	8.2	0.17	0.34	1.25
5	3号菌剂（以芽孢杆菌为主）	13.7	8.3	0.17	0.32	1.17
6	4号菌剂（以硅酸盐细菌为主）	13.0	9.0	0.18	0.35	1.30
7	5号菌剂（以磷细菌为主）	13.0	8.8	0.20	0.37	1.41
8	6号菌剂（以AMF菌根为主）	15.8	8.8	0.22	0.36	1.23
9	7号菌剂（固氮解磷解钾复合菌剂）	14.0	8.5	0.20	0.39	1.51
10	8号菌剂（引进乌克兰菌剂）	9.0	8.2	0.16	0.35	1.19

注：壮苗指数=（茎粗/株高+根重/冠重）×茎叶重

（2）茎叶产量和黄酮含量　接种不同微生物菌剂对苦荞茎叶量和黄酮含量也有很好的影响。

试验结果表明：①茎叶产量和茎叶黄酮含量，无论施用灭菌草炭还是接种微生物菌剂均比空白对照有明显提高，其中，茎叶产量增加4.47%～70.1%，而黄酮含量成倍增加；②茎叶产量，接种不同微生物菌剂的比灭菌草炭全都增加，增加幅度为11.4%～62.9%。茎叶黄酮含量有一半菌剂高于灭菌草炭，其中，茎叶黄酮含量提高11.0%～35.0%，茎叶黄酮总量提高40.1%～108.3%，均以芽孢杆菌为主的3号菌剂、以磷细菌为主的5号菌剂和以AMF菌根真菌为主的6号菌剂为好（表4－9）。

表4－9　接种不同微生物菌剂对苦荞茎叶产量及黄酮含量的影响

（史清亮等，2003）

处理	茎叶产量（g/盆）	茎叶黄酮含量（%）	茎叶黄酮总量（mg/盆）	比对照增加（倍）
空白对照	6.7	0.32	21.44	—
灭菌草炭	7.0	1.00	70.00	3.26
1号菌剂	8.0	0.60	48.00	2.24
2号菌剂	10.8	0.62	66.96	3.12
3号菌剂	10.8	1.35	145.80	6.80
4号菌剂	9.5	0.71	67.45	3.15
5号菌剂	11.4	1.13	128.80	6.01
6号菌剂	9.8	1.21	118.58	5.53
7号菌剂	9.4	1.11	104.34	4.87
8号菌剂	7.8	0.79	51.62	2.87

（3）生物学产量和黄酮含量　接种不同微生物菌剂的生物学产量，与灭菌草炭相比全部增产，增产13.0%～66.0%。茎叶黄酮含量有1/4的菌剂高于灭菌草炭，提高17.3%～20.0%，茎叶黄酮总量有3/4的菌剂高于灭菌草炭，提高3.3%～24.8%（表4－10）。

表4－10　接种不同微生物菌剂对苦荞生物学产量及其黄酮含量的影响

（史清亮等，2003）

处理	生物学产量（g/盆）	比灭菌草炭（%）	黄酮含量（%）	黄酮总量（mg/盆）	比灭菌草炭（%）
灭菌草炭	10.0	—	0.75	75.00	—
1号菌剂	11.8	18.0	0.48	56.64	－24.5
2号菌剂	14.9	49.0	0.52	77.48	3.3
3号菌剂	15.2	52.0	0.88	133.76	78.3
4号菌剂	13.8	38.0	0.62	85.56	14.1
5号菌剂	16.6	66.0	0.73	121.18	61.6
6号菌剂	15.4	54.0	0.90	138.60	84.3
7号菌剂	13.8	38.0	0.68	93.84	25.1
8号菌剂	11.3	13.0	0.60	67.80	－9.6

（4）籽粒产量和黄酮含量　籽粒产量，接种不同微生物菌剂与灭菌草炭比较，全部增产，增产16.7%～86.7%，以AMF菌根真菌为主的6号菌剂，以磷细菌为主的5号菌剂较高。籽实黄酮含量1/4的菌剂高于灭菌草炭，提高幅度为6.0%～15.0%，籽粒黄酮总量有半数的菌剂高于灭菌草炭，提高幅度达10.9%～120.3%，以AMF菌根真菌为主的6号菌剂，以硅酸盐细菌为主的4号菌剂为佳（表4－11）。

表4－11　接种不同微生物菌剂对苦荞子实产量及其黄酮含量的影响

（史清亮等，2003）

处理	籽实产量（g/盆）	籽实黄酮含量（%）	籽实黄酮总量（g/盆）
灭菌草炭	3.0	0.50	15.00
1号菌剂	3.8	0.36	13.68
2号菌剂	4.1	0.41	16.81
3号菌剂	4.4	0.33	15.52
4号菌剂	4.3	0.53	22.79
5号菌剂	5.2	0.32	16.64
6号菌剂	5.6	0.59	33.04
7号菌剂	4.4	0.24	10.56
8号菌剂	3.5	0.41	14.35

史清亮认为：施用不同的微生物菌剂具有不同的施用效果：以改善磷素供应状况为主的菌剂，自苗期开始就表现出一定的接种效果；而以固氮和防病作用为主的菌剂，则后期效果为好。苦荞作为菌根植物，接种以改善磷素状况为主的微生物肥料，可提高植株对磷及其他养分的吸收，从而提高产量及黄酮的含量，并具有改善土壤微生态环境，增加后效的作用。

四、苦荞的播种

苦荞高产不仅要有优良品种，还要选用优质种子。苦荞种子的寿命属中命种子。黄道源等（1991）观察，苦荞种子随着贮存时间的延长蛋白酶逐渐变性，胚乳营养有所减少，萌发质量也会下降。83－56品种的发芽率，当年种子为94%，贮存2年种子降至43%，贮存4年种子仅18%，与当年种子相比已降低76%；出苗率，当年种子为93%，贮存1年种子仅39%，贮存2年种子仅14%；苗干重，贮存2年种子下降25%，贮存3年种子下降50%（表4－12）。

苦荞种子贮存2年、甚至1年已失去种子价值，故播种用种应选用新种子和饱满种子。

表4－12　苦荞种子贮存年限对萌发的影响

（黄道源等，1991）

贮存年限	发芽势（%）	发芽率（%）	出苗率（%）	苗干重（mg/株）
当年	88	94	93	8
1	70	87	39	7
2	27	43	14	6
3	16	26	5	4
4	3	18	0	—

注：品种：83－56

苦荞结实期很长，收获种子成熟程度很不一致。种子的成熟程度也影响种子的发芽率和出芽率。黄道源等（1991）观察，随着种子成熟程度的提高，发芽率、出苗率和幼苗重都有增加。83－56品种褐色硬粒就比青色硬粒的发芽率高9%、出苗率高42%，苗干重高79mg/株（表4－13）。因此，播种用种必须选用籽粒成熟、饱满的新种子，这是苦荞全苗、壮苗的重要措施。

表4－13　苦荞种子成熟度对萌发的影响（黄道源等，1991）

成熟状况	发芽势（%）	发芽率（%）	出苗率（%）	苗干重（mg/50株）
褐色硬实	89	95	88	364
黄色硬实	86	89	70	321
青色硬实	79	86	46	255

（一）种子处理

在播种前处理种子，是苦荞栽培中的重要措施。对于提高苦荞种子质量、全苗壮苗以及丰产作用很大。种子处理主要有晒种、清选、浸种和拌种诸措施。

1. 晒种

晒种可改善种子透气性和透水性；促进种子后熟，提高酶的活力，增加种子的生活力和发芽力，提高种子发芽势和发芽率。晒种还可借助阳光中的紫外线杀死一部分附着于种子表面的病菌，减轻某些病害发生。

在播种前7～10d，选择晴朗的天气，将苦荞种子薄薄地摊在向阳干燥的地面或席片、塑料布上，10～16时连续翻晒2～3d。晒种要不时翻动，晒匀，然后收装待种。

2. 清选

即清选种子。以剔除空秕籽粒、破粒、草籽和杂质，选用大而饱满整齐一致的种子，提高种子的发芽率和发芽势为目的。大而饱满的种子，胚乳所含养料丰富，胚在萌发时能得到较多的营养，生活力强，生根多而迅速，出苗快、幼苗健壮，有提高产量的作用。苦荞清选种子的方法有风选、筛选（机选）和水选。

（1）风选和筛选（机选）　生产中一般进行风选和筛选。风选可借用风（扇）车的风力，把轻重不同的种子分开，除去混在种子里的茎屑、花梗、碎叶、空秕籽粒和杂物，留下大而饱满洁净的种子。筛选是利用种子清选机，选择适当筛孔的筛子筛去小籽、秕籽粒和杂物。机选时，一定注意防止种子机械混杂。

（2）水选　利用不同比重的溶液进行选种的方法，包括清水、泥水和盐水选种等。即把种子放入清水、30%的黄泥水或5%盐水或化肥水中不断搅拌，待大部分杂物和秕粒浮在水面时捞去，然后把沉在水面下的饱满种子捞出，在清水中淘洗（或不淘洗）干净、晾干作种用，这种方法在生产中可广泛采用。

经风选、筛选之后的苦荞种子再水选，种子千粒重、发芽势和发芽率都会有明显提高，出苗齐全，生长势强，早出苗1～2d。

（3）浸种（闷种）　温汤浸种也有提高种子发芽力的作用，用35℃温水浸15min效果良好；用40℃温水浸种10min，能提前成熟。播种前用0.12%～0.5%硼砂溶液或5%～10%草木灰浸出液浸种、15%发酵鸡粪浸出液浸种，均能获得良好的结果。草木灰浸出液、鸡粪浸出液闷种效果也很好。种子经过浸种、闷种的要摊开晾干。其他微量元素溶液，如钼酸铵（0.005%）、高锰酸钾（0.1%）、硼砂（0.03%）、硫酸镁（0.05%）等浸种也有促进幼苗生长和提高产量的作用。

（4）药剂拌种　用药剂拌种，是防治地下害虫和苦荞病害极其有效措施。药剂拌种是在晒种、选种之后，用药种类、浓度、比例依药剂说明而定，药剂拌种最好在播种前 1d 进行，药剂种子拌匀后堆放 3～4h 再摊开晾干。

（二）适期播种

苦荞性喜温暖湿润气候，怕酷暑、干燥，尤怕霜冻，只要温度、水分、光照合适就能良好的生长发育。苦荞在我国种植地区广阔，播种期很不一致，全国范围一年四季都有播种：春播、夏播、秋播和冬播，即俗称的春荞、夏荞、秋荞和冬荞。苦荞种植地区都有早霜来临，晚霜结束的不同无霜期和适宜播种期。

播种期是否适时，对苦荞主要经济性状和产量有很大影响。播种早、晚都会影响苦荞的产量。只有适时播种，才能克服不利因素，充分利用有利条件，发挥栽培技术措施的作用，获得苦荞丰产。原四川省凉山州农业试验站的苦荞播种期试验说明，适期播种产量最高。在凉山州高寒山区的适宜播种期为 4 月上中旬，早于或晚于此时播种苦荞产量则下降（表 4－14）。

表 4－14　播种期对苦荞产量的影响

（原四川省凉山州农业试验站）

播种期（日/月）	株高（cm）	花序数（个）	株粒数（粒）	千粒重（g）	产量（kg/hm^2）
10/3	64.9	9.5	190.1	18.8	1 665.0
19/3	70.1	12.8	195.5	21.1	1 507.5
29/3	83.0	15.0	207.2	21.5	1 654.5
8/4	91.1	15.9	275.5	24.4	1 699.5
16/4	104.1	15.8	208.5	22.7	1 767.0
24/4	87.2	14.7	227.5	18.1	1 372.5

李发良等（2007）于 1986 和 1987 年在昭觉进行春苦荞分期播种试验（表 4－15）。

表 4－15　苦荞不同播种期对生育期、植株主要经济性状和产量变化

（李发良等，品种：额土木尔惹）

年份	播种期（日/月）	出苗期（日/月）	成熟期（日/月）	生育日数（d）	植株高度（cm）	千粒重（g）	株粒重（g）	产量（kg/hm^2）
1986	4/4	30/4	18/7	79	74.0	18.90	1.96	1 590.0
	14/4	1/5	18/7	78	72.4	18.45	1.72	1 717.5
	24/4	9/5	25/7	77	79.7	18.70	1.23	1 192.5
	4/5	13/5	28/7	76	84.1	19.15	1.11	1 072.5
	14/5	21/5	5/8	76	84.2	17.60	0.67	487.5
	24/5	12/6	24/8	73	35.9	—	—	360.0
	3/6	15/6	27/8	73	30.1	—	—	255.0

（续表）

年份	播种期（日/月）	出苗期（日/月）	成熟期（日/月）	生育日数（d）	植株高度（cm）	千粒重（g）	株粒重（g）	产量（kg/hm^2）
1987	7/4	30/4	14/7	75	111.56	17.90	5.26	1 717.5
	17/4	15/5	30/7	76	117.78	18.13	2.79	1 575.0
	27/4	24/5	10/8	78	113.22	17.97	1.53	1 005.0
	7/5	26/5	20/8	86	123.11	18.57	3.31	960.0
	27/5	3/6	27/8	85	118.22	18.07	1.71	922.5
	6/6	13/6	27/8	75	45.10	16.30	0.42	195.0

在海拔 2 100m 地区试验结果表明，4 月上中旬播种并保证在 5 月 15 日前出苗的春苦荞，其产量最高，以后春苦荞的产量随播种时期的推迟而降低，株粒重的降低尤甚。

1998 年，李发良等（2007）以凉荞 1 号品种在四川凉山彝族自治州的盐源、冕宁、德昌、喜德 4 县进行秋荞播期试验，自 7 月 10 日开始，每 10 天为 1 播期，直至 9 月 10 日共 7 个播期。

试验结果表明，以 7 月 30 日至 8 月 10 日期间播种的产量最高，平均为 1 827.45kg/hm^2，7 月 20 日播种的产量次之，平均为 1 750.05kg/hm^2，其余几期产量下降更多。结果显示，7 月 30 日和 8 月 10 日播种、较 8 月 20 日、8 月 30 日多收 237.45～657.48kg/hm^2，增产率为 14.93%～56.19%。

秋苦荞的适宜播种时期为 7 月 30 日至 8 月 10 日，与农谚说的“早播有三天不结籽，迟播三天霜打死”，“立秋早，白露迟，处暑播种正当时”是相吻合的。秋苦荞的最佳播种期在处暑前后，白露前齐苗最为相宜。

张雄等（2001）研究了播种期对苦荞籽粒产量、蛋白质含量及其组分影响的结果如下所述。

（1）播种期对苦荞籽粒产量的影响同蛋白质含量的影响变化不同　在适宜播种期内籽粒产量较高。早播和晚播则产量较低，特别是晚播，籽粒产量大幅度下降。

苦荞籽粒蛋白质含量，早播和晚播含量较高，晚播尤甚。然而，早播和晚播，因籽粒产量下降而导致蛋白质总量也相应下降（表 4－16）。

表 4－16　不同播种期苦荞籽粒产量、蛋白质含量和产量

（品种榆 6－21，张雄等，2001）

播种期（日/月）	籽粒产量（kg/hm^2）	蛋白质含量（%）	总量（kg/hm^2）	差异显著性 5%	差异显著性 1%
1/6	1 966.80	7.79	153.15	b	B
16/6	2 216.85	7.69	170.55	b	B
1/7	2 905.05	6.86	199.35	c	C
16/7	1 715.25	8.02	137.55	a	A

（2）播种期对苦荞籽粒蛋白质组分含量的影响与蛋白质含量的变化相似　晚播和早播：清蛋白、球蛋白、谷蛋白和醇蛋白均以晚播为高（表 4－17）。

为了使苦荞籽粒产量、蛋白质总量及其组分含量获得最好结果，苦荞的最佳播期应略早于适期播种的时间。

表 4－17　不同播种期苦荞籽粒的蛋白质的组分

（品种榆 6—21，张雄等，2001）

播种期（日/月）	清蛋白			球蛋白			谷蛋白			醇蛋白		
	含量（%）	差异显著性		含量（%）	差异显著性		含量（%）	差异显著性		含量（%）	差异显著性	
		5%	1%		5%	1%		5%	1%		5%	1%
1/6	1.73	a	A	1.53	b	AB	1.39	b	A	0.14	b	B
16/6	1.66	ab	AB	1.51	b	B	1.38	b	A	0.13	b	B
1/7	1.41	b	B	1.25	c	C	1.35	b	A	0.12	b	B
16/7	1.82	c	C	1.68	a	A	1.54	a	A	0.21	a	A

选择适宜的播种期，应根据各地的气候条件、种植制度和品种的生育期来确定，更应遵循“春荞霜后种、花果期避高温、秋荞霜前熟”的原则；春荞播种期应选择晚霜结束或结束前数天播种，晚霜后出苗；秋荞、冬荞选择早霜来临前成熟、收获。

秋荞播种期选择在早霜来临前 3 个月，即处暑前后，最迟到 8 月底，以白露节齐苗为宜。

具体来说，苦荞的适播期：北方春荞麦区及一年一作的高寒山区，多春播，播种不能太早，也不能太晚，既要避开晚霜危害，也要避开早霜危害，最适宜的播期以 5 月中旬左右，考虑把花蕾期与多雨润湿气候相结合为好。

南方秋、冬苦荞区，本区气候复杂，苦荞播种期差别很大。南方春荞宜在清明前后，四川凉山州高寒山区春荞适宜播种期为 4 月上中旬，早于或晚于此时播种产量下降（表 4－14、表 4－15）。秋荞最佳播期在处暑前后，凉山低海拔地区在 7 月播种秋荞，云南、贵州的秋荞主要在 1 700m 以下的低海拔地区种植，一般 8 月上中旬播种，重庆石柱、丰都一带的农谚为“处暑动荞，白露见苗”，一般在 8 月下旬播种。武陵山区的湘西、湖北恩施等地秋荞一般在 8 月下旬至 9 月上旬播种；云南西南部平坝地区以及广西一些地方的冬荞，一般在 10 月下旬至 11 月上旬播种。

西南春、秋荞麦区，在海拔 1 700～3 000m 的高寒山区，苦荞适宜播种期为 4 月中下旬至 5 月上旬。海拔高度不同播种期也不同，确定播种期仍然是“春荞霜后种，秋荞霜前收”。

（三）播种技术

1. 播种方式

播种方式与苦荞获得苗全、苗壮、苗匀关系很大。我国苦荞种植地域广阔，播种方法也各不相同。有条播、点播和撒播。

（1）条播　条播下籽均匀，深浅易于掌握，有利于合理密植。条播能使苦荞地上茎叶和地下根系在田间均匀分布，有利于通风透光，能充分利用养分，使个体和群体都能得到良好的发育；条播还便于中耕除草和田间管理。

条播主要是用机器和畜力牵引播种机、耧播或犁播。常用拖拉机匹配中、小型播种机或畜力三腿耧、双腿耧，行距 25～27cm 或 33～40cm。优点是深浅一致、落籽均匀、出苗整齐。在春旱严重、墒情较差时，甚至可探墒播种，不误农时，保证全苗。可实现大、小垄种植，也可实现种肥和种子同时播种。

条播的另一种形式是犁播，即“犁开沟手溜籽”：犁开沟一步（1.67m）7 犁（行距 25 ~ 27cm），播幅 10cm 左右，按播量均匀溜籽。犁播犁幅宽，茎粗抗倒，但犁底不平、覆土不匀、易失墒。

条播以南北垄为好。

（2）点播　是苦荞播种的又一种形式。点播方法很多 。主要的是“犁开沟人抓粪籽”（播种前把有机肥打碎过筛成细粪，与种子拌均匀，按一定穴距抓放），这种方法实质是条、穴播结合、粪籽混合的一种方式。犁沟距一般为 26 ~ 33cm，穴距 33 ~ 40cm，75 000 ~ 90 000穴/hm^2，每穴 10 ~ 15 粒籽。穴内密度大，单株营养面积小，穴距大，营养面积利用不均匀。又由于人工“抓籽”不易控制，密度偏高是其缺点。点播也有采取镢、锄开穴、人工点籽的原始方式，这种方式除播种量不易控制外，穴数也不易掌握，还比较费工，仅在高山坡地小面积上采用。点播时应注意播种深度，特别是黏土地，更不能太深。

（3）撒播　西南春秋荞麦区的云南、贵州、四川和湖南等地广为使用。一般是畜力牵引犁开沟，人顺犁沟撒种子。还有一种是开厢播：整好地后按一定距离安排开沟。开厢原则：一般地 5m × 10m，低洼易积水地 3m × 6m，缓坡沥水地 10m × 20m。由于撒播无株行距之分，密度难以控制，田间群体结构不合理，稠的苗一堆，稀的少见苗。有的稠处株数是稀处几倍，造成稀处苗株高大，稠处苗多矮弱。加之通风透光不良，田间管理困难，一般产量较低。

苦荞播种方法，一般说来，撒播因撒籽不匀，出苗不齐，通风透光不良，田间管理不便，产量不高；点播太费工；条播播种质量高，有利于合理密植和群体与个体的协调发育，使苦荞产量得以提高，是值得推广的一种播种方式。据原四川省凉山州农业试验站研究，苦荞采用条播与点播均比撒播产量高，其中，条播比撒播增产 20.34%，点播比撒播增产 6.89%（表4 - 18）。

表 4 - 18　播种方式对苦荞经济性状及产量的影响

（原四川省凉山州农业试验站）

播种方式	播种量（kg）	株高（cm）	株分枝数	株粒重（g）	千粒重（g）	产量（kg/hm^2）	增减产（%）
条播	45.0	88.7	3.41	3.59	27.29	2 058.95	+20.34
点播	52.5	97.2	3.08	2.89	23.79	1 828.65	+6.89
撒播（ck）	45.0	94.7	1.00	2.85	23.49	1 710.85	—

2. 播种量

播种量对苦荞产量有着重要影响。播量大，出苗稠，个体发育不良，单株生产潜力不能充分发挥，单株生产力低，群体产量不能提高。反之，播量小，苗稀，个体发育良好，单株生产力得到充分发挥，单株生产力高，但由于株数的限制，单位面积内群体产量也不会高。因此，苦荞播种量应根据土壤地力、品种、种子发芽率、播种期、播种方式和群体密度来确定。可参考的是，苦荞每千克出苗 3×10^4 株左右。在一般情况下，苦荞的播种量为 45 ~ 60kg/hm^2。

3. 播种深度

苦荞是带（子）叶出土的，全苗较困难。播种不宜太深，深了难以出苗，浅了土壤易风干而难全苗，可见播种深度直接影响出苗率和整齐度，是全苗的关键。

掌握播种深度，一要看土壤墒情，墒情好种浅些，墒情差种深些；二要看播种季节，春荞宜深些，夏荞宜浅些；三看土质，沙土地可稍深，黏土地则应稍浅些；四看播种地区，干旱多风地区，播后要重视覆土，还要视墒情适当镇压或撒土杂肥盖籽，在土质黏重而易板结地区要浅播，若播后遇雨，要耱破板结层；五看品种类型，来源地不同的品种，对播种深度也要有差异，南种宜浅些，北种可稍深，暖地品种浅，寒地种宜稍深。

李钦元在云南永胜县对苦荞播种深度与产量关系进行 3 年的研究表明，在 3 ~ 10cm 范围内，以播种 5 ~6cm 的产量最高为 1 431. 0kg/hm^2，7 ~8cm 次之为 1 210. 5kg/hm^2，3 ~4cm 又次之为 1 090. 5kg/hm^2，9 ~10cm 产量最低为 1 000. 5kg/hm^2。播种深度对产量影响明显，产量高低相差 430. 5kg/hm^2，差值为 30. 1%（表 4 – 19）。

表 4 – 19　播种深度对苦荞产量的影响

（李钦元，云南永胜）　　(kg/hm^2)

播种深度（cm）	1968 年	1969 年	1970 年	平均
3 ~ 4	1 270. 5	1 120. 5	885. 0	1 090. 5
5 ~ 6	1 660. 5	1 450. 5	1 191. 0	1 431. 0
7 ~ 8	1 390. 5	1 311. 0	921. 0	1 210. 5
9 ~ 10	1 120. 5	1 155. 0	801. 0	1 000. 5

五、合理密植

苦荞产量是由单位面笑　数、株粒数和株粒重组成的。合理密植就是充分有效地利用光、水、气、热和养分，协调群体和个体之间的矛盾，在群体最大限度发展的前提下，保证个体健壮地生长发育，使单位面积上的株、粒和重最大限度的提高而获得高产。

个体的数量、配置、生长发育状况和动态变化决定了苦荞群体的结构和特性，决定了群体内部的环境条件。群体内部环境条件的变化直接影响了苦荞的个体发育。

苦荞个体发育变化差异很大。当生长发育条件优越，个体得以充分发育时，植株可达 2m 以上，主茎一级分枝达十几个到几十个，不仅有二级分枝，而且还有三级分枝，甚至四级分枝，单株花序几百个，小花达千朵，株粒重几十克。反之，当生育条件不利时，个体萎蔫很小，仅结几粒干秕子实，以延续生命。

合理的群体结构是苦荞丰产的基础。一般来说，苦荞产量肥沃地主要靠分枝，瘠薄地主要靠主茎。肥沃地留苗要稀，瘠薄地留苗要稠，中等肥力的地块留苗密度居中。李钦元调查了不同肥力地块苦荞密度及产量后指出，在肥地应控制密度，瘦地加大密度，中等地提高密度，才能得到苦荞合理的群体结构（表 4 – 20）。

表 4 – 20　不同土壤肥力的苦荞产量构成因素

（李钦元，1982）

土壤肥力	株数（10^4 株/hm^2）	单株分枝（个）	总分枝数（10^4）	株高（cm）	节数（个）	茎粗（cm）	株粒数（粒）	产量（kg/hm^2）
肥地	74. 5	4. 6	22. 8	139. 1	20. 4	0. 70	232. 5	3 478. 5
中肥地	118. 4	3. 5	27. 6	100. 0	18. 1	0. 46	141. 9	3 360. 0

（续表）

土壤肥力	株数（10^4 株/hm^2）	单株分枝（个）	总分枝数（10^4）	株高（cm）	节数（个）	茎粗（cm）	株粒数（粒）	产量（kg/hm^2）
瘦地加肥	201.6	3.1	41.6	106.0	17.1	0.42	69.7	2 805.0
瘦地	308.0	1.1	23.3	35.4	13.0	0.21	12.4	772.5
最瘦地	257.6	1.0	17.3	15.2	10.2	0.14	2.8	150.0

苦荞的适宜留苗密度，应根据各地自然条件、土壤肥力、施肥水平、品种特点和栽培技术水平来确定。在中等肥力的土壤，苦荞留苗密度以 150×10^4 ~ 180×10^4 株为好。

据原四川凉山昭觉农业科研究所多点试验，苦荞留苗密度以 112.5×10^4、150×10^4、187.5×10^4、225×10^4、262.5×10^4、300×10^4 株时，平均产量以 187.5×10^4 株最高为 4 974kg/hm^2，150×10^4 株和 225×10^4 株次之，低于 150×10^4 或高于 225×10^4 株则产量呈明显的下降趋势（表 4－21）。

表 4－21　苦荞种植密度与产量关系的多点试验结果

（原四川凉山昭觉农业科学研究所，1982 ~ 1983）　　（kg/hm^2）

试验地点	112.5×10^4 株	150×10^4 株	189.5×10^4 株	225×10^4 株	262×10^4 株	300×10^4 株
布拖	2 985.75	2 837.25	3 191.25	2 914.50	2 915.25	3 249.75
盐源	5 324.25	6 472.50	6 466.50	5 753.25	5 124.00	4 315.50
喜德	3 409.50	4 479.75	4 819.50	4 812.00	4 307.25	4 624.50
美姑	5 707.50	6 232.50	6 314.25	6 717.75	6 457.50	6 375.00
昭觉	4 387.50	4 098.75	4 242.00	4 009.50	3 975.00	3 984.00
平均	4 362.90	4 824.45	4 973.70	4 841.40	4 555.80	4 509.75

唐宇在四川西昌试验，苦荞留苗密度为 99.6×10^4 ~ 200.4×10^4 株/hm^2 时，以 180×10^4 ~ 200.4×10^4 株产量最高，为 2 985.3 ~ 2 997.15kg/hm^2，低于 180×10^4 株产量则下降（表 4－22）。

表 4－22　苦荞种植密度对产量及主要经济性状的影响

（唐宇，1989）

产量与经济性状	株有效分枝	株粒数	株粒重	每公顷产量（kg）
99.6×10^4 株	3.71	164.57	3.76	2 730.15
120×10^4 株	3.54	156.87	3.54	2 825.10
150×10^4 株	3.33	155.71	3.39	2 930.70
180×10^4 株	3.17	167.03	3.43	2 985.30
200.4×10^4 株	3.09	181.51	3.64	2 997.15

据王致在四川盐源调查，苦荞获得高产的群体为：土壤肥力较高，以 18×10^4 穴/hm^2，

150×10^4 株/hm^2 为宜；中等肥力土壤，以 $19.5\times10^4\sim21\times10^4$ 穴/hm^2，$180\times10^4\sim210\times10^4$ 株/hm^2 为宜，贫瘠瘦薄轮歇地、荒坡地，以 $22.5\times10^4\sim24.0\times10^4$ 穴/hm^2，$225\times10^4\sim240\times10^4$ 株/hm^2 为宜。

魏太忠在四川凉山州调查，苦荞产量 3 000 kg/hm^2 时，基本苗为 $180\times10^4\sim195\times10^4$ 株/hm^2，实际结实株为 $120\times10^4\sim135\times10^4$/$hm^2$，结实株占基本苗的 67%～70%，有 30%～33% 的植株在生长过程中自然消亡。

李钦元在云南省西北部对苦荞高产群体结构进行了大量调查表明，在肥地密度 $60\times10^4\sim90\times10^4$ 株/hm^2，依靠多分枝、多结实提高单株产量来提高单位面积产量；中等地力密度 $90\times10^4\sim150\times10^4$ 株/hm^2，依靠主茎、分枝并重来提高单位面积产量；瘦地、瘠薄地密度 $150\times10^4\sim240\times10^4$ 株/hm^2，依靠主茎提高单位面积产量。

宋志诚在贵州黔西北地区苦荞丰产田的群体结构调查后认为，在威宁等地区中等肥力的地块留苗密度是 $150\times10^4\sim200\times10^4$ 株/hm^2，肥力较差的地块留苗密度以 $210\times10^4\sim240\times10^4$ 株/hm^2为宜。

刘杰英（2002）做过播种量试验，以求中国北方旱作区中等肥力条件下苦荞生产的合理种植密度。播量分 5 级，每隔 15×10^4 粒为一级，从 75×10^4 粒增加到 135×10^4 粒。留苗密度（基本苗）分别由 64.5×10^4 株、78×10^4 株、98×10^4 株、111×10^4 株和 118.95×10^4 株/hm^2。单位面积种植密度的变化，对株高、分枝数、花序数、千粒重和株粒重等有着重要的影响，随着密度的增加，株高、主茎节数、分枝数、结实率、株粒重都有下降，最好的产量是 105×10^4 粒/hm^2（基本苗 111×10^4 株/hm^2）。

2003 年，胡继勇在云南宁蒗进行苦荞播种量与产量、基本苗与成株率的相关性研究。结果表明：播种量 $15\times10^4\sim330\times10^4$ 粒/hm^2 的种植密度（基本苗）不同，其产量也异，但产量呈抛物线型，中间高两头低。种植密度 195×10^4 株/hm^2，产量最高达 1 435.3kg/hm^2，其最适播种量应在 87～108kg/hm^2，基本苗 $105\times10^4\sim198\times10^4$ 株/hm^2，能获得最好的产量（表 4－23）。

表 4－23　苦荞麦不同播种量的产量

	种植密度（10^4/hm^2）	基本苗（10^4/hm^2）	一级分枝（个）	株粒数	实际产量（kg/hm^2）
	15	18.0	2.8	171.0	990.0
	60	70.5	2.0	159.0	1 120.5
	105	117.0	1.8	157.0	1 269.0
	150	150.0	3.2	168.0	1 185.0
	195	187.5	2.4	164.0	1 435.5
	240	225.0	2.6	149.0	1 371.0
	285	276.0	1.8	88.0	1 176.0
	330	294.0	3.8	155.0	1 194.0
平均	172.5	167.3	2.6	151.0	1 218.0

苦荞的成株率与基本苗的直线回归方程为：$Y=81.5-3.59X$

说明：苦荞的成株率与其基本苗的多少存在着极其显著的负相关，每增加基本苗万株，成株率减少3.29%（图4－2）。

苦荞与其他作物一样，对于个体和群体的关系都有自动调节的功能，有相对稳定的群体密度，成株和成粒构建群体的产量。试验结果表明，当基本苗在150×10^4株/hm^2以下时，其成株率均在50%以上，而且随着基本苗的减少，成株率不断加大；而基本苗在150×10^4株/hm^2以上时，其成株率在50%以下。

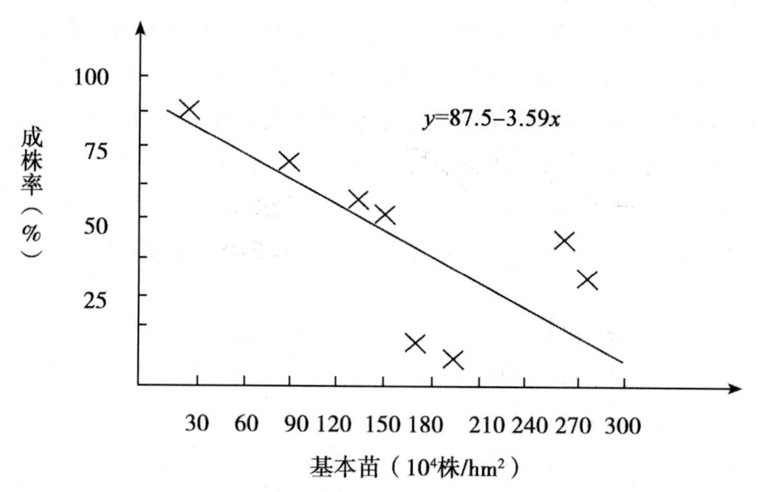

图4－2　苦荞成株率与基本苗相关图

（胡继勇，2003）

六、苦荞的田间管理

苦荞的生产是从确定生产地开始，经过翻耕、耙耱、施用肥料、种子落地过程实现“三分种”后，等待的就是田间管理的“七分管”。苦荞的田间管理是从播种后开始的，涵盖着出苗后收获前的整个生育过程，是苦荞生产的重要环节。田间管理的任务是，采用科学的管理技术，保证苦荞好收成。

（一）保证全苗

全苗是苦荞生产的基础，也是苦荞苗期管理的关键。保证苦荞全苗壮苗，除播种前做好整地保墒、施用肥料、防治地下害虫的工作外，出苗前后的不良气候，也容易发生缺苗断垄现象。因此，保苗措施要及时。

苦荞遇干旱时播种要及时镇压，破碎土坷垃，减少土壤孔隙度，使土壤耕作层上虚下实，密接种子，以利于地下水上升和种子的发芽出苗。播种后镇压能提高出苗率，提高产量。据调查，在干旱条件下苦荞播种后及时镇压，可提高产量12%～17%。镇压的方法是：土壤耕作层含水量低时，边耕边砘或用石磙压。播种后遇雨或地表积水造成板结，可用耱破除，疏松地表，以利出苗。

苦荞是带叶出苗的。苦荞子叶大，出土能力弱，地面板结将影响出苗。农谚有：“苦荞不涸汤（板结），就拿布袋装。”苦荞田只要不板结，就易于出苗、全苗。苦荞出苗后若因大雨地表板结，造成缺苗断垄，严重时减产30%～40%。所以，要注意破除地表板结，在雨后地面稍干时浅耙，以不损伤幼苗为度。在刚播种的地块可用砘子滚压破除地表板结，保证出苗。

苦荞抗旱能力较弱，但生育阶段却需水较多，水分缺乏会导致严重减产。播种时如遇干旱缺水，会影响发芽，造成出苗率低且不整齐，甚至幼苗死亡。为确保苗齐、苗全，有条件的地方可在播种前进行灌溉，干旱不太严重的情况下，可以播前浸种，让种子吸足水分，或“粪肥包种”，再播种、盖种，这样易于全苗。

苦荞喜阴湿不喜水，水分过多不利于苦荞生育，特别是苗期。低洼地、陡坡地苦荞播种前应做好田间的排水工作。一是开水路，在苦荞播种后根据坡度，按地面径流的大小、出水方向和远近顺其自然开出排水沟，沟深 30 ~ 40cm，沟宽 50cm 左右，水沟由高逐渐向低。二是开厢种植法，在平坦、连片地块强调开厢播种技术，以便于排水。开厢原则，一般地 5 ~ 10m，低洼易积水地 3 ~ 6m，缓坡滤水地 10 ~ 20m。

（二）中耕除草

苦荞播种后一般 5 ~ 7d 发芽，在出苗前后，若地面板结，可用轻耙耙地，破除板结，疏松土壤，减少蒸发，消灭杂草，同时也增加了土壤的通气性，促进微生物活动，从而利于苦荞生长。

中耕在苦荞第一片真叶出现后进行。中耕有疏松土壤、增加土壤通透性、蓄水保墒、提高地温、促进微生物生长的作用，也有除草增肥之效。

中耕除草的次数和时间根据地区、土壤、苗情及杂草多少而定。春苦荞 2 ~ 3 次，夏、秋苦荞 1 ~ 2 次。

在幼苗展开第 1 片真叶后结合间疏苗进行第 1 次中耕。在气温低、湿度大、田间杂草多、生长慢的苦荞生产区，中耕除提高土壤温度外，主要是铲除田间杂草和疏苗。而出苗后一直处于高温多雨的苦荞生产区，田间杂草生长较快，中耕以除草为目的。第 1 次中耕后 10 ~ 15d，视气候、土壤和杂草情况再进行第 2 次中耕，土壤湿度大、杂草又多的苦荞地可再次进行。在苦荞封垄前，结合培土进行最后一次中耕，中耕深度 3 ~ 5cm。苦荞中后期生育迅速，若已封垄，杂草会在苦荞植株群体遮蔽下死亡，可不必再中耕。

中耕除草的同时进行疏苗和间苗，去掉弱苗、多余苗，减少幼苗的拥挤，提高苦荞植株的整齐度和壮苗率。中耕除草的同时要注意培土。南方苦荞生产区在现蕾开花前，株高 20 ~ 25cm 时，把行间表土提壅茎基，称“壅蔸”。培土壅蔸可促进苦荞根系生长，减轻后期倒伏，提高根系吸收能力和抗旱能力，有提高产量的作用。据云南永胜县调查，培土壅蔸的苦荞产量 3 502. 5kg/hm^2，比不壅蔸的 2 632. 5kg/hm^2 增产 33%。

厢式撒播苦荞田，难于人工中耕除草，常用生物竞争的原理来控制杂草危害：当苦荞进入始花期时，追施 37. 5 ~ 75. 0kg/hm^2 尿素，以加快苦荞生长和封垄速度，使杂草在荞麦植株群体遮阴下逐渐死亡。在苦荞生长的中、后期，要人工拔除植株高大的杂草，清洁田园。

（三）防止倒伏

农谚云“荞倒一把糠”。苦荞生产过程中常有倒伏现象出现，造成减产。造成倒伏的原因，一是植物学性状。苦荞属双子叶植物，根浅，茎软、叶大、花籽多。主根不深、侧根平展，根系不发达，茎秆高大、中空、结构性柔软，茎秆对叶、蕾、花、籽的承重能力差，地上部与地下部不匹配；二是生长特点。苦荞生育前期偏慢，中、后期在雨、热同步条件生育快，有“头重脚轻现象”；三是栽培技术措施。肥地或播量大，出苗稠、密度大，植株竞相向上狂长形成“豆芽苗”；四是气候因素。风云突变，短期突发大风或大雨或风雨交加的灾害性天气造成倒伏。

1. 防止倒伏的措施

（1）栽培措施　规范种植，实施机播、条播和宽窄垄种植，形成合理的群体结构；适当减少播种量，是保证苦荞生产有合理的种植密度；增施钾肥，提高苦荞的抗倒能力；做好中耕培土壅蔸工作；苦荞因灾倒伏后，排除水患，对于倒伏植株，不要挪动，任其自身的协调功能缓慢恢复生长。

（2）喷施多效唑* 魏太忠等（1994）进行苦荞喷施多效唑的试验与示范表明：在有倒伏迹象的苦荞田块，现蕾初期喷施100～200mg/kg多效唑溶液750～1 050kg/hm^2，植株高度降低25.6～33.7cm，有抗倒、增产效果，增产在15%以上。

赵钢等（2003）试验，用不同浓度的多效唑处理苦荞，对苦荞的植株性状有明显的影响。随着处理浓度的加大，植株高度逐渐降低，与对照相比100mg/kg处理降低15～18cm，200mg/kg处理降低22～26cm，300mg/kg处理降低40～45cm。处理浓度的加大，植株茎秆也逐渐加粗，有助于增强苦荞的抗倒伏能力。多效唑处理的浓度除对植株高度影响外，也影响着单株的粒数和粒重。当处理浓度提高到200mg/kg，不仅降低了株高，还增加了单株粒数和粒重，达到最好的效果，而用300mg/kg处理植株高度明显降低，生物学产量明显减少，单株的粒数和粒重也受影响。试验表明，从兼顾防倒和产量两个因素判断，苦荞的多效唑处理以200mg/kg为宜（表4－24）。

表4－24 多效唑对苦荞植株性状的影响

品种名称	处理浓度（mg/kg）	株高（cm）	茎粗（mm）	主茎节数（个）	一级分枝（个）	株粒数（粒）	株粒重（g）	千粒重（g）	结实率（%）
九江苦荞	0（CK）	106.4	4.1	14.1	2.71	81.1	1.80	20.7	27.1
	100	90.7	4.3	13.7	2.93	92.7	1.89	20.4	27.4
	200	83.5	4.4	13.5	3.43	116.3	2.40	20.6	29.1
	300	66.1	4.6	12.9	3.64	83.9	1.75	20.8	26.7
额土	0（CK）	112.3	4.4	15.3	3.17	92.5	1.98	21.4	32.3
	100	94.5	4.5	15.0	3.39	101.3	2.15	21.2	33.9
	200	87.1	4.7	14.5	3.83	120.7	2.60	21.5	35.7
	300	68.6	4.1	14.1	3.87	107.5	2.32	21.6	32.5

姚自强等（2004）研究表明，用100mg/kg和200mg/kg矮壮素和多效唑液浸种处理的植株高度明显降低。与对照相比，株高在5叶期矮1.2～5.1cm，盛花期矮7.4～12.6cm，成熟期矮6.42～10.8cm，而产量也多有增加。

（3）打（摘）叶防倒 苦荞叶片大，具水平伸展的特点。苗期叶片营养生长过旺，影响花蕾、花序分化；遮光荫蔽严重，通风透光不好，分枝少，花序、花蕾少，籽粒少；茎叶茂盛，“头重脚轻”，倒伏严重。打（摘）叶就是打去上部大叶，改善通风透光条件，抑制营养生长，促进生殖生长，使茎叶生长健壮不倒，多结籽而高产。

旺苗地块要打叶 凡在现蕾前后，苦荞植株有5～7片真叶，株高30cm以上，叶大而浓绿、密集，行间遮光严重，茎叶柔软多汁之地，显现旺苗迹象的地块要打（摘）叶。

打叶标准和时间 一般打（摘）叶去植株上部2～3片大叶，保留顶部生长点及心叶，使植株成为“光顶”。由于苦荞的无限生长习性，打叶3～5d后，仍会长出大叶遮光，必须每隔5d左右打叶1次，一般打2～3次叶，旺苗地可打4次，盛花后由于植株迅速生长不再打叶。

---

* 多效唑（英名MET），是一种三唑类化合物，是内源赤霉素合成的抑制剂，可以提高吲哚乙酸氧化酶的活性，氧化降解内源吲哚乙酸。它对多种植物生长具有调节作用，又有防病除草效果，是一种高效广谱低毒植物生长调节剂，也是一种高效农药。

打叶切忌损伤顶部生长点、心叶，不是旺苗不打叶。

2. 病虫害防治

苦荞多种植于天冷水凉的山区，且生育期短，病虫为害相对要少，但也时有病虫害发生。

（1）苦荞的病害

①立枯病：俗称腰折病，立枯病菌（*Rhizoctonia Salani* Kuhn）属半知菌纲，无孢菌群，丝核菌属。一般在出苗后半个月左右发生，有时也在种子萌发出土时就发病，常造成烂种、烂芽，缺苗断垄。受害的种芽变黄褐色腐烂。子叶受害时出现不规则的黄褐色病斑，而后病部破裂脱落穿孔，边缘残缺。苦荞幼苗容易感染此病，病株基部出现赤褐色病斑，逐渐扩大凹陷，严重时扩展到茎的四围，幼苗萎蔫枯死。常常造成20%左右的损失。

病菌以菌丝体或菌核在土壤中越冬。一般可在土壤中存活2~3年，腐生性较强。少数在种子表面及组织中越冬。通常在播种早、地温低、土壤黏重、排水不良或雨后地面板结时更容易发病。在连茬地上发病较重。病菌发病最适温度为20~24℃。立枯病菌寄主范围较广。因此，田间其他罹病的寄主植物上产生的分生孢子，均可成为引起荞麦幼苗初次发病的侵染源。

②轮纹病：轮纹病菌（*Ascochyta fagopyri* Bresad）属子囊菌纲，球壳菌目，球壳孢科，壳单隔孢属。主要侵害苦荞的叶片和茎秆，叶片上产生中间较暗的淡褐色病斑，病斑呈圆形或近圆形，直径2~10mm，有同心轮纹，病斑中间的黑色小点，即病菌的分生孢子器。苦荞茎秆被害后，病斑呈棱形、椭圆形，红褐色。植株死后变黑色，上生有黑褐色小斑。受害严重时，常常造成叶片早期脱落，减产很大。故轮纹病也是苦荞的主要病害。

病菌以分生孢子器随病株残余遗落地面越冬，随种子传播。第2年温湿度合适时，分生孢子器内溢出器孢子，引起初次侵染。器孢子混有黏质物，往往于雨天吸水后从孢子器的孔口排出，并借雨水或昆虫传播，潮湿的气候条件有利于此病的流行。

③褐斑病：褐斑病菌（*Cercospora fagopyri* Abramov.，*C. polygonacea* ELL. et Ev.），属半知菌类，丛梗孢目，黑色菌科，尾孢属。发生在苦荞叶片上，最初在叶面发生圆形或椭圆形病斑，直径2~5mm，外围呈红褐色，有明显边缘，中间因产生分生孢子而变为灰色。病斑渐渐变褐色枯死脱落。苦荞受害后，随植株生长而逐渐加重，开花前即可见到症状，开花和开花后发病加重，严重时叶片枯死，造成较大损失。

病菌主要以菌丝体在病株残体内越冬。来年在合适的温湿度条件下，即可产生分生孢子，引起初次侵染。条件适宜时，病部可产生大量的分生孢子，而后分生孢子借风雨传播，芽管经伤口侵入寄主，形成再次侵染。病菌也可以菌丝体潜伏在种子内越冬，第2年种子发芽时，即可侵害子叶，引起幼苗发病。

④霜霉病：荞麦霜霉病菌（*Peronospora fagopyri* Elen）属于藻状菌纲，霜霉目，霜霉科，霜霉属。主要发生在苦荞的叶片上，受害叶片正面可见到不整齐的失绿病斑，其边缘界限不明显。病斑的背面产生淡白色的霜状霉层，即病原菌的孢囊梗和孢子囊。叶片从下向上发病，该菌侵染幼苗及花蕾期、开花期的叶片为主。受害严重时，叶片卷曲枯黄，最后枯死，导致叶片脱落，影响苦荞的产量。

病菌以菌丝体在苦荞的病株残体内越冬，翌年在适宜的温湿度条件下，在其中形成卵孢子，卵孢子引起初次侵染。而经在被侵染的植株上产生孢子囊，通过气流传播引起再次侵染。该菌也能在种子里越冬，因此也能随带菌的种子传播而被其为害。

（2）苦荞病害的防治　苦荞病害的综合防治措施如下所述。

①清洁田园，实行深耕：苦荞收获后，清除田间带病的枯枝落叶等带病残体深翻入土，减少

来年疾病的侵染。

②实施合理轮作：进行轮作倒茬，苦荞田精耕细作，加强田间苗期管理，培育壮苗，提高苦荞自身的抗病能力。

③药剂防治：在低温多雨的环境下若幼苗发病严重，喷药是防病的有效措施。常用的药剂有65%的代森锌可湿性粉剂500～600倍液，复方多菌灵胶悬剂700～800倍液，75%百菌清可湿性粉剂或甲基托布津800～1 000倍液，都有较好的防治作用。

（3）苦荞的虫害

①荞麦钩刺蛾（*Spia Paralleamgal* Alpheraky）又叫卷叶虫，属鳞翅目、钩蛾科，是为害荞麦叶、花和果实的专食性害虫，转移危害寄主是牛耳大黄。

钩刺蛾每年发生1代，以老熟幼虫在土壤内化蛹越冬。云南滇东北的寻甸等地，每年5月下旬羽化、产卵，8月上旬至10月中旬为幼虫为害期；滇西北的宁蒗、永胜以及四川凉山州，每年6月上旬开始羽化，7～8月份为害荞麦；贵州省的长顺等地，每年9月下旬为害，主要是秋荞；宁夏固原、隆德，陕西定边、靖边每年7月上旬开始羽化，7月下旬为害荞麦，常年减产10%～20%，严重年份可达40%，是荞麦一大害虫。

成虫有趋光性、趋绿（色）性。白天栖息草丛、树林里，清晨、傍晚活动。卵产于荞麦植株中下部叶背面中脉的两侧。幼虫群集为害叶片，2～3龄后爬行或吐丝下垂，分散为害。花序及幼嫩种子均被害，叶片呈薄膜状，似筛孔。幼虫活泼，有假死性。高龄幼虫将花序附近叶片和花序吐丝卷曲包藏其中食花，并食幼嫩子实或即将成熟的种子胚乳，呈小孔洞。幼虫历时50～60d，老熟幼虫钻入荞麦株，或地边、沟边，特别是牛耳大黄附近土中，以15cm深处最多。

②黏虫（*Leucania separate* Walker）在我国大部省、区都有发生，是为害禾谷类、豆类和荞麦的杂食性大害虫。为害时，造成较大的毁灭性损失。

发生代数各地不同，东北1年发生2～3代，华南多至7～8代。该虫有远距离迁飞特性，随季节变化南北往返迁飞为害。因此，春荞、夏荞、秋荞都可受到其为害。

成虫昼伏夜出，白天都潜伏在草丛、秸秆堆、土块下，夜间出来取食、交尾、产卵。对糖醋酒液的趋性较强，也有趋光性。卵大多产在寄主植物的枯黄叶尖、叶鞘及茎上。初孵幼虫多集中在植株心叶、叶背等避光处啃食叶肉，3龄后开始蚕食叶片，5～6龄食量大增，暴食为害，可将植株吃成光杆，幼虫有假死性和迁移为害习性，在卵孵化期和1～2龄期间高温多雨，就容易大发生。

③草地螟（*Loxlstege sticticalis* L.）又叫黄绿条螟、网锥额野螟，属鳞翅目，螟蛾科，是一种暴发性害虫，食性很杂，可为害52种植物。幼虫为害荞麦叶、花和果实。大发生时，造成重大损失。

草地螟在北纬37°3′～40°5′地带普遍发生，1年发生3代，以幼虫（或蛹）在土中越冬。成虫有较强的趋光性，活动多在10时前、17时后，傍晚20时以后开始活动，夜间12时至零晨2时为活动高峰。交尾、产卵多在夜间进行。幼虫共5龄，1龄幼虫在叶背面啃食叶肉，受震吐丝下垂，2～3龄幼虫群集在心叶吐丝结网，取食叶肉，3龄幼虫后期开始由网内向网外扩散为害，4～5龄幼虫进入暴食期，可昼夜取食，吃光原地食料后，群集向外地转移。老熟幼虫选择土质较硬的地方钻入土中越冬。成虫期湿度大，幼虫期气候干燥条件，会造成草地螟严重发生。

④二纹柱萤叶甲（*Gallerucida bifasciata* Motschalsky）属叶甲科，主要为害荞麦属以及蒿属植物。以成虫、幼虫取食苦荞叶片和花序，致使苦荞叶片受害率高达100%，产量减少5%～10%。

1 年发生 1 代，以成虫越冬，翌年 4 月上旬开始活动。成虫有假死性和趋温性。初孵幼虫多集中在苦荞植株下部叶片背面取食叶肉，能爬行，2 龄幼虫开始分散活动，将叶片咬成小孔洞，3 龄幼虫食量大增，被害叶片呈现不同程度的缺刻或网状。有假死性。

⑤地下害虫：我国苦荞产区地下害虫种类很多，其中为害严重的有蝼蛄、地老虎、蛴螬。它们主要以幼虫、若虫和成虫为害荞麦的根部或幼苗，是荞麦生产中的重大害虫。

蝼蛄　主要是华北蝼蛄（*Gryllotalpa anispins* Saussure）和非洲蝼蛄（*Gryllotalpa Africana* Palisot de Beauvois）。华北蝼蛄约需 3 年完成 1 代，以若虫和成虫过冬。非洲蝼蛄约 2 年发生 1 代，以成虫和若虫过冬。两种蝼蛄白天藏在土里，夜间在表土层或到地面上活动为害。成虫有趋光性、趋化性，对马粪和其他厩肥也有趋向性。蝼蛄在土内活动，喜欢温暖（10cm 土温 20 ~ 22℃）、湿润（10 ~ 20cm 湿度 20% 左右），低于或超过这个温、湿度范围，为害活动就减少。

地老虎　主要是小地老虎（*Agrotis ypsilon* Rotemberg）、大地老虎（*Agrotis tokinis* Butler）和黄地老虎（*Agrotis Segetum* Schiffcrmuller）。3 种地老虎中，以小地老虎为害最重，分布最广。1 年发生 3 代，以老熟幼虫（或蛹）在土中越冬，以第 1 代幼虫为害最重。成虫有趋光性，对糖蜜的趋性也很强。白天躲在阴暗处，晚上飞出来交配产卵。刚孵化的幼虫头部黑褐，胸腹白色，取食后淡绿色。幼虫有 6 龄，有迁移为害的习性。大地老虎 1 年发生 1 代，以幼虫越冬。黄地老虎 1 年发生 2 代，比小地老虎晚出现 15 ~ 20d，第 1 代为害一般在 5 月下旬至 6 月上旬，为害习性基本同小地老虎。

蛴螬　又叫白地蚕，是金龟甲的幼虫。食性极杂，终生在土中为害作物的地下部分，是荞麦苗期的主要害虫。成虫金龟甲种类很多，主要有朝鲜大黑金龟甲、铜绿金龟甲、黑绒金龟甲、黄褐丽金龟甲等。蛴螬的发生活动与土壤温、湿度和土质关系较大，当 10cm 土温 5℃ 时开始上升土表，平均土温 13 ~ 18℃ 时活动最盛，23℃ 以上则往深土移动，土温降到 5℃ 以下即进入深土越冬。蛴螬一般在阴雨时期为害严重，因此水浇地、低洼地或雨量充沛地区的旱地以及多雨年份里，蛴螬发生较为严重，黏土地受害重，有机质多的土地受害也严重。

（4）虫害的防治

对苦荞虫害钩刺蛾、黏虫、草地螟、、二纹柱萤叶甲及一些地下害虫的综合防治措施如下所述。

①深翻灭蛹：在苦荞收获后至第 2 年播种前，进行深耕或浅串，消灭越冬蛹。

②除草灭卵：加强田间管理，结合田间中耕及时铲除杂草或采摘带卵块的枯叶和叶尖，并将其带出田外烧毁，减轻下代为害。

③人工捕杀：利用幼虫假死性，对 3 龄以上的幼虫，可进行人工捕捉，集中消灭。

④网捕成虫：利用成虫羽化至产卵的空隙时间，采用拉网捕杀，减少当代虫口，以减灭危害。

⑤诱捕成虫：根据成虫的趋光性、趋糖蜜的特点和黄昏后群集迁飞的习性，在成虫发生期，采用黑光灯或糖醋酒毒药或杨树枝、谷草束把大量诱杀成虫，有较好效果。

⑥药剂防治：根据 3 龄以前幼虫活动范围小，抗药力弱的特点，采用 80% 的敌敌畏乳油 1 000倍液，800 倍的 90% 的敌百虫粉剂，2.5% 溴氰菊酯、20% 速灭杀丁等菊脂类药剂 4 000倍液喷雾，均有很好的防治效果。

七、收获贮存

苦荞属无限花序，从开花到成熟经 25 ~ 45d，因品种而异。其特点是成熟很不一致，早花先实、晚花迟实，基部籽实已完全成熟，顶部仍在开花。苦荞最适宜的收获期是当全株2/3籽粒成熟，即籽粒变黑色、褐色或银灰色，即呈现本品种籽实固有颜色时。早收大部分籽粒未成熟，晚收会造成大量籽粒脱落。一般减产10%～30%，影响产量。

苦荞最佳的收获期在早霜来临前。农谚云“苦荞遇霜，籽粒落光”。苦荞在收获时遭遇霜害，造成籽粒脱落，影响产量。2006年9月8日山西大同市左云地区遭遇历史罕见早霜，数百公顷苦荞几近绝收，损失惨重。为减少损失，苦荞应在霜前收获。

云南、贵州、四川等红土高原苦荞产区，收获季节多雨潮湿，收获苦荞时，将苦荞植株捆成“荞捆”，把下部茎秆朝外摊开，前后左右每隔三、五步整齐有序地把“荞捆”直立在苦荞田中，经日晒风吹，促未熟籽粒后熟和干燥。北方黄土高原苦荞产区收获季节已远离雨季、秋高气爽，阳光充足空气也干燥，苦荞收割后的植株多放倒，花果部位朝里根朝外堆码，这样促使未成熟籽粒后熟，起到增产增收作用。堆码的苦荞植株要防止腐烂、鼠害，要翻腾，以免影响种子品质和商品价值。

苦荞收获一日之内宜在湿度大的清晨到上午11时以前，或于阴天进行，割下的植株应就近码放，晴天脱粒、扬净，充分干燥后装袋贮存。

苦荞籽粒入库的含水量应不超过15%，以13%最好。低温、低氧条件贮备尤佳，做到不发热、不生虫、无霉烂、无污染、无变质。

第三节　苦荞 GAP* 种植技术

苦荞食（药）品原料的生产必须按国家药监局《中药材生产质量管理规范（GAP）》要求进行管理。

一、生产环境

生产地要符合国家大气环境质量一级标准 GB3095－82 的地区，日平均总量悬浮微粒 0.15、尘 0.05、二氧化碳 0.05、氮氧化物 0.05、一氧化碳 4.00mg/m³，任何一次测定总悬浮微粒 0.30、尘 0.15、二氧化碳 0.05（年日平均 0.02）、氮氧化物 0.10、一氧化碳 10.0mg/m³，光化学氧化剂 0.12mg/m³，进行生产。

生产地用水，农田灌溉用水水质应符合以下标准：pH 值为 5.5～8.5。汞≤0.01、砷≤0.1、铅≤0.1、镉≤0.05、铬（六价）≤0.1、氧化物≤250、硫酸盐≤250、硫化物≤1.0、氟化物≤2.0、氰化物≤0.5、石油类≤5.0mg/L。有机磷农药残留六六六、DDT 不得检出。大肠菌群 10 000个/L；食品加工用水的水质应符合以下标准：色度≤15°，并不得呈异色，不得有异臭、异味，不得含有肉眼可见物。pH 值为 5.5～8.5。以碳酸钙计的总硬度≤450、以苯酚计的挥发酚类≤0.002、氟化物≤1.0、氰化物≤0.05、汞≤0.0001、砷≤0.05、铅≤0.05、镉≤0.005、铬（六价）≤0.05、硝酸盐≤10mg/L。有机磷农药残留六六六、DDT 不得检出。细菌总数≤100 个/ml，总大肠菌群≤3 个/L。

生产地土壤耕性良好、无污染，符合 GAP 农业土壤标准。

生产地无废水污染源和固体废弃物。

生产地严禁未经处理的工业废水、废渣、城市生活垃圾和污水等废弃物进入，严格防范来自生产属地以外的可能污染。

二、生产地生产预案

生产地轮作的作物应多样化，提倡多种植豆类、薯类和绿肥作物。

生产地苦荞品种必须经国（省）审，为非转基因的自然物种。

生产地主要使用经过高温堆肥等方法处理后，经充分腐熟的无公害、无寄生虫和传染病菌的人粪尿、厩肥（畜禽粪）等有机肥料。

生产地允许使用不影响苦荞生长环境以及生产物营养、味道和抵抗力的肥料，特别是含氮肥料。

生产地提倡生物防治和使用生物农药。允许使用植物性和微生物杀虫剂以及外激素、视觉性和物理性捕虫设施防治虫害。允许使用石灰、硫磺、波尔多液、杀（霉）菌和隐球菌皂类物质、植物制剂、醋及其他天然物质防治病害。

三、生产地种植技术

（一）耕作技术

保证苦荞全苗是整地耕作的质量标准，要将秋耕和春耕、深耕土地和浅耕、耙耱保墒相结

---

* GAP 是 Good Agricultural Practice，即良好农业规范

合。在前作收获后深耕 20cm 灭茬或耙耱或镇压。春季或浅耕或进行多次耙耱保墒。

（二）施肥技术

在肥料施用中注意质量，以腐熟的畜禽肥、秸秆肥为主，辅以少量化肥，要严格控制化学肥料的施用量，根据每生产 100kg 苦荞籽粒，吸收 N 7.4kg，P_5O_2 3.4kg，K_2O 10.2kg 标准，耕地时施入 22.5t/hm^2 有机肥和不低于 250kg/hm^2 过磷酸钙。可根据植株生长情况适当追施尿素和在蕾花期喷施一些微量元素。

（三）播种技术

选择国（省）审适宜当地生态条件下种植的优良品种；种子符合本品种特征，无杂质，大粒、饱满，净度 99%、发芽率 98% 以上的上年生产种；播前种子必须经晒种、筛选、浸种（温水、无机肥水、有机肥浸出液、微量元素）和拌种；播种期春荞选择在晚霜结束后，秋荞在早霜来临前 90d；采用机器或畜力机播、耧播或犁播，条播行距 30cm，播种量为 37.5kg/hm^2 上下，播深 6cm 以下。

（四）管理技术

及时镇压　春播时及时镇压，使土壤耕作层上虚下实，有利于保墒、提墒和种子发芽、出土。

破除板结　若播后出苗阶段遇雨，地表板结，应在地面“发白”时及时耙、耱，破除土壤板结。

中耕除草　在苦荞长出第 1 片真叶后即行中耕、除草，蕾花初期进行第 2 次中耕，视苗情培土壅苗。

病虫防治　为保证苦荞及其制品安全，对钩翅蛾、黏虫、草地螟等食叶害虫和地老虎、蝼蛄等地下害虫，以及立枯病、轮纹病、霜霉病等的防治，以轮作倒茬、清除田间杂草和残株、温汤浸种、诱杀成虫等农业措施为主，必需喷用农药时，应选择效果好、残留少的低毒农药，尽可能减少喷药次数和用药量。

（五）及时收获

在苦荞有 70% 籽粒成熟时即可收获，在初霜来临前应选择晴天上午 10 时前或阴天进行，倡导机器收割、机器脱粒、机器干燥。

四、仓储技术

仓库禁止使用会对苦荞原料（含种子）及制品产生污染或造成潜在污染的建筑材料和物品。

仓库要环境洁净，需在低温、低氧，能有效控制微生物活动，具有防鼠、防虫、防毒措施，做到不发热、不生虫、无霉烂、无变质、无污染仓储。存放苦荞原料（含种子）及其制品前要进行严格地清扫和灭菌。

苦荞籽粒需经充分干燥后方可入库贮存，籽粒入库水分不得超过 15%。

苦荞籽粒及产品的包装物应是农产品无污染包装，按批次存放，专袋专用。

第四节　苦荞的机械种植

苦荞是地区性的优势粮食作物，有良好的调理扶正壮体健身功能，因市场需求趋旺，未来需求趋俏。荞麦的发展要在保证国家粮食安全的前提下，稳定种植面积，运用农机作业，提高产业水平，改善产品品质，满足市场需求，增加农民收入。要适当集中，建设具有竞争力的产业带。

在苦荞生产过程中，首先在高原和缓坡地带使用机械作业，因地制宜选择和使用农业机械，进行机器耕作、机器播种、机器收获和机器干燥，使生产出的苦荞从地头收获到库房仓储“不着地”，无污染或少污染的干净谷物或加工原料。

山西大同苦荞产业带已实施企业和基地的接轨，由传统耕作向机械作业的转换。

参考文献

[1] 李竞雄. 玉米、粟类、荞麦 [M]. 北京: 人民教育出版社, 1960
[2]《粮食储藏》编写组. 粮食储藏 [M]. 北京: 中国财政经济出版社, 1980
[3] 北京农业大学. 耕作学 [M]. 北京: 农业出版社, 1981
[4] 林汝法, 李永青. 荞麦栽培 [M]. 北京: 农业出版社, 1984
[5] 全国荞麦育种、栽培及开发利用科研协作组. 中国荞麦科学研究论文集 [M]. 北京: 学术期刊出版社, 1989
[6] С. И. 洛谢夫. 内蒙古农业科学院情报室译. 荞麦 [M], 1983
[7] 内蒙古自治区农学会等. 国外荞麦科技资料 [M]. 1983
[8] 林汝法. 中国荞麦 [M]. 北京: 中国农业出版社, 1994
[9] 林汝法, 柴岩, 廖琴等. 中国小杂粮 [M]. 北京: 中国农业科学技术出版社
[10] 赵钢, 陕方, 中国苦荞 [M]. 北京: 科学出版社, 2009
[11] 林汝法, 柴岩, 魏太忠. 种好荞麦的技术措施 [J]. 农业科技通讯, 1984 (6): 8
[12] 唐宇, 赵钢. 微量元素拌荞麦种的效果 [J]. 作物杂志, 1989 (4): 24 ~ 25
[13] 魏太忠. 凉山州秋荞的开发意义与丰产栽培技术 [J]. 荞麦动态, 1990 (1): 18 ~ 19
[14] 黄道源, 黄桂林, 王文湘. 荞麦种子萌发特性的初步研究 [J]. 1991 (1): 13 ~ 17
[15] 贾星. 良种良法配套　推动山区荞麦生产 [J]. 荞麦动态, 1991 (1): 20 ~ 21
[16] 林汝法, 陶雍如, 李秀莲. 中国荞麦的生态特征与栽培生态区的初步划分 [J]. 荞麦动态, 1991 (2): 1 ~ 10
[17] 王瑞, 张殿武. 中国荞麦病虫害调查初报 [J]. 荞麦动态, 1991 (2): 13 ~ 14
[18] 魏太忠, 陈学才, 吴志金等. 四川省凉山州　两万公顷苦荞种植高产综合技术 [J]. 1992 (1): 29 ~ 30
[19] 贾星, 潘天春, 蒋俊方. 凉山苦荞丰产栽培综合技术初探 [J]. 1993 (1): 35 ~ 39
[20] 梁洪云, 魏太忠. 荞麦使用氮磷配合量及合理密度探讨 [J]. 荞麦动态, 1995 (2): 36 ~ 39
[21] 钟兴莲, 姚志强, 杨永红. 武陵山区苦荞高产栽培技术研究 [J]. 荞麦动态, 1996 (1): 26 ~ 30
[22] 李长安, 王瑞, 缑建芳. 荞麦钩刺蛾的初步研究 [J]. 荞麦动态, 1996 (1): 31 ~ 35
[23] 王永亮, 刘基业, 戴庆林. 荞麦植株氮磷含量及施肥指标研究 [J]. 1996 (2): 30 ~ 34
[24] 张雄, 冯山海, 吕军等. 荞麦种植密度对籽粒蛋白质及组分含量的影响 [J]. 荞麦动态, 1997 (2): 14 ~ 16
[25] 张雄, 冯山海, 柴岩等. 氮磷肥用量及配比对荞麦籽粒蛋白质及组分含量的影响 [J]. 荞麦动态, 1997 (2): 17 ~ 21
[26] 钟新莲, 姚志强. 微量元素浸种对苦荞植株性状和产量的影响 [J]. 荞麦动态, 1997 (2): 22 ~ 26
[27] 张雄, 柴岩, 王斌. 荞麦籽粒蛋白质特性的研究 Ⅰ　籽粒蛋白质及其组分和氨基酸含量 [J]. 荞麦动态, 1998 (1): 15 ~ 19
[28] 柴岩, 张雄, 冯山海. 荞麦籽粒蛋白质特性的研究 Ⅱ　籽粒形成期蛋白质及其组分的动态积累变化 [J]. 荞麦动态, 1998 (1): 20 ~ 22
[29] 钟兴莲, 姚志强. 钾肥对苦荞产量及植株性状的影响 [J]. 荞麦动态, 1998 (1): 25 ~ 27
[30] 林凤鸣. 四川盐源荞麦的生产应用与高产栽培技术要点 [J]. 荞麦动态, 2000 (2): 27 ~ 28
[31] 冯佰利, 柴岩, 高金锋等. 中国荞麦研究进展与展望 [J]. 荞麦动态, 2001 (1): 8 ~ 11
[32] 胡继勇. 苦荞播种量与产量、基本苗及成株率相关性研究 [J]. 荞麦动态, 2003 (1): 18 ~ 19
[33] 史清亮, 陶运平, 杨晶秋等. 苦荞接种微生物菌剂试验初报 [J]. 荞麦动态, 2003 (1): 20 ~ 22
[34] 赵钢, 唐宇, 王安虎. 多效唑对苦荞产量的影响 [J]. 荞麦动态, 2003 (1): 23 ~ 24
[35] 李文丽, 李发亮. 二纹柱萤叶甲的生物学特性及防治研究 [J]. 荞麦动态, 2003 (2): 25 ~ 26
[36] 杨晶秋, 史清亮, 陶运平等. 苦荞施用微肥试验初报 [J]. 荞麦动态, 2003 (2): 17 ~ 19
[37] 邝志成, 仁贵兴, Alan Yeang 等. 优质苦荞 GAP 生产研究 Ⅰ 优质苦荞产地的生态环境 [J]. 荞麦动态, 2004 (1): 17 ~ 20
[38] 刘杰英. 旱地荞麦播量试验 [J]. 荞麦动态, 2004 (2): 21 ~ 23
[39] 姚志强, 钟兴莲, 膨大让等. 矮壮素、多效唑浸种对苦荞植株性状的影响 [J]. 荞麦动态, 2004 (1): 24 ~ 25
[40] 张筱秀, 史清亮, 陶运平等. 中国荞麦害虫种类及防治技术调查 [J]. 荞麦动态, 2004 (1): 37 ~ 40
[41] 陕方, 李红梅, 边俊生等. 优质苦荞 GAP 生产研究 Ⅱ 优质苦荞栽培技术与产品质量管理 [J]. 荞麦动态, 2004

（2）：16～19
［42］李红梅，边俊生，梁霞等．施肥技术对苦荞品种植物学和经济学性状的影响［J］．荞麦动态，2004（2）：20～22
［43］史清亮，陶运平，张筱秀等．微生物菌剂对苦荞产量及黄酮含量的影响［J］．荞麦动态，2005（1）：11～13
［44］任有成，通德健，冯清华等．青海省苦荞高产原因分析［J］．荞麦动态，2005（2）：18～19
［45］毛春，郑国尧，蔡飞等．高海拔地区优质苦荞“黔苦2号”高产高效农艺措施数学模型研究［J］．荞麦动态，2005（2）：20～23
［46］史清亮，史崇颖．利用微生物提高苦荞黄酮产量［J］．荞麦动态，2006（2）：113～115

第五章　苦荞的营养素

V. Nutriology of Tartary Buckwheat

摘要　本篇阐述苦荞的营养素蛋白质、脂肪、淀粉、维生素、营养元素与其他作物的特异性。值得注意的是除注意常规营养素外，更应注意阻碍营养的内在因子。

Abstract　This chapter expound the specificity of Tartary Buckwheat in compare to other crops from the nutrient point, such as proteins, fat, starch, vitamins, nutrient element. Researchers should pay more attention to intrinsic factor that interfere with nutrition rather than to regular absorbable nutrients

苦荞营养丰富，无论是子实还是花、叶、茎，营养价值都很高。

表 5－1 是苦荞与其他谷物营养成分的比较。

表 5－1　苦荞与甜荞、小麦粉、大米、玉米营养成分比较

（中华人民共和国商业部谷物化学研究所，1989）

项目	苦荞	甜荞	小麦粉	大米	玉米
粗蛋白（%）	10.5	6.5	9.9	7.8	8.5
粗脂肪（%）	2.15	1.37	1.8	1.3	4.3
淀粉（%）	73.11	65.9	74.5	76.6	72.2
粗纤维%	1.62	1.01	0.6	0.4	1.3
V_{B1}（mg/100g）	0.18	0.08	0.46	0.11	0.31
V_{B}（mg/100g）	0.50	0.12	0.06	0.02	0.10
VP（%）	3.06	0.095～0.21	0	0	0
Vpp（mg/100g）	2.55	2.7	2.5	1.4	2.0
叶绿素（mg/100g）	0.42	1.304	0	0	0
锌（%）	0.40	0.29	0.195	1.72	0.270
钠（%）	未检出	0.032	0.0018	0.0017	0.0023
钙（%）	0.016	0.038	0.038	0.0009	0.022
镁（%）	0.22	0.14	0.051	0.063	0.060
铁（%）	0.086	0.014	0.0042	0.024	0.0016
铜（mg/kg）	4.59	4.0	4.0	2.2	…
锰（mg/kg）	11.70	10.3	…	…	…
锌（mg/kg）	18.50	17	22.8	17.20	…
碘（mg/kg）	0.43				

注：①苦荞、甜荞为四川样品；②小麦、大米为 1980 年食品成分表中小麦（标）粉，籼标－大米数据；③玉米是《食品与健康》数据

表 5－1 显示，苦荞粉蛋白质、脂肪都高于小麦粉和大米，维生素 B_2 高于大米、玉米 2～10 倍。芦丁（维生素 P）和叶绿素是禾谷类粮食所没有的。至于无机盐、微量元素等也都不同程度地高于其他粮种。另外，苦荞与甜荞相比，蛋白质高 1.7 倍，脂肪高 1.6 倍，维生素 B_2 高 1.7 倍，芦丁高 12.4 倍。

许多科学家指出：苦荞是优质蛋白质的潜在来源。苦荞子实的营养成分因产地和品种而不同。

第一节　蛋白质

蛋白质是构成一切细胞、组织及结构的重要成分，是生命的物质基础。

一、含量和组分

苦荞蛋白质含量因品种、产地及收获期不同，相对差异较大。唐宇等（1990）研究表明，在27个不同地区的苦荞品种蛋白质含量平均值为13.2%，变幅为8.54%～16.84%。

张雄等（1998）研究结果，苦荞蛋白质含量的平均值为9.12%，变幅为7.02%～11.93%，不同品种间蛋白质含量存在较大差异。最高的90－2（9.77%）比841－2（8.11%）高1.66%。苦荞蛋白质含量高于甜荞（表5－2）。

表5－2　荞麦籽粒蛋白质及其组分含量　（%）

品种名称	粗蛋白	清蛋白	球蛋白	醇溶蛋白	谷蛋白	残渣蛋白
甜荞						
富源红花荞　滇	8.34	3.10	1.31	0.31	1.16	2.44
美国甜荞　美	7.56	2.30	1.18	0.30	1.11	2.33
榆荞2号　陕	8.55	2.33	2.29	0.24	1.42	2.27
8512－1　甘	6.14	1.77	1.12	0.30	0.92	2.03
龙山甜荞　湘	8.95	3.10	1.60	0.33	1.49	2.44
T4－04－2　陕	7.64	2.78	1.33	0.34	1.23	1.95
苦荞						
87－1	8.65	2.48	1.54	0.29	1.22	3.12
90－2	9.77	2.99	1.68	0.35	1.40	3.36
塘湾苦荞　湘	9.15	2.86	1.76	0.31	1.51	2.71
榆6－21　陕	8.19	1.90	1.67	0.25	1.55	2.82
92－79－21　陕	9.48	2.60	1.60	0.29	1.50	2.48
841－2	8.11	2.41	1.41	0.28	1.12	2.90
九江苦荞　赣	9.55	3.14	1.53	0.29	1.40	3.20

苦荞蛋白质不同于小麦蛋白质，小麦蛋白质主要是醇溶蛋白和谷蛋白，面筋含量高，延展性好，而苦荞蛋白主要是水溶性清蛋白和盐溶性球蛋白，无面筋、黏性差，近似于豆类蛋白，难以形成具有弹性和可塑性面团。

Pomeranz（1983）认为，荞麦蛋白80%为清蛋白和球蛋白。

Tahir和Farcoq（1985）研究了荞麦品种蛋白的比例，认为（清蛋白＋球蛋白）：醇溶蛋白：谷蛋白：残余蛋白为（38%～44%）：（2%～5%）：（21%～29%）：（28%～37%）。

Imai和Shibata（1978）研究商用蛋白（清蛋白＋球蛋白）：醇溶蛋白：（谷蛋白＋残余蛋白）的比例为（40%～70%）：（0.7%～2.0%）：（23%～59%）。

魏益民和张国权（1994）研究，苦荞粉蛋白质主要由清蛋白、球蛋白、醇溶蛋白、谷蛋白和残渣蛋白组成，醇溶蛋白最低，约为2%。而谷蛋白远低于小麦（表5-3）。

表5-3 苦荞粉的蛋白质组分 （%）

品种名称	清蛋白	球蛋白	醇溶蛋白	谷蛋白	残渣蛋白
四川苦荞	6.4	19.5	3.4	11.7	59.0
陕北苦荞	23.4	10.5	0.6	24.0	41.6
陕北甜荞	30.6	12.5	1.1	15.6	40.4
波兰甜荞	14.6	39.2	2.5	13.0	30.9
平均值	18.8	20.4	1.9	16.1	43.0
Meneba 小麦	14.3	11.8	33.9	37.3	2.7

Junko Dat（1995）认为，清蛋白：球蛋白：醇溶蛋白：谷蛋白的比例为（30%～35%）：（45%～50%）：（1%～1.5%）：（15%～20%）。

清蛋白，单一的多肽链极为特殊，但与向日葵清蛋白显著性质相似。

球蛋白，Javornik B 认为，盐溶球蛋白含量几乎占荞麦蛋白的一半。Belozersky 等人根据其沉降系数及亚基性质归于豆类蛋白。

醇溶蛋白，Skerritt J. H. 认为，荞麦醇溶蛋白富含赖氨酸、精氨酸和甘氨酸。在水合体系中溶解度极低。

谷蛋白，亚基分子量较小，其高分子谷蛋白亚基的数量远超过小麦。

Tomotake 等人（2003）研究，荞麦蛋白的理化特性与大豆蛋白和酪蛋白是不同的。

张雄等（1998）的结果，苦荞蛋白质以清蛋白含量最高，平均占蛋白质总量的30.15%，其次为球蛋白和谷蛋白，分别占蛋白质总量的16.78%和15.57%，醇溶蛋白含量最低，仅占蛋白质总量的3.29%。蛋白质组分含量品种间同样存在较大差异，清蛋白含量差异最为明显，九江苦荞为3.14%比841-2的2.41%高0.73%。

从表5-4看出，苦荞籽粒中清蛋白和球蛋白含量较高，占总蛋白质含量的46.93%，高于小麦（26.10%）、略低于甜荞（48.91%）。苦荞中醇溶蛋白和谷蛋白含量较低，尤其是醇溶蛋白，仅占总蛋白含量的3.29%，约为小麦（33.90%）的1/10，这可能是苦荞与小麦加工的差异原因。还有，苦荞籽粒中还含有大量的残渣蛋白，占总蛋白含量的34.32%，是小麦2.70%的12.7倍，其结构和营养价值有待研究。

表5-4 荞麦籽粒蛋白质组分含量比较 （%）

品种名称	粗蛋白平均含量（%）	蛋白质各组分占总蛋白质比例						
		清蛋白	球蛋白	清+球	醇溶蛋白	谷蛋白	醇+谷	残渣蛋白
甜荞	7.34	32.56	16.35	48.91	4.09	14.44	18.53	30.93
苦荞	9.12	30.15	16.78	46.93	3.29	15.57	18.86	34.32
小麦	13.80	14.30	11.80	26.10	33.90	37/30	71.20	2.70

不同地区间苦荞籽粒蛋白质及其组分含量也存在一定的差异，由高到低依次为榆林、太原和

昭觉，分别为10.83%、9.17%和7.27%（表5-5）。

表5-5 不同地点的荞麦籽粒蛋白质及其组分含量（%）

品种名称	测试地点	粗蛋白	清蛋白	球蛋白	醇溶蛋白	谷蛋白	残渣蛋白
甜荞	太原	8.27	2.98	1.24	0.32	1.15	2.57
	呼和浩特	6.93	2.36	1.19	0.31	0.95	2.10
	榆林	6.83	1.83	1.18	0.29	1.09	2.12
苦荞	榆林	10.83	3.39	1.81	0.29	1.64	3.70
	太原	9.17	2.77	1.58	0.29	1.53	2.99
	昭觉	7.37	2.08	1.25	0.32	1.03	2.69

二、氨基酸

蛋白质是复杂的有机化合物，它的主要成分是氨基酸。各种蛋白质都含有特定和固定数目的氨基酸，并按照特定的顺序连接。在饮食中对蛋白质的需要，实际上是对氨基酸的需要。

氨基酸是蛋白质的结构单位。氨基指存在着NH_2基（一种碱），而酸存在着COOH基或羧基（一种酸）。由于所有的氨基酸均具有一致的化学结构，既含酸，又含碱，在体内既可发生酸的反应又能发生碱的反应。因此，被称为两性物质，其化学结构如图5-1所示。

现已发现氨基酸有20余种，为了在体内合成蛋白质，必须提供构成蛋白质的各种氨基酸。氨基酸有两类：能在体内合成的某些氨基酸，叫非必需氨基酸；而某些不能在体内合成，以满足身体正常生长发育的生理需要，须从食物中获得，叫必需氨基酸（表5-6）。

表5-6 苦荞中的氨基酸与其他两种人体必需氨基酸比较 （g/mg）

氨基酸	苦荞	小麦粉	与苦荞比（%）	大米	与苦荞比（%）	玉米粉	与苦荞比（%）	甜荞粉	与苦荞比（%）
苏氨酸	0.4178	0.3060	-27	0.3870	-7	0.4400	+5	0.2736	-35
缬氨酸	0.5493	0.4220	-23	0.5500	0	0.1830	-10	0.3805	-31
蛋氨酸	0.1834	0.1410	-23	0.1990	+6	1.5200	0	0.1504	-18
亮氨酸	0.7570	0.7110	- 6	0.9040	+19	0.3670	+101	0.4754	-37
赖氨酸	0.6884	0.2440	-65	0.3794	-45	0.0780	-47	0.4214	-39
色氨酸	0.1876	0.1140	-39	0.1630	-13	0.3280	-58	0.1094	-42
异亮氨酸	0.4542	0.3580	-21	0.3350	-26	0.4690	-28	0.2735	-40
苯丙氨酸	0.5431	0.4530	-17	0.4690	-14		-14	0.3864	-29
小计	3.7808			3.3804		3.8800		2.4706	
组氨酸	0.3213	0.2230	-31	0.2170	-32	0.3030	-6	0.1531	-52
精氨酸	1.0140	0.4390	-58	0.7450	-27	0.4700	-54	0.5484	-46
合计	5.1161	3.4010		4.3424		4.6530		3.1721	

必需氨基酸有：组氨酸、异亮氨酸、亮氨酸、赖氨酸、蛋氨酸（一些用于合成半胱氨酸）、苯丙氨酸（一些用于合成酪氨酸）、苏氨酸、色氨酸、缬氨酸。

非必需氨基酸有：丙氨酸、精氨酸、天门冬酰胺、天门冬氨酸、半胱氨酸、谷氨酸、谷酰胺、甘氨酸、羟脯氨酸、脯氨酸、丝氨酸、酪氨酸。

检测表明，苦荞含 19 种氨基酸。人体必需的氨基酸也较其他粮种丰富，尤其是赖氨酸、色氨酸和组氨酸。

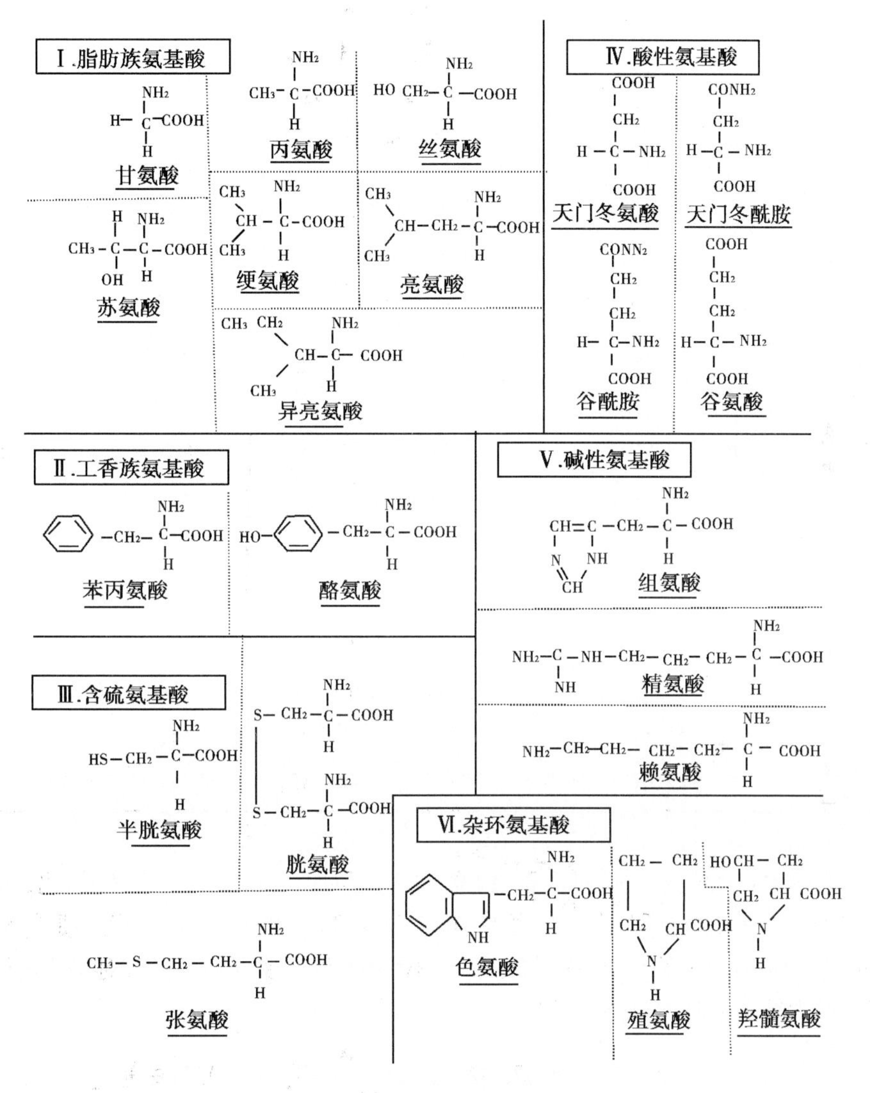

图 5－1　氨基酸的结构

蛋白质营养的高低，除蛋白质的含量、氨基酸的种类和含量外，更重要的是各种必需氨基酸的比例是否合适。

苦荞籽粒中谷氨酸含量最高，其次为天门冬氨酸、精氨酸、脯氨酸、亮氨酸和赖氨酸，限制性氨基酸为蛋氨酸、胱氨酸和酪氨酸。籽粒中氨基酸总量和必需氨基酸总量苦荞均比甜荞高，分别高 21.29g/kg 和 7.66g/kg 样品（干基）（表 5－7）。

表 5-7 栽培荞麦籽粒蛋白质氨基酸含量及其变化（g/kg 干重）

氨基酸	甜荞		苦荞	
	平均值	变幅	平均值	变幅
天冬氨酸	7.17	6.22~8.01	9.29	8.05~9.24
苏氨酸*	2.70	2.48~2.93	3.38	3.17~3.35
丝氨酸	2.84	2.61~3.17	3.85	3.34~4.25
谷氨酸	12.28	11.40~13.48	15.70	14.16~16.86
脯氨酸	4.63	4.14~5.59	7.03	4.43~9.90
甘氨酸	4.17	3.88~4.37	5.13	4.89~5.36
丙氨酸	3.66	3.41~3.82	4.31	4.06~4.62
胱氨酸	0.40	0.36~0.43	0.54	0.34~0.71
缬氨酸*	3.94	3.81~4.07	4.94	4.25~5.45
蛋氨酸*	0.18	0.13~0.21	0.39	0.32~0.52
异亮氨酸	3.02	2.79~3.18	4.16	3.68~4.47
亮氨酸*	4.85	4.61~5.23	6.33	5.77~6.83
酪氨酸*	0.98	0.81~1.11	1.53	1.35~1.81
苯丙氨酸*	2.82	2.69~3.02	3.96	3.63~4.17
赖氨酸*	4.22	4.00~4.37	5.68	5.35~5.89
组氨酸	1.58	1.47~1.67	2.30	2.16~2.39
精氨酸	5.47	5.05~5.86	7.68	6.80~8.52
必需氨基酸	22.71		30.37	
总氨基酸	64.91		86.20	

蛋白质中必需氨基酸的平衡性是衡量食物营养品质的重要指标。与小麦相比，苦荞籽粒必需氨基酸除蛋氨酸和亮氨酸略低外，其余均高于小麦，接近标准蛋白质，尤其是籽粒中富含赖氨酸，含量高达65.1g/kg 样品（干基），远高于小麦和标准蛋白质，是其他谷物所不能相比的，说明苦荞有较好的营养品质（表5-8）。

表 5-8 荞麦籽粒蛋白质必需氨基酸含量（g/kg）蛋白质

必需氨基酸	苏氨酸	缬氨酸	光氨酸+蛋氨酸	异亮氨酸	亮氨酸	苯丙氨酸+酷氨酸	赖氨酸
苦荞	38.7	56.4	10.7	47.5	72.3	62.7	65.1
甜荞	37.2	54.5	8.0	41.6	66.8	52.5	58.4
小麦	30.0	42.0	14.0（met.）	36.0	71.0	45.0（Phe）	24.0
标准蛋白质	40.0	50.0	35.0	40.0	20.0	60.0	55.0

苦荞籽粒各蛋白质组分中氨基酸含量及其配比是不同的。清蛋白和谷蛋白中各种氨基酸含量

均较高。其中谷氨酸含量最高，天冬氨酸、脯氨酸、甘氨酸、亮氨酸、赖氨酸含量次之，蛋氨酸、酪氨酸、胱氨酸含量较低；苦荞残渣蛋白中氨基酸含量也较丰富，球蛋白、醇溶蛋白中氨基酸含量则较低。

人体在吸收代谢蛋白时，各种必需氨基酸都是按一定模式组合的，食物中必需氨基酸的比例越接近人体需要的模式，其营养价值越高，鸡蛋的蛋白质接近人体需求的模式，化学分值为100。化学分值是评定食物蛋白质营养价值指标，化学分值越高，蛋白质越易消化。表5－9是根据化学得分确定蛋白质的质量。

表5－9　根据化学得分确定蛋白质的质量（以鸡蛋为100%）

蛋白质	缬氨酸	异亮氨酸	亮氨酸	苏氨酸	苯丙氨酸	赖氨酸	色氨酸	蛋氨酸
鸡蛋	100	100	100	100	100	100	100	100
小麦粉	52	51	75	58	72	35	70	40
大豆粉	72	83	87	81	86	100	90	40
玉米粉	45	71	147	81	28	45	40	60
苦荞粉	67	63	78	77	86	98	110	55

由表5－9可见，苦荞中人体必需的8种氨基酸与鸡蛋最接近，只是蛋氨酸低于玉米粉，但也为鸡蛋的55%，而小麦粉和大豆粉的蛋氨酸仅为鸡蛋40%，玉米的色氨酸、赖氨酸、缬氨酸仅为鸡蛋的40%～45%。

荞麦蛋白人体必需氨基酸齐全，配比合理，富含赖氨酸，其氨基酸组成模式符合WHO/FAO推荐标准，具有较高生理价，是一种全价蛋白，具有较高的营养价值。

三、荞麦多肽

多肽是由蛋白质中天然氨基酸以不同组成和排列方式构成的从二肽到复杂的线性或环性结构的不同肽的总称，其中可调节生物体生理功能的多肽称功能性肽或生物活性肽（bioactie peptide）。

苦荞活性肽是属于相对低分子质量肽类的活性肽，分子量集中在100～1 000Da，有7种人体必需的氨基酸（Val、Ile，Leu、Phe、Met、Thr、Lys，缬氨酸、异亮氨酸、亮氨酸、苯丙氨酸、蛋氨酸、酪氨酸、赖氨酸），占苦荞活性肽氨基酸总量的31.11%，具有较高的营养价值和保健功能。苦荞活性肽是源于蛋白质的多功能化合物，具有多种人体代谢和生理调节功能，比苦荞蛋白质具有更好的理化性质：

对热很稳定，黏度随温度变化不大，即使在50%的高浓度下仍具有流动性；

溶解度很好，在较宽的pH值范围内仍可保持溶解状态：

可直接由肠道吸收，吸收速度快，吸收率高；

无抗原性，不会引起免疫反应；

具有抗疲劳、抗氧化、增加血液中乙醇代谢产率、降血压、降血脂等重要生理活动。

现代营养学研究表明：人体摄入的蛋白质经消化道酶的作用后，大多是以寡肽的形式被消化吸收，寡肽的吸收代谢速度比游离氨基酸快。多肽功能的效应是，蛋白质以多肽的形式为机体提供营养物质，即避免了氨基酸之间的吸收竞争，又减少高渗透压对人体产生的不良影响，故其生物效价和营养价值比游离氨基酸要高。

研究发现，用蛋白酶水解苦荞蛋白质得到的三肽，其结构与响尾蛇毒素十分相似，对血管紧张素转移酶具有很强的抑制作用，具有降血压的作用。

Chun-Huili 等（2002）从荞麦面粉酶解产物中分离得到具有降血压作用的小肽物质。

林汝法等（2002）表述酶法水解苦荞麸皮蛋白研究其降血压作用。

金肇熙等（2004）也得到了具有降血压生理活性的苦荞蛋白多肽产品。

四、荞麦蛋白生理活性功能

荞麦蛋白氨基酸组成平衡，生物价高，并且具有独特的生理功能和保健活性，对人体一些慢性病有治疗作用：降血液胆固醇、抑制脂肪蓄积、改善便秘、抗衰老、抑制有害物质吸收。

（一）降血浆胆固醇

食用荞麦蛋白小鼠血浆胆固醇含量有所降低，并且肝脏胆固醇浓度显著减少。其原因是：荞麦蛋白的氨基酸组成与大豆蛋白和酪蛋白不同；荞麦蛋白的氨基酸/精氨酸比率较低，甘氨酸含量高于大豆蛋白和酪蛋白。荞麦蛋白含有脂类有可能具有降低胆固醇功能。Tomotake（2001）研究结果，荞麦蛋白同样具有降胆固醇功能。

（二）阻止7，12-二甲苯蒽诱发的乳腺癌

荞麦蛋白可以通过降低血清雌二醇而阻止乳腺癌的发生。

（三）抑制胆结石形成

Tomotake（2000）等人研究后首次提出，荞麦蛋白显著抑制胆结石形成，还可降低胆囊和肝中胆固醇浓度。

第二节　脂肪

脂肪作为一种食物，其功能更像碳水化合物，作为热和能量的来源，并能形成体脂。脂肪释放的热或能是同量碳水化合物或蛋白质的 2.25 倍左右。1g 脂肪可产生 9.3Kcal 热量。脂肪主要是由磷脂胆固醇组成，是人体细胞的主要成分。脑细胞和神经细胞中需要量最多。脂肪在体内的功能是提供能量，必需脂肪酸，结合化合物以及调节功能，而脂溶维生素 A、维生素 D、维生素 K、维生素 E 等需要溶解在脂肪中才有利于人体的吸收利用，故膳食脂肪是最重要的营养素之一。

李文德等（1997）检测表明，苦荞面粉的粗脂肪含量为 2.43% ~2.78%，淀粉为 0.88% ~1.06%，明显高于小麦等大宗作物。

荞麦的脂肪在常温下呈固态物，黄绿色，有 9 种脂肪酸，其中，油酸和亚油酸含量最多，占总脂肪酸的 25% 以上，还有棕榈酸 19%，亚麻酸 4.8% 等（表 5 –10）。

表 5 –10　荞麦中的脂肪酸含量

（郎桂常、何玲玲，北京，1989）　　（%）

荞麦	油酸 C18：1	亚油酸 C18：2	亚麻酸 C18：3	棕榈酸 C16：0	花生酸 C20：1	芥酸 C22：1
甜荞	39.34	31.47	4.45	16.58	4.56	1.24
苦荞	45.05	31.29	3.31	14.50	2.37	0.77

在苦荞中还含有硬脂酸 2.51%、肉豆蔻酸 0.35% 和两个未知酸，况且，75% 以上为高度稳定、抗氧化的不饱和脂肪酸。

亚油酸这个带两个双键的 18 碳多个不饱和脂肪酸，能与胆固醇结合成脂，促进胆固醇的运转，抑制肝脏内源性胆固醇合成，并促进其降解为胆酸而排泄，可能被认为唯一的必需脂肪酸，它不能在体内合成，必须由膳食供应。因此，3 种脂肪酸，即亚油酸、亚麻酸、花生四烯酸在体内有重要的功能。

一些研究指出，饮食中增加不饱和脂肪酸亚油酸、亚麻酸，花生四烯酸的量，同时减少饱和脂肪酸时，会促进血液胆固醇中等程度的下降，并且降低了血液凝固的趋势。

王敏等（2004）对苦荞面粉中提取的植物脂肪进行脂肪酸和不皂化物的成分测定。结果表明：苦荞脂肪中不饱和脂肪酸含量可达 83.2%，其中油酸、亚油酸含量分别为 47.1%、36.1%，不皂化物占总脂肪含量的 6.56%，其中主要的 β-谷甾醇，含量达 57.3%。

已有研究资料证实，亚油酸是人体必需的脂肪酸（EFA），不仅是细胞膜的必要组成成分，也是合成前列腺素的基础物质，具有降血脂，抑制血栓形成，降低血液总胆固醇（TC），低密度脂蛋白胆固醇（HDL-C），抗动脉粥样硬化，预防心血管疾病等作用。食用苦荞使人体多价不饱和脂肪酸增加，能促进胆固醇和胆酸的排泄作用，从而降低血清中的胆固醇含量。而油酸在提高超氧化物歧化酶（SOD）活性、抗氧化等作用效果更佳。β-谷甾醇具有类似乙酰水杨酸的消炎、退热作用，食物中较多的植物甾醇可以阻碍胆固醇的吸收，起到降血脂的作用。

第三节　淀粉

淀粉是人体必需的3种主要食物要素之一，另两种是蛋白质和脂肪。

一、淀粉

淀粉是苦荞籽粒的主要组成物质。苦荞淀粉的含量与遗传特性有关。李文德（1999）对54个苦荞品种的总淀粉数进行了测定，在水中为69.84%～81.35%，在DMSO中为69.53%～81.07%（图5－2）

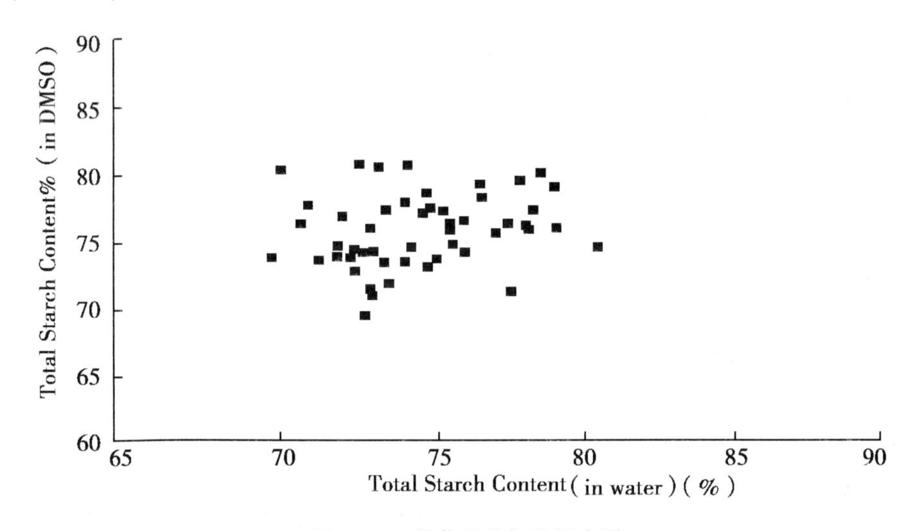

图5－2　苦荞品种与淀粉含量

苦荞淀粉主要贮存在籽实的胚乳细胞中。淀粉粒呈多角形的单粒体，似大米淀粉，比一般谷物淀粉粒小。直链淀粉含量为21.5%～25.3%。

为了开发出利用苦荞生产啤酒类型的酒精饮料，草野毅德（Kusano，1998）利用扫描电镜进行了旨在了解淀粉水解的试验。观察苦荞淀粉粒结构的变化，水解前存在于面粉中的淀粉粒从面粉中分离出来的淀粉粒（图5－3）。

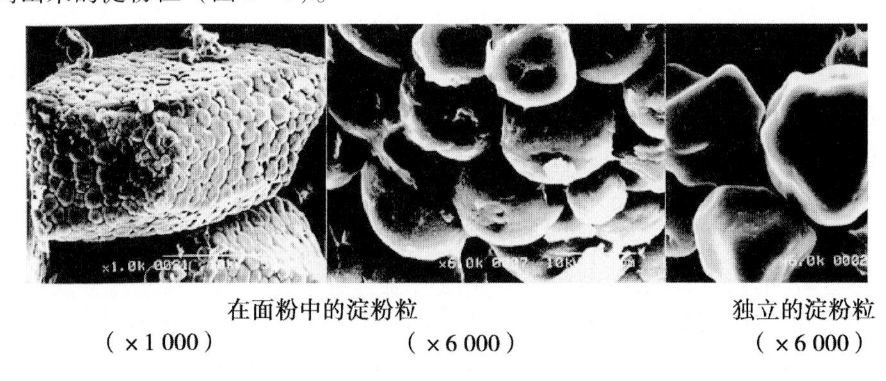

在面粉中的淀粉粒　　　　独立的淀粉粒

（×1 000）　（×6 000）　（×6 000）

图5－3　苦荞的淀粉粒

图5－3显示，苦荞淀粉颗粒至少由两个大小不同的球形体组成，大的为5～10μm，小的为1～5μm。

淀粉的水解试验，用α淀粉酶、β-淀粉酶和淀粉葡萄糖甙酶在试验中作为苦荞淀粉的碳水化合物水解酶。不同的化合物水解酶催化下淀粉降解的变化不同。

一些苦荞品种中还有抗性淀粉，抗性淀粉的最高含量达10.22%。

从营养学的角度看，淀粉主要分为3类：①快消化淀粉（ROS）；②慢消化淀粉（SDS）；③抗消化淀粉（抗性淀粉，RS）。

慢消化淀粉和抗性淀粉能够平缓血糖反应，对糖尿病人有重要价值。

抗性淀粉不被人体小肠所降解，能被大肠微生物所利用，产生大量丁酸，减少结肠癌的发病率。

抗性淀粉会使粪便中胆汁数量增加，从而降低总胆固醇和甘油三酯，改善胆固醇水平，防止心血管病。

苦荞淀粉一是抗性淀粉比例高，二是含多酚物质，消化性较低，葡萄糖分子释放缓慢，提供的能量低，是控制肥胖症和非胰岛素依赖性糖尿病人的良好适用食物源。

淀粉是苦荞食物的主要原料，淀粉的理化特性、热稳定特性、糊化特性、凝胶组织特性是食品加工的重要特性，是需要认真对待的。

李文德等（1997）进行了荞麦淀粉理化特性的研究，其结果对苦荞食品加工十分有用。

理化特性　苦荞面粉干燥时呈绿灰色，加水后呈黄绿色。面粉和淀粉中粗蛋白、粗脂肪含量无持续差异。水中膨胀度为26.5%～30.8%，明显高于小麦。用水分离淀粉，淀粉层为稠糊状，很难得到纯苦荞淀粉，淀粉色发黄，不同于甜荞，也不同于小麦。实验结果表明，苦荞淀粉在特定温度下，不溶于水，有别于玉米淀粉和小麦淀粉，需较长时间才能形成胶体，保持高水分，形成凝胶不失水，可作黏稠剂。

热稳定特性　苦荞淀粉糊化起始温度（To）是62.8～64.2℃，持续温度（Tp）68.8～70.8℃和终止温度（Tc）79.9～81.3℃，都高于小麦，但无明显差别。苦荞淀粉的起始温度和终止温度都高于甜荞，淀粉糊化函（△H）与甜荞、小麦淀粉十分相似。

糊化特性　苦荞淀粉的峰值黏度（PV）高于小麦淀粉23～100黏度（RVU），热黏度（HPV）高出45～65黏度（RVU），冷黏度（CPV）高出50～85黏度（RVU）。苦荞淀粉到达峰值黏度与小麦、甜荞实际上无差异。

凝胶组织特性　淀粉凝胶组织特性与其在食品中的用途有密切关系。苦荞淀粉凝胶的硬度高于小麦，这一结果与苦荞淀粉高冷黏度（CPV）的结果一致，包括小麦淀粉在内，所有样品的粘合力（AF）基本相似，其达到硬度所用力（WD）和周期Ⅰ总正区（TP）值都高于小麦。

二、纤维素

纤维素是与淀粉同类的另一种碳水化合物，也叫膳食纤维。

膳食纤维是自然界最丰富的一种多糖。苦荞膳食纤维丰富，籽实中总膳食纤维含量在3.4%～5.2%，其中，20%～30%是可溶性膳食纤维，内葡聚糖含量特高。

苦荞的膳食纤维高于小麦、大米、玉米，也高于甜荞。

苦荞中的膳食纤维具有化合氨基酸肽的作用，而且通过这种化合力对蛋白质消化吸收产生影响。膳食纤维有降低血脂作用，特别是降低血液总胆固醇以及LDL胆固醇的含量。

中国医学认为，膳食纤维在临床表现有“安神、润肠、清肠、通便、去积化滞”的作用。

膳食纤维的标准摄入量为20%～25%。

第四节　维生素

维生素是一些辅酶的组分，参与人体物质代谢和能量转换，是调节抗体生理和生化过程的特殊有机物质。每种维生素都履行着特殊的功能，一种维生素不能代替或起到另一种维生素的作用。维生素不能在身体内合成，也不能在体内充分储存，只能从食物中摄取。因此，食物中的维生素种类和含量就显得十分重要。

蒋俊方（2004）测定了凉山苦荞的维生素，计有维生素 B_1（硫胺素）、维生素 B_2（核黄素）、维生素 B_6（叶酸）、维生素 E（α-生育酸）、维生素 pp（尼克酸）和维生素 C（L-抗坏血酸），而且苦荞的含量都高于甜荞。

维生素 B_1（硫胺酸）由 C、H、O、N 和 S 构成，由一个吡啶分子和噻唑分子通过一个甲烯基连接而成。从食物里以游离态、结合物和复合物形成吸收后，转移到肝脏，在 ATP（三磷酸腺苷）作用下磷酸化，生成二磷酸硫胺素。硫胺素以辅酶参加能量代谢和葡萄糖转变成脂肪过程。硫胺素还有增进食欲功能、消化动能和维护神经系统正常功能的作用。

维生素 B_2（核黄素）由一个咯嗪环与一个核糖衍生物的醇相连接而成。促进三磷酸腺苷合成，提供能量。缺乏核黄素时会引起疲劳、唇炎、舌炎、口角炎、角膜炎、贫血、皮肤病和白内障。核黄素有助于身体利用氧，使其从氨基酸、脂肪酸和碳水化合物中释放能量，而促进身体健康。

维生素 B_6（叶酸）　维生素 B_6 是以辅酶的形式存在，参与大量的生理活动，特别是蛋白质（氮）的转氨基作用、脱羧作用、脱氨基作用、转硫作用，色氨酸转化成尼克酸，血红蛋白的形成和氨基酸的吸收代谢。维生素 B_6 有助于脑和神经组织中的能量转化，对治疗孤独症、贫血、肾结石病、结核病、妊娠期生理需求是有帮助的。

维生素 pp（尼克酸）是辅酶Ⅰ和辅酶Ⅱ的组成成分，是氧化、还原氢的供体和受体，参与细胞内呼吸，与碳水化合物、脂肪、蛋白质和 DNA 合成。在固醇类化合物的合成中起重要作用，以降低体内血脂和胆固醇水平。缺乏时会引起皮炎、消化道炎、神经炎、闭塞性动脉硬化和痴呆等症，为人体所必需。

维生素 E（生育酚）是一种酚类物质。维生素 E 在血浆中和细胞中的主要形式为 α-生育酚，占总生育酚的 83%。其基本功能是保护细胞和细胞内部结构的完整，防止某些酶和细胞内部成分遭到破坏。维生素 E 和 Se 结合在一起有生物抗氧化作用，促进生物活性物质的合成，促进前列腺素的合成。作为抗氧化剂能阻碍脂肪酸的酸败，防止维生素 A、维生素 C、含硫酶和 ATP 的氧化，保持体内血红细胞完整性的功能，提高免疫力和解毒作用。

杨月欣等（2002）对苦荞和其他大宗粮食作物的主要维生素含量也进行了比较（表5－11）。

表5－11　苦荞与其他大宗粮食作物的主要维生素含量比较　（mg/100g）

维生素种类	苦荞	甜荞	小麦粉	粳米	黑米	黄玉米
维生素 B_1（硫胺素）	0.32	0.28	0.28	0.16	0.33	0.21
维生素 B_2（核黄素）	0.21	0.16	0.08	0.08	0.13	0.13
维生素 pp（尼克酸）	1.9	2.2	2.0	1.3	7.9	2.5
维生素 E（生育酚）	1.73	1.80	1.80	1.01	0.22	3.89

从表5－11可看出，苦荞含多种维生素，其中，维生素 B_1 和维生素 B_2 含量明显高于小麦粉、粳米、黑米、黄玉米等大宗粮食，也高于甜荞，是 B 族维生素的优质食物源。

第五节　叶绿素

苦荞生长迅速，光合作用及抗辐射能力很强，且能提供大量的叶绿素。

叶绿素是植物进行光合作用的主要色素，是一类含脂的色素，能吸收大部分红光和紫光，但反射绿光。在光合作用的光吸收中起核心作用。叶绿素为镁卟啉化合物，包括叶绿素 a、b、c、d、f 以及原叶绿素等。叶绿素不很稳定，光、酸、碱、氧化剂都会使其分解。

叶绿素有造血功能，提供维生素、解毒、抗病等多种用途。

叶绿素由于其分子与人体血红蛋白分子在结构上很是相似，饮用叶绿素对产妇与因意外失血者会有很大帮助。

叶绿素能除去杀虫剂和药物残渣的毒素，并能与辐射物质结合而将其排出体外，病患者吸收大量叶绿素后血球激素增加，健康状况有所改善。

叶绿素有助于克制体内感染和皮肤问题。美国外科杂志报道，Temple 大学在 1 200名病人身上，尝试以叶绿素医治各种病症，效果极佳。

第六节　营养元素

人体的营养元素包括那些每日需要量在十分之几克至1g以上的常量营养元素。如钙、磷、钠、氯、镁、钾和硫。还包括需求量很少，每日需求量从几微克（μg）到毫克（mg）已知为人体必需的微量营养元素有铬、钴、铜、氟、碘、铁、钼、硒、硅和锌（图5－4）。

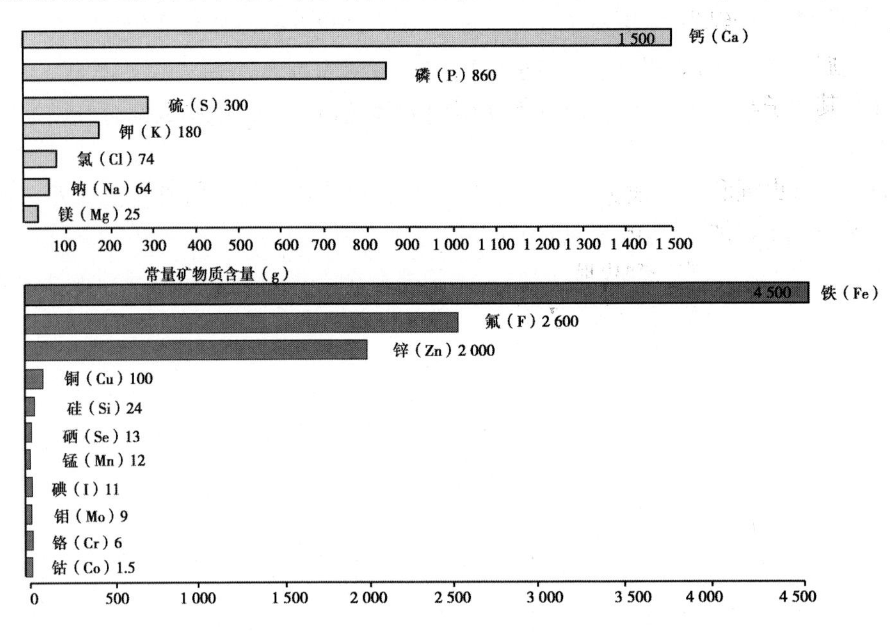

图5－4　成人体内必需矿物质含量

上：常量矿物质（g）；下：微量矿物质（mg）

苦荞中已检测出的元素是13种，是粮食中较全面的（表5－12）。

表5－12　凉山苦荞的营养元素含量

（四川省农业科学院中心化验室）

元素	单位	额拉	额乌
K	%	1.62	1.12
P_2O_5	%	0.81	0.74
Na	%	6.037	0.031
Mg	%	0.21	0.21
Fe	mg/kg	973	400
B	mg/kg	26.6	28.2
Cu	mg/kg	7.9	6.9
Zn	mg/kg	36.5	37.5
Mn	mg/kg	760	50.0
Cr	mg/kg	0.63	0.21
Mo	mg/kg	1.00	0.82
Ca	mg/kg	740	1 055
Se	mg/kg	0.43	—

一、磷（P）

磷是骨骼、血液、脑磷脂和三磷酸腺苷的主要成分。主要是在小肠上部即十二指肠中吸收，随血液在全身循环。缺磷时人体内一切糖的代谢都会降低，会使脑组织的能量代谢出现异常，使精神传导速度降低和胰岛素作用减弱。磷的代谢可因多种疾病而受到干扰，特别是肾和骨疾病。

二、钙（Ca）

钙是骨骼、牙齿的主要成分，能保持血液的酸碱平衡和凝固，也是许多种酶的成分。缺钙引起佝偻病、骨质软化症、骨质酥松症、高钙血症、手足抽搐和肾结石。苦荞含钙量 0.724%，是大米的 80 倍，如在婴儿食品中添加苦荞粉，增加了食品中的含钙量，提高了食品的营养价值，况且这种钙在食品中是天然的，很宝贵。

三、钾（K）

人体内的元素，除钙和磷的含量最高外，钾居三甲，是钠的两倍，占体内矿物质含量的 5%。钾为细胞液的主要阳离子，钾与钠在维持细胞内适宜的渗透压方面有密切的关系，为胰腺分离胰岛素，肌酸磷酸化作用的酶反应，碳水化合物的代谢以及蛋白质的合成作用所需。缺钾可引起心跳不规律和加速，心电图异常，肌肉衰弱和烦躁，偶或出现麻痹、恶心、呕吐、腹泻和腹胀。

四、镁（Mg）

镁是人体必需的营养素。构成骨骼和牙齿，也存在软组织中和体液内。肝与肌肉是镁浓度最高的软组织，血红细胞中也含镁。镁参与神经传导，调节血管的紧张程度，阻止血管中的血栓形成，能降低血清胆固醇，故可防止高血压。缺镁可引起钾的减少，引起肌肉痉挛（颤抖、抽搐和心率过快），精神错乱、幻觉、缺乏食欲、倦怠和恶心呕吐。有人推测与中风、癌症之间有某些关系，多食含镁食品可降低中风风险。

五、铁（Fe）

铁与蛋白质结合形成血红蛋白，用作形成血红细胞。少量铁（血红素）与大量蛋白质结合形成血红蛋白（血红蛋白中的含铁化合物）。所以，铁与氧的转运有关，它也是与能量代谢有关的酶的成分。铁缺乏可引起营养性贫血，血红细胞数量减少，人体质虚弱，处于病态，工作能力下降。

六、锰（Mn）

锰是骨骼的组成成分，参与结缔组织生长、凝血、胰岛素作用、胆固醇合成以及碳水化合物、脂肪、蛋白质和核酸的代谢中各种酶的激活剂。缺锰骨及软骨形成不正常，葡萄糖耐量受损，生长受阻，生殖能力差，后代先天性畸形。据北京中医医院、北京同仁医院等单位实验结果：锰和锌均具有调节脂质代谢的功能，对预防高血脂症和动脉硬化均有疗效。

七、铜（Cu）

铜对于血红蛋白的形成起重要作用，也是正常能量代谢和它的许多分支过程所需的酶系统的组分。缺铜导致各种异常：贫血、骨骼缺损，神经系统的脱髓鞘和退化、不育以及明显的心血管病。轻度缺铜可引起血清胆固醇水平提高，尤其是锌摄取量高时。饮食中的锌铜比与心血管疾病发病率呈正相关。

八、锌（Zn）

当今世界，锌的营养缺乏相当普通，是营养学上一个主要问题。

锌是消化和吸收系统的组分，是人体必需的 一种营养素。细胞运输二氧化碳，骨骼的正常骨化，蛋白质和核酸的合成和代谢，生殖器官的发育和功能，胰岛素功能，良好的味觉功能都需要锌。锌能减少胰岛素活性减退，使游离脂肪酸降低。锌能使毛发“完美”。缺锌味觉失灵，食欲不振，生长迟缓，毛发变暗，伤口不易愈合，男性青春期推迟。

苦荞中锌的含量中等，近 3 512mg/kg，苦荞中的锌在消化过程中与发生的低分子量物质结合，使膳食中的锌溶解，被人体吸收利用。

九、钠（Na）

钠是细胞液中带正电的主要离子，有助于维持水、酸和碱的平衡。钠又是胰汁、胆汁、汗和眼泪的组分，与肌肉收缩和神经功能相联系，对碳水化合物的吸收起特殊作用。钠缺乏可造成生长缓慢、食欲减退、（哺乳期母亲）奶水减少、肌肉痉挛、恶心、腹泻与头痛。食盐过多，会使敏感者血压升高，浮肿。

十、硒（Se）

硒是人体正常代谢的组成部分，参与人体许多组织中发生的某些重要代谢过程。硒能促进胰岛素分泌增加直接清除氧自由基，因其为谷胱甘肽过氧化酶（GSH-Px）的重要组成部分，亦能与过氧化酶（SOD）一起清除体内自由基，且 GSH-Px 能阻断或减轻脂自由基对细胞或组织的过氧化损伤。硒还能使血中 TC、TG 显著降低。缺硒有些代谢过程就会被阻断，可能导致各种疾病。美国的某些疾病的地理分布研究表明，在作物硒含量高于平均值的那些地区，某些疾病的发病率较低，这种发现不一定证明硒能防止这些疾病，也不能表示发病率高就缺乏硒。但使“人们有理由料想硒与癌症、白内障、肝脏疾病、心血管病或肌肉疾病以及衰老过程等人类医学问题有关。”（美国科学技术委员会）

十一、钼（Mo）

钼是可使黄嘌呤氧化为尿酸的黄嘌呤脱氢酶和可氧化醛类的羧酸的醛氧化酶等酶系统的成分，这些酶参与碳水化合物、脂肪、蛋白质、含硫氨基酸、核酸和铁的代谢，钼能保护牙釉质，预防和减少龋齿。

十二、铬（Cr）

铬本身并不起什么作用，是跟其他控制代谢的物质一起配合起作用。铬的功能是葡萄糖耐量因子（GTF）的组成部分，可以增强胰岛素功能，改善葡萄糖耐量，是某些活化剂、核酸类

（DNA 和 RNA）的稳定剂和胆固醇和脂肪酸在肝里合成的促进剂。

缺铬会引起肥胖、高血脂症和白内障。

十三、硼（B）

硼是身体组织中一种化学元素。硼并不认为是身体所必须的，其在体内作用不明，但硼是植物营养必须的矿物质。

第七节 黄酮类和酚类化合物

一、黄酮类化合物

苦荞黄酮是一种多酚类物质，主要包括芦丁（rutin）、槲皮素（quercetin）、山萘酚（Kaempferol）、桑色素（morin）等天然化合物。其结构为黄酮苷元及其苷，苷类多为O-苷，少数为C-苷（牡荆素）。苦荞黄酮中富含芦丁。芦丁又称芸香苷、旧称维生素P，是槲皮素的3-O-芸香糖苷，其含量占总黄酮总量的75%以上（图5－5）。

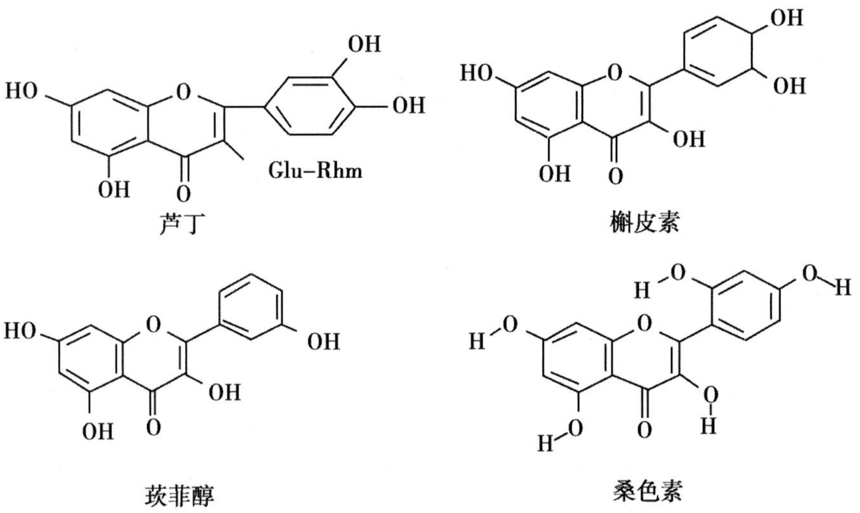

芦丁　　槲皮素

莰菲醇　　桑色素

图5－5　苦荞黄酮几种主要成分的化学结构

李丹（2000）在苦荞籽实中发现4种主要黄酮类化合物：芦丁、槲皮素、槲皮素-3-芸香糖葡萄糖苷和山柰酚-3-芸香糖苷。

黄酮是苦荞中主要活性成分之一，在苦荞植株的根、茎、叶、花、果（籽粒）中均含有，尤其在叶、花、子实麸皮中含量最高，达4%～10%，是面粉中黄酮含量4～8倍。

苦荞植株不同器官总黄酮含量是不同的。其含量的大小顺序为花蕾＞花＞乳熟果实（子实）＞成熟果实。苦荞不同生育时期总黄酮含量也是不同的，其含量的大小顺序为现蕾期＞结实期＞成熟期＞苗期。

苦荞各个器官的总黄酮含量均高于甜荞。苦荞籽实中总黄酮含量比甜荞高8倍以上（日本学者有100倍的报道）。

黄酮类化合物被称为是20世纪发现的最后一种营养素。尽管苦荞黄酮已获FDA认证，但对其生物活性成分的研究仍然处于起始期。根据有限的研究，苦荞黄酮类化合物的生理功能有以下几种。

1. 防治、治疗心血管病

芦丁是苦荞黄酮的主要成分，具有维持血管张力，降低其通透性，减少脆性，维持微血管循环作用，可以抑制血管紧张素转换酶活动，对冠心病、心脑血管病和周围血管病均有良好的治疗作用，对高血压的控制与治疗有积极作用。

2. 降血脂、血糖

芦丁能使胰脂肪酶的活性增加，使粥样动脉硬化受阻，并加强维生素 C 在人体内作用进而改善代谢。还有对脂肪浸润肝，有祛脂作用。

3. 增强免疫力

苦荞黄酮能提高小鼠碳廓清能力和网状皮内系统吞噬功能，明显改善小鼠的非特异性免疫功能。

4. 抗氧化作用

芦丁可显著抑制红细胞（RBC）自氧化，并可减少 RBC 自氧化过程中脂质过氧化物丙二醇（MDA）的含量，对 RBC 的自氧化溶血损伤有一定的保护作用。

5. 其他作用

苦荞黄酮还有抑菌杀菌，抗炎，保护胃黏膜，防止脑细胞老化，修复脑损伤，抗抑郁，保护肾脏缺血损伤和抗癌作用（抗癌机理尚不清楚）等作用。

二、酚类化合物

多酚是分子内含有多个与一个或几个苯环相联羟基化物的一类植物成分总称。多酚类化合物以游离态或束缚态的形式主要存在于苦荞的糊粉细胞中。束缚态形式的多酚可用酸或碱使之游离出来。

多酚类化合物是苦荞中最重要的营养保健功能因子，芦丁作为主要的黄酮类化合物，关注最多。

多酚类化合物的结构（组成）和分类如图 5－6 所示。

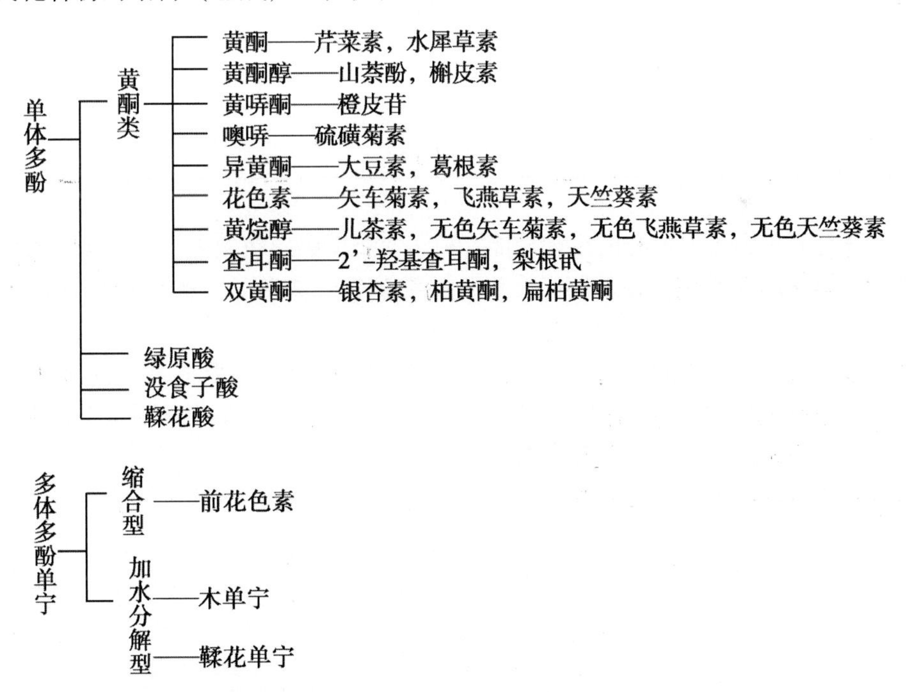

图 5－6 多酚类化合物的结构（组成）和分类

多酚在植物体内有极其重要的生理作用：防御太阳紫外线，引诱昆虫授粉，促进花粉管萌发，抑制细菌侵入，是植物物种得以保存和延缓的重要生化成分。

人类疾病的发生，缘于人体活性自由基的产生，引起生物大分子的过氧化，导致细胞老化，代谢障碍。

苦荞多酚是一种新型的保健功能因子，其生理活性是：①降低脑 CPO 值，促进 SOD 酶活性；②提高小鼠智力；③促进脑蛋白激酶（PKC）活性；④预防与治疗小鼠 STZ 诱变的糖尿病；⑤预防和治疗高脂固醇血症；⑥活化巨噬细胞，促进一氧化氮（NO）的产生。

苦荞酚类化合物中具有抑制自由基和抗氧化功效的活性成分。徐宝才等（2002）对苦荞籽实分析测定发现，主要包括原儿茶酸等 9 种酚酸和原花青素。苦荞中酚酸总量为 94.6 ~ 1 745.33 mg/kg，主要是苯甲酸类 — 原儿茶酸和对羟基苯甲酸，原花青素含量为 0.03% ~ 5.03%。酚类成分含量最高部分在麸皮中（表 5 – 13）。

表 5 – 13　苦荞籽粒不同部位多酚类物质含量分布

（徐宝才，2002）

成分	壳（mg/kg）	麸皮（mg/kg）	外层粉（mg/kg）	内层粉（mg/kg）
没食子酸	47.01	51.53	6.88	10.52
原儿茶酸	189.16	258.97	26.69	22.82
对羟基苯甲酸	72.17	360.25	47.47	11.95
香草酸	40.97	141.0	8.94	4.95
咖啡酸	9.90	104.68	7.61	14.75
丁香酸	4.92	18.01	1.35	1.21
p-香豆酸	0	42.78	0	0
阿魏酸	221.05	768.11	0	25.20
o-香豆酸	370.45	0	0	28.41
原花青素	0.03%	5.03%	0.60%	—

研究证实，苦荞多酚主要成分的生理功能：芦丁有抗感染、抗突变、抗肿瘤、平滑松弛肌肉和作为雌激素束缚受体等作用。在低脂膳食中，酚类黄酮（如芦丁、槲皮素）在很大程度上减少结肠癌的危险性。

儿茶素主要由抗氧化，降胆固醇、抗肿瘤、抗细菌和抑制血管紧张素转换酶 I（ACE）。儿茶素也是 β 淀粉状蛋白毒性的抑制物质。研究发现，β 淀粉状蛋白是阿尔察默患者老人斑的主要成分。当痴呆症状出现时，已有 β 淀粉状蛋白蓄积。

原儿茶素的生物活性表现为抗哮喘、止咳、抗心律失常、抗疱疹病毒等。

第八节　阻碍营养的内在因子

荞麦蛋白质有很高的生物学价值，但阻碍营养的内在因子，造成荞麦蛋白的低吸收率。

一、荞麦蛋白的低消化性

（一）内源性抗营养因子

Butler 等人认为，单宁通过与蛋白质的凝结影响蛋白质在人体内消化性。

Yasiyn 认为，膳食中含有单宁可使发育迟缓。

Knuckles 等认为，植物组织中的植酸可抑制蛋白酶活力。

Ikeda 等人通过体外试验，用胃蛋白酶－胰蛋白酶对荞麦蛋白质进行酶解消化，并且比较了膳食纤维、单宁、植酸和蛋白酶抑制剂对消化的影响。结果表明。蛋白酶抑制剂对底物的抑制能力最强，植酸最弱。

（二）蛋白质对蛋白酶的低敏感性

荞麦蛋白的低消化性除了内源性抑制剂对其影响之外，蛋白质本身对蛋白酶的敏感性是其消化低的另一原因。

Ikeda 和 Sakaguchi 曾对荞麦蛋白各组分对胃蛋白酶－胰酶的敏感度进行研究，并与其他食物蛋白进行比较，结果见表 5－14。

表 5－14　荞麦蛋白和其他食物蛋白对蛋白酶解作用的敏感度

底物	酶活力（释放肽 μg/ml 消化酶）	
	胃蛋白酶	胰蛋白酶
荞麦清蛋白	15.6 ±2.3	13.9 ±3.7
荞麦球蛋白	32.8 ±1.6	27.3 ±2.5
荞麦醇溶蛋白	2.9 ±0.8	7.4 ±2.1
荞麦谷蛋白	19.8 ±1.3	24.0 ±1.7
小麦醇溶蛋白	19.2 ±1.8	18.0 ±2.7
小麦谷蛋白	7.9 ±1.3	22.8 ±3.0
大豆酸沉蛋白	20.7 ±2.2	18.2 ±1.4

从表 5－14 可以看出，与其他蛋白质相比，荞麦球蛋白最易被胃蛋白酶和胰蛋白酶作用（$P<0.05$）。荞麦清蛋白和谷蛋白较易被作用，而荞麦醇溶蛋白对胃蛋白酶的敏感度最低。

荞麦籽实中存在有胰蛋白酶抑制剂，耐热性极高，这种影响甚至延续到食物蒸煮以后。实验表明，经过高压蒸汽处理的淀粉中仍含有 25% 的胰蛋白酶抑制剂。它的存在阻碍了荞麦的消化吸收。

二、单宁

单宁（或浓缩单宁或前花色素）以其涩味和结合蛋白质的能力，在苦荞中可以起到防御昆虫、鸟类、动物和微生物侵袭的作用。不同分子量的前花色素有不同的生物活性。已经证实，前花色素具有抗艾滋病毒（HIV）活性。苦荞籽实中含有单宁 0.5% ~4.5%，苦荞面粉中含有 0.06% ~0.08%，煮熟后的荞麦面条，单宁含量很高，单宁对胰蛋白酶有着非竞争性的抑制作用，限制了为对食物中的蛋白的吸收。

三、膳食纤维

尽管膳食纤维对人类健康有着不可忽视的作用，但它也影响着一些营养素的消化吸收，增加人类膳食中的膳食纤维的数量将会导致对蛋白质的消化能力的下降。苦荞子实中的总膳食纤维含量 3.4% ~5.2%，其中，20% ~30% 是可溶性膳食纤维，内葡聚糖含量最高。

四、植酸

植酸存在于多种植物中，为肌醇六磷酸 -1.2.3.4.5.6 -六磷酸二氢脂，植酸在人体内可与二价、三价金属阳离子及蛋白质形成螯合物，从而阻止人体对必需元素 Fe^{3+}、Ca^{2+}、Zn^{2+}、Mg^{2+} 等的吸收，能抑制各种蛋白酶的活性，通过植酸化而产生的酶抑制作用，影响蛋白质的生物效价，是另一种蛋白质消化限制因子。因此，被认为是食物中的抗营养成分。

张玉良等（1990）通过对不同荞麦品种籽粒中植酸含量的测定、比较和评价。其结果是，不同荞麦种、品种籽粒中的植酸含量不同。苦荞含量最高，平均为 15.46mg/g，甜荞次之，平均为 13.49mg/g，野荞最低，平均为 13.03mg/g。而品种间以苦荞 89K-34 -1 品种含量高达 17.15mg/g，野荞 89K -49 最低，为 12.02mg/g（表 5 -15）。

植酸可清除自由基，并阻断或减轻对细胞和组织的损伤。

表 5 -15　不同荞麦种、品种的植酸含量（mg/g）（10 次测定结果的平均）

种	甜荞			苦荞			野荞	
品种名称	榆 3 -3	83-230	信州大荞	混选行	89K -34 -1	89K -29	89K -48	89K -49
平均值	12.58	12.99	14.54	13.84	17.15	13.77	14.03	12.02
标准差（s）	0.22	0.22	0.17	0.30	0.26	0.12	0.11	0.10
变异系数（c.v%）	1.72	1.67	1.19	2.2	1.54	5.21	0.80	0.83

五、苦味素

顾名思义，苦荞是带苦味的荞麦。苦荞中含有苦味素，不同种植地的苦荞苦味不同，高山种植的苦荞苦味重，低地种植的苦荞苦味轻；不同品种的苦味也不同。但苦荞的苦味物质和呈色物质却鲜有研究。

辛力等（2004）进行了苦荞苦味物质和呈色物质的鉴定研究。鉴定结果认为，黄酮类化合物是苦荞的主要苦味物质和呈色物质。因为有资料表明，芦丁是苦荞黄酮类的主要成分，而芦丁的苦感阈值很低，在试验中芦丁浓度低于 1mg/kg 时仍有苦感。故推断，芦丁可能是苦荞的主要苦味物质和呈色物质。

苦荞中的芦丁等黄酮类化合物在碱性条件下呈淡黄色，在酸性条件下黄色退去，可能是由于其 $C_6-C_3-C_6$ 结构中的 C_3 环的开闭所致（图 5 -7）；而苦味在酸性条件下减弱或消失，可能是

由于在酸性条件下 C_3 成环增加了疏水性，降低了其在水中的溶解度（变浑浊），减弱了黄酮对苦感味蕾的作用。

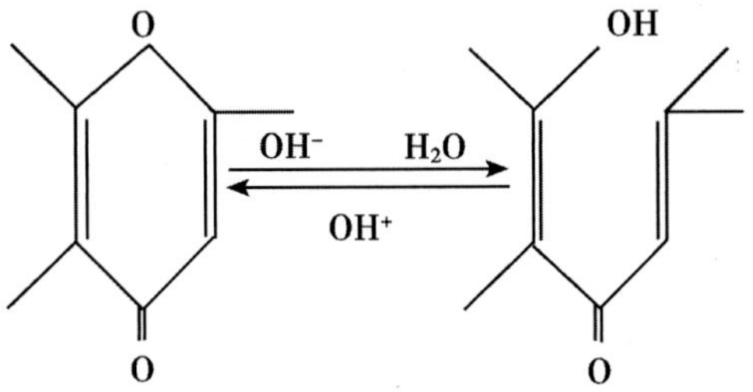

图 5－7　苦荞苦味物质结构

苦荞干体状态制成苦荞粉或颗粒粉不呈现黄绿色，经加水或高温（如膨化、蒸煮等）后呈色，可能与黄酮类化合物在荞麦中的分布与存在状态有关。

苦荞籽粒未成熟时的涩味基本上取决于黄酮类。

有人研究，苦荞苦味素的药效功能是抗菌消炎、抗肝毒等，是黄酮化合物特别是 5-羟基黄酮所具有的生理功能的一部分、也有研究资料不认同芦丁是苦荞的主要苦味物质，因为黄烷酮大多有苦味，黄酮无苦味，芸香糖成苷的黄酮苷类没有苦味。苦味素还需进一步研究。

赵佐城等（2001）在四川昭觉对 37 个不同海拔种植地的苦荞品种采用人工口嚼品尝比较苦味。结果是：不同品种的苦味不同，原产地农家种比改良种苦味重；同一品种在不同种植地的苦味也不同，在海拔 2 000m 以上地里种植的比在海拔 2 000m 以下地里种植的苦荞味重。

参考文献

[1] 林汝法. 荞麦栽培 [M]. 北京：农业出版社，1984
[2] 钱伯文等. 中国食疗学 [M]. 上海：上海科学技术出版社，1987
[3] 林汝法. 中国荞麦 [M]. 北京：中国农业出版社，1994
[4] 恩斯明格 A. H. 等. 食物和营养百科全书选辑（4）营养素 [M]. 北京：农业出版社，1989
[5] 林汝法，柴岩，廖琴等. 中国小杂粮 [M]. 北京：中国农业科技出版社，2002
[6] 杨月欣，王光亚等. 中国食物成分表 [M]. 北京：北京大学医学出版社，2002
[7] 董玉琛，郑殿升. 中国作物及其野生近缘植物·粮食作物卷·荞麦 [M]. 北京：中国农业出版社，2006
[8] 郎桂常，何玲玲. 苦荞的化学成分和营养特性 [J]. 荞麦动态，1987（2）：4～14
[9] 柴岩，刘荣厚. 封山海等. 荞麦的营养成分和营养价值. 中国荞麦科学研究论文集 [M]. 1989：198～202
[10] 张玉良，李文星，何雪梅. 荞麦籽实中植酸含量测定初报 [J]. 荞麦动态，1990（1）：27～28
[11] 唐宇，赵钢. 四川省荞麦品种资源营养品质的研究 [J]. 荞麦动态，1990（2）：20～24
[12] 王楼明，仲少华，蔡声宁. 中国荞麦籽粒中生育酚和尼克酸含量的研究 [J]. 荞麦动态，1991（2）：15～16
[13] 李秀莲，陶雍如，林汝法. 山西省荞麦种质资源营养特性的初步研究 [J]. 荞麦动态，1994（1）：1～7
[14] 魏益民，张国权，李志西. 荞麦面粉理化性质的研究 [J]. 荞麦动态，1994（1）：22～27
[15] 郎桂常. 苦荞的营养价值及开发利用 [J]. 荞麦动态，1997（1）：20～25
[16] 李文德，林汝法，柯克. 甜荞和苦荞淀粉的理化性质 [J]. 荞麦动态，1997（2）：1～7
[17] 池田清和. 荞麦的食品科学 [J]. 荞麦动态，1997（1）：1～6
[18] 林汝法，贾炜珑，任建珍. 苦荞的研究与利用 [J]. 荞麦动态，1998（1）：1～7
[19] 张雄，柴岩，王斌等. 苦荞籽粒蛋白质特性的研究 [J]. 荞麦动态，1998（1）：15～22
[20] 张振福，罗文林. 苦荞麦的化学成分与特殊功能 [J]. 粮食和饲料工业，1998（2）：40～41
[21] 辛力，廖小军，胡小松. 苦荞麦的营养价值、保健功能和加工工艺 [J]. 农牧产品开发，1999（5）：5～6
[22] 李丹. 苦荞麦加工和利用的研究. 无锡轻工大学博士学位论文，2000
[23] 张雄，柴岩，尚爱军. 播期对荞麦籽实蛋白质及其组分含量的影响 [J]. 荞麦动态，2001（1）：11～13
[24] 李文德，Harold Corke，林汝法. 荞麦面粉中总淀粉的遗传特性 [J]. 荞麦动态，2001（1）：21～22
[25] 包塔娜，彭树林，周正质. 苦荞粉的化学成分 [J]. 天然产物研究与开发，2003，15（1）：24～26
[26] 包塔娜，周正质，张帆. 苦荞麸皮的化学成分 [J]. 天然产物研究与开发，2003，15（2）：116～117
[27] 杨参，阙建全，陈宗道. 抗性淀粉及其生理功能研发新进展 [J]. 粮食科技与经济，2003（3）：41～42
[28] 徐宝才，丁霄霖. 苦荞黄酮的测定方法 [J]. 无锡轻工大学学报，2003（2）：98～101
[29] 郭月英，贺银凤. 苦荞麦的营养成分、医疗功能及开发现状 [J]. 农产品加工，2004（2）：24～25
[30] 赵钢，唐宇，王安虎等. 苦荞的成分功能研发与开发应用 [J]. 四川农业大学学报，2004，19（4）：23～25
[31] 辛力，肖华志，胡小松. 苦荞苦味物质与呈色物质的鉴定 [J]. 荞麦动态，2005（1）：25～27
[32] K. Ikeda，et al. Endogenous Factors Affecting Protein Digestibility in Buckwheat Cereal Chemistry，1991，68（4）：424～427
[33] T. Kusano，et al. A preliminary study on structural change on degradation of starch granules Tartary Buckwheat <FAGOPYRUM>，1999（16）：85～87

第六章　苦荞生物活性物质

Ⅵ. Bio-active Substance in Tartary Buckwheat

摘要　本篇阐述的生物活性物质是苦荞营养的宝库，是当今研究的热点。

人们关心生物活性物质的重点苦荞黄酮、苦荞油、功能蛋白、荞醇等物质，而作者冀希研究者更加关注的是种子由“死”（休眠状态）激“活”的萌发物和未知活性成分的探索研究。

1　苦荞是药食兼用作物，富含多种功能因子和保健功能活性。现代医学研究证明荞麦具有抗氧化、降血糖、降血脂、抗肿瘤等多种药理活性。而对苦荞黄酮及苦荞油提取物的成分分析、活性以及降脂功能性等的研究仍缺少详细报道。研究以苦荞黄酮和苦荞油为重点，采用化学分析、仪器分析及生化检测等方法，确立了苦荞籽实黄酮提取物的提取方式，研究了苦荞种植区域高度差异的苦荞黄酮变化、在子实中的分布、存在形式、体外抗氧化活性到在体降脂活性分析，还对苦荞油的提取、组成成分、降脂活性及其应用等也进行了研究。

主要的研究结果如下：

（1）苦荞籽中含有丰富的多酚物质，并多以自由形式存在；

（2）苦荞生长的海拔高度对苦荞籽粒芦丁和总酚酸含量有显著的正相关性；

（3）苦荞麸比苦荞内层粉含有更高的总酚和总黄酮含量；

（4）安全高效的超声波助提方法苦荞麸黄酮提取技术参数；

（5）槲皮素是苦荞麸黄酮抗氧化活性最强的物质；

（6）苦荞黄酮具有降血脂的功能；

（7）苦荞油中的不饱和脂肪酸和植物甾醇是苦荞油的降肝脂功能的主要成分；

（8）苦荞麸油超临界 CO_2 技术提取的工艺参数；

（9）β-环糊精胶体磨包合技术制备稳定型固体苦荞油的方法。

2. 荞麦中含有丰富的营养成分和功能蛋白，其活性成分对高血压、糖尿病等疾病具有明显的辅助治疗作用。近年来，已引起许多科学家的广泛关注。以下就荞麦中的功能活性成分，尤其其中的抗营养因子及过敏蛋白等进行阐述。

3. 从萌发对植物籽粒生理活性及营养成分的影响，重点叙述了荞麦经萌发期间蛋白质、脂肪、维生素、矿物质、芦丁、氨基丁酸等营养成分及生理活性的变化规律和机理；从抗氧化活性酶活性的变化规律、体外抗氧化活性、提高机体免疫力以及抗肿瘤的一系列实验，证明了萌发对提高荞麦生理活性和保健功能的促进作用，并揭示其功能与萌发中所增加的黄酮类化合物的含量有重要相关。

Abstract　The hot research topic of this year is the existing bioactive substance in Tartary Buckwheat. It is logic to research on Tartary Buckwheat's flavone, oil, functional proteins and sugar alcohols, but writer hope researchers can pay attention to germinated seeds and unknown bioactive substance in Tartary Buckwheat.

1. Tartary buckwheat is a medical and edible dual-purpose plant in China and it is rich in nutrients and functional compounds. The research in our team focuses on flavonoids and oil extracted from tartary buckwheat seed using methodology in chemical analysis, instrumental analysis and experimental animal models. The studies investigated the tartary buckwheat seed flavonoids into its form, distribution, extraction method, in-vitro antioxidant activity and hypolipidemic effect. Also, the composition, hypolipidemic activity and application of tartary buckwheat oil were studied.

The main research conclusions are as follows:

(1) The phenolic compounds in buckwheat seed is mainly present in free form;

(2) The altitude of growing condition had significant positive effects on the content of rutin and phenolic acids in tartary buckwheat seed;

(3) Tartary buckwheat bran contained a higher level of total phenolics and flavonoids than its inner layers;

(4) Utrasonic-assisted extraction was an efficient way in extracting flavonoids from tartary buckwheat bran;

(5) Quercetin played a vital role in the antioxidant capacity of the total flavonoids of tartary buckwheat bran;

(6) Total flavonoids of tartary buckwheat bran exhibited significant hypolipidemic effects on hyperlipidemic rats;

(7) Unsaturated fatty acids and phytosterol were the main compounds with hepatic lipid lowering effects in tartary buckwheat oil;

(8) Technique parameters for tartary buckwheat bran oil extraction with CO_2 supercritical fluid were optimized.

(9) The method of β-cyclodextrin inclusion technology for tartary buckwheat bran oil was optimized.

2. Buckwheat is rich in nutrients and functional proteins, its active composition has a significant supporting role to many diseases such as hypertension, diabetes and other. In recent years, an increasing number of scientists have considered its nutritional components and reported that the protein content of buckwheat flour is significantly higher than that of rice, wheat, millet, sorghum and maize. In addition to high-quality protein, buckwheat seeds contain many bioactive components such as anti-nutritional factors and allergenic proteins.

3. This chapter from germinating on plant physiological activity of the grain and the influence of nutritional components, describes the focus during germination of buckwheat protein, fat, the vitamin, mineral, rutin, GABA and other nutrients and physiological activity of regularity and mechanism of the

antioxidant activity; enzyme activity change rule, in vitro antioxidant activity, improve immunity and anti the tumor in a series of experiments, proved to enhance germination buckwheat physiological activity and health care function of stimulative effect, and reveals its function and germination of the increase of the content of flavonoids with important associated. This chapter also introduces the buckwheat sprouts beverage, buckwheat bud of rice products, buckwheat sprouts leisure and health food research and production technology for buckwheat, adorable standard depth research and product development to provide a detailed theoretical basis.

第一节　苦荞黄酮

一、苦荞多酚类化合物和黄酮

（一）苦荞的高自由酚

众所周知，苦荞富含保健功能性突出的多酚类化合物，而黄酮类化合物是其中最主要的一类物质。多酚类物质是一类植物中的天然的抗氧化物，对高血脂、炎症、肿瘤等疾病都具有一定的辅助治疗作用。

多酚类物质在植物中有不同的存在形式，主要包括自由态及与多糖或蛋白结合态的两种形式。有研究表明，自由酚在胃肠道发挥功效作用，而结合酚则在结肠发挥功效作用。目前，已经公认的水果多酚大多以自由形式存在，小麦、水稻、玉米等的多酚多以结合形式存在。徐宝才等研究了苦荞壳、麸皮、外层粉和内层粉的游离态、可溶性结合态和不溶性结合态酚酸的构成，发现壳、麸皮中的酚酸多以不溶性结合态存在，而粉中的酚酸多以游离和可溶性结合态存在。以往的研究未指出苦荞粉中的多酚物质存在形式及抗氧化性特点。

为了了解不同品种苦荞面粉中多酚物质存在形式及其抗氧化性，研究选取种植于四川省凉山彝族自治州的 19 个苦荞品种，考察了 19 个苦荞品种的多酚存在形式、含量及多酚提取物对 DPPH · 和 ABTS · + 的清除能力，并分析了 DPPH · 和 ABTS · + 清除能力与芦丁含量的相关性。这些结果将为苦荞的品种选育、生产用种、企业生产原料的筛选及消费利用提供基本资料与参考。

苦荞中多酚、黄酮及芦丁含量分别见表 6 - 1、表 6 - 2 及表 6 - 3。

表 6 - 1　苦荞自由酚、结合酚、总酚的含量

Table 6 - 1　Free, bound and total phenolic contents of tartary buckwheat

品种名称	自由酚含量 (μmol GA eq/100g)	结合酚含量 (μmol GA eq/100g)	总酚含量 (μmol GA eq/100g)	自由酚总酚的比例 (%)
威苦 01 - 374	7 220. 22 ± 5. 3[f]	135. 08 ± 3. 05[bcde]	7 355. 30 ± 5. 15[h]	98
西苦 6 - 14	7 374. 16 ± 9. 79[f]	74. 21 ± 4. 10[fgh]	7 448. 37 ± 9. 69[h]	99
云荞 67	6 890. 38 ± 0. 48[fg]	101. 7 ± 7. 92[defgh]	6 992. 09 ± 0. 40[hi]	99
2 号 6 - 12	9 498. 08 ± 0. 89[abc]	120. 15 ± 5. 64[cdefg]	9 618. 23 ± 0. 81[abcd]	99
镇巴苦荞	10 107. 82 ± 4. 8[a]	147. 19 ± 33. 34[bcd]	10 255. 01 ± 4. 97[a]	99
凉苦 - 3	9 897. 17 ± 3. 76[ab]	72. 79 ± 34. 21[fgh]	9 969. 96 ± 3. 52[abc]	99
灰黑苦荞	9 860. 98 ± 6. 36[ab]	268. 27 ± 21. 37[a]	10 129. 24 ± 6. 66[ab]	97
兴苦 2 号	9 207. 44 ± 4. 02[bc]	162. 03 ± 16. 13[bc]	9 369. 47 ± 3. 67[bcd]	98
昭苦 2 号	8 900. 10 ± 7. 28[cd]	241. 05 ± 28. 51[a]	9 141. 15 ± 7. 25[de]	97
平 01 - 043	6 930. 33 ± 1. 71[fg]	56. 14 ± 20. 24[h]	6 986. 74 ± 1. 58[hi]	99
威苦 02 - 286	5 683. 5 ± 4. 33[h]	127. 44 ± 14. 16[bcdef]	5 810. 94 ± 3. 93[j]	98
圆子荞	5 970. 08 ± 6. 19[h]	179. 24 ± 12. 97[b]	6 149. 32 ± 5. 93[j]	97
西荞 1 号	6 119. 75 ± 4. 55[h]	180. 85 ± 24. 69[b]	6 300. 6 ± 4. 14[ij]	97

（续表）

编号	自由酚含量（μmol GA eq/100g）	结合酚含量（μmol GA eq/100g）	总酚含量（μmol GA eq/100g）	自由酚总酚的比例（%）
1号7－3	6 294.85±1.34[gh]	103.69±33.17[defgh]	6 398.54±1.79[ij]	98
川荞1号	7 610.04±2.99[ef]	65.37±28[gh]	7 675.41±2.87[gh]	99
迪庆苦荞	8 399.23±2.72[d]	87.82±20.95[efgh]	8 487.05±2.51[ef]	99
凉苦－4	8 459.75±7.85[d]	110.92±3.09[cdefgh]	8 570.67±7.79[ef]	99
西苦7－3	8 175.21±7.7[de]	78.43±13.95[fgh]	8 253.63±7.51[fg]	99
晋苦2号	9 882.45±5.93[ab]	124.58±19.82[cdef]	10 007.04±5.61[abc]	99

注：a、b、c、d等字母在同一测试指标中，相同表示差异不显著，不同则表示差异显著（$P<0.05$）；下同

表6－2　苦荞自由部分黄酮、结合部分黄酮、总黄酮的含量

Table 6－2　Free, bound and total flavonoids contents of tartary buckwheat

品种名称	自由部分黄酮含量（mg RU eq/100 DW）	结合部分黄酮含量（mg RU eq/100 DW）	总黄酮含量（mg RU eq/100 DW）
威苦01－374	939.41±6.67[bc]	47.01±14.49[efg]	986.42±0.95[bc]
西苦6－14	833.85±4.18[cde]	56.86±21.61[def]	890.71±0.94[cd]
云荞67	963.07±3.62[b]	60.82±19.42[cde]	1 023.89±0.94[b]
2号6－12	746.87±7.83[ef]	42.59±13.70[fgh]	789.46±0.95[def]
镇巴苦荞	1 121.47±4.31[a]	66.11±15.33[bcd]	1 187.58±0.94[a]
凉苦－3	829.01±5.82[de]	44.96±20.01[efg]	873.97±0.95[cde]
灰黑苦荞	968.74±8.10[b]	44.63±7.56[efg]	1 013.37±0.96[b]
兴苦2号	866.07±4.79[bcd]	47.02±7.25[efg]	913.1±0.95[bc]
昭苦2号	740.41±3.29[ef]	60.81±9.71[cde]	801.22±0.92[def]
平01－043	942.93±4.06[b]	79.01±4.3[b]	1 021.94±0.92[b]
威苦02－286	1113.32±6.02[a]	68.52±8.55[bcd]	1 181.84±0.94[a]
圆子荞	1 112.51±6.11[a]	74.02±28.39[bc]	1 186.53±0.94[a]
西荞1号	949.45±6.89[b]	33.12±17.54[ghi]	982.56±0.97[bc]
1号7－3	782.39±3.05[def]	104.56±8.47[a]	886.95±0.88[cd]
川荞1号	703.75±7.06[f]	60.19±5.57[cde]	763.94±0.92[ef]
迪庆苦荞	716.48±7.97[f]	25.7±13.22[i]	742.18±0.97[f]
凉苦－4	833.55±8.23[cde]	53.15±16.91[def]	886.70±0.94[cd]
西苦7－3	749.59±5.65[ef]	27.59±21.28[hi]	777.18±0.96[def]
晋苦2号	681.62±5.27[f]	25.7±26.44[i]	707.32±1.08[f]

表 6－3　苦荞芦丁含量

Table 6－3　The content of rutin of tartary buckwheat

品种名称	芦丁含量（mg/100g DW）	品种名称	芦丁含量（mg/100g DW）
威苦 01－374	1 231.28 ± 7.77^{ab}	威苦 02－286	1 156.23 ± 19.29^{abc}
西苦 6－14	1 103.73 ± 5.26^{abc}	圆子荞	1 103.6 ± 13.96^{abc}
云荞 67	1 117.85 ± 8.38^{abc}	西荞 1 号	922.08 ± 11.16^{cd}
2 号 6－12	638.91 ± 27.36^{e}	1 号 7－3	942.12 ± 10.89^{cd}
镇巴苦荞	1 161.17 ± 14.1^{abc}	川荞 1 号	836.5 ± 10.50^{de}
凉苦－3	1 124.62 ± 14.66^{abc}	迪庆苦荞	1 201.58 ± 0.5^{ab}
灰黑苦荞	944.54 ± 9.76^{cd}	凉苦－4	1 047.32 ± 6.04^{abcd}
兴苦 2 号	1 061.02 ± 0.95^{abcd}	西苦 7－3	1 153.13 ± 4.55^{abc}
昭苦 2 号	1 153.12 ± 11.15^{abc}	晋苦 2 号	1 263.52 ± 17.61^{a}
平 01－043	1 141.44 ± 5.51^{abc}		

分析以上结果得到如下结论。

1. 苦荞中 95% 以上多酚物质以自由态的形式存在，与水果中多酚的存在形式相同，共同在结肠以上部位发挥功效作用（例如抗氧化），与小麦、水稻、玉米不同，与它们一起食用，弥补了小麦、水稻、玉米较少在结肠以上部位发挥功效的缺陷。

2. 镇巴苦荞、圆子荞和威苦 02－286 的总酚含量最高，无显著性差异；镇巴苦荞、灰黑苦荞、晋苦 2 号、凉苦－3 和 2 号 6－12 的总黄酮含量最高，也无显著性差异；除 2 号 6－12、灰黑苦荞、西荞 1 号、1 号 7－3 及川荞 1 号芦丁含量较低外，其余品种的苦荞芦丁含量均较高且无显著性差异。

3. 相关性分析表明，芦丁含量与 DPPH·（R^2 = 0.816）和 ABTS·$^+$ 的清除能力（R^2 = 0.763）均呈线性相关。提示在酚类物质中，芦丁可能起到了主要的抗氧化作用，且 DPPH·法可作为衡量苦荞芦丁含量高低的快速定性检测方法。

国外研究发现，小麦的生长环境条件影响着小麦粉的抗氧化性。Kishore 等人研究了喜马拉雅山区 15 个区域种植的苦荞，发现籽实中总酚、总黄酮含量及抗氧化活性随着海拔高度的增加也有所增长。同样地，王敏等比较分析了生长在 3 个地区的两个苦荞品种籽实的多酚类物质含量、抗氧化性与生长的环境条件的关系（表 6－4，表 6－5，表 6－6）。

表 6－4　3 个苦荞种植地区的环境参数

Table 6－4　The environment parameters of Tartary buckwheat growing areas

地区	平均温度（℃）	降水量（mm）	日照时间（h）	海拔（m）
四川凉山	17.19	667.3	1 078.4	2 100
宁夏同心	19.61	151.4	1 446.5	1 422
甘肃定西	14.02	317	1 071.7	1 920

表 6－5　不同地区苦荞多酚类物质组成

Table 6－5　The content of phenolic compounds in two Tatary buckwheat varieties grown in three areas

品种名称	地区	自由酚 (mg/100g DW)	结合酚 (mg/100g DW)	总酚 (mg/100g DW)
(A) 芦丁				
兴苦 2#	四川凉山彝族自治州	1 444.59 ±1.75[a]	3.28 ±0.06[d]	1 447.87 ±1.69[a]
	宁夏同心	1 213.9 ±9.05[e]	2.94 ±0.04[e]	1 216.92 ±9.09[e]
	甘肃定西	1 344.47 ±5.86[b]	3.83 ±0.04[b]	1 348.30 ±5.90[b]
迪庆	四川凉山	1 322.00 ±10.59[c]	3.59 ±0.06[c]	1 325.59 ±10.65[c]
	宁夏同心	517.45 ±4.34[f]	1.09 ±0.03[f]	518.54 ±4.32[f]
	甘肃定西	1 247.01 ±6.74[d]	11.49 ±0.04[a]	1 258.50 ±6.77[d]
(B) 槲皮素				
兴苦 2#	四川凉山彝族自治州	478.76 ±2.39[d]	0.61 ±0.01[c]	479.37 ±2.40[d]
	宁夏同心	425.09 ±4.03[e]	0.56 ±0.01[d]	425.65 ±4.03[e]
	甘肃定西	621.82 ±2.28[b]	0.72 ±0.02[b]	622.54 ±2.29[b]
迪庆	四川凉山彝族自治州	538.42 ±2.60[c]	0.61 ±0.02[c]	539.03 ±2.61[c]
	宁夏同心	857.23 ±3.66[a]	0.39 ±0.01[e]	857.62 ±3.66[a]
	甘肃定西	626.59 ±3.14[b]	0.86 ±0.03[a]	627.46 ±3.12[b]
(C) 儿茶素				
兴苦 2#	四川凉山彝族自治州	4.40 ±0.03[a]	7.61 ±0.03[d]	12.01 ±0.05[b]
	宁夏同心	3.74 ±0.03[b]	6.34 ±0.05[e]	10.08 ±0.05[d]
	甘肃定西	3.13 ±0.04[c]	16.84 ±0.04[a]	19.96 ±0.01[a]
迪庆	四川凉山彝族自治州	0.95 ±0.02[f]	8.83 ±0.04[c]	9.78 ±0.06[e]
	宁夏同心	2.95 ±0.03[d]	5.94 ±0.04[f]	8.89 ±0.06[f]
	甘肃定西	2.31 ±0.04[e]	9.02 ±0.07[b]	11.34 ±0.06[c]
(D) 对羟基苯甲酸				
兴苦 2#	四川凉山彝族自治州	5.39 ±0.15[b]	0.11 ±0.01[d]	5.51 ±0.14[b]
	宁夏同心	2.95 ±0.03[c]	0.14 ±0.01[c]	3.10 ±0.03[c]
	甘肃定西	8.56 ±0.32[a]	0.21 ±0.01[a]	8.78 ±0.31[a]
迪庆	四川凉山彝族自治州	5.64 ±0.07[b]	0.10 ±0.01[e]	5.74 ±0.07[b]
	宁夏同心	2.22 ±0.00[c]	nd	2.22 ±0.00[c]
	甘肃定西	5.00 ±0.03[b]	0.19 ±0.01[b]	5.18 ±0.04[b]
(E) 阿魏酸				
兴苦 2#	四川凉山彝族自治州	6.4 ±0.42[a]	0.89 ±0.01[b]	7.29 ±0.39[a]
	宁夏同心	2.07 ±0.01[e]	0.78 ±0.01[d]	2.85 ±0.01[e]

（续表）

品种名称	地区	自由酚（mg/100g DW）	结合酚（mg/100g DW）	总酚（mg/100g DW）
	甘肃定西	1.00 ± 0.01^{f}	0.86 ± 0.00^{c}	1.86 ± 0.01^{f}
迪庆	四川凉山彝族自治州	4.31 ± 0.09^{b}	0.61 ± 0.01^{e}	4.92 ± 0.07^{b}
	宁夏同心	2.73 ± 0.21^{d}	0.48 ± 0.02^{f}	3.21 ± 0.20^{d}
	甘肃定西	3.73 ± 0.12^{c}	0.98 ± 0.04^{a}	4.71 ± 0.11^{c}
		（F）原儿茶酸		
兴苦2#	四川凉山彝族自治州	3.16 ± 0.11^{a}	1.47 ± 0.01^{b}	4.63 ± 0.13^{a}
	宁夏同心	1.81 ± 0.02^{b}	1.41 ± 0.02^{c}	3.21 ± 0.02^{c}
	甘肃定西	1.58 ± 0.03^{c}	2.15 ± 0.02^{a}	3.73 ± 0.04^{b}
		（G）对香豆酸		
迪庆	四川凉山彝族自治州	1.32 ± 0.05^{d}	0.4 ± 0.00^{e}	1.73 ± 0.06^{f}
	宁夏同心	1.6 ± 0.01^{c}	0.5 ± 0.03^{d}	2.1 ± 0.04^{e}
	甘肃定西	1.14 ± 0.01^{e}	1.49 ± 0.04^{b}	2.64 ± 0.05^{d}
兴苦2#	四川凉山彝族自治州	0.72 ± 0.03^{a}	0.26 ± 0.01^{a}	0.98 ± 0.04^{a}
	宁夏同心	0.23 ± 0.00^{d}	nd	0.23 ± 0.00^{e}
	甘肃定西	0.5 ± 0.02^{b}	0.18 ± 0.02^{b}	0.68 ± 0.03^{b}
迪庆	四川凉山彝族自治州	0.38 ± 0.01^{c}	0.11 ± 0.00^{c}	0.49 ± 0.01^{c}
	宁夏同心	0.18 ± 0.02^{e}	0.11 ± 0.01^{c}	0.29 ± 0.02^{d}
	甘肃定西	0.51 ± 0.01^{b}	nd	0.51 ± 0.01^{c}
		（H）没食子酸		
兴苦2#	四川凉山彝族自治州	0.62 ± 0.01^{a}	nd	0.62 ± 0.01^{a}
	宁夏同心	0.48 ± 0.01^{c}	nd	0.48 ± 0.01^{c}
	甘肃定西	0.48 ± 0.00^{c}	nd	0.48 ± 0.00^{c}
迪庆	四川凉山彝族自治州	0.48 ± 0.00^{c}	nd	0.48 ± 0.00^{c}
	宁夏同心	0.49 ± 0.02^{c}	nd	0.49 ± 0.02^{c}
	甘肃定西	0.55 ± 0.05^{b}	nd	0.55 ± 0.05^{b}
		（I）咖啡酸		
兴苦2#	四川凉山彝族自治州	0.49 ± 0.00^{a}	nd	0.49 ± 0.00^{a}
	宁夏同心	nd	0.12 ± 0.00^{b}	0.12 ± 0.00^{b}
	甘肃定西	0.23 ± 0.01^{c}	0.12 ± 0.00^{b}	0.35 ± 0.00^{c}
迪庆	四川凉山彝族自治州	nd	nd	Nd
	宁夏同心	0.32 ± 0.02^{b}	nd	0.32 ± 0.02^{d}
	甘肃定西	0.19 ± 0.01^{d}	0.17 ± 0.02^{a}	0.36 ± 0.03^{b}

（续表）

品种名称	地区	自由酚（mg/100g DW）	结合酚（mg/100g DW）	总酚（mg/100g DW）
（J）香草酸				
兴苦2#	四川凉山彝族自治州	nd	0.2 ±0.01^{d}	0.21 ±0.01^{f}
	宁夏同心	0.53 ±0.01^{c}	0.14 ±0.01^{e}	0.67 ±0.02^{c}
	甘肃定西	nd	0.52 ±0.00^{a}	0.52 ±0.00^{d}
迪庆	四川凉山彝族自治州	1.17 ±0.01^{a}	0.43 ±0.01^{b}	1.6 ±0.01^{a}
	宁夏同心	nd	0.28 ±0.02^{c}	0.28 ±0.02^{c}
	甘肃定西	0.6 ±0.00^{b}	0.43 ±0.01^{b}	1.04 ±0.01^{b}
（K）丁香酸				
兴苦2#	四川凉山彝族自治州	0.18 ±0.01^{a}	nd	0.18 ±0.01^{a}
	宁夏同心	nd	nd	Nd
	甘肃定西	0.12 ±0.00^{b}	nd	0.12 ±0.00^{b}
迪庆	四川凉山彝族自治州	nd	nd	Nd
	宁夏同心	nd	nd	Nd
	甘肃定西	nd	nd	Nd

注：nd，未发现

由表6－5看出，生长环境对苦荞多酚含量和抗氧化性具有显著性的影响，两个品种的芦丁与总酚酸含量均与海拔高度有显著的正相关性，说明海拔高的地区种植的苦荞，其芦丁与总酚酸含量也较高。

表6－6　苦荞生长条件与多酚含量和抗氧化性的相关性

Table 6－6　Correlation analysis of environment parameters and antioxidant properties and phenolic content of two Tartary buckwheat varieties grown in three areas

环境参数	品种名称	多酚含量与抗氧化性										
		DPPH	AAC_F	AAC_B	TPC	TFC	TPA	R	Q	HA	FA	PA
平均温度（℃）	兴苦2#	-0.72	-0.22	-0.26	0.80	0.56	-0.56	-0.50	-0.98*	-0.99*	0.25	-0.29
	迪庆	0.13	0.46	0.91	-0.61	-0.32	-0.83	-0.78	0.64	-0.73	-0.76	-0.65
降水量（mm）	兴苦2#	0.85	0.98*	0.99*	0.38	-0.94	0.94	0.96*	0.06	0.23	0.88	0.99*
	迪庆	0.93	0.75	-0.63	-0.62	-0.84	0.74	0.79	-0.90	0.84	0.82	-0.58
日照时间（h）	兴苦2#	-0.98*	-0.57	-0.75	0.34	0.92	-0.93	-0.90	-0.72	-0.83	-0.33	-0.77
	迪庆	-0.44	-0.11	0.99*	-0.07	0.25	-0.99*	-0.99*	0.96*	-0.99*	-0.99*	-0.12
海拔（m）	兴苦2#	0.99*	0.77	0.9	-0.07	-0.99*	0.99*	0.98*	0.51	0.64	0.57	0.91
	迪庆	0.67	0.37	-0.91	-0.2	-0.51	0.97*	0.98*	-0.99*	0.99*	0.99*	-0.15

注：* $P<0.05$。DPPH，DPPH自由基清除能力；AAC_F，自由酚的抗氧化系数；AAC_B，结合酚的抗氧化系数；TPC，总酚含量；TFC，总黄酮含量；TPA，总酚酸含量；R，芦丁含量；Q，槲皮素含量；HA，*p*-羟基苯甲酸含量；FA，阿魏酸含量；PA，原儿茶酸含量

二、苦荞籽粒麸皮中的多酚物质

荞麦是一种假谷类作物，与小麦一样，常常以面粉的形式被食用。研究发现，小麦不同部分的面粉其植物化学成分和抗氧化性的分布是不同的，对甜荞和苦荞的研究也有相似的结果。Hung P. V. 等将甜荞籽粒按由内到外磨成16个部位的粉，比较了不同部位荞麦粉的多酚类物质含量和抗氧化性，发现荞麦粉中的多酚类物质越靠外层含量越高，抗氧化活性也相应更强。但苦荞籽粒中的酚类物质和抗氧化性分布的分析结果尚未见诸报道。

芦淑娟等将苦荞子实磨粉后按粒径分为壳粉（40目上）、麸粉（40～60目）、粗粉（60～80目）、细粉（80目下）四部分，测定不同粒径苦荞粉磨粉的总酚、总黄酮含量以及对DPPH·和ABTS·$^{+}$的清除能力，以此了解抗氧化物质在苦荞子实中的分布情况。苦荞粉总酚、总黄酮含量、DPPH·和ABTS·$^{+}$清除能力的测定结果分别见图6－1、图6－2、图6－3和图6－4。

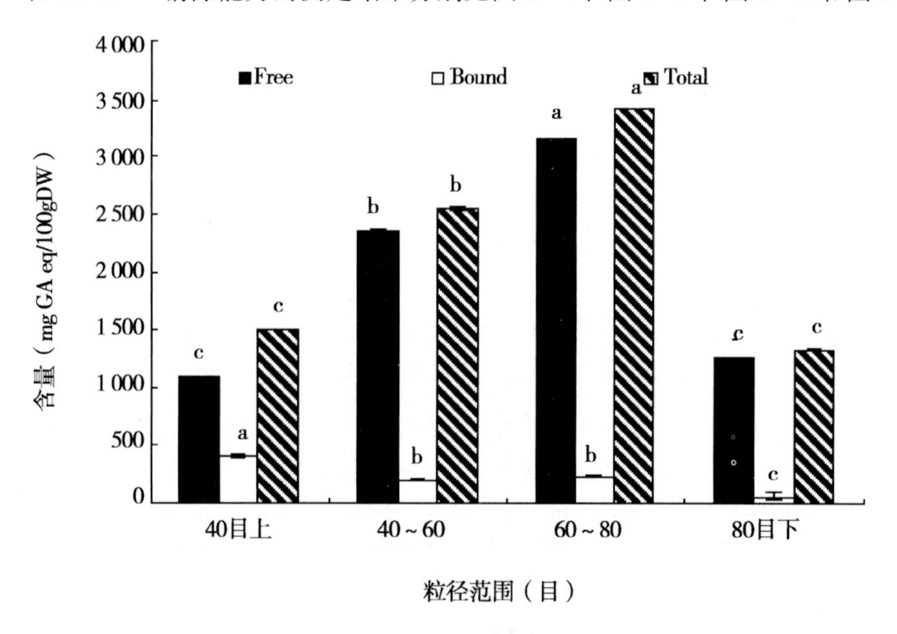

图6－1　不同粒径苦荞粉的多酚含量

Fig. 6－1　The content of phenolics of tartary buckwheat flour in different particle sizes

试验结果显示，自由酚部分中，60～80目的总酚、总黄酮含量及自由基的能力最高；而结合酚部分则为40目上总酚、总黄酮含量及自由基的能力最高。由于自由酚含量远高于结合酚含量，故每一样品的总酚含量中，仍为60～80目的总酚、总黄酮含量及自由基的能力最高。研究表明：苦荞麸粉的总酚、总黄酮含量及自由基的能力最高，苦荞麸被认为是提取总酚或总黄酮极好的资源，若以麸粉和细粉共同食用，能增加对抗氧化物质的摄入。

苦荞麸皮含有较高的抗氧化物质，但其口感粗糙、苦涩、消化率低，生产利用率极低，造成了功能成分和资源的浪费。超微粉碎技术是一种新型食品加工技术，其对原料的营养成分影响较小、制备出的粉体均匀性好，有益于对某些天然生物资源的食用特性、功能特性和理化性能的保留。该技术可用于增加食品的保健功能性，例如将小麦麸皮、玉米胚芽渣、米糠和甘蔗渣等富含维生素、矿质元素的食品加工副产物进行纤维的微粒化，能显著的改善纤维食品的口感和吸收性，提高其清除自由基、对重金属离子的吸附等功能特性，可用于制作膳食纤维的饼干、加工高纤维低热量的面包等新型食品。

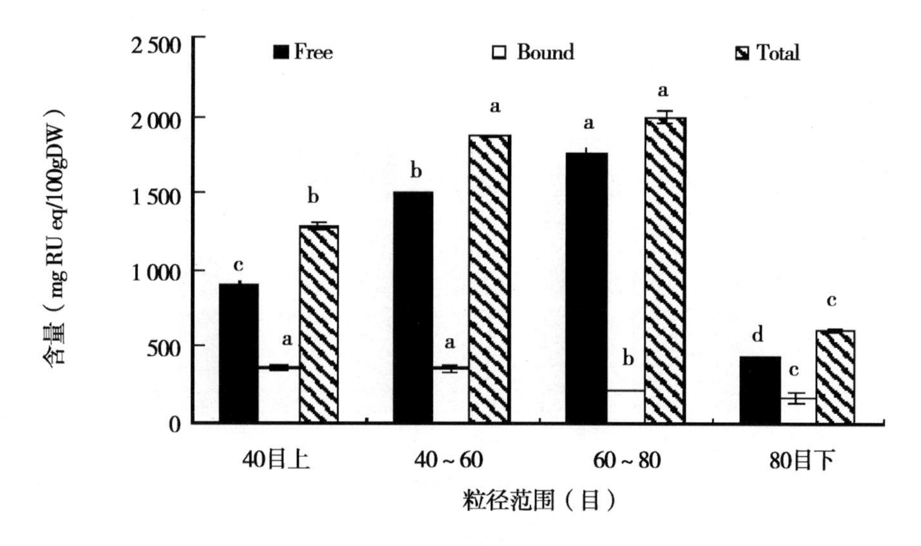

图6－2　不同粒径苦荞粉的黄酮含量

Fig. 6－2　The content of flavonoids of tartary buckwheat flour in different particle sizes

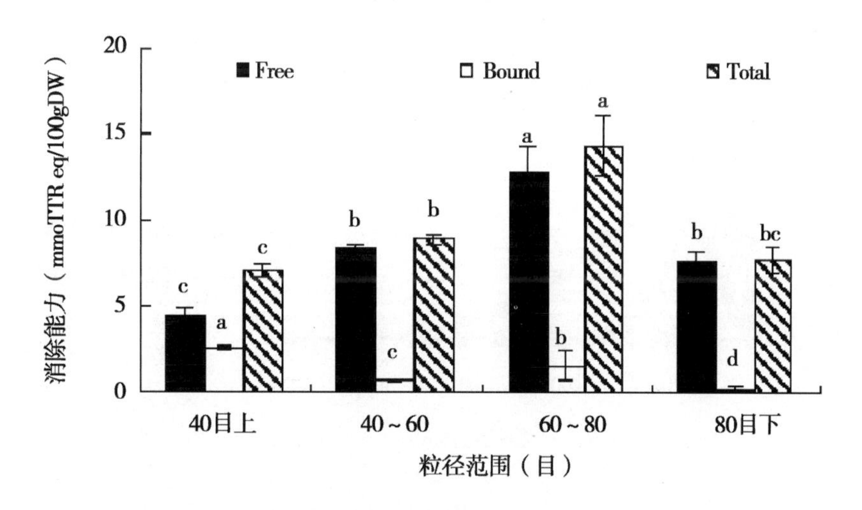

图6－3　不同粒径苦荞粉的DPPH·清除能力

Fig. 6－3　DPPH· scavenging ability of tartary buckwheat flour in different particle sizes

因而，研究尝试将苦荞麸经过超微粉碎处理制备出苦荞麸微粉，并评价了苦荞微粉的清除 NO^{2-}、吸附重金属离子和抗氧化能力。采用体外试验方法，对比研究了苦荞麸原粉与不同粒度苦荞麸微粉A（粒径为79.777μm）、苦荞麸微粉B（粒径为49.196μm）、苦荞麸微粉C（粒径为20.621μm）（图6－5）对胆酸钠的吸附（图6－6）、对重金属 Pb^{2+}、Cd^{2+}、Hg^{2+} 的吸附（图6－7）、对 NO^{2-} 的清除及（图6－8）对DPPH·的清除作用（图6－9）的差异。与苦荞麸原粉相比，苦荞麸微粉C的变化总体最为明显，其对胆酸钠的吸附量降低；对重金属 Pb^{2+}、Cd^{2+}、Hg^{2+} 的吸附量以及对 NO^{2-}、DPPH·的清除率则均有所增加，可见超微粉碎苦荞麸皮得到的苦荞微粉在体外试验中具有良好的功能特性。说明超微粉碎的苦荞麸是一种极有开发潜力的功能食品材料。

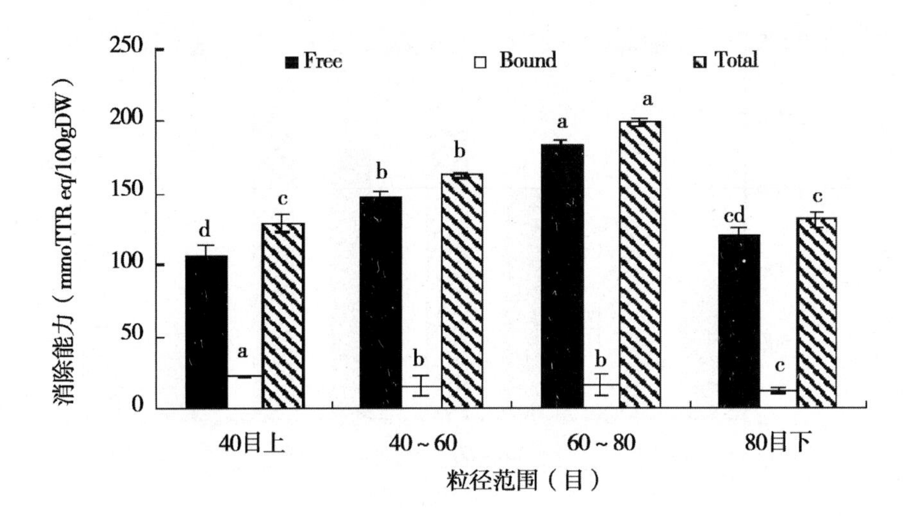

图 6－4　不同粒径苦荞粉的 ABTS·+清除能力

Fig. 6－4　ABTS·+scavenging ability of tartary buckwheat flour in different particle sizes

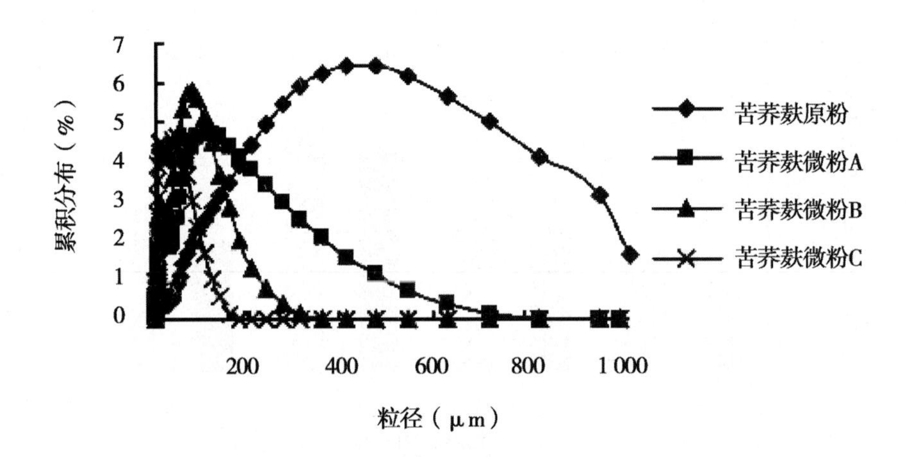

图 6－5　苦荞麸的粒径累计分布图

Fig. 6－5　The diameter accumulating distribution of tartary buckwheat micropowders

三、槲皮素是苦荞黄酮的重要抗氧化物质

研究已从荞麦籽粒中分离和鉴定出 6 种黄酮类化合物，分别是：芦丁、槲皮素、荭草苷、牡荆苷、异牡荆黄苷和异荭草苷，并且荞麦壳中还有全部 6 种物质，而荞麦籽实中仅含芦丁和异牡荆黄素，其中芦丁是其中最主要的黄酮类化合物。植物的抗氧化活性不仅与抗氧化物质的含量有关，而且与抗氧化物质的分子结构有关。有试验证明，儿茶素是甜荞壳中的抗氧化活性成分，其抗氧化能力高于芦丁。但苦荞籽粒的抗氧化活性成分的研究还鲜有报道。

研究对苦荞总黄酮提取物（total flavonoids of Tartary buckwheat flour，TFTBF）进行薄层层析

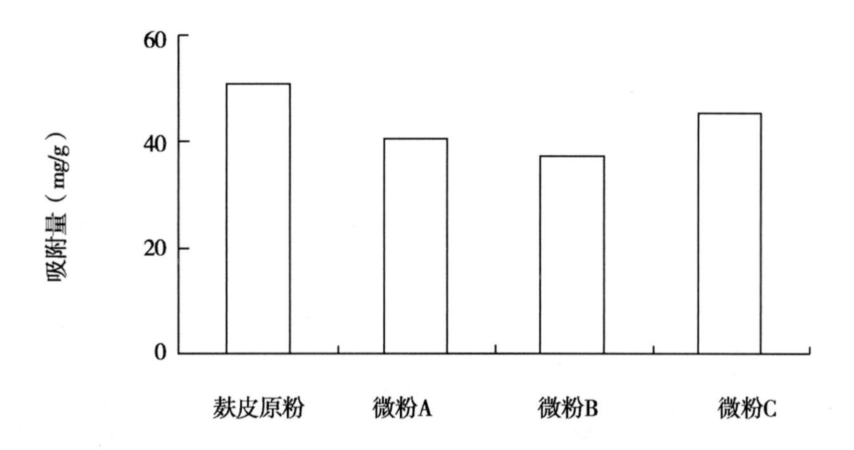

图 6-6　苦荞麸对胆酸钠的吸附

Fig. 6-6　Bile sodium adsorption ablility of tartary buckwheat micropowders towards

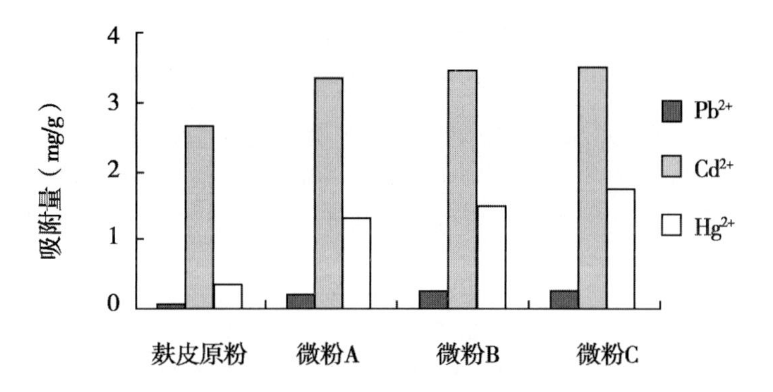

图 6-7　苦荞麸对 Pb^{2+}、Cd^{2+}、Hg^{2+} 的吸附能力

Fig. 6-7　Pb^{2+}, Cd^{2+}, Hg^{2+} adsorption ability of tartary buckwheat brans

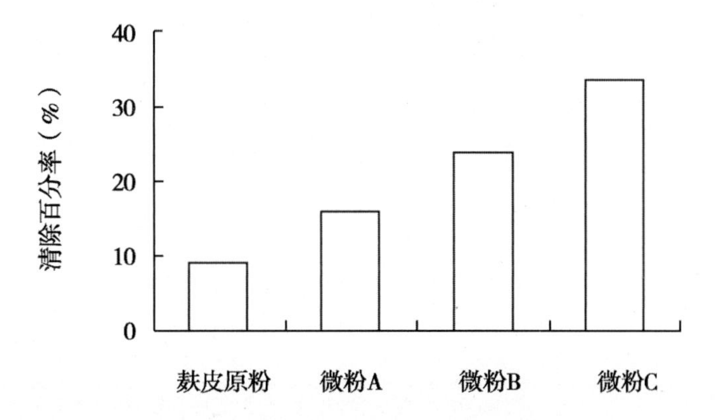

图 6-8　苦荞麸对 NO_2^- 的清除能力

Fig. 6-8　NO_2^- scavenging ability of tartary buckwheat brans

分析，合并 Rf 值相同组分，减压浓缩，所得试验样品用于 DPPH·活性测定，检出具有 18 个 Rf 值相同部位。将 18 个 Rf 值相同部位、TFTBF、槲皮素、芦丁为参试样品，分别测定不同反应时间对 DPPH·活性的抑制率（表 6－7），

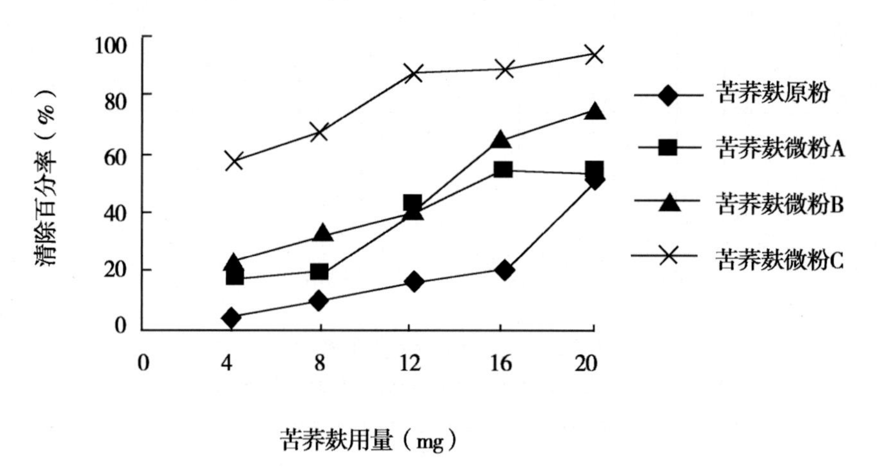

图 6－9　苦荞麸 DPPH·的清除能力

Fig. 6－9　DPPH· scavenging ability of tartary buckwheat brans

由表 6－7 可知，参试各样品都表现出抗大鼠肝脏自发性脂质过氧化的活性，都具有清除自由基的能力，但强弱存在一定的差异，其中以 Fr4、Fr9 两个部位的抗氧化作用较强，并表现出相应的量效关系。抗大鼠肝脏自发性脂质过氧化活性，清除 DPPH·能力由强到弱的排序为：槲皮素 > 芦丁 > Fr9 > Fr4 > TFTBF。

表 6－7　各种待测样品不同时间对 DPPH·的抑制率

Table 6－7　DPPH· scavenging ability of different fractions

测定样品名称	时间（min）/抑制率（IR,%）		
	5	10	15
Fr1	48.85	49.02	49.03
Fr2	53.54	53.82	54.05
Fr3	63.25	64.85	65.85
Fr4	64.87	65.58	66.15
Fr5	59.35	59.98	60.41
Fr6	62.09	63.13	63.76
Fr7	57.92	58.52	58.96
Fr8	61.88	62.51	63.07
Fr9	67.06	67.94	68.55
Fr10	57.07	57.47	57.80
Fr11	52.17	52.17	52.94
Fr12	52.04	52.41	52.62
Fr14	51.39	51.66	51.83

（续表）

测定样品名称	时间（min）/抑制率（IR,%）		
	5	10	15
Fr16	48.60	48.73	48.74
Fr17	49.10	49.24	49.64
Fr18	50.38	50.45	50.42
芦丁	59.49	61.57	63.08
槲皮素	70.01	71.24	71.99
苦荞总黄酮提取物	52.23	52.80	53.13

继而对活性最强部位的Fr9、Fr4研究，观察其对肝脂质过氧化、抗双氧水诱导肝脂质过氧化、抗双氧水诱导大鼠红细胞溶血的作用。结果分别见表6－8、表6－9。

表6－8　苦荞总黄酮提取物对大鼠肝脏自发性脂质过氧化的影响

Table 6－8　Effect of TFTBF on rat liver lipid auto-oxidation

项目	样品名称									
	TFTBF		Fr4		Fr9		槲皮素		芦丁	
浓度（mg/ml）/抑制率（%）	0	0	0	0	0	0	0	0	0	0
	0.5	10.56	0.1	15.48	0.1	24.17	0.1	10.0	0.5	1.34
	10	21.88	1	31.47	1	30.67	2	27.36	1	9.55
	20	33.76	5	35.58	10	38.90	5	30.56	2	12.75
回归公式	$y=1.8x$		$y=-6.45x^2+39.34x$		$y=2.31x+17.03$		$y=5.29x+3.78$		$y=6.8x$	
相关系数	$R^2=0.8213$		$R^2=0.8275$		$R^2=0.4441$		$R^2=0.9001$		$R^2=0.8919$	
IC_{50}（mg/ml）	27.78		16.05		14.28		8.74		7.4	

表6－9　苦荞总黄酮提取物对H_2O_2诱导大鼠肝脂质过氧化的影响

Table 6－9　Effect of TFTBF on rat liver lipid peroxidation induced by H_2O_2

项目	样品名称									
	TFTBF		Fr4		Fr9		槲皮素		芦丁	
浓度（mg/ml）/抑制率（%）	0.5	67.3	0.1	36.92	0	0	0.1	68.31	0	0
	5	73.60	1	42.44	0.1	69.54	1	71.84	0.1	21.31
	10	75.5	5	63.04	5	64.62	2	71.84	0.5	58.46
	15	79.8	10	70.25	10	73.60	5	75.88	1	60.57
回归公式	$y=134.6x$		$y=13.78x$		$y=690.89x^2+764.49x$		$y=683.1x$		$y=92.88x+12.02$	
相关系数	$R^2=1$		$R^2=0.9996$		$R^2=0.9366$		$R^2=1$		$R^2=0.9912$	
IC_{50}（mg/ml）	0.37		3.60		0.07		0.07		0.41	

从苦荞总黄酮对双氧水诱导大鼠肝脂质过氧化的影响结果的表 6-8、表 6-9 可知，参试各样品都表现出抗双氧水诱导大鼠肝脏脂质过氧化的生物活性，并表现出相应的剂量-效应关系。由此得到以上样品抗双氧水诱导大鼠肝脏脂质过氧化活性的由强到弱排序为：槲皮素 > Fr9 > TFTBF > 芦丁 > Fr4。

苦荞总黄酮对双氧水诱导大鼠红细胞氧化溶血的影响结果见表 6-10。可知，参试各样品都表现出抗双氧水诱导大鼠红细胞溶血活性，并表现出相应的剂量-效应关系。由此得到以上样品抗双氧水诱导大鼠红细胞溶血活性的由强到弱排序为：槲皮素 > Fr9 > Fr4 > 芦丁 > TFTBF。

表 6-10 苦荞总黄酮提取物对 H_2O_2 诱导红细胞氧化溶血的影响

Table 6-10 Effect of TFTBF on red blood hemolysis induced by H_2O_2

项目	样品名称									
	TFTBF		Fr4		Fr9		槲皮素		芦丁	
浓度（mg/ml）/抑制率（%）	0	0	0	0	0	0	0	0	0	0
	10	29.52	0.1	21.68	0.1	48.09	0.1	67.0	1	13.7
	15	62.78	1	66.45	1	55.08	0.5	74.9	5	60.8
	20	78.18	5	88.4	10	67.30	1	77.7	10	75.4
回归公式	$y=4.03x-2.77$		$y=17.22ln(x)+62.82$		$y=4.1714ln(x)+56.823$		$y=670x$		$y=12.219x$	
相关系数	$R^2=0.9732$		$R^2=0.9914$		$R^2=0.9759$		$R^2=1$		$R^2=0.9989$	
IC_{50}（mg/ml）	13.00		0.48		0.20		0.08		4.10	

从实验结果分析可知，参试样品都表现出抗氧化活性，总体以槲皮素活性最高，Fr4、Fr9 和芦丁次之，TFTBF 最弱。再对 Fr4、Fr9 的成分进行薄层鉴定，判断出这两个部位中均含有槲皮素。由此推断苦荞抗氧化功能与槲皮素有直接关系，后者是前者发挥抗氧化功能性的重要成分。荞麦黄酮的体外抗氧化实验的结果提示其在体内有可能有抗氧化作用。

以上结果可以提示：①苦荞黄酮粗提物在体外表现出强的抗脂质氧化和红细胞保护作用，经抗氧化活性追踪分析，确定活性较强的部位中都含有槲皮素。槲皮素可能是苦荞总黄酮体外抗氧化的主要活性成分；②苦荞黄酮粗提物在体外表现出强的抗脂质氧化和红细胞保护作用，在体内有望产生抗氧化活性。

四、苦荞黄酮的降血脂功能

近年来，关于食物中黄酮类化合物的降血脂和抗氧化功能的研究越来越活跃，荞麦花、叶、茎、籽粒中富含芦丁、槲皮素等黄酮类化合物，其对心血管的保健功能性也受到人们的关注。

苦荞麸是荞麦加工中的副产物，其黄酮含量大大高于粉、茎、叶中的含量。刘淑梅等人研究了荞麦籽实总黄酮对高脂饮食大鼠血糖及抗脂质过氧化的影响，结果显示荞麦籽实总黄酮能明显降低高脂饮食的糖尿病大鼠的血糖，改善糖耐量，而对胰岛素影响不明显，表明其对高脂饮食的糖尿病大鼠的糖尿病有一定的治疗作用，治疗机制可能与抗氧化消除自由基改善脂质代谢，增加组织对胰岛素的敏感性等有关。石瑞芳等人研究了荞麦花总黄酮（TFBF）对甲状腺素诱发大鼠心肌肥厚的影响，发现 TFBF 对甲状腺素所致心肌肥厚具有保护作用。还有荞麦叶黄酮提取物有降低实验性高脂血动物的血脂水平，提高动物血清 SOD 酶活性的作用的报道。但苦荞麸黄酮提取物的降血脂功能研究尚未见诸报道。

为研究观察荞麦麸黄酮（TFTBB）对高脂血大鼠的降血脂及抗氧化作用的影响，试验使用 7w Wistar 大鼠 60 只，雌雄各半，体重在 180g ~ 220g。适应性饲养 1w 后，按体重随机分为 6 组：正常对照组，高脂模型组，阳性对照组为绞股兰总甙片，苦荞黄酮小剂量组、中剂量组、大剂量组。除正常组饲喂基础饲料外，其余 5 组喂高脂饲料。造模成功后，正常组和模型组 10 mL/kg 蒸馏水灌胃，阳性对照组以高脂饲料加绞股兰总甙片 0.032g/kg 灌胃，TFTBB 实验组分别以高脂饲料加小、中、大剂量组 0.2g/kg、0.5g/kg、1g/kg 灌胃，每天一次，连续 6w。实验过程中 TFTBB 喂养对大鼠体重无显著影响。

（一）TFTBB 对大鼠血清甘油三酯（TG）、胆固醇（TC）水平的影响

结果如表 6 - 11 所示。苦荞麸总黄酮灌胃饲养对大鼠生长无影响，与模型组相比，阳性组则显著降低了血清 TG、TC（$P < 0.01$），发挥了降血脂作用，但 TG 仍显著高于正常组（$P < 0.01$）。TFTBB 各组在 2w 时开始对 TG、TC 有降低作用。实验结束时，与模型组相比，TFTBB 各组血清 TG、TC 降低都达到非常显著水平（$P < 0.01$），随着剂量上升，TG 的降低分别为：73.9%、49.8% 和 48.4%；TC 降低分别为 36.4%、42.5% 和 35.6%，但只有小剂量组的降 TG 效果突出，接近正常水平。

表 6 - 11　TFTBB 对血清 TG、TC 水平的影响

Table 6 - 11　Effects of TFTBB on serum TG, TC in different group

组别	只数	甘油三酯（mmol/L）				总胆固醇（mmol/L）			
		0w	2w	4w	6w	0w	2w	4w	6w
正常组	10	0.67 ± 0.28	0.82 ± 0.21	0.83 ± 0.25	0.92 ± 0.24	1.86 ± 0.21	1.94 ± 0.41	1.72 ± 0.19	1.78 ± 0.47
高脂组	10	2.65 ± 0.81^{b}	2.56 ± 0.78^{b}	2.95 ± 0.58^{b}	2.83 ± 0.72^{b}	3.70 ± 0.85^{b}	4.23 ± 1.92^{b}	4.40 ± 1.83^{b}	4.07 ± 1.17^{b}
阳性对照组	10	2.65 ± 0.81^{b}	2.10 ± 0.51^{b}	1.58 ± 0.57^{bc}	1.50 ± 0.54^{bd}	3.70 ± 0.85^{b}	3.57 ± 1.16^{b}	2.56 ± 1.09^{ac}	2.12 ± 0.63^{d}
TFTBB 小剂量组	10	2.65 ± 0.81^{b}	1.99 ± 0.63^{b}	2.15 ± 1.0^{b}	0.74 ± 0.33^{df}	3.70 ± 0.85^{b}	4.02 ± 1.24^{b}	2.88 ± 0.87^{bc}	2.59 ± 0.23^{bde}
TFTBB 中剂量组	10	2.65 ± 0.81^{b}	1.62 ± 0.59^{bd}	1.66 ± 0.84^{bd}	1.42 ± 0.40^{bd}	3.70 ± 0.85^{b}	3.52 ± 0.85^{b}	2.45 ± 0.50^{bd}	2.34 ± 0.62^{ad}
TFTBB 大剂量组	10	2.65 ± 0.81^{b}	2.19 ± 0.70^{b}	1.52 ± 0.82^{bd}	1.46 ± 0.57^{ad}	3.70 ± 0.85^{b}	3.27 ± 0.86^{b}	2.63 ± 0.55^{bd}	2.62 ± 0.89^{ad}

（二）苦荞麸总黄酮对大鼠血脂参数的影响

苦荞麸总黄酮对大鼠血脂参数的影响的结果如表 6 - 12 所示。

结果表明，实验末期，与模型组相比，TFTBB 中、小剂量组极显著地提高了抗动脉硬化指数（AAI），降低了致动脉硬化指数（AI）（$P < 0.01$），中剂量则显著降低载脂蛋白 B（ApoB）和提高 AAI 的水平（$P < 0.05$），并极显著地提高了 AI（$P < 0.01$）。与模型组相比，大剂量组 AI 和 AAI 值均无显著性差异。提示 TFTBB 对 LDL-C、ApoB 的降低有一定的作用，其中，中、小剂量的 TFTBB 能显著降低致抗动脉硬化因子，提高抗动脉硬化作用的效果。

表6－12 TFTBB对血脂参数的影响

Table 6－12 Effects of TFTBB on serum HDL-C、LDL-C、apoA1、apoB level and AI、AAI value in different groups

组别	只数	高密度脂蛋白（mmol/L）	低密度脂蛋白（mmol/L）	载脂蛋白A1（g/L）	载脂蛋白B（g/L）	致动脉硬化指数	抗动脉硬化指数
正常组	9	1.00±0.16	0.51±0.49	0.55±0.19	0.60±0.33	0.86±0.62	0.60±0.19
高脂组	10	1.02±0.41	1.76±1.41[a]	0.58±0.20	0.63±0.16	3.71±2.59[b]	0.28±0.15[b]
阳性对照组	8	0.90±0.25	0.74±0.41	0.44±0.19	0.44±0.28	1.47±0.86[c]	0.49±0.16[c]
TFTBB小剂量组	10	1.22±0.21[af]	0.93±0.33[a]	0.37±0.10[ac]	0.46±0.30	1.17±0.38[d]	0.47±0.08[d]
TFTBB中剂量组	8	1.12±0.21[e]	0.89±0.45	0.41±0.14	0.22±0.17[ac]	1.23±0.63[d]	0.54±0.29[c]
TFTBB大剂量组	10	0.70±0.05[be]	1.30±1.02	0.35±0.08[ac]	0.57±0.38	2.72±1.48[b]	0.29±0.10[b]

（三）苦荞麸总黄酮对大鼠血清超氧化物酶（SOD）、谷胱甘肽酶（GSH-Px）活性和丙二醛（MDA）含量的影响

苦荞麸总黄酮对大鼠血清SOD、GSH-Px活性和MDA含量的影响见表6－13。

与模型组相比，TFTBB各剂量组SOD活性随剂量上升而提高，中剂量组和大剂量组达到极显著水平（$P<0.01$），接近阳性对照组水平；中、小剂量组对提高GSH-Px活性的提高作用也达到极显著水平（$P<0.01$）；MDA生成量均低于模型组，其中，小剂量组则达到极显著水平（$P<0.01$）。提示TFTBB中、小剂量组的血清抗氧化效应较为突出。

表6－13 TFTBB对血清SOD、GSH-Px活性和MDA含量的影响

Table 6－13 Effects of TFTBB on serum SOD、GSH-Px activity and MDA value in different groups

组别	只数	超氧化物酶（U/ml）	提高率*（%）	谷胱甘肽酶（U/ml）	提高率*（%）	丙二醛（μmol/L）	降低率*（%）
正常组	10	116.55±22.95		1 943.18±143.56		4.35±1.26	
高脂组	10	38.17±37.30[b]	—	2 029.55±88.08	—	7.87±2.92[b]	—
阳性对照组	10	93.24±25.91[ad]	144.3	2 124.55±194.71[a]	4.7	6.00±3.85	23.8
TFTBB小剂量组	10	53.70±15.06[b]	40.7	2 254.92±34.88[bd]	11.1	4.18±2.07[d]	46.9
TFTBB中剂量组	10	94.37±17.88[ad]	147.2	2 213.61±117.82[bd]	9.1	6.67±4.09	15.27
TFTBB大剂量组	10	103.87±38.64[d]	172.1	1 904.86±311.12	－6.1	5.69±2.22	27.7

（四）苦荞麸总黄酮对肝脏TG、TC水平和肝脏指数的影响

与正常组相比，模型组肝脏TC、TG值上升都达到非常显著水平（$P<0.01$），肝脏指数有明显上升，但未达到显著水平。提示模型组则非常显著提高了大鼠肝脏TC和TG。TFTBB饲喂各组的TC、TG和肝脏指数值随剂量的提高而提高，其中，中、大剂量组的肝脏指数与正常组已出现显著性差异（$P<0.05$）。与模型组相比，TFTBB饲喂各组的TC、TG值均有明显下降，其中，小剂量组和中剂量组则达到非常显著水平（$P<0.01$），大剂量组则达到显著水平（$P<0.05$），TFTBB由小剂量到大剂量，TC降低了60.0%（$P<0.01$）、43.9%（$P<0.01$）和36.8%；TG则降低了59.7%（$P<0.01$）、49.4%（$P<0.01$）和42.0%（$P<0.05$）。

提示：小剂量组降脂综合效果较优，不仅非常显著降低大鼠肝脏 TC、TG 值，且未引起肝脏指数异常。

（五）苦荞麸总黄酮对肝脏 SOD、GSH-Px 活性和 MDA 含量的影响

与模型组相比，TFTBB 各剂量的饲喂组 SOD 活性均有不同程度的提高，由小剂量组、中剂量组、到大剂量组分别提高了 17.1%，4.9% 和 9.6%。GSH-Px 活性变化不稳定，其中，中剂量组提高了 21.6%，同时 MDA 含量随剂量上升有明显下降，大剂量组降低值达到 35.7%，但均未达到显著水平。

提示：TFTBB 各剂量组对大鼠肝脏的 SOD、GSH-Px 活性和 MDA 含量无显著影响，即对提高肝脏抗氧化酶活性和抑制肝脏脂过氧化物的产生无明显作用。

（六）苦荞麸总黄酮对大鼠肝脏组织形态的影响

对各组大鼠肝脏切片进行镜检如图 6－10 所示。

1. 正常组

肝中央静脉、肝窦隙、小叶间静脉有扩张，轻度淤血，肝窦隙内有散在的枯弗氏细胞和淋巴细胞。肝细胞排列整齐，形态未见明显变化，显示了大鼠肝脏的正常形态。

2. 模型组

肝中央静脉、肝窦隙、小叶间静脉内含有少量红细胞和散落的淋巴细胞。肝细胞明显肿大，多数胞浆含有大量的脂肪滴，部分肝细胞溶解呈空泡状；胞核一般变化不大，但部分肝细胞核消失，呈点状坏死。显示了高脂饲料对大鼠肝脏的损害情况。

3. 阳性组

肝中央静脉、肝窦隙、小叶间静脉扩张，轻度淤血，肝窦隙内有散落的枯弗氏细胞和淋巴细胞。肝细胞一般没有明显变化，局部区域肝细胞胞浆内出现脂肪颗粒或胞浆溶解，在胞核周围出现空隙，有较大量散落在肝窦隙内的枯弗氏细胞和淋巴细胞。还有形态较大、染色深的再生肝脏细胞，表现了绞股兰总甙片对高脂血的防治效果。

4. 大剂量黄酮组

中央静脉、肝窦隙、小叶间静脉轻度淤血，枯弗氏细胞轻度增生，肝细胞基本正常，部分肝细胞核染色后大而深，可能为再生的肝细胞。

5. 中剂量黄酮组

变化基本同大剂量黄酮组一样，中央静脉、肝窦隙、小叶间静脉轻度淤血，部分胞浆含有脂肪滴，部分肝细胞溶解呈空泡状，枯弗氏细胞轻度增生，肝细胞基本正常，部分肝细胞核染色后大而深，为再生的肝细胞。

6. 小剂量黄酮组

中央静脉、小叶间静脉扩张，部分肝细胞胞浆含有脂肪滴，部分胞浆崩解，胞核消失，呈点状坏死。枯弗氏细胞轻度增生，同时可观察到再生肝细胞。说明小剂量 TFTBB 对肝脏脂肪损害就有保护作用。观察结果同肝脏脂质测定结果吻合。

实验结果表明，TFTBB 可明显降低大鼠血清和肝脏中 TC、TG 含量，并不引起肝脏指数变化，随实验时间延长效果显著。显著地降低致抗动脉硬化指数，提高抗动脉硬化作用的效果，并可提高大鼠血清中 SOD 和 GSH-Px 两种抗氧化酶的活性，降低血清 MDA 的含量，但对肝脏的抗氧化作用影响不显著。说明 TFTBB 具有增强机体抗氧化能力，有拮抗血清中脂质过氧化损伤的作用，防止低密度脂蛋白氧化，预防动脉粥样硬化的作用。其中，以小剂量 TFTBB 的降脂效果最强，个中原因可能与 TFTBB 的化学性质有关，一方面，TFTBB 的浓度越高，在水溶液中溶解

度越低，由于样品分散不匀，造成剂量之间功能性差异；另一方面，TFTBB 为苦荞麸总黄酮的粗提物，其中有许多杂质，杂质的存在很可能会有促进氧化的功能，高浓度下其含量也随之增加，使 TFTBB 的功能性下降。

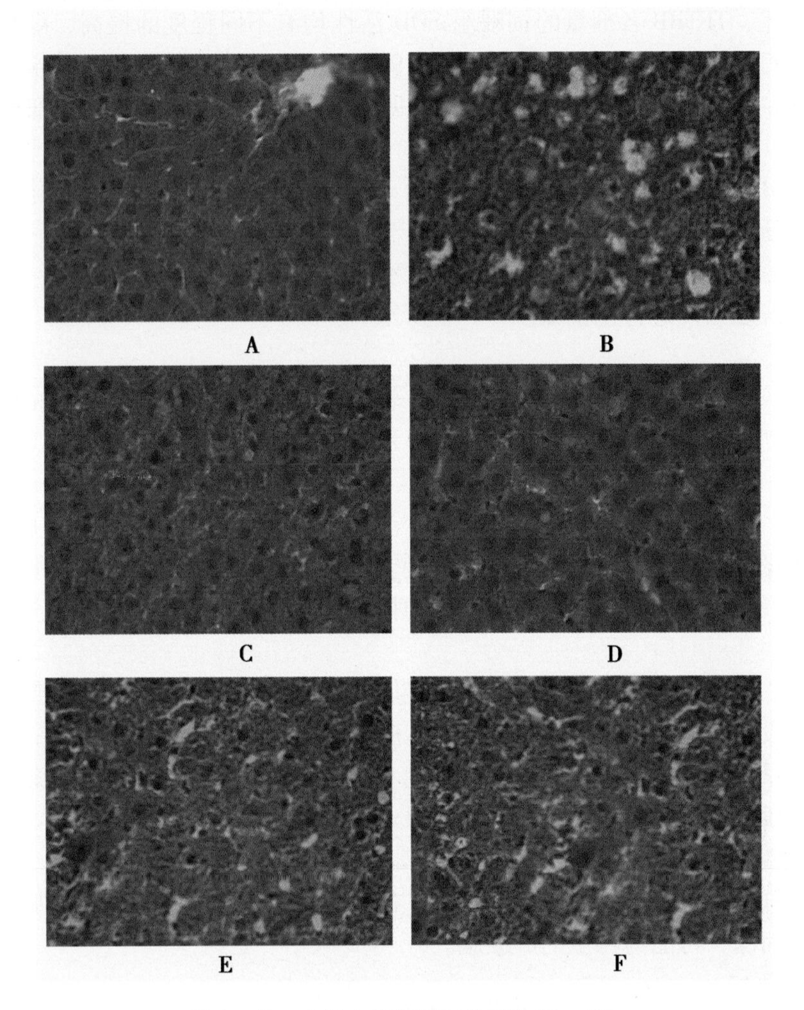

图 6－10　各组大鼠肝脏切片镜检图 ×400

Fig. 6－10　Microscopy of rat liver slices of all groups

A. 正常组；B. 模型组；C. 阳性组；D. 高剂量组；E 中剂量组；F. 小剂量组

A. control group；B. high-fat group；C. positive control group；D. high dose group；E. medium dose group；F. low dose group

以上结果显示：

（1）苦荞麸总黄酮可明显降低大鼠血清和肝脏中 TC、TG 含量，而且血清 TG 的降低效果高于 TC 的降低，并不引起肝脏指数变化，随实验时间延长效果显著。有显著地降低致抗动脉硬化指数，提高抗动脉硬化作用的效果。

（2）苦荞麸总黄酮可提高大鼠血清中 SOD 和 GSH-Px 两种抗氧化酶的活性，降低血清 MDA 的含量，但对肝脏的抗氧化作用影响不显著。说明 TFTBG 具有增强机体抗氧化能力，有拮抗血清中脂质过氧化损伤的作用，防止低密度脂蛋白氧化，预防动脉粥样硬化的作用。

（3）苦荞麸总黄酮其有效作用剂量为 0. 2g/kg。

五、苦荞麸皮黄酮的安全高效超声提取技术

苦荞麸皮是苦荞制粉中的副产物，可作为一种廉价且优质的黄酮提取原料，在苦荞综合利用中有着极大的发展前景。

国内外对黄酮类物质的提取方法的研究已有许多报道。有机溶剂提取法是国内外使用最广泛的方法，此方法对设备要求简单，产品得率高，但成本较高，杂质含量也较高。微波提取法是一种新的提取技术，它的特点是快速、试剂用量少以及提取效率高，这种方法的作用原理是利用微波加热导致作用物细胞内的极性物质吸收微波能，产生大量的热量，使细胞内温度迅速升高，液态水汽化产生的压力将细胞膜和细胞壁冲破形成微小的孔洞，进一步加热，导致细胞内部和细胞壁水分减少，细胞收缩，表面出现裂痕，孔洞和裂纹的存在使细胞外溶液容易进入细胞内，溶解并释放细胞内物质。超声提取技术也是近年来应用到植物活性物质提取中的新型技术，它利用超声的空化作用产生空化气泡，气泡破裂时可以产生瞬时的高温和高压，加速植物有效成分溶出。超声提取技术无需加热、提取时间短、温度较低、收率高。

从荞麦麸中提取黄酮类物质有必要选择一种效率高、操作方便的工业化提取方法。

王敏等以苦荞麦麸为原料，探索和比较了苦荞麸皮总黄酮（实验室）最佳提取工艺，其中包括乙醇回流提取工艺、微波辅助提取工艺、超声波辅助提取的工艺，结果以超声波辅助提取的效果最佳。

超声波辅助提取采用 Box-Behnken 法对苦荞麸皮总黄酮超声波辅助提取工艺进行了研究，试验设计及结果如表 6－14、表 6－15 所示。

结果得出苦荞麸总黄酮（total flavonoids of Tartary buckwheat bran，TFTBB）超声波辅助提取的二次多元回归方程为：

$$Y = 72.755 + 0.953x_1 + 8.061x_2 + 4.489x_3 + 2.621x_4 - 0.205x_1^2 + 5.510x_2^2 - 1.122x_3^2 + 0.408x_4^2 + 1.173x_1x_2 - 0.765x_1x_3 - 1.430x_1x_4 + 4.390x_2x_3 - 0.255x_2x_4 + 0.053x_3x_4$$。

表 6－14 超声波辅助提取 TFTBB 试验自变量因素编码及水平

Table 6－14 Code and level of factors chosen for extraction of TFTBB by ultrasonic wave

水平	因素			
	温度（℃） x_1	乙醇浓度（%） x_2	料液比 x_3	时间（min） x_4
－1	55	70	1∶20	10
0	65	80	1∶30	20
1	75	90	1∶40	30

表 6－15 TFTBB 超声波辅助提取试验设计与结果

Table 6－15 Designs and results for extraction of TFTBB by ultrasonic wave

序号	自变量				响应值 Y	
	x_1	x_2	x_3	x_4	试验值（%）	预测值（%）
1	0	0	－1	+1	4.51	4.22
2	－1	－1	0	0	4.15	4.22
3	0	0	－1	－1	4.24	3.90

（续表）

序号	自变量				响应值 Y	
	x_1	x_2	x_3	x_4	试验值（%）	预测值（%）
4	-1	+1	0	0	5.18	5.05
5	0	0	0	0	4.37	4.38
6	0	0	+1	+1	4.73	4.76
7	0	0	0	0	4.34	4.37
8	+1	+1	0	0	5.69	5.30
9	+1	-1	0	0	4.38	4.19
10	0	0	+1	-1	4.45	4.44
11	0	-1	-1	0	4.13	4.15
12	-1	0	0	+1	4.45	4.57
13	0	-1	+1	0	4.49	4.16
14	0	+1	-1	0	4.17	4.59
15	+1	0	0	-1	4.40	4.37
16	0	+1	+1	0	5.58	5.65
17	0	0	0	0	4.30	4.37
18	-1	0	0	-1	4.16	4.08
19	+1	0	0	+1	4.35	4.51
20	0	0	0	0	4.42	4.37
21	-1	0	-1	0	3.93	3.92
22	0	-1	0	-1	3.74	4.07
23	0	0	0	0	4.40	4.37
24	-1	0	+1	0	4.54	4.55
25	+1	0	+1	0	4.34	4.57
26	0	0	0	0	4.40	4.37
27	0	-1	0	+1	4.32	4.42
28	+1	0	-1	0	3.91	4.13
29	0	+1	0	+1	5.46	5.35
30	0	+1	0	-1	4.94	5.07

为确保所建的回归模型的准确性，并且优化出 TFTBB 超声波辅助提取的工艺参数，响应值 Y 大于 5.71% 为标准，用上述回归模型预测优化出 5 组工艺参数，按照此工艺参数进行试验验证，结果见表 6－16。

表 6－16　回归模型所优化的 5 组响应预测值 >5.71% 的工艺参数以及验证结果

Table 6－16　Verified results of extraction conditions of optimum five groups from regression equation with the predicted response value more than 5.71%

序号	因素				响应值 Y		偏差 (% *)
	温度 (℃)	乙醇浓度 (%)	料液比	时间 (min)	试验值 (%)	预测值 (%)	
1	65	90	1：40	30	5.72	5.82	-1.90
2	60	90	1：40	30	5.70	5.82	-2.12
3	55	90	1：40	30	5.64	5.82	-3.09
4	65	90	1：40	28	5.57	5.79	-3.91
5	60	90	1：40	28	5.60	5.78	-3.09

注：偏差 =（试验值—预测值）/试验值 ×100%

由表 6－16 得最佳工艺参数：温度 65℃，乙醇浓度 90%，料液比 1：40，超声波处理时间 30min，该工艺条件下 TFTBB 得率为 5.72%，提取率达 95.10%，与预测值的偏差为 -1.90%。

综合考虑，苦荞黄酮提取最佳工艺为：温度 65℃，乙醇浓度 90%，料液比 1：40，超声波处理时间 30min。该工艺处理时间适宜，处理温度低，溶剂用量少，提取效果好，设备易于获得，操作安全方便，为苦荞麸皮总黄酮提取的推荐工艺。

六、精制苦荞麸皮黄酮的大孔吸附树脂技术

苦荞黄酮的粗提物的精制能提高其利用价值，而大孔树脂吸附分离技术因其具有提高有效成分的相对含量、产品不吸潮、生产周期短、树脂再生方便、可重复使用等优点，在天然产物有效成分的精制纯化中得到广泛应用。

为获得苦荞黄酮大孔树脂吸附分离的最佳填料和精制工艺，比较了在黄酮类化合物精制中效果较好的 15 种树脂的静态吸附和解析特性，并观察初选试材静态吸附动力学差异，最终筛选出 DM-2 树脂作为精制苦荞黄酮较为理想的树脂。并以此为材料，采用 Box-Behnken 响应曲面方法，优化出大孔吸附树脂精制苦荞总黄酮的吸附与解吸的最佳工艺条件。

（一）树脂法精制苦荞黄酮吸附工艺的优化及回归方程的建立

吸附操作试验自变量因素编码及水平见表 6－17，试验设计、试验值及预测值见表 6－18。

对试验数据进行多元回归拟合得到吸附模型为：

$Y = 95.08 - 1.18x_1 - 4.12x_2 + 0.86x_3 - 0.93x_1x_2 - 0.05x_1x_3 - 0.53x_2x_3 + 0.34x_1^2 - 1.79x_2^2 + 0.26x_3^2$，且交互作用中交互项 x_1x_2 显著（$P < 0.05$），其对响应值的影响如图 6－11 所示。

最佳条件：吸附速率为 2ml/min，pH 值为 2，样液浓度为 2mg/ml。

表 6－17　吸附操作试验自变量因素编码及水平

Table 6－17　Code and level of factors chosen for the adsorption trials

因素	自变量的编码值（x_i）及水平*		
	－1	0	＋1
吸附速率（ml/min）	1	2	3
pH 值	2	3	4
上样液浓度（mg/ml）	1	2	3

表 6－18　吸附试验设计与结果

Table 6－18　Designs and results for the adsorption trials

序号 No.	自变量			响应值 Y	
	x_1	x_2	x_3	试验值（%）	预测值（%）
1	－1	－1	0	98.09	98.06
2	－1	0	1	98.07	97.85
3	1	－1	0	97.04	97.27
4	0	0	0	94.86	95.02
5	0	0	0	94.82	95.02
6	0	－1	1	98.67	98.92
7	1	0	1	97.04	96.56
8	0	1	－1	89.49	89.24
9	0	－1	－1	97.04	96.59
10	1	0	－1	93.38	93.60
11	1	1	0	87.31	87.34
12	－1	0	－1	97.11	97.59
13	0	0	0	95.31	95.08
14	0	0	0	94.95	95.02
15	－1	1	0	92.07	91.84
16	0	1	1	89.69	90.14
17	0	0	0	95.15	95.02

（二）树脂法精制苦荞黄酮解吸工艺的优化及回归方程的建立

解吸操作试验自变量因素编码及水平分别见表 6－19，试验设计、试验值及预测值见表 6－20。

对试验数据进行多元回归拟合得到解吸模型及最佳条件：$Y = 69.16 + 30.01x_1 + 3.07x_2 - 5.75x_3 + 1.18x_1x_2 + 2.98x_1x_3 - 0.48x_2x_3 - 19.58x_1^2 - 5.76x_2^2 + 10.88x_3^2$，乙醇浓度为 71.05%，pH 值为 8.76，解吸速率为 1ml/min。

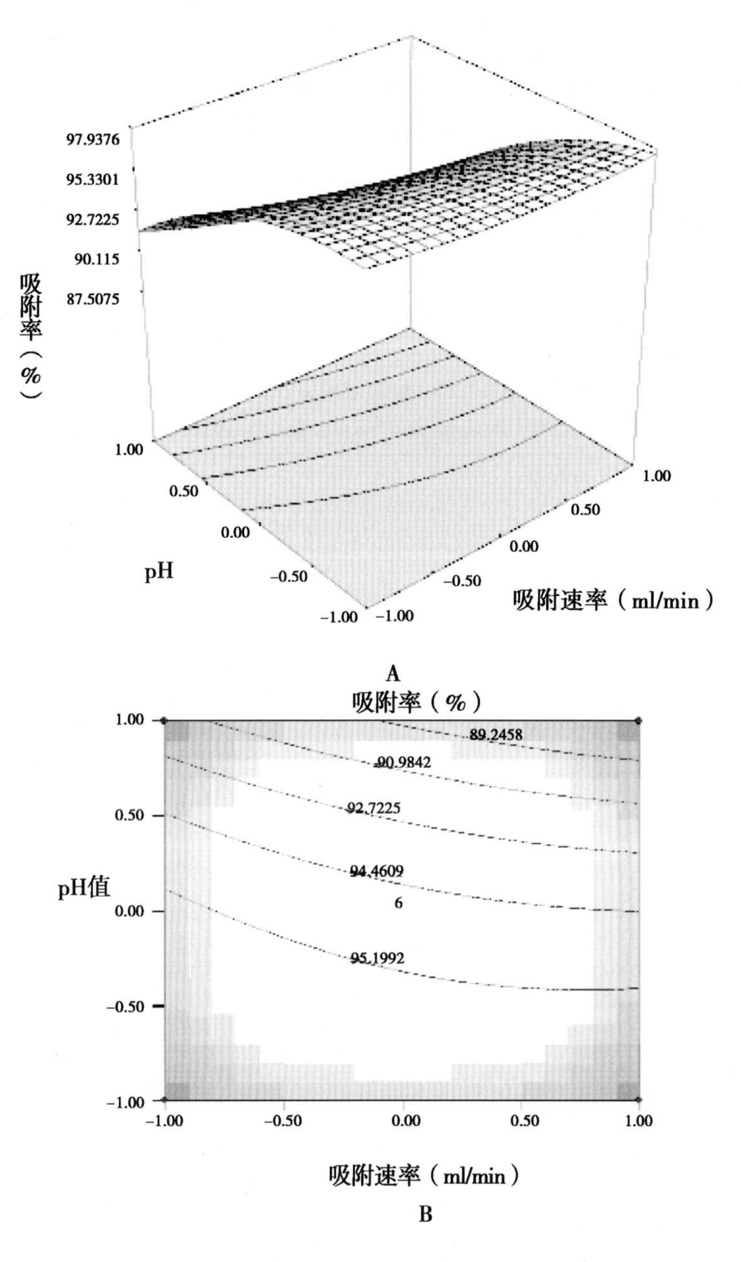

图 6－11　吸附速率 x_1、pH 值、x_2 及其交互作用对吸附率影响的响应面（A）和等高线（B）

Fig. 6－11　Response surface（A） and contour line（B） of effect of adsorption velocity（x_1）, pH value（x_2） and their interaction on adsorption rate

表 6－19　解吸操作试验自变量因素编码及水平

Table 6－19　Code and level of factors chosen for the desorption trials

因素	自变量的编码值（x_i）及水平 *		
	－1	0	+1
乙醇浓度（%）	20	50	80
pH 值	6	8	10
解吸速率（ml/min）	1	3	5

表 6－20　解吸试验设计与结果

Table 6－20　Designs and results for the desorption trials

序号 No.	自变量			响应值 Y	
	x_1	x_2	x_3	试验值（%）	预测值（%）
1	－1	－1	0	14.52	11.91
2	－1	0	1	18.95	21.71
3	1	－1	0	66.21	69.57
4	0	0	0	69	69.16
5	0	0	0	68.92	69.16
6	0	－1	1	66.08	65.93
7	1	0	1	90.92	87.71
8	0	1	－1	83.43	83.58
9	0	－1	－1	77.08	76.48
10	1	0	－1	96	93.24
11	1	1	0	75.47	78.08
12	－1	0	－1	35.97	39.18
13	0	0	0	68.90	69.16
14	0	0	0	69.73	69.16
15	－1	1	0	19.06	15.70
16	0	1	1	70.52	71.12
17	0	0	0	69.26	69.16

小结：DM-2 树脂精制苦荞黄酮吸附最佳条件为：吸附速率为 2ml/min，pH 值为 2，样液浓度为 2mg/ml；解吸工艺最佳条件为乙醇浓度为 71.05%，pH 值为 8.76，解吸速率为1ml/min。

第二节　苦荞油

一、苦荞油不饱和脂肪酸和植物甾醇是降肝脂功能性原动力

国内外一些试验证明，长期食用荞麦能有效降低人体和试验动物血脂、血糖、尿糖，因而对糖尿病、心血管病、高血压有一定预防和辅助治疗效果，并有一定健胃消食作用。近年的研究表明：食用植物油脂中的不饱和脂肪酸、植物甾醇有降低血液胆固醇含量，抗炎、抗菌等功能。

范铮等人从荞麦籽粒中提取荞麦籽油，采用毛细管色谱－质谱联用法共鉴定出23种组分，主要的脂肪酸成分的含量为：亚油酸（C18：2）≥32.91%，油酸（C18：1）≥24.73%，棕榈酸（C16：0）≥20.04%。G. Bonafaccia等分别对甜荞和苦荞油进行研究，结果表明不同种类的荞麦脂肪酸含量及种类存在较大差异，结果见表6－21。甜、苦荞中的不饱和脂肪酸分别占到79.3%和74.5%，且甜荞中亚油酸（C18：2）、油酸（C18：1）、亚麻酸（C18：3）、二十碳一烯酸（C20：1）的含量较高，而苦荞中棕榈酸（C16：0）和硬脂酸（C18：0）含量较高。但是有关苦荞、甜荞籽粒中脂肪和不皂化的成分的分析和比较仍少有报道（表6－21）。

表6－21　甜荞和苦荞麦中脂肪酸成分

Table 6－21　Fatty acid composition of common and tartary buckwheat　（%）

脂肪酸	甜荞麦	苦荞麦
肉豆蔻酸	0.0	0.0
棕榈酸	15.6	19.7
棕榈油酸	0.0	0.0
硬脂酸	2.0	3.0
油酸	37.0	35.2
亚油酸	39.0	36.6
亚麻酸	1.0	0.7
花生酸	1.8	1.8
二十碳一烯酸	2.3	2.0
山嵛酸	1.1	0.8
饱和脂肪酸	20.5	25.3
不饱和脂肪酸	79.3	74.5
不饱和脂肪酸：饱和脂肪酸	3.87	2.94

研究以液相色谱法和气质联用色谱分析法比较分析了提取于全粉的苦荞和甜荞油的脂肪酸组成和不皂化物组成。两种种子的含油量及脂肪酸的组成和含量见表6－22，结果与前人研究相近，可能因研究材料荞麦种类、生长地区及提取方法的不同造成差异。

由表6－22可见，苦荞油和甜荞油主要以不饱和脂肪酸为主，其中苦荞油不饱和脂肪酸含量占83.2%，甜荞油则占81.8%，不饱和脂肪酸主要以油酸（C18：1）和亚油酸（C18：2）为

主。相比于 G. Bonafacciaa 等人的结果，本研究测得的甜荞油中亚麻酸（C18：3）的含量较高，而苦荞油中的亚麻酸含量（C18：3）则较低。

表 6－22　两种荞麦油的含量及脂肪酸的组成和含量

Table 6－22　Oleaginousnes, compositions and contents of fatty acids in the seed oil of common buckwheat and tartary buckwheat

（%）

类别		苦荞油	甜荞油
含油量		2.59	2.47
脂肪酸组成与含量	棕榈酸	14.6	16.6
	硬脂酸	2.2	1.6
	油　酸	47.1	35.8
	亚油酸	36.1	40.2
	亚麻酸	微*	5.8
	花生酸	微*	微*
	二十碳烯酸	微*	微*
	山俞酸	微*	微*
	芥　酸	微*	微*

注：* 表示含量在 0.1% 以下

对两种植物油的不皂化物经气－质色谱分析结果见表 6－23。

由表 6－23 可见，两种油的不皂化物均以甾醇的含量最高，苦荞分离主要得到甾醇类、三萜醇类和烃类化合物，甜荞则主要含甾醇类和烃类化合物。

表 6－23　两种荞麦油不皂化物的组成和含量

Table 6－23　Composition and content of unsaponifiable matters in the seed oil of common buckwheat and tartary buckwheat

（%）

种子油	不皂化物总含量	烃**	三萜醇**	甾醇**	其他**
苦荞油	6.56	16.13	10.77	57.75	15.35
甜荞油	21.9	14.08	微*	60.3	25.62

注：**：占不皂化物总量的%；*：含量低于 1%

由苦、甜荞油分析得到的三萜醇、甾醇经与气相色谱机内 NBS 谱库检索对照，分别检出了 3 种三萜醇的存在，甜荞油检出了 β-谷甾醇（57.29%）、邻苯二甲酸二异丁酯（3.01%）2 种甾醇，苦荞油则检出了 β-谷甾醇（54.37%）、邻苯二甲酸二异丁酯（1.97%）、β-生育酚（1.41%）及麦角甾-5-稀-3β-醇、24-亚甲基环阿屯烷醇、14-甲基－麦角甾-8，24（28）－二烯-3β-醇化合物的存在，结果见表 6－24，主要成分的化学结构见图 6－12。

表 6－24　三萜醇、甾醇等成分的气相色谱分析结果

Table 6－24　Analytical results of triterpene alcohol and sterols by gas chromatography in the seed oil of common buckwheat and tartary buckwheat

（%）

化合物	英文名称	分子式	分子量	相对保留时间（min）	相对含量	
					苦荞油	甜荞油
麦角甾－5－稀－3β-醇	ergosta-5-en-3β-ol	$C_{28}H_{48}O$	400	23.25	5.03	……
24－亚甲基环阿屯烷醇	24-Methylenecycloar-tanol	$C_{31}H_{36}O$	424	30.63	3.18	……
4，14-甲基－麦角-8，24（28）－二烯－3β-醇	4，14-dimethyl-ergosta-8，24（28）-dien-3β-ol	$C_{30}H_{36}O$	410	25.18	2.56	……
β-谷甾醇	β-sitosterol	$C_{29}H_{50}O$	414	26.07	54.37	57.29
β-生育酚	β-tocopherol	$C_{28}H_{22}O_4$	416	19.28	1.41	*
邻苯二甲酸二异丁酯	1，2-benzenedicarboxylic acid bis-isbutyl ester	$C_{16}H_{22}O_4$	280	3.06	1.97	3.01

注：*：含量低于 1%，……：含量低于 0.5%

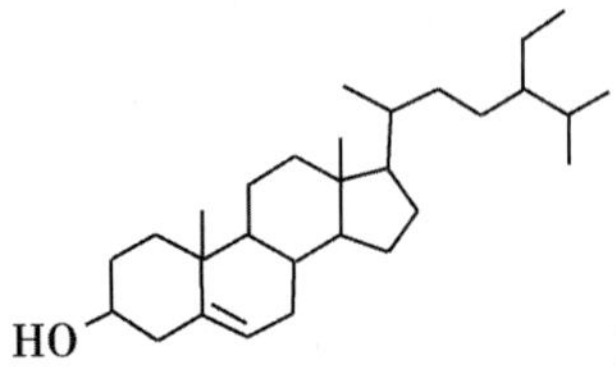

β－谷甾醇 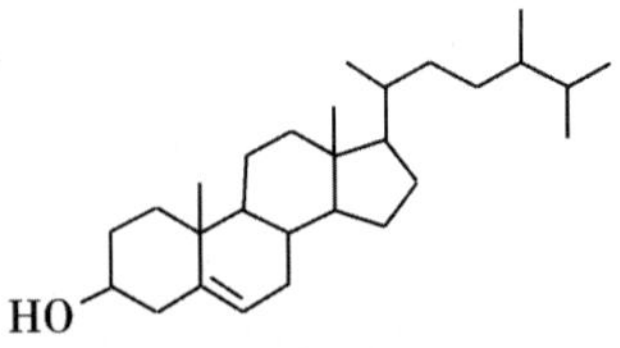　　麦角甾–5–烯–3β–醇

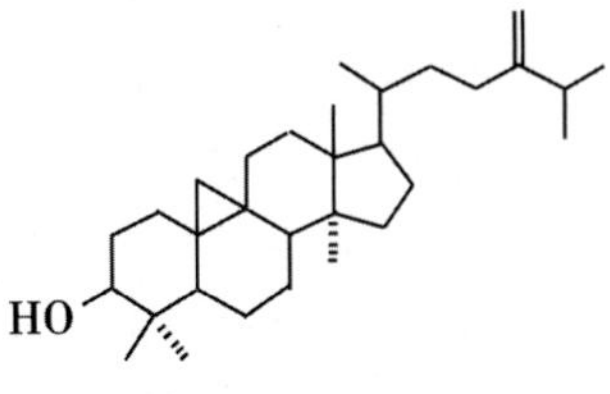

24–趾甲基环例屯醇 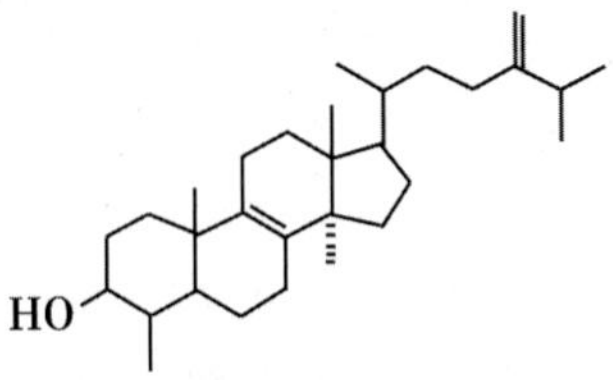　　4,14–甲基–发角器–8,24（28）–二烯–3β–醇

三萜醇及甾醇的化学结构

图 6－12　荞麦油中三萜醇、甾醇的化学结构

Fig. 6－12　stracture of triterpene alcohol and sterols in the seed oil of Common buckwheat and tartary buckwheat

荞麦油含有丰富的不饱和脂肪酸和充足的植物甾醇，为荞麦油特别是苦荞油抗氧化和降血脂的功能提供了物质基础。而且苦荞油不皂化物中的邻苯二甲酸二异丁酯与当归脂溶性部位中具有动脉血管扩张作用的有效成分邻苯二甲酸二甲酯和邻苯二甲酸二乙酯为结构相似物，为苦荞油的

降血压功能性研究提供了有价值的研究线索。

近年来，人们对荞麦黄酮、荞麦蛋白提取物的降糖、降脂、抗衰老等保健功能作用有所研究，但对苦荞油的功能性鲜有报道，而苦荞麸脂肪含量高，且含有不饱和脂肪酸及β-谷甾醇等降脂和抗氧化成分，具有体内降脂潜力。

王敏等从苦荞麸中自制苦荞麸油（Tartary buckwheat bran oil，TBBO），观察其对实验性高脂血大鼠的降血脂及脂质过氧化作用的影响，并探讨其作用机制。

试验选用7w 60只雌雄各半的Wistar大鼠，分为6组：正常对照组，阳性对照组（绞股兰总甙片组），高脂对照组，TBBO小剂量组（0.2g/kg），TBBO中剂量组（0.5g/kg），TBBO大剂量组（1.0g/kg）。除正常组饲喂基础饲料外，其余5组均喂高脂饲料。连续10d，抽查确认造模成功后开始试验，正常对照组和模型组10ml/kg蒸馏水灌胃，阳性对照组和TBBO降脂饲料组分别按饲料配方要求灌胃，每天1次，连续6w，试验动物自由进食和饮水。实验过程中TBBO喂养对大鼠体重无显著影响。

（一）苦荞麸油对大鼠血脂水平的影响

结果显示，TBBO有降低血清TG和TC的作用，饲喂TBBO各组在2w和4w时开始表现出TG、TC的降低效果，实验结束时，与模型组相比，TG、TC水平的降低程度随TBBO剂量的增高而增强。并且相同剂量下，对TG的降低作用强于TC（表6-25）。

（二）苦荞麸油对大鼠血脂参数的影响

发现TBBO对HDL-C、LDL-C及$ApoA_1$、ApoB的影响不显著，但对AI、AAI及血清MDA含量作用明显。AI随油剂量的增加依次降低，大剂量组与模型组相比达到显著水平（$P<0.05$）。同时AAI随用油剂量的提高而提高，大剂量组达到极显著水平（$P<0.01$）。TBBO各剂量组均降低了血清中MDA的含量，与模型组相比，小、中、大剂量组分别降低了27.6%（$P<0.05$），30.2%（$P<0.05$）和24%（表6-26）。

表6-25　TBBO对大鼠血脂水平的影响

Table 6-25　Effects of TBBO on serum TG，TC in different group

组别	只数	甘油三酯（mmol/L）				总胆固醇（mmol/L）			
		0w	2w	4w	6w	0w	2w	4w	6w
正常组	10	0.67±0.28	0.82±0.21	0.83±0.25	0.92±0.24	1.86±0.21	1.94±0.41	1.72±0.19	1.78±0.47
高脂组	10	$2.65±0.81^{b}$	$2.56±0.78^{b}$	$2.95±0.58^{b}$	$2.83±0.72^{b}$	$3.70±0.85^{b}$	$4.23±1.92^{b}$	$4.40±1.83^{b}$	$4.07±1.17^{b}$
阳性对照组	10	$2.65±0.81^{b}$	$2.10±0.51^{b}$	$1.58±0.57^{bd}$	$1.50±0.54^{bd}$	$3.70±0.85^{b}$	$3.57±1.16^{b}$	$2.56±1.09^{ac}$	$2.12±0.63^{d}$
TBBO小剂量组	10	$2.65±0.81^{b}$	$2.32±0.99^{b}$	$1.28±0.50^{ad}$	$1.39±0.94^{d}$	$3.70±0.85^{b}$	$3.46±0.70^{b}$	$2.80±1.16^{bc}$	$3.34±1.38^{be}$
TBBO中剂量组	10	$2.65±0.81^{b}$	$1.86±0.64^{bc}$	$1.32±0.29^{bd}$	$1.23±0.32^{ad}$	$3.70±0.85^{b}$	$3.74±0.63^{b}$	$2.23±0.87^{ad}$	$2.72±1.01^{ac}$
TBBO大剂量组	10	$2.65±0.81^{b}$	$1.61±0.72^{bc}$	$1.96±0.69^{bd}$	$0.91±0.42^{de}$	$3.70±0.85^{b}$	$3.55±0.96^{b}$	$2.38±0.53^{bd}$	$2.60±0.21^{bde}$

表 6-26　TBBO 对高血脂大鼠血脂参数的影响

Table 6-26　Effects of TBBO on Serum HDL-C, LDL-C, apoA1, apoB, AI, AAI value in different groups

组别	只数	高密度脂蛋白（mmol/L）	低密度脂蛋白 LDL-C（mmol/L）	载脂蛋白 A1（mmol/L）	载脂蛋白 B（mmol/L）	丙二醛（μmol/L）	致动脉硬化指数	抗动脉硬化指数
正常组	8	1.00±0.16	0.51±0.49	0.55±0.19	0.60±0.33	4.34±1.26	0.84±0.66	0.60±0.19
高脂组	10	1.02±0.41	1.76±1.41[a]	0.58±0.20	0.63±0.16	7.87±2.91[b]	3.71±2.59[b]	0.28±0.15[b]
阳性对照组	8	0.90±0.25	0.74±0.38	0.44±0.19	0.44±0.28	6.00±3.85	1.47±0.86[c]	0.43±0.16
TBBO 小剂量组	9	0.97±0.38	2.00±1.37[b]	0.37±0.16[b]	0.55±0.34	5.7±1.17[ac]	3.27±3.20[a]	0.3±0.15[b]
TBBO 中剂量组	9	0.89±0.24	1.43±1.07[a]	0.48±0.15	0.53±0.27	5.49±1.63[c]	2.46±1.26[b]	0.32±0.11[b]
TBBO 大剂量组	10	1.18±0.27[e]	0.99±0.42[a]	0.47±0.10	0.57±0.38	5.98±2.39	1.40±0.54[c]	0.46±0.12[d]

（三）苦荞麸油对大鼠肝脂、丙二醛和肝脏指数的影响

与模型组相比，TBBO 各剂量组肝脏 TG、TC 明显降低，由 TBBO 小剂量组到大剂量组，TG 分别降低了 32.2%，33.5%（$P<0.05$）和 23.9%，TC 降低了 27.3%，50.6%（$P<0.01$）和 31.3%，中剂量组效果最明显，且其对 TC 降低效果强于 TG。由 TBBO 小剂量组到大剂量组肝脏指数分别降低了 5.7%，6.7% 和 2.8%，但未达到显著水平；TBBO 大剂量组与正常组相比，肝脏指数达到显著水平，说明 TBBO 大剂量组有引起肝脏增重的倾向。TBBO 各剂量组的肝脏中 MDA 含量均极显著低于正常组、模型组和阳性对照组（$P<0.01$）（表 6-27）。

表 6-27　TBBO 对高血脂大鼠肝脂、肝脂质过氧化物和肝脏指数的影响

Table 6-27　Effects of TBBO on hepatic TG, TC, MDA and liver index in different groups

组别	只数	肝脂		丙二醛（μmol/L）	肝脏指数（%）
		甘油三酯（mmol/100g wet wt）	总胆固醇（mmol/100g wet wt）		
正常组	10	0.74±0.33	0.67±0.27	1.52±0.37	3.47±0.24
高脂组	10	1.55±0.52[b]	1.76±0.72[b]	2.21±1.17	3.88±0.72
阳性对照组	10	0.99±0.40[c]	1.05±0.29[bd]	1.80±0.45	3.58±0.23
TBBO 小剂量组	10	1.05±0.85	1.28±0.72[a]	0.56±0.14[bdf]	3.66±0.29
TBBO 中剂量组	10	1.03±0.46[c]	0.87±0.44[d]	0.53±0.20[bdf]	3.62±0.39
TBBO 大剂量组	10	1.18±0.58	1.21±0.56[a]	0.58±0.29[bdf]	3.77±0.36[a]

从以上结果可以看出，TBBO 有预防和治疗脂质代谢紊乱、保护肝脏和动脉粥样硬化的功能作用，TBBO 能明显地调节实验动物血脂、肝脂代谢，降低血清 TG 能力强于 TC，且可抑制血清和肝组织中脂质过氧化发生，具有良好的抗脂肪肝效果。

（四）苦荞麸油对大鼠肝脏组织形态的影响

正常组、模型组、阳性组大鼠的肝脏切片见图 6 – 13。TBBO 各剂量组大鼠肝脏切片如图 6 – 13所示。

大剂量 TBBO 组：部分中央静脉、肝窦隙、小叶间静脉扩张，轻度淤血，局部区域肝细胞胞浆内出现脂肪颗粒，或胞浆溶解，在胞核周围出现空隙肝窦隙内枯弗氏细胞轻度增生。肝细胞基本恢复正常，个别肝细胞核大而深染，可能为再生的肝细胞。

中剂量 TBBO 组：变化基本同大剂量组。部分中央静脉、肝窦隙、小叶间静脉扩张，轻度淤血，局部区域肝细胞胞浆内出现脂肪颗粒，或胞浆溶解，在胞核周围出现空隙肝窦隙内枯弗氏细胞轻度增生。肝细胞基本恢复正常，个别肝细胞核大而深染，可能为再生的肝细胞。

小剂量 TBBO 组：中央静脉、肝小叶间静脉扩张，除有的含有数量不等的红细胞以外，多为均质红染的血浆样物质，肝窦隙有活化枯弗氏细胞和淋巴细胞。部分肝细胞肿大，胞浆呈红色细小颗粒状，胞核变化不明显，有的胞核溶解消失，呈点状坏死。部分肝细胞基本恢复正常，可观察到再生肝细胞。说明小剂量 TBBO 对肝脏脂肪损害具有保护作用。观察结果与肝脏脂质测定结果吻合。

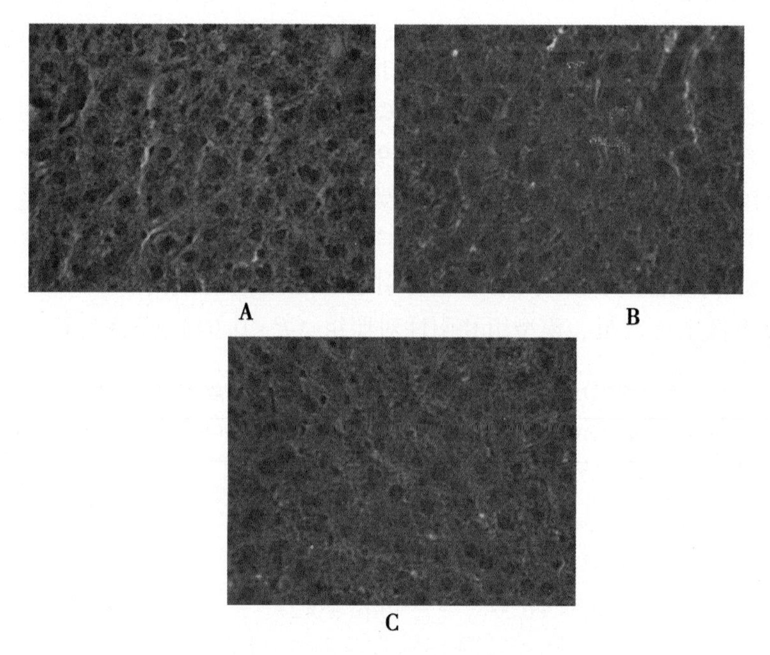

图 6 – 13　各组大鼠肝脏切片镜检图 ×400

A. 高剂量组；B 中剂量组；C. 小剂量组

Fig. 6 – 13　Microscopy of rat liver slices of all groups

A. high dose group；B. medium dose group；C. low dose group

研究表明，TBBO 有预防和治疗脂质代谢紊乱、保护肝脏和动脉粥样硬化的功能作用，能明显地调节实验动物血脂、肝脂代谢，降低血清 TG 能力强于 TC，并可抑制血清和肝组织中脂质过氧化发生，具有良好的抗脂肪肝效果。其可能的作用机理为 TBBO 中含有的不皂化物，特别是 β-谷甾醇能降低外源胆固醇吸收，对降脂功能性的产生有重要作用；TBBO 中的油酸及亚油酸很可能使肝脏 LDL 受体的表达增加，导致血清中 LDL-C 的含量下降，并起到降低血清 TC 和肝脏

TC 的作用；血清和肝脏中 MDA 水平的显著下降，与 TBBO 中的 V_E 有重要的关系。因而，除过荞麦中丰富的黄酮，荞麦中富含的不饱和脂肪酸及甾醇也是荞麦作为药食同源的食物，具有多种生理功效的原因之一。

综上所述：

1. 苦荞油、甜荞油的总不饱和脂肪酸含量分别为 83.2%、81.8%，以油酸、亚油酸为主，并且油酸、亚油酸比例接近 1∶1，甜荞油的不皂化物含量为 21.90%、苦荞油为 6.56%，谷甾醇含量甜荞油是苦荞油的 3.7 倍，苦荞油又是米糠油的 1.56 倍、棉籽油的 6.06 倍、菜籽油的 4.48 倍，大豆油的 20.6 倍。此外，苦荞油中还含有 V_E。提示：荞麦油含有丰富的不饱和脂肪酸和充足的植物甾醇，为荞麦油特别是苦荞油抗氧化和降血脂的功能提供了物质基础。

2. 苦荞油不皂化物中麦角甾 -5 - 稀 -3β-醇、24-亚甲基环阿屯烷醇、14-甲基 - 麦角甾-8,24（28）- 二烯 -3β-醇、邻苯二甲酸二异丁酯为本属植物中新报道的化合物。其中，邻苯二甲酸二异丁酯与当归脂溶性部位中具有动脉血管扩张作用的有效成分邻苯二甲酸二甲酯和邻苯二甲酸二乙酯为结构相似物，为苦荞油的降血压功能性研究提供了有价值的研究线索。

3. 苦荞麸油有预防和治疗脂质代谢紊乱、保护肝脏和动脉粥样硬化的功能作用，OETBG 能明显地调节实验动物血脂、肝脂代谢，降低血清 TG 能力强于 TC，且可抑制血清和肝组织中脂质过氧化发生，具有良好的抗脂肪肝效果，OETBG 有效剂量为 0.5g/kg。

4. 苦荞麸油能显著降低血清、肝脏中 TC、TG、MDA 水平，降低血清 LDL-C 浓度，其作用机理可能有以下几个方面。

（1）苦荞麸油中的不皂化物，特别是其中的 β-谷甾醇能降低外源胆固醇吸收，对降脂功能性的产生有不可忽视的作用。

（2）苦荞麸油中的油酸及亚油酸很可能使肝脏 LDL 受体的表达增加，导致血清中 LDL-C 的含量下降，并起到降低血清 TC 和肝脏 TC 的作用。

（3）血清和肝脏中 MDA 水平的显著下降，与苦荞麸油中的 V_E 有重要的关系。

二、超临界 CO_2 提取纯净苦荞油

苦荞麸皮中集中了苦荞中大量的脂类物质，在实际应用中苦荞麸多做饲料使用，殊为可惜。而以苦荞麸为原料提取苦荞油可以扩大苦荞麸的用途，提高苦荞的利用率和价值。

关于油脂类物质提取方法：有溶剂提取法，提取率高，含杂少，设备简单，投资少，适宜于大规模生产而被广泛应用于油脂类物质的提取；也有超临界流体萃取技术，是国内外发展较快的一种新型提取分离技术，已广泛地应用于植物油脂的提取研究，具有操作温度低，选择性好，从萃取到分离一步完成，且可以极大地保持油脂的天然本色。目前关于苦荞麦麸皮中油脂类物质提取方法的研究还未见报道。而王敏等研究比较了苦荞麸油的溶剂提取及超临界 CO_2 萃取工艺。

（一）苦荞麸油溶剂提取工艺研究

以石油醚为提取剂，采用单因素试验和响应曲面法中 Box-Beheken 法研究了液料比、提取温度、提取时间对 TBBO 得率的影响。

Box-Beheken 法中，以料液比（x_1）、提取温度（x_2）、提取时间（x_3）为自变量，TBBO 提取率 Y 为响应值设计试验，自变量因素编码及水平见表 6 - 28。

得到的二次多元回归模型为：

$Y=6.74+0.18x_1+0.028x_2+0.11x_3-0.18x_1^2-0.13x_2^2-0.095x_3^2+0.078x_1x_2+0.035x_2x_3$，其中 x_1（$P<0.0001$）、x_3（$P=0.0001$）、x_1^2（$P<0.0001$）、x_2^2（$P=0.0004$）、x_3^2（$P=0.0028$）、

x_1x_2（$P=0.0091$）均达到极显著水平。

x_1x_2 的交互作用响应曲面见图 6－14。

用上述回归模型预测优化出 5 组工艺参数，按照此工艺参数进行试验验证，得最佳工艺参数为：料液比 1：11.36、提取温度 51.8℃、提取时间 141.3min，该工艺条件下 TBBO 得率为 6.82%与预测值一致；但为了操作方便，将最优工艺定为：料液比 1：11、提取温度 52℃、提取时间 141min，此条件下 TBBO 得率为得率为 6.82%，提取率为 73.89%。

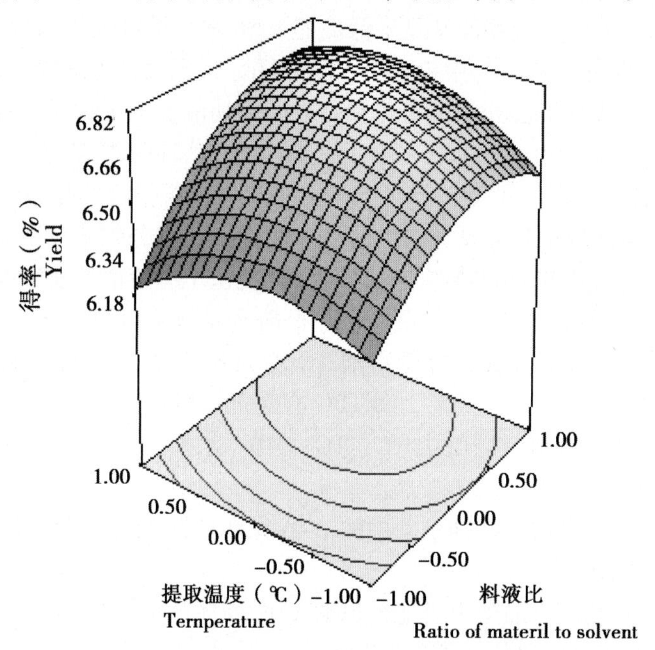

图 6－14　料液比和提取温度交互作用的响应曲面

Fig. 6－14　Response surface of the yield of TBBO versus ratio of material to solvent and temperature

表 6－28　自变量因素编码及水平

Table 6－28　Code and level of factors chosen for extraction of TBBO

水平	因素		
	料液比 x_1	提取温度 x_2（℃）	提取时间 x_3（min）
−1	1：9	45	90
0	1：11	50	120
1	1：13	55	150

（二）苦荞麸油超临界 CO_2 萃取工艺研究

先采用单因素试验观察麸粉粒径、萃取压力、萃取温度、萃取时间对 TBBO 得率的影响，根据结果选出 3 个主要因素进行二次回归正交旋转组合试验设计，试验因素水平及编码见表 6－29。得到的二次多元回归模型为：$Y=7.9749+1.1320X_1+0.1634X_2+0.3402X_3+0.8638X_1X_2+0.1213X_1X_3-0.0338X_2X_3-1.5958X_1^2-1.0497X_2^2-0.3887X_3^2$，且对得率的影响顺序为：萃取压

力 > 萃取时间 > 萃取温度。萃取压力和萃取温度的交互作用显著，根据回归模型得到萃取压力和萃取温度的交互效应曲面图见图 6 – 15。

通过对萃取条件的优化得出最佳萃取工艺参数为萃取压力 22MPa，萃取温度 36℃，萃取时间 105min，在此条件下 TBBO 得率为 8.07%，与预测值 8.33% 接近，萃取率为 87.43%，进一步验证了回归模型的适合性，可用于指导生产实践。

表 6 – 29　因素水平编码表

Table 6 – 29　Factors and code levels of experiments

因素	R	+1	0	–1	–r	△j
萃取压力 X_1（MPa）	28.4	25	20	15	11.6	5
萃取温度 X_2（℃）	43.4	40	35	30	26.6	5
萃取时间 X_3（min）	140.5	120	90	60	39.5	30

注：$i = 1, 2, 3$；$r = 1.682$

苦荞麸油提取工艺研究发现：①溶剂提取法工艺简单，操作方便，提取成本低，但所需提取时间较长，提取率不高；②超临界 CO_2 萃取法实际操作比较复杂，但所需时间短，萃取温度低，萃取率较高，提取效果好。

为此，推荐采用超临界 CO_2 提取苦荞麦麸油。

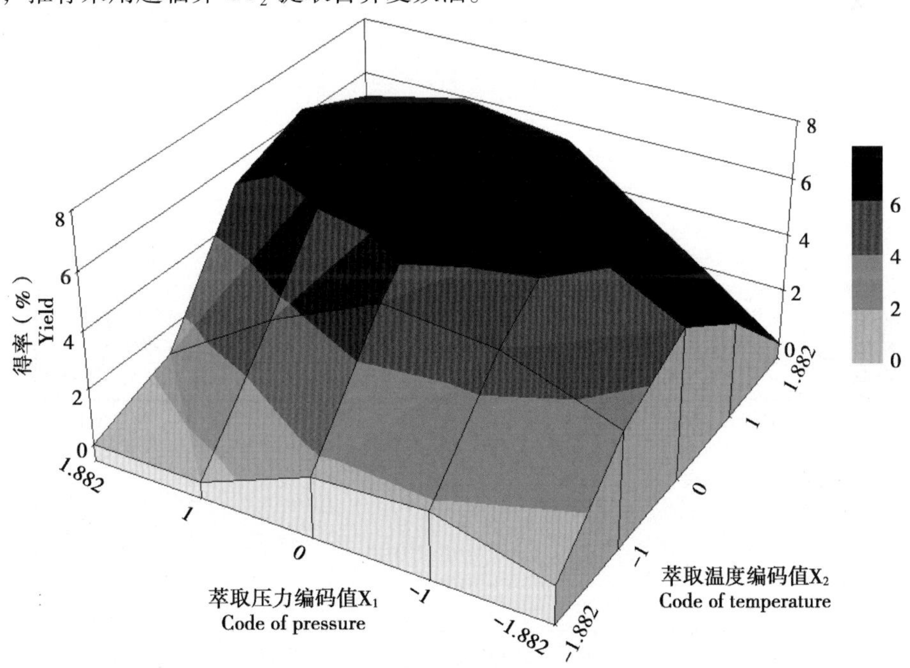

图 6 – 15　萃取压力和萃取温度对 TBBO 得率的影响

Fig. 6 – 15　Effect of extraction pressure and temperature on the yield of TBBO

三、稳定型固体苦荞油制备的 β-环糊精包合技术

苦荞油具有较好的的生理功效，但其易受空气、水、日光等外界因素的影响，发生氧化变质，不仅会产生不良风味，破坏油的营养物质，也会使油脂的流动性变差，限制其在食品中的

应用。

β-环糊精（β-CD）的包合技术是利用β-CD的特殊结构，即主体表面亲水内部中空疏水，在水溶液中疏水中心可选择性结合疏水性客体形成包合物而完成包合过程。形成而利用β-环糊精的包合技术可制成分子微胶囊，对客体有活性保护、提高稳定性等功能，被广泛应用于化工、医药、化妆品、食品等领域。

对苦荞麦麸油β-环糊精包合工艺进行了研究，首先比较了饱和溶液法、超声波法、胶体磨法3种方法对TBBO的包合效果，综合考虑挑选出包合效果较好的胶体磨法。然后对β-CD胶体磨包合工艺进行了优化。建立了该工艺的二次多项式模型：

$$Y = 7.77 + 0.45x_1 - 0.43x_2 - 0.23x_3 - 0.47x_1^2 - 0.21x_2^2 - 0.18x_3^2 + 0.14x_1x_2 + 0.23x_1x_3 + 0.08x_2x_3$$

最佳工艺条件：包合时间 x_1 为21min；β-CD与TBBO质量比 x_2 为5.7∶1；水与β-CD体积质量比 x_3 为4.2∶1。经过验证，该工艺条件下包合物的含油率为8.07%，油利用率为76.55%。

包合物的红外物相鉴别如图6-16所示。

从上到下依次为包合物、β-CD与TBBO混合物和TBBO的红外光谱图。

从图6-16中可以看出TBBO在2 855 cm^{-1} 和1 708 cm^{-1} 处有特征吸收峰，这些特征峰在β-CD与TBBO混合物中存在，但在包合物中消失，说明TBBO已经被β-CD包合，且形成新的物相。

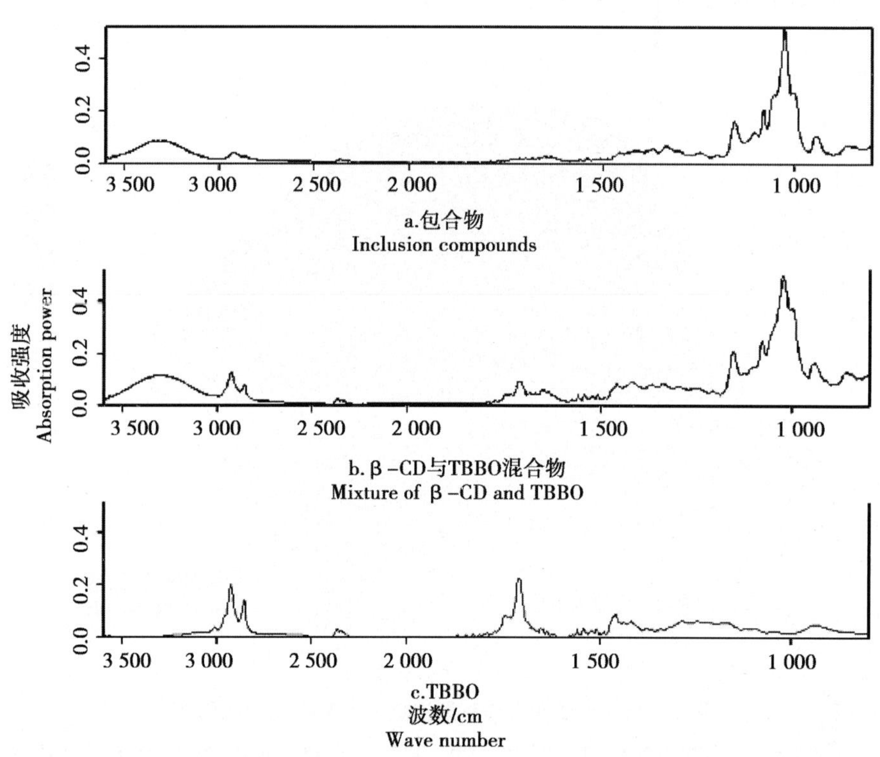

图6-16　样品的红外光谱图

Fig. 6-16　Infrared spectrum of sampels

样品的扫描电镜观察结果如图6-17所示。从图中可以看出，A中β-CD具有明显的层状结构，且轮廓分明；B中由于TBBO附着于β-CD表面，从而使β-CD与TBBO混合物呈圆滑的不规则颗粒；而 C 中包合物颗粒均匀，直径基本上在 5μm 以下，且表面轮廓清晰，说明 TBBO 已被 β-CD 成功包合。

另外，在对 TBBO 和包合物的抗氧化稳定性进行的比较研究中发现包合能显著的降低氧化速率，有效防止 TBBO 的氧化和变质，对 TBBO 起到了明显的保护作用。以上对包合物的红外物相鉴别、显微结构观察及抗氧化稳定性实验表明了 β-CD 胶体磨包合工艺可以对 TBBO 进行有效包合，且能显著提高 TBBO 的稳定性，并且由于 β-CD 胶体磨包合工艺简单，便于操作，具有相当的实用价值，为对人体健康具有良好功能价值的荞麦油的利用提供了一个途径。

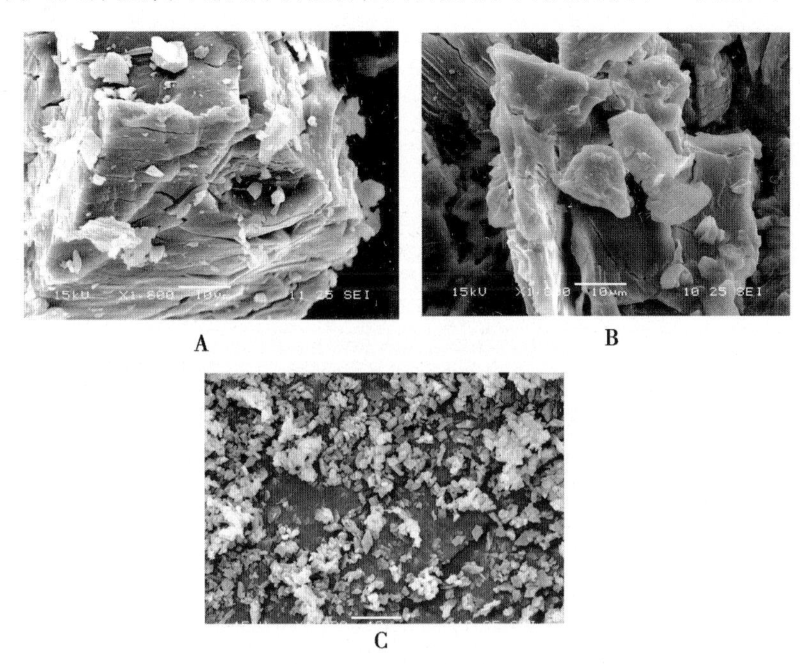

图 6－17　样品的扫描电镜图（×1800）

A. β-CD；B. β-CD 与 TBBO 混合物；C. 包合物

Fig. 6－17　Scanning electron microscopy of samples

A. β-CD；B. Mixture of β-CD and TBBO；C. Inclusion compounds

小结：

1. 苦荞麸油的 β-环糊精胶体磨包合工艺优化的最佳工艺条件为包合时间 21min、β-环糊精与苦荞麸油质量比为 5.7∶1、水与 β-环糊精体积质量比为 4.2∶1。该工艺条件下包合物的含油率为 8.07%，油利用率为 76.55%。

2. 包合物的红外物相鉴别、显微结构观察及抗氧化稳定性实验结果表明：该工艺可以对苦荞麸油进行有效包合，不仅能显著提高苦荞麸油的稳定性，而且工艺简单，便于操作，具有相当的实用价值（撰写人：王 敏、国旭丹、马雨洁）。

表 6－30　缩写中英文对照表

英文缩写	中文全称
TFTBF	苦荞总黄酮提取物
TFTBB	苦荞麸总黄酮
DW	干基重
TG	甘油三酯
TC	胆固醇
HDL-C	高密度脂蛋白
AAI	抗动脉硬化指数
LDL-C	降低了低密度脂蛋白
AI	致动脉硬化指数
ApoA1	载脂蛋白 A1
ApoB	载脂蛋白 B
SOD	超氧化物酶
GSH-Px	谷胱甘肽酶
MDA	丙二醛
TBBO	苦荞麸油

注：为了更准确、合理地描述实验材料，本文已将部分参考文献原文中使用的“苦荞胚总黄酮（TFTBG）”及“苦荞胚油（OETBG）”替换为“苦荞麸总黄酮（TFTBB）”及“苦荞麸油（TBBO）”

第三节　荞麦功能蛋白

荞麦营养丰富，面粉中蛋白质、脂肪含量均高于大米、小米和小麦面粉，碳水化合物含量高于高粱和玉米。荞麦粉的蛋白质、氨基酸组成比例合理，接近鸡蛋蛋白的组成，也为一般谷物所不及，特别是赖氨酸的含量远远高于大米和小麦面粉。国内外营养专家研究表明，荞麦是粮食中蛋白质、氨基酸种类最全面、营养最丰富的粮种。荞麦粉含有11.2%蛋白质，18种人体需要的氨基酸，75%以上的亚油酸等不饱和脂肪酸和多种矿物质元素。荞麦能够增强人体活力，预防衰老，是优质保健食品，被誉为“长寿食品”。同时，荞麦又有预防和治疗某些疾病的作用，李时珍在《本草纲目》（1578）中记有：荞麦实肠胃，利耳目，祛风痛，益气力，续精神。

荞麦中维生素含量较高，还含有较多的生物类黄酮。黄酮类化合物是荞麦保健功能的主要成分，为其他谷物所少有。有数据表明，荞麦黄酮中芦丁的含量在所有植物中仅次于槐米，荞麦芦丁约占其总黄酮的70%，荞麦花中芦丁含量也可达0.4%。盛花期是荞麦总芦丁含量最高的时期。芦丁具有治疗淋巴腺癌、乳腺癌、膀胱癌、肺癌和皮癌功效，并能增强血管弹力，有软化血管和降低血脂、胆固醇等功能，对高血压和心血管疾病有预防和治疗效果，并有控制和治疗糖尿病的作用。黄酮类物质具有消炎、抗过敏、利尿、解痉、镇咳、降血脂、强心等方面的作用，对血管病、糖尿病和肥胖症等有疗效。2001年和2003年Ren W Y等先后报道来自蓼科植物苦荞中的生物类黄酮对HL-60和K562白血病肿瘤细胞具有一定的诱导凋亡作用。另外，由于荞麦面粉中麸质（面精）的含量很少甚至没有，经常成为麸质过敏病人的推荐食品，可以缓解由于进食面包和其他谷类食品带来的肠道自体免疫反应。

荞麦还富含矿物质和微量元素，尤其镁含量极高，铁、锰、钠、钙的含量也很高，食用后可预防动脉硬化，防治高血压。由于荞麦含镁量高，食用后可缓解偏头痛等。最近的研究发现，荞麦种子的10%乙醇提取物有显著的降血脂降血糖作用，其主要有效成分可能是槲皮素和肌醇等。荞麦除了含有以上诸多有益于人体健康的保健和药用价值的活性成分外，也有研究表明荞麦还含有多种抗营养因子，包括蛋白酶类抑制剂和丹宁、植酸等多酚类化合物，甚至过敏蛋白等功能蛋白。

一、荞麦蛋白酶抑制剂研究

（一）荞麦蛋白酶抑制剂的种类

1962年，Laporte和Tremolieres报道了荞麦面粉的提取液有抑制蛋白酶的活性，但没有确定是何种物质表现出的抑制活性。1978年，Ikeda和Kusano从荞麦籽粒中提取到一种有抑制活性的物质，推测该物质是一种蛋白质，其含量占荞麦籽粒总蛋白的0.1%，具有较好的热稳定性，但在种子萌发过程中，会逐渐丧失抑制活性。1984年，Ikeda提出荞麦蛋白酶抑制剂的含量对种子萌发及蛋白质质量的影响，1995年，Kiyohara等从荞麦种子中分离到7种蛋白酶抑制剂，根据抑制剂随pH值的变化而发生的活性变化，将这7种抑制剂分为两大类，即永久性抑制剂（permanent inhibitors，包括BTI-1，BTI-IIa，BTI-IIb，和BTI-IIIa）和暂时性抑制剂（temporary inhibitors，包括BTI-IIc，BTI-IIIb1和BTI-IIIb2）。在pH值5.0以上时，永久性抑制剂还保持抑制活性，而暂时性抑制剂的活性迅速降低直至消失（表6-31）。

表6-31数据显示，永久性抑制剂的分子量较小，为6 000~7 600Da，氨基酸组成非常相似，具有同源性，含有较多酸性氨基酸，C末端为-Ala-Met-Val序列，N端氨基酸为Leu。暂时性

抑制剂分子量为10 000～11 500Da，彼此的氨基酸组成类似，具有同源性，酸性氨基酸和碱性氨基酸含量都很高，C末端为-Asp-Leu-Asn序列，N端为Ser。两类抑制剂最为显著的特征是，永久性抑制剂只含有两个半胱氨酸残基，暂时性抑制剂含量较多，有8个半胱氨酸残基。根据分子量、氨基酸组成的特点，永久性抑制剂可以归属为PI-I（Potato inhibitor I）家族。1996年Belozersky对荞麦中的3种蛋白酶抑制剂（BWI-1，BWI-2，BWI-4）进行了氨基酸序列测定，1997年Sung-Soo Park对另外四种抑制剂（BWI-1a，BWI-1b，BWI-2a，BWI-2b）氨基酸序列进行了测定。结果表明，7种胰蛋白酶抑制剂基本上都可用永久性抑制剂和暂时性抑制剂的特征来进行描述。

表6－31　永久性和暂时性荞麦蛋白酶抑制剂的特性

Table 6－31　Properties of permanent and temporary inhibitors of buckwheat proteinase

	永久性抑制剂	暂时性抑制剂
pH值为5.0以上，抑制活性的变化	仍然保持抑制活性	迅速降低直至消失
分子量	6 000～7 600Da	10 000～11 500Da
N-端氨基酸	Leu	Ser
C-端氨基酸序列	－Ala-Met-Val	－Asp-Leu-Asn
Cys含量	较低	较高
氨基酸组成	缺乏Tyr和His，酸性氨基酸和Val含量高	缺乏Ala，酸性氨基酸和碱性氨基酸含量高
所属抑制剂家族	PPI-1	—

（二）荞麦蛋白酶抑制剂的特性

目前，对荞麦蛋白酶抑制剂的理化性质研究主要包括相对分子质量，酸碱稳定性，抑制专一性，致过敏性，一级结构测定及生物学活性等。

分析从荞麦中提取的十多种天然胰蛋白酶抑制剂，其分子量大小多为7.7～11.0kDa，氨基酸数目为51～69或85～99个。这些蛋白酶抑制剂均对胰蛋白酶有专一性的抑制作用。对胰凝乳蛋白酶也有微弱的抑制活性，而对胃蛋白酶、木瓜蛋白酶及枯草杆菌蛋白酶等一般无抑制现象。

荞麦胰蛋白酶抑制剂对热有较好的稳定性，个别种类即使在100 ℃处理较长时间仍可保持90%的抑制活性。在酸性条件下多数抑制剂是稳定的，当pH值大于8时，各种分子量大小的抑制剂表现出不同耐受性，有的仍可保持抑制活性，有的活性则迅速降低甚至丧失。

1997年，Sung-Soo Park报道来自荞麦中的BWI-1和BWI-2b具有弱致敏性，1999年日本九州大学大庭英树等人提出荞麦种子中的胰蛋白酶抑制剂（buckwheat trypsin inhibitor，简称BTI）似有诱导血液病肿瘤细胞凋亡的作用。2004年Sung-Soo Park又提出来自荞麦中的蛋白酶抑制剂似乎可对抗人T-淋巴细胞的一些病变。

我国对荞麦蛋白酶抑制剂的研究主要在山西大学开展，他们于1999年采用凝胶层析及离子交换层析等方法，首次从苦荞种子中分离出一组胰蛋白酶抑制剂（TBTI-Ⅰ、TBTI-Ⅱ）。对其性质研究表明：两个组均对胰蛋白酶有较强的抑制作用，对胰凝乳蛋白酶抑制作用较弱，其中TBTI-Ⅱ的抑制作用大于TBTI-Ⅰ，两者对胃蛋白酶、木瓜蛋白酶及枯草杆菌蛋白酶均无抑制作用。TBTI-Ⅰ、Ⅱ都具有较高的热稳定性，在100℃处理10 min后可保留86%左右的抑制活性。TBTI

在酸性环境下较为稳定，在 pH 值为 2.0 条件下保温 1h，仍保留 75% 的抑制活性。用 Lineveaer-Burk 作图法得知，该抑制剂属竞争性抑制类型。TBTI-Ⅱ的 Ki 值为 3.59×10^{-7}mol/L（以 BAPNA 为底物），对胰蛋白酶的摩尔抑制比为 1：1.4。生物学功能研究初步确定来自天然苦荞中的胰蛋白酶抑制剂对 HL-60 细胞增殖有抑制作用。

（三）荞麦胰蛋白酶抑制的克隆与表达

荞麦生物活性物质含量较高，是制备生物类黄酮，功能蛋白等成分的理想材料，但荞麦中的蛋白酶抑制剂含量仅为1%以下，这给分离纯化及应用研究带来了一定的难度。2004 年 Park 等提出蓼科植物荞麦种子中的胰蛋白酶抑制剂有诱导血液病肿瘤细胞凋亡的作用。之后，王转花等采用分子克隆技术合成荞麦胰蛋白酶抑制剂基因，并在 GenBank 登录（登录号为 AY335158），后采用原核表达系统获得一种分子量较小的重组荞麦胰蛋白酶抑制剂。体外实验表明，来自蓼科植物的重组荞麦胰蛋白酶抑制剂能够有效的抑制 HL-60，K562，IM-9，HepG 等实体瘤细胞的生长，对正常细胞（PBMCs）的生长没有影响。

细胞凋亡（Apoptosis）是生物体内调节机体发育、维护内环境稳定、有基因调控的细胞主动性死亡过程。凋亡有两条主要途径：线粒体启动的内在途径和死亡受体激发的外在途径。前者，促凋亡信号激发细胞色素 *c* 自线粒体内膜空间向细胞质释放，形成一个称做 apoptosome 的由 Apaf-1 和 dATP 组成的复合物，同时也活化了半胱氨酸蛋白酶－9（caspase-9）；caspase-9 的活化激活刽子手 caspases，比如 caspase-3、caspase-6 和 caspase-7，这样便触发了一系列凋亡事件，最终导致细胞死亡。后者，开始于一个死亡受体，比如 Fas。

针对各种肿瘤病的发生率逐年增高而抗肿瘤药物的数量却相对较少这一现状，许多研究者进行了大量实验并取得一些成果，其中，蛋白酶抑制剂是最早发现的抗肿瘤抑制剂。20 世纪 90 年代曾有报道，大豆的 Bowman-Birk 型蛋白酶抑制剂对动物结肠癌有 100% 抑制作用。蛋白酶抑制剂在抗肿瘤细胞生长方面的作用越来越被人们所认识。许多不同的蛋白酶抑制剂已被证明可以阻止体外细胞恶性转化。但关于蛋白酶抑制剂诱导肿瘤细胞凋亡的作用机制及重组蛋白酶抑制剂抗肿瘤药物的研究却非常有限。

研究表明，采用基因克隆等方法获得的重组荞麦胰蛋白酶抑制剂（rBTI）具有明显的诱导不同肿瘤细胞凋亡的作用。李芳等的研究表明，rBTI 能使肝癌细胞 HepG2 的存活率明显降低，并且具有剂量依赖性，而对正常肝细胞 7702 影响很小。当在体外诱导 HepG2 细胞 20 h 后，抑制率达到 69.2%（图 6－18）。

经 rBTI 处理 24h 后的 HepG2 细胞，与对照组（图 6－19A）相比可见细胞核的形态学发生了明显变化，细胞核出现碎裂，形状变的不规则，少量伴有凋亡小体（图 6－19B）。表明，经 rBTI 处理的 HepG2 细胞出现了凋亡。

同时他们也对 rBTI 处理后的半胱氨酸蛋白酶（Caspases）活性进行了检测，图 6－20 可以看出，Caspase-3 和 Caspase-9 的活性随 rBTI 浓度增加而逐渐增大，可见 rBTI 激活了凋亡酶 Caspase-3 和 Caspase-9 的活性。这些研究初步证明 rBTI 诱导 HepG2 细胞凋亡可能涉及线粒体途径。

近年来，各种癌症患者逐年增多，但相关的治疗药物却较少，因此，植物来源的蛋白酶抑制剂在诱导肿瘤细胞凋亡中的前景广阔。随重组荞麦胰蛋白酶抑制剂药物浓度的逐渐增加，对不同肿瘤细胞的抑制作用也明显增强，抑制作用呈现剂量依赖型。流式细胞术检测凋亡作用显示，经不同浓度重组荞麦胰蛋白酶抑制剂处理的肿瘤细胞出现了不同程度的凋亡，最终抑制肿瘤细胞的增殖。利用荞麦这一我国特有的植物资源，深入研究并开发其中的生物活性成分，在食品及药品研究领域具有一定的实践意义。

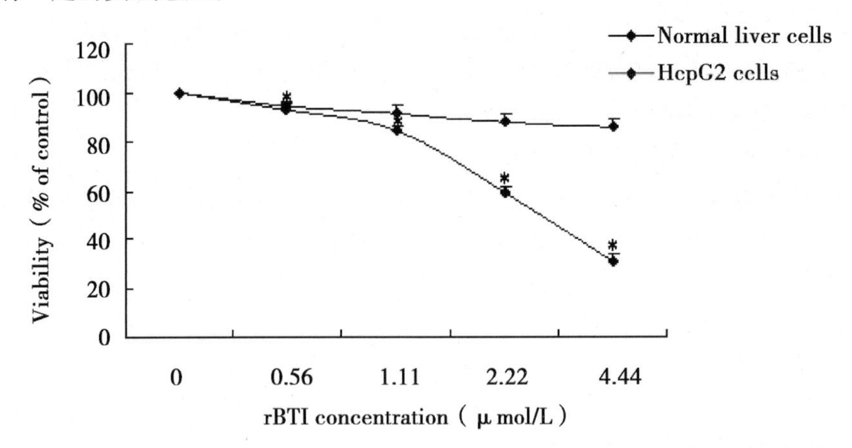

图 6-18　rBTI 对肝癌细胞 HepG2 的生长抑制作用

Fig. 6-18　Cytotoxic effects of rBTI on HepG2 and Normal liver cells.

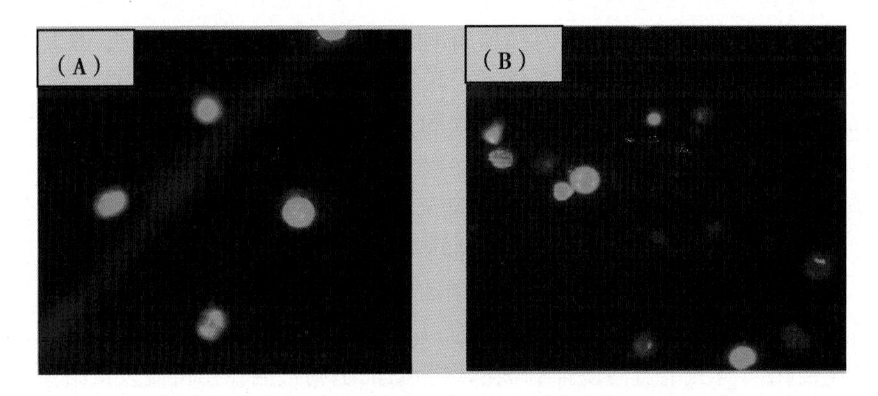

图 6-19　rBTI 对肝癌细胞 HepG2 的生长的形态学观察

Fig. 6-19　The morphological features of nucleolis of HepG2 cells.

二、荞麦过敏蛋白

（一）荞麦食品过敏研究进展

随着人们对植物资源的营养和医药学功能的逐渐认识，各种杂粮食物、产品供需空间在逐渐增大，有关杂粮食品过敏与人类健康的关系已成为目前的研究热点。有关荞麦资源的生物活性物质，尤其与人类健康关系密切的过敏原的研究，已成为荞麦研究领域的热点。国际联机检索的结果显示：在已报道的有关荞麦研究方面的几百篇论文中，署名我国学者发表的仅占 10% 左右，而对食用或接触荞麦产品引起的过敏症状的理论与应用基础研究报道较少。有专家建议结合国外研究的热点，应用现代生物技术和方法，开展具有重要应用价值的荞麦资源的相关内容研究十分必要。开展荞麦过敏蛋白等重要功能蛋白及基因的生化与分子生物学、免疫学等方面的研究，分析荞麦过敏原的抗原决定簇，对于揭示荞麦过敏蛋白的致敏机制、结构与功能的关系，对过敏蛋白基因进行分子改造和育种改良具有重要的理论意义和应用前景。

过敏反应又称超敏反应或变态反应，是指机体受同一抗原物质再次刺激后产生的一种异常或病理性免疫反应，是人类最常见的一类自身免疫疾病。过敏症是在全世界广泛流行的一类常见的变态反应性疾病，发病率大约占人口的 20%。其症状复杂，危害广泛且难以根治，而且发病机制的研究远远落后于对其症状的描述，成为长期以来医学界的一大难题。食物过敏是过敏性疾病的一种，可能成为某些严重过敏性疾病的诱因。表现为吃了易过敏的食物而发病。许多人会因过敏而患上支气管哮喘、上呼吸道结膜炎、湿疹、皮炎等疾病，甚至导致死亡。特别是一些从事谷类食品加工业的人员，由于经常吸入带有这些食物蛋白的粉末而容易患病。由于近年来过敏性疾病呈持续上升趋势，Altman 等的调查表明公众自诉有食物过敏史者大约为 15%；Bock 估计大约 8% 小于 3 岁的儿童可能有过食物过敏的经历。发达国家十分重视食品过敏的研究和防治。在中国，食物过敏问题一直没有引起足够的重视，国内相关资料报道较少。

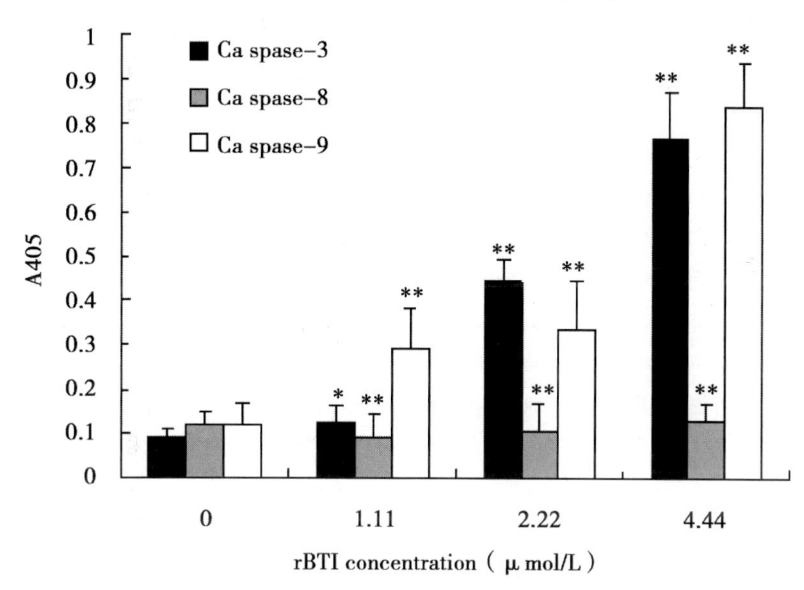

图 6－20　rBTI 作用 HepG2 细胞后对 Caspases 活性的影响

Fig. 6－20　Activation of caspases by rBTI in HepG2 cells.

摄入或吸入荞麦过敏原会导致包括风疹、呼吸困难、过敏性颤抖等症状的过敏反应。科学文献中关于荞麦过敏的首次报道出现在 1909 年。报道中 Smith 描述了一个对荞麦过敏而患有哮喘、过敏性鼻炎及湿疹的病人。到了 20 世纪 60 年代 Horesh 发表了关于美国儿童对荞麦过敏的研究结果，指出由于荞麦在美国逐渐增多，过敏患者将呈增加趋势。其病理机制为 I 型过敏反应，而且是由 IgE 介导的速发反应。

现在在韩国、日本和其他一些国家荞麦已经被划为一种普遍的食物过敏原。2003 年，Imai T，Iikura Y 与日本的 2 689个具有小儿科的比较大的医院合作，对那些摄入过敏性食物 60min 后出现过敏症状的病例进行了调查，最后总结出 5 种引起过敏反应的主要侵入性食物，荞麦也包括在内。在日本、韩国、西班牙、法国的面条店和瑞士的健康食品店里有很多职业性荞麦过敏症。可见，荞麦已经成为一种主要的食物过敏原。

2001 年，Noma T 等报道了一例罕见的由运动引起的致命性荞麦过敏反应，一个 8 岁名叫 zaru soba 的小女孩，在食用了荞麦制成的面条后立即进行了剧烈的游泳，0. 5h 后，即感觉到腹痛、呕吐、咳嗽、胸部不适等症状，又过了 10min，意识开始模糊、心肺功能开始衰竭，病人立即被送往医院，13d 后死亡。经检验，病人血清中 IgE 含量高达 2 840IU/ml。据报道，病人被送入医院开始大量的咯血，并且肠道出现溃疡和出血。后来经特异性免疫印记检测发现有 4 条带与病人血清 IgE 特异结合，分别是 16kDa、20kDa、24kDa、58kDa 蛋白。

2003 年，Fritz SB，Gold BL 利用皮肤穿刺试验和 ImmunoCAP testing 对病人进行了荞麦和其他几种过敏原的检测，发现了一例接触荞麦后发生哮喘和恶性过敏性鼻炎的病例，这在美国是第一次报道。

H. -S. PARK 和 D. -H. NAHM 利用 RAST、Bronchprovocation test、ELISA（enzyme-linked immunosorbent assay)、SDS-PAGE 和 immunoblotting、Electroblotting studies 对一名患者血清作了研究，表明吸入荞麦面粉能引起 IgE 介导的支气管阻塞，并且发现病人血清中有很高的特异性 IgG。Takahashi Y 采取 ELISA、RAST、IgG 与 IgE 的免疫印迹等检测手段发现 80% 的病人和 60% 的 RAST 阳性对照组的荞麦 RAST 值呈阳性，而 RAST 阴性对照组为阴性。IgG 的免疫印迹实验显示所有病人血清和阳性对照血清中都有较 RAST 阴性对照很高的特异性 IgG，并可见 10 条盐溶组分和 6 条盐不溶组分，而 IgE 的免疫印迹依血清而变化。表明针对荞麦蛋白的完全免疫激活并不限于 IgE 抗体形成，也有其他免疫球蛋白如 IgG 产生，这可能是荞麦过敏症的基本特征。

（二）荞麦中导致过敏反应的主要抗原鉴定及性质

日本科学家 Urisu A 对荞麦的免疫学性质进行了研究，利用免疫印迹、RAST、放射性变应原吸附抑制试验表明荞麦蛋白中的一种分子量约 24kDa 的蛋白质（BW24kDa）是主要过敏成分。可以与病人血清中 IgE 抗体结合。在 41 个接受调查的荞麦阳性 IgE-RAST 病人中，85. 4% 的患者表现 24kDa 蛋白阳性反应。所有对荞麦抗原皮肤穿刺试验阳性的病人对荞麦 24kDa 蛋白也为阳性反应。运用病人血清做的 RAST 抑制试验表明 IgE 抗体对荞麦提取物和其中的 24kDa 蛋白都为阳性，BW24kDa 和荞麦提取物存在剂量上的依赖性。因此他们认为，BW24kDa 蛋白是荞麦中的主要过敏成分。

2000 年 Park JW、Kang DB 等，以 19 个有荞麦过敏症状者和 15 个荞麦皮肤穿刺试验呈阳性反应但无症状者作为研究对象，以 Pharmacia CAP kit 测定病人血清中的荞麦特异性 IgE 含量。利用 IgE immunoblotting，periodate oxidation，two-dimensonal PAGE 分析荞麦过敏原，结果发现，过敏者血清的 IgE 与 24kDa、16kDa、9kDa 条带的结合力较对照大 50%。并且发现 19kDa 与 IgE 的结合特异性较对照更大（78% vs7%)。测定 19kDa、16kDa 过敏原的 N 末端发现与水稻 19kDa 球蛋白、稷的 α 淀粉酶和胰蛋白酶抑制剂的同源性不高。通过测定不同过敏原 9kDa 蛋白的 N 末端发现彼此几乎没有差别，并且与以前报道的荞麦胰蛋白酶抑制剂的 N 端相同。高碘酸氧化 9kDa 蛋白将会减弱其与 IgE 的结合力。因此他们得出结论，9kDa、16kDa、19kDa、24kDa 蛋白可能是荞麦中的主要过敏原，而 19kDa 过敏原对荞麦过敏病人是相对特异的。

Mark Akira Yoshimasu 等利用荞麦过敏症病人血清进行 Western blotting 检测荞麦主要过敏原，然后对其进行纯化，利用 ELISA 对其 IgE 结合活性进行测定，并且完成了 N 端测序。结果发现，与 IgE 结合的荞麦蛋白的分子量约为 14kDa 和 18kDa。对其进行 N 端测序，发现跟水稻过敏蛋白有一定的同源性，水稻过敏蛋白跟荞麦过敏蛋白有交叉反应。将蛋白加热、酸、碱处理，完全变性后，IgE 结合活性下降。而用脲对蛋白进行部分变性处理后，IgE 结合活性增加。另外，在 IgG 结合活性试验中，只有 20kDa 上方有一条带具有结合活性。从而他们认为，分子量 14kDa 和 18kDa 是荞麦中主要过敏原，并且与 IgE 有结合活性。

2002 年，Tanaka K. 等提出了不同的观点，他们在鉴定荞麦中导致过敏反应的主要抗原时使用了胃蛋白酶对荞麦中蛋白提取物进行消化，发现分子量为 24kDa 的蛋白被消化；而另一种分子量为 16kDa 的蛋白不被消化，仍保持 IgE 结合活性，此蛋白 N 末端测序表明它和 24kDa 蛋白不具同源性。因为人在食用了荞麦后会经过胃蛋白酶处理才进入肠道的，所以他们认为，虽然 BW24kDa 蛋白同几乎所有测试者血清进行体外反应时都呈阳性，但不会在人体内引起速发型过敏反应。而 16kDa 蛋白和速发型过敏反应有关。

2004 年，Matsumoto R、Fujino K 等用 14 个过敏症和 2 个健康人的血清，通过免疫杂交测定出了一种特异性荞麦过敏原，其大小为 10kDa（BW10kDa），是 2S 白蛋白多基因家族中的一员。它与 57% 的过敏病人的 IgE 的反应性较 IgG、IgA 强，而与正常人的 IgE 没有反应。并且此蛋白与过敏症患者的 IgE 反应可完全被荞麦粗提物抑制。

对于荞麦主要过敏原的确定方面虽然暂时还没有比较统一的观点，但是，一般都认为 24kDa 蛋白是一主要过敏原。Fujino K、Funatsuki H 曾经从授粉后 14d 未成熟的种子中提取荞麦 cDNA，发现了 FA02 和 FA18 两个编码荞麦类豆球蛋白的基因，并且在种子成熟过程中表达。由 FA02 基因推导出的氨基酸顺序的 N 端与 BW24kDa 的 N 端序列相同。他们预测 FA02 将被切成两个部分，一部分为 41.3kDa 的 α 亚基和一部分为 21kDa 的 β 亚基。用 FA02β 亚基制备抗血清，用荞麦种子总蛋白进行免疫杂交，发现有几个蛋白与此血清有结合活性。23 ~ 25kDa 区域有最高的结合活性。

也有文献报道，水稻和荞麦具有交叉抗原性。在 48 名对荞麦和水稻都显示 RAST 值阳性的研究对象中，有 28 名接受 Inhibition immediate hypersensitivity reaction（IHR）试验，结论是来自 IHR 阴性组的 IgE 抗体可以识别荞麦抗原的抗原决定簇，该抗原决定簇与水稻抗原存在交叉反应。1991 年，类似的研究认为，荞麦 IHR 阴性接受试验者比阳性接受试验者对水稻具有较高的 IgE-RAST 值，而两者的 IgE-RAST 值对 dematophagoides pteronyssinus、清蛋白和牛奶没有区别。Kenji TAKUMI. 等研究发现荞麦与同一科的靛青中的球蛋白具有交叉反应性。

（三）苦荞过敏原的克隆表达及免疫学活性研究

近年来，食物过敏的发生率逐年增加，但对发病机制的研究及与其相互匹配的检测手段远远落后于对其症状的描述，成为困扰人们的一大难题。对引起荞麦过敏症的主要过敏原的认识存在着一定分歧，其致敏机理也了解甚少。

2004 年，日本科学家 Hiroyuki Y 等克隆得到甜荞中 24kDa 主要过敏原的 cDNA，并使用基因工程的方法得到其重组过敏蛋白，免疫学实验发现该蛋白可与病人血清中的 IgE 抗体特异结合。同时，实验中还通过重叠肽的方法预测分析了其中的八个表位，并将其中免疫活性较高的短片段进行了定点突变。

2007 年，Choi SY 等克隆得到了甜荞中由 149 个氨基酸组成，大小为 16.9kD 的过敏原 BWp16。使用 Western blotting，ELISA 的方法检测表明其 IgE 结合活性较高，它与甜荞 8kD 过敏原和 2S 清蛋白同源，抗胃蛋白酶的降解。甜荞中 19kDa 蛋白的深入研究也在此实验室开展，研究发现有 83% 的荞麦过敏病人血清 IgE 可与 19kDa 荞麦过敏蛋白特异性结合。从而提出这两种蛋白在临床检测中更有意义，因为这两种蛋白与其他过敏原的交叉反应更小，特异性更强。

2008 年，Satoh R 等对甜荞中 16kD 过敏蛋白的野生重组型和突变体进行了分析研究，分别将 rBWp16 序列中 10 个不同位点的半胱氨酸残基（Cys）突变为丝氨酸（Ser）残基，重组表达得到十个突变体。分别对它们的免疫活性和胃蛋白酶消化活性比较研究后发现，7 个突变体与过敏病人血清中 IgE 的结合能力均小于野生型的 rBWp16，同时突变体的抗胃蛋白酶消化活性也低于野生型的 rBWp16。这一研究结果证明了半胱氨酸残基及二硫键在荞麦过敏蛋白抗原决定簇的形成排列中起着十分重要的作用，为进一步的研究提供了实验依据。

Camille S 等在 2009 年利用同源建模的方法对甜荞中的 13S 球蛋白进行了系统分析，得到属于 Cupin 超家族的 β-折叠桶特征三维结构，根据蛋白表面的电荷和氨基酸情况明确了 11 个表位的分布，同时采用点杂交等方法分析其免疫活性，结果表明位于蛋白质表面的区域 IgE 结合活性较高。

上述报道均以甜荞为材料，而苦荞作为另一种栽培荞麦，是我国杂粮的重要粮种，含有较高的生物类黄酮等活性成分，近年来引起了国内外研究者的普遍关注。以苦荞为实验材料的报道也日益增多，但苦荞中的天然过敏性成分及其基因克隆，表达研究非常有限。自 2002 年以来，王转花等在国内外率先开展苦荞过敏原的研究，他们先后采用层析分离技术首次获得一种 24kDa 苦荞种子过敏蛋白 TBa，对这一天然蛋白进行分析，发现 TBa（24kDa）蛋白是苦荞种子中的主要过敏原。该蛋白由 585 bp 为其编码（图 6－21）。

GGATTGGAGCAAGCG TTCTGTAACCT AAAATTCAGGCAAAATGTTAACAGGCCTTCTCACGCCGA
CGTCTTCAACCCACGCGCCGGACGTATCAACACCGTCAACAGTAACAATCTCCCAATCCTCGAATTCCT
CCAACTTAGCGCCCAACACGTCGTCCTCTACAAGAATGCGATCATCGGACCGAGATGGAACTTGAACGC
ACACAGCGCACTGTACGTGACAAGAGGAGAAGGAAGAGTCCAGGTTGTTGGAGACGAAGGAAAGAGTG
ATTCGACGACAACGTGCAGCGAGGACAGATCCTTGTGGTGCCACAGGGATTCGCAGTGGTGGTGAAGGC
AGGAAGACAAGGATTGGAGTGGGTGGAGTTGAAGAACAACGATAACGCCATAACCAGTCCGATTGCCGG
TAGGACTTCGGTGTTGAGGGCGATCCCTGTGGAGGTACTGGCCAACTCGTATGATATCTCGACGGAGGA
AGCATACAAATTGAAGAATGGGAGGCAGGAGGTTGAGGTCTTCCGACC ATTCCAGTCCCGATATGAGAA
GGAGGAGGAGA AGGAGAGGGAACGTTTCTCCATAGTT

图 6－21　TBa 全长 cDNA 及推导的氨基酸序列

Fig. 6－21　Nucleotide sequence of TBa and deduced amino acid sequence

TBa 蛋白的基因序列已在 Genbank 登录。之后，该研究小组又以苦荞开花后 20d 左右的种子为材料提取总 RNA，并克隆获得苦荞过敏性贮藏蛋白 5’端序列 TBb，经过片段拼接，获得了苦荞过敏原 TBt 的全长 cDNA 序列，并对其核酸序列及推导的氨基酸序列进行了生物信息学分析，结果发现 TBa、TBb 分别为 TBt 的 C 端和 N 端的两个结构域。两个结构域之间通过一个链间二硫键连接（全长序列见图 6－22）。

食物过敏原的致敏机理复杂，症状多样，目前，对引起过敏的机理仍然存在争议，但大部分过敏原都是分子量不等蛋白质，其中，能刺激抗体产生的蛋白质部分，叫抗原决定基或抗原决定簇（数个至数十个氨基酸，又被称为“表位” epitope）。抗原决定簇一般为小于 16 个氨基酸残基的短肽。抗原性的强弱与分子量相关，分子量在 10kDa 以上，就会引起免疫刺激，产生特异性 IgE 抗体，抗体与肥大细胞和嗜碱粒细胞表面相结合后，机体就成致敏状态了。还有一些分子量很小，本身不能直接成为抗原，但与其他物质复合后就可以成为抗原物质，常见于药物（即半抗原）。

为了对苦荞过敏蛋白的致敏机理进行深入分析，定位其中存在的抗原决定簇，了解其免疫反应机理。蔡桂红，赵小珍，王岚等先后对苦荞全长过敏蛋白 TBc 的两个结构域 TBa 和 TBb 进行了分段表达。经过同源序列比对，关键结构和二级结构预测等技术，结合 Cupin 家族过敏原的特征，确定可能的关键氨基酸位点，采用定点突变的方法对其中主要表位区域的氨基酸进行替换，构建 E1 表位的 5 个突变体 L39R，L42R，L47R，V52R，L54R（图 6－23），先后获得分子大小不等的几组苦荞过敏原表位片段，采用特异性过敏病人血清进行分析，确定了苦荞过敏原引起过敏的可能关键氨基酸。

过敏疾病在全世界普遍存在且影响广泛，近些年来过敏症的发病率呈上升趋势。其症状复杂，且难以根治。除花粉、食物蛋白、药物分子等常见的过敏原外，还发现了许多不常见的过敏原，并且临床病症也呈现多样化。可以预见，随着自然、社会环境以及人们生活方式、饮食习惯等的改变，过敏疾病的发生会更复杂，可能会出现许多新的过敏原和过敏症状。目前，由空气污染产生的尘埃颗粒，也被认为会导致过敏。主要症状是上支气管哮喘、上呼吸道结膜炎、湿疹、皮炎等。

```
GGG GGG GGG GGG GGG ATC ACT ACC CAC AAC TTG AAA TCT TCC ACC ATG TCA ACT AAA CTC ATC CTC TCC   69
                                                             M   S   T   K   L   I   L   S
TTC TCC CTG TGC CTT ATG GTA CTA AGC TGC TCT GCG CAG GCA GCG CAG CTA TGG CCA TGG CGG AAG GGA  138
 F   S   L   C   L   M   V   L   S   C   S   A   Q   A   A   Q   L   W   P   W   R   K   G
CAA GAC AGC CGC CCC CAC CAC GGC CAC CAG CAA TTC CAG CAG CAA TGT GAT ATC CAG AGG CTC ACC GCC  207
 Q   D   S   R   P   H   H   G   H   Q   Q   F   Q   Q   Q   C   D   I   Q   R   L   T   A
TCT GAG CCC TCT CGT AGA GTC CGT TCT GAG GCC GGA GTT ACC GAG ATT TGG GAC CAT AAC ACC CCT GAG  276
 S   E   P   S   R   R   V   R   S   E   A   G   V   T   E   I   W   D   H   N   T   P   E
TTC CGA TGC ACC GGA TTT GTC GCC GTC CGT TAC GTA ATT CAG CCA GGA GGC CTC TTG CTT CCT TCC TAC  345
 F   R   C   T   G   F   V   A   V   R   Y   V   I   Q   P   G   G   L   L   L   P   S   Y
TCC AAC GCC CCT TAC ATC ACC TTT GTC GAG CAA GGG AGA GGA GTG CAG GGA GTG GTC ATC CCA GGA TGT  414
 S   N   A   P   Y   I   T   F   V   E   Q   G   R   G   V   Q   G   V   V   I   P   G   C
CCC GAG ACC TTC CAG TCG GAC TCC GAG TAC CCT CAG TCT CAG AGA GGC CAA CAC TCC AGG CGG AGT GAG  483
 P   E   T   F   Q   S   D   S   E   Y   P   Q   S   Q   R   G   Q   H   S   R   R   S   E
AGC GCA GAG TCC AGC CGC GGG GAC CAG CAC CAG AAG ATT TTC AGA GTC AGA GAA GGT GAC GTC ATC CCA  552
 S   A   E   S   S   R   G   D   Q   H   Q   K   I   F   R   V   R   E   G   D   V   I   P
TCT CCC GCC GGT GTC GTG CAG TGG ACT CAC AAC GAC GGT GAC CAA GAT CTC ATC AGT GTC ACT CTT CTC  621
 S   P   A   G   V   V   Q   W   T   H   N   D   G   D   Q   D   L   I   S   V   T   L   L
GAT GCC AAC AGC TTC CAC AAC CAG CTC GAT GAG AAC GTT AGG AGC TTC TTC CTA GCT GGT CAG AGC CAG  690
 D   A   N   S   F   H   N   Q   L   D   E   N   V   R   S   F   F   L   A   G   Q   S   Q
CAA GGC AGG GAG GAA CGC CGC AGC CAG CAA CAG ACG AGG GAG GAA GGC GGT GAC CGC CAA TCC CGT GAG  759
 Q   G   R   E   E   R   R   S   Q   Q   Q   T   R   E   E   G   G   D   R   Q   S   R   E
AGC GAT GAC GTC GAA GCA CTT ATC GGC GCA AAC ATC TTG AGT GGA TTC CAG GAC GAG ATC CTC CAC GAA  828
 S   D   D   V   E   A   L   I   G   A   N   I   L   S   G   F   Q   D   E   I   L   H   E
CTC TTC CGA GAT GTT GAC CGG GAG ACC ATC AGC AAG CTC AGA GGC GAG AAC GAC CAG AGA GGA TTC ATC  897
 L   F   R   D   V   D   R   E   T   I   S   K   L   R   G   E   N   D   Q   R   G   F   I
GTC CAG GCT CAG GAC CTC AAA CTC CGG GTC CCA GAG GAT TCT GAA GAA GGA TAT GAG AGG CAA AGA GGT  966
 V   Q   A   Q   D   L   K   L   R   V   P   E   D   S   E   E   G   Y   E   R   Q   R   G
GAC AGG AAA AGA GAC GAA AGA GGA AGC GGA AGG AGC AAT GGA TTG GAG CAA GCG TTC TGT AAC CTA AAA 1035
 D   R   K   R   D   E   R   G   S   G   R   S   N   G   L   E   Q   Q   F   C   N   L   K
TTC AGG CAA AAT GTT AAC AGG CCT TCT CAC GCC GAC GTC TTC AAC CCA CGC GCC GGA CGT ATC AAC ACC 1104
 F   R   Q   N   V   N   R   P   S   H   A   D   V   F   N   P   R   A   G   R   I   N   T
GTC AAC AGT AAC AAT CTC CCA ATC CTC GAA TTC CTC CAA CTT AGC GCC CAA CAC GTC GTC CTC TAC AAG 1173
 V   N   S   N   N   L   P   I   L   E   F   L   Q   L   S   A   Q   H   V   V   L   Y   K
AAT GCG ATC ATC GGA CCG AGA TGG AAC TTG AAC GCA CAC AGC GCA CTG TAC GTG ACA AGA GGA GAA GGA 1242
 N   A   I   I   G   P   R   W   N   L   N   A   H   S   A   L   Y   V   T   R   G   E   G
AGA GTC CAG GTT GTT GGA GAC GAA GGA AAG AGT GTA TTC GAC GAC AAC GTG CAG CGA GGA CAG ATC CTT 1311
 R   V   Q   V   V   G   D   E   G   K   S   V   F   D   D   N   V   Q   R   G   Q   I   L
GTG GTG CCA CAG GGA TTC GCA GTG GTG GTG AAG GCA GGA AGA CAA GGA TTG GAG TGG GTG GAG TTG AAG 1380
 V   V   P   Q   G   F   A   V   V   V   K   A   G   R   Q   G   L   E   W   V   E   L   K
AAC AAC GAT AAC GCC ATA ACC AGT CCG ATT GCC GGT AGG ACT TCG GTG TTG AGG GCG ATC CCT GTG GAG 1449
 N   N   D   N   A   I   T   S   P   I   A   G   R   T   S   V   L   R   A   I   P   V   E
GTA CTG GCC AAC TCG TAT GAT ATC TCG ACG GAG GAA GCA TAC AAA TTG AAG AAT GGG AGG CAG GAG GTT 1518
 V   L   A   N   S   Y   D   I   S   T   E   E   A   Y   K   L   K   N   G   R   Q   E   V
GAG GTC TTC CGA CCA TTC CAG TCC CGA TAT GAG AAG GAG GAG GAG AAG GAG AGG GAA CGT TTC TCC ATA 1587
 E   V   F   R   P   F   Q   S   R   Y   E   K   E   E   E   K   E   R   E   R   F   S   I
GTT TAA GAGAGAGAATGGTTTCATCGTAAATTTTGCAAAATAAAAAAGAGGGAAAAGGATAAGGGAGTCTTGTTTATGGTTTAGCTAGC 1676
 V   *end
TAA CTCCCTCTTCCTCTTCTGGGTTATGTTTTTACTTTAGTCTATCAAATAAAAGGGTGAATTAAAAAAAAATCACCTTCGAAGAAAAAA 1766
AAAAAAA                                                                                       1773
```

图 6－22　苦荞过敏原 TBc 的基因及推测的氨基酸序列

Fig. 6－22　Nucleotide sequence of TBt and deduced amino acid sequence

经过多年不懈努力，如今对植物来源的过敏原引起超敏反应机制已有了深入了解，在过敏原的生理生化性质和免疫性质方面的认识也取得了长足进步，进一步的研究将集中于过敏原蛋白表达的调控、过敏原决定簇结构域的特征分析和过敏症状的免疫治疗等方面。目前，正在研究中的几种免疫调节疗法包括：肽段免疫治疗、突变蛋白免疫疗法、过敏原 DNA 免疫、DNA 疫苗注射和抗免疫球蛋白疗法。原则上，DNA 疫苗应该是注射一次终身免疫，其注射对象则为有过敏症状家族史的高危人群以及明显出现过敏症状或对粉尘、某些食物过敏的儿童。现在，除过敏性哮喘外，过敏性皮炎和鼻炎患者，均在可治疗之列。

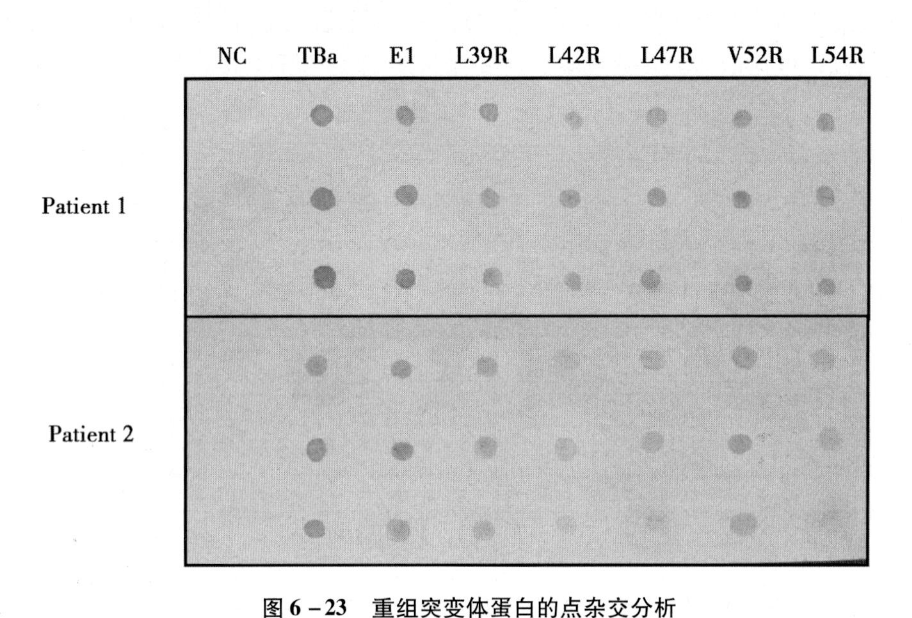

图 6－23　重组突变体蛋白的点杂交分析

Fig. 6－23　Dot blot immuoscreening of recombinant proteins

随着农业生物技术的迅速发展，转基因产品将不断摆上人们的餐桌。人类食品中将越来越多地含有来自遗传修饰的成分，在转基因生物中会有许多基因来自人类不曾食用过的生物物种。这些基因的产物在食物中是否安全引起了广泛的关注。因此，在转基因食品的商业化之前要对外来基因产物的安全性做出评价，其中包括这种新产物是否为过敏原的评价。

荞麦在许多国家是普遍流行的保健食品，由荞麦引起的过敏也趋于常见。但是，对荞麦主要过敏原的认识上还存在一定分歧，而更重要的是尽快找到并确定过敏原的抗原决定簇，对其进行生物工程改造，制备低致敏疫苗或进行遗传改造，培育新的脱敏或低敏品种，从而为荞麦产品的利用提供更广阔的空间。深入开展荞麦生物活性物质，包括蛋白酶抑制剂，过敏蛋白等功能蛋白的研究不仅为食物安全问题增添了新的内容，同时也对医疗界提出了新的挑战。

第四节　萌发物质

一、萌发的籽粒生理活性与营养

萌发是种胚露出种子，即胚根突破种皮，在出苗之前的过程。萌发是植物生命发展的最初阶段，也是最有活力的阶段。萌发期种子吸水后发生了许多生理代谢变化，主要表现在酶的活化生成、细胞生理活性的恢复等，进而使种子的营养成分发生了重大的变化，出现了许多神奇的生命现象。主要表现在（1981、1993、1994）：淀粉类被酶解为易吸收的可溶性低分子糖；脂肪水解为甘油及脂肪酸，脂肪酸再经 β 一氧化或呼吸代谢转化为单糖；蛋白质分解为氨基酸及含氮化合物，使游离氨基酸增加，蛋白效价提高；植酸被水解为磷酸和肌醇，单宁也被分解，致使抗营养因子基本消失，许多微量元素游离出来；维生素随种子生命活性的增加而大幅提高，活性成份芦丁、谷胱苷肽含量随之增加。

（一）糙米萌发

糙米即稻谷脱去颖果皮而未舂的一种形态，与精大米相比，除胚乳外，还有种皮、糊粉层和胚等组织（2002），具有较高的膳食纤维、脂肪、维生素和矿物质，同时富含亚油酸及谷胱苷肽等。

糙米虽然营养价值高，但糙米有糠味，食用时有“麸渣感”，极不受人们喜欢，摄入以后，消化吸收性也较差，限制了直接炊煮食用。若将糙米在一定条件下加工成发芽糙米，糙米所含有的大量酶被激活和释放，结合态转化为游离态，使得粗纤维外皮被酶解软化（2004），同时部分蛋白质分解为氨基酸，淀粉转化为糖类，正是这一萌发过程，发芽糙米解决了糙米中存在的以上问题。

胡中泽（2007）研究发现，通过浸泡、控温、通气、发芽、酶处理、水冲洗、沥干和干燥等工艺后的萌发糙米，其膳食纤维、还原糖、粗纤维（湿基）、灰分与糙米相比都有所增加；而蛋白质、淀粉、总酸（以乳酸计）、水分与未萌发的糙米相比都有所减少（表 6－32）。

表 6－32　糙米发芽前后各种营养成分的变化

Table 6－32　Composition Change Before and After Germination

成分	糙米（%）	发芽糙米（%）
膳食纤维	2.39	5.77
蛋白质	10.11	8.08
淀粉	61.5	57.1
总酸（以乳酸计）	0.19	0.13
还原糖	0.52	0.72
粗纤维（湿基）	0.82	0.95
灰分	1.06	1.2
水分	14.08	13.07

李翠娟等（2005）研究，采用武运粳 2 号种子发芽 48 h，在蛋白酶的作用下，发芽糙米中

的清蛋白和球蛋白含量分别比糙米降低了53.86%和59.57%。

郑艺梅等（2007）研究发现，中熟籼稻发芽24h，发芽糙米的必需氨基酸和总氨基酸的比值均大于55%。18种氨基酸中有12种氨基酸的含量在发芽24h时最高。发芽糙米中的赖氨酸和苏氨酸的含量增加较明显，丝氨酸、谷氨酸、精氨酸和组氨酸含量均有所增加。发芽24h时，必需氨基酸指数（EAAI）最大，与FAO/WHO模式相比，EAAI组成模式更加合理。

陈志刚等（2003）将南粳39发芽糙米，采用Ca^{2+}、赤霉素和去离子水3种方法处理后，游离氨基酸含量上升92.1%～151.2%。

孙兆远等（2010）将发芽糙米通过碱水解，并采用乙酸乙酯萃取，不溶性多酚提取得率达到32.35mg/100g。

糙米发芽工艺：

糙米筛选→人工精选→水洗→杀菌→浸泡→发芽→干燥→轻碾→发芽糙米（干）

↘

发芽糙米（鲜湿）

发芽糙米已日益受到人们的关注和青睐，目前，在多个国家和地区已进入商品化生产阶段。发芽糙米制品的零售价，一般在日本市场为日元1 000元/kg，中国台湾市场零售价为台币110元/kg，中国香港市场上零售价为港币58元/600g。

（二）绿豆萌发

绿豆是药食同源食品，蛋白质含量较高，蛋白质中各种氨基酸比例较好，且含有多种维生素和钾、钙、磷、铁和锌等元素。现代医学研究证实，绿豆能够降低胆固醇、降低血脂、防治动脉粥样硬化以及具有较明显的解毒保肝功能（2005）。

绿豆芽菜是人们经常食用的传统菜品之一，由于其在发芽过程中，为维持体系生长需要，高分子蛋白、碳水化合物等营养成分会被自身的酶系降解，形成小分子物质，并伴有新的物质生成如V_C等。同时原豆中的胰蛋白抑制素、胀气因子等有害成分也在发芽过程中被除去。植酸在酶的作用下降解，更多的钙、磷、铁等矿物质被释放出来（1997）。因此，绿豆芽菜与绿豆相比，生物价和利用率大大提高。

李瑞国等（2011）运用考马斯亮蓝法测定不同萌发期绿豆芽蛋白质含量变化发现，萌发1～5d时绿豆芽的蛋白质含量分别为985μg/g、790μg/g、650μg/g、715μg/g、730μg/g，萌发第3天时蛋白质含量最低。

李建英（2010）研究结果发现，绿豆芽体中生成了原绿豆中没有的Vc，发芽后V_C先呈上升趋势，第3天时V_C达到最大值，而后V_C含量逐渐减少，到第4天变得平稳，并且V_{B2}含量也大大提高。

郑丽娜（2008）、张侠等（1997）也对绿豆发芽过程中V_C等营养成分含量的变化进行分析，发现绿豆经过萌发，V_C和异黄酮含量在发芽后均较未发芽时增加。V_C含量由0增加至9.66mg/100g；异黄酮含量在第4d时达到最大值0.78g/100g；脂肪含量在7d内下降27.78%；还原糖含量在发芽到第7d时降至0.48g/100g；蛋白质、脂肪和还原糖含量都随萌发时间的延长而下降。

王莘等（2004）结果表明，在萌发13h后，还原糖、Fe含量达到最大值，分别较对照增加172.7%、65.9%；萌发26h后，氨基酸含量达到最大值，较对照增加15.9%；萌发39h后，异黄酮和皂苷含量出现最大值，分别较对照增加54.8%和138%。萌发达39h时，矿物质元素Fe、Ca、Cu和Zn有较显著的增加，Ca、Zn和Cu含量出现最大值，分别较对照增加39.6%、27.7%

和 117.6%。

高血压和冠心病患者，夏季可常食素炒绿豆芽。

（三）大豆萌发

大豆含有丰富的营养物质，蛋白质含量高，氨基酸的比例适当，含有人体所需的 8 种必需氨基酸，是优质的植物蛋白（1993）。大豆中的活性成分主要有大豆异黄酮（2001）、大豆皂苷（2001）、大豆多糖及还原性多糖、各种维生素（2005）等，在食用、药用、饲用等方面均发挥着巨大的作用。然而大豆中常因含有抗营养因子等，降低了人体对其营养物质的吸收（2005）。大豆若经过适当发芽处理，多种营养物质都得到改善，风味及口感也会有所变化（1994）。

大豆萌发是种子吸水后，胚轴伸长胚根突破种皮（1997），它是一个复杂的生理过程。经过快速吸水后，酶蛋白恢复活性，细胞中的某些基因开始表达，转录成 mRNA。于是，“新生” mRNA 与原有 mRNA 开始翻译与萌发有关的蛋白质（1999）。子叶或胚乳中的贮藏物质开始分解或活化，并转入芽中，从而更容易被人体消化和吸收。

李笑梅等（2010）研究发现，大豆在温度 24℃、相对湿度 85% 的条件下萌发 96h，发芽大豆（干基）异黄酮含量 3.616mg/g；感官评价几乎无豆腥味。在萌发 120h 时，脂肪、蛋白质、糖类物质、灰分含量下降；V_C、氨基酸态氮、异黄酮含量明显增加；游离铁、钙、镁含量增加幅度较小；此外，豆腥味随萌发时间的延长而呈减弱趋势。在更深入的研究中还发现，当发芽 96h 时，大豆异黄酮得率（以干基计）为 3.346mg/g，比未发芽大豆异黄酮得率提高了 3.913 倍。

彭立伟（2011）发现，萌发 72 h 时，总异黄酮、异黄酮苷元、皂苷、还原性多糖、烟酸、游离生物素的质量分数均达到较高水平，比未发芽大豆的质量分数分别增加了 40%，192%，6.87%，133.3%，50.4%，75.3%。

Jungji，Limss 等（2006）研究表明，从豆芽中分离出的甘草素能够促使癌细胞凋亡。

郭红转（2006）结果表明，大豆发芽后芽菜中含有丰富的 V_C。

豆芽营养丰富且具有很大的药用价值。豆芽其性凉、味甘无毒，能清暑热、调五脏、解诸毒、利尿除湿，可解饮酒过度、湿热郁滞、食少体倦。豆芽在治疗癌症的过程中也起到了较大作用，用黄豆芽配甘草与化学抗癌药物同用，能减轻抗癌药物的副作用，故可作为化疗或放射治疗癌症的辅佐饮食。据美国得克萨斯州荷斯顿防癌研究所营养学家介绍，豆芽所含的叶绿素能防治直肠癌和一些其他癌变。豆芽中 B 族维生素，对人体的神经和肝脏有重要的作用，经常食用豆芽，还能保护皮肤和微血管，降低血浆胆固醇中的饱和脂肪酸，预防痔疮（2000、1989、2006）。

（四）小麦萌发

研究表明，小麦芽中含有 3% ~4% 的还原糖、2% ~4% 的可溶性胶、10% 以上的纤维素与半纤维素，2% ~3% 的类脂、1% ~2% 的氨基酸与多肽及大量的具有生物活性的铁、锌、硒、钙等，是一种营养丰富的物质，在食品加工中应用可以提高食品的营养价值（1988、1999）。

黄国平（2001）研究了小麦籽粒在 96h 内的发芽情况，随小麦籽粒萌发时间的延长，因其淀粉酶活性激增，导致了多糖的迅速分解，还原糖的大量生成，从而其黏度迅速下降；蛋白质则呈先升后降，蛋白质氨基酸的组成也有一定的变化，萌发后的营养价值得以改善；脂肪的变化呈线性下降趋势。此外，小麦发芽后的谷物酶活力为 5U/g，是未发芽时酶活力的 173 倍（2007）。

二、荞麦营养成分及生理活性

荞麦是一种独特的食药两用作物，营养成分丰富，其和大宗粮食营养成分比较，苦荞的各种成分与其他主要粮食相比较，粗蛋白、粗脂肪高于小麦粉和大米；V_{B2}分别是小麦、大米、玉米粉的8倍、25倍和5倍；V_{PP}都高于其他几种谷物；且矿物质营养素含量也明显高于其他粮种。芦丁（V_p）和叶绿素更是其他谷类所没有的（表6－33）。

表6－33　荞麦和大宗粮食营养成分比较表（1996）

Table 6－33　Comparison of nutrients between buckwheat and large domesticated cereal crops

项目	苦荞	小麦粉	标一大米	黄色玉米粉	甜荞粉
水份（%）	13.15	12.00	13.00	13.40	13.00
粗蛋白（%）	10.50	9.90	7.80	8.40	6.50
粗脂肪（%）	2.15	1.80	1.30	4.30	1.37
淀粉（%）	73.11	71.60	76.60	70.20	76.59
粗纤维（%）	1.62	0.60	0.40	1.50	1.01
V_{B1}（mg）	0.18	0.46	0.11	0.31	0.08
V_{B2}（mg）	0.50	0.06	0.02	0.10	0.12
V_{PP}（mg）	2.55	2.50	1.40	2.00	2.70
V_P（%）	3.05	0	0	0	0.21
叶绿素（mg）	0.42	0	0	0	1.304
钾（%）	0.40	0.195	0.172		0.29
钠（%）	未检出	0.0018	0.0017		未检出
钙（%）	0.016	0.038	0.0017	0.034	0.03
镁（%）	0.22	0.051	0.063		0.14
铁（%）	0.0086	0.0042	0.0024		0.014
铜（mg/g）	4.585	4.00	2.20		4.00
锰（mg/g）	11.695	25.50	23.40		10.30
锌（mg/g）	18.50	22.80	17.20		17.00
硒（mg/g）	0.43				

近期研究表明，荞麦在防治心血管疾病、治糖尿病和便秘、抗癌、抗衰老、防治贫血病、防辐射、抗炎、止咳、祛痰以及阻碍白血病细胞的增殖均显示良好的生理活性。如荞麦中的芦丁，具有强化血管，增加毛细血管通透性，可降低血脂和胆固醇的作用；荞麦中镁的含量特别高，镁能调节人体心肌活动，促进人体纤维蛋白的溶解，抑制凝血酶的生成，减少心血管病的发病率（1998）。荞麦酶解得到的一种结构与响尾蛇毒素十分相似的三肽，对血管紧张素转移酶具有很强的抑制性，从而使血压下降（1999）。荞麦中的抗性淀粉对降低饭后血糖的升高有明显的效果，能影响胰岛素的分泌，还能改善脂质结构，抗性淀粉的摄入还会使排便增加，对便秘、盲肠炎与肛门不适等病有一定的疗效（1999）。荞麦中的硒元素，是谷胱甘肽过氧化酶的必需成分，该酶能将有害的过氧化物还原成无害的羟基化合物，从而保护了细胞膜的结构与功能（1999）。Kayashita（2002）等采用荞麦蛋白提取物对7，12-二甲基苯基（α）蒽诱导的雌性老鼠乳肿瘤发

育进行研究，结果发现乳肿瘤发生率和血清雌三醇含量明显低于酪蛋白饲喂组。从苦荞籽粒中制备的一种叫 TBPC 的蛋白质复合物（Tartary buckwheat protein complex），此蛋白氨基酸组成合理，其中必需和半必需氨基酸可占到全部氨基酸的 45.8% 左右。实验证实，TBPC 对生物体有较好的抗氧化及延缓衰老的作用（1999）。荞麦中的铜元素能促进铁元素的吸收利用，多食荞麦有利于防止贫血病。荞麦中的胱氨酸，有较高的放射性保护特性（1983）。荞麦中的槲皮酮及其苷类是类黄酮化合物，具有抗炎、止咳和祛痰作用。荞麦中的 8 种蛋酶阻化剂，是蛋白质分解酶的一种阻碍物质，能阻碍白血病细胞的增殖（1999）。

三、荞麦萌发过程中营养成分的变化

（一）蛋白质及氨基酸

2004 年，蔡马发现，荞麦萌发 10 d 后，荞麦芽中胰蛋白酶抑制剂活性消失或仅存痕量，荞麦芽苗的氨基酸更为均衡，氨基酸比值系数（SRC）升高，榆 6－21 的 SRC 值接近鸡蛋。

2006 年，周小理，宋鑫莉等测定并比较了苦荞和甜荞从萌发 0～7d 的蛋白质和氨基酸的变化（图 6－24），其中，总蛋白质含量从萌发 0d 的 12.17% 和 17.53% 下降至萌发 7d 的 8.41% 和 11.32%，下降了 30.9% 和 35.42%，且在整个萌发过程中：17 种氨基酸总量苦荞、甜荞分别由萌发 0d 的 8.31% 和 9.54% 上升到了萌发 7d 的 12.51% 和 17.43%，各增加了 4.2% 和 7.89%。

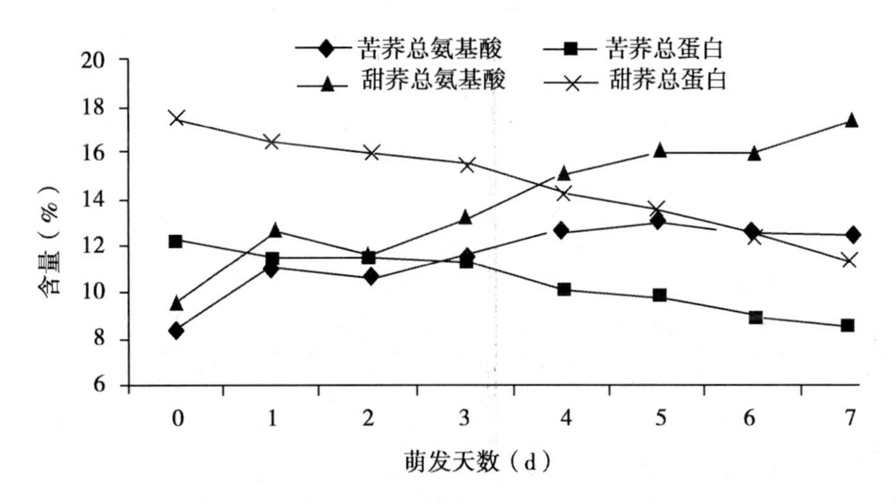

图 6－24 萌发过程中荞麦蛋白质和氨基酸的含量变化

Fig. 6－24 Changes of protein and amino acid gross in germinated buckwheat

将萌发不同天数的荞麦样品中所含的人体必需氨基酸，与 WHO/FAO 的理想蛋白质人体必需氨基酸的模式谱进行比较后发现，苦荞萌发样品中人体必需氨基酸非必需氨基酸的比值（E/N）和必需氨基酸占总氨基酸的比值（E/T）在萌发 6d 均达到最大值，各为 0.64 和 0.39。甜荞萌发样品中人体必需氨基酸与非氨基酸的比值（E/N）和必需氨基酸占总氨基酸的比值（E/T）在萌发 5d 达到最大值，各为 0.59 和 0.37，之后保持不变（表 6－34 和表 6－35）。表明在荞麦籽粒萌发过程中，总氨基酸中的必需氨基酸含量有所上升。

其中，呈味的氨基酸也有所变化。苦荞的呈甜味氨基酸（甘氨酸、丙氨酸、脯氨酸、丝氨酸、苏氨酸、胱氨酸、蛋氨酸）在萌发5d达到最大值，为5.18%；呈苦味氨基酸（组氨酸、精氨酸、缬氨酸、异亮氨酸、亮氨酸、苯丙氨酸、赖氨酸）在萌发6d达到最大值，为5.46%，均比荞麦籽粒中的呈甜味氨基酸和呈苦味氨基酸含量增加了1.62和1.61倍。因此，荞麦籽粒经萌发不仅增加了其营养价值，口感也得到改善，荞麦芽是一种口感鲜美、营养丰富的的天然食物资源。

表6-34 苦荞芽中各种必需氨基酸占总氨基酸的质量分数（%）

Table 6-34 The percentage of the essential amino acid of total amino acids in tartary buckwheat sprouts（%）

	种子	1d	2d	3d	4d	5d	6d	7d	模式谱
Thr	4.21	4.05	4.03	4.20	4.18	4.48	4.56	4.72	4.0
Val	4.93	4.86	4.88	5.77	6.16	5.57	6.39	5.68	5.0
Met	1.44	1.71	1.69	1.66	1.11	1.10	0.96	0.80	2.7
Ile	4.21	4.23	4.22	4.46	4.74	4.64	4.96	4.72	4.0
Leu	7.58	7.46	7.50	8.05	8.37	8.58	8.87	8.71	7.0
Phe	5.42	5.04	5.00	4.81	4.90	4.95	5.20	5.04	4.5
Lys	6.86	6.74	6.67	7.26	7.81	7.89	8.15	7.91	5.5
E/N	0.53	0.52	0.51	0.57	0.59	0.60	0.64	0.60	0.6
E/T	0.35	0.34	0.34	0.36	0.37	0.38	0.39	0.38	0.4

表6-35 甜荞芽中各种必需氨基酸占总氨基酸的质量分数（%）

Table 6-35 The percentage of the essential amino acid of total amino acids in common buckwheat sprouts（%）

	种子	1d	2d	3d	4d	5d	6d	7d	模式谱
Thr	3.98	3.52	4.00	4.57	4.40	4.08	4.06	4.72	4.0
Val	5.66	5.45	4.86	6.03	6.60	6.01	6.04	5.66	5.0
Met	1.36	1.56	1.41	1.64	1.36	1.08	1.02	0.74	2.7
Ile	4.30	4.08	4.01	5.00	5.23	4.62	4.65	4.62	4.0
Leu	7.97	7.58	7.60	9.31	9.02	8.49	8.46	8.74	7.0
Phe	5.66	5.16	5.14	5.86	6.06	5.12	5.09	4.91	4.5
Lys	6.92	6.52	6.48	7.93	8.95	7.65	7.72	7.79	5.5
E/N	0.56	0.51	0.50	0.55	0.57	0.59	0.59	0.59	0.6
E/T	0.36	0.34	0.34	0.35	0.36	0.37	0.37	0.37	0.4

2010年，Jong-Soon CHOI等人研究了甜荞芽与苦荞芽中游离氨基酸的分布，发现苦荞芽中必需氨基酸含量为72%高于甜荞（51.2%）。其中，缬氨酸为主要的必需氨基酸，苦荞芽中含量高达62%，甜荞芽中仅含有40%。研究还发现，荞麦的根、茎中谷氨酰胺的含量分别为30%～

37% 和 40% ~42% 。甜荞与苦荞的根、茎、叶 3 个器官中氨基酸分布最大的不同是酪氨酸分布的差别。

（二）脂肪酸

周小理、宋鑫莉等通过 GC/MS 联用技术共鉴定出萌发期荞麦样品中含有 7 种脂肪酸（图 6 -25），包括：亚油酸、油酸和顺二十碳 -11 -烯酸 3 种不饱和脂肪酸，棕榈酸、硬脂酸、花生酸和山嵛酸 4 种饱和脂肪酸。棕榈酸、油酸和亚油酸含量较高，其中，油酸和亚油酸的含量占到了相对含量的 60% ~70% 。

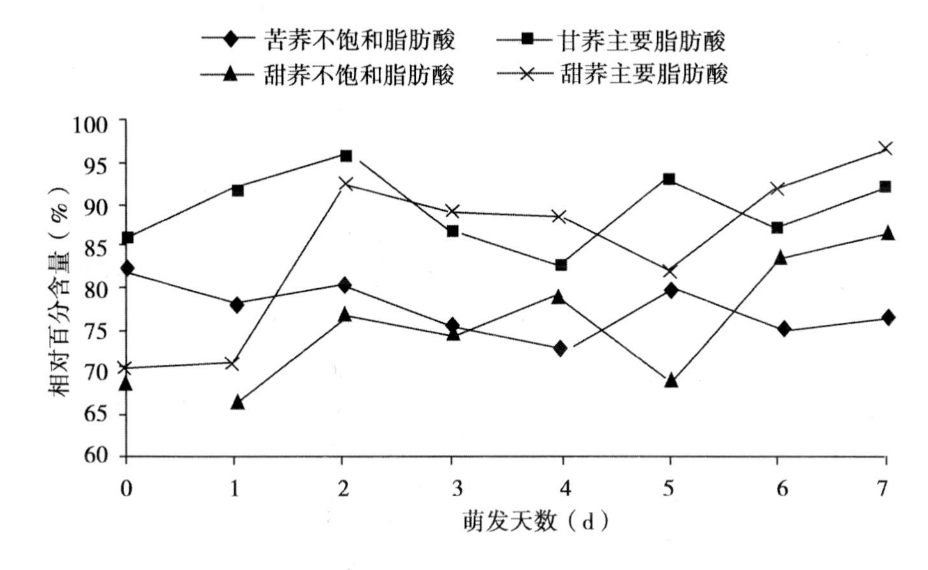

图 6 -25　萌发过程中荞麦脂肪酸的含量变化

Fig. 6 -25　Changes of fatty acid content during buckwheat germination

在荞麦籽粒萌发期内，油酸的变幅最大，亚油酸次之，山嵛酸最小。单一脂肪酸的变幅在不同萌发天数是不同的。不饱和脂肪酸表现出一天增幅小、一天增幅大的变化特点。而油酸和亚油酸分别呈下降和上升趋势，表现为两者之间是互为消长的关系。

荞麦籽粒一经萌发，脂肪酸组分的含量比例发生了变化，但不同萌发时间的变化是不同的，各以自身的脂肪酸代谢特点反映出它们之间的差异。

（三）水溶性维生素

周小理、宋鑫莉等对荞麦萌发过程中 V_{B1}、V_{B2}、V_{B6}、V_C 4 种水溶性维生素含量进行测定（图 6 -26 至图 6 -29）。其中，维生素 B_1 的含量在荞麦籽粒萌发过程中占有的比例最大，维生素 C 的含量次之，维生素 B_2 和维生素 B_6 的含量最少。

荞麦籽粒萌发 1d，苦荞和甜荞的维生素 B_1 含量，由 0d 时含量 11. 3mg/g 和 7. 2mg/g 下降至 6. 3mg/g 和 3. 3mg/g，下降的幅度为 44. 25% 和 54. 17% ，之后几天逐渐上升，最终升至 28. 2 mg/g和 16mg/g，到萌发 7d，各增加了 0d 时含量的 2 倍多。其中，苦荞样品中的维生素 B_1 含量在萌发的各个时期均高于甜荞样品。

甜荞样品中的维生素 C 含量随着萌发时间的增加而增加，萌发 7d 后达到最高，由 0. 105 mg/g上升到 0. 866mg/g，含量增加了 8 倍多。而苦荞样品在萌发 2d 后，维生素 C 含量由 0. 171mg/g 下降至 0. 018mg/g，下降幅度为 89. 47% ，之后又逐渐上升，萌发 7d 后，升至 0. 691mg/g，与萌发 0d 相比较，维生素 C 含量增加了约有 4 倍。其中，除了萌发 0d，甜荞维生素 C 的含量在萌发各阶段均高于苦荞。

苦荞和甜荞在萌发 4d 前的维生素 B_2 含量基本相近，之后苦荞的维生素 B_2 含量呈下降趋势，而甜荞的维生素 B_2 含量有显著增加，到萌发 7d 达到最大值，为 4.28μg/g，与萌发 0d 的 0.65μg/g 相比较，含量增加了约 6.5 倍。

苦荞和甜荞在萌发 2d 后维生素 B_6 含量降低至最低点，为 1.03μg/g 和 1μg/g，之后均逐渐上升，最终升至 2.19μg/g 和 3.5μg/g，且甜荞的上升幅度大于苦荞。

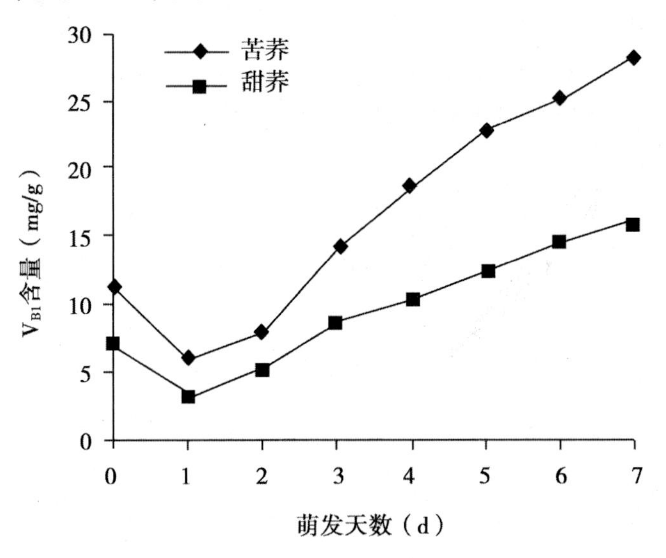

图 6－26　萌发过程中荞麦 V_{B1} 的含量变化

Fig. 6－26　Changes of V_{B1} content during buckwheat germination

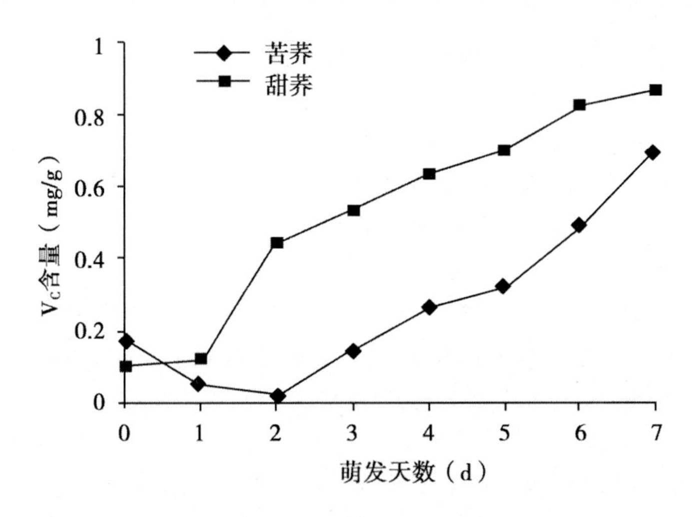

图 6－27　萌发过程中荞麦 V_C 的含量变化

Fig. 6－27　Changes of Vc content during buckwheat germination

Sun-Lim Kim 等采用 HPLC 检测发现：荞麦芽中主要存在 V_{B1}、V_{B6}和 V_C，并且随着生长进程，V_{B1}和 V_{B6}也缓慢增长，并在第七天达到最大（11.8mg/100g），为荞麦籽粒（0.44mg/100g）中的 27 倍；V_C 则迅速增加，在第七天达到最大（171.5mg/100g），为荞麦籽粒中的 160 倍。

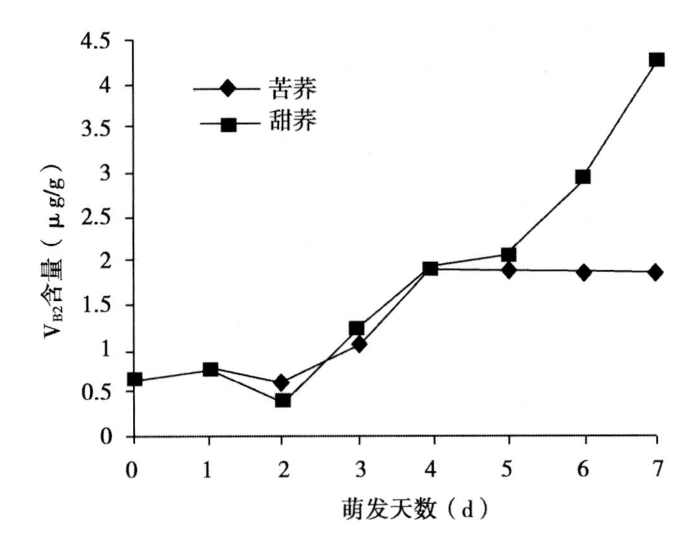

图 6-28 萌发过程中荞麦 V_{B2}的含量变化

Fig. 6-28 Changes of V_{B2} content during buckwheat germination

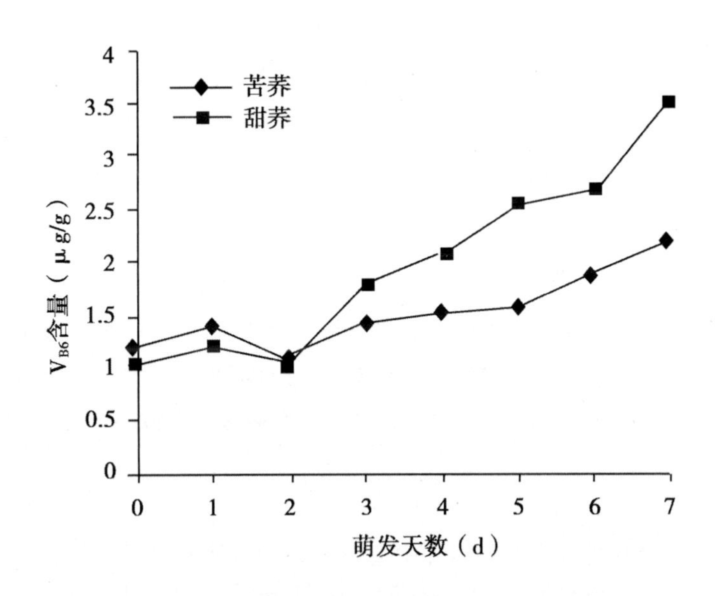

图 6-29 萌发过程中荞麦 V_{B6}的含量变化

Fig. 6-29 Changes of V_{B6} content during buckwheat germination

（四）矿物质

周小理、宋鑫莉等的实验结果表明，随着萌发天数的增加，Mg、Ca 的含量波动较大，而 Se、Na、Fe、Pb、Zn、Cu 这几种矿物质的含量波动较小。荞麦籽粒经萌发处理后其各矿物元素含量均高于籽粒，其中，Mg 是荞麦籽粒的 40 倍左右，变化相当大，其次是 Ca、Se、Na，是荞麦籽粒的 5 倍左右，Zn、Pb、Cu 变化不大，是荞麦籽粒的 1～2 倍（表 6-36 和表 6-37）。

表 6 - 36　萌发过程中苦荞各矿物元素的含量变化

Table 6 - 36　Major mineral element contents of germinated tartary buckwheat　(mg/g)

萌发天数	Fe	Pb	Cu	Se	Ca	Mg	Na	Zn
0d	7. 1535	0. 4629	0. 2104	10. 84	18. 73	6. 3551	3. 305	2. 7831
1d	8. 95	0. 5446	0. 2424	15. 75	52. 911	176. 64	7. 41	3. 1954
2d	9. 97	0. 7656	1. 1022	26. 65	59. 10	171. 39	9. 22	2. 3524
3d	10. 20	0. 5812	0. 9935	27. 48	110. 38	309. 45	13. 26	4. 9174
4d	7. 63	0. 5788	0. 6127	28. 85	75. 54	238. 05	12. 55	4. 1384
5d	34. 05	1. 1261	0. 9596	29. 71	224. 89	204. 04	19. 32	4. 0987
6d	30. 10	1. 1453	0. 6739	36. 79	133. 59	313. 38	30. 50	4. 3765
7d	28. 69	1. 1683	0. 5848	38. 86	100. 58	303. 43	35. 65	4. 4856

表 6 - 37　萌发过程中甜荞各矿物元素的含量变化

Table 6 - 37　Major mineral element contents of germinated buckwheat　(mg/g)

萌发天数	Fe	Pb	Cu	Se	Ca	Mg	Na	Zn
0d	7. 3268	0. 5432	0. 3796	10. 68	16. 33	6. 1133	3. 4521	2. 5839
1d	8. 9879	0. 628	0. 5652	17. 95	43. 98	156. 71	4. 4077	3. 2314
2d	11. 18	0. 8269	0. 7869	23. 67	56. 74	189. 99	8. 1238	4. 3089
3d	19. 38	0. 6848	1. 2387	25. 34	89. 76	280. 76	12. 89	3. 1588
4d	28. 52	0. 9243	0. 9879	27. 56	125. 65	254. 68	15. 65	3. 8877
5d	32. 92	1. 1668	0. 7856	29. 07	211. 45	232. 09	20. 37	4. 1568
6d	36. 27	1. 1476	0. 8283	36. 87	116. 78	308. 54	28. 69	4. 454
7d	33. 23	1. 1365	0. 6543	37. 53	99. 87	206. 89	34. 14	4. 8962

（五）叶绿素

周小理、宋鑫莉等研究发现苦荞和甜荞中的叶绿素随着萌发时间的延长呈先增加后下降趋势（表 6 - 38），叶绿素 a 和叶绿素 b 的含量在萌发 5d 达到最大值，之后随着下降，但趋势平缓。其中，苦荞样品中的叶绿素含量在萌发的每个阶段均高于甜荞样品。

表 6 - 38　萌发过程中荞麦叶绿素的含量变化（$n=3$）

Table 6 - 38　Changes of chlorophyll content during buckwheat germination　(mg/g)

萌发天数	叶绿素 a		叶绿素 b		总叶绿素	
	苦荞	甜荞	苦荞	甜荞	苦荞	甜荞
0d	0. 03	0. 01	0. 06	0. 02	0. 09	0. 03
1d	0. 03	0. 01	0. 06	0. 02	0. 09	0. 03
2d	0. 05	0. 02	0. 08	0. 03	0. 12	0. 04

（续表）

萌发天数	叶绿素 a		叶绿素 b		总叶绿素	
	苦荞	甜荞	苦荞	甜荞	苦荞	甜荞
3d	0.05	0.03	0.09	0.04	0.13	0.07
4d	0.06	0.04	0.10	0.06	0.16	0.1
5d	0.07	0.05	0.13	0.07	0.20	0.12
6d	0.06	0.05	0.11	0.06	0.17	0.11
7d	0.04	0.04	0.07	0.07	0.11	0.11

（六）黄酮类化合物

1. 黄酮类化合物的分子结构与理化性质

黄酮类化合物是植物在长期的生态适应过程中为抵御恶劣生态条件、动物、微生物等攻击而形成的一大类低分子量的多酚类次生代谢产物，是以黄酮（2-苯基色原酮）为母核而衍生的一类黄色色素，在许多植物的花、果和叶中大量分布。黄酮类化合物大部分与糖结合成苷类或以碳糖基的形式存在，其基本碳架为 $C_6C_3C_6$。由于糖的种类、连接位置、苷元等不同，可形成各种各样的黄酮苷。种类不同的黄酮苷在基团上被进一步修饰后产生了自然界中种类繁多的黄酮类化合物，包括黄酮类、黄酮醇类、黄烷酮类、异黄酮类等及其苷类，黄酮类化合物色泽呈黄色、不溶于水、无特殊气味。

2. 黄酮类化合物的生理功能

黄酮类化合物中有药用价值的化合物很多，如槐米中的芦丁和陈皮中的陈皮苷，能降低人体血管的脆性及改善血管的通透性、降低血脂和胆固醇，防治老年高血压和脑溢血；祁学忠（2003）研究发现，苦荞黄酮具有明显的降血脂作用，还有许多黄酮类化合物被证明有抗癌的活性。姚奕斌（2009）对黄酮类化合物影响肿瘤细胞研究表明，黄酮类化合物可通过多种机制产生抗肿瘤作用，其中，影响肿瘤细胞周期是其重要机制之一。同时，黄酮类化合物也是花、果实和种子颜色的主要显色物质，在花粉萌发、吸引授粉虫媒和种子传播、抵抗紫外线辐射、防止病原微生物侵染以及植物与微生物互相识别等过程中发挥重要作用。

3. 黄酮类化合物的代谢途径

黄酮类化合物是植物重要的次级代谢产物之一。目前，黄酮类化合物的合成途径已经研究得较为深入，然而，植物类黄酮生物合成途径是非常复杂的，涉及到的酶种类繁多。其生物合成都是通过苯丙烷类合成途径，即从苯丙氨酸经过三步酶促反应生成香豆酰-CoA，再由查尔酮合成酶（Chalcone Synthase，CHS）催化 1 分子香豆酰-CoA 和 3 分子丙二酸单酰-CoA 缩合生成柚培基查尔酮（Naringenin chalcone），然后在查尔酮异构酶（CHI）、二氢黄酮醇-4-还原酶（DFR）和异黄酮合成酶（IFS）等作用下引向植物黄酮和异黄酮类化合物的合成（图 6－30）。因此，苯丙氨酸解氨酶、查尔酮合成酶是黄酮类化合物合成途径中的关键酶和限速酶。

植物类黄酮生物合成途径主要由两类基因控制：即结构基因和调节基因。结构基因是指一类可以直接编码与类黄酮次生代谢生物合成有关的各种酶类，而调节基因则是控制结构基因表达强度和表达方式的另一类基因。除上述两类基因控制手段外，通过转录因子作用，也有可能激活类黄酮次生代谢途径中多个结构基因的表达，达到的效果将比导入某个结构基因的作用更明显（2008）。随着分子生物学尤其是基因测序技术的不断发展，迄今已经克隆、鉴定了多种植物黄酮类化合物生物合成相关酶的结构基因，并进行了一些黄酮类化合物合成代谢的分子调控研究。有关学者已对不少植物查尔酮合成酶进行了转化研究，已达到了解黄酮类生物合成过程中的相关酶基因的作用机制、表达部位等目的，这将有利于进一步研究植物黄酮类化合物的基因表达调控机理，并使其在转基因植物中大量持久表达，从而增强植物对病害持久抗性，提高次生代谢物的含量。

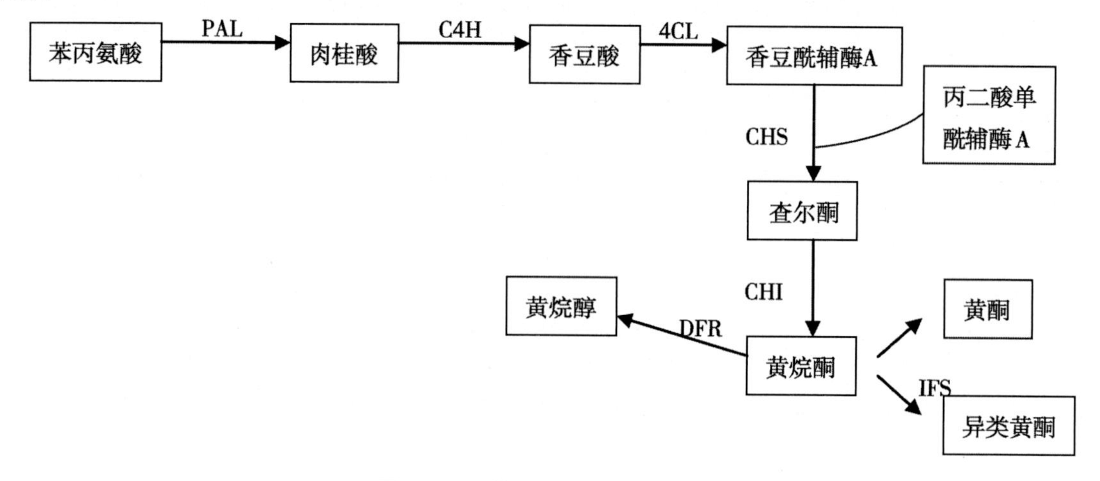

图 6－30　苯丙氨酸代谢途径简图

Fig. 6－30　Biosynthetic pathway of phenylalanine

PAL：苯丙氨酸解氨酶；C4H：桂皮酸 4－羟化酶 4CL：香豆酸辅酶 A 连接酶；CHS：查尔酮合成酶；CHI：查尔酮异构酶；IFS：异黄酮合成酶 DFR：二氢黄酮醇－4－还原酶

苯丙氨酸解氨酶（Phenylalanine ammonia lyase，PAL，EC. 4. 3. 1. 5）广泛存在于各种植物和少数微生物中，是催化苯丙烷类代谢第一步反应的酶，黄酮类化合物是苯丙烷类代谢途径的产物之一，其含量变化与苯丙氨酸解氨酶的活性具有密切的关系。

CHS 催化苯丙烷代谢反应中黄酮类产物合成支路的初始反应，其产物是黄烷酮、黄酮、黄酮醇及花色素苷等化合物合成的必需前体，这些化合物不仅为自然界植物提供了颜色，还参与了植物的包括抗微生物感染、抗病害、营养物质运输等多种生理过程。随着类黄酮生物合成控制基因的成功克隆，为采用遗传工程手段有效地提高转基因植物中类黄酮的含量奠定了基础。很多研究表明（2007），外源微生物侵染植株后可诱导 CHS 基因表达，增强 CHS 酶活性，而近来芦丁、槲皮素等黄酮类化合物参与植物抗感染效应也倍受关注。但尚不能完全揭示各种因子对黄酮类化合物代谢关键酶的转录、表达及活性的影响。

周小理、成少宁等研究发现，荞麦萌发后 PAL 比活力和总黄酮含量的变化具有正相关性（表6－39）。苦荞的 PAL 比活力在萌发后迅速上升，第 3 天时达到最高（55. 846U/mg），之后趋于平稳，其苦荞的总黄酮含量亦在萌发后迅速增加，在第 3 天时含量增至 16. 87mg/g，第 4 天和第 5 天时含量下降，至第 6 天时含量达到了 17. 85mg/g，第 7 天时含量下降为 17. 83mg/g；甜荞的 PAL 比活力在萌发后不断上升，在第 7 天时升至最高值（74. 385U/mg）。

4. 黄酮类化合物的检测方法

目前，从荞麦中提取纯化芦丁的常用方法和定量分析方法有很多，其中，荞麦芦丁的提取纯化方法包括碱提取酸沉淀加醇法、热水提冷析出的方法、热水提大孔吸附树脂纯化法、乙醇浸提法、微波提取法等；荞麦芦丁的定量测定方法有紫外分光光度法、薄层层析－比色法、薄层扫描法（TLCS）、高效液相色谱法（HPLC）。

表 6-39 萌发荞麦中苯丙氨酸解氨酶（PAL）的比活力变化（U/mg）

Table 6-39 Changes of PAL specific activity during buckwheat germination（U/mg）

萌发天数（d）	苦荞芽 PAL 比活力	甜荞芽 PAL 比活力
0	21.958 ±1.098	14.224 ±0.7112
1	39.743 ±1.987	32.417 ±1.621
2	42.896 ±1.695	34.544 ±0.977
3	55.846 ±2.792	36.93 ±1.847
4	39.585 ±1.979	40.738 ±2.037
5	42.012 ±2.101	50 ±2.500
6	47.268 ±2.363	43.203 ±2.160
7	40.911 ±2.046	74.385 ±3.179

注：表中数据为 $X \pm SD$，$n=3$

周小理、周一鸣等建立一种高效毛细管电泳法（HPCE），测定黄酮类化合物含量。该方法是，电解质溶液以 20mmol/L 的硼砂-硼酸溶液（pH 值为 8.4）作为缓冲液，在 25℃、20kV 的压力条件下进行电泳，245nm 波长处检测，线性关系良好，在 10min 内黄酮类化合物完全分离，符合定量测定和定性研究的要求。

周小理、成少宁等采用 HPLC 法检验发现苦荞萌发时黄酮类化合物中主要成分是芦丁和槲皮素（图 6-31）：芦丁的含量随着发芽天数的增长而增加（表 6-40），1~5d 增加较缓，第 6 天时，芦丁含量达到最大，为（8.05 ±0.25）mg/g；槲皮素含量变化则没有芦丁的变化明显，前 3 天略有下降，第 6 天降到最低，为（2.89 ±0.34）mg/g。苦荞和甜荞总黄酮含量较籽粒分别增加 1.76 倍和 2.33 倍，芦丁含量较籽粒分别增加 4.1 倍和 6.5 倍。

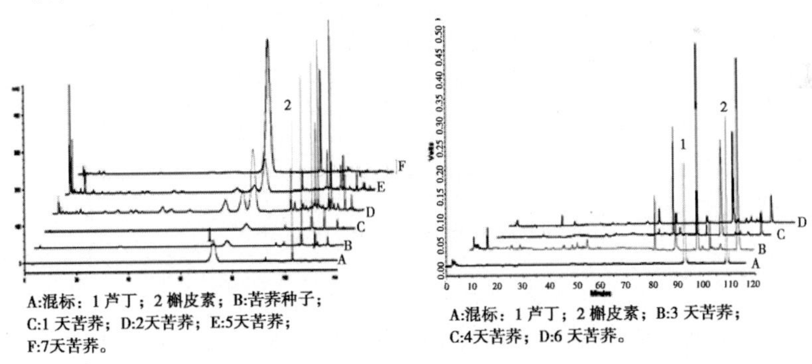

图 6-31 萌发苦荞的 HPLC 图谱

Fig. 6-31 The HPLC spectrum of germinated Tartary buckwheat

王军妮等（2007）采用毛细管电泳法测定荞麦籽粒萌发产物中，黄酮化合物的含量和种类较籽粒都有所增加，且随萌发时间的增加其含量也增加，以芦丁含量的增加尤其明显，表儿茶素次之，槲皮素含量基本保持不变，其他未知化合物的含量也有一定的增加。从籽粒萌发开始到芽菜生长第 7 天，各黄酮类物质的含量达到最大，其中，表儿茶素的含量约为籽粒中的 4~5 倍，芦丁的含量为籽粒中的 6~7 倍；槲皮素的含量变化不是很明显。

表 6－40 不同萌发天数苦荞中芦丁、槲皮素和总黄酮含量（mg/g）（$n=3$）

Table 6－40 Changes of rutin, quercetin and total flavoniods content during Tartary buckwheat germination

样品	芦丁	槲皮素	其他黄酮	总黄酮	RSD（%）
0d	4.78	0.49	0.07	5.34	2.3
1d	0.66**	7.34**	0.03	8.03**	2.1
2d	1.47**	7.29**	0.11	8.87**	1.9
3d	6.11**	6.64**	4.12**	16.87**	2.2
4d	6.63**	3.77**	4.45**	14.87**	2.7
5d	6.79**	3.36**	4.56**	14.71**	2.8
6d	8.05**	2.89**	6.91**	17.85**	1.7
7d	6.60**	5.50**	5.73**	17.83**	2.7

注：* 表示与萌发 0d 相比 $P<0.05$；** 表示与萌发 0d 相比 $P<0.01$，$n=3$

（七）γ-氨基丁酸

研究发现：荞麦芽中还含有大量 γ-氨基丁酸（GABA）。

γ-氨基丁酸（gamma-amino butyric acid，GABA）是一个四碳非蛋白质氨基酸，它广泛存在于动物、植物和微生物中。长期以来，GABA 仅仅被认为是植物或微生物的代谢产物。1950 年，GABA 在哺乳动物的中枢神经系统首次被发现，并被认为是哺乳动物中枢神经重要的神经传递抑制素，在调节神经元兴奋度上起着重要作用，此后 GABA 逐渐成为科学研究的一个热点。

1. GABA 的分子结构与理化性质

γ-氨基丁酸，化学名称：4-氨基丁酸，英文名：γ－aminobutyric acid（GABA），结构式：NH_2-CH_2-CH_2-COOH；分子式：$C_4H_9NO_2$；分子量：103.1（2010）。

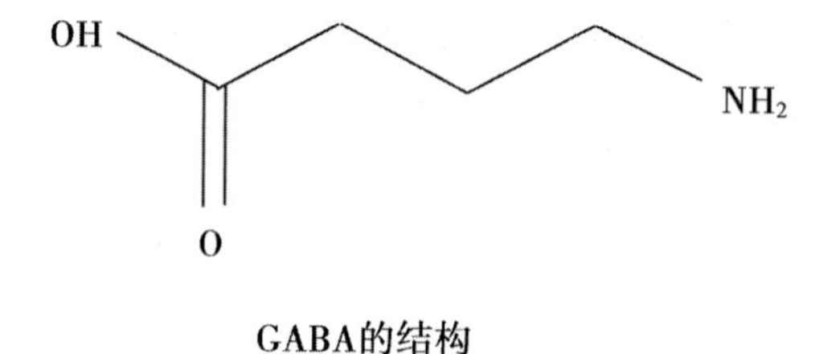

GABA的结构

Attached figure.Structures of GABA

GABA 为白色结晶或结晶性粉末，熔点 202℃，极易溶于水，微溶于热乙醇。GABA 在绝大多数状态下是以带正电的氨基和带负电的羧基的两性离子形式存在的。GABA 的存在状态决定了分子构象：气态时，由于两个带电基团的静电作用，分子构象高度折叠，固态时，由于两个基团构象产生的分子间相互作用，分子构象伸展；液态时，这两种分子构象同时存在。GABA 多变的构象便于和不同的受体蛋白结合，从而发挥其不同的生理功能（1988）。

2. GABA 在植物中的代谢途径

GABA 的代谢途径主要由 3 个酶催化，细胞质中的谷氨酸脱羧酶（glutamate decarboxylase，GAD）、GABA 转氨酶（GABA transaminase，GABA-T）和琥珀酸半醛脱氢酶（succinic semialdehyde dehydrogenase，SSADH）。植物细胞中，谷氨酸在细胞质中由 GAD 催化去羧基生成 GABA 和 CO_2，这一过程受到 Ca^{2+}/钙调节蛋白（calmodulin，CaM）控制调节（2001），图 6－32（a）。

GABA 合成后，由转运蛋白从细胞质运送到线粒体中。GABA 转氨酶可以利用丙酮酸或者酮戊二酸（2OG）作为氨基酸受体，可逆催化 GABA 转化为琥珀酸半醛（succinic semialdehyde，SSA）（1999）。利用丙酮酸可以生成丙氨酸（Ala），而酮戊二酸可以生成谷氨酸（Glu），部分依靠 GABA 转氨作用得以再生的 Glu 最终能够反馈到 GABA 代谢循环中（2001、2005）。这或许能够说明线粒体中 GABA/Glu 平衡机制，如图 6－32（b）。在碳氮循环的分区、TCA 循环的连接上，GABA 基因表达的协调控制可能是一个重要的调节因子（2005、2004）。近期的实验表明，在琥珀酰-CoA 连接酶表达被破坏的转基因植物中，GABA 代谢机制可以弥补这一不足。同位素实验表明，GABA 代谢机制可以提供线粒体中很大比例的琥珀酸（2007）。

研究表明，GABA 在种子萌发过程中 TCA 循环、代谢重组以及能量储存有着非常重要的作用，具体见图 6－32（c）。虽然 TCA 循环和 GABA 基因对细胞环境的数据表达存在差异（2004），但在 TCA 循环基因的表达和对 GABA 代谢、GAD、SSADH 调节步骤编码之间都存在强烈的阳性反应。SSA 与 4-羟基丁酸（GHB）的可逆地相互转换，如图 6－32（e）。GHB 是一种在自然界有广泛用途的分子。在动物界和昆虫界，GHB 能够干扰神经信号转导（2007），在相关的植物系统中，可以聚合成为聚-b-羟基丁酸。虽然 GHB 脱氢酶（或者 SSA 还原酶）催化 SSA 转化成为 GHB 的反应，但机理尚不明确。最近确定细胞质膜 GABA 转运蛋白和线粒体转运蛋白是 GABA 转运调节的重要组成。类似于脯氨酸（Pro）的作用机制，自身调节 GABA 活性，如图 6－32（d）（2006）。

3. GABA 的生理功能

GABA 是哺乳动物脑组织中重要的起抑制作用的神经抑制剂。根据对激动剂和拮抗剂敏感性的不同，GABA 受体可以分为 A 型（GABAA）、B 型（GABAB）、C 型（GABAC）3 种类型（2009）。哺乳动物大脑中含量最多的也是最重要的 GABA 受体是 GABAA。因为在中枢神经发育过程中，GABAA 在 3 种受体中出现得最早，且分布最广泛，主要位于海马、前额皮层及纹状体等脑区，所以大多数 GABA 能突触传递是 GABAA 介导的。GABA 与有扩张血管作用的突触后 GABAA 受体和对交感神经末梢有抑制作用的 GABAb 受体相结合，能够促进血管扩张，从而达到降血压的目的。

大量研究表明，在海马和前额皮层中存在大量的 CB1 受体，这些受体主要位于 GABA 神经元轴突末端，CB1 受体的激活可以调控海马椎体神经元 GABA 的释放，由于海马和前额皮层都是和记忆相关的脑区，所以，CB1 受体通过对 GABA 的调控从而影响记忆功能。S. A. Varvel 等人的通过水迷宫和 T-迷宫实验表明，GABAA 拮抗剂能够明显改善记忆损伤的小鼠的工作记忆表现（2005）。

人类大脑皮层会在晚年不断衰退。在衰老期间，皮层内侧的降解可能会促进这种衰退。Audie G. L 等（2003）使用多管道微电极来进行 γ-氨基丁酸的电泳实验。并将 γ-氨基丁酸 a 型受体激动剂和 γ-氨基丁酸 a 型受体拮抗剂分别作用于年老猴子个体 V1 细胞。相对于年老猴子，γ-氨基丁酸 a 型受体拮抗剂在幼猴的神经元反应中发挥了更大的作用，证实了随着猴子年龄的增加，GABA 调节抑制作用在不断退化。另一方面，GABA 的摄入可以改善视觉功能。经过 GABA 处理的细胞在年老猴子的 V1 区域展示出幼猴应有的反应。目前的结果对于伴随晚年的感觉、行动和认知下降的治疗有重要意义。

此外，GABA 是一种介导抗癫痫、抗焦虑、镇静药物、抗惊厥药物、肌肉迟缓药物和失忆症状的多功能药物作用的重要靶标。

4. GABA 的检测方法

目前，国内外对 γ-氨基丁酸的分析检测方法很多，例如，氨基酸自动分析仪法、酶法、放

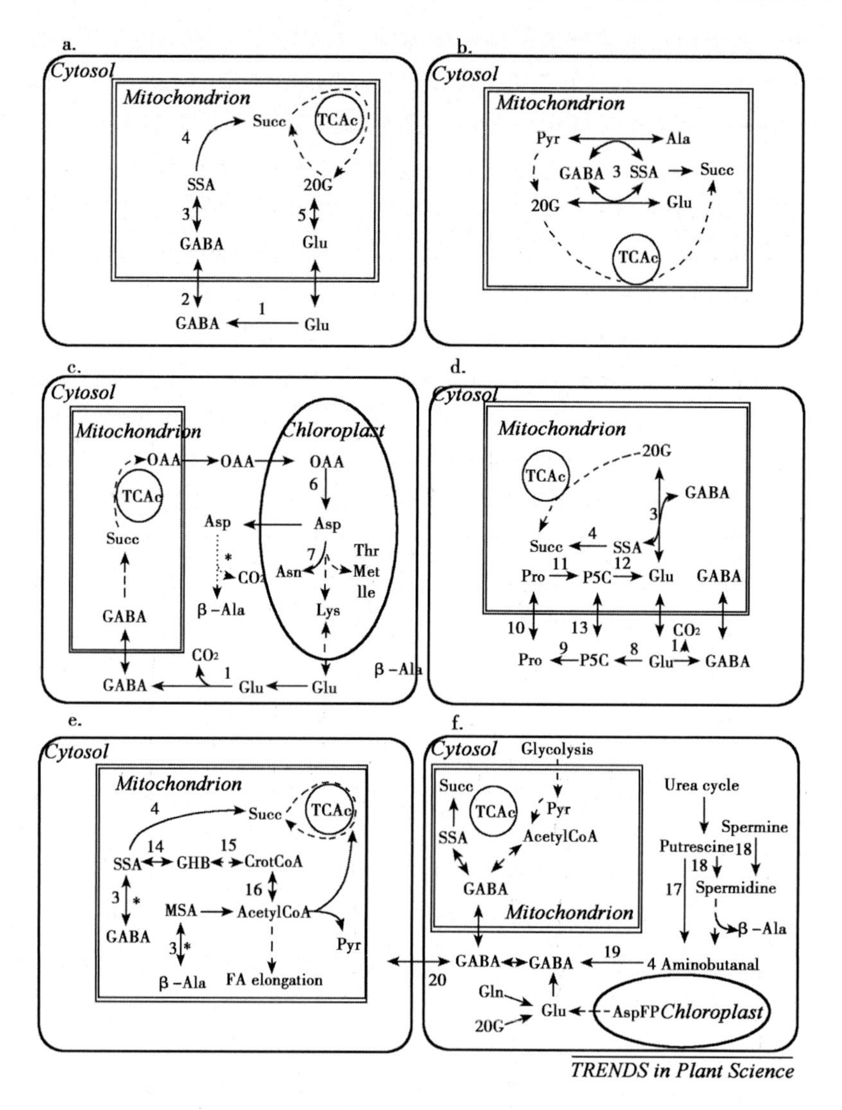

图 6－32 GABA 代谢

Fig. 6－32 Interconnectivity of GABA metabolism.

a. GABA 的常见描述；b. 通过 GABA 转氨酶线粒体中 GABA 的代谢；c. GABA 与天门冬氨酸途径；d. GABA 应激代谢；e. GABA 与乙酰-CoA 代谢；f. GABA C/N 及其产物 酶反应与运输：（1）谷氨酸脱羧酶；（2）线粒体转运酶；（3）GABA 转氨酶；（4）琥珀酸脱氢酶；（5）谷氨酸脱氢酶；（6）天冬氨酸转氨酶与 L-天冬氨酸还原酶；（7）天冬酰胺酶和天冬酰胺合成酶（8～13）细胞质中的脯氨合成酶和线粒体中的新陈代谢；（14）g-羟基丁酸脱氢酶；（15）乙酰-CoA、Δ-异构酶；（16）3-羟丁酰辅酶 A 脱氢酶；（17）铜胺氧化酶；（18）亚精胺合成酶；（19）醛脱氢酶/还原酶；（20）质膜转运。分割箭头表示多步反应，点状箭头表示代谢机理尚不明确，路径绘制的信息来源于 KEGG 数据库和已有的科学文献。缩略语：AspFP，天门冬氨酸家族路径；b-Ala，b-丙氨酸；CrotCoA，丁烯酰 CoA；GHB：g-羟基丁酸；MSA，丙二酸半醛；P5C，1-吡咯啉-5-羧酸盐；Pyr，丙酮酸盐；Succ，琥珀酸盐；TCAc，三羧酸循环。Cytosol，细胞质；mitochondrion，线粒体；chloroplast，叶绿体。

射性受体法、毛细管电泳法、高效液相色谱法等，这些分析方法多用于医学领域，其测定的精密度和准确度好，但其前处理过程复杂，试剂和仪器条件要求高，且价格昂贵。紫外—可见光分光光度计是实验室常用仪器，周小理等采用紫外—可见光分光光度法测定发芽苦荞中 GABA，操作简便、经济、快速，具有良好的精密度和准确度。

周小理、赵琳等采用高效液相色谱法（HPLC）测定苦荞不同萌发期中 GABA 的变化（图 6－33）。萌发过程中 GABA 的含量不断增加，在第 4 天达到最大值。这可能是细胞质中谷氨酸脱羧酶（glutamate decarboxylase，GAD）、GABA 转氨酶（GABA transaminase，GABA-T）和琥珀酸半醛脱氢酶（succinic semialdehyde dehydrogenase，SSADH）催化产生了大量的 GABA。之后 6～10d GABA 含量有所下降。

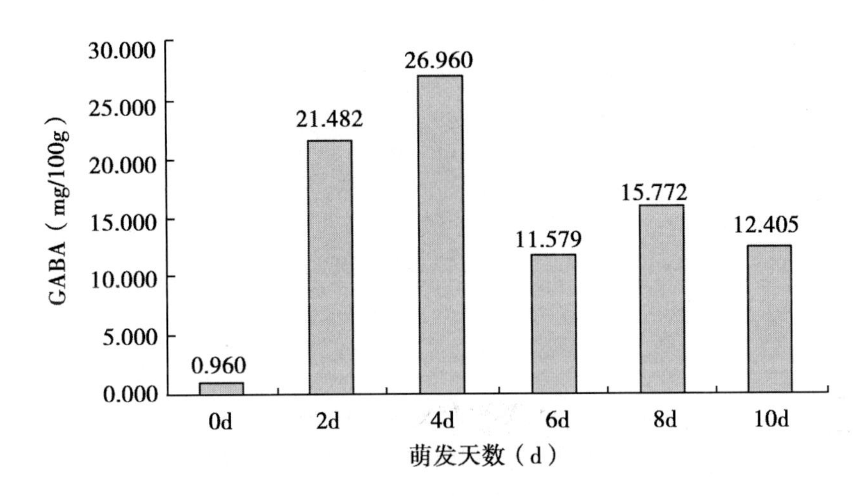

图 6－33　不同萌发天数苦荞芽中 GABA 的含量

Fig. 6－33　contents of GABA in differet germination days

四、苦荞萌发物的生理功能

（一）抗氧化活性酶活性变化规律

天然植物种子中均含有一定量的抗氧化酶，常见的抗氧化酶有超氧化物歧化酶（Superoxide dismutase，SOD）、过氧化氢酶（Catalase，CAT）、过氧化物酶（Peroxidase，POD）和抗坏血酸过氧化物酶（Ascorbate peroxidase，ASP）。近年来，玉米、乌麦等植物种子萌发期抗氧化酶活性变化的研究已表明：抗氧化酶在种子萌发期，能及时清除植物种子中的活性氧，清除种子储藏过程中产生的丙二醛等有害代谢物，起到修复种子在萌发过程中损伤的细胞膜结构和相关生理功能的作用。

周小理、成少宁等研究荞麦种子萌发期（0～7d）超氧化物歧化酶（SOD）、过氧化氢酶（CAT）、过氧化物酶（POD）和抗坏血酸过氧化物酶（ASP）4 种抗氧化酶的酶活性变化，分析荞麦种子内的抗氧化酶系统在萌发期对细胞膜结构的修复及保护作用。实验结果表明（图 6－34 至图 6－37）：荞麦种子抗氧化酶活性的变化与萌发进程有关。具体表现在当种子在萌发初期（0～2d）时，4 种抗氧化酶活性都较低，这是因为种子在萌发初期产生的活性氧和自由基都较少。随着种子萌发天数的增加（3～5d），产生的代谢产物随之增多，超氧化物歧化酶（SOD）活性迅速增加，同时由于超氧化物歧化酶（SOD）在清除自由基的同时生成过氧化氢，对过氧化氢酶（CAT）和过氧化物酶（POD）起到一定的激活效应；当萌发第 5 天时，超氧化物歧化酶活性达到了最高峰，过氧化氢酶和过氧化物酶活性都迅速升高，验证了 SOD 反应产物中的 H_2O_2 对 CAT 和 POD 的激活作用。在种子萌发的后期，由于 4 种抗氧化酶的协同作用，种子内清除活性氧和自由基的速率加快，活性氧等有害物质的浓度明显降低，使

SOD 活性在第 7 天时降到最低。4 种酶的氧化反应存在一定关联性和协同作用。苦荞的抗氧化酶活性高于甜荞。

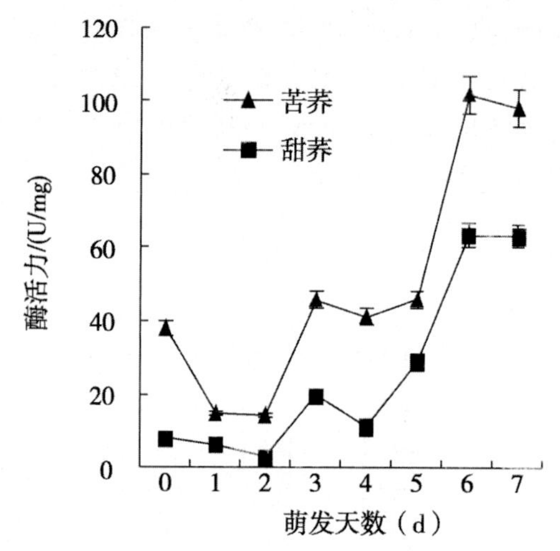

图 6－34　荞麦种子萌发期 SOD 活性变化规律

Fig. 6－34　The changes of SOD activity during the germination of buckwheat

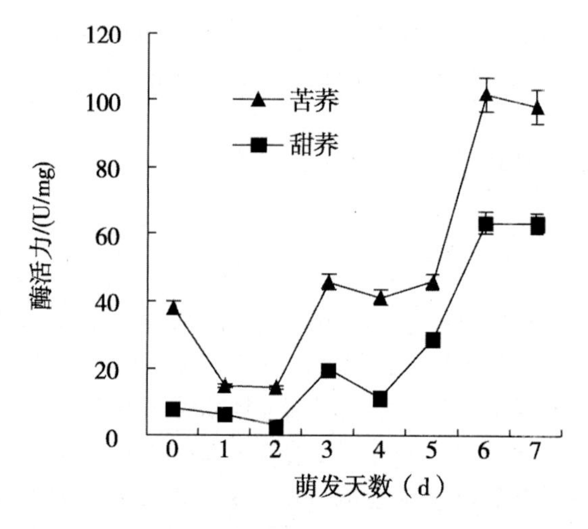

图 6－35　荞麦种子萌发期 CAT 活性变化规律

Fig. 6－35　The changes of CAT activity during the germination of buckwheat

（二）体外抗氧化活性的影响

1. 对清除自由基的影响

（1）萌发期荞麦提取物清除 1，1－二苯基－2－苦苯肼自由基（DPPH·）的能力　周小理、宋鑫莉等实验结果表明（图 6－38）：随着萌发天数的增加，荞麦萌发物提取液清除 1，1－二苯基－2－苦苯肼自由基的能力随之显著增强。分别由苦荞、甜荞籽粒的清除率 79.38% 和 71.56%，上升至萌发 6d 的苦荞、甜荞芽粉的清除率为 95.56% 和 92.86%。萌发过程中，甜荞芽粉提取液的清除能力均在 85% 以上，苦荞的清除率高于甜荞，均在 90% 以上。

（2）萌发期荞麦提取物清除超氧阴离子自由基（O^{2-}·）的能力　在碱性条件下，萌发时邻苯三酚自氧化形成中间产物超氧阴离子自由基，能促进邻苯三酚的自氧化。通过测定某物质对邻苯三酚自氧化的抑制作用，即可表征其对超氧阴离子自由基的清除作用。

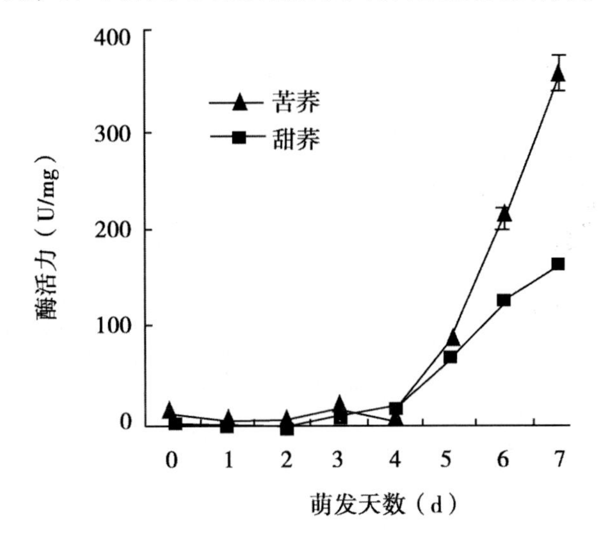

图 6－36　荞麦种子萌发期 POD 活性变化规律

Fig. 6－36　The changes of POD activity during the germination of buckwheat

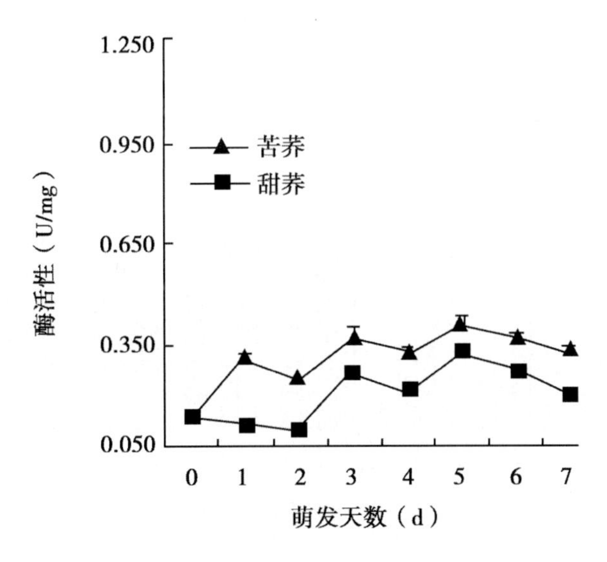

图 6－37　荞麦种子萌发期 APX 活性变化规律

Fig. 6－37　The changes of APX activity during the germination of buckwheat

从图 6－39 看出，萌发 0～7d 的荞麦萌发提取液具有较高的清除超氧阴离子自由基的能力，随着萌发天数的增加，清除率也随之显著增强。苦荞、甜荞籽粒的清除率分别为萌发 0d 的 85.83% 和 83.78% 上升至萌发第 6 天的 94.69% 和 91.84%，上升幅度较大，到了萌发第 7 天稍有下降。且在萌发过程中，除了萌发 1d 外，其余各萌发时段苦荞萌发物提取液对超氧阴离子自由基的清除能力均高于甜荞。

（3）荞麦萌发提取物清除羟基自由基（OH·）的能力　由图 6－40 的结果可以看出，荞麦萌发提取液清除羟基自由基的能力，随着萌发天数的增加而显著增强。分别由苦荞、甜荞籽粒的清除率 7.08% 和 5.48%，上升至萌发 6d 的苦荞、甜荞芽粉的清除率 31.05% 和 21.52%，各增加了4.38倍和3.93倍。到了萌发第7d稍有下降，还明显高于对照物（标品）的清除率。说明萌发提取液中的供氢体，具有提供氢质子的能力，可使具有高度氧化性的自由基还原，从而能终止自由基连锁反应，起到清除或抑制自由基的目的。同时在各萌发天数，萌发提取液对 OH · 的清除能力苦荞均高于甜荞芽粉。

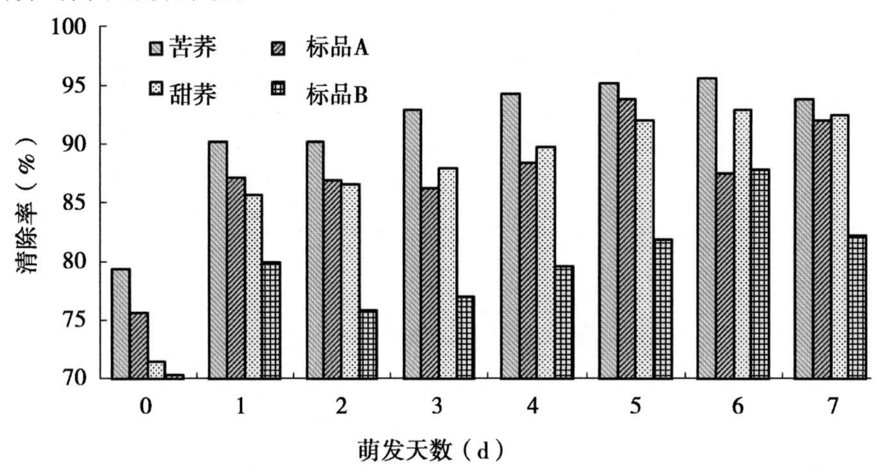

图6－38　萌发过程中荞麦黄酮类提取物对DPPH · 的清除能力

Fig. 6－38　Effect of germinated buckwheat flavoniods extract on scavenging DPPH ·

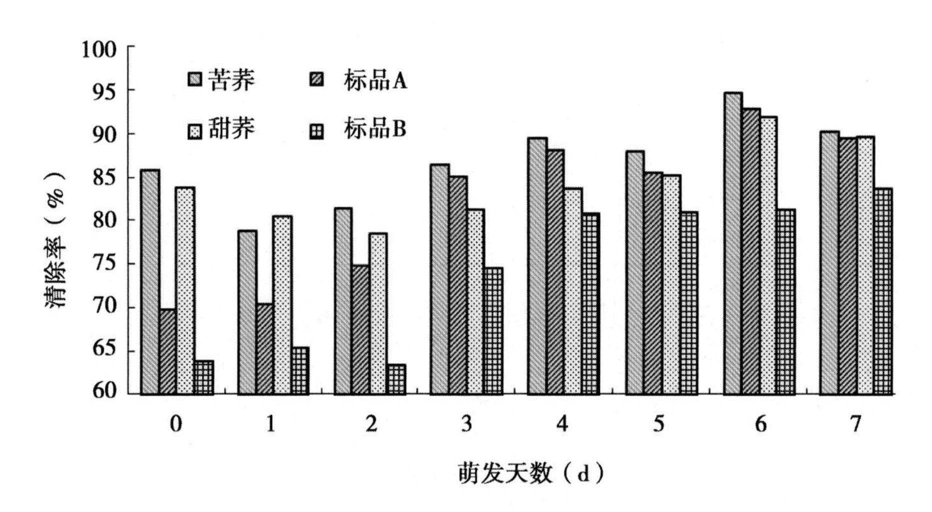

图6－39　萌发过程中荞麦黄酮类提取物对 O_2^- · 的清除能力

Fig. 6－39　Effect of germinated buckwheat flavoniods extract on scavenging O_2^- ·

2. 荞麦萌发提取物清除亚硝酸盐的能力

由图6－41的实验结果可知，随着萌发天数的增加，荞麦萌发提取物清除亚硝酸盐的能力而随之显著增强。分别由苦荞、甜荞籽粒的清除率45.83%和32.89%，上升至萌发第6天的苦荞、甜荞芽粉的清除率49.35%和42.47%，之后又稍有下降。并明显高于对照物标准品的清除能力。同时各萌发天数，萌发提取物对清除亚硝酸盐的能力苦荞均高于甜荞芽粉。

3. 荞麦萌发物的还原能力

由图6－42的结果可以看出，苦荞萌发提取物具有较好的还原能力，是良好的电子供应者，其供

应的电子除可以使 Fe^{3+} 还原成 Fe^{2+} 外，还可与自由基成为较惰性的物质，以中断自氧化连锁反应。

随着萌发天数的增加，荞麦萌发提取物的吸光值随之显著增强。分别由苦荞、甜荞籽粒的 0.107A 和 0.063A，上升至萌发第 6 天的苦荞、甜荞芽粉的 0.409A 和 0.229A，之后稍有下降，并明显高于对照物（标品）液的清除能力。在萌发过程中，荞麦萌发提取物的还原能力苦荞均高于甜荞，且随着萌发时间的增加，差距也逐渐增大。

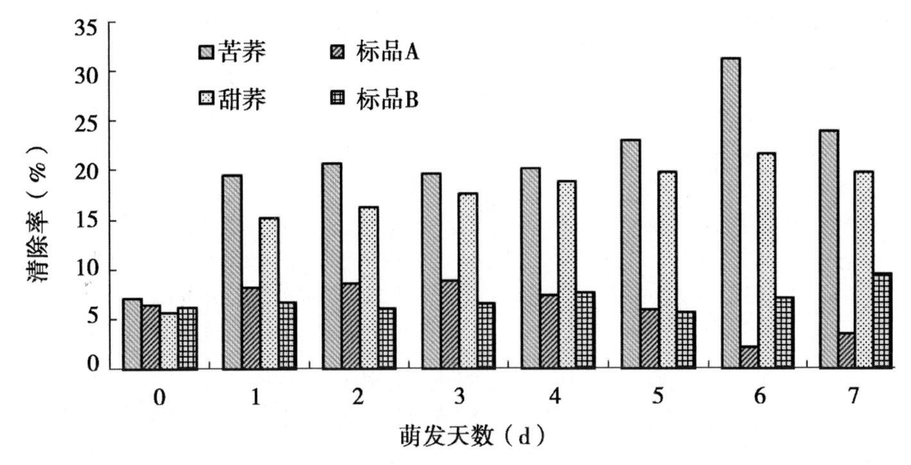

图 6－40　萌发过程中荞麦黄酮类提取物对 OH· 的清除能力

Fig. 6－40　Effect of germinated buckwheat flavoniods extract on scavenging OH·

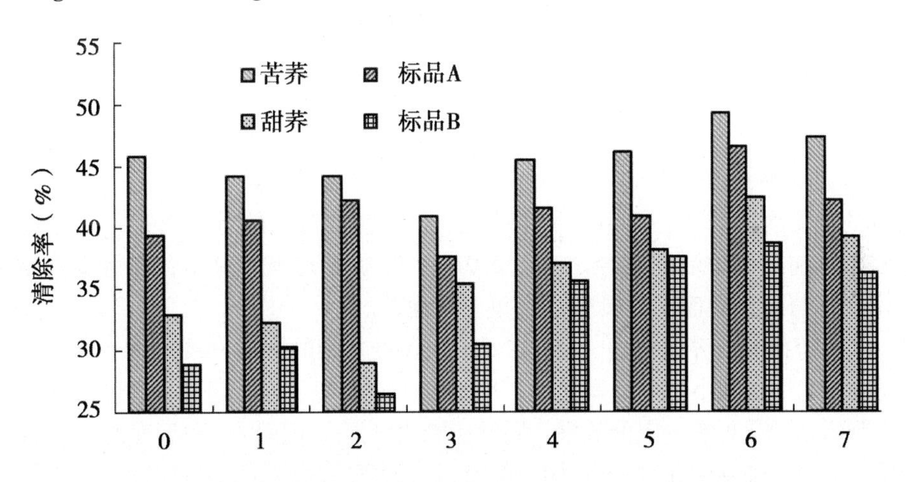

图 6－41　萌发过程中荞麦黄酮类提取物对亚硝酸盐的清除能力

Fig. 6－41　Effect of germinated buckwheat flavoniods extract on scavenging NO_2^-

（三）提高机体免疫力

免疫系统由免疫器官、免疫细胞和免疫分子 3 部分组成，是一个极其复杂的生理系统。而机体内需氧细胞的正常代谢会产生自由基，机体内自由基的攻击力很强，与其他原子、离子或基团配对形成电势较低的稳定化合物，从而使组织发生退行性病变或病理性改变，引起机体的免疫力下降，导致疾病和衰老。免疫功能评价指标很多，可分为特异性和非特异性免疫功能指标，二者又可进一步分为细胞和体液免疫功能指标（2007）。

黄酮类化合物对动物免疫功能具有增加、抑制和双向调节等多方面作用，这可能与各类黄酮类化合物功能基团的差异造成了其生理活性的不同有关。张荣庆等（1993）报道，每日给小鼠灌胃大豆黄酮20mg/（kg·BW），连续1周，小鼠胸腺巨噬细胞功能提高约24.5%，表明大豆黄酮有促进小鼠体液免疫系统作用。周月蝉等（2001）研究表明，在连续43d经口给予小鼠适量藤茶（活性成分为以二氢杨梅素为主的藤茶总黄酮）后，通过小鼠迟发型变态反应（DTH）（足趾增厚法）实验发现，0.67g/（kg·BW）组小鼠足趾肿胀度显著高于空白组。FAA不是依靠细胞毒作用来实现抗肿瘤效果，而是对许多免疫成分如NK细胞、LAK细胞、干扰素（IFN）、肿瘤坏死因子（TNF）等有诱导生成和提高活性效果，并且与IL-2具有协同作用，从而达到了抑制杀死肿瘤细胞的作用效果（1992）。

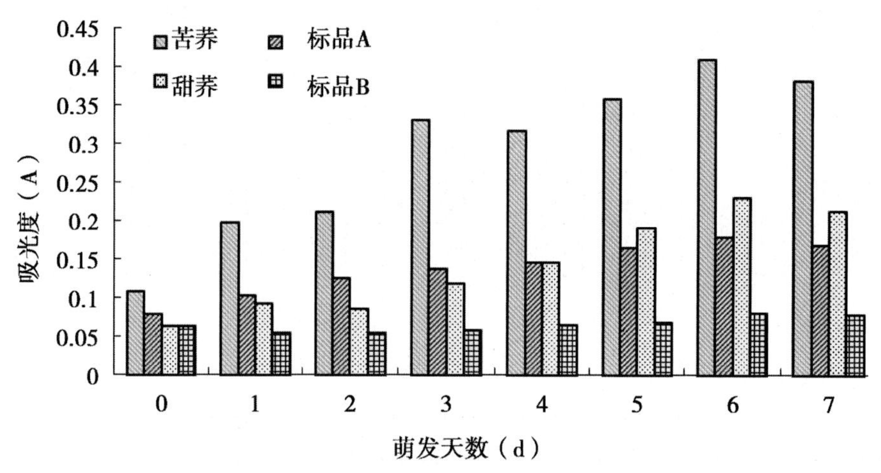

图6-42 萌发过程照片荞麦黄酮类提取物还原能力的试验结果

Fig. 6-42 Experiment result of deoxidize ability

综上所述，黄酮类化合物因其对正常人体细胞无毒、低毒，而对肿瘤细胞有细胞毒和治疗作用，所以将会成为抗癌辅助药物或新抗癌药，具有广泛的应用前景。

肿瘤患者的免疫功能低下，是阻碍宿主战胜疾病及恢复健康的重要因素，而提高宿主的免疫功能及其活力是当前肿瘤防治的途径之一（2001）。许多研究资料显示：在肿瘤治疗的过程中，保护机体免疫状态与杀伤肿瘤细胞具有同等重要的地位。

周小理、王青等研究苦荞萌发物（TBS）对小鼠免疫功能的影响发现（图6-43至图6-48）：TBS及黄酮类物质可以增强小鼠溶血素功能，明显高于对照组，对促进（刀豆蛋白）ConA诱导的小鼠的淋巴细胞增殖转化也有一定的效果，同时还能明显提高小鼠的迟发型变态反应的作用，增加自然杀伤细胞（NK）、细胞活性（$P<0.01\sim0.05$）；苦荞萌发物处理小鼠可以提高免疫力；芦丁和槲皮素混合品有很好的调节小鼠免疫的效果，并提示这两类黄酮类化合物单体具有较强协同性。

（四）抑菌作用

1. 黄酮类化合物抑菌机制

目前，黄酮类物质的抑菌机制学说（2008）主要有以下几种说法。

Could（2004）说，由于类黄酮是一种多酚类物质，可通过破坏细胞壁及细胞膜的完整性，导致微生物细胞释放胞内成分而引起膜的电子传递、营养吸收、核苷酸合成及ATP活性等功能障碍，从而抑制微生物的生长。

殷彩霞等（1999）说，类黄酮及其衍生物一般呈弱酸性（pH值为6），能使蛋白质凝固或变性，故有杀菌和抑菌作用。

韩淑琴等（2007）通过透射电镜观察，仙人掌醇提物随着时间的延长，对微生物的菌体结构造成破坏，使菌体扭曲变形，进而细胞壁破裂，内容物外漏，直至成为空壳或分解为颗粒状残渣；聚丙烯酰胺凝胶电泳显示，仙人掌提取物作用使菌体内蛋白质减少，对大分子蛋白质有破坏或抑制其合成的作用。

Katarzyna 等（2006）考察了金雀异黄酮对细菌细胞的影响表明：金雀异黄酮对大肠杆菌无抑制作用；可以改变哈维氏弧菌的细胞形态（形成丝状体细胞时），在加入类黄酮的 15min 内会抑制细菌细胞 DNA 和 RNA 的合成，大肠杆菌的蛋白质合成也明显被抑制，且有所延迟；对枯草芽孢杆菌的抑制效果介于大肠杆菌和哈维氏弧菌之间；金雀异黄酮对细菌只有抑制作用，无杀死效果。

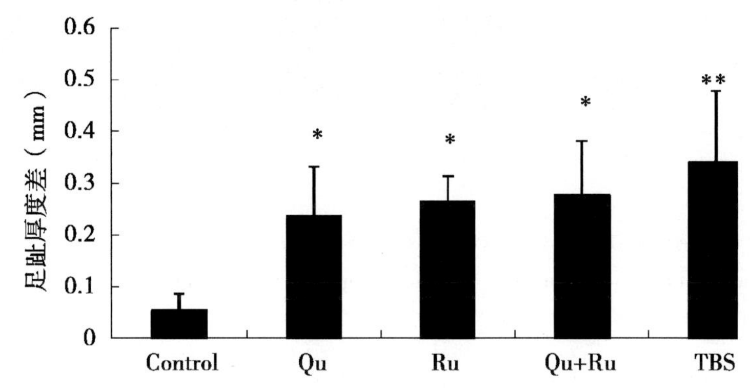

图 6－43　不同处理组小鼠绵羊红细胞（SRBC）攻击前后小鼠足趾厚度差（$\bar{x}\pm s$，$n=8$）

Fig. 6－43　Change of thickness of mice toe after SRBC-inobulation in different groups（$\bar{x}\pm s$，$n=8$）

注：$*P<0.05$，$**P<0.01$ compared with control

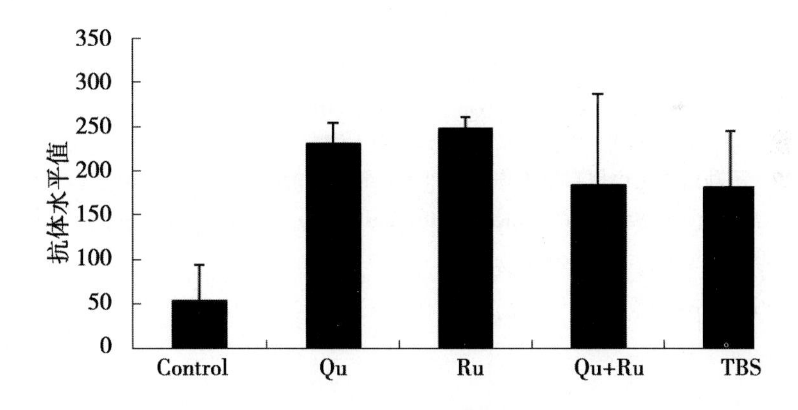

图 6－44　不同处理组小鼠血清中抗体水平（$\bar{x}\pm s$，$n=8$）

Fig. 6－44　Antiboby level in sera of mice in different groups（$\bar{x}\pm s$，$n=8$）

注：$*P<0.05$，$**P<0.01$ compared with control

2. 黄酮类化合物抑菌作用研究现状

自然界中从低等植物到高等植物，从植物的花、叶、种子、果实，以及根、茎中提取的许多类黄酮，均具有抑菌作用。多数类黄酮对金黄色葡萄球菌、大肠埃希氏杆菌和枯草芽孢杆菌等细菌的抑制作用较明显，但对革兰氏阳性菌及革兰氏阴性菌的抑制效果不同。对霉菌和酵母菌等真菌的抑制作用相对较弱（2008）。

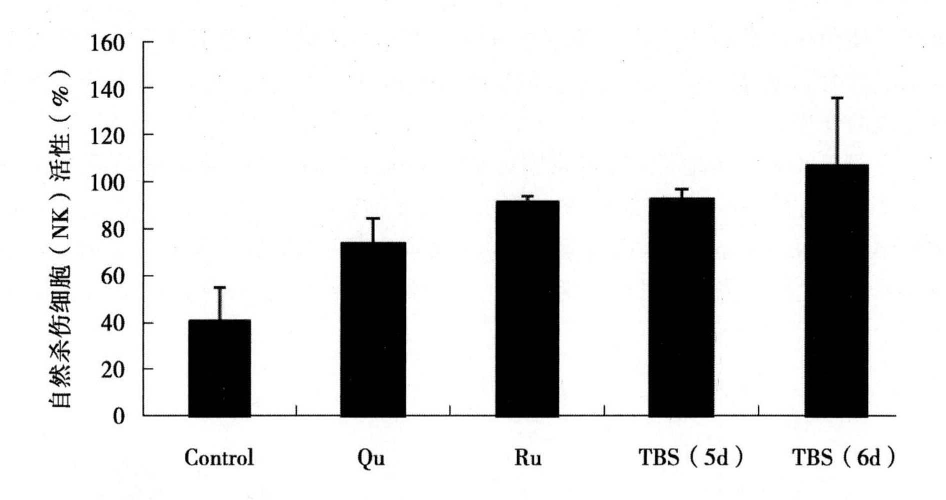

图 6－45　不同处理组小鼠自然杀伤细胞（NK 细胞）的活性（预实验）（$\bar{x} \pm s$，$n=8$）

Fig. 6－45　Activity of NK cells of mice in different group（preliminary experiment）（$\bar{x} \pm s$，$n=8$）

注：$*P<0.05$，$**P<0.01$ compared with control

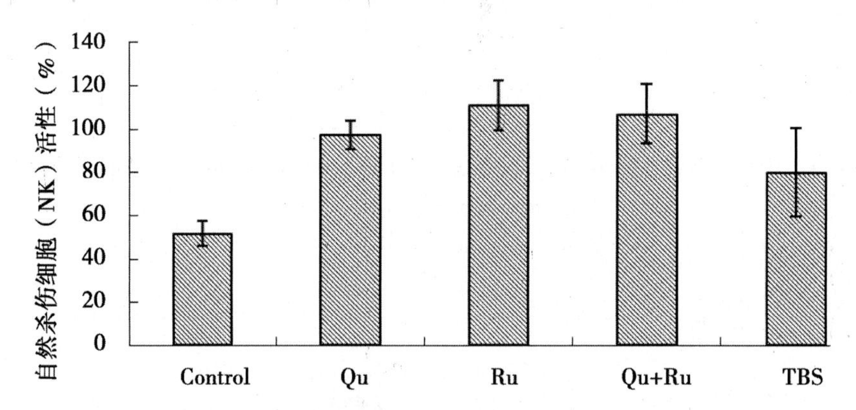

图 6－46　不同处理组小鼠自然杀伤细胞（NK 细胞）的活性（正式实验）（$\bar{x} \pm s$，$n=8$）

Fig. 6－46　Activity of NK cells of mice in different group（formal experiment）（$\bar{x} \pm s$，$n=8$）

注：$*P<0.05$，$**P<0.01$ compared with control

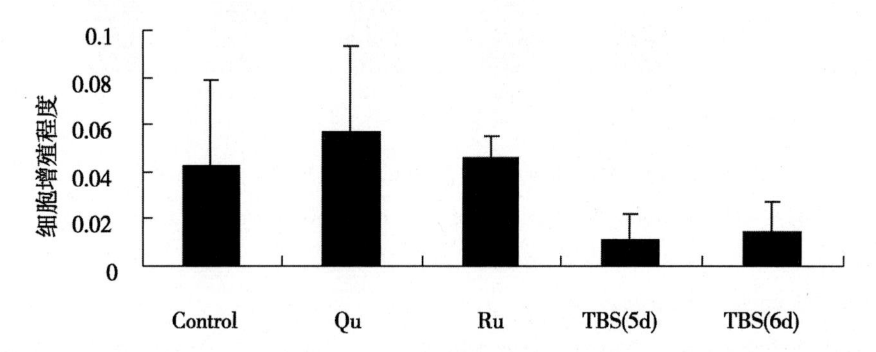

图 6－47　不同处理组对小鼠脾脏 T 淋巴细胞增殖能力的影响（预实验）（$\bar{x} \pm s$，$n=8$）

Fig. 6－47　Effect of different group on proliferation of spleen T cells（preliminary experiment）（$\bar{x} \pm s$，$n=8$）

焦翔等（2007）以中国青海产沙棘叶和内蒙古产大果沙棘叶为原料，分别以水与乙醇作提取溶剂，以超声波辅助浸提来提取，采用管碟法和试管 2 倍稀释法，测定提取物对 13 种常见食品污染微生物的抑制效果。结果表明，两种沙棘叶的乙醇提取物对 6 种供试细菌均有良好抑制作用，尤其对普通变形杆菌及枯草芽孢杆菌抑制效果最强，另外 8 种提取物对供试的 7 种真菌在所测药液浓度下均未显示出抑制作用。

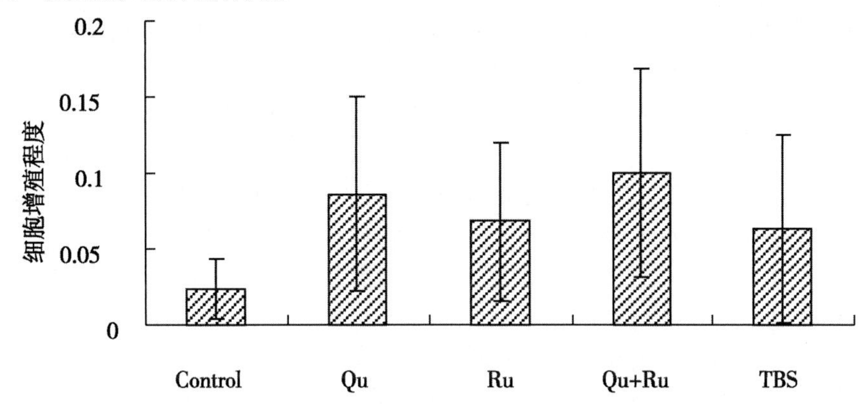

图 6－48　不同处理组对小鼠脾脏 T 淋巴细胞增殖能力的影响（正式实验）（$\bar{x}\pm s$，$n=8$）

Fig. 6－48　Effect of different group on proliferation of spleen T cells（formal experiment）（$\bar{x}\pm s$，$n=8$）

注：$*P<0.05$ compared with control

谷肄静等（2007）研究了蒲公英总黄酮对黑曲霉、宛氏拟青霉、酿酒酵母和枯草杆菌的抑菌试验。结果表明，0.43g/L（以芦丁计）的蒲公英总黄酮对宛氏拟青霉和枯草芽孢杆菌具有良好的抑菌作用，对酿酒酵母具有一定的抑菌作用，而对黑曲霉没有抑菌作用。

董彩文等（2008）利用超高压设备从苹果渣中提取苹果总黄酮，并通过牛津杯法对苹果总黄酮提取液的 5 种浓度（0.8mg/ml，0.6mg/ml，0.4mg/ml，0.2mg/ml，0.1mg/ml）进行抑菌试验。结果表明，苹果总黄酮对大肠杆菌和金黄色葡萄球菌都有较好的抑菌效果，随着总黄酮浓度的增加，其抑菌作用也逐渐增强。

王丽梅等（2008）采用乙醇提取、大孔吸附树脂纯化桂花黄酮的抑菌试验表明，桂花黄酮对金黄色葡萄球菌、大肠杆菌、枯草芽孢杆菌、稻瘟病菌均有较好的抑菌效果。纯化后的桂花黄酮抑菌效果优于苯甲酸钠，对枯草芽孢杆菌的抑菌效果最好，最低抑菌浓度为 0.25mg/ml；金葡球菌和大肠杆菌次之，为 0.5mg/ml；稻瘟病菌最高，为 1.0mg/ml。

金荞麦根和茎叶不同溶剂提取物的抑菌结果表明（2006）：各种提取物对细菌中的金黄色葡萄球菌、大肠杆菌、枯草芽孢杆菌、苏云金芽孢杆菌、卡拉双球菌都有明显的抑菌作用，但对 5406 放线菌只有根乙醇提取物、茎叶水提取物有一定的抑制作用；各种提取物对真菌鞭毛菌、白色念珠菌、松赤枯病菌、玉米纹枯病菌、油菜菌核病菌、玉米弯孢菌、小麦赤霉病菌、绿色木霉都有明显的抑菌作用，但是对柑橘绿霉、水稻稻瘟病菌、黑曲霉、镰刀菌、酵母菌无明显抑菌作用；而且金荞麦提取物的抑菌强度与提取物浓度呈正相关。

Itoh 等（1994）从蜂胶黄酮提取物中分离了 3 种类黄酮物质，并在研究中发现它们对幽门螺杆菌具有抑制作用；Rivera-Vargas 等研究发现，大豆黄酮（雌内酯，鹰嘴豆芽素 A，染料木素，柚皮素，异鼠李素）对大豆疫霉菌具有抑制作用。

黄酮还具有抑制金黄色葡萄球菌、大肠杆菌和枯草芽孢杆菌的作用，对烧伤、创伤、溃疡等有恢复作用。

3. 黄酮类化合物抑菌活性的构效关系

李明玉等（2008）研究了荷叶提取物抑制引起牙周炎的5种细菌，认为荷叶提取物中的槲皮素是在荷叶黄酮提取物中抑菌活性最高的物质。

对穆尔塔提取物的抗菌实验表明（2009），多酚含量与对有害微生物的抑菌性的强弱有正相关的关系，杨梅苷和槲皮素甙、葡糖苷酸、鼠李糖苷有助于抑菌，叶提取物黄烷－3－醇及其他的黄酮醇糖苷是抑菌的主要成分。

M. A. Alvarez 等（2008）研究了不同类黄酮化合物对细菌抑制作用的协同作用，其抑菌机制为：

（1）大肠杆菌细胞壁上具有的孔蛋白，掌控着细胞内部与外界环境的物质交换。孔蛋白具有极性，它的极性由组成孔蛋白的氨基酸所带的电荷决定（1997），槲皮素可以中和氨基酸的极性，这样细菌细胞外面的黄酮类物质就可以进入细胞中。

（2）有些孔蛋白负责转移低聚糖和核苷，并且X-射线的研究表明葡萄糖基团可以插入通道中，破坏通道中氨基酸的正常收缩；而芦丁是一种黄酮糖苷，它与其他黄酮类物质结合时无抑菌活性，但是它的葡萄糖集团可以帮助其他类黄酮进入细胞内部。

（3）同为革兰氏阴性菌的产气肠杆菌，有很多种是属于孔蛋白缺陷型的，因此它们对黄酮类物质的抑制表现出不稳定性。

4. 荞麦萌发物抑菌活性的研究

周小理、成少宁等以萌发后的苦荞芽为研究对象，采用乙醇提取苦荞芽中的黄酮类化合物，分光光度法检测提取物中的黄酮含量；采用大孔树脂分离纯化黄酮类化合物；滤纸片扩散法检测苦荞种子萌发期内的黄酮提取物与纯化物对大肠杆菌、金黄色葡萄球菌、枯草芽孢杆菌和沙门氏菌的抑制效果。结果表明（图6－49、表6－41），苦荞种子在萌发7d内黄酮类化合物含量明显增加；提取物及纯化物对四种菌均有抑制作用：对革兰氏阴性菌、沙门氏菌的抑菌效果明显，选择性地抑制革兰氏阳性菌金黄色葡萄球菌和枯草芽孢杆菌。

表6－41　苦荞种子萌发期黄酮提取物与纯化物的抑菌活性检测

样品	大肠杆菌		金黄色葡萄球菌		枯草芽孢杆菌		沙门氏菌	
	提取物	纯化物	提取物	纯化物	提取物	纯化物	提取物	纯化物
0d	－	+	－	+	+	－	+	+
1d	－	+	－	+	+	+	+	+
2d	－	+	－	+	++	+	+	+
3d	－	+	－	+	+	－	+	++
4d	－	+	+	++	+	+	+	++
5d	+	+	+	++	－	－	+	+
6d	+	+	－	++	+	+	+	+
7d	+	+	+	++	++	+	++	+
无菌水	－	－	－	－				
抗生素	++++	++++	++++	++++				

注："－"表示 $d \leq 1mm$；"+"表示 $2.5mm \geq d > 1mm$；"++"表示 $4mm \geq d > 2.5mm$；"+++"表示 $5.5mm \geq d > 4mm$；"++++"表示 $d > 5.5mm$

周小理、杨延利等研究发现，不同萌发天数的苦荞萌发物对供试真菌的抑制效果不同（表

6－42、表6－43），其中，按萌发天数将苦荞萌发提取物分别命名为 TBGE-1，TBGE-2，TBGE-3，TBGE-4，TBGE-5，TBGE-6，TBGE-7，苦荞种子粉为 TBGE-0，则苦荞萌发物对酵母菌（*yeast*）和青霉（*Penicillium glaucum*）没有明显的抑制作用；对草莓灰霉（*Botrytis cinerea*）的抑制率要高于冬枣浆胞病病菌（*Alternaria* Nees ex Wallr），苦荞萌发提取物对真菌孢子形成有抑制作用，可使菌体内可溶性蛋白质含量降低。

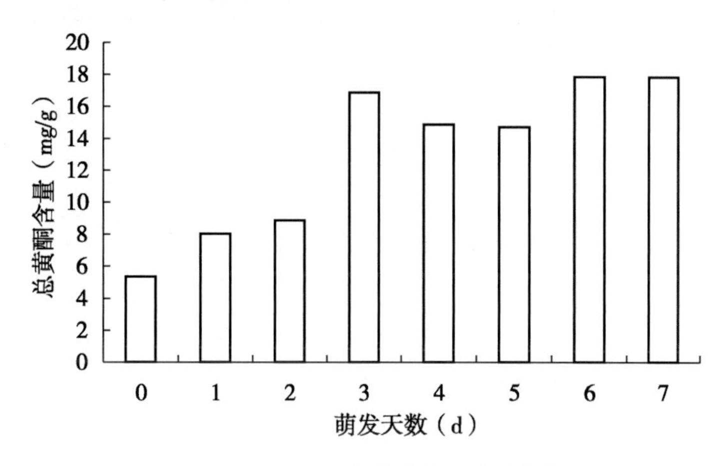

图6－49　不同天数苦荞芽总黄酮含量

表6－42　苦荞萌发提取物对真菌的影响

Table 6－42　The effect of TBGEs against fungus

样品	冬枣浆胞病病菌 *Alternaria* Nees ex Wallr	草莓灰霉 *Botrytis cinerea*	酵母菌 *yeast*	青霉 *Penicillium glaucum*
TBGE-0	+	+	－	－
TBGE-1	+	＋＋	－	－
TBGE-2	+	＋＋	－	－
TBGE-3	＋＋	＋＋	－	－
TBGE-4	＋＋	＋＋	－	－
TBGE-5	＋＋	＋＋	－	－
TBGE-6	＋＋	＋＋	－	－
TBGE-7	＋＋	＋＋	－	－
CK	－	－	－	－

注：抑菌带宽度在5mm以下记为＋，5～15mm为＋＋，15mm以上为＋＋＋，－表示无抑菌带

5. 苦荞萌发提取物对大鼠腹腔肥大细胞组胺释放的影响

组胺是存在于肥大细胞颗粒中的活性介质，当机体发生炎症过敏时，过敏原刺激诱导肥大细胞产生化学传递物质的游离并释放组胺，研究对肥大细胞组胺释放的抑制作用可以作为评价抗过敏活性的指标之一（2004）。据文献报道，从紫苏子（2006）、狭叶柴胡（2003）广西甜茶（1995）等植物中所提取的黄酮类化合物均有显著的抗过敏活性。

周小理、杨延利等以苦荞萌发物乙醇提取物为原料，采用啮齿动物实验模型对其抗过敏活性进行研究。通过制备 Wistar 大鼠腹腔肥大细胞悬液，检测不同萌发天数的苦荞萌发物乙醇提取物对组胺释放的影响。实验结果表明（图6－50和图6－51）：苦荞萌发物乙醇提取物对化合物

(Compound 48/80) 引起的大鼠腹腔肥大细胞的组胺释放均有抑制作用，其中，以萌发 3d 的苦荞萌发物的抑制效果最好。芦丁和槲皮素对组胺释放均有抑制作用，且槲皮素对组胺释放的抑制作用强于芦丁。

表 6－43　苦荞萌发提取物抑真菌能力

Table 6－43　Anti-fungus capability of TBGEs

样品	冬枣浆孢病病菌 *Alternaria* Nees ex Wallr			草莓灰霉 *Botrytis cinerea*		
	抑菌带宽度（mm）	病原菌菌落宽度（mm）	抑制率（%）	抑菌带宽度（mm）	病原菌菌落宽度（mm）	抑制率（%）
TBGE-0	3. 0	17	24. 4	4. 5	15. 5	31. 1
TBGE-1	3. 5	16. 5	26. 7	7. 0	13. 0	42. 2
TBGE-2	4. 0	16. 0	28. 9	10	10	55. 5
TBGE-3	6. 5	13. 5	40	12. 0	8. 0	64. 4
TBGE-4	7. 0	13. 0	40. 2	11. 0	9. 0	60
TBGE-5	7. 5	12. 5	44. 4	11. 5	8. 5	62. 2
TBGE-6	9. 0	11. 0	51. 1	12. 0	8. 0	64. 4
TBGE-7	10. 5	9. 5	57. 8	12. 5	7. 5	66. 7
CK	—	22. 5	—	—	22. 5	—

（五）抗肿瘤

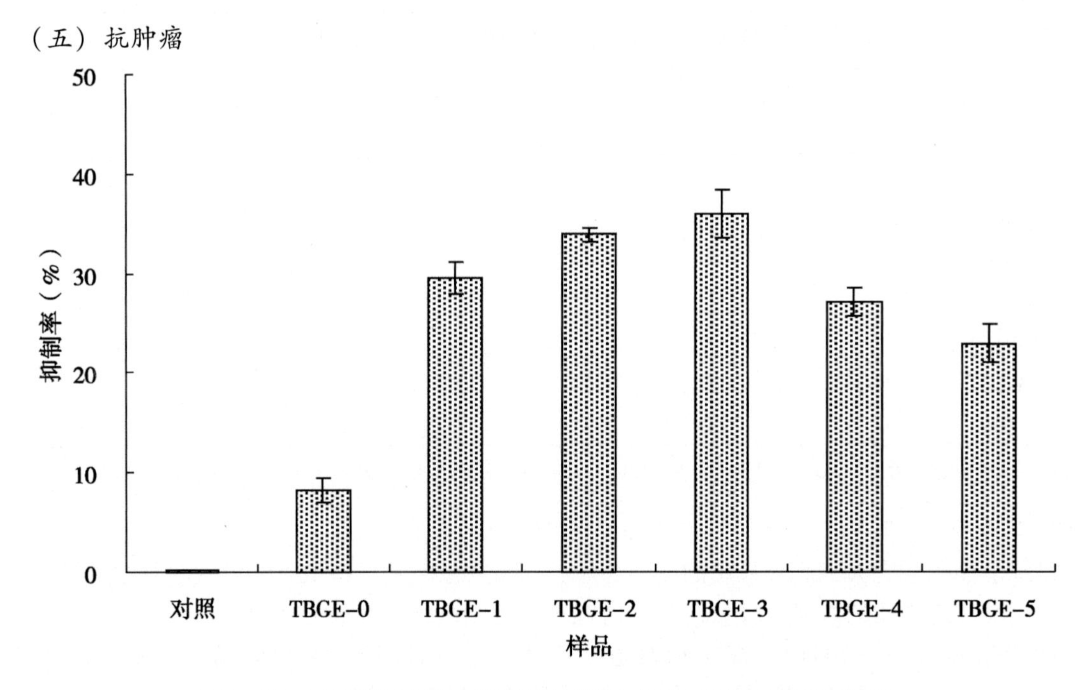

图 6－50　苦荞萌发物的乙醇提取物对肥大细胞组胺释放的抑制作用

Fig. 6－50　The inhibition rate of TBGE to histamine release from mast cells

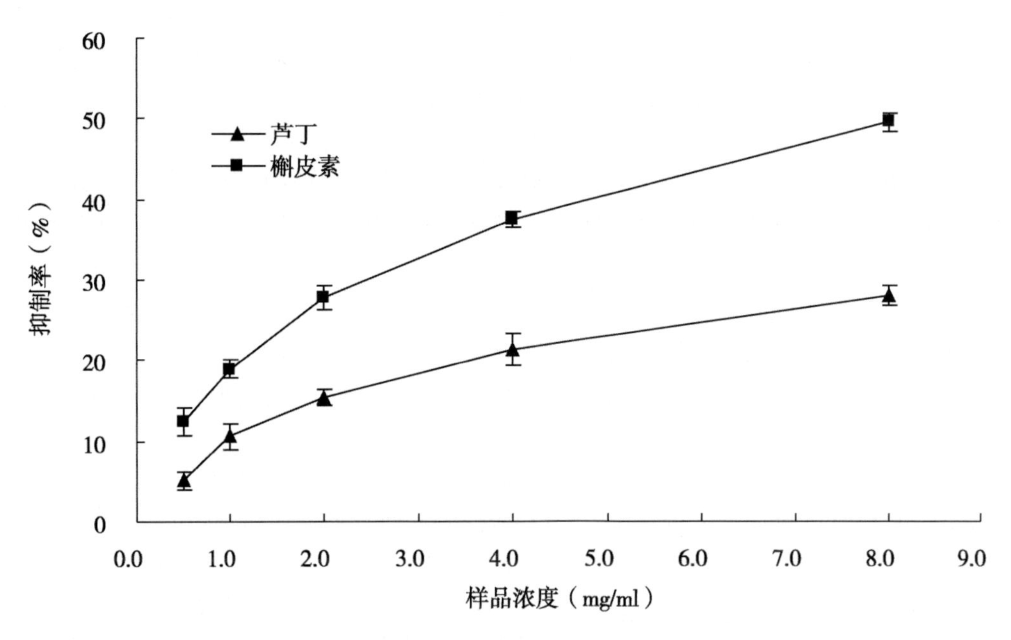

图 6－51　芦丁、槲皮素对肥大细胞组胺释放的抑制作用

Fig . 6－51　The inhibition rate of rutin and quercetin to histamine release from mast cells

1. 黄酮类化合物的抗癌作用

调查显示，亚洲人食用的蔬菜、水果、茶叶远多于西方人，亚洲地区结肠癌、前列腺癌、乳腺癌的发病率较西方低。研究人员开始探寻，亚洲人发病率低是否因其饮食中富含的黄酮类化合物发挥了天然的化学预防或抗肿瘤作用？

研究表明，生物类黄酮可通过抗自由基作用，抵制癌细胞生长和抗致癌因子三种途径起到防癌抗肿瘤作用。如槲皮素在较低浓度下（毫摩尔级）就可抑制肿瘤细胞生长发育阶段所需酶系统，从而有效阻滞癌细胞增殖。槲皮素、黄芩素、表儿茶素和绿茶提取物中所含的黄酮类化合物可通过阻止细胞的有丝分裂来抑制肿瘤细胞的生长。也可通过抑制细胞生长周期和阻止或竞争激素受体来抑制肿瘤细胞的生长。

体外研究还发现，黄酮类化合物还具有抑制细胞生长，诱导凋亡，影响信号转导，基质金属蛋白酶分泌的抑制和抑制肿瘤侵袭行为等（2007）。槲皮素体外抑制乳腺癌细胞的生长是通过阻止 P_{53}（一种肿瘤抑制蛋白，1999）离子隔膜蛋白的表达实现。

2. 黄酮类化合物的抗癌机理

（1）*抑制肿瘤细胞生长*　黄酮化合物对多种肿瘤细胞具有明显的抑制作用，体内外实验研究表明黄酮类化合物能抑制人乳腺癌细胞（MCF-7）、前列腺癌细胞（DU-145）、人结肠癌细胞（Colo-320）、白血病细胞（K562）、人肝癌细胞（HepG2）等细胞的增殖。W. Ren 等研究发现，苦荞黄酮可抑制急性髓性白血病（HL-60）细胞，抑制率随浓度的提高而增大（2001）。荞麦壳醇提物对多种肿瘤细胞例如：人乳腺癌 MCF-7 细胞、肺癌 A549 细胞、肝癌细胞 HepG2 细胞的生长均有抑制作用（2007）。Chan Pui-Kwong 等的研究表明，金荞麦不同部位提取物对肺、肝，结肠、白细胞和骨骼癌细胞的生长具有抑制作用；而对前列腺、子宫颈、脑及卵巢癌细胞不敏感，相反金荞麦提取物能刺激乳癌细胞（MCF-7）的生长。金荞麦和道诺霉素对人肺癌细胞（H460）的生长抑制具有协同作用（2003）。

（2）*细胞周期和凋亡* 细胞周期与肿瘤的关系是近年来生命科学研究的热门课题之一。目前，已有大量实验表明，多种黄酮类化合物可诱导多种肿瘤细胞周期阻滞，从而抑制癌细胞增殖，诱导其凋亡。研究发现，槲皮素对肝癌细胞株 QGY 及 HepG2 均可阻滞于 G_0/G_1 期，并且对 HepG2 细胞的阻滞作用要强于 QGY 细胞（2004）；槲皮素也可将人肺在黄酮类化合物试验中癌细胞系 NCI-H209 阻滞于 G_2/M 期（2006）。细胞凋亡是一种主动的过程，是为更好地适应环境而主动采取的一种死亡方式，整个过程涉及一系列基因的激活、表达及调控等。细胞凋亡与肿瘤疾病的关系密切，凋亡受到抑制，就有可能会导致肿瘤的发生。Gordana Rusak 等报道，在黄酮类化合物试验中，经流式细胞仪分析显示，槲皮素和杨梅酮是最具潜力的促细胞凋亡物质。杨梅酮、山萘酚可使 HL-60 细胞停滞在 G_0/G_1 期和 S 期，并呈现时间、浓度依赖性（2005）。I.-K. Wang 等也发现，黄酮类化合物能诱导 HL-60 细胞凋亡，其机制包括激活 caspase-3、caspase-9。

（3）*抑制血管生长* 恶性肿瘤的生长与转移必须依靠新生血管提供足够的营养才能实现，抗肿瘤血管生成已成为肿瘤治疗的基础之一，是最有希望的肿瘤导向治疗靶标。研究表明，许多黄酮类化合物的抗肿瘤作用与其抑制肿瘤血管生成有关，肿瘤新血管的生成是肿瘤细胞侵袭、转移的基础。近年来，从天然植物或中药资源中寻找新型抗肿瘤血管生成药物，是肿瘤研究的热点和突破口。从中草药中提取的有效成分，如黄酮类化合物等也显示出较强的肿瘤新生血管抑制作用。Parivash Seyfi 等（2010）认为，在鸡胚尿囊绒毛膜的模型中（CAM），青葱黄酮在 3ng/egg 低剂量下抑制血管生长，并且在 10ng/egg 完全抑制血管生长，结果证实了青葱黄酮抗肿瘤和抑制肿瘤血管生成的作用。Igura 等研究发现（2001），槲皮素对体外培养的牛主动脉内皮细胞生长有抑制作用，并且呈浓度依赖关系。Harris 等也发现（2000），黄酮-8-乙酸（Flavone-8-acetic acid，FAA）对血管内皮细胞增殖的抑制是肿瘤细胞的两倍，并且能诱导血管内皮细胞凋亡。

（4）*苦荞萌发物中黄酮类化合物的抗肿瘤活性* 目前，药物调控肿瘤细胞周期、诱导凋亡和血管新生是目前肿瘤治疗的重要途径之一。2011 年，周小理、王青等通以萌发期（1～6d）苦荞萌发物乙醇黄酮提取物为原料，人乳腺癌细胞 MCF-7 为模型，采用噻唑蓝（MTT）比色法，比较了萌发期（1～6d）的苦荞萌发物乙醇提取物对人乳腺癌细胞体外的增殖抑制率。其中：取 2g 苦荞萌发物，用 70% 的乙醇溶液，按 1∶50 料液比，于 70℃的恒温水浴锅中浸提 6h，提取样液于 3 000r/min 离心 10min，取上清液，并于 4℃下保存备用。按萌发天数（1～6d）命名 K1、K2、K3、K4、K5、K6；将槲皮素和芦丁标准品按照所测定的不同萌发天数（1～6d）苦荞萌发物中槲皮素和芦丁含量的比例混合，命名为 K′1，K′2，K′3，K′4，K′5，K′6。结果表明（图 6－52至图 6－56），苦荞萌发物乙醇提取物具有抑制 MCF-7 乳腺癌细胞增殖的作用，尤以萌发第 3 天（芦丁与槲皮素含量比为 0.92∶1）时抑制效果最好，显示二者具有良好的协同抑制效果。苦荞萌发物乙醇提取物的抑制效果与槲皮素和芦丁标准品模拟样品抑制效果相似，表明苦荞萌发物乙醇提取物对 MCF-7 细胞的生长起抑制作用的主要功效成分为槲皮素和芦丁。

同年，周小理、王青通过实验还得出以下结论（表 6－44、图 6－52 至图 6－58）：①通过流式细胞仪对苦荞萌发物总黄酮（苦荞萌发醇提物）及其混合品诱导 MCF-7 细胞凋亡和周期检测，苦荞总黄酮能够诱导人乳腺癌 MCF-7 细胞发生了凋亡。与 MTT 检测效果相符合，暗示其作用机制可能为诱导细胞凋亡和阻滞细胞周期。②苦荞萌发醇提物具有抑制鸡胚尿囊绒毛膜（CAM）血管生成的作用。③苦荞萌发醇提物具有抑制 MCF-7 乳腺癌细胞增殖的效果，且具有浓度依赖性，苦荞萌发醇提物的抑制癌细胞增殖能力与其黄酮类主要生物活性成分（槲皮素和芦丁）的含量呈正相关。

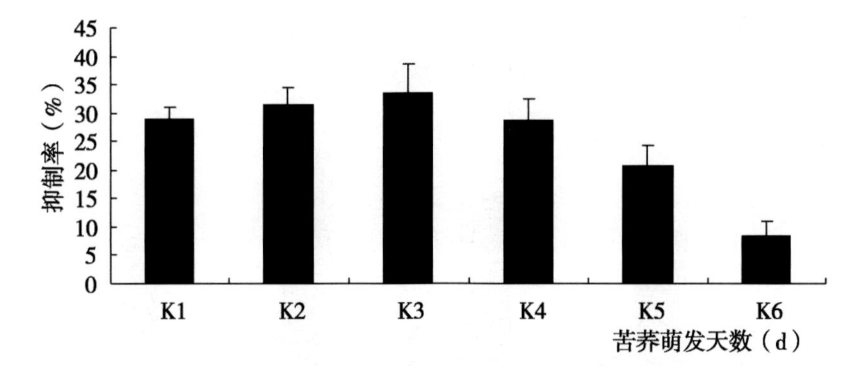

图 6－52　苦荞萌发物（萌发 1～6d）的黄酮醇提物对 MCF-7 细胞的增殖抑制率比较（$n=3$）

Fig. 6－52　A comparison of the antiproliferative activities of flavonoids ethanol extracts from tartary buckwheat sprouts powder on the inbition of MCF-7 cell（$n=3$）

注：阴性对照组对肿瘤细胞增殖无抑制作用，未加乙醇空白组为对照 100%；*. 与空白组 t 检验比较，有显著性差异，$P<0.05$；**. 与空白组 t 检验比较，有极显著性差异，$P<0.01$。下同

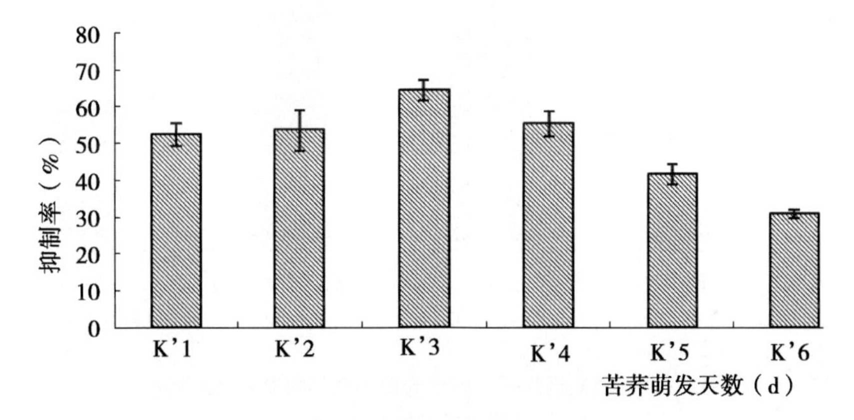

图 6－53　芦丁、槲皮素标准品模拟苦荞萌发物醇提物对 MCF-7 增殖抑制率比较（$n=3$）

Fig. 6－53　A comparison of the antiproliferative activities of rutin and quercetin in mixed ethanol on the inbition of MCF-7 cell（$n=3$）

进一步研究结果显示，其可能干扰了肿瘤细胞 DNA 的合成过程。同时，苦荞萌发醇提物还具有抑制血管生成的作用，提示其具有抑制癌转移的潜力。

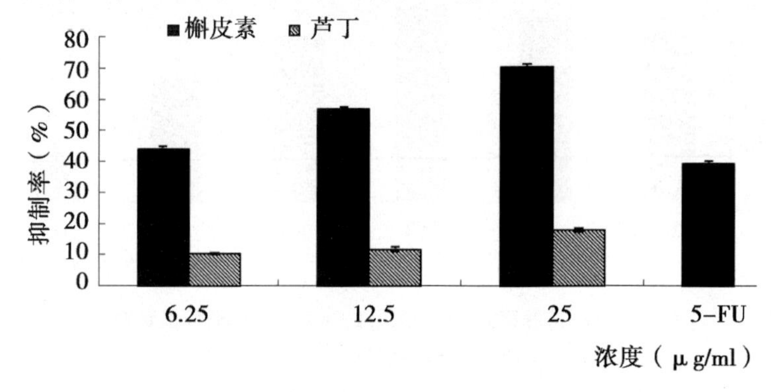

图 6-54 槲皮素和芦丁分别对 MCF-7 细胞的增殖抑制率（$n=3$）

Fig. 6-54 The antiproliferative activities of rutin and quercetin respectively on the inbition of MCF-7 cell ($n=3$)

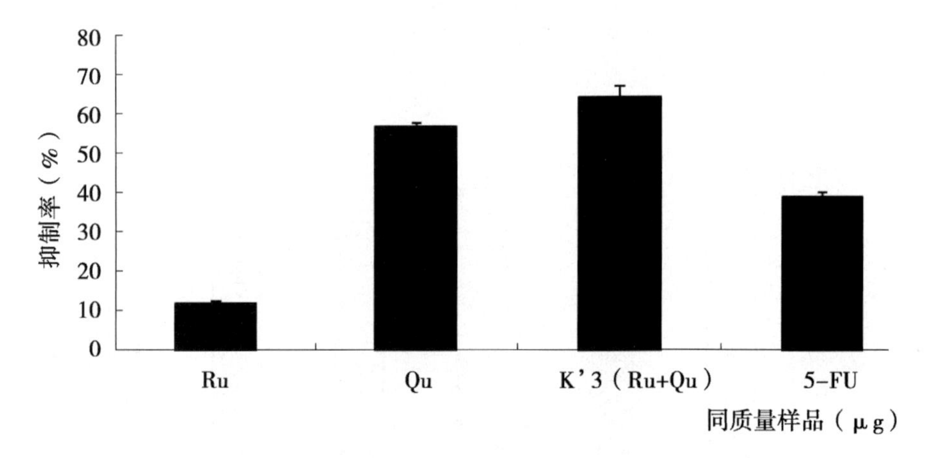

图 6-55 同质量芦丁、槲皮素以及它们的混合品分别对 MCF-7 细胞的增殖抑制率（$n=3$）

Fig. 6-55 The antiproliferative activities of the same quality of rutin, quercetin and their mixture respectively on the inbition of MCF-7 cell ($n=3$)

表 6-44 不同天数的苦荞萌发乙醇提取物（苦荞黄酮）作用后细胞周期分布及凋亡率检测结果

Table 6-44 Results of cell cycle and apoptosis rate in human breast cancer cell after different days of flavoniods content during tartary buckwheat germination（%，$\bar{x}\pm s$）

Group	Cell cycle			Apoptosis Rate
	G0/G1	S	G2/M	
Control group	74.59 ± 0.52	19.69 ± 0.60	5.72 ± 0.11	30.74 ± 1.42
K1	70.95 ± 2.22	20.51 ± 2.38	8.54 ± 0.32	40.25 ± 6.97
K′1	47.79 ± 4.45**	38.63 ± 1.44**	13.58 ± 3.07**	48.19 ± 6.29**

（续表）

Group	Cell cycle			Apoptosis Rate
	G0/G1	S	G2/M	
K3	60.43 ± 4.89 **	22.15 ± 3.01	17.42 ± 1.92 **	41.04 ± 7.72
K′3	45.99 ± 4.68 **	39.64 ± 2.98 **	14.37 ± 1.70 **	61.14 ± 5.12 **
K5	50.48 ± 1.46 **	35.38 ± 0.91 **	14.14 ± 1.48 **	49.43 ± 6.26 **
K′5	62.13 ± 4.58 **	22.02 ± 2.51	15.84 ± 2.07 **	41.02 ± 3.99

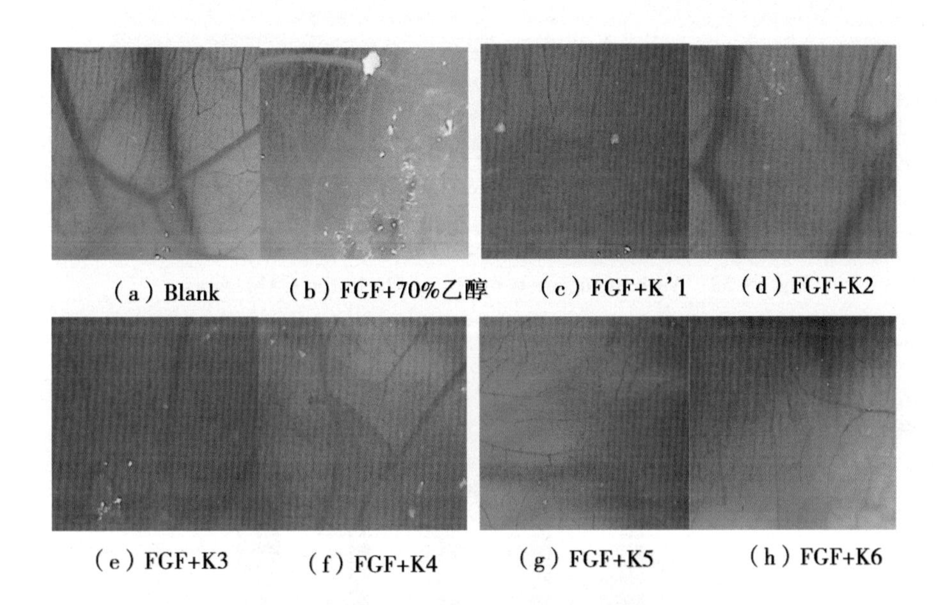

图 6－56　TBSF-T 的血管生成抑制作用

Fig. 6－56　Anti-angiogenesis by TBSF-T in the CAM assay

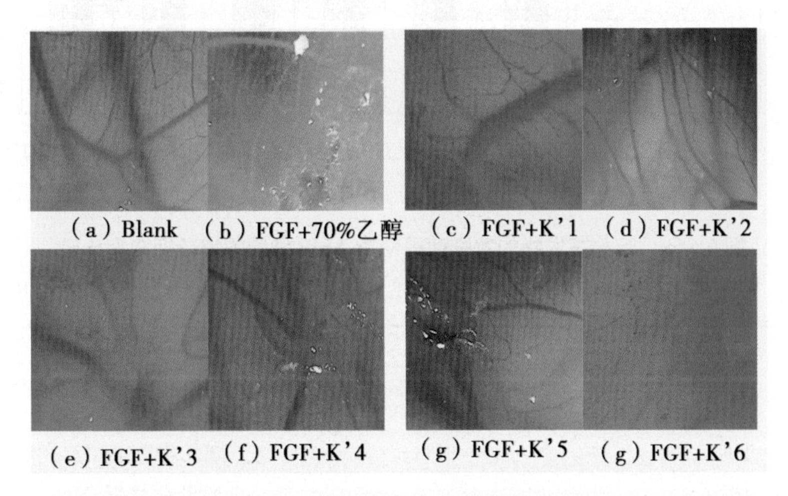

图 6－57　TBSF-P 的血管生成抑制作用

Fig. 6－57　Anti-angiogenesis by TBSF-P in the CAM assay

周小理、杨延利等人对苦荞萌发提取物对 A549 细胞增殖抑制率的比较，结果表明（图 6－59 至图 6－63）：①苦荞萌发提取物对 A549 人肺癌细胞的生长均有抑制作用，其中，萌发 3d 的苦荞样品对A549人肺癌细胞的抑制率最高。芦丁、槲皮素对肺癌细胞的生长均有不同程度的抑制作用，槲皮素的抑制效果明显优于相同浓度的芦丁。②苦荞萌发黄酮提取物的抑制效果规律与槲皮素和芦丁标准品混合样品抑制效果规律相似，表明苦荞中对肿瘤细胞的生长起抑制作用的主要活性成分为芦丁和槲皮素。③芦丁、槲皮素对A549人肺癌细胞的生长均有抑制作用，其中，槲皮素的抑制效果明显优于芦丁；芦丁与槲皮素标准品的混合物（混合比例为0.92：1）对肺癌细胞的生长抑制率高于芦丁或槲皮素单体，显示了二者具有协同作用。

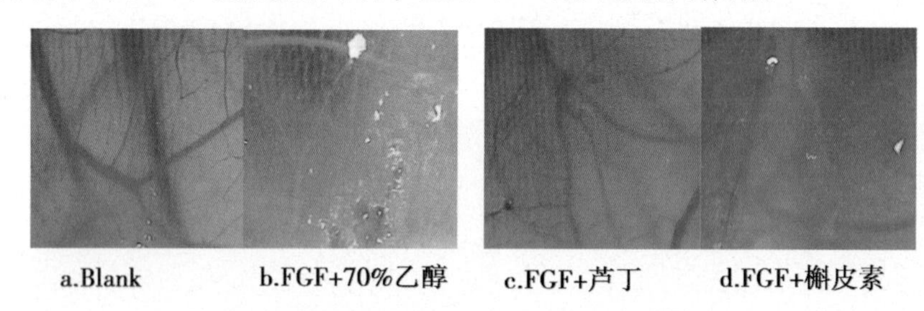

图6－58 芦丁和槲皮素的血管生成抑制作用

Fig. 6－58 Anti-angiogenesis by Ru or Qu in the CAM assay

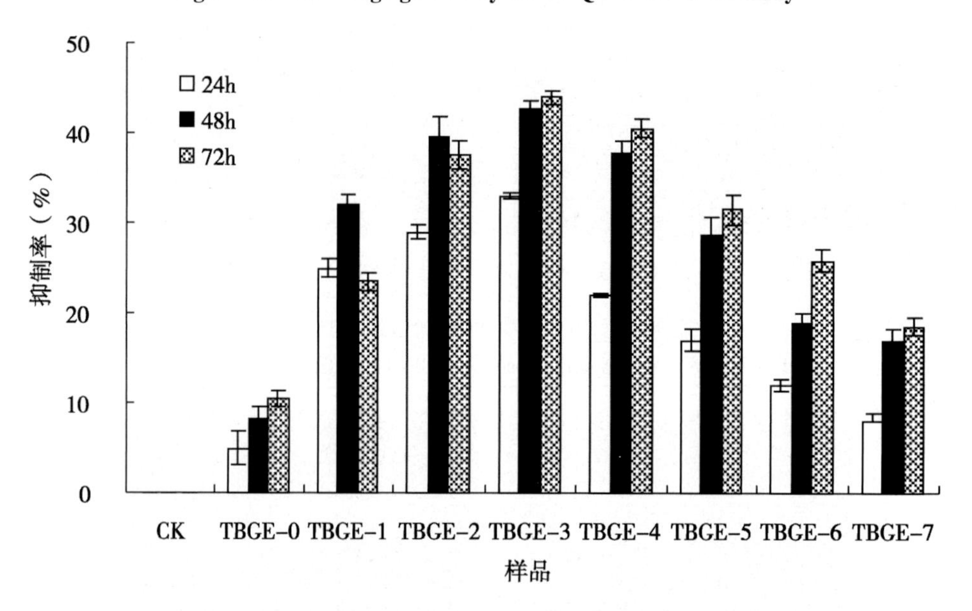

图6－59 苦荞萌发物的黄酮醇提物对A549细胞的增殖抑制率比较

Fig. 6－59 A comparison of the antiproliferative activities of TBGE on the inbition of A549 cell

样品	IC_{50} X ± SD（μg/ml）
TBGE-0	792.61 ±30.58
TBGE-1	463.87 ±41.69
TBGE-2	225.41 ±40.13
TBGE-3	194.29 ±39.57
TBGE-4	271.02 ±32.40
TBGE-5	502.44 ±17.85
TBGE-6	594.57 ±38.24

图6－60 苦荞萌发提取物的IC_{50}

Fig. 6－60 IC_{50} of every TBGE

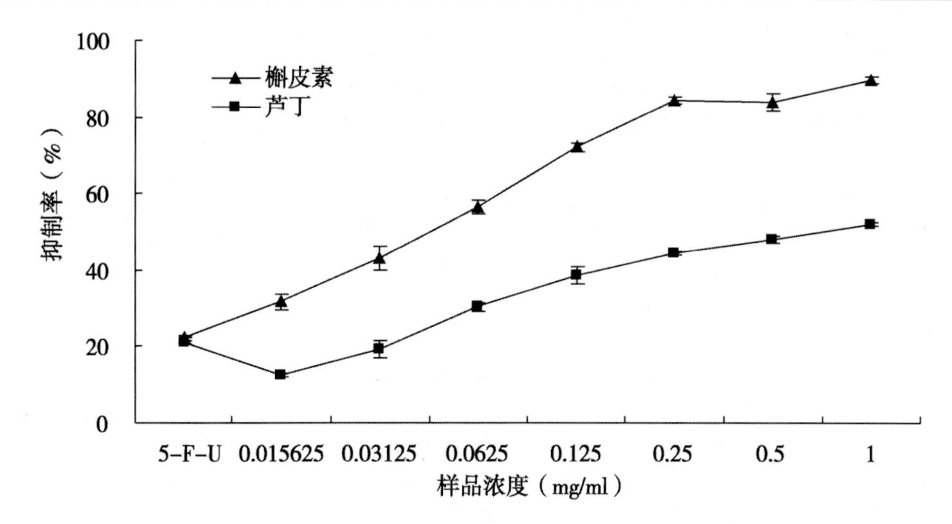

图 6-61　不同浓度芦丁、槲皮素对 A549 细胞的增殖抑制率比较

Fig. 6-61　The different concentration of rutin and quercetin on the inbition of A549 cell

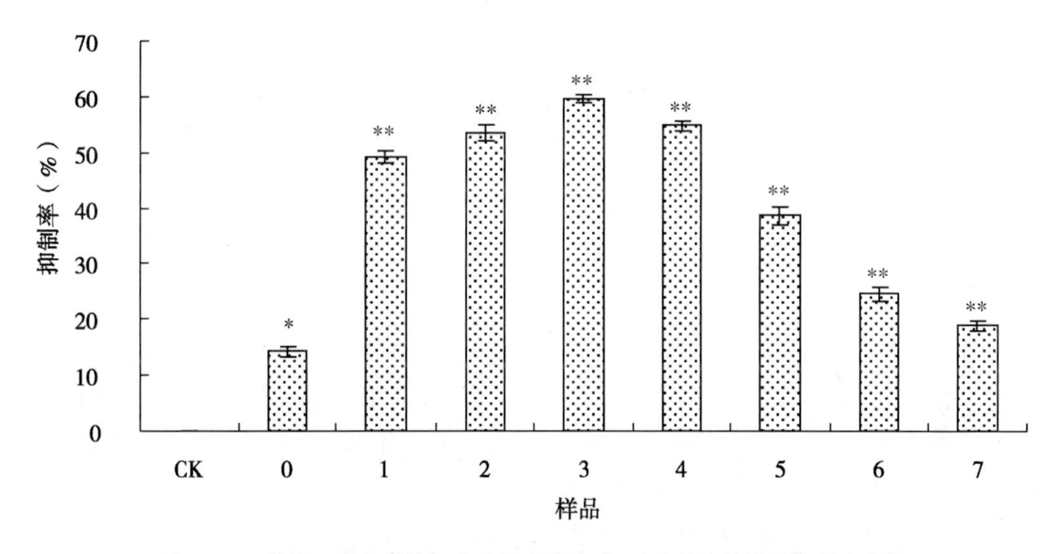

图 6-62　芦丁、槲皮素的标准品配比溶液对 A549 细胞的增殖抑制率比较

Fig. 6-62　A comparison of the antiproliferative activities of rutin and quercetin in mixed ethanol on the inbition of A549 cell

五、不同萌发条件对苦荞萌发物主要功能营养成分的影响

（一）温度、光照对苦荞种子萌发、幼苗产量及品质的影响

何俊星，何平等（2010）研究荞表明：荞麦种子萌发温度35℃时的萌发率为75.67%，高于25℃时73.67%；李海平、李灵芝等（2009）发现在苦荞幼苗生长的不同阶段，应进行不同的温光控制，以提高产量与品质。苦荞种子萌发的适宜温度为25℃；温度、光照对幼苗产量、Vc和黄酮含量的影响均达显著水平（$p \leq 0.05$）；对幼苗产量影响最好的水平组合是25℃光照1 000 lx，对幼苗Vc和黄酮含量影响最好的水平组合分别是30℃光照1 000lx和30℃光照3 000lx。

（二）砂引发对苦荞种子发芽的影响

贾彩凤，赵文超等（2011）提出采用含水量 13.8% 的砂引发，以提高苦荞种子的发芽整齐度和发芽率。对苦荞种子进行 48h 的砂引发处理，当发芽 36 h 时种子即整齐出芽，且发芽率达到 93%，获得了最高的发芽势和发芽率。

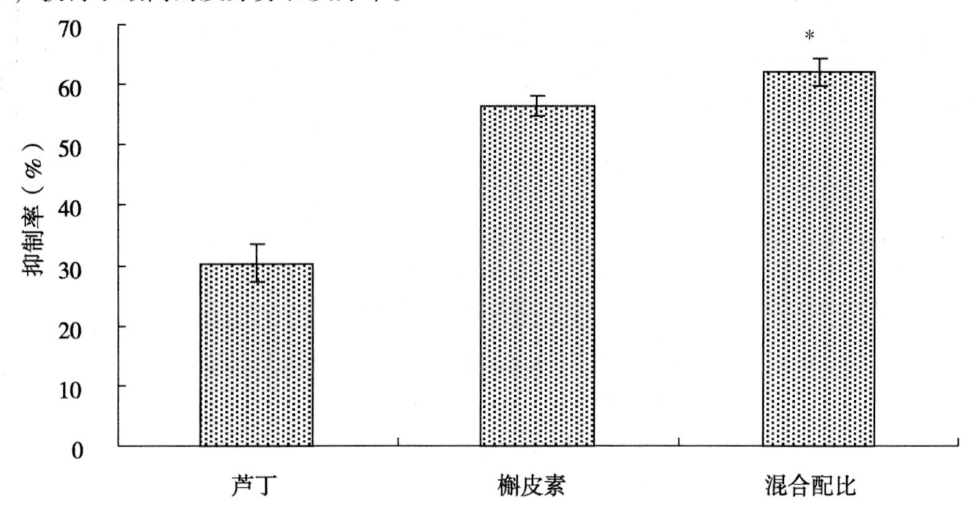

图 6－63　同质量芦丁、槲皮素以及它们的混合品分别对 A549 细胞的增殖抑制率

Fig. 6－63　The antiproliferative activities of the same quality of rutin, quercetin and their mixture respectively on the inbition of A549cell

（三）盐胁迫对金荞麦和荞麦种子萌发的影响

何俊星、何平等（2010）采用浓度为 0 到 0.3% 的 NaCl 对荞麦种子进行浸泡，结果是荞麦种子在 NaCl 浓度为 0～0.3% 下均可发芽，但发芽率随着 NaCl 浓度的升高而降低，萌发率在 NaCl 浓度（CK）为 0 时最高，为 71.11%，说明 NaCl 溶液对荞麦的种子萌发有胁迫作用。当 NaCl 浓度为 0.1% 时，荞麦种子萌发率为 69.33%，同 CK 差异不明显，当 NaCl 浓度为 0.2% 和 0.3% 时，荞麦种子萌发率分别为 39.78% 和 27.00%，差异显著，这说明虽然盐对荞麦种子有胁迫作用，但是种子仍具有一定的抗盐能力。

（四）铝离子浸种对荞麦种子萌发和幼苗生理的影响

李朝苏，刘鹏等（2004）采用 10～1 000mg/L的铝浸种处理，观察 2 个荞麦品种的发芽率和发芽指数。发现铝对荞麦种子的萌发有较大影响，适当浓度铝溶液处理可以提高荞麦种子的发芽率、单株鲜重、发芽指数和活力指数，降低电导率，降低荞麦的质膜透性，增强荞麦抵抗逆境的能力。在低浓度铝溶液中，铝的不同形态对荞麦的萌发影响较小，在高浓度铝溶液中，随着 pH 值的降低，活性铝浓度的增加，对荞麦萌发的抑制作用逐渐增强。种子萌发时，铝离子对荞麦根的伸长有抑制作用，并且随着铝浓度的增加，抑制作用增大。5 000mg/L 的铝溶液处理后降低了荞麦的发芽指数。10～1 000mg/L 的铝浸种处理对荞麦叶片内 MDA 含量影响较小，但高浓度的铝（5 000mg/L）明显增加了 MDA 的含量；POD、SS、Pro 随着铝浓度增加都有先降低后增加的趋势。荞麦种子和幼苗对环境中的铝都有较强的耐受性，在铝胁迫下，荞麦可以通过升高 POD 活性以及增加 SS 和 Pro 含量来缓解铝毒害，不同荞麦种质基因对铝离子的反应具有一定的差异性。低浓度铝（≤100mg/L）处理可降低荞麦种子细胞膜透性，减少细胞内营养物质的外渗，促进种子的萌发。

（五）铜、锌、铅、锰对苦荞种子萌发的影响

周小理、赵琳等研究结果表明（图6－64）：低浓度的铜离子溶液对荞麦发芽势和发芽率都具有明显的促进作用。从发芽势、发芽率可以看出，Cu^{2+}浓度在0.2mg/L发芽率达到一个峰值，之后随着Cu^{2+}浓度的升高，对苦荞发芽势、发芽率会产生抑制增强作用。

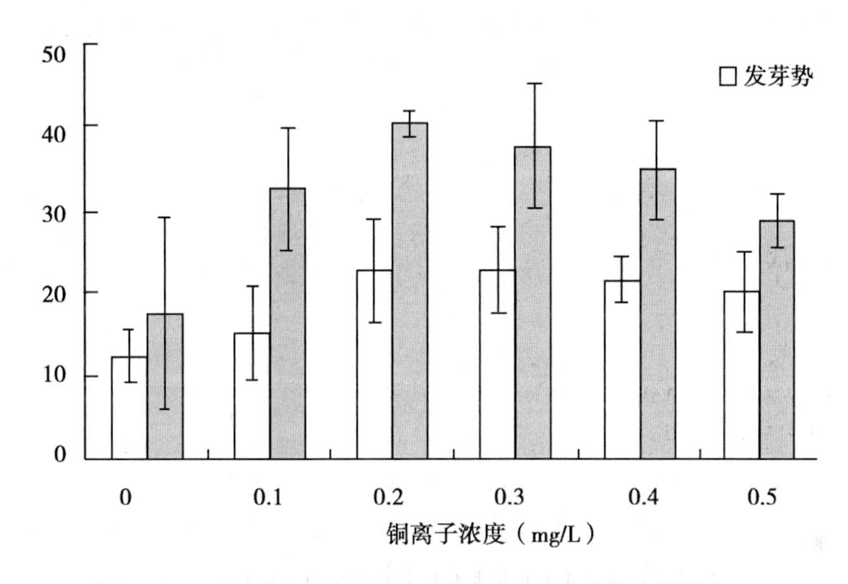

图6－64　不同浓度铜离子溶液对苦荞发芽势和发芽率的影响

Fig. 6－64　Influence of GE and GR with different concentrations of copper ions on germination of buckwheat seeds

周小理、杨延利等研究发现：不同浓度的$ZnSO_4$浸种均对苦荞芽的品质有影响（表6－45），$ZnSO_4$浓度为0.05%，苦荞种子的发芽势和发芽率达到最高，苦荞芽长和鲜重也最高。浓度低于0.05%时，$ZnSO_4$对苦荞芽菜的品质有促进作用，且随浓度增高，种子的发芽势和发芽率增高，芽长和鲜重也逐渐增长；浓度超过0.05%时，对苦荞的萌发有抑制作用，各项指标均低于对照组。

表6－45　$ZnSO_4$对苦荞芽生长的影响

Table 6－45　Effects of $ZnSO_4$ on the growth of tartary buckwheat sprouts

$ZnSO_4$浓度（%）	发芽势（%）	发芽率（%）	芽长（cm）	鲜重（g）
CK	58.43	88.29	15.4 ±0.31	0.147 ±0.0022
0.005	59.04	89.85	15.7 ±0.28	0.147 ±0.0039
0.01	61.37	91.04	16.2 ±0.17	0.159 ±0.0051
0.05	62.24	93.44	16.8 ±0.35	0.169 ±0.0044
0.1	46.01	71.42	12.2 ±0.57	0.129 ±0.0061

刘柏玲，张凯等（2009）研究，20～120mg/L Cu^{2+}处理能促进荞麦种子发芽，发芽率逐渐提高，但效果不显著；显著抑制荞麦幼苗的生长，并且随着Cu^{2+}处理浓度的增加，荞麦整株鲜重显著下降，尤其对根部的抑制最为明显。荞麦幼苗的可溶性蛋白质和叶绿素含量随着Cu^{2+}处理浓度的增加呈先升后降的趋势。表明低Cu^{2+}浓度抑制荞麦生长，高Cu^{2+}浓度则会对荞麦造成

显著伤害。

张睿（2011）研究结果表明，不同重金属盐对苦荞种子萌发影响情况不同。硫酸铜和乙酸铅浓度较高时（>100mg/L）既影响苦荞种子的萌发，也影响苦荞幼苗的生长，浓度较低（<100mg/L）时对苦荞种子萌发的影响较小，但影响苦荞幼苗的生长，对苦荞仍有毒害作用，并且这种毒害作用随重金属盐浓度的增加而增加。相同浓度情况下，硫酸铜对其毒害作用大于乙酸铅。硫酸锌各浓度处理组苦荞种子的发芽率、发芽势及发芽指数与对照组相比均无显著性差异，但幼苗胚根平均长度和种子的活力指数均随着硫酸锌浓度的增加而降低。

苦荞根比苦荞种子对重金属污染的毒害更敏感，这与张义贤（2011）的研究结果一致。这可能是由于重金属抑制了苦荞细胞的分裂和生长，刺激或抑制了作物体内一些酶的活性，进而影响作物组织蛋白合成，降低光合作用和呼吸作用，使苦荞胚根长度降低所造成的。然而，至今尚未见诸有关对重金属盐胁迫可能导致作物细胞的分裂、淀粉酶、蛋白酶、酸性磷酸酯酶等酶活性进行测定的研究文献。

李海平，李灵芝等人（2010）研究发现：较低浓度的硫酸锰浸种可以提高苦荞种子的活力指数和相关酶的活性，对苦荞芽菜的生长有促进效应，可以提高苦荞芽菜的产量、维生素 C 和总黄酮的含量，其中，0.05%的硫酸锰浸种效果最好，与对照相比，苦荞种子发芽势、发芽率和活力指数分别提高 12%、15%和 50%，脱氢酶和过氧化氢酶活性分别提高 11%和 5%；苦荞芽菜产量、维生素 C 和总黄酮含量分别提高 18%、26%和 14%。0.1%的硫酸锰浓度浸种对苦荞种子萌发和相关酶活性具有抑制效应，没有促进苦荞芽菜生长和品质的作用。

周小理、赵琳等研究不同浓度的 Cu^{2+} 对苦荞萌发物 GABA 形成的影响。结果表明（图 6-65），第 4 天时 GABA 的含量达到最高值。未添加铜离子溶液的苦荞萌发物的 GABA 含量在第 3 天出现最大峰值，为 81mg/100g；经不同浓度的 Cu^{2+} 处理后，苦荞萌发物的 GABA 最大峰值均出现在第 4 天，其中，铜离子浓度 0.2mg/L 处理过的苦荞萌发物 GABA 达到最高值，浓度为 98mg/100g，与未添加铜离子溶液的苦荞萌发物的含量相比较，呈显著差异（$P<0.05$）。

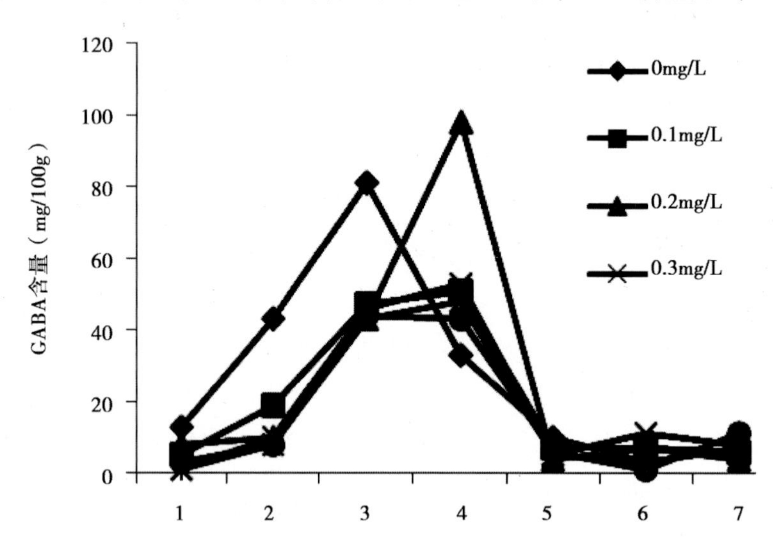

图 6-65　不同浓度铜离子对苦荞萌发物中 GABA 的影响

Fig. 6-65　Influence of GABA with different concentrations of copper ions on germination of buckwheat seeds

（六）激光对苦荞陈化种子萌发和生长的影响

剂量为 38.40 J/cm^2 的 He-Ne 激光辐照苦荞陈化种子后，可显著提高其发芽势、发芽率、芽长和芽质。这表明激光处理可加快苦荞陈化种子萌发过程，提高陈化种子萌发力和生长能力。

He-Ne 激光辐照使苦荞陈化种子的浸出液电导率发生变化，可能是由于细胞膜功能受损或结构破坏而使其透性增大，电解质外渗增强（2007、2002），使种子的浸出液电导率变大；而剂量为 30.72J/cm^2，38.40J/cm^2 的激光辐照使苦荞陈化种子的浸出液电导率降低，这可能与激光对膜系统的修复作用有关（2002）。试验结果表明，种子浸泡电导率与苦荞种子发芽率呈显著负相关，这与张文明等（2004）研究结果相一致，即种子浸泡液的电导率高活力种子低于低活力种子（1985）。因此，可以将电导率法作为一种简便、快速测定苦荞种子活力的方法。

He-Ne 激光辐照可显著提高苦荞的苗高和根长，促进幼苗生长，苗高和根长可以反映植株的长势，且根部是植株摄取水分、养分的重要器官，根的活力反映了植株吸收水分的能力（2007）。

可以大胆设想，探索激光是一种“光肥”的论点（2007）。如果制造激光辐照种子装置，就可以用适当剂量的激光辐照种子，进而达到促进作物生长的目的。

第五节　荞麦糖醇

一、糖醇概述

荞麦糖醇（Fagopyritol）是D-手性肌醇（choir-inostiol，D-CI）及1~3个α半乳糖苷形成的衍生物，是一种水溶性肌醇（环已六醇）的立体异构体。其结构是O-α -D吡喃半乳糖－（1~2）-D-手性肌醇（图6－66）。

Obendorf RL等人（2002）通过核磁共振确定了荞麦籽粒Fagopyritol A1的结构为O-α-D-半乳糖-（1→3）-D-手性肌醇，Fagopyritol B1结构为O-α-D-半乳糖（1→ 2）-D-手性肌醇，两者互为位置异构体。两种化合物的三甲基硅衍生物有类似的质谱，但是m/z 305/318和318/319片段中比例有所不同。

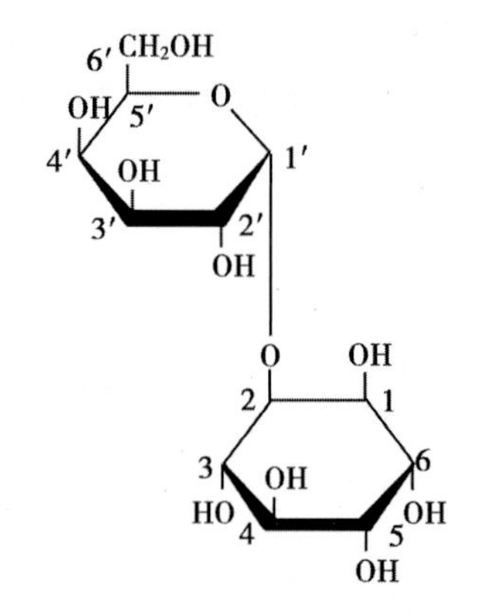

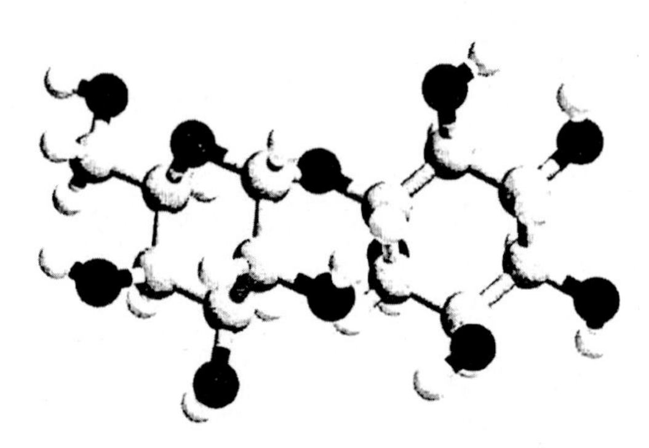

图6－66　荞麦糖醇B1分子结构模型

注：上：荞麦糖醇B1；下：荞麦糖醇B1分子结构模型，右面的环是半乳糖，左边的环是D-chiro肌醇，氢为白色，氧为黑色，碳为灰色

另外，M. Belén Cid在2004年发表的文章中也给出以下的分子式（图6－67）。

Kathryn等人（2001）利用核磁共振得出Fagopyritol B2的分子式为α-D-半乳糖-（1→6）-α-D-半乳糖-（1→2）-1D-手性肌醇、Fagopyritol A2的分子式为α-D-半乳糖-（1→6）-α-D-半乳糖-（1→3）-1D-手性肌醇、Fagopyritol A3分子式为α-D-半乳糖-（1→6）-α-D-半乳糖-（1→6）-α-D-半乳糖-（1→3）-1D-手性肌醇、Fagopyritol B3的分子式为α-D-半乳糖-（1→6）-α-D-半乳糖-（1→6）-α-D-半乳糖-（1→2）-1D-手性肌醇。

Steadman KJ 等人（2000）研究发现：荞麦糖醇是 D-手性肌醇的单、双和半乳糖衍生物。麸皮粉中可溶性碳水化合物为 6.4g/100g 干重，其中 55% 是蔗糖、40% 是荞麦糖醇；胚乳粉中荞麦糖醇浓度有所减少。避光条件下，荞麦糖醇占总干重 0.7g/100g，光照条件下占 0.3g/100g。其中，荞麦糖醇 B1 占所有面粉总荞麦糖醇的 70%。

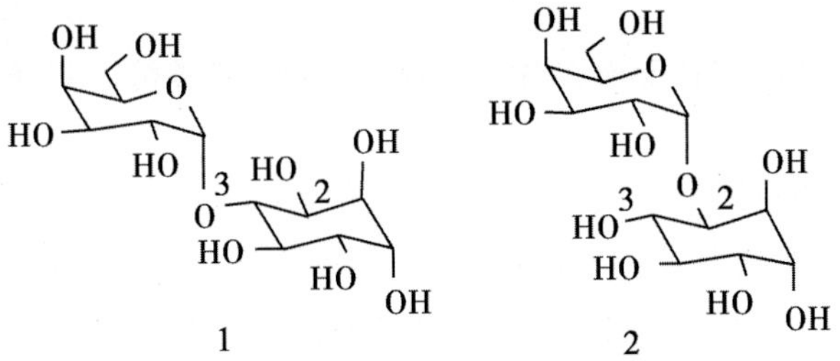

1 Fagopyritol A1　　2 Fagopyritol B1

图 6－67　Fagopyritol A1 和 Fagopyritol B1 的结构

Fig. 6－67 the molecules structures of Fagopyritol A1 and Fagopyritol B1

荞麦糖醇由 B_1、B_2 和 B_3，即荞麦糖醇单半乳糖 D-手性肌醇、荞麦糖醇双半乳糖 D-手性肌醇和荞麦糖醇三半乳糖 D-手性肌醇组成。

荞麦糖醇主要集中在荞麦胚细胞和胚乳的糊粉细胞中，胚占籽粒干物质重的 26%，但含有 71% 的可溶性碳水化合物。

荞麦糖醇的含量，胚中是胚乳的 5 倍。荞麦授粉后 20d 收获的籽粒胚轴占干重的 8%、子叶占 92%。可溶性碳水化合物占胚轴干重的 15%，占子叶干重的 8%。胚轴干重中的 6% 是荞麦糖醇单半乳糖手性肌醇（B_1），为子叶的 2 倍（表 6－46）。水苏糖占胚轴总可溶性碳水化合物的 1%。

表 6－46　田间生长成熟荞麦种子胚和胚乳和授粉后 20d 荞麦种子轴和子叶中蔗糖、荞麦糖醇和总可溶性糖类

成分	轴	子叶	胚	胚乳
蔗糖	63.9 ±4.0	42.1 ±9.9	30.5 ±0.5	7.0 ±0.4
D-chiro	1.4 ±0.1	0.5 ±0.2	0.8 ±0.2	0.2 ±0.0
荞麦糖醇 A_1	9.7 ±0.7	5.1 ±0.9	2.1 ±0.3	0.4 ±0.1
荞麦糖醇 B_1	60.4 ±6.2	26.4 ±0.9	41.2 ±3.0	2.8 ±0.4
荞麦糖醇 A_2	3.1 ±0.1	2.7 ±0.2	0.9 ±0.1	0.2 ±0.0
荞麦糖醇 B_2	5.4 ±0.6	2.5 ±0.2	1.5 ±0.2	0.4 ±0.0
荞麦糖醇 B_3	2.2 ±0.2	0.6 ±0.1	0.2 ±0.1	微　量
总量	151.9 ±7.8	81.3 ±4.3	77.8 ±4.2	11.2 ±0.8

荞麦在胚发育过程中，授粉后 8～10d 的胚鲜重迅速增长期，蔗糖积累迅速（图 6－68A、图 6－68B）；授粉后 12～16d，荞麦糖醇单半乳糖 D-手性肌醇（B_1）迅速增长。授粉后的 20d 的胚生理成熟或干物质最大时，所有的荞麦糖醇达到最大含量（图 6－68C），蔗糖和荞麦糖醇单半乳

糖 D-手性肌醇（B_1）占荞麦胚总可溶性碳水化合物（总量）85%。在种子生长和成熟期中，荞麦糖醇 B_1 的含量随温度而变化。

徐宝才等（2003）测得苦荞籽实皮壳、麸皮、外层粉、心粉、全粉 D-CI 含量分别为 0.004%、0.334%、0.230%、0.050% 和 0.158%，麸皮含量最高，是外层粉的 145.2%、心粉的 668%。

苦荞糖醇 — 手性肌醇及其苷中还含有山梨醇、肌醇、木糖醇、乙基-β-芸香糖等有利于人体健康物质。

由于荞麦塘醇是 D-手性肌醇 α 半乳糖衍生物，结构与Ⅱ型糖尿病缺乏的胰岛素介相似。因此，荞麦籽粒中的荞麦糖醇对于非胰岛素依赖糖尿病的食疗十分重要。

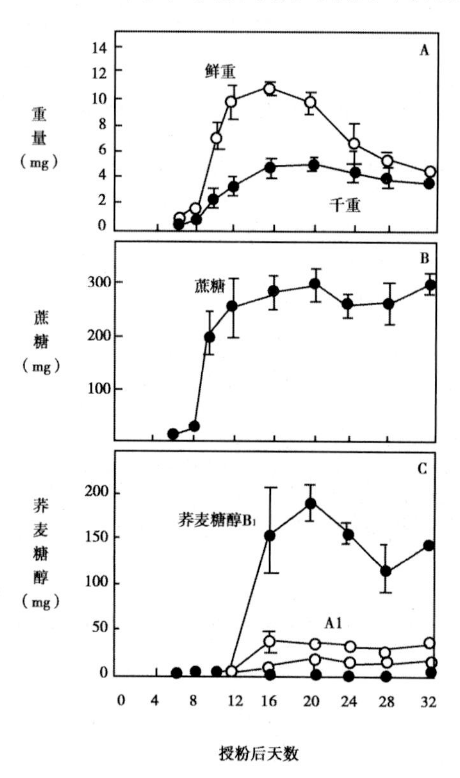

图 6－68　荞麦胚

A. 鲜重和干重；B. 蔗糖；C. 授粉后天数

二、手性肌醇

（一）手性肌醇的结构与性质

手性肌醇是肌醇的旋光异构体，分为 L、D 两种结构（D 结构式见图 6－69），分子式为 $C_6H_{12}O_6$，分子量为 180.16。手性肌醇的外观为白色粉状结晶，溶于水和乙醇。荞麦中 D-手性肌醇有两种存在状态，即：游离态和结合态。

D-手性肌醇存在于荞麦、绿豆、鹰嘴豆等豆类及以一些南瓜属植物体中，具有降血糖生物活性。荞麦中 D-CI 单体含量甚微，其主要以与 1～3 个半乳糖形成的衍生物的形式存在。徐宝才等（2003）用色谱法测定苦荞壳、麸皮、外层粉、内层粉样品中的 D-CI 含量分别为 0.008%、0.294%、0.176% 和 0.041%。夏涛（2003）、曹文明（2006）等分别采用发芽方式激活苦荞内源酶，酶解荞麦糖醇的半乳糖苷键，可显著提高 D-CI 含量。陕方等（2007）采用高压水解技术处理苦荞麸皮提取液，可将浓度提高 5 倍以上。

苦荞糖醇－手性肌醇及其苷中还含有山梨醇、肌醇、木糖醇、乙基-β-芸香糖苷，这些成分都是对人体健康有利的物质，可直接利用，也可根据需要进一步提纯，加工成适当的剂型，作为食品添加剂或药品。

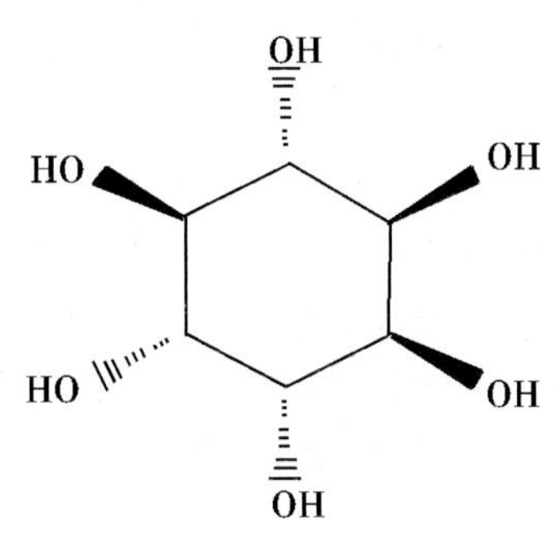

图 6－69　D-手性肌醇分子结构

Fig. 6－69　Molecule structure of D-chiro-inositol

（二）手性肌醇治疗糖尿病及其他

大量研究发现：D-手性肌醇可改善糖尿病人（特别是Ⅱ型糖尿病人）的症状。手性肌醇结构类似Ⅱ型胰岛素，在唯一的降血糖激素—胰岛素的信号传导过程中发挥着极为重要的作用。当体内缺乏足够的 D-手性肌醇时会导致胰岛素拮抗现象，而补充 D-手性肌醇可提高机体组织对胰岛素的敏感性，消除胰岛素拮抗，从根本上调节机体的生理机能和代谢平衡，从而降低糖尿病的发病率。D-手性肌醇还存在于人体自身，人体细胞对它没有排斥反应，无毒副作用。D-手性肌醇作为新一代胰岛素受体促敏剂，不仅能有效地促进胰岛素功能，还能降低血糖、血甘油三酯水平等。

另外，荞麦中富含黄酮类物质，与 D-手性肌醇协同作用可以实现对糖尿病及其并发症的辅助治疗。

马挺军等（2011）采用不同剂量的苦荞颗粒冲剂（TBPM，其荞麦糖醇含量为 0.8%）灌胃 STZ（链脲佐菌素）造模糖尿病模型小鼠。将健康的昆明雄小鼠随机分为对照组、模型组、阳性对照组、TBPM 1 号低、中、高 3 个剂量组与 TBPM 2 号中剂量组。饲养 5 周后，测定不同剂量 TBPM 对小鼠血糖、口服糖耐量的影响。试验结果表明，与模型组比较，TBPM 2 号中剂量组［4.0 g/（kg·d））］于给药第 2 周、第 4 周、第 5 周时均显示明显的降低空腹血糖作用（$P<0.05$，$P<0.01$，$P<0.001$）。对于小鼠口服糖耐量实验，TBPM 2 号中剂量组血糖曲线下面积比模型对照组显著降低（$P<0.05$），TBPM 2 号具有降血糖活性作用。

边俊生等（2008）将荞麦麸皮采用乙醇提取，经过高压水解、活性炭脱色、离子交换树脂纯化、浓缩，得到苦荞 D-手性肌醇提取物纯度达 22%，进一步进行动物性实验发现苦荞提取物提高了小鼠胰岛素的敏感性，降低了血糖。其中效果最好的一组小鼠血糖降低了 38%。

手性肌醇还可用于治疗糖尿病慢性并发症、妊娠糖尿病、肥胖症、高脂血症和血脂障碍、动脉粥样硬化、高血压、心血管疾病、癌症、败血病、外伤，如烧伤、营养不良和精神紧张、衰老、内分泌障碍性疾病、高尿酸血症、多囊卵巢病、运动过度所引起的疾病等。

（三）手性肌醇的提取与测定

1. 手性肌醇的提取

卢丞文等（2007）采用不同溶剂提取法、微波法、超声波法3种不同的提取方法对荞麦中D-手性肌醇粗提工艺进行研究。实验结果表明，采用不同溶剂提取荞麦中D-手性肌醇时，乙醇作为溶剂提取效果最好，提取物中D-手性肌醇的含量最高。乙醇提取的最佳工艺条件：温度30℃，乙醇浓度50%，料液比1∶20，时间1.5h，进行二级提取荞麦中D-手性肌醇的含量达4.95mg/g；采用微波法最佳工艺条件：微波功率245W，微波加热时间120s，乙醇浓度80%，料液比1∶30，此时D-手性肌醇的含量达到5.11mg/g；超声波法最佳工艺条件：乙醇浓度50%，料液比1∶15，提取时间30min，浸提温度50℃，此时D-手性肌醇的含量为5.19mg/g。确定采用超声波法提取时，荞麦中D-手性肌醇提取效果最好。

勾秋芬等（2009）对D-手性肌醇的提取条件和提取方法做了研究，得出最佳提取工艺为：80%的乙醇为溶剂，提取时间为30min，提取温度为25℃，二级提取；对比浸提、超声波提取和振荡提取后，发现以超声波法最好。

2. 手性肌醇的测定

目前检测荞麦中D-手性肌醇方法有气相色谱—质谱联用、气相色谱、高效液相色谱和薄层色谱法等。

徐宝才等（2003）采用气相色谱－质谱联用、气相色谱、高效液相色谱三种方法对苦荞中D-手性肌醇的含量进行检测，并对其进行比较，结果表明：采用HPLC法测定流出液中的D-手性肌醇分离效果较好。

侯建霞等（2007）采用毛细管电泳和电化学检测（CE/ED）法分离并测定了荞麦中游离态的肌醇和D-手性肌醇，与气相色谱相比，CE/ED样品处理简单，不需要衍生化及其他预处理过程；与高效液相色谱相比，成本低、试剂用量少、安全无毒，但是，这种方法最大的不足是测定结果相对不如高效液相色谱准确，定量分析时不够精确。

勾秋芬等（2009）建立的高效液相色谱定量测定D-手性肌醇的方法为：NH_2柱（4.6mm ×250mm，5μm），流动相80%乙睛，柱温33℃，流速1.0mL/min，在此条件下D-手性肌醇能很好地与其他成分分离并做定量分析，结果测得D-手性肌醇在1.340～8.040μg，峰面积与进样量具有良好的线性关系，回归方程 $y = 65\,017x - 6\,019$，$R^2 = 0.9995$（$n = 6$），平均回收率为99.4%。

刘仁杰等（2006）建立了薄层层析方法定性检测D-手性肌醇的方法，薄层板展开的最佳条件为：点样量为1μl；展开剂为：正丁醇∶冰醋酸∶水＝4∶1∶1；显色剂为高碘酸钠、联苯胺溶液；展开次数为1次。

（四）提高荞麦糖醇（手性肌醇）含量的技术

目前，在提高荞麦－手性肌醇含量方面的研究主要有酶解、发酵、酸水解、萌发技术等。

1. 酶解

夏涛等（2005）利用盐水萌发苦荞种子，使种子内α-半乳糖苷酶活性增加，酶解荞麦糖醇的半乳糖苷键，达到提高D-手性肌醇含量的目的。实验得出，25℃，20mol/L NaCI条件下萌发36h测得的α-半乳糖苷酶相对活性最高，是处理前的40倍；此时，D-手性肌醇含量为135μg/粒种子，为处理前的13倍。

2. 发酵

卢丞文（2007）利用多种微生物对甜荞进行发酵。实验利用酿酒酵母、毛霉、大肠杆菌、蜜蜂生球拟酵母、米曲霉、枯草芽孢杆菌、解醋假丝酵母、黑曲霉接种于荞麦提取物中进行培养，并测定提取物中 D-手性肌醇含量。结果表明，采用米曲霉培养 5d 后，荞麦提取液中 D-手性肌醇含量最高可达 6. 07mg/g，比未发酵时的含量高 42. 2% 。

勾秋芬等（2009）利用酿酒酵母在温度为 28℃，发酵时间为 34h，pH 值为 5. 5，料液比为 1∶10的条件下对威 93－8 苦荞进行发酵。发酵液经提取后，采用高效液相色谱法测定 D-手性肌醇含量为 1. 82%，比未发酵前增加 133% 。

3. 酸水解

卢丞文（2007）采用酸水解的方法提高 D-手性肌醇单体的含量，发现在 HCI 浓度为 9N，温度为 95℃，时间为 18h，料液比为 1∶10 的条件下，提取物 D-手性肌醇的含量可达到最高值为 62. 5ml/g。

4. 萌发

Horbowicz 等（2005），采用 15℃、22℃、30℃将甜荞进行萌发 8d，12d，16d，20d 和 28d 后，对其过程中所积累的两个独特系列中的六个荞麦糖：荞麦糖醇 A1、荞麦糖醇 A2、荞麦糖醇 A3、荞麦糖醇 B1、荞麦糖醇 B2 和荞麦糖醇 B3 进行检测，得到在 15℃时，荞麦糖醇 A1 和荞麦糖醇 B1 含量最高；在 30℃荞麦糖醇 A2，荞麦糖醇 B2，荞麦糖醇 A3 最高；在荞麦种子成熟时低温可以导致荞麦糖醇 A1 和荞麦糖醇 B1 产量的增加。

第六节　2,4-顺式肉桂酸（2,4-dihydroxy cis cinnamic acid）

山崎利喜（1992）发现苦荞籽粒麸皮中含有2，4-顺式肉桂酸，可能有抑制酪酚酸酶（Tyrosinoge）在生成黑斑和雀斑的活动，是对预防老年斑和雀斑的有效物。

第七节　格列苯脲（Glibenclamide）和苯乙双胍（Phenformin）

我们发现荞麦中含有格列苯脲和苯乙双胍，无论是苦荞还是甜荞。

格列苯脲通过在肝内代谢，刺激胰岛素 β 细胞释放胰岛素，增加门静脉胰岛素水平或对肝脏直接作用，抑制糖原分解和糖原异生作用，肝生产或输出葡萄糖减少（图 6－70）。

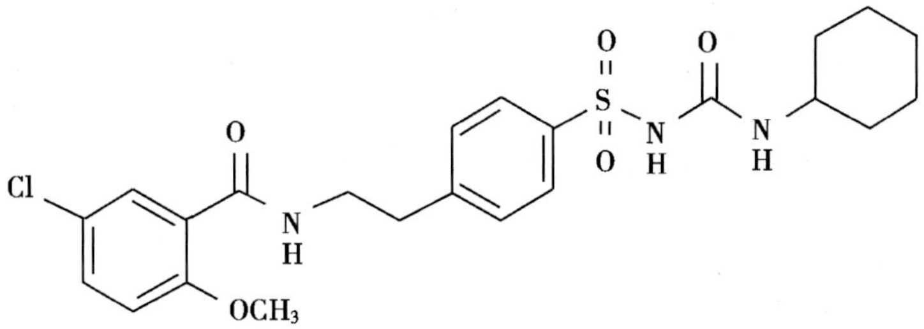

图 6－70　格列苯脲分子结构图

苯乙双胍促进肌肉细胞对葡萄糖的摄取和糖酵解，减少肝脏产生葡萄糖而起抗高血糖作用。是治疗非胰岛素依赖型糖尿病及部分糖尿病依赖性疾病（图 6－71）。

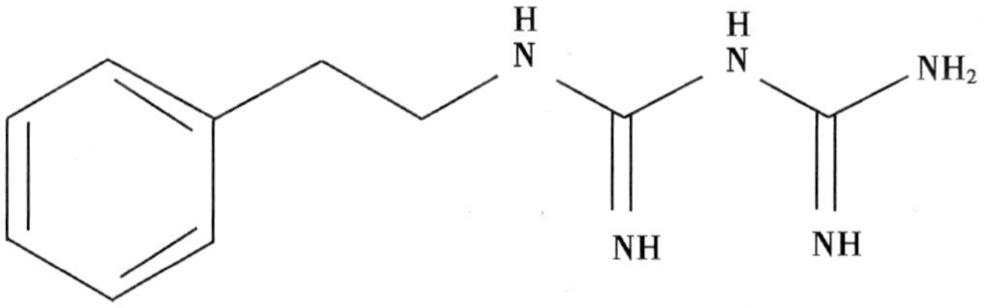

图 6－71　苯乙双胍分子结构图

参考文献

1. 苦荞黄酮和苦荞油

[1] Adom K K，Liu R H. Antioxidant activity of grains [J]. Agric Food Chem.，2002，50 (21)：6182～6187

[2] 徐宝才，肖刚，丁霄霖. 苦荞中酚酸和原花色素的分析测定 [J]. 食品与发酵工业，2002，28 (12)：32～37

[3] 李海萍，王敏，柴岩，王鹏科，王安虎，芦淑娟，臧盛. 凉山地区苦荞酚类物质的提取及抗氧化能力研究 [J]. 安徽农业科学，2010，38 (10)：5097～5100

[4] 李海萍. 苦荞粉与叶粉的抗氧化功能性及其利用研究. 杨凌：西北农林科技大学

[5] Yu L L，Haley S，Perret J，Harris M. Comparison of wheat flours grown at different locations for their antioxidant properties. Food Chem.，2004，86 (1)：11～16

[6] Kishore，G.；Ranjan，S.；Pandey，A.；Gupta，S. Influence of altitudinal variation on the antioxidant potential of tartar buckwheat of western Himalaya. Food Sci. Biotechnol.，2010，19：1355～1363

[7] Guo X D，Ma Y J，Parry J，Gao J M，Yu L L，Wang M. Phenolics content and antioxidant activity of tartary buckwheat from different locations. Molecules，2011，16 (12)：9850～9867

[8] Adom K K，Sorrells M E，Liu R H. Phytochemicals and antioxidant activity of milled fractions of different wheat varieties. J Agric

Food Chem. , 2005, 53 (6): 2297 ~ 2306

[9] Hung P V, Morita N. Distribution of phenolic compounds in the graded flours milled from whole buckwheat grains and their antioxidant capacities. Food Chem. , 2008, 109 (2): 325 ~ 331

[10] 芦淑娟，柴岩，王青林等. 不同粒径苦荞粉多酚物质分布及其抗氧化性研究 [J]. 粮油加工，2010 (5): 53 ~ 57

[11] 盖国胜. 超微粉碎技术 [M]. 北京：化学工业出版社，2004

[12] 郑水林. 超微粉体加工技术与应用 [M]. 北京：化学工业出版社，2005

[13] 郑慧，王敏，于智峰等. 超微粉碎对苦荞麸功能特性的影响 [J]. 农业工程学报，2007，23 (12): 258 ~ 262

[14] 曾里，夏之宁. 超声波和微波对中药提取的促进和影响 [J]. 化学研究与应，2002，14 (3): 245 ~ 249

[15] 朱建华，杨晓泉，熊犍. 超声波技术在食品工业中的最新应用进展 [J]. 酿酒，2005，32 (2): 54 ~ 57

[16] 夏道宗，励建荣，陈明之等. 蜂胶总黄酮的最佳提取工艺研究 [J]. 食品科学，2005，26 (1) 153 ~ 157

[17] 王军，王敏，季璐. 苦荞麦麸皮总黄酮提取工艺及其数学模型研究 [J]. 农业工程学报，2006，22 (7): 223 ~ 225

[18] 王军，王敏，李小艳. 微波提取苦荞麦麸皮总黄酮工艺研究 [J]. 天然产物研究与开发，2006，18 (4): 655 ~ 658

[19] 王军，王敏. 响应曲面法优化苦荞麸皮总黄酮提取工艺研究 [J]. 西北农林科技大学学报（自然科学版），2006，34 (12): 189 ~ 194

[20] 王军. 苦荞麸皮总黄酮提取工艺及高效液相色谱 - 质谱指纹图谱研究. 杨凌：西北农林科技大学，2007

[21] 于智峰，王敏. 响应曲面法优化树脂法精制苦荞总黄酮工艺条件的研究 [J]. 农业工程学报，2007，23 (4): 253 ~ 257

[22] 于智峰，王敏. 大孔吸附树脂对苦荞黄酮吸附分离特性研究 [J]. 食品研究与开发，2006，27 (11): 1 ~ 4

[23] 于智峰. 苦荞黄酮大孔树脂精制工艺及抗氧化特性研究. 杨凌：西北农林科技大学，2007

[24] Li S, Zhang Q H. Advances in the development of functional foods from buckwheat. Crit Rev in Food Sci. , 2001, 41 (6): 451 ~ 464

[25] Dietrych-Szostak D, Oleszek W. Effect of processing on the flavonoid content in buckwheat (Fagopyrum esculentum Moench) grain. J. Agric. Food Chem. , 1997, 47 (10): 4383 ~ 4387

[26] Heim K E, Tagliaferro A R, Bobilya D J. Flavonoid antioxidants: chemistry, metabolism and structure-activity relationship. J Nutr Biochem. , 2002, 13 (10): 572 ~ 584

[27] Watanabe M. Catechins as antioxidants from buckwheat (Fagopyrum esculentum Moench) groats. J Agric Food Chem. , 1998, 46 (3): 839 ~ 845

[28] Watanabe M, Ohshita Y, Tsushida T. Antioxidant compounds from buckwheat (Fagopyrum esculentum Moench) hulls. J Agric Food Chem. , 1997, 45 (4): 1039 ~ 1044

[29] 王敏，魏益民，高锦明. 苦荞黄酮的抗脂质过氧化和红细胞保护作用研究. 中国食品学报，2006，6 (1): 87 ~ 94

[30] Fabjan N, Rode J, Kosir I J, Wang Z, Zhang Z, Kreft I. Tartary buckwheat (Fagopyrum tataricum Gaertn.) as a source of dietary rutin and quercitrin. J Agric Food Chem. , 2003, 51 (22): 6452 ~ 6455

[31] 刘淑梅，崔国金，韩淑英等. 荞麦种子总黄酮对高脂饮食大鼠血糖及抗脂质过氧化的影响 [J]. 华北煤炭医学院学报，2003，5 (2): 139 ~ 140

[32] 石瑞芳，韩淑英. 荞麦花总黄酮对甲状腺素诱发大鼠心肌肥厚的影响 [J]. 中药材，2006，29 (3): 269 ~ 271

[33] 韩淑英，朱丽莎，刘淑梅等. 荞麦叶总黄酮调血脂及抗脂质过氧化作用 [J]. 中国煤炭工业医学杂志，2002，5 (7): 711 ~ 712

[34] 王敏. 苦荞调脂功能物质及作用机理研究. 杨凌：西北农林科技大学，2005

[35] 王敏，魏益民，高锦明. 苦荞麦总黄酮对高脂血大鼠血脂和抗氧化作用的影响 [J]. 营养学报，2006，28 (6): 502 ~ 505，509

[36] Wang M, Liu J R, Gao J M, Parry J W, Wei Y M. Antioxidant activity of tartary buckwheat bran extract and its effect on the lipid profile of hyperlipidemic rats. J. Agric. Food Chem. , 2009, 57 (11): 5106 ~ 5112

[37] Amundsen A L, Ose L, Nenseter M S, Ntanios F Y. Plant sterol ester-enriched spread lowers plasma total and LDL cholesterol in children with familial hypercholesterolemia. Am J Clin Nutr. , 2002, 76 (2): 338 ~ 344

[38] Simopoulos A P. Essential fatty acids in health and chronic disease. Am J of Clin Nutr. , 1999, 70 (3): 560 ~ 569

[39] 范铮，宋庆宝，强根荣等. 荞麦籽油脂肪酸的气相色谱/质谱法分析 [J]. 食品科学，2004，25 (10): 267 ~ 269

[40] Bonafaccia G, Marocchini M, Kreft I. Composition and technological properties of the flour and bran from common and tartary

buckwheat [J]. Food Chemistry, 2003, 80 (1): 9 ~ 15
[41] 王敏，魏益民，高锦明. 荞麦油中脂肪酸和不皂化物的成分分析 [J]. 营养学报，2004，26 (1): 40 ~ 44
[42] Kayashita J, Shimaoka I, Nakajoh M. Hypocholesterolemic effect of buckwheat protein extract in rats fed cholesterol enriched diets [J]. Nutr Res., 1995, 15 (5): 691 ~ 698
[43] Kayashita J, Khimaoka I, Nakajoh M, Kato N. Feeding of buckwheat protein extract reduces hepatic triglyceride concentration, adipose tissue weight, and hepatic lipogenesis in rats. J Nutr Biochem., 1996, 7 (10): 555 ~ 559
[44] 王保金，周家华，刘永等. 超临界 CO_2 萃取技术在保健植物油中的应用进展 [J]. 粮油加工与食品机械，2002 (6): 28 ~ 31
[45] 朱廷风，廖传华，黄振仁. 超临界 CO_2 萃取技术在食品工业中的应用与研究进展 [J]. 粮油加工与食品机械，2004 (1): 68 ~ 70
[46] 马春芳. 苦荞麦麸油的提取及 β-环糊精包合工艺研究. 杨凌：西北农林科技大学，2009
[47] 叶素芳. 环糊精和环糊精包合物. 化工时刊，2002 (8): 1 ~ 8
[48] E. M. M. Del Valle. Cyclodextrins and their uses: a review. Process biochemistry, 2004, 39 (9): 1033 ~ 1046
[49] 马春芳，王敏，王军. 超临界 CO_2 萃取苦荞麦麸油 β-环糊精包合工艺研究 [J]. 中国酿造，2009，204 (3): 30 ~ 33
[50] 马春芳，杨联芝，王军等. 苦荞麦麸油 β-环糊精包合工艺及其参数优化 [J]. 食品科学，2010，31 (6): 16 ~ 19

2. 荞麦功能蛋白

[1] 林汝法. 中国荞麦. [M]. 北京：中国农业出版社，1994: 226 ~ 228
[2] Kiyohara T, Iwasaki T. Chemical and physicochemical characterization of the permanent and temporary trypsin inhibitors from buckwheat [J]. Agric. Biol. Chem., 1985, 49: 589 ~ 594
[3] Park C H. Rutin content in food products processed from groats, leaves, and flowers of buckwheat [J]. Fagopyrum, 2000, 17: 63 ~ 66
[4] Shan F. Study on key technology of tartary buckwheat industrialization development in Shanxi. Proceedings of the International Forum on Tartary Buckwheat Industrial Economy [M]. China Agricultural Science & Technology Press, 2006: 103 ~ 110
[5] Ren W, Qiao Z, Wang H, et al. Molecular basis of Fas and cytochrome c pathways of apoptosis induced by tartary buckwheat flavonoid in HL-60 cells. Methods Find Exp Clin Pharmacol, 2003, 25: 431 ~ 436
[6] Ren W, Qiao Z, Wang H, et al. Tartary buckwheat flavonoid activates caspase 3 and induces HL-60 cell apoptosis. Methods Find Exp Clin Pharmacol, 2001, 23: 427 ~ 32
[7] Wang M. Determination of rutin and quecetin in tartary buckwheat by reversed-phase high performance liquid chromatography. Proceedings of the International Forum on Tartary Buckwheat Industrial Economy. China Agricultural Science & Technology Press, 2006: 161 ~ 168
[8] Ikeda K, Arioka K, Fujii S, et al. Effect on buckwheat protein quality of seed germination and changes in trypsin inhibitor content . Ceteal Chem., 1984, 61: 236 ~ 238
[9] Ikeda K. Kusano T. Isolation and some properties of a trypsin inhibitor from buckwheat grain. Aric. Biol. Chem., 1978, 42: 309 ~ 314
[10] Kiyohara T. Iwasaki T. Purification and some properties of trypsin inhibitors from buckwheat seeds. Agric. Biol. Chem., 1985, 49: 581 ~ 588
[11] Kiyohara T. Iwasaki T. Chemical and physicochemical characterization of the permanent and temporary trypsin inhibitors from buckwheat. Agric. Biol. Chem., 1985, 49: 589 ~ 594
[12] Dunaevsky Y E, Pavlukova E B, Belozersky M A. Isolation and properties of anionic protease inhibitors from buckwheat seeds. Biochem Mol Biol Int., 1996, 40: 199 ~ 208
[13] Park S S, Abe K, Kimura M, et al. Primary structure and allergic activity of trypsin inhibitors from the seeds of buckwheat (Fagppyrum esculentum Moench) . FEBS Letters, 1997, 400: 103 ~ 107
[14] Park S S, Ohba H. Suppressive activity of protease inhibitors from buckwheat seeds against human T-acute lymphoblastic leukemia cell lines, Appl. Biochem. Biotechnol., 2004, 117: 65 ~ 74
[15] 张政，王转花，林汝法等. 苦荞种子胰蛋白酶抑制剂的分离纯化及部分性质研究 [J]. 中国生物化学与分子生物学

报. 1999, 15: 347 ~ 351
[16] 杨致荣，杨斌，王转花. 苦荞胰蛋白酶抑制剂纯化方法的研究 [J]. 山西农业大学学报，2003: 21 ~ 23
[17] 赵卓慧，李玉英，张政. Q Sepharose F F 层析柱的制备及 BTI 的初步纯化 [J]. 山西大学学报，2004，27: 192 ~ 194
[18] Wang Zhuanhu, Zhao Zhuohui, Zhang Zheng, Yuan Jingming, Norback Dan, Wieslander Gunilla. Purification and characterization of a protenase inhibitor from Fagopyrum tartaricum Gaertn seeds and its effectiveness against insects. Chinese Journal of Biochemistry and Molecular Biology, 2006, 22: 960 ~ 965
[19] 李晨，赵飞，高丽等. rBTI 的一步亲和层析纯化及热稳定性研究 [J]. 山西大学学报，2005，28: 127 ~ 129
[20] 王宏伟，任文英，张政等. 苦荞胰蛋白酶抑制剂对 HL-60 细胞增殖的抑制作用。山西医科大学学报. 2002，33: 3 ~ 4
[21] Li Y, Zhang Z, Liang A, et al. Cloning and characterization of a novel trypsin inhibitor gene from Fagopyrum esculentum. DNA Sequance, 2006, 17: 203 ~ 207
[22] 李晨，张政，李玉英等. 重组荞麦胰蛋白酶抑制剂理化性质的研究 [J]，食品科学，2006，8: 52 ~ 56
[23] 高丽，李玉英，张政等. 重组荞麦胰蛋白酶抑制剂对 HL-60 细胞的促凋亡作用 [J]. 中国实验血液学杂志，2007，15: 59 ~ 62
[24] Zhuan-Hua WANG, Li GAO, Yu-Ying LI, et al. Induction of Apoptosis by Buckwheat Trypsin Inhibitor in Chronic Myeloid Leukemia K562 Cells. Biol. Pharm. Bull., 2007, 30: 783 ~ 786 (1.765)
[25] Zhang Z, Li Y Y, Li C, et al. Functional expression of a buckwheat trypsin inhibitor in Escherichia coli and its effect on proliferation of multiple myeloma IM-9 cell. Acta Biochim Biophys Sin., 2007, 39: 701 ~ 707
[26] 白崇智，李玉英，李芳等. 重组荞麦胰蛋白酶抑制剂诱导肝癌细胞 H22 凋亡的作用及其机制 [J]. 细胞生物学杂志，2009，31: 79 ~ 83
[27] 李玉英，崔晓东，张政等. 重组荞麦 rBTI 的多克隆抗体制备及鉴定 [J]. 细胞与分子免疫学杂志，2009，25: 513 ~ 515
[28] 李芳，李玉英，白崇智等. 重组荞麦胰蛋白酶抑制剂对人肝癌细胞的凋亡及半胱氨酸蛋白酶活性的影响 [J]. 中国生物化学与分子生物学报，2009，25: 182 ~ 187
[29] Yu-Ying Li, Zheng Zhang, Zhuan-HuaWang *, Hong-WeiWang, Li Zhang, Lei Zhu. rBTI induces apoptosis in human solid tumor cell lines by loss in mitochondrial transmembrane potential and caspase activation. Toxicology Letters, 2009, 189: 166 ~ 175
[30] 李玉英，田欣，张政等. BTI 基因转染对 EC9706 细胞凋亡及细胞周期的影响 [J]. 中国生化与分子生物学报，2010，26: 362 ~ 368
[31] 蓝程. 食物过敏疾病的免疫发病机制研究进展 [M]. 国外医学内科学分册，2001，28: 433 ~ 439
[32] Gomec L, Martin E, et al. Members of the α-amylase inhibitors family from wheat endosperm are major allergens associated with baker's asthma. FEBS let., 1992, 261: 85 ~ 88
[33] Hanson L, Telerno E. The growing allergy problem. Acta Pediatr, 1997, 86: 916 ~ 918
[34] Altman DR, Chiaramonte LT. Public perception of food allergy. J Allergy Clin Immunol., 1996, 97: 1247 ~ 1251
[35] Bock SA. Prospective appraisal of compaint of adverse reaction to foods in children during the first 3 years of life. Pediatrics, 1987, 79: 683 ~ 688
[36] 吕相征，刘秀梅，杨晓光. 健康人群食物过敏状况的初步调查 [J]. 中国食品卫生杂志，2005，17: 119 ~ 121
[37] Smith HL. Buckwheat poisoning with report of a case in man. Arch Intern Med., 1990, 3: 350 ~ 359
[38] Horesh AJ. Buckwheat sensitivity in children. Ann Allergy, 1972, 30: 685 ~ 689
[39] Imai T, Iikura Y. The national survey of immediate type of food allergy. Arerugi., 2003, 52: 1006 ~ 1013
[40] Kobyashi S. Different aspects of occupational asthma in Japan. In: Occupational asthma. New York: Van Nostrand Reinholt, 1980, 9: 229 ~ 256
[41] Park HS & Nahm DH. Buckwheat flour hypersensitivity: an occupational asthma in a noodle maker. Clin Exp Allergy, 1996, 26: 423 ~ 427
[42] Valdivieso R, Moneo I, Pola J, et al. Occupational asthma and contact urticaria caused by buckwheat flour. Ann Allergy, 1989, 63: 149 ~ 152
[43] Choudat D, Villette C, Dessanges JF, et al. Occupational asthma caused by buckwheat flour. Rev Mal Respir, 1997, 14: 319 ~ 321

[44] Schumacher F, Schmid P, Wüthrich B. Zur Pizokel-Allergie: ein Beitrag über die Buchweizenallergie. Schweiz Med Wochenschr., 1993, 123: 1559 ~ 1562

[45] Noma T, Yoshizawa I, et al. Fatal buckwheat dependent exercised-induced anaphylaxis. Asian Pac J Allergy Immunol., 2001, 19: 283 ~ 286

[46] Fritz SB, Gold BL, et al. Buckwheat pillow-induced asthma and allergic rhinitis. Ann Allergy Asthma Immunol., 2003, 90: 355 ~ 358

[47] Takahashi Y, et al. Analysis of immune responses in buckwheat allergy. Arerugi., 1996, 45: 1244 ~ 1255

[48] Urisu A, Kondo Y, et al. Identification of a major allergen of buckwheat seeds by immunoblotting methods. Allergy Clin Immunol News, 1994, 6: 151 ~ 155

[49] Park JW, Kang DB, et al. Identification and characterization of the major allergens of buckwheat. Allergy., 2000, 55: 1035 ~ 1041

[50] Tanaka K, Matsumoto K, et al. Pepsin-resistant 16-kD buckwheat protein is associated with immediate hypersensitivity reaction in patients with buckwheat allergy. Int Arch Allergy Immunol., 2002, 129: 49 ~ 56

[51] Matsumoto R, Fujino K et al. Molecular characterization of a 10-kDa buckwheat molecule reactive to allergic patients'IgE. Allergy., 2004, 59: 533 ~ 538

[52] Fujino K, Funatsuki H, et al. Expression, cloning, and immunological analysis of buckwheat (Fagopyrum esculentum Moench) seed storage proteins. J Agric Food Chem., 2001, 49: 1825 ~ 1829

[53] Yamada K, Urisu A, Kondo Y, et al. Cross-allergenicity between rice and buckwheat antigens and immediate hypersensitive reaction induced by buckwheat ingestion. Arerugi., 1993, 42: 1600 ~ 1609

[54] Wada E, Urisu A, Kondo Y, et al. Relationship between immediate hypersensitive reactions by buckwheat ingestion and specific IgE for rice in subject with positive IgE-RAST for buck-wheat. Arerugi., 1991, 40: 1493 ~ 1499

[55] Kenji TAKUMI, Tetsuro KOGA, Makoto KANOH, et al. Immunochemical crossreactivity between globulins from buckwheat and indigo seeds. Biosci. Biotech. Biochem., 1995, 59: 1971 ~ 1972

[56] Yoshioka H, Ohmoto T, Urisu A, et al. Expression and epitope analysis of the major allergenic protein Fag e1 from buckwheat. Journal of Plant Physiology, 2004, 161: 761 ~ 767

[57] Choi SY, Sohn JH, Lee YW, et al. Application of the 16-kDa buckwheat 2 S storage albumin protein for diagnosis of clinical reactivity. Ann Allergy Asthma Immunology, 2007, 99: 254 ~ 260

[58] Choi S Y, Sohn J H, Lee Y W, et al. Characterization of buckwheat 19-kD allergen and its application for diagnosing clinical reactivity. International Archives Allergy Immunology, 2007, 144: 267 ~ 274

[59] Satoh R, Koyano S, Takagi K, et al. Immunological characterization and mutational analysis of the recombinant protein BWp16, a major allergen in buckwheat. Biology Pharmacollogy Bullet, 2008, 31: 1079 ~ 1085

[60] Camille S, Raphae C, Claude G, et al. IgE-binding epitopic peptide mapping on a three-dimensional model built for the 13S globulin allergen of buckwheat (Fagopyrum esculentum). Peptides, 2009, 30: 1021 ~ 1027

[61] 候晓军，王转花等．荞麦主要过敏源 cDNA 的克隆及序列分析［J］．中国生化与分子生物学报，2003，3：436 ~ 440

[62] 畅文军，王转花等．苦荞过敏蛋白 Tb22 的原核表达及纯化［J］．中国生物工程杂志，2003，11：76 ~ 79

[63] Wang Z H, Shi X R, Chang W J, Jing W, Zhang Z, Wieslander G, Norback D. Isolation and functional identification of an allergenic protein from tartary buckwheat seeds. Proceedings of 9th Int. Symposium on Buckwheat. Prague, 2004: 699 ~ 703

[64] Xin Zhang, Xiaodong Cui, Yuying Li, Zhuanhua Wang *. Purification and biochemical characterization of a novel allergenic protein from tartary buckwheat seeds. Planta Medica, 2008, 74: 1837 ~ 1841

[65] Xin Zhang, Jingming Yuan, Xiaodong Cui, Zhuanhua Wang *. Molecular Cloning, Recombinant Expression and Immunological Characterization of a Novel Allergen from Tartary Buckwheat. J Agric Food Chemistry, 2008, 56: 10947 ~ 10953

[66] 贾士荣．转基因植物的环境及食品安全性［J］．生物工程进展，1997，17：37 ~ 42

[67] 宋建勋，朱锡华，陈克敏．人 Fas 抗原表位预测［J］．免疫学杂志，1999，15：14 ~ 16，23

[68] Strom B L, Schinnar R, Apter A J. et al. Absence of cross reactivity between sulfonamide antibiotics and sulfonamide nonantibiotics. N Engl J Med., 2003, 349: 1628 ~ 1635

[69] 蔡桂红，李玉英，张政等．TBa 过敏原表位区段的融合表达及免疫活性分析［J］．食品科学，2006，27：31 ~ 34

[70] 赵小珍，张政，景巍等．苦荞麦主要过敏蛋白 N 端基因片段的克隆及序列分析［J］．食品科学，2006，27：41 ~ 44

[71] 王岚，李玉英，蔡桂红等．重组苦荞麦过敏蛋白 TBa 的原核表达及其免疫活性鉴定［J］．中国生物化学与分子生物学报，2006，22：308～312
[72] 张昕，崔晓东，王转花．苦荞麦贮藏蛋白与 VB1 的相互作用［J］．食品科学，2008，29：87～89
[73] 贺东亮，崔晓东，赵小珍等．过敏蛋白 TBb 的免疫活性鉴定及其表位预测［J］．免疫学杂志，2009，25：137～141
[74] 贺东亮，张政，任晓霞等．苦荞过敏原 TBa 和 TBb 基因的共表达及其包涵体复性的研究［J］．中国农学通报，2009，25：50～52
[75] 任晓霞，张昕，崔晓东等．过敏原 TBa 的表位突变及免疫活性鉴定［J］．食品科学，2010，31：169～173
[76] 张昕，崔晓东，李玉英等．苦荞过敏蛋白全长基因的克隆、表达及免疫学活性研究［J］．食品科学，2009，30：203～206
[77] 任晓霞，张昕，蔡桂红等．苦荞过敏原 TBa 表位区段的表达及免疫活性分析［J］．细胞与分子免疫学杂志，2010，26：543～545
[78] Xiaoxia Ren，Xin Zhang，Yuying Li，Zhuanhua Wang. Epitope mapping and immunological characterization of a major allergen TBa in tartary buckwheat. Biotechnology letters，2010，32：1317～1324

3. 苦荞萌发物

[1] ID 比尤利，M 布莱克著．种子萌发的生理生化第一卷［M］．南京：江苏科学技术出版社，1981
[2] 叶常丰，戴已维．种子学［M］．北京：中国农业出版社，1994
[3] 熊善柏等．稻谷发芽中的营养变化及儿童膨化米粉的研制［J］．食品科学，1993（8）：51～54
[4] 龙振国．水稻种子发芽过程中活性物质的研究．华中农大硕士论文，1993
[5] 陈志刚，顾振新．温度处理对发芽糙米中淀粉酶活力的影响［J］．食品与发酵工业，2002，29（3）：46～49
[6] 黄迪芳，陈正行．发芽糙米［J］．粮食与油脂，2004（4）：17～18
[7] 胡中泽．萌芽糙米成分变化情况研究［J］．粮食与饲料工业，2007（2）
[8] 李翠娟等．糙米发芽过程中主要生理变化对蛋白质组成的影响［J］．食品与发酵工业，2009，35（7）
[9] 郑艺梅等．发芽对糙米蛋白质及氨基酸组成特性的影响［J］．中国粮油学报，2007（5）
[10] 陈志刚等．糙米的营养成分及其在发芽过程中的变化［J］．南京农业大学学报，2003，26（3）：84～87
[11] 孙兆远．萌发糙米中不溶性多酚提取工艺的研究［J］．食品工业科技，2010，31（12）
[12] 段佐萍．绿豆的营养价值及综合开发利用［J］．农产品加工，2005（2）：10～12
[13] 张侠，张中义，关兵等．鲜绿豆芽萌发过程主要营养成分规律［J］．食品研究与开发，1997，18（2）：51～54
[14] 李瑞国．不同萌发期绿豆芽蛋白质含量的测定及营养价值分析［J］．山东农业科学，2011，1：97～99
[15] 李建英．绿豆芽菜萌发条件及物质含量测定［J］．黑龙江农业科学，2010（7）：37～40
[16] 郑丽娜．绿豆发芽过程中营养成分的变化［J］．中国农学通报，2008，24（2）
[17] 张侠，张中义，关兵等．鲜绿豆芽萌发过程主要营养成分规律［J］．食品研究与开发，1997，18（2）：51～54
[18] 王莘．绿豆萌芽期功能性营养成分的测定和分析［J］．中国食品学报，2004，4（4）
[19] GUEGUEN J. The composition，biochemical characteristics and analysis of proteinaceous antinutritional factors in legume seeds. A view［C］．Abrrdeen（UK）：Recent Advances of Research in Antinutritional Factorsin Legume Seeds，1993：9～30
[20] 韩丽华，王丽红，范希玥．大豆异黄酮抗氧化性研究［J］．中国油脂，2001，26（6）：41～44
[21] 胡学烟，王兴国．大豆皂苷的研究进展［J］．中国油脂，2001，26（5）：81～84
[22] 任欢鱼，韦异，朱海洋．维生素在皮肤护理中的应用［J］．日用化学品科学，2005，1（13）：40～42
[23] 苗颖，马莺．大豆发芽过程中营养成分变化［J］．粮食与油脂，2005（5）：29～30
[24] 张继浪，骆承库．大豆在发芽过程中的化学成分和营养价值变化［J］．中国乳品工业，1994，22（2）：68～73
[25] Bewley JD. Seed germination and dormancy［J］．Plant Cell，1997，9：1055～1066
[26] 王忠．植物生理学［M］．北京：中国农业出版社，1999
[27] 李笑梅．大豆萌发工艺条件及成分含量变化研究［J］．食品科学，2010，31（16）
[28] 彭立伟．大豆萌发过程中护肤活性成分变化的研究［J］．日用化学工业，2011，41（2）
[29] JUNGJI，LIMSS，CHOIH J. Isoliquiritigenin induces apoptosis by depolarizing mitochondrial membranes in prostate cancer cells［J］．The Journal of Nutritional Biochemistry，2006，17（10）：689～696

[30] 郭红转，陆占国，王彩艳等．豆芽生长过程中维生素 C 的消长规律研究［J］．食品研究与开发，2006，27（2）：133～135
[31] 马立安，江涛．大豆的药用价值［J］．食品研究与开发，2000，21（2）：4344
[32] 徐敬武等编著．蔬菜与健康长寿［M］．北京：中国医学科技出版社，1989
[33] 方玲娜．异黄酮与骨质疏松［J］．国际病理科学与临床杂志，2006，（26）1：71～74
[34] Marero，L. M.，Payumo，E. M.，Librando，E. C.，et al. Technology of weaning food formulations prepared from geminated cereals and legumes. J. Food Sci.，1988，53（5）：1391～1395
[35] 许克勇，叶孟韬，冯卫华等．麦芽低聚糖运动饮料的研制［J］．食品科技，1999（1）：38～40
[36] 黄国平．萌发对粮食主要营养成分的影响及其断奶食品的工艺研究［J］．华中农业大学硕士论文，2001
[37] 谷物萌发前后淀粉酶活力的比较［J］．广西轻工业，2007，5（102）
[38] 郎桂常．苦荞麦的营养价值及其开发利用［J］．中国粮油学报，1996，11（3）：9～14
[39] 黄海东等．苦荞饮料的制作与开发利用．第一届亚洲食品发展暨国际杂粮食品研讨会［M］．北京：科学出版社，1998：234～237
[40] 陈斌．现代“文明病”与食疗［J］．食疗理论与科学，1999（2）：3
[41] 赵钢等．苦荞麦的营养与药用价值及其开发应用［J］．农产品开发，1999（7）：17
[42] 张政，王转花，刘凤艳．苦荞麦蛋白复合物的营养成分及其抗衰老作用的研究［J］．营养学报，1999，21（2）：159～162
[43] Tonmotake H，Shimaoka I，Kayashita I，et al. Physicochemical and functional properties of buckwheat proteinproduct［J］. Agriculture&FoodChemistry，2002，50：2125～2129
[44] 张政等．苦荞蛋白复合物的营养成分及抗衰老作用的研究［J］．营养学报，1999，21（2）：159
[45] Tonmotake H，Shimaoka I，Kayashita I，etal. Physicochemical and functional properties of buckwheat proteinproduct［J］. Agriculture&FoodChemistry，2002，50：2125～2129
[46] Jong-Soon CHOI，Sang-Oh KWON，Juhyun NAM，et al. Different distribution and utilization of free amino acids in two buckwheats：Fagopyrum Esculentum and Fagopyrum Tataricum［J］. Processings of the 11th International Symposium on Buckwheat，Orel，2010：259～262
[47] 祁学忠．苦荞黄酮及其降血脂作用的研究［J］．山西科技，2003（6）：70～71
[48] 姚奕斌，彭志刚．黄酮类化合物对肿瘤细胞周期影响及其分子机制的研究进展［J］．医学综述，2009，15（5）：680～682
[49] 沈忠伟，许昱，夏犇等．植物类黄酮次生代谢生物合成相关转录因子及其在基因工程中的应用［J］．分子植物育种，2008，6（3），542～548
[50] 王燕，许锋，程水源．植物查尔酮合成酶分子生物学研究进展［J］．河南农业科技，2007（8）：5～9
[51] 王军妮，黄艳红，牟志美等．植物次生代谢物黄酮类化合物的研究进展［J］．蚕业科学，2007，33（3）：499～505
[52] 渠岩等．γ-氨基丁酸及其在大豆发酵食品中的研究进展［J］．中国酿造，2010，3：1～4
[53] Majumdar D，Guha S. Conformation. electrostatic potential and pharmacophoric pattern of GABA（gamma-aminobutyric acid）and several GABA inhibitors［J］. J Mol Struct，1988，180：125～140
[54] Snedden，W. A. and Fromm，H. Calmodulin as a versatile calcium signal transducer in plants［J］. New Phytol，2001，151：35～66
[55] Shelp B J，Bown A W，McLean M D. Metabolism and functions of gamma-aminobutyric acid［J］. Trends Plant Sci.，1999，4（11）：446～452
[56] Fernie，A. R. et al. The contribution of plastidial phosphoglucomutase to the control of starch synthesis within the potato tuber［J］. Planta，2001，213：418～426
[57] Geigenberger，P. and Stitt，M. Sucrose synthase catalyses a readily reversible reaction in vivo in developing potato tubers and other plant tissues［J］. Planta，1993，189：329～339
[58] Usadel，B. et al. Transcriptional co-response analysis as a tool to identify new components of the wall biosynthetic machinery［J］. Plant Biosyst，2005，139：69～73
[59] Steinhauser，D. et al. CSB. DB：a comprehensive systems-biology database［J］. Bioinformatics，2004，20：3647～3651
[60] Fait A. et al. Highway or byway：themetabolic role of the GABA shunt in plants［J］. Trends Plant Sci.，2007，13（1）：

130 ~ 1385

[61] Zimmermann, P. et al. GENEVESTIGATOR. Arabidopsis microarray database and analysis toolbox [J]. Plant Physiol., 2004, 136: 2621 ~ 2632

[62] DiMartino, C. et al. Mitochondrial transport in proline catabolism in plants: the existence of two separate translocators in mitochondria isolated from durum wheat seedlings [J]. Planta, 2006, 223: 1123 ~ 1133

[63] 袁水霞等. 脑内 GABA 受体在学习记忆中的作用 [J], 首都师范大学学报 (社会科学版), 2009: 157 ~ 160

[64] S. A. Varvel, E. Anum, F. Niyuhire, et al. △9-THC-induced cognitive deficits in mice are reversed by the GABAA antagonist bicuculline [J]. Psychopharmacology, 2005, 178: 317 ~ 327

[65] Audie G. L. et al. GABA and Its Agonists Improved Visual Cortical Function in Senescent Monkeys [J]. Science, 2003, 3: 812 ~ 815

[66] 吕琴. 石榴皮总黄酮的提取及提取物对小鼠免疫功能影响的实验研究 [D]. 乌鲁木齐: 新疆医科大学, 2007

[67] 张荣庆, 韩正康. 异黄酮植物雌激素对小鼠免疫功能的影响 [J]. 南京农业大学学报, 1993, 16 (2): 64 ~ 68

[68] 周月婵, 胡怡秀, 臧雪冰等. 藤茶安全性毒理学评价及其免疫调节作用实验研究 [J]. 实用预防医学, 2001, 8 (6): 412 ~ 414

[69] 方唯硕, 韩锐. 黄酮-8-乙酸的抗癌作用研究 [J]. 国外医学-药学分册, 1992, 19 (3): 135 ~ 138

[70] Gan L, Wang J, Zhang S. Inhibition the growth of human lenkemia cell by lyciium barum polysaccharide [J]. Wei Sheng YangJiu, 2001, 30 (6): 33

[71] 李叶, 唐浩国, 刘建学. 黄酮类化合物抑菌作用的研究进展 [J]. 农产品加工学刊, 2008 (12): 53 ~ 55

[72] 焦翔, 殷丽君, 程永强. 沙棘叶黄酮的提取及抑菌作用研究 [J]. 食品科学, 2007, 28 (8): 124 ~ 129

[73] 谷肄静, 王立娟. 蒲公英总黄酮的提取及其抑菌性能 [J]. 东北林业大学学报, 2007, 35 (8): 43 ~ 45

[74] 董彩文, 梁少华, 汤凤雨. 苹果渣中总黄酮的提取及其抑菌活性研究 [J]. 安徽农业科学, 2008, 36 (27): 11631, 11662

[75] 王丽梅, 余龙江, 崔永明等. 桂花黄酮的提取纯化及抑菌活性研究 [J]. 天然产物的研究与开发, 2008, 20 (4): 717 ~ 720

[76] 冯黎莎. 金荞麦的抑菌活性研究 [D]. 成都: 四川大学, 2006

[77] Itoh, K. Amamiya, I., lkeda, S. Konishi, M.: Anti-Helicobacterpylori substances in propolis [J]. Honeybee Sci., 1994, 15 (4): 171 ~ 173

[78] Mingyu Li, Zhuting Xu. Quercetin in a Lotus Leaves Extract May be Responsible for Antibacterial Activity [J]. Arch Pharm Res., 2008, 31 (5): 640 ~ 644

[79] Carolina Shene, Agnes K. Reyes, Mario Villarroel, et al. Plant location and extraction procedure strongly alter the antimicrobial activity of murta extracts [J]. Eur Food Res Technol., 2009, 228: 467 ~ 475

[80] M. A. ALVAREZ, N. B. DEBAlTISTA, N. B. PAPPANO. Antimicrobial Activity and Synergism of Some Substituted Flavonoids [J]. Folia Microbiol., 2008, 53 (1): 23 ~ 28

[81] WANG Y. F., DUTZLER R., RJZKANAH PJ., ROSENBUCH J. P., SCHIRMER T.. Channel specificity: structural basis for sugar discrimination and differential flux rates in maltoporin [J]. J. Mol. Biol., 1997, (172): 56 ~ 63

[82] Shao-heng HE, Hua XIE, Xiao-jun ZHANG, et a1. Inhibition of histamine release from human mast cells by natural chymase inhibitors [J]. Acta Pharmacol Sin., 2004, 25 (6): 822 ~ 826

[83] 王钦富, 王永奇, 于超等. 炒紫苏子醇提物对肥大细胞脱颗粒及组胺释放的影响 [J]. 中国中医药信息杂志, 2006, 13 (1): 30 ~ 32

[84] 夏玉凤, 戴岳, 王强. 狭叶柴胡的抗过敏活性及其有效成分 [J]. 中国野生植物资源, 2003, 22 (6): 50 ~ 52

[85] 杜崇民. 黄酮类化合物抗肿瘤研究进展 [J]. 中国野生植物资源, 2007, 26 (3): 4 ~ 7

[86] Giulia Di Carlo, Nicola Mascolo, Angelo A. Izzo, et al. Flavonoids: Old and New Aspects of A Class of Natural Therapeutic Drugs [J]. Life Sciences, 1999, 65 (4): 337 ~ 353

[87] W. Ren, Z. Qiao, H. Wang et al. Tartary Buckwheat Flavonoid Activates Caspase-3 and Induces HL-60 Cell Apoptosis [J]. Methods Find Exp Clin Pharmacol, 2001, 23 (8): 427 ~ 432

[88] Soo-Hyun Kim, Cheng-Bi Cui, Il-Jun Kang, et al. Cytotoxic Effect of Buckwheat (Fagopyrum esculentum Moench) Hull Against Cancer Cells [J]. J Med Food, 2007, 10 (2): 232 ~ 238

[89] Chan PK. 金荞麦体外抑制肿瘤细胞生长的研究 [J]. 中西医结合学报，2003，1（2）：128～131

[90] 王朝杰，管小琴，杨炼．槲皮素对肝肿瘤细胞生长周期的影响 [J]. 中国新药与临床杂志，2004，10（23）：695～698

[91] Yang JH，Hsia TC，Kuo HM，et al．Inhibition of lung cancer cell growth by quercetin glucur onides via G2/M arrest and inducti on of apoptosis [J]. Drug Metab Dispos，2006，34（2）：296～304

[92] Gordana Rusak，Herwig O. Gutzeit，Jutta Ludwig Muller. Structurally related flavonoids eith antioxidative properties differentially affect cell cycle progression and apoptosis of human acute leukemia cells [J]. Nuttition Research，2005，25：141～153

[93] Parivash Seyfi，Ali Mostafaie，Kamran Mansouri，et al. In vitro and in vivo anti-angiogenesis effect of shallot（Allium ascalonicum）：A heat-stable and flavonoid-rich fraction of shallot extract potently inhibits angiogenesis [J]. Toxicology in Vitro，2010，24：1655～1661

[94] Igura K，Ohta T，Kuroda Y，et al. Resveratrol and quercetin inhibit angiogenesis in vitro. Cancer letter，2001，171（1）：11～16

[95] Harris S，Panaro N，Thorgeirsson U. Oxidative stress co ntributes to the anti-proliferative effects of flavone acetic acid on endothelial cells. Anti-cancer Res.，2000，20（4）：2249～2254

[96] 何俊星，何平等．西南师范大学学报（自然科学版）[D]. 2010，35（3）：181～184

[97] 李海平，李灵芝等．温度、光照对苦荞麦种子萌发、幼苗产量及品质的影响 [D]. 西南师范大学学报（自然科学版），2009，34（5）

[98] 贾彩凤，赵文超，蔡萌萌等，砂引发对苦荞麦种子发芽的影响 [J]. 种子（Seed），2011，30（1）：96～98

[99] 李朝苏，刘鹏，徐根娣等．酸铝浸种对荞麦种子萌发的影响 [J]. 种子（Seed），2004，23（12）

[100] 刘柏玲，张凯，聂恒林等．铜对荞麦种子萌发及幼苗生长的影响 [J]. 山东农业科学，2009，9：30～32

[101] 张睿，王凯轩．山西大同大学学报（自然科学版），2011．27（1）：68～70

[102] 张义贤．汞、镉、铅胁迫对油菜的毒害效应 [J]. 山西大学学报：自然科学版，2004，27（4）：410～413

[103] 李海平，李灵芝．硫酸锰浸种对苦荞种子活力及芽菜产量与品质的影响．西北农业学报 [J]，2010，19（2）：75277

[104] 武秀荣，安毅．激光对玉米陈种子萌发的生物效应 [J]. 激光生物学报，2002，11（4）：251～253

[105] 秦勇，姚军，曹天宇．加工用番茄植株浸提液对其幼苗生理特性的影响 [J]. 中国农学通报，2007，23（6）：336～340

[106] 刘明分，王丽英，张彦才等．不同脱绒方式对棉花种子活力及萌发期生理特性的影响 [J]. 华北农学报，2007，22（增刊）：67～70

[107] 刘萍，刘海英，尚玉磊等．NCT 对小麦衰老生理的影响 [J]. 华北农学报，2002，17（3）：33～36

[108] 张文明，郑文寅，姚大年等．草坪草种子活力测定方法的比较研究 [J]. 草原与草坪，2004（3）：48～51

[109] 郑光华，徐本美，顾增辉．PEG 引发种子的效果 [J]. 植物学报，1985（3）：329～333

[110] 赵欣，王金胜．不同超重力处理小麦、玉米种子对其生理生化指标的影响 [J]. 中国农业科技导报，2007，9（6）：100～104

[111] 许素莲，朴铁夫．激光在生物学领域中应用研究进展 [J]. 激光杂志，2007，28（3）：3～4

[112] 李叶，唐浩国，刘建学．黄酮类化合物抑菌作用的研究进展 [J]. 农产品加工学刊，2008（12）：53～55

[113] 谢鹏，张敏红．黄酮类化合物抑菌作用的研究进展 [J]. 动物保健，2004（12）：35

[114] 殷彩霞，谢家敏，张更等．茶多酚抑菌抗氧性能研究 [J]. 生物资源开发与利用，1999（2）：24～26

[115] 韩淑琴，杨洋，黄涛等．仙人掌提取物的抑菌机理 [J]. 食品科技，2007（3）：38～39

[116] Katarzyna Ulanowska，Aleksandra Tkaczyk，Grazyna Konopa，et a1. Differential antibacterial activity of genistein arising from global inhibition of DNA，RNA and protein synthesis in some bacterial strains [J]. Arch Microbiol.，2006，184（5）：271～278

4. 荞麦糖醇

[1] 勾秋芬．酿酒酵母发酵对苦荞中 D-手性肌醇含量的影响 [D]. 2009，4

[2] Obendorf RL，Steadman KJ，Molecular. structure of fagopyritol A1（O-alpha-D- galactopyranosyl-（1～3）-D-chiro-inositol）by NMR [J]. Carbohydrate Research，2000，328（4）：623

[3] M. Belén Cid, Francisco Alfonso, Manuel Martín-Lomas. Synthesis of fagopyritols A1 and B1 from D-chiro-inositol [J]. Carbohydrate Research, 2004, 9.339 (13), 13: 2303 ~ 2307

[4] Kathryn J Steadman, David J Fuller, Ralph L Obendorf. Purification and molecular structure of two digalactosyl d-chiro-inositols and two trigalactosyl d-chiro-inositols from buckwheat seeds [J]. Carbohydrate Research, 2001, 9.331 (1): 19 ~ 25

[5] Steadman KJ; Burgoon MS. Fagopyritols, D-chiro-inositol, and other soluble carbohydrates in buckwheat seed milling fractions [J]. Journal Of Agricultural And Food Chemistry, 2000, 48 (7): 2843 ~ 7

[6] 刘仁杰. 不同生长期荞麦中降糖因子含量的测定及保健饮料的研制 [D]. 长春: 吉林农业大学, 2006

[7] 卢丞文. 荞麦中 D-手性肌醇分离提取与纯化研究 [D]. 长春: 吉林农业大学, 2007, 6

[8] Metabolism in the Rat: A Defect In chiro-Inositol Synthesis from myo-Inositol and an Increased Incorporation of chiro- [3H] Inositol into PhosPholiPid in the GotoKakizaki (GK) Rat. Molecules Cells, 1998 (8): 301 ~ 309

[9] Ortmeyer, H. K.: Laner, J.: Hansen, B. C. Effeets of D-chiro- Inositol Added to a Meal on Plasma Glueose and Insulin in HyPerinsulinemic Rhesus Monkeys. Obesity Res., 1995, 3 (SuPPl4): 605S ~ 608S

[10] Han Shuying. Effect of total flavones of buckwheat seed onlowering serum lipid, glucose and anti-lipid perocidation [J]. Chinese Pharmacolodical Bulletin, 2001 (6): 694 ~ 696

[11] B. Dav Oomah et al. Flavonoids and Antioxidative Activities in Buekwheat [J]. J. Agrie. Food Chem., 1996, 44: 1746 ~ 1750

[12] Kitabayashi, H.: Ujihara, A.: Hirose, T.: Minami, M. On the Genetic Difference for Rutin Content in Tarary Buckwheat, Fagopyrum taaticum Gaertn. Breeding Sci., 1995, 45: 189 ~ 194

[13] 马挺军, 陕方, 贾昌喜. 苦荞颗粒冲剂对糖尿病小鼠降血糖作用研究 [J]. 中国食品学报, 2011, 11 (5): 15 ~ 18

[14] 边俊生. DCI 降糖试验报告. 私人通讯, 2008

[15] 徐宝才, 肖刚, 丁霄霖. 色谱法分析检测苦荞籽粒中的可溶性糖(醇)[J]. 色谱, 2003, 21 (4): 410 ~ 413

[16] 侯建霞, 汪云, 程宏英等. 毛细管电泳电化学检测分离测定荞麦中的手性肌醇和肌醇 [J]. 分析测试学报, 2007, 26 (4): 526 ~ 529

[17] 苦荞种子内肌醇衍生物转化为其单体的方法及其提取物产品 [P]. 中国专利: CN1442399, 2003 - 04 - 10

[18] Horbowicz, Marcin. Obendorf, Ralph L. Fagopyritol Accumulation and Germination of Buckwheat Seeds Matured at 15, 22, and 30℃. Crop Science, 2005, 7.45 (4): 1264 ~ 1270

第七章　苦荞与人类健康

Ⅶ. Human Health and Tartary Buckwheat

摘要　本篇谈的是国人所关注的苦荞与人类健康，要打消国人使用苦荞的疑虑，必须依据事实（数据）来认识苦荞。

本编突破概念的叙述，以大量的实验数据说明苦荞是无毒的，对比大小鼠的喂养以及人的食用，证实苦荞降糖、降脂、抗氧化性。

Abstract　**This part discusses the relationship between Tartary Buckwheat and human health. Research on Tartary Buckwheat can help perish the doubt of people to Tartary Buckwheat.**

By conducting a large number of animal（rats）and human tests，this chapter provides evidence that Tartary Buckwheat is non-toxic，it can used to regulate blood sugar level and blood fat；and it has antioxidant activity.

食品安全性是食物的属性，是人类赖以生存和保持健康的基础。苦荞自古以来就是中国人民（彝民）的主食，并伴随着彝民的生存与发展，应该说苦荞食物是安全的。当今社会人类对食物安全性已不满足于感性的认知，更多的取信于现代技术数据的理性判断。为了满足人民的需求，使更多的人放心食用苦荞、利用苦荞，使苦荞为人类健康服务，有必要用科学手段对苦荞、苦荞食物和苦荞提取物进行药理学安全性检测、大小鼠实验和人体试食作用和研究。

第一节 苦荞的药用成分及药理作用

苦荞富含酚类及生物类黄酮、功能蛋白、多肽、糖醇等生物活性物质，抗消化淀粉、膳食纤维、不饱和脂肪酸、维生素、矿物质及其他营养素，各种成分或元素都直接或间接作用于人体。

一、传统概论

苦荞与何首乌、大黄、虎杖同属蓼科植物。何首乌、大黄、虎杖隶属中药，而苦荞因有食物的特性，作粮用，归粮食中的小宗作物，人们多关注其食用性。其实苦荞有很高的药用价值，很早就被人发现，也多有记载。

中国药学性味中苦荞是苦、平、寒。苦味有渗湿健脾、清热降火之效。

孙思邈的《备急千金要方》载：（苦荞）其味辛苦、性寒、无毒。

唐·著名医学家孟洗、张鼎（621～713）的《食疗本草》“实胃肠、益气力、续精神、能炼五脏滓秽。多食即微泻。秸秆烧灰，淋洗六畜癞疮及骡马躁蹄”。

《医林纂要》载：“其性味酸、寒、滑肠下气。”

《重修政和证类本草》载：“叶竹茹食，下气，利耳目”。

“以醋调粉，涂小儿丹毒赤肿热疮。”（吴瑞）

《本草纲目》记载：苦荞“实肠胃、益气力、续精神，能炼五脏滓秽”。“作饭食，压丹石毒，甚良。”“降气宽肠，磨积滞，消热肿风痛，除百浊、白带、脾积泄泻。以砂糖水调炒面二钱服，治痢疾。炒焦，热水冲服，治绞肠痧痛”。

清《随息居饮食食谱》。王世雄称其“罗面煮食开胃宽肠、益力气、祛风寒、炼滓秽、磨积滞，能治痢疾，咳嗽，水肿，喘息，烧伤，胃疼，消化不良，腰腿疼痛，跌打损伤等疾病。”

兰茂（云南著名药物学家，1397～1476）的《滇南本草》中有“土茯苓（金荞麦）味苦、微涩、性平、治五淋、赤（白）浊、杨梅疮（淋病）”。

《古今图书集成》中有“用荞麦皮壳、黑豆皮、决明子、菊花同作枕，至老明目”。

中国古书中还记有许多民间以荞麦为药剂治病的“怪证（症）奇方”：如儒门事、圣惠方、坦仙方、痘疹方、奇效方、阮氏方、普济方、孙天仁集验方、海上方等。

《云南中草药选》（1970）、《云南中草药》（1971）、《全国中草药汇编》、《中药大辞典》（1986）均记载：“苦荞秸，治噎食、痈肿、并能止血、蚀恶肉”。

《常见病验方研究参考资料》记载：“对于崩漏的治疗，采用荞麦荞根1两，切碎水煎服。”

荞麦性甘、温、平、凉、寒，入肝、脾、胃肠、肺经，能杀肠道菌虫、消积化滞、凉血、除湿解毒。

苦荞有很好的临床作用：用于临床可以杀肠道病菌，润肠通便，消积化滞，除湿解毒，活血化瘀，治肾炎，抗病毒，排除体内恶毒和提高免疫力等功效。还可以作滋补强壮药，健胃淡化药，内服可以收敛冷汗，还有治疗糖尿病、降血糖、血脂及其引起的视网膜及羊毛疔的效果。但对糖尿病、高血压、冠心病、中风、溃疡等苦荞临床运用，尚缺药理学研究成果。

二、药理作用

（一）黄酮类化合物

生物类黄酮（bioflovonoids）种类和数量较多，具有多方面的生理活性，有很高的药用价值。

苦荞的药理作用与其含有黄酮类化合物有关。生物类黄酮除能保持毛细血管的脆性和通透性，用于预防高血压、糖尿病出血及胃溃疡患者的出血；能使血压显著下降，减慢心率、扩张冠心血管；能降低肠、支气管平滑肌的张力，有解痉、抗溃疡作用；能有效地降低肝主动脉及血中胆固醇量，并增加胆固醇－蛋白复合物的稳定性，以及胆固醇侵入内部器官和止咳、平喘、祛痰等对健康影响以外，还具有下列功能。

（1）*为食物中的有效抗氧化剂*　其作用仅次于脂溶性生育酚。此种抗氧化作用可保护含有类黄酮的蔬菜和水果不受氧化破坏，延长其货架寿命和保持其质量，增进口味和可接受性，并因抑制了动物脂肪的氧化而使混合盘菜有益于健康。

（2）*具有金属螯合的能力*　可影响酶与膜的活性。

（3）*对抗坏血酸有增效作用*　似有稳定人体组织内抗坏血酸的作用。

（4）*具有抑制细菌与抗生素的作用*　这种作用使普通食物抵抗传染病的能力相当高。

（5）*在两方面表现具有抗癌作用*　一是对恶性细胞的抑制（即停止或抑制细胞的增长），二是从生化方面保护细胞免受致癌物的损害。

可以用生物类黄酮治疗的疾病有：①毛细血管的脆性和出血；②牙龈出血；③眼睛视网膜内出血；④某种青光眼；⑤脑内出血；⑥肾出血；⑦妇女病，例如，月经出血过多；⑧静脉曲张；⑨痔；⑩溃疡；⑪习惯性和恐惧性流产；⑫因接触性运动，例如，足球产生的挫伤；⑬X 线辐射伤；⑭冻疮；⑮糖尿病和糖尿病的视网膜病；⑯栓塞（血凝块可在腿静脉中生成，以后堵塞住一支主要血管，甚至引起死亡。）

生物类黄酮似为一种天然的和有益的抗栓塞药物。一般多把类黄酮作为防治与毛细血管脆性和渗透性有关疾病的补充药物。

芦丁（Rutin）是槲皮素－3－0－芸香苷，含量很高，占总黄酮的 70%～85%。芦丁能终止自由基的连锁反应，抑制生物膜上多不饱和脂肪酸过氧化，保护生物膜及亚细胞结构的完整性；提高超氧化歧化酶（SOD）的活性，减轻对急性胰腺炎的病理生理损害，保护胰腺组织，加强胰岛素外周作用；抗脂质过氧化，抑制高密度脂蛋白（HDL）氧化修饰，促进胆固醇降解为胆酸排泄；降低毛细血管的通透性，扩张血管，加强维生素 C 的作用并促进维生素在体内的积累，有利于改善脂质代谢；可用来预防毛细血管脆性引起的脑出血、高血压、肺出血、视网膜出血、紫癜、急性出血性胃炎、慢性气管炎、胃炎、胃溃疡及牙龈出血，并作为高血压的辅助的治疗剂。此外，芦丁还具有抗感染、抗突变、抗肿瘤、平滑松弛肌肉和作为雌性激素束缚受体等作用。

槲皮素（quercctin）及其苷类是植物界分布最广的类黄酮化合物，苦荞中含量约 1.6%。槲皮素能抑制细胞膜脂质的过氧化过程，清除自由基，保护细胞膜不受过氧化物作用的破坏；能明显制约血小板聚集，选择性地与血栓结合，起到抗血栓形成作用；直接阻滞癌细胞的增值。对一些致癌物有抑制作用。此外，它还具有抗炎及止咳去痰的作用。

（二）*蛋白质和淀粉（蛋白质阻碍物质、抗消化淀粉和食物纤维）*

众所周知，苦荞的蛋白质消化吸收率比较低。其原因：一是苦荞蛋白质自身消化率比较低；二是苦荞蛋白质含有蛋白质阻碍物质、丹宁、食物纤维妨碍物质的消化。蛋白质消化率比较低并不全是坏事，因为对因营养过剩和运动不足引起的肥胖和超重者是有益的。

苦荞中的抗性淀粉比较高。缓慢消化淀粉和抗性淀粉能够平缓血糖反应，抗性淀粉在大肠内发酵，可阻止直肠癌发生，长期摄取含大量抗性淀粉的苦荞食物，可改善胆固醇水平。

食物纤维 苦荞中的膳食纤维高于大米和小麦面粉。食物纤维具有化合氨基肽，螯合胆固醇，整肠通便，清除体内毒素，预防高胆固醇血症和动脉粥样硬化疾病和减少直肠癌的发生。

（三）亚油酸

为不饱和脂肪酸，能与胆固醇结合成脂，促进胆固醇的运转，抑制肝脏内源性胆固醇的合成，并促进其降解为胆酸而排泄。

（四）维生素、氨基酸、植酸

可清除自由基，并阻断或减轻对细胞和组织的损伤，维生素 PP 有降低人体血脂和胆固醇的作用。

（五）微量元素

镁能降低血清胆固醇；锌能减少胰岛素活性减退，使游离脂肪酸降低；铬可以增强胰岛素功能，改善葡萄糖含量；硒能促进胰岛素分泌增加直接清除氧自由基，因其为谷胱甘肽过氧化酶（GSH-Px）的重要组成部分，亦能与过氧化酶（SOD）一起清除体内氧自由基，且 GSH-Px 能阻止或减轻脂自由基对细胞或组织的过氧化损伤。硒还能使血中 TC、TG 显著降低。

第二节　苦荞的毒理学安全性

一、苦荞黄酮的毒理学安全性实验

苦荞黄酮为橙黄色粉末，微溶于水，溶于甲醇、乙醇、油脂，属脂溶化合物，其稀释的水溶液随 pH 值的增加，内酯环打开，颜色逐渐加深，由浅黄至黄到深黄，其固态物在不避光条件下颜色无变化，高温仍然保持原有颜色和含量。

赵明和、邱福康等（1997）为证实苦荞的利用价值，对其提取物进行毒理学安全性实验。

毒理学动物实验，分急性毒性实验和长期毒性实验。

（一）急性毒理实验

选用 20 只昆明种小鼠，雌雄各半，由北京医科大学动物部供给。禁食不禁水，16h 后开始灌胃给药，1 日两次，每次用量 0.6ml 苦荞黄酮液/（20g・体重）[合生药 64g/（kg・体重）]，相当拟定人用量的 400 倍。给药后观察小鼠活动情况及饮水量和体重变化等。连续观察 7d，未见异常反应，小鼠活动正常，体重增加，无毒性反应。

（二）长期毒性实验

选用大鼠 80 只，雌雄各半，每日一次进行 3 种剂量 [分别为生药 10.9 g/（kg・体重），生药 24.0 g/（kg・体重）和生药 26.0g/（kg・体重）] 灌胃实验，连续 3 个月。第 3 个月末对 2/3 大鼠进行血常规、总蛋白、白蛋白、肌肝、碱性磷酸酶及肝、肾功能测定，并处死解剖，对心、肝、脾、肺、肾、肾上腺、性腺、脑病理学检查，计算各脏器指数，其余 1/3 在停药 15d 后，再作上述生化指标测定及病理学检查。结果未发现该黄酮对大鼠的长期毒性反应。

二、苦荞提取物的毒理学安全性

林汝法等（2000）对苦荞进行提取物的毒理学安全性实验。

苦荞提取物为黄色粉末状，推荐服用量为 1.5g/d，实验动物为昆明种小鼠（二级）和 Wistar 大鼠（二级），（合格证号：医第 01—3001 和第 01—3008），喂以中国医学科学院实验动物所繁殖提供的常备饲料，实验委托中国预防医学科学院营养与食品营养研究所进行。

实验结果如下所述。

（一）急性毒性实验

大小鼠经口毒性实验，在观察期间各组大鼠、小鼠生长情况良好，均未见异常反应，无死亡发生。动物终重，大鼠雌性为 208.0（191 ~ 226）g，雄性为 210.0（198 ~ 225）g，小鼠雌性为 28.9（26.7 ~ 30.5）g，雄性为 29.8（28.2 ~ 31.7）g，经查表，受试动物大鼠、小鼠经口 LD_{50} 雌、雄性均大于 10 g/kg。

根据急性毒性分级标准，苦荞提取物属于实际无毒。

（二）致突变试验

1. Ames 试验

在试剂量范围（0.008 ~ 5.0mg/皿）内，各菌株均未见突变菌落数明显升高，而阳性对照皿有明显的反应（表 7 - 1），表明在正常实验条件下，受试物在受试剂量范围内无致基因突变作用。

表 7－1　苦荞提取物 Ames 实验结果（回变菌落数/皿）

		0	0.008	0.04	0.2	1.0	5.0
实验结果	TA97-S9	145.7	15.8	158.3	138.7	154.7	143.7
	TA97＋S9	164.3	172.7	162.3	160.7	150.7	140.7
	TA98-S9	24.0	28.7	28	29.7	29.3	30
	TA98＋S9	26.3	37.7	35.3	36.7	33	35.7
	TA100-S9	153.7	156.3	143.7	158.7	154	154
	TA100＋S9	154.3	146.7	151.7	154.3	166	165.7
	TA192-S9	296.3	288.7	308	277.7	294	280.7
	TA102＋S9	280.3	285.3	298	288	281.7	282.3
重复实验结果	TA97-S9	162.7	156	157.7	161.3	164	159
	TA97＋S9	162	165.7	150.7	154.7	141.3	157.3
	TA98-S9	30	25.3	25	29	44.7	32
	TA98＋S9	35.7	24.7	33.7	33.7	29.7	26.7
	TA100-S9	141	156	154	145.3	151	139.3
	TA100＋S9	147.3	157.7	160	164.3	156	149.3
	TA102-S9	285.7	280.7	281.7	292.7	293.3	284.7
	TA102＋S9	280.3	285.3	298	288	281.7	282.3

注：所示数值为 3 个皿均值，剂量为 mg/皿

2. 微核实验

微核实验结果见表 7－2。

由表 7－2 实验结果所见，无论雄性还是雌性小鼠，环磷酰胺阳性对照组微核发生率明显高于各剂量组（泊松分布检验 $P<0.01$），而苦荞提取物各剂量组与阴性对照比较无显著性差异（$P>0.05$），说明该受试物对小鼠体细胞染色体无致突变作用。

表 7－2　苦荞提取物对小鼠骨髓嗜多染红细胞微核发生率的影响

组别	观察组指数	雌性（♀）		雄性（♂）	
		微指数	发生率（%）	微指数	发生率（%）
阴性对照组	5×10^3	11	2.2	10	2.0
小剂量组	5×10^3	9	1.8	8	1.6
中剂量组	5×10^3	11	2.2	11	2.2
大剂量组	5×10^3	11	2.2	9	1.8
阳性对照组	5×10^3	172	34.4	179	35.8

3. 精子畸变试验

镜检结果如表 7－3 所示。

阳性组畸变发生率明显高于各剂量组（x^2 检验 P<0.01），苦荞提取物各剂量组与对照组畸变率比较无显著性差异（x^2 检验 $P>0.05$），说明该受试物无致小鼠生殖细胞畸变作用。

表 7-3　苦荞提取物对小鼠的精子畸变的影响

组别	观察精子数（个）	不定型畸变数（个）	无全向畸变数（个）	胖头畸变数（个）	香蕉头畸变数（个）	尾折迭畸变数（个）	总计畸变数（个）
阴性对照组	5×10^3	51（1.02）	22（0.44）	7（0.14）	11（0.22）	0（0.00）	91（1.82）
小剂量组	5×10^3	45（0.90）	23（0.46）	6（0.12）	8（0.16）	0（0.00）	82（1.64）
中剂量组	5×10^3	48（0.96）	25（0.50）	8（0.16）	10（0.20）	0（0.00）	92（1.84）
大剂量组	5×10^3	52（1.04）	28（0.56）	3（0.06）	13（0.26）	0（0.00）	96（1.92）
阳性对照组	5×10^3	214（4.28）	54（1.08）	54（1.08）	34（0.68）	0（0.00）	356（7.12）

注：括号内数字为畸变百分率

（三）30d 喂养试验

1. 动物生长发育与健康

在观察期间内，各组动物活动正常，生长发育良好，未发现明显中毒症状和不良反应，其体重、食物利用率和对照组无显著差异（$P>0.05$）。

2. 血液学检查

结果见表 7-4。各剂量组雌、雄大鼠的血红蛋白含量、红细胞数、白细胞数，及其分类、血小板与对照组无显著差异（$P>0.05$）。

3. 血液生化测定

各剂量组雌、雄性大鼠血清谷丙转氨酶，谷草转氨酶、总蛋白、白蛋白、血清，高密度脂蛋白胆固醇，总胆固醇，尿氮素及甘油三酯与对照组相比无明显差异（表 7-5），表明苦荞提取物对大鼠肝、肾功能无明显不良影响。

表 7-4　苦荞提取物 30d 喂养试验大鼠血液学检查结果（$\bar{x}\pm s$）

	项目内容	对照	小剂量组	中剂量组	大剂量组
雄性大鼠（♂）	红细胞（10^{12}/L）	5.3±0.7	5.2±0.8	5.2±0.8	5.4±0.7
	血色素（g/L）	111.6±11.7	106.2±11.9	107.1±8.1	111.2±7.2
	白细胞总数（10^9/L）	14.8±1.2	14.5±1.2	14.4±1.0	14.7±1.1
	白细胞分类				
	淋巴（%）	67.8±6.3	66.2±7.9	68.3±6.8	70.8 ±6.2
	中性（%）	31.0±5.7	32.6±7.8	29.9±6.7	27.25±6.7
	单核（%）	0.5±1.7	0.5±0.7	1.0±1.1	1.1 ±1.1
	嗜酸性（%）	0.7±0.7	0.7±0.8	0.8±0.8	0.9 ±0.8
	嗜碱性（%）	0.0	0.0	0.00	0.00
	血小板（10^9/L）	1092.2±58.5	1080.7±63.7	1118.3±66.4	63±54.2

（续表）

	项目内容	对照	小剂量组	中剂量组	大剂量组
雌性大鼠（♀）	血色素（g/L）	1.40 ±11.8	110.6 ±14.5	113.4 ±11.4	113.6 ±10.1
	白细胞总数（10^9/L）	14.8 ±0.8	14.9 ±0.8	149 ±1.1	14.7 ± 1.2
	白细胞分类				
	淋巴（%）	70.4 ±6.9	66.4 ±7.7	68.7 ±7.3	71.7 ±7.1
	中性（%）	28.1 ±7.1	32.1 ±7.5	29.7 ±7.5	26.9 ±7.4
	单核（%）	0.8 ±0.9	0.9 ±0.7	0.7 ±1.0	0.6 ±0.7
	嗜酸性（%）	0.7 ±0.8	0.6 ±1.0	0.9 ±1.0	0.8 ±1.0
	嗜碱性（%）	0.0	0.0	0.0	0.0
	血小板（10^9/L）	1 085.9 ±68.0	1 076.8 ±66.9	1 095.9 ±67.4	1 084.5 ±59.3

注：红细胞（10^{12}/L）血色素（g/L）白细胞总数（10^9/L）血小板（10^9/L）

表 7－5　苦荞提取物喂养试验大鼠血清生化指标测定（$\bar{x} \pm s$）

	项目内容	对照	小剂量组	中剂量组	大剂量组
雄性大鼠（♂）	谷丙转氨酶	66.9 ±6.6	68.5 ±8.1	65.5 ±7.8	68.1 ±9.1
	谷草转氨酶	195.7 ±12.8	194.3 ±19.4	193.5 ±15.6	196.2 ±13.7
	总蛋白	75.4 ±9.6	76.9 ±6.4	76.2 ±9.9	74.3 ±9.2
	白蛋白	32.4 ±5.7	34.5 ±4.9	31.5 ±6.0	33.1 ±4.7
	血糖	5.71 ±0.53	5.55 ±0.54	5.93 ±0.65	5.50 ±0.72
	尿素氮	6.23 ±0.65	6.35 ±0.66	6.18 ±0.65	6.38 ±0.62
	胆固醇	2.22 ±0.24	2.30 ±0.24	2.18 ±0.33	2.25 ±0.28
	高密度脂蛋白胆固醇	0.75 ±0.10	0.73 ±0.09	0.79 ±0.12	0.73 ±0.10
	甘油三酯	0.49 ±0.70	1.48 ±0.16	1.52 ±0.19	1.41 ±0.25
雌性大鼠（♀）	谷丙转氨酶	70.7 ±7.5	71.2 ±12.2	66.9 ±8.7	71.7 ±10.4
	谷草转氨酶	184.6 ±11.6	182.4 ±14.3	189.3 ±13.5	180.9 ±11.6
	总蛋白	75.3 ±9.7	73.4 ±7.5	71.2 ±0.2	74.7 ±7.3
	白蛋白	33.3 ±5.3	36.2 ±4.6	34.2 ±5.0	31.5 ±5.0
	血糖	5.69 ±0.69	5.50 ±0.73	5.73 ±0.77	5.7 ±0.72
	尿素氮	6.04 ±0.78	6.19 ±0.53	6.13 ±0.58	6.05 ±0.64
	胆固醇	2.28 ±0.23	2.23 ±0.24	2.18 ±0.26	2.25 ±0.25
	高密度脂蛋白胆固醇	0.75 ±0.10	0.71 ±0.11	0.70 ±0.11	0.73 ±0.13
	甘油三酯	1.50 ±0.17	1.55 ±0.21	1.48 ±0.20	1.52 ±0.18

注：谷丙转氨酶、谷草转氨酶 u/L，总蛋白、白蛋白 g/L，血糖、尿素氮、胆固醇、高密度脂蛋白胆固醇、甘油三酯 mmol/L

4. 脏器系数测定

各剂量组雌、雄性大鼠肝、肾脏体比与对照组相比未见明显异常，表明苦荞提取物30d喂养对大鼠肝、肾脏等脏器无明显毒作用。

5. 解剖及病理组织学检查

大体解剖各组大鼠脏器未见明显异常。组织学检查大鼠肝、肾及十二指肠、睾丸或卵巢等器官，未见其他特异性病理改变。

30d喂养试验表明，苦荞提取物在较长期服用后未造成大鼠的毒性反应，说明是安全的。

三、苦荞提取物长期毒性试验

李雪琴（2003）进行苦荞提取物对大鼠的长期毒性试验。以苦荞提取物（山西省医药研究所提供，批号990302）加水分别配成5.4%、10.8%混悬液（相当于成人临床用量18mg/kg的30倍，60倍）给大鼠灌胃连续12周，观察连续反复大剂量给予受试物对大鼠的毒性反应，评估其长期用药的安全性。

（一）一般观察

受试物以0.54 g/kg、1.08 g/kg给予大鼠连续灌胃的过程中，未见动物死亡现象。动物外观体征，行为活动，粪便，进食未见异常现象。动物活泼，皮毛光泽，各组动物体重随年龄增长（表7－6）。

表7－6　对大鼠体重（g）增长的影响（$\bar{x} \pm s$）

	对照组		低剂量（0.54g/kg）		高剂量（1.08g/kg）	
	♀	♂	♀	♂	♀	♂
始重	91.9 ±4.0	102.5 ±8.4	92.2 ±2.7	100.7 ±8.3	93.4 ±5.5	105.6 ±5.9
1周	102.5 ±4.2	114.5 ±9.0	102.2 ±2.6	111.8 ±8.0	103.0 ±6.3	117.5 ±5.4
2周	112.5 ±4.2	127.0 ±5.9	111.8 ±3.6	125.7 ±8.7	115.5 ±6.0	128.3 ±6.2
3周	128.0 ±4.2	147.0 ±10.1	123.3 ±3.8	153.0 ±15.7	129.9 ±6.8	153.0 ±7.3
4周	184.4 ±4.5	177.5 ±15.1	143.0 ±6.6	185.0 ±15.1	152.7 ±6.7	184.3 ±13.3
5周	168.3 ±6.0	207.6 ±13.6	166.8 ±8.5	222.8 ±18.8	175.1 ±13.6	219.0 ±11.7
6周	185.4 ±6.3	242.3 ±15.6	168.6 ±9.8	251.5 ±17.8	199.5 ±14.9	256.5 ±14.5
7周	202.7 ±6.9	279.0 ±16.8	206.7 ±14.9	283.5 ±19.4	214.5 ±13.6	295.0 ±15.1
8周	220.0 ±7.8	314.5 ±20.5	228.2 ±16.9	319.5 ±19.8	233.2 ±8.4	326.0 ±16.8
9周	235.5 ±8.5	353.2 ±22.9	245.5 ±14.4	235.3 ±21.6	247.0 ±10.3	356.5 ±17.8
10周	252.1 ±8.6	384.5 ±19.9	258.7 ±14.4	388.0 ±23.7	259.5 ±11.4	387.5 ±21.8
11周	265.5 ±11.6	415.5 ±26.9	271.5 ±13.8	421.0 ±23.1	268.5 ±13.1	419.5 ±21.8
12周	276.9 ±11.3	434.5 ±26.9	280.5 ±14.0	438.6 ±22.0	276.4 ±13.4	434.0 ±17.9
恢复期（停药两周后）			♀299.4 ±8.1		♂481.7 ±28.6	

注：与对照组比较：均 $P<0.05$

停药后恢复期动物也未见异常现象。

（二）血液学检测

受试物以0.54g/kg、1.08g/kg连续灌胃12周及停药恢复期进行血液检测（表7-7）。

表7-7显示，大鼠血常规指标均在正常范围内，与对照组比较，无显著性差异。

表7-7　对大鼠血液学的影响（$\bar{x}\pm s$）

	RBC（10^2/L）	Hb（g/L）	WBC（10^9/L）	N（%）	L（%）
给药12周	（$n=14$）				
对照	7.23±0.53	142.6±7.9	6.49±2.67	19.2±5.3	80.6±5.1
低剂量	7.93±0.72	154.6±13.4	6.73±2.28	19.1±5.9	80.4±5.7
高剂量	7.31±0.43	147.3±9.4	6.00±1.88	18.7±3.4	80.4±3.6
停药2周	（$n=6$）				
对照	7.33±0.47	148.2±7.6	6.75±1.96	19.7±3.9	80.3±3.9
低剂量	7.63±0.34	154.8±5.3	7.23±1.61	19.5±1.4	80.5±1.4
高剂量	7.60±0.63	150.7±8.1	6.28±1.50	19.5±4.3	80.5±4.3

（三）血液生化检测

血液生化检测结果如表7-8所示。

由表7-8可见，受试物以0.54g/kg、1.08g/kg连续灌胃12周及停药恢复期大鼠的肝、肾功能指标均在正常范围内，与对照比较，无显著差异。

表7-8　对大鼠血液生化学指标的影响（$\bar{x}\pm s$）

生化指标	对照	低剂量	高剂量
给药12周 $n=14$			
ALT（U/L）	35.6±6.4	34.4±10.1	37.4±5.5
AST（U/L）	169.4±25.5	164.2±29.4	174.4±30.9
TP（g/L）	61.7±4.4	65.8±5.5	62.9±4.9
ALB（g/L）	31.2±2.8	32.1±2.6	31.8±2.7
TBIL（μmol/L）	7.54±1.62	7.71±2.01	7.58±1.33
ALP（U/L）	144.4±60.3	144.3±37.3	144.5±25.3
GLU（mmol/L）	7.27±2.74	7.13±2.97	6.10±2.15
TC（mmol/L）	1.55±0.24	1.46±0.17	1.42±0.14
BUN（mmol/L）	7.63±1.27	7.16±0.99	7.92±0.83
CRE（μ mol/L）	31.6±2.7	30.1±6.7	31.6±3.9
停药2周 $n=6$			
ALT（U/L）	35.8±3.4	37.3±4.6	36.6±4.2
AST（U/L）	174.3±19.8	196.8±18.7	179.2±39.0
TP（g/L）	61.5±6.3	62.2±6.3	61.7±6.3
ALB（g/L）	30.6±3.3	30.3±3.7	31.2±3.9

（续表）

生化指标	对照	低剂量	高剂量
TBLL（μ mol/L）	8.80 ±2.00	7.97 ±0.15	9.35 ±2.11
ALP（g/L）	152.3 ±40.1	160.8 ±31.5	153.7 ±46.0
GLU（mmol/L）	5.89 ±1.09	6.16 ±1.42	6.16 ±1.76
TC（mmol/L）	1.40 ±0.29	1.55 ±0.29	1.34 ±0.14
BUN（mmol/L）	9.15 ±1.08	9.22 ±0.75	9.80 ±1.87
CRE（μ mol/L）	30.3 ±6.5	32.0 ±5.0	29.5 ±7.6

注：与对照组比较：均 $P>0.05$

（四）脏器检测

肉眼观察尸解动物内脏，各组未见异常变化，主要脏器系数给药组与对照组比较，无显著差异（表7－9）。

表7－9　对大鼠脏器系数的影响（$\bar{x} \pm s$）

	对照组	低剂量（0.54g/kg）	高剂量（1.08g/kg）
（给药12周 $n=14$：睾丸附睾，卵巢子宫，$n=7$）			
心脏（10^{-3}）	2.94 ±0.22	3.00 ±0.24	3.03 ±0.28
肝脏（10^{-3}）	29.52 ±1.95	26.88 ±3.24	27.73 ±3.80
脾脏（10^{-3}）	2.08 ±0.36	2.24 ±0.38	2.20 ±0.31
肺脏（10^{-3}）	4.73 ±0.45	4.91 ±0.67	4.56 ±0.54
肾脏（10^{-3}）	6.09 ±0.51	5.92 ±0.30	6.12 ±0.34
肾上腺（10^{-3}）	2.13 ±0.49	2.15 ±0.43	2.29 ±0.52
胸腺（10^{-3}）	1.45 ±0.15	1.48 ±0.21	1.43 ±0.20
胰腺（10^{-3}）	2.65 ±0.50	2.43 ±0.28	2.42 ±0.24
睾丸附睾（10^{-3}）	11.55 ±0.58	12.13 ±0.71	12.05 ±0.51
卵巢子宫（10^{-3}）	3.04 ±0.34	2.52 ±0.21	2.71 ±0.48
（停药2周 $n=6$：睾丸附睾，卵巢子宫，$n=3$）			
心脏（10^{-3}）	3.14 ±0.35	2.80 ±0.27	3.13 ±0.17
肝脏（10^{-3}）	28.9 ±2.21	28.80 ±1.56	29.25 ±1.23
脾脏（10^{-3}）	2.02 ±0.24	2.26 ±0.42	1.86 ±0.16
肺脏（10^{-3}）	5.22 ±0.58	4.90 ±0.87	5.03 ±0.57
肾脏（10^{-3}）	6.10 ±0.35	5.78 ±0.65	6.13 ±0.46
肾上腺（10^{-3}）	2.32 ±0.34	2.37 ±0.22	2.40 ±0.28

（续表）

	对照组	低剂量（0.54g/kg）	高剂量（1.08g/kg）
胸腺（10^{-3}）	1.50 ±0.35	1.34 ±0.17	1.41 ±0.35
胰腺（10^{-3}）	2.43 ±0.19	2.35 ±0.16	2.37 ±0.21
睾丸附睾（10^{-3}）	11.88 ±0.65	11.57 ±0.22	11.94 ±0.50
卵巢子宫（10^{-3}）	2.64 ±0.23	2.20 ±0.04	2.20 ±0.26

注：与对照组比较：均 $P>0.05$

（五）病理组织学检查

给药12周及停药后恢复期功能的主要脏器，心、肝、脾、肺、肾及胰腺等均未见病理学改变。说明受试物对大鼠脏器无毒性反应。

附：苦荞提取物长期毒理性试验病理学检查报告书（摘要）

一、实验期大鼠

（一）对照组

1. 心

心肌细胞核大小、形状、位置均未见异常，肌纤维纵横纹清晰，间质无增生，无血管充血及炎性渗出。

2. 肾

肾小球大小一致，肾曲管上皮细胞未见变性坏死，间质无增生，无炎性渗出。

3. 脾

脾小体大小一致，无增生及萎缩，脾窦不扩张，窦巨噬细胞无增生。

4. 肺

肺膜、支气管、肺泡结构清楚，支气管壁无炎性反应，假复层毛柱状上皮无变性、坏死及脱落，肺泡腔内无炎性渗出及出血。

5. 肝

肝小时轮廓清楚，大小均一，肝细胞索排列整齐，呈放射状，肝细胞未见变性、坏死，同质无增生及炎性渗出。

6. 胰腺

小叶结构清楚，导管及腺泡上未见变性坏死，同质无增生，无炎症渗出。胰岛结构清晰、胰岛细胞无变化坏死。

7. 肾上腺

皮质与髓质结构清晰，皮质各区带之间细胞无变性、肿瘤及炎坏死。髓质之嗜铬细胞亦未见异常改变。

8. 胸腺

小叶结构清晰，皮质与髓质分界清楚，未见萎缩、增生、症性改变。皮质的淋巴细胞与髓质的皮上网状细胞均未见异常改变。

9. 睾丸

曲细精管结构清晰，生精细胞毓，支持细胞及间质细胞未见萎缩、变性及坏死。间质无炎性改变。

10. 附睾

输出小管及附睾结构清楚，组成它们的上皮细胞无变性、坏死及萎缩，间质无炎性改变。

11. 子宫

分层清晰，内膜及内膜腺体、肌层、浆膜均未见异常。

12. 卵巢

未见异常改变。

（二）高剂量组

心、肝、脾、肺、肾、肾上腺、胸腺、胰腺、睾丸、附睾、子宫及卵巢之镜下所见与对照组相同。

（三）低剂量组

心、肝、脾、肺、肾、肾上腺、胸腺、胰腺、睾丸、附睾、子宫及卵巢之镜下所见与对照组相同。

二、停药恢复期大鼠

（一）对照组

心、肝、脾、肺、肾、肾上腺、胸腺、胰腺、睾丸、附睾、子宫及卵巢之镜下所见与实验期大鼠对照组相同。

（二）高剂量组

心、肝、脾、肺、肾、肾上腺、胸腺、胰腺、睾丸、附睾、子宫及卵巢之镜下所见与实验期大鼠对照组相同。

（三）低剂量组

心、肝、脾、肺、肾、肾上腺、胸腺、胰腺、睾丸、附睾、子宫及卵巢之镜下所见与实验期大鼠对照组相同。

三、结论

1. 苦荞黄酮长期毒性试验实验期大鼠共24只，其中，对照组8只，心、肝、脾、肺、肾、肾上腺、胸腺、胰腺、睾丸、附睾、子宫及卵巢等器官组织学观察均属正常范围。高剂量与低剂量用药组之相应各器官之所见与对照组相同。表明，该药对上述各组大鼠受检各器官均无病理性损伤。

2. 苦荞黄酮长期毒性试验恢复期大鼠共12只，其中，对照组4只，心、肝、脾、肺、肾、肾上腺、胸腺、胰腺、睾丸、附睾、子宫及卵巢等器官组织学观察均属正常范围。高剂量与低剂量用药组之相应各器官之所见与对照组相同。表明，该药对恢复期大鼠各组之上述器官亦无病理性损伤。（冀春萱）

试验结论，苦荞提取物0.54 g/kg、1.08 g/kg给大鼠灌胃连续12周，对大鼠的行为、活动、粪便、进食、皮毛光泽、体重增长期未见异常；对大鼠血象，包括红细胞数、血色素、白细胞数及其分类也无明显影响；对血液生化学指标检查均未见异常；对大鼠主要脏器及其病理学检查未见异常；停药恢复上述观察指标均未见异常。研究结果说明，苦荞提取物以0.54 g/kg、1.08 g/kg连续灌胃12周，对大鼠未引起毒性反应。

第三节　苦荞的大鼠、小鼠喂养

一、生物类黄酮功效学

周建萍等（1997）研究生物类黄酮的降血糖、降血脂、对小鼠应激能力和碳廓清能力的影响。

（一）生物类黄酮的降血糖作用

给予四氧嘧啶所致高血糖小鼠，阳性对照组与模型对照组比较有显著性差异，模型对照组与空白对照组比较有显著性差异。说明模型成立，实验方法可靠，黄酮有降糖作用（表7－10）。

表7－10　生物类黄酮对高血糖模型小鼠的降糖作用

（周建萍等，1997，北京）

组别	剂量（g/kg）	动物数（只）	给样品前血糖值（mg/dl，$\bar{x} \pm s$）	给样品后血糖值（mg/dl，$\bar{x} \pm s$）
小剂量组	3.2	14	238.3 ±48.1	252.1 ±52.3
中剂量组	6.4	12	268.3 ±51.6	217.7 ±53.2*
大剂量组	12.8	12	287.5 ±49.3	219.4 ±50.7*
阳性对照降糖灵组	0.2	15	246.4 ±47.3	216.1 ±46.6*
模型对照组	—	12	250.6 ±24.6	258.1 ±21.6△
空白对照组	—	10	163.6 ±19.6	171.6 ±20.8

注：△ 模型对照组与空白对照组比较，$P<0.05$；* 用样品组与模型组比较，$P<0.05$

（二）生物类黄酮降血脂作用

由表7－11可以看出，3项指标病理模型组与空白对照组比较有显著性差异，说明模型成立。阳性对照组与模型组比较有显著性差异，说明试验方法可靠，生物类黄酮对大鼠血清胆固醇、甘油三酯降低作用明显，高密度脂蛋白升高作用明显。

表7－11　生物类黄酮对大鼠血脂的影响（$\bar{x} \pm s$）

组别	胆固醇（mmol/L）	甘油酯（mmol/L）	高密度脂蛋白（mmol/L）
小剂量组	1.763 ±0.299*	1.868 ±0.451	0.666 ±0.0842
中剂量组	1.830 ±0.182*	1.602 ±0.533*	0.896 ±0.0988*
大剂量组	1.609 ±0.326*	1.292 ±0.414*	0.906 ±0.154*
阳性对照	1.638 ±0.273*	1.45 ±9 +0.330*	0.603 ±0.100*
病理模型组	2.951 ±0.273△	2.086 ±0.461△	0.694 ±0.0972△
空白对照组	2.078 ±0.710	1.620 ±0.400	0.796 ±0.115

注：△与空白对照组比较 $P<0.05$；* 与模型组比较 $P<0.05$

（三）生物类黄酮对小鼠应急能力的影响

生物类黄酮3个剂量组均可使小鼠抗疲劳能力明显提高，游泳时间显著延长（表7－12）。

表7－12　生物类黄酮对小鼠抗疲劳游泳时间的影响

组别	剂量（g/kg）	动物数（只）	游泳时间的影响（mg/dl，$\bar{x}\pm s$）
大剂量组	12.8	10	11.17±9.92*
中剂量组	6.4	10	10.89±2.86*
小剂量组	3.2	11	11.70±2.78*
六味地黄丸	12	10	12.47±6.50*
空白对照组		11	8.25±2.34

注：与空白对照组比较，* $P<0.05$

（四）生物类黄酮对碳廓清能力的影响

生物类黄酮3个剂量对小鼠非特异性免疫功能有明显改善，即可提高小鼠网状内皮系统吞噬能力（表7－13）。

生物类黄酮对四氧嘧啶所引起的高血糖模型小鼠具有降血糖作用；对血脂大鼠血清胆固醇、甘油三酯降低作用明显；还明显延长游泳时间，提高小鼠的抗疲劳能力和提高小鼠碳廓能力，即小鼠网状内皮系统吞噬能力。

表7－13　生物类黄酮对网状内皮系统吞噬能力的影响（$\bar{x}\pm s$）

组别	剂量（g/kg）	动物数（只）	廓清指数K	吞噬指数α
大剂量组	12.8	10	0.02316±0.0135*	4.681±1.186*
中剂量组	6.4	10	0.02523±0.0216*	4.593±1.365
小剂量组	3.2	11	0.01275±0.008733	3.923±1.543
六味地黄丸	12	10	0.0267±0.0178**	4.892±1.389*
空白对照组	—	11	0.0774±0.08138	3.510±1.306

注：与空白对照组比较 * $P<0.05$；** $P<0.01$

二、降血糖、降血脂

（一）苦荞降糖茶实验

韩二金（1997）委托卫生部食品卫生监督检验所进行苦荞降糖茶降血糖作用实验。

1. 苦荞降糖茶对小鼠空腹血糖的影响

用四氧嘧啶引起小鼠的高血糖造型，造型后空腹血糖明显升高，与造型前比较差异有显著性（$P<0.001$），给予受试物的20d，3.75g/（kg·bw）、7.5g/（kg·bw）、11.25g/（kg·bw）剂量组空腹血糖与对照组比较（表7－14）。

表 7－14 苦荞降糖茶对高血糖小鼠空腹血糖的影响

性别	剂量（g/kg · bw）	动物数（只）	空腹血值（mmol/L）	
			实验前	试验后
雄性（♂）	0.00	12	18.85 ±6.38	22.24 ±5.91
	3.75	12	18.89 ±6.38	16.71 ±5.66*
	7.50	12	18.76 ±6.03	17.15 ±8.81
	11.25	12	19.27 ±5.88	14.50 ±4.91**

注：与对照组相比较：* $P<0.05$，** $P<0.01$

比对实验前后，空腹血糖有降低趋势，按统计学检验，3.75g/（kg · bw）、11.25g/（kg · bw）剂量组差异有显著性（$P<0.05$、$P<0.01$），说明苦荞降糖茶有降低四氧嘧啶引起的高血糖小鼠空腹血糖作用。

2. 苦荞降糖茶对四氧嘧啶引起的高血糖小鼠糖耐量的影响

给予受实验动物 20d，各剂量组餐后 1.5h 血糖值与对照组比较差异无显著性，而餐后 0h、3h 血糖值与对照组比较呈下降趋势，据统计检验，3.75g/（kg · bw）、7.5g/（kg · bw）、11.25g/（kg · bw）剂量组餐后 0h 血糖差异有显著性（$P<0.05$，$P<0.01$），3.75g/（kg · bw）、11.25g/（kg · bw）剂量组餐后 3h 血糖差异有显著性（$P<0.05$，$P<0.01$）。苦荞降糖茶有降低餐后血糖提高糖耐受量作用。

给予四氧嘧啶所至高血糖小鼠苦荞降糖茶 20d，3.75g/（kg · bw）、11.25g/（kg · bw）剂量能明显降低高血糖小鼠空腹血糖及餐后 3h 血糖（$P<0.05$，$P<0.01$），可见该产品有降低血糖的作用（表 7－15）。

表 7－15 苦荞降糖茶对高血脂小鼠糖耐量的影响

性别	剂量（g/kg · bw）	动物数（只）	血糖值（mmol/L）		
			餐后 0h	餐后 1.5h	餐后 3.0h
雄	0.0	10	22.85 ±4.92	25.00 ±4.06	21.27 ±5.31
	3.75	10	16.87 ±4.50*	24.50 ±3.86*	15.28 ±4.87*
	7.50	10	17.00 ±7.89*	26.47 ±2.56	20.53 ±6.61
	11.25	10	14.31 ±3.98**	24.07 ±2.07	15.01 ±3.03**

注：与对照比较 * $P<0.05$；** $P<0.01$

（二）苦荞提取物对大小鼠血糖的调节

苦荞提取物系乙醇提取物黄色粉末状，受试物为人推荐量的 5 倍、10 倍及 20 倍，空白对照为灌胃蒸馏水，20d 后测血糖。

1. 苦荞提取物对大鼠体重的影响

整个实验大鼠生长发育正常，经方差分析，大鼠体重各时期、各实验组与对照组无差异。

2. 苦荞提取物对正常大鼠血糖的影响

给予受试物后，各剂量组动物空腹血糖与对照组相比无显著性差异，表明苦荞提取物对正常大鼠血糖无影响。

3. 苦荞提取物对四氧嘧啶所致高血糖大鼠的影响

在给予受试物27d后，各剂量的空腹血糖值与对照组比较有明显下降（$P<0.05$），其各组受试前后的差值与对照组相比差异显著（$P<0.05$），表明苦荞提取物可以降低四氧嘧啶所引起的高血糖型大鼠的血糖水平（表7-16）。

表7-16　苦荞提取物对正常大鼠血糖的影响

组别	动物数（只）	血糖值（mmol/L）	
		受试前	受试后
对照组	8	5.72±0.49	5.85±0.40
小剂量组	8	5.78±0.36	5.61±0.84
中剂量组	8	5.81±0.38	5.61±0.63
大剂量组	8	5.85±0.45	5.64±0.44

表7-17　苦荞提取物对四氧嘧啶所致高血糖大鼠血糖的影响

组别	动物数	血糖值（mmol/L）		差值	P
		受试前	受试后		
正常组	10	5.82±0.67	5.78±0.47		
对照组	10	19.25±5.52	34.08±5.04	14.80±6.56	
小剂量组	10	20.35±4.33	27.81±1.87*	7.46±4.11*	<0.05
中剂量组	10	21.27±3.82	25.83±4.69*	4.55±9.93*	<0.05
大剂量组	10	20.03±3.27	23.78±3.50*	3.16±5.7*	<0.05

*与对照组相比，$P<0.05$ 受试前各组 $P=0.4687$，受试后 $P=6.5389$，$P<0.01$

4. 苦荞提取物对四氧嘧啶所致大鼠高血糖糖耐量的影响

给予受试物后，各组灌胃葡萄糖1h及2h后，中、大剂量血糖明显低于对照组，其次糖升高差值中，大剂量组也显著低于对照组（表7-18和表7-19）。

表7-18　苦荞提取物对四氧嘧啶所致大鼠高血糖糖耐量的影响

组别	动物数（只）	血糖值（mmol/L）		
		空腹血糖	灌胃葡萄糖1h	灌胃葡萄糖2h
正常组	10	5.34±0.53		
对照组	10	26.32±3.05	43.18±3.16	32.20±3.69
小剂量组	10	27.24±3.89	40.52±5.52	34.71±4.50
中剂量组	10	25.28±4.31	37.44±4.46*	30.83±3.14
大剂量组	10	25.73±3.32	31.46±2.67*	26.63±1.81*

注：*与对照组比较，$P<0.05$，经方差分析，空腹血糖 $F_0=0.949$，$P>0.05$，灌胃1h $F_1=18.411$，$P<0.000$，灌胃2h后 $F_2=6.674$，$P<0.001$，灌胃葡萄糖1h，中、大剂量组显著低于对照组，到2h后血糖值，大剂量组显著低于对照组

表 7－19　苦荞提取物对四氧嘧啶所致大鼠高血糖糖耐量的影响

组别	动物数	血糖升高或降低（mmol/L）			
		1～0h	P 值	2～1h	P 值
对照组	10	17.56±3.33		11.61±4.12	
小剂量组	10	13.28±6.80*	<0.05	5.81±6.49*	
中剂量组	10	12.16±5.36*	<0.05	6.61±4.51*	<0.05
大剂量组	10	5.37±3.01*	<0.05	4.83±2.02*	<0.05

注：与对照组比较，$P<0.05$，经方差分析 1～0h 的 $F=15.749$，$P<0.000$，2～1h 的 $F=5.446$，$P<0.003$

如表 7－18 和表 7－19 所示，给予受试物后，各组灌胃葡萄糖 1h、2h 后的血糖值，中、高剂量组明显低于对照组，其血糖升高的差值中，高剂量组亦显著低于对照组。

提取物胶囊对正常大鼠血糖没有影响，中、高剂量组的提取物胶囊对四氧嘧啶所致的高血糖大鼠空腹血糖有明显的降低作用，并且改善由四氧嘧啶所引起高血糖大鼠的糖耐量。

（三）苦荞提取物对大小鼠血脂的调节

苦荞提取物系乙醇提取黄色粉末状，推荐量为 1.5g/d。

实验动物 为 wistar 雄性大鼠，二级。

实验方法 以基础饲料喂养 5d 后，禁食，称重，取尾血，酶法测定 TC、TG 和 HDL-C，根据体重、TC 水平将大鼠随机分高脂对照组、小、中、大受试组。正式实验开始，各组换用高脂饲料，受试物用蒸馏水配置、灌胃。第 14 天、第 25 天称重，取尾血测多项血脂指标。

1. 大鼠体重

整个实验大鼠体重正常，无显著差异（$P>0.005$）（表 7－20）。

2. 血清 TC 浓度

第 28 天时大鼠血清浓度大剂量组与对照组相比较显著下降，有统计学差异（$t=2.267>t_{20}^{(0.05)}=2.086$，$P<0.05$）。

表 7－20　第 0、第 14、第 28 天各组血清 TC 浓度（mmol/L，$\bar{x}\pm s$）

组别	动物数（只）	0 d	14 d	28 d
对照组	11	1.92±0.20	2.85±0.65	3.28±0.50
小剂量组	11	1.92±0.17	2.77±0.47	2.99±0.64
中剂量组	11	1.92±0.20	2.79±0.30	2.92±0.34
大剂量组	11	1.94±0.22	2.63±0.45	2.80±0.50

注：与对照组相比，$P<0.05$

3. 血清 TG 浓度

第 28 天时大鼠中剂量组的血清 TG 水平与对照组相比显著降低，并有统计学上差异（$t=2.126>t_{20}^{(0.05)}=2.086$，$P<0.005$）（表 7－21）。

表 7－21　第 0、第 14、第 28 天各组血清 TG 浓度（mmol/L，$\bar{x} \pm s$）

组别	动物数（只）	0 d	14 d	28 d
对照组	11	1.09 ±0.12	0.85 ±0.08	0.82 ±0.14
小剂量组	11	0.99 ±0.16	0.84 ±0.11	0.77 ±0.14
中剂量组	11	1.03 ±0.14	0.83 ±0.04	0.81 ±0.10
大剂量组	11	1.07 ±0.11	0.85 ±0.06	0.81 ±0.06

4. 血清 HDL-C 浓度

3 个实验组的 HDL-C 浓度与对照组相比均无统计学上的差异（$P>0.005$）（表 7－22）。

表 7－22　第 0 天、第 14 天、第 28 天各组血清 HDL-C 浓度（mmol/L，$\bar{x} \pm s$）

组别	动物数（只）	0 d	14 d	28 d
对照组	11	0.74 ±0.24	1.73 ±0.45	2.19 ±0.59
小剂量组	11	0.73 ±0.11	1.65 ±0.40	1.89 ±0.44
中剂量组	11	0.71 ±0.12	1.65 ±0.36	1.69 ±0.43
大剂量组	11	0.67 ±0.14	1.58 ±0.37	1.77 ±0.37

注：与对照组相比，$P<0.05$

5. HDL-C/TC 比值

HDL-C/TC 比值反映了心血管“保护因子”HDL-C 在 TC 中的比例。第 28 天时，大剂量组的 HDL-C/TC 比值高于对照组，但未见统计学上的显著差异（$P>0.005$）（表 7－23）。

表 7－23　第 0 天、第 14 天、第 28 天各组血清 HDL-C/TC 浓度（$\bar{x} \pm s$）

组别	动物数（只）	0d	14d	28d
对照组	11	0.57 ±0.07	0.31 ±0.08	0.26 ±0.05
小剂量组	11	0.51 ±0.06	0.31 ±0.07	0.27 ±0.07
中剂量组	11	0.53 ±0.06	0.30 ±0.04	0.28 ±0.05
大剂量组	11	0.56 ±0.05	0.33 ±0.04	0.30 ±0.07

6. 苦荞提取物对大鼠血脂水平的影响

苦荞提取物对大鼠血脂水平的影响如表 7－24 所示。以小剂量、中剂量和大剂量的苦荞提取

表 7－24　苦荞提取物对大鼠血脂水平的影响

剂量	TC（%）	TG（%）	HDL-C（%）
小剂量	－8.8	－13.7	－6.1
中剂量	－11.0	－22.8	－1.2
大剂量	－14.0	－19.2	－1.2

物灌胃大鼠28d，血清TC分别下降为8.8%、11.0%和14.0%，血清TG分别下降为13.7%、22.8%和19.2%，血清HDL-C分别下降为6.1%、1.2%和1.2%。可见，苦荞提取物对TC、TG具有辅助调节作用。

（四）苦荞营养粉的小鼠血糖、大鼠血脂试验

姜培珍等（2000）进行苦荞营养粉的小鼠血糖、大鼠血脂试验。

1. 苦荞营养粉的小鼠血糖试验

苦荞营养粉在小鼠调节血糖试验的结果是，正常小鼠给予葡萄糖后，高剂量组0.5h的血糖水平明显低于对照组，下降29.46%，差异显著；高血糖小鼠模型组糖耐量试验，给小鼠注射四氧嘧啶后，高剂量组2h的血糖水平明显低于模型对照组，下降26.26%，差异显著（表7－25、表7－26）。

表7－25　苦荞营养粉对正常动物糖耐量的影响（$\bar{x} \pm s$）

组	动物数（只）	血糖（mmol/L）		
		0h	0.5h	2h
正常对照组	10	3.79±0.29	11.20±1.07	5.35±0.86
低剂量组	10	3.14±0.70	10.20±1.67	6.04±2.21
中剂量组	10	3.92±0.79	10.00±2.35	6.18±1.17
高剂量组	10	3.66±0.76	7.90±1.48(1)	5.85±1.35

注：与对照组相比较 $P<0.05$

表7－26　苦荞营养粉对高血糖动物模型糖耐量的影响（$\bar{x} \pm s$）

组	动物数（只）	血糖（mmol/L）		
		0h	0.5h	2h
正常营养组	10	3.79±0.29	11.20±1.07	5.35±0.86
高血糖模型组	10	14.70±3.61	22.70±3.45	19.80±2.21
低剂量组	10	17.60±4.17	23.40±5.65	16.00±4.72
中剂量组	10	16.70±4.54	21.00±5.78	19.00±6.71
高剂量组	10	13.70±3.67	22.40±4.25	14.60±4.81(1)

注：与对照组相比较 $P<0.05$

2. 苦荞营养粉的大鼠血脂试验

苦荞营养粉在大鼠调节血脂实验中，低、中、高剂量组的TC值和TG值均分别比高脂模型组降低13.87%和38.06%，中、高剂量组的TC值和各剂量组的TG值分别与高脂模型组相比较均有显著意义；中高剂量组的HDL-C值均比高脂模型组上升7.13～7.83mg/dl，有显著差异（表7－27、表7－28）。

苦荞营养粉的人体调节血脂实验，在人体试食5周后TG值比实验前下降了29.2%，试验组的TG值与初始值和对照组相比，差异显著。TC值与实验前相比较，降低36.21%。虽统计分析无差异，但按照判断方法，上述结果足以证实苦荞营养粉对人体具有调节血脂的保健功能。

表 7－27　苦荞营养粉对Ⅱ型糖尿病患者血脂的影响（$\bar{x} \pm s$）

组别	TG		TC	
	0 周	5 周	0 周	5 周
对照组	1.64 ±0.68	1.71 ±0.66	4.55 ±1.19	4.50 ±1.2
试验组	1.71 ±1.15	1.21 ±0.53	4.99 ±1.10	4.68 ±1.09

注：与食用前比较 $P<0.05$，与对照组比较 $P<0.05$

表 7－28　苦荞营养粉对大鼠 TC、TG、HDL-C 的影响（$\bar{x} \pm s$）

剂量分组	动物数	TC（mmol/L）		TG（mmol/L）		HDL-C（mg/dl）	
		实验前	试验后	实验前	试验后	实验前	试验后
对照组	10	1.18 ±0.37	3.10 ±0.62	0.43 ±0.15	1.51 ±0.30	60.78 ±12.89	45.04 ±5.66
低剂量组	10	1.19 ±0.37	2.07 ±0.49	0.51 ±0.16	1.19 ±0.24(1)	55.14 ±11.45	47.28 ±4.91
中剂量组	10	1.19 ±0.38	2.4 ±0.31(1)	0.53 ±0.14	1.06 ±0.25(1)	57.98 ±13.12	52.17 ±5.98(1)
高剂量组	10	1.30 ±0.34	1.92 ±0.36(1)	0.43 ±0.15	1.03 ±0.29(1)	58.48 ±13.75	52.87 ±6.93(1)

注：与对照组比较 $P<0.05$

（五）苦荞提取物对糖尿病模型鼠血糖的影响

陕 方等（2005）进行苦荞不同提取物对糖尿病模型大鼠血糖的影响研究。

用高、低浓度乙醇分别处理苦荞麸皮原料，得到 A、B 两种苦荞提取物（表 7－29），进行糖尿病模型大鼠试验。

表 7－29　苦荞提取物活性成分

项目	提取物 A（%）	提取物 B（%）
总黄酮	0.26	45.3
自由 D-手性肌醇	3.01	0.24
提取物得率	9.53	8.71

1. 给药 7d 对 STZ 高血糖大鼠空腹血糖的影响

给药 7d 时，提取物 A 组灌胃 5h，对 STZ 高血糖大鼠的空腹血糖有明显降低作用（$P<0.05$），与对照组相比，血糖下降了 12.4%。提取物 B 组灌胃 2.5h 及 5h 对 STZ 高血糖大鼠的空腹血糖均无显著性影响（表 7－30）。

表 7－30　给药 7d 对 STZ 高血糖大鼠空腹血糖的影响

组别	剂量（g/kg）	血糖（mg/dl）	
		2.5h	5.0h
con	—	312.3 ±53.5	282.6 ±34.4
二甲双胍	0.2	261.1 ±45.7* （16.4）	185.6 ±78.8** （34.3）
提取物 A	5.0	277.0 ±35.3（11.3）	247.5 ±27.4* （12.4）
提取物 B	5.0	311.8 ±41.2（0.2）	258.6 ±15.7（8.5）

与对照组作比较 $^{*}P<0.05$，$^{**}P<0.01$；括号内数字为血糖下降%。

2. 给药 14d 对 STZ 高血糖大鼠糖耐量的影响

给药 14d 时，对 STZ 高血糖大鼠葡萄糖（20g/kg）灌胃 30min 及 60min，提取物 A 组的血糖有显著降低作用，AUC 明显低于对照组，下降了 14.9%。提取物 B 组的血糖及 AUC 均无明显影响（表 7－31）。

表 7－31　给药 7d 对 STZ 高血糖大鼠空腹血糖的影响

组别	剂量	血糖（mg/dl）				AUC［mg/（dl·h）］
		0 min	30 min	60 min	120 min 后	
con	—	398.4±75.0	473.0±104.5	438.9±75.5	355.1±62.0	842.8±150.1
二甲双胍	0.2	341.8±44.8	356.2±93.3*	320.9±64.6*	296.6±72.6	652.5±133.8*（22.6）
提取物 A	5.0	354.5±31.7	382.3±40.4*	359.0±51.5*	337.1±37.8	717.6± 75.8*（14.9）
提取物 B	5.0	364.7±37.0	400.4±36.1	378.9±42.1	328.7±36.0	739.6± 69.5（12.2）

与对照组比较：$*P<0.05$；（）括号内数字为 AUC 下降数。

3. 给药 19d 对 STZ 高血糖大鼠血糖相关指标的影响

给药 19d 时，与对照组相比，试验组 STZ 高血糖大鼠的 3 项生理指标均有显著改善，提取物 A 组，非禁食血糖下降 26.9%，血清 SOD 活性提高 9.0%，红细胞 CAT 活性增加 43.7%。提取物 B 组，非禁食血糖下降 17.2%，血清 SOD 活性提高 30.5%，红细胞 CAT 活性增加 25.7%（表 7－32）。

表 7－32　给药 10d 对 STZ 高血压大鼠非禁食血糖、血清 SOD 活性及红细胞 CAT 活性的影响

组别	剂量（g/kg）	非禁食血糖（mg/dl）	血清 SDO 活性（NU/ml）	红细胞 CAT 活性（μg/Hb）
con	—	361.5±58.2	121.6±32.8	68.4±22.4
二甲双胍	0.2	340.5±40.7（－5.8）	164.8±16.9**（＋35.3）	64.6±12.5（－5.5）
提取物 A	5.0	264.1±55.6**（－26.9）	132.5±17.7（＋9.0）	98.3±16.3**（＋43.7）
提取物 B	5.0	298.4±36.5*（－17.4）	158.7±18.2**（＋30.5）	86.0±17.1（＋25.7）

注：与对照表比较，$^{*}P<0.05$；$^{**}P<0.05$；（）括号内数字上升（＋），下降（－）%

4. 给药 21d 对 STZ 高血脂大鼠糖耐量的影响

给药 21d 时，以葡萄糖（2.0g/kg）对 STZ 高血糖大鼠灌胃，30min 后提取物 A 组的血糖值显著低于对照组，AUC 降低 12.7%（表 7－33）。

表 7－33　给药 21d 对 STZ 高血糖大鼠糖耐量的影响

组别	剂量（g/kg）	血糖（mg/dl）			AUC［mg/（dl·h）］
		0min	30min	120min	
con	—	263.4±61.1	463.9±56.6	338.3±55.6	808.5±101.9
二甲双胍	0.2	309.7±68.5	358.0±77.3**	279.8±51.6*	645.4±122.0**（20.2）
提取物 A	5.0	322.8±39.4	379.6±64.9**	327.4±32.6	705.9±95.2*（12.7）

注：与对照组比较，$^{*}P<0.05$；$^{**}P<0.01$；（）括号内数字为 AUC 下降%

5. 对链佐霉素诱导糖尿病模型大鼠糖耐量的影响

给药第 15 天、第 29 天时，糖尿病模型大鼠糖耐量测定结果详见表 7－34、表 7－35。

表 7－34　给药 15d 糖尿病模型大鼠糖耐量测定结果

组别	糖耐量值			
	30 min	60 min	90 min	120 min
正常组	$8.8 \pm 1.3^{***}$	$5.2 \pm 1.1^{***}$	$3.8 \pm 0.5^{***}$	$3.2 \pm 0.7^{***}$
模型组	27.9 ± 4.9	18.6 ± 5.2	13.7 ± 5.8	18.6 ± 6.7
二甲双胍 0.27g/kg	$19.6 \pm 7.7^{**}$	$10.1 \pm 7.2^{**}$	$5.3 \pm 4.6^{**}$	$4.1 \pm 3.3^{***}$
提取物 A 0.4g/kg	27.8 ± 4.3	20.0 ± 6.8	22.4 ± 7.2	19.5 ± 6.4
提取物 A 1.0g/kg	$22.8 \pm 4.3^{*}$	16.9 ± 5.5	11.6 ± 7.1	$6.5 \pm 4.0^{***}$
提取物 A 2.5g/kg	$21.7 \pm 6.6^{*}$	$15.1 \pm 6.3^{*}$	$8.4 \pm 4.3^{*}$	$5.2 \pm 3.1^{***}$

注：与模型对照组相比，${}^{*}P<0.05$；${}^{**}P<0.01$；${}^{***}P<0.001$

表 7－35　给药 29d 糖尿病模型大鼠糖耐量测定结果

组别	糖耐量值			
	30 min	60 min	90 min	120 min
正常组	$7.8 \pm 0.9^{***}$	$7.1 \pm 1.0^{***}$	$5.9 \pm 0.5^{***}$	$5.2 \pm 0.5^{***}$
模型组	25.1 ± 5.1	24.4 ± 5.1	20.9 ± 6.8	19.4 ± 6.2
二甲双胍 0.27 g/kg	$9.8 \pm 5.6^{***}$	$6.6 \pm 4.3^{***}$	$5.4 \pm 3.5^{***}$	$4.2 \pm 2.8^{***}$
提取物 A 0.4g/kg	$24.2 \pm 7.0^{\triangle}$	$22.0 \pm 5.3^{\triangle}$	$21.6 \pm 6.7^{\triangle}$	$18.7 \pm 5.3^{\triangle}$
提取物 A 1.0g/kg	$13.4 \pm 4.4^{***}$	$10.6 \pm 5.5^{***}$	$8.1 \pm 4.0^{***}$	$6.4 \pm 4.3^{***}$
提取物 A 2.5g/kg	$18.3 \pm 2.2^{***}$	$6.2 \pm 2.3^{***}$	$4.5 \pm 2.5^{***}$	$3.6 \pm 2.0^{***}$

注：与模型对照组相比，${}^{*}P<0.05$；${}^{**}P<0.01$；${}^{***}P<0.001$；${}^{\triangle}P>0.05$

苦荞低溶度提取物 A 对 STZ 高血糖大鼠的糖尿病多项指标均有改善，效果与给药剂量成正相关，当剂量达到 1g/kg 时，可显著改善链佐霉素诱导糖尿病大鼠的糖耐量。苦荞的低溶度乙醇提取物 A 的降解作用可能与相对较高含量 D-自由手性肌醇有关。

（六）凉山苦荞粉、复方苦荞粉对大鼠及人体血脂、血糖的影响

蒋俊方（2004）用凉山苦荞粉、苦荞营养粉进行大鼠和人体服用试验。

1. 苦荞粉的大鼠喂养试验

从表 7－36 和表 7－37 看出，苦荞粉喂养大鼠 3 周，大鼠血液中胆固醇降低，而 β 脂蛋白增加明显（$P<0.01$），说明有调节肝内脂肪代谢作用。

表 7－36　大鼠模型形成后不同饲料喂养 3 周后血脂固定均值（mg/dl）

	高脂粉组	对照组	苦荞粉组
胆固醇	318.06 ± 62.99	98.18 ±17.12	61.58 ± 1.08
β-脂蛋白	103.2 ±209.16	116.59 ±65.2	153.5 ±26.49

表 7－37　高脂肪与苦荞粉喂养大鼠 3 周后脂肪肝比较

动物编号	1	2	3	4	5	6	7	8	9	10
高脂粉组	+ + +	+ + +	+ + +	+ + +	+ + +	+ + +	+ + +	+ + +	+ + +	+ + +
苦荞营养粉组	+ +	+ +	+ + +	+ +	· · ·	+ + +	+	· · ·	+ +	+

2. 复方苦荞粉的人体服用试验，复方苦荞粉的人体服用效果如表 7－38 至表 7－40。

从表 7－38、表 7－39、表 7－40 看出，服用复方苦荞粉后，糖尿病人临床症状中的多饮、多尿、多食、乏力、皮痒等症状减轻或消失。糖尿量减少，甘油三酯和总胆固醇降低，β 脂蛋白增加，差异显著。

表 7－38　复方苦荞粉对糖尿病人尿糖的影响（定量效果：g/24h）

处理	N	第 1 个疗程		第 2 个疗程		第 3 个疗程	
		治疗前	治疗后	治疗前	治疗后	治疗前	治疗后
复方苦荞粉	27	44.29 ±42.7	19.65 ±22*	110 ±0	25 ±0		
用药物＋苦荞粉	22	50.55 ±60.5	29.84 ± 37.32*	64.13 ±121.91	7.8 ±13.27	4.13 ±5.8	0 ±0

注：＊$P<0.05$

表 7－39　复方苦荞粉对糖尿病和高血脂合并症患者血脂影响（mg/dl）

处理	N	治疗前	治疗后	差数（$x \pm s$）	P 值
甘油三脂	18	309.80 ±24.5	232.78 ±173.36	77.02 ±68.14	0.05*
总胆固醇	18	247.15 ±5.67	197.08 ± 42.93	50.07 ±13.77	0.01**

注：＊$P<0.05$，＊＊$P<0.01$

表 7－40　有血脂升高的动脉硬化高血压和肥胖病人服用苦荞粉 30d 后高脂变化（mg/dl）

	N	治疗前	治疗后	P 小于 0.01
血清油脂	10	189	157	*
血清胆固醇	10	229	255	**
β—脂蛋白	10	284	552	**

注：* $P<0.05$，** $P<0.01$

（七）D-手性肌醇提取物的小鼠降糖试验

边俊生等（2008）以苦荞麸皮为原料，用乙醇提取含 22% 的苦荞 D-手性肌醇提取物（TBBEP）进行小鼠降糖试验。

选 40 只基因纯合的糖尿病 KK-Ay 鼠和 10 只雄性 C57BL/6 正常鼠，按体重和血糖水平分成 5 组：Ⅰ KK-Ay 鼠 糖尿病空白组（$n=10$）；Ⅱ KK-Ay 鼠 TBBEP 灌胃 182mg/kg（D-CI40mg/kg，$n=10$）；Ⅲ KK-Ay 鼠 TBBEP 灌胃 91mg/kg（D-CI20mg/kg，$n=10$）；Ⅳ KK-Ay 鼠 TBBEP 灌胃 45mg/kg（D-CI10mg/kg，$n=10$）；Ⅴ C57BL/6 血糖正常组（$n=10$）。

试验组每天按试验剂量灌胃 1 次。

结果：降糖效果 试验起始时 KK-Ay 血糖鼠（163%，$P<0.01$）显著高于 C57BL/6 小鼠，连续 5 周灌胃后，Ⅱ 组小鼠的血糖下降 38%，降糖效果最好（图 7－1）。

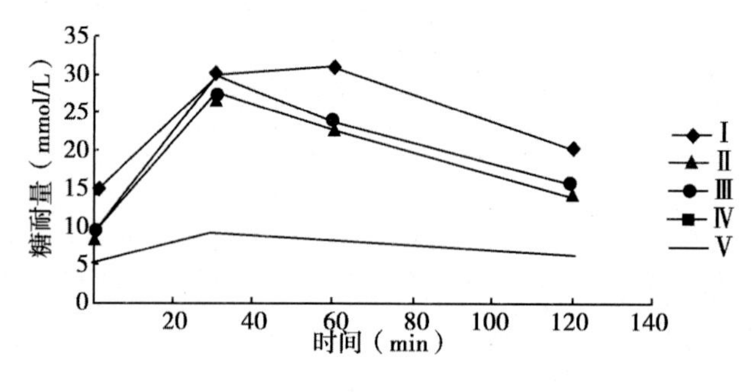

图 7－1 手性肌醇糖耐量试验

糖耐量（OGTT）糖耐量试验中各组变化结果，C57BL/6 组在给于糖水 30min 后血糖值达到峰值，在 120min 后恢复正常。糖尿病空白组在给于糖水 60min 后血糖达到峰值，且在 60min 后保持较高水平。TBBEP 组在 60min 和 120min 血糖水平均比糖尿病空白组低。

三、抗氧化特性

（一）苦荞叶提取物*的抗氧化酶活性

苦荞叶提取物对小鼠血液、肝脏、心脏中抗氧化酶活性的影响（表 7－41）。

表 7－41 苦荞叶提取物对小鼠血液中抗氧化酶活性的影响

组别	剂量［ml/（kg·d）］	SOD［U/（g·Hb）］	CAT［U/（g·Hb）］	CSH. -Px［U/（g·Hb）］
1		1 626.4 ±70.9	2 137.2 ±80.6	40.2 ±1.8
2	6	1 680.0 ±75.6		43.2 ±2.0
3	12	1 753.5 ±81.2	2 181.0 ±87.5	47.8 ±2.1
4	18	1 808.6 ±86.8		50.8 ±2.3

苦荞提取物灌胃后，小鼠体内 3 种抗氧化酶的活性均随苦荞提取物浓度的增加而有所提高（表 7－42）。

* 苦荞叶提取物 *（ETBL）中总黄酮含量为 4.8mg/100ml，SOD 类活性为 600U/ml，还有赖氨酸（3.0 mg/ml）和精氨酸（1.7mg/ml）；

* 自由基引发的脂质过氧化作用通常是一些疾病的重要原因之一。MDA 含量可以作为衡量脂质过氧化程度的主要指标；

* 具有抗氧化酶活性，抗脂质过氧化作用

表 7－42　苦荞提取物对小鼠肝脏中抗氧化酶活性的影响

组别	剂量（ml/kg·d）	SOD（U/g·Hb）	CAT（U/g·Hb）	CSH-Px（U/g 血液）
1	—	80.6±4.2	105.4±6.7	20.6±1.6
2	6	83.7±4.4	110.3±6.8	21.8±1.8
3	12	87.8±5.1		22.4±1.9
4	18	91.3±5.4		23.0±2.1

注：$P<0.05$，E 对 C

正常组小鼠肝脏中 SOD 的活性为 80.6U/g·Hb，肝脏中 SOD 活性随着苦荞提取物灌胃量的增加而增加，CSH-Px 的活性提高最为显著，而 CAT 的活性有增加，但无统计学意义。

当苦荞叶提取物灌胃后，小鼠血液、肝脏和心脏中 MDA 含量明显降低，并与灌胃量的增加呈负相关。

表 7－43　苦荞提取物对小鼠心脏中抗氧化酶活性的影响

组别	剂量［ml/（kg·d）］	SOD［U/（mg·Hb）］	CAT［U/（mg·Hb）］	CSH.-Px（u/g 血液）
1	—	64.4±3.2	97.5±5.3	21.3±1.8
2	6	68.5±3.4	-	22.4±1.9
3	12	21.3±3.6	102.3±5.5	23.6±2.1
4	18	74.2±3.8	-	24.5±2.4

注：$P<0.05$，E 对 C

表 7－44　苦荞提取物对小鼠血液、肝脏、心脏中丙二醛含量的影响

组织	1 组	2 组	3 组	4 组
肝脏	9.31±0.62	8.86±0.54	8.52±0.4	7.95±0.41
心脏	10.95±0.82	10.02±0.78	9.57±0.68	9.13±0.56
血液	14.14±0.97	13.56±0.78	12.75±0.62	11.88±0.53

（二）苦荞黄酮抗脂过氧化和红细胞保护作用

王敏（2005）进行黄酮抗脂质过氧化和红细胞保护作用的研究。

1. 苦荞黄酮抗氧化活性

实验获得 18 个活性部位，测定 TFTBF、槲皮素及芦丁及 18 个活性部位不同时期内部对 DPPH 活性部位的抑制，结果见表 7－45。

由表 7－45 可知，各部位 DPPH 活性的抑制率由 48.74% 到 68.55% 不等。说明各部位都具有清除自由基的能力，但强弱存在一定的差异，其中以 Fr4（IR＝66.15%）、Fr9（IR＝68.55%）的抗氧化作用较强。当反应时间为 15min 时，TFTBF、Fr4、Fr9、槲皮素及芦丁抑制率分别为 55.13%、66.15%、68.55%、71.99%、63.08%。由此得到以上样品清除 DPPH 自由基能力由强到弱的排序为：槲皮素＞Fr9＞Fr4＞芦丁＞TFTBF。结果表明，槲皮素是苦荞总黄酮在

体外表现抗脂质过氧化和红细胞保护作用的重要活性成分之一。

表 7－45　各种待测样品不同时间对 DPPH 自由基的抑制率（$\bar{x}$，$n=3$）

sample	Time（min）/IR5（%）		
	5	10	15
Fr1	48.85	49.02	49.03
Fr2	53.54	53.82	54.05
Fr3	63.25	64.85	65.85
Fr4	64.87	65.58	66.15
Fr5	59.35	59.98	60.41
Fr6	62.09	63.13	63.76
Fr7	57.92	58.52	58.96
Fr8	61.88	62.51	63.07
Fr9	67.06	67.94	68.55
Fr10	57.07	57.47	57.80
Fr11	52.17	52.17	52.94
Fr12	52.04	52.41	52.62
Fr14	51.39	51.66	51.83
Fr16	48.60	48.73	48.74
Fr17	49.10	49.24	49.64
Fr18	50.38	50.45	50.42
rutin	59.49	61.57	63.08
quercetin	70.01	71.24	71.99
TFTBF	52.23	52.80	53.13

2. 苦荞总黄酮对大鼠肝脏自发性脂质过氧化的影响

表 7－46　TFTBF 对大鼠肝脏自发性脂质过氧化的影响（$\bar{x}$，$n=3$）

	Sample									
	TFTBF		Fr4		Fr9		quercetin		rutin	
Conxentrstion (mu/ml) IR（%）	0	0	0	0	0	0	0	0	0	0
	0.5	10.56	0.1	15.48	0.1	24.17	0.1	10.0	0.5	1.34
	10	21.88	1	31.47	1	30.67	2	27.36	1	9.55
	20	33.76	5	35.58	10	38.90	5	30.56	2	12.75
Regress	$y=1.8x$		$y+6.45x^2+39.34x$		$y+2.31x+17.03$		$y=5.29+3.78$		$y=6.8x$	
Corrlation coefficient	$R^2=0.8213$		$R^2=0.8275$		$R^2=0.4441$		$R^2=0.9001$		$R^2=0.8919$	
IC_{50}（mg/ml）	27.78		16.05		14.28		8.74		7.4	

由表 7－46 可知，参试各样品都表现出抗大鼠肝脏自发性脂质过氧化的特性，并表现出相应的量效关系。TFTBF、Fr4、Fr9、槲皮素及芦丁对肝脂质过氧化的半抑制浓度（IC_{50}）分别为 27.78mg/ml，16.05mg/ml，14.28mg/ml，8.74mg/ml，7.4mg/ml。由此得到以上样品抗大鼠肝

脏自发性脂质过氧化活性由强到弱的排序为，槲皮素 > 芦丁 > Fr9 > Fr4 > TFTBF。其中槲皮素及芦丁的 IC_{50}值相近，Fr9、Fr4 的 IC_{50}很相近。

3. 苦荞总黄酮对双氧水诱导大鼠肝脂质过氧化的影响

表 7－47　TFTBF 对 H_2O_2 诱导大鼠肝脂质过氧化的影响（$\bar{x}$，$n=3$）

	Sample									
	TFTBF		Fr4		Fr9		quercetin		rutin	
Concentration (mg/ml) IR (%)	0.5	67.3	0.1	36.92	0	0	0.1	68.31	0	0
	5	73.60	1	42.44	0.1	69.54	1	71.84	0.1	21.31
	10	75.5	5	63.04	5	64.62	2	71.84	0.5	56.46
	15	79.8	10	70.25	10	73.60	5	75.88	1	60.57
Regress model	$y=134.6x$		$y=13.78x$		$y=690.89x^2+764.49x$		$y=683.1x$		$y=92.88+12.02$	
Corrlation coefficient	$R^2=1$		$R^2=0.9996$		$R^2=0.9366$		$R^2=1$		$R^2=0.9912$	
IC_{50} (mg/ml)	0.37		3.60		0.07		0.07		0.41	

由表 7－47 可知，参试各样品都表现出抗双氧水诱导大鼠肝脏脂质过氧化的生物活性，并表现出相应的量效关系。TFTBF、Fr4、Fr9、槲皮素及芦丁抗双氧水诱导肝脂质过氧化的半抑制浓度（IC_{50}）分别为，0.37mg/ml、3.60mg/ml、0.07mg/ml、0.07mg/ml、0.41mg/ml。由此得到以上样品抗双氧水诱导大鼠肝脏脂质过氧化活性由强到弱的排序为：槲皮素 > Fr9 > TFTBF > 芦丁 > Fr4。其中槲皮素、Fr9I 的 IC_{50}值相等，TFTBF 与芦丁的 IC_{50}值相近。

4. 苦荞总黄酮对双氧水诱导红细胞氧化溶血的影响

由表 7－48 可知，参试各样品都表现出抗双氧水诱导大鼠红细胞溶血活性，并表现出相应的量效关系。TFTBF、Fr4、Fr9、槲皮素及芦丁抗双氧水诱导肝脂质过氧化的半抑制浓度（IC_{50}）分别为：13.00mg/ml、0.48mg/ml、0.20mg/ml、0.08mg/ml、4.10mg/ml。由此得到以上样品抗双氧水诱导大鼠红细胞溶血活性由强到弱的排序为：槲皮素 > Fr9 > Fr4 > 芦丁 > TFTBF。

表 7－48　TFTBF 对 H_2O_2 诱导红细胞氧化深血的影响（$\bar{x}$，$n=3$）

	Sample									
	TFTBF		Fr4		Fr9		quercetin		rutin	
Concentration (mg/ml) IR (%)	0	0	0	0	0	0	0	0	0	0
	10	29.52	0.1	21.68	0.1	48.9	0.1	67.0	1	13.7
	15	62.78	1	66.45	1	55.08	0.5	74.9	5	60.8
	20	78.18	5	88.4	10	67.30	1	77.7	10	75.4
Regress model	$y=4.03x-2.77$		$y=17.22\ln(x)+62.82$		$y=4.1714\ln(x)+56.823$		$y=670x$		$y=12.219x$	
Corrlation coefficient	$R^2=0.9732$		$R^2=0.9914$		$R^2=0.9759$		$R^2=1$		$R^2=0.9989$	
IC_{50} (mg/ml)	13.00		0.48		0.20		0.08		4.10	

（三）苦荞壳提取物抗氧化活性

张民（2005）研究苦荞壳提取物抗氧化活性。

1. 苦荞壳提取物对红血细胞自氧化溶血的影响

研究表明，不同浓度的苦荞壳提取物对 RBC 体外溶血过程中的氧化溶血反应有不同的作用：低浓度的苦荞壳提取物可以促进溶血的发生，高浓度时则具有抑制作用，但是作用效果均不显著。适当浓度的苦荞壳提取物具有显著（$P<0.05$）抑制 MDA 生成作用（表 7－49）。

表 7－49　苦荞壳提取物对红细胞自氧化溶血的影响（mean ± SD，$n=4$）

样品	浓度（mg/L）	A540	MDA 含量（A532）
空白	—	1.026 ±0.010	0.626 ±0.024
	20	1.089 ±0.015	0.504 ±0.049
苦荞	40	1.068 ±0.011	0.604 ±0.052
亮提	80	1.066 ±0.011	0.502 ±0.061
取物	160	1.070 ±0.011	0.664 ±0.082
	320	0.969 ±0.096	0.572 ±0.026

注：$P<0.05$，与空白比较

2. 苦荞壳提取物对小鼠肝组织自发性脂质过氧化的影响

由表 7－50 可以看出，除 160mg/L 以外，各浓度的苦荞壳提取物对小鼠肝均浆自氧化 MDA 的形成均有极明显的抑制作用（$P<0.01$），抑制率最高可以达到 38.1%。

表 7－50　苦荞壳提取物对小鼠肝组织自发性脂质过氧化的作用（mean ± SD，$n=4$）

样品	浓度（mg/L）	A540	抑制率（%）
空白	—	0.160 ±0.007	—
	20	0.101 ±0.017**	36.8
苦荞	40	0.100 ±0.007**	37.5
亮提	80	0.099 ±0.008**	38.1
取物	160	0.142 ±0.011	11.3
	320	0.104 ±0.013**	35.0

注：** $P<0.005$，与空白比较

3. 苦荞壳提取物对 $Fe^{2+}-H_2O_2$ 诱导小鼠肝脂质过氧化的影响

亚铁离子和双氧水是有很强的自由诱导剂，在小鼠肝均浆中添加自由基诱导剂后，其自氧化产生的 MDA 量显著增加。表 7－51 的结果显示，在两种物质存在的条件下，各不同浓度的苦荞壳提取物均表现出极显著（$P<0.01$）的抑制 MDA 生成的活性，抑制率最高可达 24.0%。

表 7－51　苦荞壳提取物对 $Fe^{2+}-H_2O_2$ 诱导小鼠肝组织脂质过氧化的影响（mean ± SD，$n=4$）

样品	浓度（mg/L）	A540	抑制率（%）
空白		0.192 ±0.004	-

（续表）

样品	浓度（mg/L）	A540	抑制率（%）
	20	0.156 ±0.003**	18.7
苦荞	40	0.149 ±0.012**	22.4
亮提	80	0.153 ±0.011**	20.3
取物	160	0.146 ±0.016**	24.0
	320	0.148 ±0.017**	23.0

注：** $P<0.01$，与空白比较

4. 苦荞壳提取物对小鼠肝线粒体肿胀度的影响

苦荞壳提取物对 V_C-Fe^{2+} 诱导小鼠线粒体肿胀程度的影响结果，由图 7－2 可知，苦荞壳提取物具有极显著的（$P<0.01$）抑制小鼠肝线颗粒体肿胀的作用，且表现出一定的剂量－效应关系。

结论：苦荞壳提取物具有抗氧化特性：显著抑制小鼠肝脏自发性脂质过氧化和 $Fe^{2+}-H_2O_2$ 诱导的肝脏脂质过氧化，抑制率分别达 38.1% 和 24.0%，并对 $Fe^{2+}-V_C$ 诱导的小鼠用线粒体肿胀并有显著的抑制作用；不能抑制小鼠红细胞溶血，但可抑制红细胞 $Fe^{2+}-V_C$ MDA 的形成。

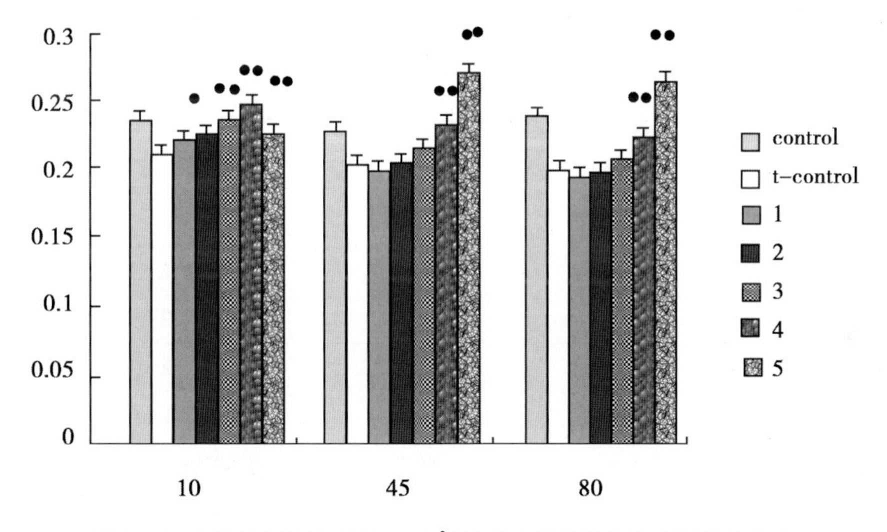

图 7－2　苦荞壳提取物对 V_C-Fe^{2+} 诱导小鼠线粒体肿胀程度的影响

第四节　苦荞的人体试食

一、苦荞食品

（一）复方苦荞粉降糖降脂观察

鲁纯静（1992）应用复方苦荞粉降糖降脂观察获得比较满意的结果。

空腹血糖　在参试的53例中，服用复方苦荞粉1个月（33例），空腹血糖由225.22mg/dl下降至193.2mg/dl；服用2个月（12例），空腹血糖由269.92mg/dl下降至173.83ml/dl；服用3个月（8例），空腹血糖由265.5mg/dl下降至130.3mg/dl。

尿糖　在参试的40例中，服用复方苦荞粉1个月（22例）尿糖由55.55g/24h下降至29.84g/24h；服用2个月（16例）尿糖由64.13g/24h下降至7.83g/24h，服用3个月（2例）尿糖为4.13g/24h。

血清胆固醇和甘油三酯在服用复方苦荞粉参试的31例中，血清胆固醇（13例）由247.15mg/dl下降至197.08mg/dl，甘油三酯（12例）由319.80mg/dl下降至232.78mg/dl。

（二）新疆苦荞对糖尿病患者的临床观察

王杰等（1992）用新疆安宁渠苦荞，按40%苦荞粉、45%面粉、15%大豆粉加适量鸡蛋制成饼干，对75例糖尿病患者进行临床观察治疗。

各组患者治疗前后的血糖变化如表7－52、表7－53所示。

表7－52　各组患者治疗前后的血糖变化　（mmol/L）

组别	疗程	例数	服用	
			前	后
Ⅰ组	1～1.5	20	10.15±2.86	6.45±1.38
	2	3	12.76±2.51	8.30±1.75
Ⅱ组	1～1.5	17	11.58±2.01	7.24±1.02
	2	15	14.08±2.64	6.86±1.58
对照组	1～1.5	16	12.42±3.15	9.16±2.37
	2	4	9.64±0.97	8.81±2.52

各组患者血糖下降t值检验

Ⅰ组23例　食用30～45d患者20例，血糖下降19例，1例血糖上升，平均下降3.71mmol/L；食用60d患者3例，服用后血糖均下降，平均下降4.46mmol/L。

Ⅱ组32例　食用30～45d患者17例，血糖均下降，平均下降4.34mmol/L；食用60d患者15例，服用后血糖均下降，平均下降7.23mmol/L。

对照组20例　服用优降糖30～45d者16例，其中，血糖下降者14例，上升者2例，平均下降3.26mmol/L，服用优降糖60d者4例血糖均下降，平均下降0.83mmol/L。各组糖尿病患者治疗前后血糖降低均有显著差异（$P<0.01$），治疗20～45d后，出现明显降低血糖作用。

表 7－53　糖尿病患者血糖下降均值的 t 值检验

组别	疗程	例数	t 值	P 值
Ⅰ组	1～1.5	20	4.82	<0.01
	2	3	2.07	>0.05（例数太少）
	总计	23	5.74	<0.01
对照组	1～1.5	16	5.15	<0.01
	2	4	0.89	>0.05（例数太少）
	总计	20	4.83	>0.01
Ⅱ组	1－1.5	17	11.05	>0.01
	2	15	11.40	>0.01
	总计	32	13.06	>0.01

实验Ⅰ组和对照组食用 60d 病例很少，统计学无明显差异，但是，血糖均有下降趋势。

各组间降血糖作用的比较如表 7－54 所示。

表 7－54　各组间降血糖作用的比较

组	实验Ⅰ组（n=13）	对照组（n=20）
实验Ⅰ组（n=13）		t（31）=2.81 P<0.05
实验Ⅱ组（n=32）	T（43=0.31）	t（50）=3.41 P<0.01

实验Ⅰ组与对照组糖尿病患者降低血糖均值相比有显著差异（P<0.05），实验Ⅱ组与对照组相比，有非常显著的差异（P<0.01），实验Ⅰ和实验Ⅱ组没有差异（P>0.05）。

结果表明，受试及对照各组在治疗前后对血糖降低均有非常显著地差异（P<0.01），受试组与对照组降低血糖均值相比有明显差异（P<0.05）。新疆苦荞降糖效果与国内目前报道一致。

（三）苦荞食品对老年高血脂患者临床观察

刘熙平等（1994）在新疆乌鲁木齐市以苦荞食品对老年高血脂患者进行苦荞降血脂、降血压及降体重的临床观察。

观察人群　60 例，平均年龄 65.8 岁，其中，甘油三酯高者 20 例，高胆固醇血症 20 例。观察人群中合并高血压者 43 例，体重超出标准体重 10% 者 26 例，肥胖者（体重超出标准体重 20%）18 例。

试验经过　全部病例均于早餐和晚餐服用苦荞粉各 20g 与小麦标准粉混合后的制成品。试验期间不服用降脂药和降压药，连续 4 周为 1 疗程，一共服用两个疗程。全部病例对照观察试食苦荞前后的血脂、血压和体重变化，各项指标的观察结果，经统计学处理与分析，判治（治疗）效果。

临床结果：

高甘油三酯　20 例，服用后血清甘油三脂水平较服用前平均下降 1.28mmol/L，差异有高度显著性。

高胆固醇血症20例，服用后胆固醇水平下降1.77mmol/L，与食用前比较，差异有高度显著性。

高甘油三酯与高胆固醇血症20例，甘油三酯较服用前下降1.73mmol/L，总胆固醇平均下降1.33mmol/L，差异均有高度显著性。

低密度脂蛋白60例，服用后平均下降0.96mmol/L，与服用前比较有高度显著性差异。

高密度脂蛋白60例，服用后平均增高0.18mmol/L，与服用前比较有高度显著性差异。

合并高血压43例，服用后收缩压平均下降3.05kPa，舒张压平均下降1.30kPa，与服用前比较，差异有高度显著性。

体重超出标准体重44例，肥胖（超重20%）者服用后体重下降4.44kg，超重（超重10%）者服用后体重平均下降2.69kg，与服用前比较均有显著性差异。

便秘　治疗前有便秘者，服用苦荞后1周，每周排便次数增加，症状消失。

观察结果表明，苦荞有确切的降低血脂和抗高血压的作用，还有减轻体重和改善便秘的效果。

（四）苦荞食疗粉对消化性溃疡及慢性胃炎的食疗作用

郎桂常等（1990）在河北省唐山市工人医院，用苦荞Ⅲ号食疗专用粉对消化性溃疡及慢性胃溃疡病门诊及住院患者进行食疗观察。

疗效观察 观察对象选择来院就诊者，经胃镜检查有典型症状，愿意配合食用1个疗程并能接受患者；药疗长期不愈，采用自身对照，药疗不变加食疗者。食疗组50例，其中，慢性胃炎17例（浅表性胃炎14例，萎缩性胃炎3例），溃疡病例33例（十二指肠球部溃疡30例，胃溃疡3例），男性30例，女性20例。平均年龄41岁，最大年龄68岁，最小年龄27岁。疗程最长30年，最短2年。

疗效结果：痊愈+显效+有效为100%

痊愈　慢性胃炎1个月痊愈12例，占70.5%；溃疡病3周痊愈1例占3.03%，1个月痊愈27例，占81.8%。

显效　胃炎炎症明显好转3例，占9.1%；慢性胃炎明显好转4例，占23.52%。

有效　胃炎主要症状减轻1例，占5.88%；溃疡2例占6.06%。

表7－55　胃炎症状消失时间　（d）

	上腹不适	上腹痛	嗳气	纳差	消瘦
治疗前	5	12	9	9	2
治疗后	0	0	2	1	0
消失时间	7～14	3～8	7～12	10～14	30～60

表7－56　溃疡症状消失时间　（d）

	上腹痛	烧心	反酸	恶心	便潜血
治疗前	33	29	21	9	4
治疗后	0	3	0	0	0
消失时间	7～10	10～15	8～12	4～6	2～4

易于降糖，效果较高龄组人群明显。

三、苦荞提取物

苦荞提取物的人体试验

林汝法等（1999）委托中国预防医学科学院营养与食品卫生研究所保健食品检验中心与北京医科大学第一医院共同进行苦荞提取物“三消灵”胶囊人体试食试验。

试食方法　受试者原治疗药物（品种与剂量）、饮食控制及活动不变。实验组日服“三消灵”胶囊6粒，对照组服用淀粉胶囊（外观、形状无异于试验胶囊）6粒，连续服用30d。观察功效性指标和安全性。

功效根据卫生部发布“中药新药临床研究指导原则”制定：

显效　基本症状消失，空腹血糖7.2mmol/L或血糖较治疗前下降30%。

有效　基本症状明显改变，空腹血糖8.3mmol/L或血糖较治疗前下降10%。

无效　基本症状无明显改变，血糖下降未达到上述标准。

结果

（一）一般资料

共观察60例，其中男性39例，女性21例。年龄最小34岁，最大67岁，平均年龄47.9岁，均为Ⅱ型糖尿病人。两组观察前一般情况见表7－63。

如表7－63结果所示，对照组与观察组两组试食前一般状况相似，表明两组具有可比性。

表7－63　试食前一般资料比较

项目	对照组（例）	观察组（例）
例数	30	30
男	19	20
女	11	10
病程（年）	5.4±3.9	5.7±3.9
血糖（mmol/L）	9.00±1.74	9.79±2.21
胆固醇（mmol/L）	5.49±1.32	4.41±1.37
甘油三酯（mmol/L）	1.92±0.83	1.67±1.43
磺脲类＋双胍类	30	30

（二）功效

1. 临床观察

具体见表7－64和表7－65所示。

表7－64　试食前后临床症状的变化

症状	显效（例）		有效（例）		无效（例）		改善率（%）	
	对照组	观察组	对照组	观察组	对照组	观察组	对照组	观察组
多饮	0	2	0	5	20	23	0	23.3
多尿	0	1	0	7	30	22	0	26.7
乏力	0	1	5	6	25	23	16.7	23.3

注：观察组患者多饮、多尿有20%以上有所改善，对照组未见有变化。

养生茶
苦荞香月
富貴康

苦荞米茶
朱提苦荞米
苦荞
苦荞皮原粉
苦荞
速溶片
五谷杂粮

表 7－57　溃疡病药疗与食疗＋药疗胃镜检查

	药疗			食疗＋药疗		
溃疡大小（cm）	<0.5	0.5～1.0	>1.0	<0.5	0.5～1.0	>1.0
例数	12	16	5	10	10	3
愈合天数（d）	28～40	25～60	27～90	20～50	21～42	40～56
平均愈合时间（d）	25	21～28	48	25	21～28	48

（五）苦荞粉对牙周炎、牙龈出血的疗效

宋占平、周雅珍（1991）进行苦荞粉对牙周炎、牙龈出血疗效观察，患者以特制的苦荞专用粉每日早、晚刷牙漱口两次，以自身前后为对照，1 个月为 1 个疗程。

结果 苦荞专用粉对牙周炎及牙龈出血具有一定的治疗作用，有效率为 96.5%，显著疗效率为 82.8%。有 1 周见效，半个月明显好转，27d 痊愈；也有 10d 见效、21d 痊愈，4 个月无复发者。

（六）苦荞食疗粉对糖尿病、高血脂的疗效

郎桂常等（1997）以苦荞粉配以各种天然食物成分研制的食疗粉，在北京市、天津市、四川、新疆，江苏、河北等省、自治区和市，对糖尿病、高血脂、消化肿瘤、胃溃疡病人进行食疗观察结果。

糖尿病：

疗效观察 187 例（住院 25 例，门诊 162 例），男性 74 例，女性 113 例，平均年龄 53.7 岁。

疗效结果　血糖下降 158 例，占 84.5%。据统计 $P<0.01$，效果显著，多飲、多食、多尿“三多”症状明显减轻，甚至消失，乏力改善。

高血脂症：

疗效观察 76 例，其中，60 例 平均年龄 65.8 岁，16 例平均年龄 52.6 岁。病程 1.5～15 年。

疗效结果 血浆甘油三酯、载脂蛋白 B 显著下降，血浆胆固醇亦有下降趋势，载体蛋白 A 有所升高。说明降血脂效果显著，有益于预防冠心病。

（七）苦荞营养粉的人体试食

姜培珍等（2000）用苦荞营养粉进行人体试食试验结果显示：试验组空腹血糖值在第 4 周和第 5 周时，分别比初始值下降 18.9% 和 21.2%；与对照相比，分别下降 12.91% 和 16.46%，差异显著；实验组血糖值在餐后 2h 第 4 周和第 5 周时，分别比初始值下降 24.2% 和 29.8%；与对照相比，分别下降 16.0% 和 21.24%，差异显著（表 7－58）。

表 7－58　苦荞营养粉对Ⅱ型糖尿病患者血糖的影响

组别	时间（周）	空腹血糖值（$\bar{x}\pm s$）	餐后 2 血糖值（$\bar{x}\pm s$）
对照组	0	8.31±1.19	10.69±1.77
	2	7.97±0.95	10.76±1.81
	4	7.98±0.89	10.50±1.51
	5	8.08±0.92	10.36±1.70
试验组	0	8.57±1.67	11.64±2.67
	2	7.38±1.56(1)	9.71±2.96
	4	6.95±1.72(2)	8.82±1.88
	5	6.75±1.26(2)	8.16±1.62

注：①与食用前比较，$P<0.005$；②与食用后比较 $P<0.005$

实验结果显示，苦荞营养粉能改善糖尿病患者的一些主要性状，如多喝、多食、多尿及手足麻木，视物模糊等，显效占13.79%，有效占75.86%。为此，可以认为，苦荞营养粉对人体具有明显的调节血糖的保健功能。

二、苦荞茶

苦荞茶对Ⅱ型糖尿病人的疗效

林汝法等（2004）在太原对62名NIDDM（Ⅱ型糖尿病）患者进行饮用苦荞茶研究，旨在观察饮用苦荞茶对降低人体血糖的作用，以寻求简单有效方法帮助糖尿病患者降低血糖，获得健康。

（一）饮用苦荞茶的降糖效果

饮用苦荞茶对人群血糖的降糖效果（表7－59）。

表7－59　饮用苦荞茶对人群血糖降糖效果

类型	人数	%
血糖下降平稳	53	85.48
血糖下降较平稳	3	4.84
血糖下降缓慢或有波动	6	9.68

表7－59可见，在62人的饮用苦荞茶降血糖评价中，血糖下降平稳的有53人，占总人数的85.48%，血糖下降较平稳的3人，占总人数4.84%，血糖下降缓慢或有波动的6人，占总人数的0.68%。饮用苦荞茶人群降低血糖显效和有效率占90.32%。

（二）饮用苦荞茶对人群血糖的影响

62名NIDDM患者于患病后开始服用降糖药，随后开始饮用苦荞茶、不减药，经17～18个月的饮茶，视血糖情况逐渐减少降糖药用量的1/3～1/2，直至不用药。经1年血糖监测，血糖下降达正常值（表7－60）。

表7－60　饮用苦荞茶对人群血糖的影响　（mmol/L）

血糖	患病时期血糖值	饮用后的血糖监测值											
		第1月	第2月	第3月	第4月	第5月	第6月	第7月	第8月	第9月	第10月	第11月	第12月
空腹	16.15	8.38	8.20	7.96	7.84	7.67	7.57	7.42	7.33	7.13	7.02	7.79	6.72
餐后	20.17	8.68	8.44	8.21	8.01	7.90	7.81	7.65	7.59	7.39	7.23	7.04	6.95

（三）饮用苦荞茶对不同性别人群血糖的影响

饮用苦荞茶的不同性别人群的降糖效果如表7－61所示。

由表7－61可以看出，饮用苦荞茶降糖效果无性别差异，无论男性或女性，不管是空腹血糖或餐后血糖，均呈平稳下降。男、女性患病时期空腹血糖值分别为16.3mmo/L和15.83mmol/L，饮用苦荞茶而停降糖药后的血糖监测值，第1月分别为8.54mmol/L和8.17mmol/L，血糖下降为47.87%和48.39%，而随后12个月均平稳下降。餐后血糖的监测值的趋势也相似。

表 7－61　饮用苦荞茶对不同性别人群血糖的影响　(mmol/L)

性别	血糖	患病时期血糖值	饮茶后的血糖监测值											
			第 1 月	第 2 月	第 3 月	第 4 月	第 5 月	第 6 月	第 7 月	第 8 月	第 9 月	第 10 月	第 11 月	第 12 月
男	空腹	16.38	8.54	8.35	8.09	8.04	7.79	7.80	7.59	7.48	7.24	7.00	6.83	6.73
	餐后	20.71	8.88	8.63	8.39	8.26	8.05	8.05	7.85	7.68	7.51	7.35	7.09	6.98
女	空腹	15.83	8.17	7.99	7.56	7.59	7.46	7.22	7.16	7.11	7.00	6.81	6.73	7.70
	餐后	19.46	8.41	8.20	8.02	7.83	7.71	7.44	7.40	7.37	7.20	7.07	6.96	6.91

(四) 饮用苦荞茶对不同年龄段人群血糖的影响

根据饮用苦荞茶人群的年龄差异，分成 5 组，即 40 岁以下的低龄组，41～50 岁的中低龄组，51～60 岁的中龄组，61～70 岁的中高龄组和 71 岁以上的高龄组（表 7－62）。

表 7－62　饮茶对不同年龄段人群血糖的影响　(mmol/L)

年龄组	血糖	患病时血糖值	停药饮用月	饮茶后的血糖监测值											
				第 1 月	第 2 月	第 3 月	第 4 月	第 5 月	第 6 月	第 7 月	第 8 月	第 9 月	第 10 月	第 11 月	第 12 月
<40 岁低龄组	空腹	13.15	9.5	6.70	7.00	6.60	6.60	6.75	6.70	6.75	6.70	6.80	6.35	6.50	6.30
	餐后	15.55		6.90	6.95	6.75	6.95	6.90	6.80	6.75	6.85	6.90	6.50	6.55	6.50
40～50 岁中低龄组	空腹	12.95	11.5	8.10	7.80	7.55	7.25	7.10	6.85	6.90	6.80	6.60	6.40	6.45	6.65
	餐后	16.45		8.20	8.00	7.65	7.35	7.30	7.05	7.10	7.05	6.85	6.70	6.70	6.90
51～60 岁中龄组	空腹	18.90	17.6	8.57	8.44	8.24	8.11	7.97	7.87	7.72	7.55	7.46	7.36	7.10	7.04
	餐后	19.30		8.72	8.68	8.51	8.32	8.16	8.07	7.85	7.77	7.66	7.55	7.36	7.26
61～70 岁中高龄组	空腹	15.20	17.7	8.13	7.94	7.80	7.71	7.46	7.33	7.25	7.16	6.91	6.78	6.66	6.56
	餐后	19.30		8.38	8.18	8.00	7.92	7.72	7.57	7.47	7.39	7.16	7.04	6.88	6.76
>71 岁高龄组	空腹	16.06	14.0	8.91	8.52	8.19	7.96	7.81	7.48	7.45	7.48	7.30	7.00	6.69	6.63
	餐后	20.80		9.52	8.91	8.47	8.32	8.10	8.09	7.83	7.83	7.60	7.30	6.95	6.94

空腹或餐后血糖似与年龄有关，低龄组血糖较低，血糖随年龄的增长，从低到高再到低。40 岁以下的低龄组的血糖最低，空腹和餐后血糖分别为 13.15mmol/L 和 15.55mmol/L，而 51～60 岁的中龄组的空腹和餐后血糖最高，达 18.9mmol/L 和 19.3mmol/L，而 71 岁以上的高龄组则比中龄组的空腹和餐后血糖都略低。

饮茶到停药时间不同年龄组有异。低龄组比中龄组和高龄组为短。低龄组 9.5 月即可停药，而高龄组要 17.6～17.7 月。饮用苦荞茶的作用低龄组比高龄组降糖效果显著。

12 个月血糖监测表明，饮用苦荞茶对各个年龄组空腹血糖和餐后血糖的平稳下降起到作用。空腹血糖从 12.95～18.90mmol/L 降低到 6.75～8.91mmol/L，餐后血糖从 15.55～20.80mmol/L 降至 6.90～9.52mmol/L。

以上结果表明：饮用苦荞茶能使高血糖人群的血糖下降达到正常值的效果，饮用苦荞茶 18 个月后降低空腹血糖和餐后血糖效果明显：血糖趋于平稳的人群占 83.48%，血糖较平稳的人群占 4.84%，显效加有效合计占 90.32%，而血糖趋于降低尚有波动的人群占 9.68%；饮用苦荞茶的降糖效果男性和女性无差异；饮用苦荞茶降糖效果对多个年龄组的人群均起作用，低龄组人群易于降糖，效果较高龄组人群明显。

三、苦荞提取物

苦荞提取物的人体试验

林汝法等（1999）委托中国预防医学科学院营养与食品卫生研究所保健食品检验中心与北京医科大学第一医院共同进行苦荞提取物“三消灵”胶囊人体试食试验。

试食方法　受试者原治疗药物（品种与剂量）、饮食控制及活动不变。实验组日服“三消灵”胶囊6粒，对照组服用淀粉胶囊（外观、形状无异于试验胶囊）6粒，连续服用30d。观察功效性指标和安全性。

功效根据卫生部发布“中药新药临床研究指导原则”制定：

显效　基本症状消失，空腹血糖7.2mmol/L或血糖较治疗前下降30%。

有效　基本症状明显改变，空腹血糖8.3mmol/L或血糖较治疗前下降10%。

无效　基本症状无明显改变，血糖下降未达到上述标准。

结果

（一）一般资料

共观察60例，其中男性39例，女性21例。年龄最小34岁，最大67岁，平均年龄47.9岁，均为Ⅱ型糖尿病人。两组观察前一般情况见表7-63。

如表7-63结果所示，对照组与观察组两组试食前一般状况相似，表明两组具有可比性。

表7-63　试食前一般资料比较

项目	对照组（例）	观察组（例）
例数	30	30
男	19	20
女	11	10
病程（年）	5.4±3.9	5.7±3.9
血糖（mmol/L）	9.00±1.74	9.79±2.21
胆固醇（mmol/L）	5.49±1.32	4.41±1.37
甘油三酯（mmol/L）	1.92±0.83	1.67±1.43
磺脲类+双胍类	30	30

（二）功效

1. 临床观察

具体见表7-64和表7-65所示。

表7-64　试食前后临床症状的变化

症状	显效（例）		有效（例）		无效（例）		改善率（%）	
	对照组	观察组	对照组	观察组	对照组	观察组	对照组	观察组
多饮	0	2	0	5	20	23	0	23.3
多尿	0	1	0	7	30	22	0	26.7
乏力	0	1	5	6	25	23	16.7	23.3

注：观察组患者多饮、多尿有20%以上有所改善，对照组未见有变化。

表 7－65　功效比较

组别	例数	显效		有效		无效		总有效率
		例数	%	例数	%	例数	%	%
对照组	30	0	0	2	6.7	28	93.3	6.7
观察组	30	6	20	8	26.7	16	53.3	46.7

注：与对照组比较 $P<0.05$，结果表明观察组总有效率为 46.7%，对照组为 6.7%

2. 空腹及餐后血糖改变

表 7－66 表明，观察组无论空腹还是餐后试食后均明显下降。

表 7－66　试食前后空腹及餐后血糖变化　（mmol/L，$\bar{x}\pm s$）

组别	n	空腹血糖			餐后血糖		
		试食前	试食后	降低绝对值	试食前	试食后	降低绝对值
对照组	30	9.00 ±1.74	9.22 ±1.76	0.22 ±1.32	13.20 ±2.53	13.18 ±3.05	0.02 ±1.49
观察组	30	9.79 ±2.21	8.86 ±2.21	0.93 ±0.90	16.21 ±3.83	15.3 ±13.7	0.90 ±1.06

注：与对照组比较 $^{*}P<0.05$　$^{**}P<0.01$

3. 血清胰岛素水平表

如表 7－67 所示，试食前后血清胰岛素未见异常。

表 7－67　试食前后血清胰岛素（INS）的变化　（mg/L，$\bar{x}\pm s$）

组别	N	试食前		试食后	
		空腹	餐后 2h	空腹	餐后 2h
对照组	30	7.74 ±4.17	29.01 ±36.16	7.72 ±4.00	28.37 ±36.36
观察组	30	6.86 ±4.72	25.30 ±37.37	6.84 ±4.70	25.33 ±37.39

4. 血脂

经试食后，胆固醇及甘油三酯无明显改变（表 7－68）。

表 7－68　试食前后血胆固醇（TC）及甘油三脂（TG）的变化　（mmol/L，$\bar{x}\pm s$）

组别	n	胆固醇			甘油三酯		
		试食前	试食后	差值	试食前	试食后	差值
对照组	30	5.49 ±1.32	5.20 ±1.30	0.30 ±0.89	1.92 ±0.83	1.80 ±0.75	0.12 ±0.15
观察组	30	4.41 ±1.37 *	4.43 ±1.405 *	0.02 ±0.179	1.67 ±1.43	1.65 ±1.44	0.02 ±0.25

注：与对照组相比 $P<0.05$

（三）安全观察指标

试食前后两组各自的白细胞、谷丙转氨酶、血尿全氮、白蛋白/球蛋白无明显改变，均在正常范围内（表 7－69）。

人体试食实验结果表明，食用1个月“三消灵”胶囊能明显降低Ⅱ型糖尿病患者空腹血糖及餐后2h血糖，改善多饮、多食等症状。试食中未见不良反应。“三消灵”胶囊具有辅助调节血糖作用。

表7-69　试食前后肝、肾功能变化（$\bar{x} \pm s$）

项目	对照组（$n=30$）		观察组（$n=30$）	
	试食前	试食后	试食前	试食后
白细胞（$\times 10^{12}$/L）	5.77±1.45	5.64±1.67	5.96±1.71	5.88±1.65
谷丙转氨酶（U/L）	32.53±6.5	31.6 ±5.88	33.13±10.21	32.03±10.89
尿素氮（mmol/L）	5.79±1.39	5.82±1.65	5.22±1.54	5.22±1.57
白蛋白球蛋白	0.78±0.349	1.76±0.321	2.05±0.41	2.00±0.381

参考文献

[1] 赵明和，邱福康．鞑靼荞（苦荞）黄酮特性及其应用［J］．荞麦动态，1997（2）：27~32

[2] 林汝法，周运宁，王瑞．苦荞提取物的毒理学安全性［J］．荞麦动态，2000（2）：4~8

[3] 李雪琴等．苦荞提取物对大鼠的长期毒性试验．苦荞糖安胶囊推荐，2003

[4] 韩二金等．苦荞降糖茶降血糖作用实验，1997

[5] 周建萍．生物类黄酮主要功效学报告［J］．荞麦动态，1997（2）：33~37

[6] 林汝法，王瑞，周运宁．苦荞提取物的大、小鼠血糖、血脂的调节［J］．荞麦动态，2000（2）：9~13

[7] 王转花．苦荞叶提取物对小鼠体内抗氧化酶的调节［J］．荞麦动态，2000（2）：14~1

[8] 姜培珍，叶于薇，徐章华，卲玉芬．苦荞营养粉的保健功能研究．东西方 食品国际会议论文集，2000：422~425

[9] 王敏．苦荞黄酮的抗脂质过氧化和红细胞保护的作用［J］．荞麦动态，2005（2）：29~35

[10] 陕方．苦荞不同提取物的糖尿病模型大鼠血糖的影响［J］．荞麦动态，2005（2）：35~40

[11] 蒋俊方．凉山苦荞的营养特性［J］．荞麦动态，2004（10）：9~13

[12] 张民．苦荞壳提取物抗氧化活性的研究［J］．荞麦动态，2005（10）：35~37

[13] 边俊生．D-CI降糖试验报告．个人通信，2008

[14] 王杰，刘昭瑾，符献琼，任美蓉．新疆苦荞降血糖临床初步观察［J］．荞麦动态，1992（2）：38~39

[15] 刘熙平，符献琼．苦荞治疗老年高血脂症临床观察［J］．荞麦动态，1994（2）：31

[16] 郎桂常．苦荞Ⅲ号食疗专用粉对消化性溃疡及慢性胃炎的临床观察［J］．荞麦动态，1990（1）：21~24

[17] 宋占平，周雅珍．苦荞粉对牙周炎、牙龈出血疗效观察［J］．荞麦动态，1991（2）：28~30

[18] 郎桂常．苦荞的营养价值及其开发利用［J］．荞麦动态，1997（1）：20~25

[19] 林汝法．“三消灵”胶囊调节血糖作用．保健食品功能检验中心检验报告单，1999

[20] 林汝法，任建珍，申伟．苦荞降糖茶效果观察［J］．荞麦动态，2004（1）：34~36

[21] Lu Chunjing，Xu Jiasheng，et al. Clinical Application and Therapeutic Effect of Composite Tartary Buckwheat Flour on Hyperglycemia and Hyperlipidemia in Lin Rufa Zhou Mingde Tao Yongru Li Jianying Zhang Zongwen Proceedings of The 5th International Symposium on Buckwheat［M］．Taiyuan China，1992：458~464

[22] Wang Jie，Liu Zhaojin，et al. A Clinical Observation on the Hypoglycemic Effect of Xinjiang Buckwheat in Lin Rufa Zhou Mingde Tao Yongru Li Jianying Zhang Zongwen Proceedings of The 5th International Symposium on Buckwheat［M］．Taiyuan China，1992：465~467

[23] Song Zhanping，Zhou Yazheng. Curative Effect of Tartary Buckwheat Powder on Peridontitis and Gum Bleeding in Lin Rufa Zhou Mingde Tao Yongru Li Jianying Zhang Zongwen Proceedings of The 5th International Symposium on Buckwheat［M］．Taiyuan China，468~469

[24] Hu Xiaoling, Xie Zhiyun, et al. Study on the leaf of F. TATARCUM BT THE Means of Traditional Chinese Medicine and West Medicine in Lin Rufa Zhou Mingde Tao Yongru Li Jianying Zhang Zongwen Proceedings of The 5th International Symposium on Buckwheat [M]. Taiyuan China, 470 ~ 476

[25] K. Ikeda, T. Sakaguchi, et al. Functional Properties of Buckwheat in Lin Rufa Zhou Mingde Tao Yongru Li Jianying Zhang Zongwen Proceedings of The 5th International Symposium on Buckwheat [M]. Taiyuan China, 477 ~ 479

[26] Kiyokazu IKEDA, Sayoko IKEDA. Lvan KREFT and Rufa LIN 2012 Utilization of Tartary Buckwheat Fagopyrum [J]. 2012, 29: 27 ~ 23

第八章 苦荞的利用

Ⅷ. Applications of Tartary Buckwheat

摘要 本篇阐述苦荞的利用。从传统食品、现代食品、萌发食品、保健食品说到苦荞的研究专利到产品标准，说的是苦荞利用的发展史，从远古到现代，直至高科技的运用，给人以食用苦荞的安全感。

苦荞是根、茎、叶、花、果、壳无一废物的全利用作物，要从产品做起，做成有特色、有标准、有规模的产业，需要有科技的支撑和政府的扶持。

Abstract This part states the applications of Tartary Buckwheat as traditional food, modern food, germinated food and health food. Also talked about the research patent, product standards and specifications, the history of human using Tartary Buckwheat. This part points out that technology can guarantee the safety of using Tartary Buckwheat as food.

Every part of Tartary Buckwheat is useful, such as root, stem, leaf, flower, fruit and shell. It is important to develop distinctive products with standards and scale, and with scientific and government support.

第一节　苦荞的传统食品

苦荞自古是彝民的主食，也是牲畜、家禽的重要饲料。苦荞从远古的历史走来，在彝族人民经济、生活中占着相当重要的地位，并已融入彝族人民的风俗习惯中，形成了独特的苦荞饮食文化。

在西汉以前的原始部落时期，苦荞的食用是用石器将苦荞捣磨成粉，加水做成馍，在暗火中烤熟而食。进入奴隶社会有了铁锅后，先把苦荞磨成粉，再用水煮荞粑，随后发展作苦荞千层饼和去壳作荞麦饭，也作荞麦粑，一直流传至今。

苦荞除日常生活一日三餐外，在节日庆典、婚丧嫁娶、请客送礼、祈祷祭奠等活动中均有讲究：火把节时，用苦荞粉制成青蛙、虫、蛇、牛、羊以祭神，表示庆祝；彝族过年，家家户户都用苦荞饼祀祖，并做许多小荞粑送给同村孩子，以示祝贺；年节走亲访友，除送猪羊肉外，还送千层饼，以视亲情、友情；在贵宾来访时，除杀羊宰猪外，常以荞麦饭作招待；清明节时苦荞粉中加入艾草，做成荞粑，以重视春耕，求风调雨顺庄稼好收成；结婚时，以荞粑为主食，吃坨坨肉，还要喝杆杆酒，以庆祝吉时喜日；丧葬时均以猪、羊、牛及苦荞待客，以示谢；彝族无宗教信仰，但迷信神鬼，凡家中有人病痛，常请“比摩”（彝族道士）送鬼，这时也要用荞粑作祀奠。凡此种种习俗，一直延续至今，可见苦荞在彝族人民心中的地位。自 20 世纪 50 年代以来，许多彝民已陆续从高山迁至坝区，在生活习惯上，平时只改食苦荞为食用大米、小麦面粉，而过年过节及婚、丧、嫁、娶仍然坚持过去的习惯，吃坨坨肉、吃苦荞粑，以表示不忘祖先的规矩。

苦荞传统食品种类丰富，型式多样，主要有：

一、荞粑粑（彝语叫额费或额罗粑粑）

首先将苦荞在磨上推成细面，然后取出、去壳，用水调和均匀做成圆形的粑粑。彝族制作荞粑粑的方法有以下 4 种。

（一）蒸粑

把制作成生的荞粑粑放入用竹篾编成的竹格子上，然后在锅内蒸，蒸熟的荞粑粑，颜色绿青，并有一种香味。

（二）煮粑

把制作成生的荞粑粑直接放到锅中，与牛、羊、小猪坨坨肉一起煮，待熟后捞出。

（三）焖粑

把制作成生的荞粑粑贴在煮牛、羊、小猪坨坨头的锅边焖熟后取出，2 ~ 3min 荞粑粑色带青黄，吃时苦而实芳香甘甜。

（四）烤粑

直接把制作好的生荞粑粑放入火灰中烧烤，此种荞粑皮脆心软，吃时脆香适口，而且便于携带。

二、荞饭（彝语叫额渣）

先用水把荞子洗干净，同时浸泡 30min 左右捞出。晾干放入锅中炒，待炒熟后放到石磨中磨，但不能磨得太细，磨出的荞子形如小颗粒，同时去壳，制作米饭有以下两种方法。

（一）荞干饭

把磨好的荞麦颗粒用水拌匀，放入用竹子编成的竹格子上蒸，熟后清香扑鼻、爽口。

（二）荞稀饭（荞粥）

在锅内放入适量的水，生火加温，待水半开时放入一定量的苦荞小颗粒，进行长时间煮熟后，吃时带清香而微苦。

三、荞圆子（彝语叫额波或额革）

将苦荞粉调水后捏成不规则的形状或小颗粒圆子，放在马铃薯汤或圆根萝卜做成的酸菜汤和牛、羊、猪肉汤中一起煮，吃时清香扑鼻。此外，也可以放在格子上蒸，有的地方还喜欢把调水后的荞面做成长条面片（蒸或煮）食用。

四、千层饼（彝语叫额瓦）

制作方法是，先在锅内均匀撒上一层苦荞干粉，生火加热，待锅热后倒入用水调成糊状的苦荞面糊，铺一层，底层熟后又倒入一层，直至烙好一大叠为止。亦有用肥肉在烧热的锅上擦，擦上一层油后，再倒入苦荞麦粉糊，底层熟后翻面继续加热，再用竹签捅些小孔洞便于成熟，然后再添一层粉糊直到烙好一大叠。千层饼便于携带，可作途中干粮食用。

五、揉大馍（彝语叫额挖）

苦荞面调水均匀后放入锅内盖上锅盖，待熟后倒入簸箕内用手使劲揉，揉30min左右，然后再揉成1～1.5kg重的大馍（彝语称馍为干粮）。此馍存放时间长，便于携带，随时随地都可作午餐或晚餐食用。

六、荞凉粉

制作荞凉粉有两种方法：一种是把苦荞面加水调成糊状，然后放入锅内直接煮，待煮熟后，加入一定量的石膏或石灰水溶液，再搅15min左右，倒入木盆或其他容器内，冷却后即成荞凉粉；另一种是把苦荞洗净，晾干后在石磨上磨去壳，然后把泡湿的荞面用布包裹，用手揉，揉出的沉淀物（是荞面淀粉）和水溶液倒入锅中煮，煮熟后倒入木盆或其他容器内，冷却后成荞凉粉。以上两种荞凉粉吃后有清火、清热之功效。

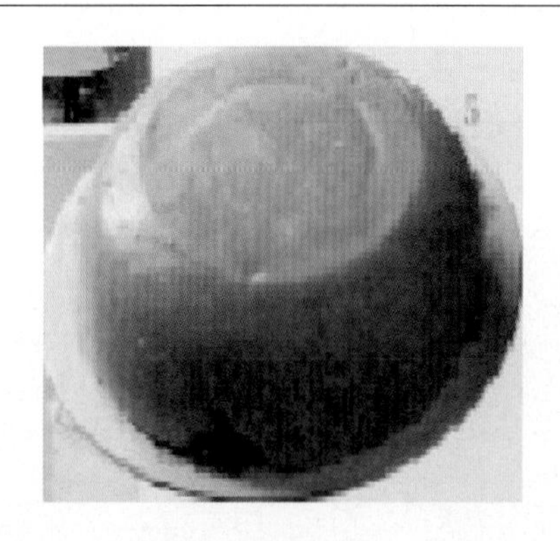

七、苦荞糕（彝语叫干额伙）

苦荞麦面调水均匀呈糊状，放入小铁盆或小铝盆内用旺火蒸熟。苦荞麦糕营养好，适合老年人及幼婴食用。

八、苦荞酒（彝语叫子以或额子）

壮族有这样一首赞颂荞麦酒的歌“荞麦酿的酒，比茅台还香。早晚喝一口，解忧心不烦”。彝族民间传说的苦荞酒基本与此歌相一致，制作苦荞酒有两种方法：

（一）杆杆酒或瓶装酒（彝语叫子以）

制作方法是用纯苦荞发水泡胀（或者用锅炒），然后放入锅中加温煮熟，再加入民间自制的酒曲或市售的酒曲，拌匀后倒入自制的大圆筒内，盖上木盖或用野草、谷草盖在上面，然后用稀泥密封发酵。气温高时一般存放5d时间，气温低时一般需存放7d左右，即成为荞麦酒，饮用时需提前2h左右把上面的泥和草除去，加水即成杆杆酒，然后装入瓶中，就可以送人，招待贵宾。在彝民心中，此酒喝时胜过五粮液，在招待客人时用竹竿作为吸酒工具，俗称吃杆杆酒。

（二）缸缸酒（彝语叫额子）

制作方法是：苦荞、玉米、燕麦等粮食，用石磨磨成面混合放入锅内煮，煮熟后倒入特质的瓦缸内（瓦缸的底部离地15cm左右，留有一小孔，便于放酒），然后放入自制的酒曲（同杆杆酒的酒曲），用木棍搅拌均匀后，用木盖盖好，再在盖上抹上一层稀泥密封，一星期左右成酒，即可饮用。俗称缸缸酒。

彝族的杆杆酒和缸缸酒一般是在节日（火把节，彝族新年），办红、白事或者是有贵客来临之前才酿制，平时一般的客人是享受不到的。

第二节　苦荞的当代研发食品

苦荞栽培在中国，研究在中国，利用也在中国。中国一代荞人遵循苦荞“食药同源”的古训，着眼于苦荞营养生理功能的研究，从中显示出苦荞对高血糖、高血脂、高尿糖、疗胃疾等症状的功效以及抗氧化防衰老的作用。以此为契机，研发为人类健康及生活所需的各种苦荞食（产）品。

一、米面类

苦荞米、苦荞八宝粥、嘎萨、苦荞麦片、苦荞面粉、苦荞皮层粉、苦荞熟粉、苦荞速效粉、苦荞颗粒粉、苦荞营养粉、苦荞营养保健糊、苦荞营养羹、苦荞挂面、苦荞南瓜挂面、双苦挂面、苦荞鲜湿面、苦荞自熟面、苦荞方便面、黄帝膳、苦荞馒头、苦荞馍片、苦荞包子、苦荞月饼、苦荞酥、苦荞膨化米饼、苦荞速食食品、苦荞凉粉、苦荞灌肠、苦荞降糖饼干、苦荞面包、苦荞蛋糕、苦荞沙琪玛。

二、茶饮类

苦荞茶、苦荞节节茶、苦荞保健茶、黑苦荞茶、苦荞叶茶、苦荞芽茶、苦荞饮料。

三、调味品

苦荞醋、苦荞保健醋、苦荞酱油、苦荞酱。

四、酒类

苦荞酒、苦荞黄酒、苦荞红曲酒、苦荞保健酒。

五、鲜食品

苦荞芦丁芽菜

六、其他类

苦荞胶囊、苦荞冲剂、功能性食品、化妆品、枕芯、床垫等。产品如下图示。

酿造健康 自然清高
苦荞陈醋
（超值礼盒）
清三高 自清高
苦荞健茶（便携装）
颗颗金黄 粒粒醇香
苦荞香米
（韩国原味）
苦荞粉
清三高 自清高
苦荞健茶
（特级经典礼盒）

养生茶
苦荞香月
苦荞麦片
富貴康

苦荞米茶
朱提苦荞米
苦荞
苦荞
速溶片
五谷杂粮

安神枕
黑苦荞
q-b荞宝
汉方米
荞宝
【苦荞健茶】
Bio-Tech
荞宝
BIO-TECH
BLACK TARTARY BUCKWHEAT HEALTH TEA
黑苦荞养生健茶
净含量：80克
万吨苦荞生产线

黑苦荞茶
BLACK BUCKWHEAT TEA
黑苦荞茶
苦荞茶
BITTER BUCKWHEAT TEA

咏轻松
苦荞茶系列
苦荞茶
高寒
高寒至尊 甘苦至美
TARTARY BUCKWHEAT TEA
印象
丽江

Fagopyrum Flavonoid
醋
醋
醋
苦荞
红曲
酱油
苦荞
红曲
酱油

荞宝
苦荞茶
메밀차
EFUTON
黑苦荞
BLACK BUCKWHEAT TEA
黑苦荞茶
TEA
苦荞茶
苦荞茶
KU QIAO CHA
苦荞茶
黑苦荞

酱油
苦荞
苦荞面
玉米面
快餐苦荞粥
快餐苦荞
苦荞粉
节节苦荞茶
苦荞茶
特制
苦蕎
HEAT SOUP

第三节　苦荞的萌发食品

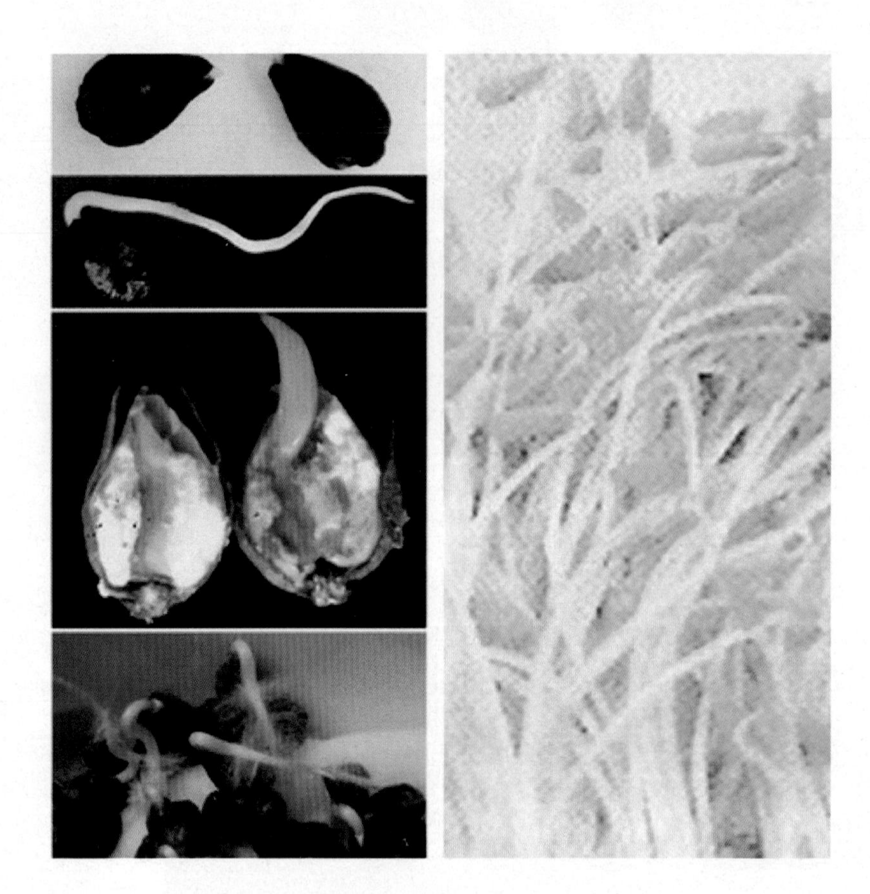

图 8-1　苦荞萌发状态

一、苦荞芽饮料

（一）苦荞芽乳饮料

1. 工艺流程及操作要点

苦荞芽→清洗→烫漂→冷却→粉碎、打浆→过滤→调制→均质→装瓶→杀菌→冷却→产品

操作要点：

①原料选择：采用完整带壳的苦荞籽粒，发芽到合适时间的苦荞芽。

②清洗：用清水洗去麦芽上的杂物。

③烫漂：用热水烫漂，并迅速以流水冷却。温度为 70℃，时间为 5min。

④粉碎、打浆：冷却后的苦荞芽加 8 倍水后，用打浆机打成粗浆，然后再用胶体磨成细腻浆状的苦荞芽汁。

⑤还原乳的配制：用 8 倍于全脂乳粉的水，在 30～40℃的温度下充分溶解，制得还原乳。

⑥调制：将苦荞芽浆和还原乳与稳定剂、乳化剂、木糖醇等按比例进行混合配制，调制后立即进行过滤。苦荞芽乳饮料所添加的木糖醇适宜添加量为 0.7%；麦奶香精适宜添加量为 0.07%；苦荞芽汁：还原乳的最佳比例为 1∶1 时乳饮料品质最佳。

⑦过滤：用 100 目筛子过滤。

⑧均质：经调制后的溶液进入高压均质机进行均质。均质温度为60℃，采用二次均质，第一次均质压力为40Mpa，第二次均质压力为30Mpa。

⑨杀菌：乳饮料经罐装封盖后杀菌，灭菌温度 108℃，灭菌时间为 15min。

2. 成品相关指标

经计算 HLB 值为9.4，与理论上要求 HLB 值为 8～16 吻合。

①理化指标：根据 GB11673—89 含乳饮料卫生标准可知：脂肪含量≥1.0%，蛋白质含量≥1.0%，由表8－1可知苦荞芽乳饮料的脂肪含量和蛋白质含量都符合国家含乳饮料的质量标准 GB11673—89。

表 8－1　理化指标

Table 8－1　Physicochemical index

项目	指标
蛋白质（%）	1.149
脂肪（%）	1.214
芦丁（mg/ml）	0.002
pH 值	7.1

②微生物指标：根据 GB11673—89 含乳饮料卫生标准可知：细菌总数 ≤10 000个/ml，大肠菌群≤40 个/100ml，致病菌未检出，由表 8－2 可知苦荞芽乳饮料的细菌总数，大肠菌群和致病菌都符合国家含乳饮料的卫生标准 GB11673—89。

表 8－2　微生物指标

Table 8－2　Microbiology index

项目	指标
细菌总数（个/ml）	≤214
大肠菌群（近似数）（个/100ml）	≤3
致病菌	无检出

（二）双歧杆菌苦荞芽乳饮料

1. 工艺流程

低聚糖　　　　　　　　　　　　　　稳定剂、糖浆、柠檬酸、苦荞芽汁

↓　　　　　　　　　　　　　　　　　　　　　　　　↓

原料乳验收→杀菌→冷却→接种发酵剂→发酵→冷却→后熟→混合调配→均质→充二氧化碳气→灌装→成品→入库

2. 操作要点

①原料乳验收：原料乳要进行理化检验，不含抗生素，不含致病菌，检测酸度为 17°～19°T；比重计读数 1.028～1.032；乳汁含量应 >3.0%。

②低聚糖是双歧杆菌生长促进剂，添加量为 0.1%。

③稳定剂、糖浆、柠檬酸、苦荞芽汁在90~100℃灭菌5min。其中，苦荞芽汁是由苦荞在无土栽培技术下萌发10d后割苗，并经过挑选、清洗、超微粉碎、分离等程序而制得。

④杀菌：115℃，10s。

⑤接种：37℃时接入发酵剂，量为乳液量的6%，进行发酵。本工艺所用发酵剂为嗜热链球菌、保加利亚乳杆菌、已经耐氧驯化的两歧双歧杆菌。其中两歧双歧杆菌：嗜热链球菌：保加利亚乳杆菌=2：1：1。发酵终点pH值<4.7，发酵时间为8h。

⑥均质：把与苦荞芽汁混合调配酸乳在25MPa的压力下通过均质机进行均质。

⑦后熟：温度降为5~7℃，时间为18h。

⑧糖量：蔗糖与乳蛋白粒子亲和性好，能提高乳蛋白在饮料中的稳定性。蔗糖的添加量为8%，糖酸比为25：1，使乳酸的含量控制在1%左右。

⑨苦荞芽汁的添加量为20%。

⑩稳定剂：用0.2%的PGA与0.2%的CMC-Na配合使用作为稳定剂，其中，PGA对饮料还起增稠的作用。

（三）苦荞苗提取物微胶囊化固体饮料

1. 配方及参数

β-CD　1.5%；柠檬酸7.0%；碳酸氢钠8.0%。

2. 工艺流程

原料选择→预处理→漂烫→破碎打浆→离心→浓缩→高压均质→壁材包接→调配 →真空薄膜浓缩→喷雾干燥→ 检验→包装 →成品

3. 操作要点

①苦荞苗预处理：选择芦丁含量达高峰期，同时易于加工的苦荞苗。用铡草机将苦荞苗分割为8~10cm长的段后进入清洗池，采用流动水进行清洗，以除去原料表面的泥沙、污物。同时，利用臭氧发生器向水池中连续通入O_3进行灭菌处理，臭氧量为3~5mg/kg，以有效去除原料表体微生物，最后进行高压淋洗。

②漂烫护色：经过预处理的原料经传送带送入漂烫机械中通过漂烫和添加护色剂进行护色处理。漂烫温度为85~90℃，漂烫时间2min。漂烫护色目的是为了破坏麦苗中的多种酶的活性，防止因酶促褐变而导致成品品质下降。用$ZnSO_4$作为护色剂，添加量为200mg/kg。利用Zn^{2+}代替叶绿素分子中的Mg^{2+}，使之生成较稳定的锌叶绿素衍生物，可有效保持绿色，同时又为人体补充锌元素。

③破碎打浆：利用锤式破碎打浆机将经过漂烫去浮水处理的苦荞苗进行细破碎打浆处理，随后转入卧式离心机进行快速离心处理。离心过程中用符合饮料工艺用水要求的适量水进行多次冲洗离心，实现浆渣分离。离心机内壁隔网采用100目纱网，操作过程中添加苦荞苗浆重量0.5‰的异Vc钠进行护色处理。

④浆汁浓缩：经过离心分离得到的苦荞苗浆汁送入真空薄膜浓缩器中进行浆汁浓缩处理，浓缩器的真空度控制在0.7~0.9kPa，蒸发室温度50~60℃，浆液自流入蒸发室，在2s时间内完成浓缩过程，出口浆汁浓度控制在8~10波美度（°Be），得到苦荞苗提取物的主剂。

⑤均质、杀菌：用浓浆泵将主剂泵入均质机中，要求在温度为60℃，压力为20~25MPa条件下进行高压均质2次，以利于主剂进行微胶囊化操作。经高压均质后的汁液须再进行超高温瞬时灭菌，温度125~132℃，在3s时间内完成超高温灭菌，目的是保证成品中微生物指标符合《中国国家食品质量卫生标准》。

⑥壁材包接：壁材包接（微胶囊化过程）配料添加顺序：主剂、柠檬酸、β-CD、碳酸氢钠。该操作是按照设计配比添加到主剂中进行超高速搅拌后，再依据柠檬酸的添加量来确定碳酸氢钠的最佳用量，目的就是获得产品较佳的冲调性、泡沫性，完成微胶囊化过程。

⑦调配：壁材包接完成后，每100kg主剂中添加200g食盐、150g柠檬酸、6kg蜂蜜、5kg异麦芽糖和100g阿斯巴糖，混合于配料缸中并进行搅拌乳化，搅拌速度400r/min，时间约10min效果较好。目的是来改善制品的口感、风味。

⑧喷雾干燥：经过处理的汁液泵入喷雾干燥塔的储液罐中进行喷雾干燥，制得微胶囊化的苦荞苗提取物粉剂。干燥塔进口温度185～195℃，出口温度85～95℃，同时通过调节进料量来保证制成的粉剂不焦、不结块、不粘壁；特别要注意喷雾干燥的排风口温度控制，以避免温度过低造成成品中水分超标，而温度过高又会造成成品焦糊等不良现象。

⑨ 检验、包装、成品：对每批产品进行多次取样，并对成品色泽、粒度、冲调性、口感、泡沫性、水分含量、微生物等各项指标进行检验记录并备样；选择铝塑膜复合包装袋包装。

（四）苦荞咖啡

1. 生产工艺

原料→清理→筛选→浸泡发芽→烘干→粉碎→分离苦荞皮壳与苦荞米→浸泡吸水→沥干→烘炒→研磨→小袋包装→成品

2. 操作要点

将苦荞进行发芽处理，荞米浸泡吸水时间为90min，烘炒温度及烘炒时间分别为220℃、35～40min。产品色深、味浓，汁液有糖的黏稠感，淀粉味较淡，较接近咖啡的风味，且产品出品率较高。荞麦“咖啡”饮用时，袋泡或冲饮，冲入85℃左右的热水，再加入糖粉，搅拌即可饮用。香味浓醇馥郁，也可以加奶、酒或其他调味品，则风味更佳。

（五）苦荞啤酒

1. 大麦麦芽的制备

称量300g大麦，洗净后浸麦，液面以超过大麦10cm为宜，于16℃ 培养。采用浸三断八工艺，即湿浸3h、干浸8h，浸麦度达到45%左右。总浸麦时间为48h，发芽时间为6～7d。然后干燥、除根、粉碎。

2. 酶液制备及α-淀粉酶、β-淀粉酶、纤维素外切酶、蛋白酶、多酚氧化酶活力测定方法：参照赵长新等人试验方法。

3. 培养基制备及酵母扩培

参照苦荞萌发物参考文献［3］。

4. 苦荞麦芽汁制备工艺

称取干燥后的苦荞芽65g，粉碎放入糖化杯内，由于苦荞大部分水解酶活力较大麦低，为防止因糖化时间过长而造成的水分过多损失，按料水比1：5（w：v）的比例加入自来水；先在50℃搅拌糖化120min，再将温度上升至63℃，由于苦荞麦淀粉酶活力较大麦低很多。因此，为缩短糖化时间加入1‰的液化酶和糖化酶，糖化分解阶段时间为50～60min；最后将温度上升到70℃，用碘液检测糖化的终点；过滤，用盐酸调节滤液的pH值为5.2，在100℃煮沸；将煮沸的醪液趁热过滤即得澄清的麦汁。

5. 苦荞发酵工艺

将糖化的苦荞麦汁用2层纱布过滤，煮沸20min，用脱脂棉过滤，滤液用阿贝折光仪测定糖度并用水稀释到10°P，分装5瓶，用灭菌机在121℃高温灭菌15min，在无菌室向每瓶麦汁中加入扩培的酵母菌液9ml，放入恒温恒湿生化培养箱于10～12℃发酵培养4～5d。测得发酵液的酒精度为3.8。

二、苦荞米面制品

（一）荞麦芽粉

（1）苦荞芽全粉工艺　苦荞→清浸、泡洗→发芽→破壁→速冻→真空冷冻干燥→粉碎包装

2. 操作要点

①清洗、浸泡：清洗苦荞籽粒，在20～30℃的温度下将籽粒浸泡24～48h，待籽粒发出1.0～1.5cm的芽备用。

②发芽：在温度为20～30℃、湿度为75%～85%中浸泡72～80h，待芽长到2～3cm后每隔2～3h喷洒一次水，待苦荞芽长到10～15cm，芽的子叶呈微黄胚轴呈亮白色时。

③破壁：上述发芽的苦荞子实喷淋水脱壳后，在高速剪切处理机中进行胚芽细胞破壁和微细化处理粉碎为30～50μm细度的浆体。

④速冻：将上述苦荞麦芽浆体在速冻机中进行速冻，温度控制为≤－50℃，冻结10～48h；

⑤真空冷冻干燥：将上述冻结后的苦荞麦芽浆体置于真空冷冻干燥装置中，苦荞麦芽全粉在－75～－30℃、真空度≤5Pa、干燥24～72h，使苦荞麦芽全粉含水量≤5%。

⑥粉碎包装：采用超微粉碎机将上述荞麦芽粉粉碎至100～200目，包装贮存。

（二）荞麦面包预拌粉工艺

1. 苦荞麸皮芦丁粉制备

①荞麦麸皮脱脂：按照荞麦麸皮与乙酸乙酯1∶8的比例（w/w）在20～25℃浸泡荞麦麸皮3～5h后，置于55～75℃的干燥箱内干燥1～3h，用蒸馏水清洗残留的乙酸乙酯，经抽滤后再置于55～75℃的干燥箱内干燥1～3h，得到荞麦脱脂麸皮。

②荞麦脱脂麸皮粉碎：采用超微粉碎机将上述荞麦脱脂麸皮粉碎至100～200目，待用。

③荞麦麸皮膳食纤维提取：将上述粉碎的荞麦脱脂麸皮按10∶3～5的比例（w/w）加水，然后加入淀粉酶水解1～3h，水解温度45～75℃，再用糖化酶水解4～8h，水解温度60～65℃，最后加入胰蛋白酶水解3～4h，水解温度30～40℃，过滤，滤液用4～5倍于滤液体积的95%（w/w）的乙醇沉淀，静置3～4h，抽滤后取其沉淀物即荞麦麸皮膳食纤维。

④干燥：将上述荞麦麸皮膳食纤维置于真空干燥箱内，在0.1Pa大气压下，温度45～55℃，使荞麦麸皮膳食纤维粉含水量≤5%。

⑤荞麦麸皮芦丁提取：将经步骤①得到的荞麦脱脂麸皮粉按照1∶25的比例（w/w）加入50%～70%（w/w）的乙醇溶液均匀混合，置于超声波提取器，超声波功率为650～800W，每次提取20～30min，提取2～3次。

⑥分离纯化：将上述荞麦麸皮芦丁提取液经40～80目尼龙筛过滤，过滤液再通过DA201型大孔吸附树脂纯化，其纯化条件为：上样pH值为5.5～6.0，上样流速为1.0～2.0ml/min，60%～70%（w/w）乙醇洗脱，洗脱流速为1.5～2.5ml/min。

⑦真空浓缩：将上述分离纯化后的荞麦麸皮芦丁提取纯化液在真空旋转蒸发器中浓缩，得到荞麦麸皮芦丁浓缩液，同时将乙醇回收。

⑧速冻：将上述荞麦麸皮芦丁浓缩液在速冻机中进行速冻，温度控制为≤－50℃，冻结10～48h。

⑨真空冷冻干燥：将上述冻结后的荞麦麸皮芦丁浓缩液置于真空冷冻干燥装置中制备荞麦麸皮芦丁粉，－75～－30℃、真空度≤5Pa、干燥24～72h，使荞麦麸皮芦丁粉含水量≤5%。

⑩粉碎及包装：采用超微粉碎机将上述荞麦麸皮芦丁粉均匀粉碎至100～200目粉末，包装待用。

2. 预拌粉制备

总物料为100重量份，取荞麦麸皮芦丁粉2～8（重量份数）、荞麦麸皮膳食纤维粉5～10（重量份数）、脱脂淡奶粉3～12（重量份数）、全蛋粉2～8（重量份数）、谷朊粉1～5（重量份数）、木糖醇1～3（重量份数）、蛋白糖0.1～0.5（重量份数）、精盐0.5～3（重量份数）、面包粉改良剂0.01～1（重量份数）、荞麦粉10～20（重量份数）、其余为小麦高筋面包粉，将所有物料在粉体混合机中混合5～15min后，得到荞麦面包预拌粉。

（三）苦荞芽菜挂面的研制

1. 配方

面粉100%；苦荞芽浆20%；海藻酸钠0.2%；食盐2%；碳酸钠0.2%～0.3%。

2. 工艺流程

采收← 芽苗管理←叠盘催芽←铺芽←泡种←漂洗←苦荞种子
↓
苦荞芽苗→清洗→切碎→打浆→过滤→低温包埋处理→鲜苦荞浆包接复合物
↓
成品包装压片←干燥←切条←熟化←和面←计量←面粉

3. 操作要点

①荞麦芽菜包接：挑选鲜嫩的苦荞芽菜作为原料，洗净后沥干水分，将苦荞芽菜用胶体磨加工成浆状，在1L苦荞浆中加10～300g β-环糊精充分搅拌混合，放入密封容器，置于冰箱中4d，形成包接复合物。这样不但能保持苦荞芽菜的色素在煮面过程中基本不会溶出，保持了其营养成分，而且减弱了苦荞芽菜的苦涩味，食用时可保持良好的色泽和风味。

②和面：将面粉准确称量投入和面机中，按比例加入适量苦荞浆，用水将加碘食盐、食用碱面溶解加入，最后形成干湿均匀、色泽一致，呈散豆腐渣状面团坯料，且手握能成团，轻轻揉搓仍为松散小颗粒结构，和面时间为10～15min，和面温度为20～30℃。

③面团熟化、压片、切条：面团和好后静止熟化20min左右，将熟化好的面团经双辊轧面机轧成面带，最后切成一定宽度的面条。

④干燥：将切条后的湿面条上杆，入干燥箱内干燥至含水约10%。干燥箱温度50～55℃，相对湿度55%～65%，时间约16h。

（四）苦荞胚芽饼干工艺

1. 苦荞胚芽粉的制备

发芽选取籽粒饱满的苦荞籽粒，经浸种、灭菌后铺盘，置于发芽箱中进行发芽，控制发芽温度20～30℃；发芽过程中，0～80h期间控制发芽湿度为90%～100%；80～160h期间控制发芽湿度为80%～90%；待苦荞芽长到1～2cm后终止发芽过程，即获得幼嫩的苦荞胚芽。

②制粉：将步骤1中制备的苦荞胚芽，自然风干后，采用制粉机制粉，过80目筛。

2. 调制混合液

以重量份数计：先将8～17份食用油加热，再将12～25份白砂糖，0.1～0.25份食用盐、0.3～0.8份碳酸氢钠，0.2～0.5份碳酸氢铵与10～20份水混合，并将调匀的2～3.5份鸡蛋液倒入其中制成混合液，最后将加热的食用油倒入混合液中，再加入 0.5 ~1 份磷脂进行充分搅打至混匀。

3. 预先混合干粉

将制得的苦荞胚芽粉，与中筋粉、淀粉、全脂奶粉在干粉混料机中混合，得混合干粉；其中，苦荞胚芽粉，与中筋粉、淀粉、全脂奶粉混合比例控制在苦荞胚芽粉 1：中筋粉 2：淀粉 0.3：全脂奶粉 0.13。

4. 面坯成型

将步骤 2 中调制好的混合液加入步骤 3 中所得的预先混合的干粉中进行再混合，制成面坯，其中，混合液与干粉的质量比为 1：1.7。再将经静置的面坯揉捻后用饼干模具压制成型，制成生坯。

5. 烘烤

将步骤 7 所得的生坯放入烤箱中烘烤 3.5 ~5min，炉温 240 ~260℃，即可得成品饼干。

6. 成品包装

将步骤 5 所制成的成品饼干自然晾干到 38 ~40℃，装入包装中，封口。

（五）荞麦麸皮膳食纤维的蛋糕工艺

1. 分解植酸

将荞麦麸皮用 20 ~25℃的水洗涤后、滤干，加入荞麦麸皮 20 倍的浓度为 1% ~2%（w/w）的稀硫酸反应 3 ~5h，再用 20 倍清水洗涤 3 ~6 次后滤干后，置于 55 ~75℃的干燥箱内干燥 3 ~5h，用粉碎机粉碎至 100 目，得干燥粉碎后的荞麦麸皮；所用的水量按荞麦麸皮与水即荞麦麸皮：水为 1：20 的比例（w/w）。

2. 酶法提取麸皮膳食纤维

向步骤 1 所得的干燥粉碎后的荞麦麸皮中加入 pH 值为 7.0 的磷酸缓冲溶液，于 100℃水浴中糊化 5min，然后冷却至 20 ~30℃，得糊化液；其中，所用的磷酸缓冲溶液的量按照荞麦麸皮：磷酸缓冲溶液为 1：25（w/w）的比例计算；向所得糊化液中加入占糊化液中干基 0.5% ~2%（w/w）的淀粉酶水解 1 ~3h，水解温度为 20 ~30℃，水解反应完毕后煮沸 5min，之后，冷却到 50 ~60℃；再向所得糊化液中加入占糊化液中干基 0.5% ~3%（w/w）的中性蛋白酶，于 50 ~60℃下水解反应 3 ~4h 后，煮沸灭酶 5min，将过滤所得沉淀物干燥并粉碎至 100 目，即得麸皮膳食纤维样品干燥后的麸皮膳食纤维粉末。

3. 酶法改性麸皮膳食纤维

称取步骤 2 所提取出的麸皮膳食纤维样品干燥后的麸皮膳食纤维粉末，向其中加入 pH 值为 4.0 ~4.8 的柠檬酸缓冲溶液，再向其中加入占麸皮膳食纤维粉末 0.5% ~1.0%（w/w）的纤维素酶，于 45 ~60℃水解反应 3 ~6h，煮沸灭酶 5min 后，冷却到 20 ~30℃，再加入麸皮膳食纤维粉末 4 倍体积的 95%（w/w）乙醇溶液沉淀 5 ~8h，收集过滤所得沉淀物即为改性后麸皮膳食纤维；其中柠檬酸缓冲溶液的加入量按照麸皮膳食纤维粉末：pH 值为 4.0 ~4.8 的柠檬酸缓冲溶液为 1：20 的比例（w/w）计算。

4. 膳食纤维粉制备

将步骤 3 制得的荞麦麸皮膳食纤维冻结 6h 后，在温度 -75 ~ -30℃，真空度 3.0 ~5.0Pa 条件下，干燥 24 ~72h，干燥后荞麦麸皮膳食纤维粉的水分为 3% ~5%（w/w），用粉碎机粉碎至 200 目，即得颗粒达 300μm 的荞麦麸皮膳食纤维粉。

5. 蛋糕原辅料称取

称取步骤4所得的荞麦麸皮膳食纤维粉1%～9%（重量份数）、玉米淀粉5.5%～8%（重量份数）、植物油12%～18%（重量份数）、去壳鸡蛋22%～34%（重量份数）、白砂糖21%～27%（重量份数）、食用粉末奶香香精0.2%～0.3%（重量份数）、盐0.2%～0.3%（重量份数）、麦芽糖淀粉酶0.2%～0.3%（重量份数）、单甘脂0.4～0.6%（重量份数），其余为低筋面粉。

6. 混合粉的准备

将步骤5称取的荞麦麸皮膳食纤维粉、低筋面粉、玉米淀粉、盐、麦芽糖淀粉酶、单甘脂、食用粉末奶香香精混合均匀后过100目筛，即粒径达到150μm。

7. 搅打

将步骤5称取的去壳鸡蛋和白砂糖用打蛋器快速搅打2～5min，转速50～90r/min，使蛋液体积增加到原来体积的2～3倍。

8. 调糊

将步骤6混合均匀的混合粉加入到步骤7制得的已打发的蛋液中，慢速搅拌，混合均匀即可，再加入步骤5称取的植物油搅拌1～5min，即得调制好的面糊。

9. 注模

烤模在注模前涂上一层植物油；将步骤8调制好的面糊注入到烤模中，入模量占模体积的2/3。

10. 烘烤、脱模

烘烤温度上火为190～230℃，下火为180～200℃，时间为9～17 min；脱模后自然冷却，即得本发明的含有荞麦麸皮膳食纤维的蛋糕。所得的含有荞麦麸皮膳食纤维的蛋糕以复合包装膜为包装材料，采用充气包装（100%氮气）保存。

三、荞麦、杏仁双层脂软糖

（荞麦、杏仁双层琼脂软糖工艺荞麦、杏仁双层琼脂软糖）

1. 烤杏仁

将杏仁用150～180℃烘烤2～4min。

2. 苦荞膨化

采用挤压膨化技术，膨化温度控制在110～150℃，螺杆转速为140～180r/min，制得苦荞片。

3. 混料熬糖，以重量分数计

首先将琼脂放入蒸汽夹层锅中，添加0.1～0.5份的琼脂，并以琼脂质量19～20倍的水搅拌均匀，然后再加入10～13份的砂糖和砂糖质量2～5倍的淀粉糖浆共同进行熬制，熬制时控制蒸汽压力在40～50kPa，温度为105～106℃，时间为10～20min，即得糖浆。

4. 调和

向步骤3获得的糖浆中加入占糖浆质量百分比浓度为5%～10%的柠檬酸。

5. 糖浆的冷却和调色、调香

将步骤4获得的糖浆冷却至温度60～65℃，加入0.05%～0.07%的食用香精进行调香，再加入0.001%～0.003%的食用色素进行调色。

6. 上层软糖的浇模成型

采用淀粉模盘，先将含水量为4%～5%，温度为32～35℃的淀粉铺盘，然后将步骤5获得的糖浆按其与淀粉质量比为20：1将糖浆注入模盘中，再放入45～50℃的烘箱中，干燥36～38h后脱模，即得上层软糖，最后在上层软糖表面撒上步骤1获得的杏仁片及步骤2获得的苦荞片，即为荞麦、杏仁上层软糖；其中，杏仁片与软糖的质量比按1：20，苦荞片与软糖的质量比按1：15。

7. 下层软糖的分切成型

将杏仁片及苦荞片与步骤4获得糖浆冷却后按质量比为1：2：8相混合，并加入0.05%～0.07%的食用香精进行调香，再加入0.001%～0.003%的食用色素进行调色；然后再将糖浆倒入冷却盘中，保持厚度2～3cm，待糖浆自然冷却凝固成冻状后进行分条切块，放入45～50℃的烘箱中，干燥36～38h后即为荞麦、杏仁下层软糖。

8. 上层与下层软糖的组合

使用步骤3获得的糖浆将步骤6获得的荞麦、杏仁上层软糖和步骤7获得的荞麦、杏仁下层软糖进行粘合，即得本发明的荞麦、杏仁琼脂双层软糖。

9. 成品包装

将步骤8获得的荞麦、杏仁琼脂双层软糖用包装纸进行包装，即得本发明的荞麦、杏仁琼脂双层软糖成品。

四、荞麦芽芦丁胶囊

荞麦芽芦丁胶囊工艺

（一）选种与浸种

将荞麦种子经18%～20%（w/w）的盐水选种，采用浓度为200～300mg/kg、pH值为2.5～3.0的次氯酸溶液浸泡5～10min，再经20～30℃的清水洗净。然后以种子体积2～3倍的清水浸种，浸种温度开始为50～55℃，期间不断搅拌使种子浸泡均匀，当温度自然降至20～25℃时保温浸种8～10h。

（二）发芽

捞出浸泡后的荞麦种子，用清水轻轻揉搓、淘洗种子2～3遍，漂洗去附着在荞麦种皮表面的黏液，在20～30℃温度下，每隔30min喷水1次，保持环境湿度在75%～85%，发芽培养5～7d，当终止发芽过程时芦丁的含量应达到200～350mg/kg。

（三）破壁打浆

上述发芽的荞麦种子经喷淋水脱壳后，在高速剪切处理机中进行胚芽细胞破壁和微细化处理，将荞麦芽破碎为30～50μm细度的荞麦芽浆体。

（四）速冻

将上述荞麦芽浆体在速冻机中速冻，温度控制为≤－50℃，冻结10～48h。

（五）真空冷冻干燥

将上述冻结后的荞麦芽浆置于真空冷冻干燥装置中制备成荞麦芽粉，在－75～－30℃、真空度≤5.0Pa、干燥24～72h，使荞麦芽粉含水量≤5%。

（六）粉碎包装

采用超微粉碎机将上述荞麦芽粉粉碎至100～200目，待用。

4. 分类

4.1　荞麦分为甜荞麦和苦荞麦两类。

4.2　甜荞麦分为大粒甜荞麦和小粒甜荞麦两类。

——大粒甜荞麦：亦称大棱荞麦、留存在4.5mm圆孔筛的筛上部分不小于70%的甜荞麦。

——小粒甜荞麦：亦称小棱荞麦。留存在4.5mm圆孔筛的筛上部分小于70%的甜荞麦。

5. 质量要求和卫生要求

5.1　各类荞麦按容重定等，质量要求见表8－7。

表8－7　荞麦质量要求

等级	容重（g/L）			不完善粒（%）	互混（%）	杂质（%）		水分（%）	色泽、气味
	甜荞麦		苦荞麦			总量	矿物质		
	大粒甜荞麦	小粒甜荞麦							
1	≥640	≥680	≥690	≤3.0	≤2.0	≤1.5	≤0.2	≤14.5	正常
2	≥610	≥650	≥660						
3	≥580	≥620	≥630						
等外	<580	<620	<630	—					

注：“—”为不要求。

5.2　卫生要求

卫生指标与植物检疫项目按国家标准和有关规定执行。

6. 检验方法

6.1　抽样、分样：按GB 5491规定执行。

6.2　容重测定：按GB/T 5498规定执行，其中清理杂质时，上层筛采用孔径为4.5mm圆孔筛，下层筛采用孔径为1.5mm圆孔筛。

6.3　杂质、不完善粒测定：按GB/T 5494规定执行。

6.4　水分测定：按GB/T 5497规定执行。

6.5　色泽、气味测定：按GB/T 5492规定执行。

6.6　甜荞麦与苦荞麦互混含量的规定：按附录A执行。

6.7　甜荞麦大、小粒的测定：按附录B执行。

7. 检验规则

7.1　检验的一般规则按GB/T 5490规定执行。

7.2　检验批为同种类、同产地、同收获年度、同运输单元、同储存单元的荞麦。

7.3　判定规则：容重应符合表1中相应等级的要求，其他指标按国家有关规定执行。容重低于三等，其他指标符合表1规定的，判定为等外荞麦。

8. 标签标示

应在包装物上或随行文件中注明产品的名称、类别、等级、产地、收获年度和月份。

9. 包装、储存和运输

9.1　包装

包装应清洁、牢固、无破损，封口严密，结实，不应撒漏，不应给产品带来污染和异常气味。

9.2　储存

应储存在清洁、干燥、防雨、防潮、防虫、防鼠、无异味的仓库内，不应与有毒有害物质或水分较高的物质混存。

9.3　运输

应使用符合卫生要求的运输工具和容器运送、运输过程中应注意防止雨淋和污染。

四、Q/141000LQS001—2008 苦荞茶

起草单位：山西省龙荞生物科技有限公司

主要起草人：陈建华、孙卫民

1. 范围

本标准规定了苦荞茶的要求、试验方法、检验规则及标志、包装、运输、储存和保质期要求。

本标准适用于以苦荞为原料，经焙炒工艺加工而成的苦荞茶。

2. 规范性引用文件

下列文件中的条款通过本标准的引用而成为本标准的条款。凡是注日期的引用文件，其随后所有的修改单（不包括勘误的内容）或修订版均不适用于本标准，然而，鼓励根据本标准达成协议的各方研究是否可使用这些文件的最新版本。凡是不注日期的引用文件，其最新版本适用于本标准。

GB2769　食品添加剂使用卫生标准

GB/T 4789.33　食品卫生微生物学检验　粮谷、果蔬类食品检验

GB/T 5009.3　食品中水分的测定

GB/T 5009.4　食品中灰分的测定

GB/T 5009.11　食品中总砷及无机砷的测定

GB/T 5009.12　食品中铅的测定

GB/T 5009.19　食品中六六六、滴滴涕残留量的测定

GB/T 5009.22　食品中黄曲霉毒素 B_1 的测定

GB/T 5009.34　食品中亚硫酸盐的测定

GB/T 5009.145　植物性食品中有机磷和氨基甲酸酯类农药多种残留的测定

GB/7718　预包装食品标签通则

JJF1070　定量包装商品净含量计量检验规则

国家质量监督检验检疫总局第75号令（2005）定量包装商品计量监督管理办法

国家质量监督检验检疫总局第102号令（2007）食品标识管理规定

3. 要求

3.1　感官指标

3.1.1　外形

粒度基本均匀、无碎屑。

3.1.2　色泽

呈黄褐色，色泽基本均匀，无黑色焦粒。

3.1.3　气味

呈苦荞茶特有的清香，略带烤香气味。

3.1.4　汤色

浅褐绿色，澄清透明，清香，茶粒下沉。

3.2　理化指标

理化指标应符合表 8－8 的规定。

表 8－8　理化指标

项目	指标
水分（%）　≤	13
含杂率（%）≤	0.5
灰分（%）≤	2.2

3.3　卫生指标

卫生指标应符合表 8－9 的规定。

表 8－9　卫生指标

项目		指标
总砷（以 As 计）（mg/kg）	≤	0.5
铅（以 Pb 计）（mg/kg）	≤	5.0
黄曲霉毒素 B_1（μg/kg）	≤	5.0
滴滴涕总量（mg/kg）	≤	0.2
二氧化硫（以 SO_2 计）（g/kg）	≤	0.5
敌敌畏（mg/kg）	≤	0.2
乐果（mg/kg）	≤	1.0
菌落总数（CFU/g）	≤	1 000
大肠菌群（MPN/100g）	≤	40
毒菌（CFU/g）	≤	50
致病菌（沙门氏菌、志贺氏菌、金黄色葡萄球菌）		不得检出

3.4　净含量

应符合《定量包装商品安度管理办法》的规定。

3.5　食品添加剂

3.5.1　食品添加剂质量应符合相应的标准和有关规定。

3.5.2　食品添加剂的品种和使用量应符合 GB2760 的规定。

4. 试验方法

4.1　感官指标

4.1.1　外形、色泽、气味

在自然光线下，采用目测、鼻嗅的方法进行。

4.1.2　汤色

取3g本品于洁净的500ml量杯中，用适量开水冲泡静置10min，检查汤色是否符合3.1.4的规定。

4.2　理化指标

4.2.1　水分

按GB/T 5009.3规定的方法进行测定。

4.2.2　灰分

按GB/T 5009.4规定的方法进行规定。

4.2.3　含杂率

用感量0.1g天平称取样品100g，置于洗净、干燥的白色磁盘中，在自然光线下把样品中的杂质（包括与籽料结合的麦片）拣出称重，按公式（1）计算：

$$N = \frac{m_1}{m} \times 100 \qquad (1)$$

式中：n—含杂率（%）；m_1—杂质质量（g）；m—样品质量（g）。

4.3　卫生指标

4.3.1　总砷

按GB/T 5009.11规定的方法测定。

4.3.2　铅

按GB/T 5009.12规定的方法测定。

4.3.3　黄曲霉毒素B_1

按GB/T 5009.22规定的方法测定。

4.3.4　滴滴涕

按GB/T 5009.19规定的方法测定。

4.3.5　二氧化硫

按GB/T 5009.34规定的方法测定。

4.3.6　敌敌畏

按GB/T 5009.145规定的方法测定。

4.3.7　乐果

按GB/T 5009.145规定的方法测定。

4.3.8　微生物指标

按GB/T 4789.33规定的方法测定。

4.4　净含量

按JJF1070规定的方法测定。

4.5　食品添加剂

按各相应的标准检验。

5. 检验规则

5.1　抽样方法

同一批原料、同一次生产、同一品种规格的产品为一批次；班产量小于200kg，可将连续生产的不同班次产品合并，达到200kg以上归为一个批次；在同一批次中随机取样，取样点不少于3个点，各点取样量相等，将各点取样对等混合形成平均样品。样品量为600g。样品分为两份：

1份检验，1份备用。

5.2　出厂检验

5.2.1　每批产品均应进行出厂检验，合格后附产品、质量合格证明方可出厂。

5.2.2　出厂检验项目为：净含量、感官指标、水分、含杂率、菌落总数，大肠菌群。

5.3　型式检验

5.3.1　型式检验在下列情况下时进行：

a. 正常生产6个月进行一次型式检验；

b. 长期停产后恢复生产时；

c. 产品原料或生产工艺进行重大改变或调整时；

d. 消费者或经销商对产品质量提出异议时；

e. 国家质量监督机构提出型式检验要求时。

5.3.2　型式检验项目为本标准第3章规定的全部项目。

5.4　判定规则

5.4.1　检验项目全部符合本标准规定的要求时，判该批产品为合格品。

5.4.2　微生物批标不符合本标准规定的要求时，判定该批产品为不合格品，不得复检。

5.4.3　其他检验项目中有一项及以上不符合本标准规定的要求时，可用留样或在同批产品中加倍抽样复验，以复验结果为准。

6. 标志、包装、运输、贮存和保质期

6.1　标志

应符合GB7718《食品标识管理规定》及有关规定。

6.2　包装

苦荞茶的包装分为大、小包装两种，包装材料应符合相应的食品包装材料的卫生标准及有关法律、法规的规定、要有密封防潮功能。

6.3　运输

产品运输过程应防雨防潮防晒，不能与有毒物质混放混运。

6.4　贮藏

产品应贮存于阴凉通风的干燥室内，或在5~15℃冷藏库内存放。贮存期间要隔潮防湿防晒。

6.5　保质期

在符合本标准规定的包装、贮运条件下，本产品保质期从生产之日起为12个月。

五、Q/141000LQS003—2008苦荞麦片

起草单位：山西省龙荞生物科技有限公司。

主要起草人：陈建华、孙卫民。

本标准于2008年12月01日发布。

1. 范围

本标准规定了苦荞麦片的要求，试验方法，检验规则及标志、包装、运输、贮存和保质期要求。

本标准适用于以苦荞为原料，经清理、脱壳、热化、轧片、烘干等工艺加工而成的苦荞麦片。

2. 规范性引用文件

下列文件中的条款通过本标准的引用而成为本标准的条款。凡是注日期的引用文件，其随后所有的修改单（不包括勘误的内容）或修订版均不适用于本标准，然而，鼓励根据本标准达成协议的各方研究是否可使用这些文件的最新版本。凡是不注日期的引用文件，其最新版本适用于本标准。

GB2760 食品添加剂使用卫生标准

GB7718 预包装食品标签通则

GB19640—2005 麦片类卫生标准

JJF1070 定量包装商品净含量计量检验规则

国家质量监督检验检疫总局第 75 号令（2005）定量包装商品计量监督管理办法

国家质量监督检验检疫总局第 102 号令（2007）视频标识管理规定

3. 要求

3.1 感官指标

感官指标应符合表 8 – 10 的规定。

表 8 – 10 感官指标

项目	指标
形态	片状、片块大小薄厚基本均匀一致，有少量碎屑
色泽	片块为乳白色，表面附有少量细小黄褐色糠星
气味	具有产品应有芳香，无异味
滋味口感	加入开水冲调后，口感滑爽，基本无硬芯，具有产品应有的芳香，无异味
杂质	无正常视力可见杂质

3.2 卫生指标

应符合 GB19640 的规定。

3.3 净含量

应符合《定量包装商品计量监督管理办法》的规定。

3.4 食品添加剂

3.4.1 食品添加剂质量应符合相应的标准和有关规定。

3.4.2 食品添加剂的品种和使用量应符合 GB2760 的规定。

4. 试验方法

4.1 感官指标

在自然光线下目测形态、色泽、杂质，鼻嗅气味；取 20g 本品于洁净 500ml 量杯中，用大约 250ml 开水冲调，浸泡 10min，品尝滋味。

4.2 卫生指标

按 GB19640 规定的方法测定。

4.3 净含量

按 JJF1070 规定的方法测定。

4.4 食品添加剂

按各相应的标准检验。

5. 检验规则

5.1　抽样方法

用一批原料，同一班次生产、同一品种规格的产品为一班次；班产量小于 200 件时可将连续生产的不同班次合并达到 200 件以上归为一个批次。在同批次中随机抽样，抽样点不少于 3 个点，各点抽取的样品量相等，将各点抽样对等混合形成平均样品。样品量为 600g。样品分为两份：一份检验，一份备用。

5.2　出厂检验

5.2.1　每批产品均应进行出厂检验，合格后附产品质量合格证明方可出厂。

5.2.2　出厂检验项目为：净含量、感官指标、水分、菌落总数、大肠菌群。

5.3　型式检验

5.3.1　型式检验在下列情况下时进行：

a. 正常生产 6 个月进行一次型式检验；

b. 长期停产后恢复生产时；

c. 产品原料或生产工艺进行重大改变或调整时；

d. 消费者或经销商对产品质量提出异议时；

e. 国家质量监督机构提出型式检验要求时。

5.3.2　型式检验项目为本标准第 3 章规定的全部项目。

5.4　判定规则

5.4.1　检验标准全部符合本标准规定的要求时，判该批产品为合格品。

5.4.2　微生物批标不符合本标准规定的要求时，判该批产品为不合格品，不得复检。

5.4.3　其他检验项目中有一项及以上不符合本标准规定的要求时，可用留样或在同批产品中加倍抽样复验，以复检结果为准。

6. 标志、包装、运输、贮存和保质期

6.1　标志

应符合 GB7718《食品标识管理规定》及有关规定。

6.2　包装

包装材料应符合相应的食品包装材料的卫生标准及有关法律、法规的规定，要有密封防潮功能。

6.3　运输

产品运输过程中应防雨防潮防晒，运输工具要清洁卫生，不能与有毒物品或不洁物品混放混运。

6.4　贮存

产品应贮存于阴凉、通风、干燥、清洁、无异味的库内或在 5 ~ 15℃冷藏库内存放。

6.5　保质期

在符合本标准规定的包装、贮运条件下，本产品保质期从生产之日起为 12 个月。

六、Q/YZT 0001 S—2011 苦荞米

起草单位：云南朱提苦荞生物科技开发有限公司

起草人：曹娜

1. 范围

本标准规定了苦荞米的技术要求、试验方法、检验规则、包装、标志、运输及存贮。

本标准适用于以苦荞为原料，通过筛选、清洗、浸泡、蒸煮、烘干、脱壳后加工而成苦荞米。

2. 规范性引用文件

下列文件对于本文件的应用是必不可少的，凡是注日期的引用文件，仅所注日期的版本适用于本文件。凡是不注日期的引用文件，其最新版本（包括所有的修改单）适用于本文件。

GB/T 191 包装储运图示标志

GB/T 2760 食品安全国家标准 食品添加剂使用标准

GB/T 5009.12 食品安全国家标准 食品中铅的测定

GB/T 5009.17 食品中总汞及有机汞的测定

GB/T 5009.19 食品中有机氯农药多组分残留量的测定

GB/T 5009.22 食品中黄曲霉素 B_1 的测定

GB/T 5009.36 粮食卫生标准的分析方法

GB/T 5009.110 植物性食品中氯氰菊酯、氰戊菊酯和溴氰菊酯残留量的测定

GB/T 5009.145 植物性食品中有机磷和氨基甲酸酯类农药多种残留的测定

GB 5491 粮食、油料检验 抽样、分样法

GB/T 5492 粮食、油料检验 色泽、气味、口味鉴定法

GB/T 5494 粮食、油料检验 杂质、不完善粒的检验法

GB/T 5497 粮食、油料检验 水分测定法

GB/T 5503 粮食、油料检验 碎米的检验法

GB/T 5505 粮食，油料检验 灰分的测定法

GB 7718 食品安全国家标准 预包装食品标签通则

GB/T 10458 荞麦

GB 14881 食品企业通用卫生规范

GB 26130 食品中百叶草枯等 54 种农药最大残留限量

JJF1070 定量包装商品净含量计量检验规则

国家质量监督检验检疫总局第 75 号令（2005）《定量包装商品计量监督管理办法》

3. 技术要求

3.1 原料要求

苦荞，应符合 GB/T 10458 的要求。

3.2 感官要求

应符合表 8－11 的规定。

表 8－11 感官要求

项目	要求
色泽	黄绿色
形态	颗粒状，有少量粉末
气味、滋味	具有荞麦固有的气味，微苦
杂质	无肉眼可见外来杂质

3.3　理化指标

应符合表8－12的规定。

表8－12　理化要求

项目		指标
水分（%）	≤	15.0
灰分（%）	≤	0.7
杂质（%）	≤	0.7
碎米（%）	≤	2.0
不完善粒（%）	≤	2.0
粗蛋白（%）	≤	10.5
粗脂肪（%）	≤	2.1
铅（以Pb计）（mg/kg）	≤	0.2
汞（以Hg计）（mg/kg）	≤	0.02
六六六（mg/kg）	≤	0.05
滴滴涕（mg/kg）	≤	0.05
甲基毒死蜱（mg/kg）	≤	5.0
溴氰菊酯（mg/kg）	≤	0.5
黄曲霉毒素 B_1（μg/kg）	≤	5.0
其他污染物限量		按GB/2762的规定执行
其他农药残留限量		按GB 2763和GB 26130的规定执行

3.4　净含量

应符合《定量商品计量监督管理办法》的规定。

3.5　食品添加剂

3.5.1　食品添加剂质量应符合相应的安全标准和有关规定。

3.5.2　食品添加剂的使用应符合GB 2760的规定。

3.6　生产加工过程的卫生要求

应符合GB 14881的规定。

4. 试验方法

4.1　感观要求

取样品适量置于洁净容器中，自然光线下目视，鼻嗅，熟制后口尝。

4.2　理化指标

4.2.1　水分：按GB/T 5497规定的方法测定。

4.2.2　灰分：按GB/T 5505规定的方法测定。

4.2.3　杂质、不完善粒：按GB/T 5494规定的方法测定。

4.2.4　碎米：按GB/T 5503规定的方法测定。

4.2.5　粗蛋白：按GB/T 5009.5规定的方法测定。

4.2.6　粗脂肪：按GB/T 5009.6规定的方法测定。

4.2.7　铅：按GB/T 5009.12规定的方法测定。

4.2.8　汞：按 GB/T 5009.17 规定的方法测定。

4.2.9　六六六、滴滴涕：按 GB/T 5009.19 规定的方法测定。

4.2.10　甲基毒死蜱：按 GB/T 5009.145 规定的方法测定。

4.2.11　溴氰菊酯：按 GB/T 5009.110 规定的方法测定。

4.2.12　黄曲霉毒素 B_1：按 GB/T 5009.22 规定的方法测定。

4.3　净含量

按 JJF 1070 规定的方法测定。

5. 检验规则

5.1　组批

同一原料，同一工艺、生产的同一规格的产品为一批次。

5.2　抽样

按 GB/T 5491 规定的方法抽样。

5.3　出厂检验

每批产品出厂前，由公司质量检验部门进行检验，检验合格并附合格证的产品方可出厂。检验项目为感官、水分、碎米、杂质、净含量。

5.4　型式检验

型式检验每半年进行一次，其项目为本标准技术要求规定的全部项目。有下列情况之一者，亦进行型式检验：

a. 产品的原料、工艺有重大改变，可能影响产品质量时：

b. 长期停产后，再恢复生产时；

c. 出厂检验结果与上次型式检验有较大差异时；

d. 国家质量监督机构提出型式检验要求时。

5.5　判定规则

检验结果中有任一项不合格时，可以从同批产品中加倍抽样，对不合格项进行复检，以复检结果为准。

6. 标志、包装、运输、贮存

6.1　标志

产品标签应符合 GB 7718 的规定，外包装图示标志应符合 GB/T 191 的规定。

6.2　包装

包装材料和容器应符合相关产品质量标准及食品卫生要求。

6.3　运输

成品运输工具、车辆必须清洁、卫生、干燥、无其他污染物。成品运输过程中，必须遮盖，防雨防晒，严禁与有毒和有异味的物品混运。

6.4　贮存

成品不得露天堆放。成品仓库必须清洁、干燥、通风，无鼠虫害。堆放必须有垫板，离地 10cm 以上，离墙 20cm 以上。不得与有毒有害、腐败变质、有不良气味或潮湿的物品同仓库存放。在阴凉、干燥处保存。

6.5　保质期

在符合本标准规定的包装、贮存和运输条件下保质期为 12 个月。

七、Q/JXSY0002S—2010 苦荞粉

起草单位：山西省雁门清高食业有限责任公司负责起草。

起草人：张 力、李勇健

1. 范围

本标准规定了苦荞的技术要求。试验方法、检验规则、标志、包装、运输、贮存的要求。

本标准适用于以苦荞为原料，经清洗、脱壳、粉碎、磨制、包装工艺制成的苦荞粉。

2. 规范性引用文件

下列文件对于本文件的应用是必不可少的、凡是注日期的引用文件，仅注日期的版本文件适用本文件。凡是不注日期的引用文件，其最新版本（包括所有的修改单）适用于本文件。

GB/T 191　　包装储运图示标志

GB/T 5009. 11　　食品中总砷及无机砷的测定

GB/T 5009. 12　　食品中铅的测定

GB/T 5009. 15　　食品中镉的测定

GB/T 5009. 17　　食品中汞的测定

GB/T 5009. 22　　食品中黄曲霉毒素 B_1 的测定

GB/T 5490　　粮食、油料及植物油脂检验 一般规则

GB/T 5491　　粮食，油料检验抽样、分样法

GB/T 5492　　粮油检验 粮食、油料的色泽、气味、口味鉴定

GB/T 5497　　粮食、油料检验 水分测定法

GB/T 5505　　粮油检验 灰分测定法

GB/T 5507　　粮油检验 粉类粗细度测定

GB/T 5508　　粮食、油料检验 粉类含沙量测定法

GB/T 5509　　粮油检验 粉类磁性金属物测定

GB/T 5510　　粮食、油料检验 脂肪酸值测定法

GB/T 10004　　包装用塑料复合膜、袋干法复合、挤出复合

GB/T 7718　　预包装食品标签通则

GB/T 14881　　食品企业通用卫生规范

JJF 1070　　定量包装商品净含量计量检验规则

国家质量监督检验检疫总局［2005］令第 75 号《定量包装商品计量监督管理办法》

国家质量监督检验检疫总局［2005］令第 102 号《食品标识管理规定》

3. 技术要求

3.1　原料

苦荞应符合 GB 2715 的规定。

3.2　质量要求

3.2.1　感官

应符合表 8 - 13 的规定。

表 8－13　感官要求

项目	要求
色泽	呈微黄色，色泽均匀，无杂色
形　态	粉末状，手里无颗粒感，不结块，无杂质
气味、口味	含有苦荞生粉固有的香味、无异味

3.2.2　理化标准

应符合表 8－14 的规定。

表 8－14　理化指标

项目		指标
水分	≤	14.0
灰分（以干物质计）（%）	≤	2.0
粗细度		全通 CQ20 号筛，留存 CQ28 号筛不超过 10.0%
含沙量（%）	≤	0.02
磁性金属物（g/kg）	≤	0.003
脂肪酸值（以湿基计）（KOH）（mg/100g）	≤	80
无机砷（mg/kg）	≤	0.2
铅（以 Pb 计）（mg/kg）	≤	0.2
黄曲霉毒素 B_1（μg/kg）	≤	5
镉（mg/kg）	≤	0.1
汞（mg/kg）	≤	0.02

3.2.3　净含量

应符合《定量包装商品计量监督管理办法》的规定。

4. 生产加工过程的卫生要求

应符合 GB 14881 的要求。

5. 试验方法

5.1　感官要求

5.1.1　色泽、组织形态检验

将 50g 样品均匀置于白瓷盘上，在明亮处用肉眼观察其色泽、组织形态。

5.1.2　气味、口味检验

按 GB/T 5492 规定的方法测定。

5.2　理化指标

5.2.1　水分

按 GB/T 5497 规定的方法测定。

5.2.2　灰分

按 GB/T 5505 规定的方法测定。

5.2.3　粗细度

按 GB/T 5507 规定的方法测定。

5.2.4　含砂量

按 GB/T 5508 规定的方法测定。

5.2.5　磁性金属物

按 GB/T 5509 规定的方法测定。

5.2.6　脂肪酸值

按 GB/T 5510 规定的方法测定。

5.2.7　无机砷

按 GB/T 5509.11 规定的方法测定。

5.2.8　铅

按 GB/T 5509.12 规定的方法测定。

5.2.9　镉

按 GB/T 5009.15 规定的方法测定。

5.2.10　汞

按 GB/T 5009.17 规定的方法测定。

5.2.11　黄曲毒素 B_1

按 GB/T 5009.22 规定的方法测定。

5.3　净含量

按 JJF 1070 规定的方法测定。

6. 检验规则

6.1　组批与抽样

6.1.1　组批

以同一批投料、同一生产线、同一次生产的同一品种、同一规格、同一生产日期的产品为一批。

6.1.2　抽样

从同一批次的产品中，随机抽取样品，抽样单位以袋计，每批抽样数独立包装不应少于 6 袋（每批抽样数量不应少于 5kg），检样一式两份，供检验和复验备用。

6.2　出厂检验

6.2.1　每批产品均须进行出厂检验，厂检验部门检验合格后，附产品质量合格证方能出厂。

6.2.2　出厂检验项目：感官要求、净含量、水分、粗细度、灰分。

6.2.3　判定

出厂检验项目全部符合本标准要求时，判定为合格；检验结果不符合本标准时，使用备检样品对不合格项目进行复检（微生物指标不合格不得复检），如复检结果仍有 1 项不合格，则判定该批产品为不合格品。

6.3　型式检验

6.3.1　型式检验包括本标准规定的全部项目，一般情况下，每年进行一次，在以下情况之一时，应进行型式检验：

a. 更改主要原辅材料或更改关键工艺时；

b. 产品停产半年以上，重新恢复生产时；

c. 出厂检验结果与上次型式检验结果有较大差异时；

d. 国家食品安全监管部门或用户提出形式检验要求时。

6.3.2 判定

检验项目全部符合标准要求时，该批产品判定为合格；检验结果不符合本标准时，使用备样品对不合格项目进行复检（微生物指标不合格时不得复检），复检结果符合本标准要求时则该产品判定为合格；如复检结果仍有1项不合格，则该批产品判定为不合格。

7. 标志、包装、运输、贮存

7.1 标志

销售包装的标签应符合GB 7718和《食品标识管理规定》的规定。

运输包装标志应符合GB/T 191的规定。

7.2 包装

7.2.1 产品包装为复合膜袋，应符合GB/T 10004的规定要求。

7.2.2 包装外部应保持清洁，封装严密，标签封贴紧密牢固。

7.3 运输

应使用食品专用运输车，运输工具应清洁卫生，不得与有腐蚀性、有毒、有害、易挥发、有异味等物品混运。运输过程中应防止暴晒、雨淋、防潮。

7.4 贮存

7.4.1 产品应贮存在干燥、阴凉、清洁和通风的场所，严禁露天堆放、日晒、雨淋。产品不得与有腐蚀性、有毒、有害、易挥发、有异味等物品同库贮存。

7.4.2 产品不得接触地面或墙面，间隔应在20cm以上。

常温下保质期为24个月。

八、Q/JXSY0003S—2010 苦荞香米

起草单位：山西省雁门清高食业有限责任公司

起草人：张 力、李勇建。

1. 范围

本标准规定了苦荞香米的技术要求、试验方法、检验规则、标志、包装、运输、贮存的要求。本标准适用于以苦荞为原料，经清洗、脱壳、包装工艺制成的苦荞香米。

2. 规范性引用文件

下列文件对于本文件的应用是必不可少的。凡是注日期的引用文件，仅注日期的版本文件适用本文件。凡是不注日期的引用文件，其最新版本（包括所有的修改单）适用于本文件。

GB/T 191　　包装储运图示标志

GB 2715　　粮食卫生标准

GB/T 5009.11　　食品中总砷及无机砷的测定

GB/T 5009.12　　食品中铅的测定

GB/T 5009.15　　食品中镉的测定

GB/T 5009.17　　食品中汞的测定

GB/T 5009.22　　食品中黄曲霉素 B_1 的测定

GB/T 5490　　粮食、油料及植物油脂检验 一般规则

GB 5491　　粮食、油料检验抽样、分样法

GB/T 5492 粮油检验 粮食、油料的色泽、气味、口味鉴定
GB/T 5494 粮油检验 粮食、油料的杂质、不完善粒检验
GB/T 5497 粮食、油料检验 水分测定法
GB/T 5503 粮油、油料检验 碎米检验法
GB/T 10004 包装用塑料复合膜、袋 干法复合、挤出复合
GB 7718 预包装食品标签通则
GB 14881 食品企业通用卫生规范
JJF 定量包装商品净含量计量检验规则
国家质量监督检验检疫总局［2005］令第75号《定量包装商品计量监督管理办法》
国家质量监督检验检疫总局［2005］令第102号《食品标识管理规定》
3. 技术要求
3.1 原料
苦荞应符合 GB 2715 的规定。
3.2 质量要求
3.2.1 感官
应符合表8－15的规定。

表8－15 感官要求

项目	要求
外观	黄绿色颗粒，无霉变，无异物
气味、口味	含有苦荞香米固有的香味，无异味

3.2.2 理化指标
应符合表8－16的规定。

表8－16 理化指标

项目		指标
水分（%）	≤	14.0
碎米（%）	≤	15.0
不完善粒（%）	≤	3.0
杂质（%）	≤	0.4
无机砷（mg/kg）	≤	0.2
铅（以 Pb 计）（mg/kg）	≤	0.2
黄曲霉素 B_1（μg/kg）	≤	5
镉（mg/kg）	≤	0.1
汞（mg/kg）	≤	0.02

3.3 净含量
应符合《定量包装商品计量监督管理办法》的规定。

4. 生产加工过程的卫生要求

应符合 GB 14881 的要求。

5. 试验方法

5.1　感官要求

5.1.1　外观检验

将 500g 样品均匀置于白瓷盘上，在明亮处用肉眼观察其外观。

5.1.2　气味、口味检验

按 GB/T 5492 规定的方法测定。

5.2　理化指标

5.2.1　水分

按 GB/T 5497 规定的方法测定。

5.2.2　碎米

按 GB/T 5503 规定的方法测定。

5.2.3　杂质、不完善粒

按 GB/T 5494 规定的方法测定。

5.2.4　无机砷

按 GB/T 5009.11 规定的方法测定。

5.2.5　铅

按 GB/T 5009.12 规定的方法测定。

5.2.6　镉

按 GB/T 5009.15 规定的方法测定。

5.2.7　汞

按 GB/T 5009.17 规定的方法测定。

5.2.8　黄曲霉毒素 B_1

按 GB/T 5009.22 规定的方法测定。

5.3　净含量

按 JJF 1070 中规定的方法测定。

6. 检验规则

6.1　组批

以同一批投料、同一生产线、同一班次生产的同一品种、同一规格、同一生产日期的产品为一批。

6.2　抽样

以同一批次的产品中，随机抽取样品，抽样单位以袋计，每批抽样数独立包装不应少于 6 袋（每批抽样数量不应少于 5kg），检样一式两份，供检验和复验备用。

6.3　出厂检验

6.3.1　每批产品均须进行出厂检验，厂检验部门检验合格后，附产品质量合格证方能出厂。

6.3.2　出厂检验项目：感官要求、水分、杂质、碎米。

6.3.3　判定

出厂检验项目全部符合本标准要求时，判定为合格；检验结果不符合本标准时，使用备检样品对不合格项目进行复检（微生物指标不合格不得复检），如复检结果仍有 1 项不合格，则判该批产品为不合格品。

6.4　型式检验

6.4.1　型式检验包括本标准规定的全部项目，一般情况下，每年进行一次，在以下情况之一时，应进行型式检验：

a. 更改主要原辅材料或更改关键工艺时；

b. 产品停产半年以上，重新恢复生产时；

c. 出厂检验结果与上次型式检验结果有较大差异时；

d. 国家食品安全监管部门或用户提出型式检验要求时。

6.4.2　判定

检验项目全部符合标准要求时，该批产品判定为合格；检验结果不符合本标准时，使用备样品对不合格项目进行复检（微生物指标不合格时不得复检），复检结果符合本标准要求时则该批产品判定为合格；如复检结果仍有1项不合格，则该批产品判定为不合格。

7. 标志、包装、运输、贮存

7.1　标志

销售包装的标签应符合 GB 7718 和《食品标识管理规定》的规定。

运输包装标志应符合 GB/T 191 的规定。

7.2　包装

7.2.1　产品包装塑料复合膜袋，应符合 GB/T 1004 的要求。

7.2.2　包装外部应保持清洁，封装严密，标签封贴紧密牢固。

7.3　运输

应使用食品专用运输车，运输工具应清洁卫生，不得与有腐蚀性、有毒、有害、易挥发、有异味等物品混运，运输过程中应防止暴晒、雨淋、防潮。

7.4　贮存

7.4.1　产品应贮存在干燥、阴凉、清洁和通风的场所，严禁露天堆放、日晒、雨淋，产品不得与有腐蚀性、有毒、有害、易挥发、有异味等物品同库贮存。

7.4.2　产品不得接触地面或墙面，间隔应在20cm以上。

常温下保质期为24个月。

九、Q/YMG001S—2011 苦荞代用茶

起草单位：山西雁门清高食业有限责任公司

起草人：李 青

1. 范围

本标准规定了苦荞代用茶的技术要求、试验方法、检验规则、标志、包装、运输、贮存。

本标准适用于以苦荞为原料，经清理、浸泡、蒸熟、烘干、脱壳、风选、磁选、烘炒、冷却、包装加工而成的苦荞代用茶。

2. 规范性引用文件

本标准中引用的文件对于本标准的应用是必不可少的。凡是注日期的引用文件，仅所注日期的版本适用于本标准。凡是不注日期的引用文件，其最新版本（包括所有的修改单）适用于本标准。

GB/T 191　　包装储运图示标志

GB 4789.2　食品安全国家标准 食品微生物学检验 菌落总数测定
GB/T 4789.3　食品卫生微生物学检验 大肠菌群测定
GB 4789.4　食品安全国家标准 食品微生物学检验 沙门氏菌检验
GB/T 4789.5　食品卫生微生物学检验 志贺氏菌检验
GB 4789.10　食品安全国家标准 食品微生物学检验 金黄色葡萄球菌检验
GB 5009.3　食品安全国家标准 食品中水分的测定
GB 5009.4　食品安全国家标准 食品中灰分的测定
GB 5009.12　食品安全国家标准 食品中铅的测定
GB/T 5009.15　食品中镉的测定
GB/T 5009.19　食品中有机氯农药多组分残留量的测定
GB/T 5009.20　食品中有机磷农药残留量的测定
GB/T 5009.22　食品中黄曲霉毒素 B_1 的测定
GB/T 5009.34　食品中亚硫酸盐的测定
GB 5749　生活饮用水卫生标准
GB/T 6543　运输包装用单瓦楞纸箱和双瓦楞纸箱
GB 7718　预包装食品标签通则
GB/T 10004　包装用塑料复合膜、袋 干法复合、挤出复合
GB/T 10458　荞麦
GB 14881　食品企业通用卫生规范
JJF 1070　定量包装商品净含量计量检验规则
国家质量监督检验检疫总局（2005）令　第75号《定量包装商品计量监督管理办法》

3. 技术要求

3.1　原料

荞麦应符合 GB/T 10458 的要求。

3.2　生产用水

生产用水应符合 GB 5749 的要求。

3.3　质量要求

3.3.1　感官要求

应符合表 8-17 的规定。

表 8-17　感官要求

项目	要求
组织形态	大小均匀的颗粒，无霉变
色泽	具有该产品应有的色泽
气味、滋味	具有烘炒荞麦的香味，无异味
杂质	无肉眼可见外来杂质

3.3.2　理化指标。

应符合表 8-18 的规定。

表 8－18　理化指标

项目		指标
水分（g/100g）	≤	10.0
总灰分（g/100g）	≤	8.0
铅（Pb）（mg/kg）	≤	0.2
镉（Cd）（mg/kg）	≤	0.1
二氧化硫残留量（g/kg）	≤	0.5
黄曲霉毒素 B_1（μg/kg）	≤	5.0
六六六（mg/kg）	≤	0.05
滴滴涕（mg/kg）	≤	0.05
敌敌畏（mg/kg）	≤	0.2
乐果（mg/kg）	≤	1.0

3.3.3　微生物指标

应符合表 8－19 的规定。

表 8－19　微生物指标

项目		指标
菌落总数（cfu/g）	≤	1 000
大肠菌群（MPN/100g）	≤	30
致病菌（沙门氏菌、志贺氏菌、金黄色葡萄球菌）		不得检出

3.3.4　净含量

应符合《定量包装商品计量监督管理办法》的规定。

4. 生产加工过程的卫生要求

应符合 GB 14881 的要求。

5. 试验方法

5.1　感官检验

随机抽取一个独立包装样品，置于白色瓷盘内，在自然光线下观其组织形态、色泽及杂质，品其滋味，嗅其气味。

5.2　理化指标检验

5.2.1　水分

按 GB 5009.3 规定的方法测定。

5.2.2　总灰分

按 GB 5009.4 规定的方法测定。

5.2.3　铅

按 GB 5009.12 规定的方法测定。

5.2.4　镉

按 GB/T 5009.15 规定的方法测定。

5.2.5　二氧化硫残留量

按 GB/T 5009.34 规定的方法测定。

5.2.6　黄曲霉毒素 B_1

按 GB. T5009.22 规定的方法测定。

5.2.7　六六六、滴滴涕

按 GB. T 5009.19 规定的方法测定。

5.2.8　敌敌畏、乐果

按 GB/T 5009.20 规定的方法测定。

5.3　微生物指标

5.3.1　菌落总数

按 GB/T 4789.2 规定的方法测定。

5.3.2　大肠菌群

按 GB/T 4789.3—2003 规定方法测定。

5.3.3　致病菌

沙门氏菌按 GB/T 4789.4 规定的方法测定。

志贺氏菌按 GB/T 4789.5 规定的方法测定。

金黄色葡萄球菌按 GB/T 4789.10 规定的方法测定。

5.4　净含量

按 JJF 1070 的规定执行。

6. 检验规则

6.1　组批

同一批投料、同一生产线、同一次生产的同一品种，同一规格、同一生产日期和批号的产品为一批。

6.2　抽样

从每批产品中随机抽取 600g 样品（不少于 6 个独立包装），将所抽样品分成两份，一份用于检验，一份留样备检。

6.3　出厂检验

6.3.1　出厂检验项目

感官、净含量、水分、菌落总数、大肠菌群。

6.3.2　判定规则

出厂检验项目全部符合本标准要求时，判定为合格；检验结果不符合本标准时，使用备样品对不合格项目进行复检（微生物指标不合格不得复检），如复检结果仍有 1 项不合格，则判该批产品为不合格品。

6.4　型式检验

6.4.1　型式检验应每半年进行一次或有下列情况之一时进行检验：

a. 新产品投产或老产品转厂生产时；

b. 原材料、工艺有较大变化，可能影响产品质量时；

c. 产品停产半年以上，重新恢复生产时；

d. 出厂检验结果与上次形式检验结果有较大差异时；

e. 国家食品安全监管部门或用户提出型式检验要求时。

6.4.2　型式检验项目

本标准质量要求中规定的全部项目。

6.4.3　判定规则

检验项目全部符合本标准要求时，该批产品判定为合格；检验结果不符合本标准要求时，使用备检样品对不合格项目进行复检（微生物指标不合格时不得复检），复检结果符合本标准要求时则该批产品判定为合格；如复检结果仍有1项不合格，则判该批产品为不合格品。

7. 标志、包装、运输与贮存

7.1　标签和标志

标签应符合GB 7718的规定；

包装图示符合GB/T 191的规定。

7.3　运输

产品运输工具应清洁、干燥、无异味、无污染；运输时应防潮、防暴晒；严禁与有毒、有害、有异味物品混装、混运。

7.4　贮存

产品应贮存于食品专用仓库中，离墙离地存放。

常温下，产品保质期为24个月。

十、Q/YZT0002S—2011 苦荞米茶（黑苦荞米茶）

起草单位：云南朱提生物科技开发有限公司

起草人：曹 娜

1. 范围

本标准规定了苦荞米茶（黑苦荞米茶）的技术要求、检验方法、检验规则、包装、标志、运输及存贮。

本标准适用于以苦荞为原料通过筛选、清洁、浸泡、蒸煮、烘干、脱壳后烘炒加工而成的苦荞米茶（黑苦荞米茶）。

2. 规范性引用文件

下列文件对于本文件的应用是必不可少的。凡是注日期的引用文件，仅所注日期的版本适用于本文件。凡是不注日期的引用文件，其最新版本（包括所有的修改单）适用于本文件。

GB/T 191	包装储运图示标志
GB 2760	食品安全国家标准 食品添加剂使用标准
GB/T 4789.2	食品安全国家标准 食品微生物学检验 菌落总数测定
GB/T 4789.3—2003	食品卫生微生物学检验 大肠菌群测定
GB/T 4789.15	食品安全国家标准 食品微生物学检验 霉菌和酵母计数
GB/T 5009.3	食品安全国家标准 食品中水分的测定
GB/T 5009.4	食品安全国家标准 食品中灰分的测定
GB/T 5009.12	食品安全国家标准 食品中铅的测定
GB/T 5009.34	食品安全国家标准 食品中亚硫酸盐的测定
GB/T 5009.145	植物性食品中有机磷和氨基甲酸酯类农药多种残留的测定

GB5491　粮食、油料检验 抽样、分样法
GB/T 5492　粮食、油料检验 色泽、气味、口味鉴定法
GB/T 5494　粮食、油料检验 杂质、不完善粒检验法
GB/T 5497　粮食、油料检验 水分测定法
GB/T 5505　粮食、油料检验 灰分的测定法
GB7718　食品安全国家标准 预包装食品标签通则
GB/T 10458　荞麦
GB 14881　食品企业通用卫生规范
GB 26130　食品中百草枯等 54 种农药最大残留限量
JJF1070　定量包装商品净含量计量检验规则
国家质量监督检验检疫总局第 75 号令（2005）《定量包装商品计量监督管理办法》
3. 技术要求
3.1　原料要求
苦荞：应符合 GB/T 10458 的要求。
3.2　感官要求
应符合表 8－20 的规定。

表 8－20　感官要求

项目	要求
色泽	橙黄，明亮
形态	呈椭圆或不规则形
气味	具有荞麦固有气味
滋味	品感略有清爽香味

3.3　理化指标
应符合表 8－21 的规定。

表 8－21　理化指标

项目		指标
水分（%）	≤	7.5
灰分（%）	≤	8.0
杂质（%）	≤	0.25
铅（以 Pb 计）（mg/kg）	≤	1.0
敌敌畏（mg/kg）	≤	0.2
乐果（mg/kg）	≤	1.0
二氧化硫		按 GB2760 的规定执行
其他污染物限量		按 GB2762 的规定执行
其他农药残留限量		按 GB2763 和 GB26130 的规定执行

3.4 净含量

应符合《定量包装商品计量监督管理办法》的规定。

3.5 食品添加剂

3.5.1 食品添加剂质量符合相应的安全标准和有关规定。

3.5.2 食品添加剂的使用应符合 GB 2760 的规定。

3.6 生产加工过程的卫生要求

应符合 GB 14881 的规定。

4. 试验方法

4.1 感官要求

按 GB/T 5492 规定的方法测定。

4.2 理化指标

4.2.1 水分：按 GB/T 5497 规定的方法测定。

4.2.2 灰分：按 GB/T 5505 规定的方法测定。

4.2.3 杂质：按 GB/T 5494 规定的方法测定。

4.2.4 铅：按 GB/T 5009.12 规定的方法测定。

4.2.5 二氧化硫：按 GB/T5009.34 规定的方法测定。

4.2.6 敌敌畏、乐果：按 GB/T5009.145 规定的方法测定。

4.3 净含量

按 JJF 1070 规定的方法测定。

5. 检测规则

5.1 组批

同一原料，同一工艺、生产的同一规格的产品为一批次。

5.2 抽样

按 GB/T 5491 规定的方法抽样。

5.3 出厂检验

每批产品出厂前，由公司质量检验部门进行检验，检验合格并附合格证的产品方可出厂。检验项目为：感官、水分、杂质、净含量。

5.4 型式检验

型式检验项目为本标准技术要求的全部内容。型式检验每半年进行一次，有下列情形之一者应进行型式检验：

a. 产品的原料、工艺有重大改变，可能影响产品质量时；

b. 长期停产后，再恢复生产时；

c. 出厂检验结果与上次型式检验有较大差异时；

d. 国家质量监督机构提出型式检验要求时。

5.5 判定规则

检验结果中有任一项不合格时，可以从同批产品中加倍抽样对不合格项进行复检，以复检结果为准。

6. 标志、包装、运输、贮存

6.1 标志

产品标签应符合 GB 7718 的规定，外包装图示标志应符合 GB/T 191 的规定。

6.2　包装

包装材料和容器应符合相关产品质量标准及食品卫生要求。

6.3　运输

成品运输工具、车辆必须清洁、卫生、干燥、无其他污染物。成品运输过程中，必须遮盖，防雨防晒，严禁与有毒有害有异味的物品混运。

6.4　贮存

成品不得露天堆放。成品仓库必须清洁、干燥、通风，无鼠虫害。堆放必须有垫板，离地10cm以上，离墙20cm以上。不得与有毒、腐败变质、有不良气味或潮湿的物品同仓库存放。在阴凉、干燥处保存。

6.5　保质期

在符合本标准规定的包装、贮存和运输条件下保质期为12个月。

十一、Q/YZT0003 S—2011 苦荞粉、苦荞皮层粉

起草单位：云南朱提生物科技开发有限公司

起草人：曹娜

1. 范围

本标准规定了苦荞粉、苦荞皮层粉的产品分类、技术要求、试验方法、检验规则、包装、标志、运输及存贮。

本标准适用于以苦荞为原料，通过筛选、清洗、烘干、脱壳后磨制加工而成苦荞粉和皮层粉。

2. 规范性引用文件

下列文件对于本文件的应用是必不可少的。凡是注日期的文件，仅所注日期的版本适用于本文件。凡是不注日期的引用文件，其最新版本（包括所有的修改单）适用于本文件。

GB/T 191　　包装储运图示标志
GB 2760　　食品安全国家标准 食品添加剂使用标准
GB/T 5009.11　　食品中总砷及无机砷的测定
GB/T 5009.12　　食品安全国家标准 食品中铅的测定
GB/T 5009.15　　食品中镉的测定
GB/T 5009.17　　食品中总汞及有机汞的测定
GB/T 5009.19　　食品中有机氯农药多组分残留量的测定
GB/T 5009.22　　食品中黄曲霉素 B_1 的测定
GB/T 5009.110　　植物性食品中氯氰菊酯氰戊菊酯和溴氰菊酯残留量的测定
GB/T 5009.145　　植物性食品中有机磷和氨基甲酸酯类农药多种残留的测定
GB 5491　　粮食、油料检验 抽样、分样法
GB/T 5492　　粮食、油料检验　色泽、气味、滋味鉴定法
GB/T 5497　　粮食、油料检验 水分测定法
GB/T 5505　　粮食、油料检验 灰分测定法
GB/T 5507　　粮食、油料检验 粉类粗细度测定法
GB/T 5508　　粮食、油料检验 粉类含砂量测定法
GB/T 5509　　粮食、油料检验 粉类磁性金属物测定法

GB/T 5510　　粮食、油料检验 脂肪酸值测定法
GB 7718　　食品安全国家标准 预包装食品标签通则
GB 14811　　食品企业通用卫生规范
GB/T 10458　　荞麦
JJF 1070　　定量包装商品净含量计量检验规则
国家质量监督检验检疫总局令（2005）第75号《定量包装商品计量监督管理办法》

3. 产品分类

按加工工艺不同分为：苦荞粉、苦荞皮层粉。

3.1　苦荞粉：将苦荞原料通过筛选、清洗、脱壳、碾磨、筛分、取芯粉制成。

3.2　苦荞皮层粉：将苦荞原料通过筛选、清洗、脱壳、碾磨、筛分、取皮层粉制成。

4. 技术要求

4.1　原料要求

苦荞：应符合 GB/T 10458 的要求。

4.2　感官指标

应符合表8－21的规定。

表8－21　感观要求

项目	要求	
	苦荞皮层粉	苦荞粉
色泽	暗黄绿色	黄白色
形态	粉状，粗细均匀	粉状，粗细均匀
气味、滋味	具有荞麦固有的气味，口感略苦	具有荞麦固有的气味、口感略苦
杂质	无肉眼可见外来杂质	无肉眼可见外来杂质

4.3　理化标准

应符合表8－22的规定。

表8－22　理化指标

项目		指标
粗细度	≤	全通 CQ10-20 号筛，留存 CQ28 号筛不超过 10%
水分（%）	≤	12.0
灰分（以干物质计）（%）	≤	0.6
含砂量（%）	≤	0.02
磁性金属物（g/kg）	≤	0.003
脂肪酸值（以湿基计）（KOH）（mg/100g）	≤	80
铅（以 Pb 计）（mg/kg）	≤	0.2
黄曲霉毒素 B_1（μg/kg）	≤	5.0
无机砷（mg/kg）	≤	0.2

（续表）

项目		指标
镉（mg/kg）	≤	0.1
汞（以 Hg 计）（mg/kg）	≤	0.02
六六六（mg/kg）	≤	0.05
滴滴涕（mg/kg）	≤	0.05
甲基毒死蜱（mg/kg）	≤	5.0
溴氰菊酯（mg/kg）	≤	0.5

4.4　净含量

应符合《定量包装商品计量监督管理办法》的规定。

4.5　食品添加剂

4.5.1　食品添加剂质量应符合相应的安全标准和有关规定。

4.5.2　食品添加剂的使用应符合 GB 2760 的规定。

4.6　生产加工过程的卫生要求

应符合 GB 14881 的规定。

5. 试验方法

5.1　感官要求

按 GB/T 5492 规定的方法测定。

5.2　理化指标

5.2.1　粗细度：按 GB/T 5007 规定的方法测定。

5.2.2　水分：按 GB/T 5497 规定的方法测定。

5.2.3　灰分：按 GB/T 5505 规定的方法测定。

5.2.4　含砂量：按 GB/T 5508 规定的方法测定。

5.2.5　磁性金属物：按 GB/T 5509 规定的方法测定。

5.2.6　脂肪酸值：按 GB/T 5510 规定的方法测定。

5.2.7　铅：按 GB/T 5009.12 规定的方法测定。

5.2.8　黄油霉毒素 B_1：按 GB/T 5009.22 规定的方法测定。

5.2.9　无机砷：按 GB/T 5009.11 规定的方法测定。

5.2.10　镉：按 GB/T 5009.15 规定的方法测定。

5.2.11　汞：按 GB/T 5009.17 规定的方法测定。

5.2.12　六六六、滴滴涕：按 GB/T 5009.19 规定的方法测定。

5.2.13　甲基毒死蜱：按 GB/T 5009.145 规定的方法测定。

5.2.14　溴氰菊酯：按 GB/T 5009.110 规定的方法测定。

5.3　净含量

按照 JJF 1070 规定的方法测定。

6. 检测规则

6.1　组批

同一原料，同一工艺、生产的同一规格的产品为一批次。

6.2　抽样

按 GB/T 5491 规定的方法抽样。

6.3　出厂检验

每批产品出厂前，由公司质量检验部门进行检验，检验合格并附合格证的产品方可出厂。检验项目为：感官、水分、净含量。

6.4　型式检验

型式检验每半年进行一次，其项目为本标准技术要求规定的全部项目。有下列情况之一者，亦进行型式检验：

a. 产品的原料、工艺有重大改变，可能影响产品质量时；

b. 长期停产后，再恢复生产时；

c. 出厂检验结果与上次型式检验有较大差异时；

d. 国家质量监督机构提出型式检验要求时。

6.5　判定规则

检验结果中有任一项不合格时，可以从同批产品中加倍抽样对不合格项进行复检，以复检结果为准。

7. 标志、包装、运输、贮存

7.1　标志

产品标签应符合 GB7718 的规定，外包装图示标志应符合 GB/T 191 的规定。

7.2　包装

包装材料和容器应符合相关产品质量标准及食品卫生要求。

7.3　运输

成品运输工具、车辆必须清洁、卫生、干燥，无其他污染物。成品运输过程中，必须遮盖，防雨防晒，严禁与有毒有害和有异味的物品混运。

7.4　贮存

成品不得露天堆放。成品仓库必须清洁、干燥、通风，无鼠虫害。堆放必须有垫板，离地 10cm 以上，离墙 20cm 以上，不得与有毒有害、腐败变质、有不良气味或潮湿的物品同仓库存放。在阴凉、干燥处保存。

7.5　保质期

在符合本标准规定的包装、贮存和运输条件下保质期为 12 个月。

十二、Q/YZT0004 S—2011 苦荞方便食品

起草单位：云南朱提生物科技开发有限公司

起草人：曹 娜

1. 范围

本标准规定了方便食品的产品分类、技术要求、试验方法、检验规则、包装、标志、运输及存贮。

本标准适用于苦荞为原料，通过筛选、清洗、烘干、脱壳后经膨化、辊片或焙炒、磨制加工而成苦荞方便食品。

2. 规范性引用文件

下列文件对于本文件的应用是必不可少的。凡是注日期的引用文件，仅所注日期的版本适用

于本文件。凡是不注日期的引用文件，其最新版本（包括所有的修改单）适用于本文件。

GB/T 191　　包装储运图示标志
GB 2760　　食品安全国家标准　食品添加剂使用标准
GB/T 4789.2　　食品安全国家标准 食品微生物学检验 菌落总数测定
GB/T 4789.3—2003　　食品卫生微生物学检验 大肠菌群测定
GB/T 4789.4　　食品安全国家标准　食品微生物学检验　沙门氏菌检验
GB/T 4789.5　　食品卫生微生物学检验 志贺氏菌检验
GB/T 4789.10　　食品安全国家标准 食品微生物学检验　金黄色葡萄球菌检验
GB/T 4789.15　　食品安全国家标准 食品微生物学检验　霉菌和酵母计数
GB/T 5009.11　　食品中总砷及无机砷的测定方法
GB/T 5009.12　　食品安全国家标准　食品中铅的测定
GB/T 5009.22　　食品中黄曲霉毒素 B_1 的测定
GB 5491　　粮食、油料检验 抽样、分样法
GB/T 5492　　粮食、油料检验 色泽、气味、滋味鉴定法
GB/T 5497　　粮食、油料检验 水分测定法
GB 7718　　食品安全国家标准　预包装食品标签通则
GB 14881　　食品企业通用卫生规范
GB/T 10458　　荞麦
JJF 1070　　定量包装商品净含量计算检验规则

国家质量监督检验检疫总局第 75 号令（2005）《定量包装商品计量监督管理办法》

3. 产品分类

按生产工艺的不同分为：苦荞速溶片（麦片）、苦荞全粉（炒面）。

3.1　苦荞速溶片（麦片）：将苦荞作为原料，经过筛选、清理、烘干、脱壳后膨化、轧片精制而成。

3.2　苦荞全粉（炒面）：将苦荞原料通过筛选、清洗、烘干、脱壳后烘炒、磨制加工而成。

4. 技术要求

4.1　原料要求

苦荞：应符合 GB/T 10458 的要求。

4.2　感观要求

应符合表 8－23 的规定。

表 8－23　感观要求

项目	要求	
	速溶片	营养全粉（糊）（炒面）
色泽	黄白色	浅灰色
形态	片状	粉状，粗细均匀
气味、滋味	具有荞麦固有的气味，口感具有特有的清香味	具有荞麦固有的气味，口感具有特有的清香味
杂质	无肉眼可见外来杂质	

4.3　理化指标

应符合表 8-24 的规定。

表 8-24　理化指标

项目		指标
水分（%）	≤	12.0
总砷（以 As 计）（mg/kg）	≤	0.5
铅（以 Pb 计）（mg/kg）	≤	0.5
黄曲霉毒素 B_1（μg/kg）	≤	5

4.4　微生物指标

应符合表 8-25 的规定。

表 8-25　微生物指标

项目		指标
菌落总数（CFU/g）	≤	4 000
大肠菌属（MNP/100g）	≤	30
霉菌（CFU/g）	≤	50
致病菌（沙门氏菌、志贺氏菌、金黄色葡萄球菌）		不得检出

4.5　净含量

应符合《定量包装商品计量监督管理办法》的规定。

4.6　食品添加剂

4.6.1　食品添加剂质量应符合相应安全的标准和有关规定。

4.6.2　食品添加剂的使用应符合 GB 2760 的规定。

4.7　生产加工过程的卫生要求

应符合 GB 14881 的规定。

5. 试验方法

5.1　感官要求

按 GB/T 5492 规定的方法测定。

5.2　理化指标

5.2.1　水分：按 GB/T 5497 规定的方法测定。

5.2.2　总砷：按 GB/T 5009.11 规定的方法测定。

5.2.3　铅：按 GB 5009.12 规定的方法测定。

5.2.4　黄曲霉毒素 B_1：按 GB/T 5009.22 规定的方法测定。

5.3　微生物指标

5.3.1　细菌总数：按 GB/T 4789.2 规定的方法测定。

5.3.2　大肠菌群：按 GB/T 4789.3—2003 规定的方法测定。

5.3.3　霉菌：按 GB/T 4789.15 规定的方法测定。

5.3.4 致病菌（沙门氏菌、志贺氏菌、金黄色葡萄球菌）：按 GB/T 4789.4、GB/T 4789.5、GB 4789.10 规定的方法测定。

5.4 净含量

按 JJF 1070 规定的方法测定。

6. 检测规则

6.1 组批

同一原料，同一工艺、生产的同一规格的产品为一批次。

6.2 抽样

按 GB/T 5491 规定的方法抽样。

6.3 出厂检验

每批产品出厂前，由公司质量检验部门进行检验，检验合格并附合格证的产品方可出厂。检验项目为感官、水分、净含量。

6.4 型式检验

型式检验每半年进行一次，其项目为本标准技术要求规定的全部项目，有下列情况之一者，亦进行型式检验。

a. 产品的原料、工艺有重大改变，可能影响产品质量时；

b. 长期停产后，再恢复生产时；

c. 出厂检验结果与上次型式检验有较大差异时；

d. 国家质量监督机构提出型式检验要求时。

6.5 判定规则

微生物指标有任意一项不合格，判该批产品为不合格，不得复检；其他指标不合格时，可以从同一批产品中对不合格项复检，以复检结果为准。

7. 标志、包装、运输、贮存

7.1 标志

产品标签应符合 GB 7718 的规定，外包装图示标志应符合 GB/T 191 的规定。

7.2 包装

包装材料和容器应符合相关产品质量标准及食品卫生要求。

7.3 运输

成品运输工具、车辆必须清洁、卫生、干燥、无其他污染物。成品运输过程中，必须遮盖，防雨防晒，严禁与有毒、有害和有异味的物品混运。

7.4 贮存

成品仓库必须清洁、干燥、通风，无鼠虫害。堆放必须有垫板，离地 10cm 以上，离墙 20cm 以上，不得与有毒有害、腐败变质、有不良气味或潮湿的物品同仓库存放。在阴凉、干燥处保存。

7.5 保质期

在符合本标准规定的包装、贮存和运输条件下保质期为 12 个月。

第七节　苦荞的利用与产业

苦荞营养丰富，根、茎、叶、花、果实、皮壳无一废物。目前苦荞开发仅是子实单体研发的初始阶段，尚未进入高新技术支撑的中、高端产品综合开发阶段。苦荞产品亟待研发，苦荞产业亟待发展。

一、苦荞利用

（一）苦荞籽实的利用（框图）

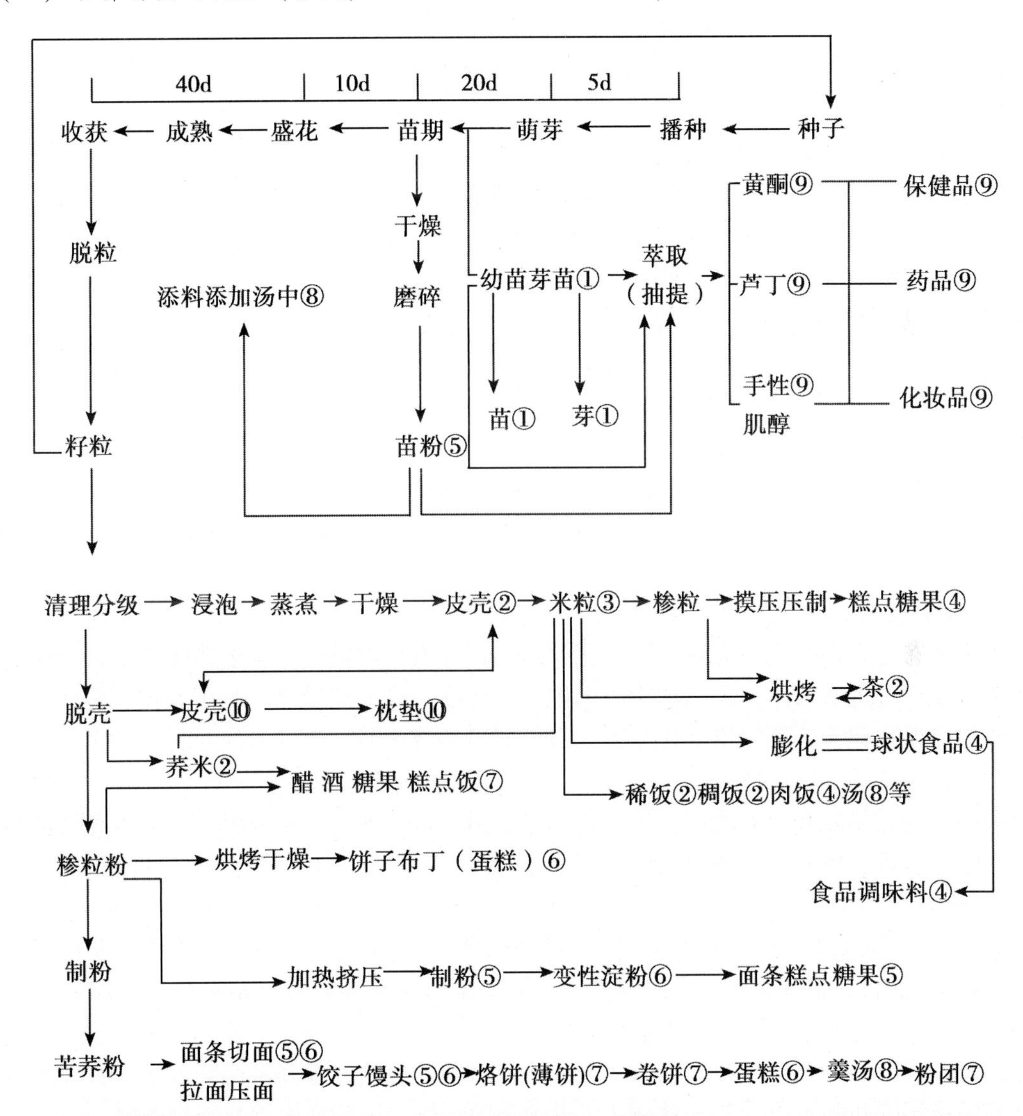

（二）苦荞加工利用十类细释

类 1 荞苗　古书载：叶作茹食。作凉拌菜、炒菜、煲汤。为中国、日本、韩国、尼泊尔诸国民间传统食物。

类2荞米　作稀粥、稠粥（麦片粥）、肉饭（加鱼、肉）以及汤等。为日本、韩国、中国、尼泊尔、俄罗斯、东欧以及西北欧等一些国家传统食物。

类3荞茶　为具多种天然营养物质、无丹宁和咖啡因添加的香味开胃营养茶。

类4荞饭　俄罗斯人叫“嘎萨”，为荞米蒸熟伴以黄油的软荞米饭，是俄罗斯及欧洲人高档早餐谷物食品。

类5荞粉　应用高新技术将苦荞粒碾磨成具有香味、不同颜色和不同需求（质地）的面粉，是生产面条、面包、糕点糖果等不同食品的原料。

类6改性淀粉　为在苦荞面中加入改变面粉黏度、弹性、咀嚼性、硬度等性状的添加物而成为适合制作面条、糖果、糕点等各种食品以及其他用途的淀粉原料。

类7粉团　（醋、酒）为用苦荞糁粉（如同淀粉类）作成的传统小吃，也包括像制醋、制酒那样的发酵食品。

类8羹汤　为苦荞面粉和鸡汤等制成开胃、滋养（香喷喷、有滋有味）汤。

类9黄酮　（芦丁、生物活性物质）黄酮类物质是天然食品营养补充剂，添加些许于面包、面条、糕点糖果食品中，能补充每日要得到的营养素，提高营养和抗衰老水平。可通过干燥、粉碎苦荞幼苗茎叶工艺获得芦丁、生物活性物质粗品，也可通过萃取（抽提）工艺获得精品。更可用精品黄酮类物质加工保健品、药品和化妆品。

类10皮壳　做枕头、床垫及工艺品的填充物。

二、苦荞的产业

当今社会健康是永恒的话题，健康食品为世人的第一需求。苦荞是健康食物源，有扶正调理作用，它降血脂、降血糖、降尿糖、通便，是慢性病人的首选食物，对健康大有裨益。利用特有的健康资源禀赋，切实加快苦荞产业化，走出具有特色的现代苦荞发展之路，推进经济发展方式转变，实现跨越发展。

（一）食品有特色

苦荞生长在蓝天白云下，无有或少有化学污染，是大自然赋予人类健康的天然食物源，结合传统工艺，生产过程次数少，无添加物的天人合一食物，是天然珍品，甘于五味，美在养人的营养健康食物，要构建苦荞食物主食化工程，引导国民消费苦荞，将其融入一日三餐中，增加其在三餐中的比例，来提高国民体质。

食品的内涵是热能和营养物质，外延是“色、香、味、形”。苦荞食品除含丰富热量和营养素外，有色、有香、也有形，唯“味”是难点。苦荞食品因“苦”“粗”适口性差，难以通过舌头味蕾下咽。如何统一营养和味，“好吃”是关键，在主食化中须突破“口感”。主食化中“味”的改变必须实施苦荞食品的特色化，用新技术和新文化创造使消费者兴奋、能接受、具有“魔力、魅力、活力、消费能力”的“特”、“优”主食化食品，供消费者受用。同时，消费者对食品接受程度，受民族、地域、年龄、性别、习惯、健康、活力、营养、方便、包装、价格诸多因素的影响。因此，要引导和教育消费者食用健食苦荞食品，提高国民营养知识水平和对健康苦荞食品的接受度和购买力。苦荞食品从主食中走向市场，国民从主食化得到健康。

特色化苦荞食品要走多元化、营养化、风味化、方便化和安全化的发展之路。

（二）科学有支撑

苦荞产业的发展离不开长期科学研究的成果支撑。只有加强苦荞科学研究，提供可靠的技术支撑，才能促进苦荞产业的发展。

创新基金是产业的基础。政府应设立苦荞产业创新基金，用原创技术创新苦荞种质资源和品种；进行苦荞区域化、集约化生产的规模化、机械化栽培技术研究；苦荞营养源和生物活性物质与生命科学、药物化学、防护化学的研究；苦荞主食化及休闲健康食品配比和产品开发的洁净、安全生产研究；苦荞综合利用的可持续发展研究。

苦荞科学研究要走国家为主导、企业为主体的创新之路，实现产、学、研互助，要用原创技术研发苦荞高端产品，支持企业发展。

（三）生产有标准

实施“农田到餐桌”的苦荞食品原料标准化的基地建设，按照“适当集中，规模种植”原则，择重组建有机（天然，含无公害，绿色）食品生产加工管理工程和环境、产品检测控制标准的苦荞产业种植基地和产业带；提供专用品种，实施标准化栽培技术；推广产地标记制度、生产许可证制度，并实施产品追踪制度；强化技术服务体系，运用GAP标准生产无公害、绿色、有机（天然）苦荞；统一标准化食品安全运输、标准化食材仓储；推行合同生产，企业直接与经济合作社或专业种植户（家庭农场）签订合同，为企业提供合格原料，也使农户在苦荞生产中增收。

农业科技工作要为苦荞企业和生产提供品种和栽培技术服务，要加快符合企业生产所需品种改良和良种覆盖率，要实施优质苦荞生产带先导基地和高产创建示范片的标准化栽培技术，因地制宜地实现传统耕作的高产化。

要向现代农业发展：实现现代农业的机械化（测土配方施肥、机耕、机播、机收、机（器）干（燥）的苦荞从种植到收获到仓储的一体化工程）和综合开发新模式（对新垦地，复耕地、重茬地实施农林牧一体化综合开发）。

食品生产成于链毁于环，食品安全责任大于天。食品和药品是同一门槛的，要以生产药品的标准来生产食品，要以保障生命、人权的高度来生产食品，从源头抓起，严格监管生产过程，从每一个细节入手，每一款、每一批食物都要达到国际标准或国家标准。

（四）产业有规模

把苦荞做成“种植—加工—贸易—创新”一体化的产业，才能实施转型发展。

苦荞产业要实现农业机械化和综合开发新模式。在发展模式上，要扩大规模、提高质量、提高层次、着力发展规模企业，实现集群发展，抱团转型。善于把资源变成资本，实施品牌战略，形成多元化发展格局。在发展动力上，加大科技投入，积极参加“产学研”合作，主动参与科研项目和关键技术领域科技攻关，加快科研成果产业化，实现资源驱动向创新驱动的转变。培育规模化企业才能组建规模化产业。规模化产业才能实现“五子登科”：农业增产、农民增收、企业增效、公务有绩、人民健康。

（五）政府有扶持

苦荞产业是人类健康的产业。苦荞生产多在中、西部贫困地区，是贫困农民致富的产业，是发展现代农业建设新农业的产业。政府要把打造苦荞产业经济列入经济增长点的一项内容，首先在舆论上支持、宣传苦荞。宣传苦荞食物，宣传苦荞企业，使广大人民从“苦荞白丁”嬗变成“苦荞鸿儒”，了解苦荞，食用苦荞。同时，还要给予必要的经济扶持，开发高端产品，以促进形成“农民因种植苦荞而致富，企业因加工苦荞而盈利，人民因食用苦荞而健康”的和谐社会局面。

参考文献

[1] 张光宇．凉山苦荞开发研究初报．中国荞麦科学研究论文集［M］．北京：学术期刊出版社，1989

[2] 白丁．彝家食俗．中国食品报，1990

[3] 李发良，曹吉祥，苏丽萍．凉山彝民的传统苦荞食品［J］．荞麦动态，1999（2）：132～33

[4] 林汝法．苦荞正话［M］．苦荞产业经济国际论坛，2006

[5] 曹娜，沈仕金．浅谈朱提苦荞饮食文化［M］．苦荞产业经济国际论坛，2006：116～118

[6] 蒋俊方，贾星．凉山彝族的苦荞种植和饮食文化［M］．苦荞产业经济国际论坛，2006：119～122

[7] 朱剑锋，李发良，曹吉祥等．凉山民间苦荞扎扎面制作与食用方法［M］．苦荞产业经济国际论坛，2006：123～124

[8] 林汝法．促进未被充分利用作物的保存以增加营养和收入—荞麦案例研究［J］．荞麦动态，2003（2）：1～13

[9] 林汝法．彝民苦荞饮食文化．第二届海峡两岸杂粮健康产业峰会论文集［M］，成都：四川大学出版社，2010

[10] 李发良，沈利州，朱剑峰等．从彝族说荞麦［J］．第二届海峡两岸杂粮健康产业峰会论文集，成都：四川大学出版社，2010

[11] 鲁纯静，韩杰英．古今荞麦食疗验方［J］．荞麦动态，1992（1）：33～36

[12] 程创基，聂儒峰，张中星等．荞麦保健食品研制中荞粉添加量及营养素保存的初步研究［J］．荞麦动态，1993（1）：40～42

[13] 魏益民，张国权，李志西．荞麦面粉理化性质的研究［J］．荞麦动态，1994（1）：22～27

[14] 聂儒峰，程创基，刘恩歧．苦荞营养保健粥（糊）系列产品的生产及辐照灭菌［J］．荞麦动态，1994（2）：27～30

[15] 聂儒峰，刘恩歧，程创基．苦荞营养饼干生产技术初探［J］．荞麦动态，1995（1）：34～36

[16] 刘恩歧，聂儒峰，程创基．苦荞土著食品的制作工艺［J］．荞麦动态，1996（1）：36～38

[17] 何玲玲．苦荞袋泡茶特性的研究［J］．荞麦动态，1997（1）：28～29

[18] 郎桂常．苦荞的营养价值及其开发利用［J］．荞麦动态，1997（1）：20～25

[19] 赵明和，邱福康．鞑靼荞（苦荞）黄酮的特性及其应用［J］．荞麦动态，1997（2）：27～32

[20] 何玲玲．苦荞及其制品［J］．荞麦动态，1998（1）：30～33

[21] 宋占平，陈伟钊．绿色保健食品—荞苗菜［J］．荞麦动态，1998（1）：34

[22] 顾尧臣．荞麦加工［J］．荞麦动态，1999（2）：9～21

[23] 郝林，霍乃蕊，张浩．荞麦灌肠工业化生产工艺的研究［J］．荞麦动态，1999（2）：22～23

[24] 肖诗明．苦荞羹的研制［J］．荞麦动态，1999（1）：24～26

[25] 辛力，廖小军，胡小松．苦荞营养价值、保健功能和加工工艺［J］．荞麦动态，1999（2）：27～28

[26] 赵钢，唐宇，马荣．苦荞营养和药用价值及其开发利用［J］．荞麦动态，1999（2）：28～31

[27] 林汝法．苦荞资源的开发利用［J］．荞麦动态，1999（1）：3～7

[28] 鞠洪荣，王君高，褚雪丽．苦荞豆浆的研制．中国酿造，2000（5）：17～19

[29] 李丹．苦荞加工与利用的研究．无锡轻工大学博士学位论文，2000

[30] 綦翠华．荞麦保健豆奶的研制［J］．荞麦动态，2001（1）：31～32

[31] 成剑峰．苦荞麦醋酸发酵保健饮品．山西食品工业，2001（3）：17～18

[32] 徐宝才，丁霄霖．荞麦加工及谷物早餐的研制．食品工业，2001（5）：6～8

[33] 孙善澄，张晓梅，林汝法．黑小麦、黑玉米、苦荞麦［M］．北京：中国农业出版社，2001

[34] 林汝法，柴岩，廖琴等．中国小杂粮［M］．北京：中国农业科学技术出版社，2002

[35] 卢建雄，臧荣鑫，杨具田．苦荞豆腐加工工艺及其凝固剂的研究［J］．食品科技，2002（7）：14，15

[36] 吴素萍．荞麦枸杞保健挂面的研制［J］．食品科技，2002（10）：54～57

[37] 张美莉，赵广华，吴晓松．萌发荞麦种子蛋白质组分含量变化的研究［J］．中国粮油学报，2004

[38] 花旭斌，李正涛，张忠等．苦荞麦叶片制茶工艺的探讨［J］．西昌师范高等专科学校学报，2004，16（4）：126～128

[39] 蒋俊芳．凉山苦荞营养价值［J］．荞麦动态，2004（1）：9～13

[40] 边俊生，陕方，田志芳等．新型苦荞健康食品研制［J］．荞麦动态，2004（1）：30～33

[41] 洪文艳，孙宇霞，陈志强．荞麦甜酒饮品的研制［J］．中国酿造，2005（7）：60．61

[42] 周小理，李红敏，周一鸣．荞麦多肽饮料的研究［J］．食品科学，2005，25（1）：128～132
[43] 王向东．双苦营养面条的研制［J］．荞麦动态，2006（1）：27～30
[44] 尚春玲．苦荞方便面生产工艺技术的研究［J］．荞麦动态，2006（1）：31～33
[45] 罗光宏，杨生辉，祖廷勋等．甘肃中部干旱区苦荞营养及强化螺旋藻挂面工艺研究［J］．荞麦动态，2006（1）：34～37
[46] 林汝法，陕方，边俊生等．苦荞产业之路的实践［J］．荞麦动态，2006（2）：2～5
[47] 陕方，任贵兴，边俊生等．山西苦荞产业化开发关键技术研究［J］．荞麦动态，2006（2）：58～64
[48] 王向东．苦荞茶脱壳技术研究［J］．荞麦动态，2006（2）：65～67
[49] Park Cheol-lto Lee ltee-sun Ryoang-Jae Park，et al. 苦荞芽的开发与鉴定［J］．荞麦动态，2006（2）：68～72
[50] 李云龙，陕方，宋金翠等．苦荞营养保健酒的研制［J］．荞麦动态，2006（2）：73～77
[51] 杨敬东，邹亮，赵钢等．提高苦荞茶保健成分的工艺研究［J］．荞麦动态，2006（2）：76～79
[52] 李红明，周小理．荞麦多肽的制备及其抗氧化性的研究［J］．食品科学，2006，27（10）：302～306
[53] 李正涛，张忠，吴兵等．苦荞酸奶的研制［D］．西昌学院学报（自然科学版），2006，20（1）：48～53
[54] 牛西午．富硒黑苦荞醋的制作技术．农产品加工，2006（1）：26～27
[55] 罗松明．苦荞膨化米饼研制［J］．粮油加工和食品机械，2006（7）：79～80
[56] 李云龙，陕方，边俊生等．功能性苦荞酒的研制［M］．中国杂粮研究，2007：292～294
[57] 汪玉民，高国强．苦荞麦粉加工工艺研究［J］．粮油食品科技，2007，15（4）：8～9
[58] 王向东，张燕．冬瓜苦荞碗团的研制［J］．食品科学，2007，28（9）：657～660
[59] 徐宝才，孙芸，丁霄霖．苦荞营养保健粉的研制［J］．食品工业科技，2007，28（4）：159～162
[60] 刘仁杰，郭志军，胡耀辉．荞麦乳饮品的加工工艺研究［J］．食品工业科技，2007，28（3）：151～159
[61] 林汝法．发挥苦荞种植优势做大做强苦荞产业［J］．作物杂志，2008（5）：1～4
[62] 杨美莲，任蓓蕾．荞麦膳食纤维的研究［J］．食品与生物技术学报，2008，27（6）：57～60
[63] 李国荣．谷氨酰胺转氨酶对于荞麦馒头、面包、方便面品质影响的研究．西北农林科技大学硕士学位论文，2008
[64] 付媛．酶法水解荞麦清蛋白、谷蛋白制备抗氧化活性肽研究．内蒙古农业大学硕士学位论文，2009
[65] 赵钢，陕方．中国苦荞［M］．北京：科学出版社，2009
[66] 张美莉．朝鲜冷面与苦荞速食面的制作农产品加工［J］．2009（7）：18
[67] 章忠．荞麦水溶性膳食纤维的制备研究［J］．中国食物与营养，2009（2）：42，43
[68] 张莉，李志西．传统荞麦制品保健功能特性的研究［J］．中国粮油学报，2009，24（3）：53～57
[69] 赵钢．荞麦加工与产品开发新技术［M］．北京：科学出版社，2010

后　语

《苦荞举要》成稿，舒了一口气，遂了暮愿。

在“非典”肆虐的2003年，某已退休七八年。在做苦荞产业时，突发奇想：应留有文字。正应了“十年磨一剑”那句话，《苦荞举要》即将付梓。

全社会的人都是智者，没有大家就没有《苦荞举要》。

感谢时代、感谢社会、感谢同行和朋友，感谢家人的支持和鼓励，感谢大家的成全。

《苦荞举要》是人与人对话的平台，任人褒贬！

2013年春光明媚时于涅槃陋室